矿产资源勘查学
（第四版）

阳正熙　严　冰　马比阿伟　编著

科学出版社

北京

内 容 简 介

本书从成矿地质规律、成矿模型、矿床勘查模型、靶区圈定及资源潜力评价方法、矿产勘查项目等方面系统地论述了靶区圈定战略；从遥感技术及矿产地质填图、地球物理勘查技术、地球化学勘查技术、探矿工程勘查技术等方面详细地阐明了矿产勘查应用技术体系；从矿产勘查阶段、固体矿产资源量/储量分类系统、勘查工程的总体部署、矿产勘查取样、矿产勘查综合图件的编制、矿体圈定、矿产资源储量估算等方面全面地归纳了矿产勘查方法体系。

本书既突出强调基本概念、基本理论和基本技能，又注重表现综合分析、创新思维和前沿成果，并且资料丰富、哲理精邃、体系新颖、方法精炼、详略得当、图件清晰、文句流畅，适合作为资源勘查工程专业和地质学专业本科生和研究生的教材，也可供从事矿产勘查方面的研究人员和工程技术人员参考。

图书在版编目（CIP）数据

矿产资源勘查学 / 阳正熙，严冰，马比阿伟编著. —4 版. —北京：科学出版社，2023.3

ISBN 978-7-03-075050-1

Ⅰ.①矿⋯ Ⅱ.①阳⋯ ②严⋯ ③马⋯ Ⅲ.①矿产资源－地质勘探 Ⅳ.①P624

中国国家版本馆 CIP 数据核字（2023）第 038710 号

责任编辑：文 杨 郑欣虹 / 责任校对：杨 赛
责任印制：吴兆东 / 封面设计：迷底书装

科 学 出 版 社 出版
北京东黄城根北街 16 号
邮政编码：100717
http://www.sciencep.com

北京中石油彩色印刷有限责任公司印刷
科学出版社发行 各地新华书店经销
*
2006 年 3 月第 一 版 开本：787×1092 1/16
2011 年 2 月第 二 版 印张：27 1/2
2015 年 12 月第 三 版 字数：700 000
2023 年 3 月第 四 版 2024 年 7 月第十四次印刷
定价：98.00 元
（如有印装质量问题，我社负责调换）

第一作者简介

阳正熙 成都理工大学地球科学学院资源工程系教授。1973～1976年在长沙冶金工业学校矿山地质专业就读中专；1982年获成都地质学院矿产地质与勘探专业学士学位；1988年获中国地质大学矿产普查与勘探硕士学位；1996年获成都理工学院矿床学博士学位。1990～1991年由国家教育委员会资助以访问学者身份在英国威尔士大学加迪夫学院学习矿产勘查哲学；1997～1998由国家留学基金管理委员会资助以高级访问学者身份在加拿大麦吉尔大学专修经济地质学；2001年由英国皇家学会资助在英国埃克塞特大学康伯恩矿业学院进修矿山环境保护；2001～2002由国家留学基金管理委员会资助以高级访问学者身份在美国亚利桑那大学研修神经网络在地学中的应用技术。主要研究领域包括矿床学和矿产勘查地质学。现已退休。

第四版前言

自本教材第三版 2015 年出版以来，我国矿产资源管理体制进行了显著调整，地勘单位体制机制随之做出了重大的改革；与此同步，新修订的与矿产资源勘查有关的国家及行业技术标准也已经相继颁布实施。因而有必要对第三版的内容进行相应的修订。本次修改和补充的重要内容主要包括：

（1）在第 1.2 节中补充介绍了近几年我国矿产勘查行业的发展态势；在第 1.3 节中强调了矿产勘查思维能力的培养。

（2）在第 2.2.1 节中充实了成矿系统的研究内容。

（3）在第 4.2 节中删除了"预测普查组合模型"，增添了"找矿预测地质模型"和"方法—目标—成果勘查模型"。

（4）在第 5.1.2 节中增加了关键矿产和战略矿产的内容。

（5）在第 7.2.2 节中介绍了"数字地质调查系统"。

（6）在第 8.2.1 节中进一步充实了"磁法测量基本概念"，增加了第 8.2.4 节"磁异常的描述"。

（7）在第 9 章中将原第 9.3 节"矿产地球化学勘查的工作程序和要求"的内容调整后补充修改为第 9.3 节"统计学方法在地球化学勘查数据处理中的应用"。

（8）根据 2019 年修订版《联合国资源分类框架》、矿产储量国际报告标准委员会（The Committee for Mineral Reverses International Reporting Standards，CRIRSCO）2019 年版《国际报告模板》、《固体矿产地质勘查规范准则》（GB/T 13908—2020）、《固体矿产资源资源储量分类》（GB/T 17766—2020）等标准，更新了第 11 章和第 12 章的内容。

（9）第 13 章增加了第 13.4 节"勘查工程施工顺序"和第 13.5 节"绿色勘查"。

（10）第 14.3 节和第 14.4 节作了一些调整和补充，增设了第 14.4.3 节"矿石品位分析数据的质量控制"。

（11）第 16 章和第 17 章根据新颁布的地矿行业标准《固体矿产资源量估算规程》（DZ/T 0038—2020）进行了相应的修订。

（12）删除了附录 1"矿产地质勘查报告编写提纲"、附录 2"矿产资源储量规模划分标准"和附录 3"度量单位换算系数"。

（13）其余各章节也都作了相应的修订。

本教材第四版旨在为地质矿产类专业提供一本高水平、综合性的专业教材，同时也力图为我国从事地矿行业的专业技术人员提供一本实用的参考书。囿于笔者水平，书中仍难免出现疏漏之处，恳请读者不吝赐教。

在第四版修订过程中参阅并引用了国内外大量优秀的文献资料，谨向这些作者表示崇高的敬意和诚挚的感谢！第四版的出版得到成都理工大学教务处的大力支持和资助，第四版新增插图由甘翎和高岩清绘，谨借此机会表示衷心的谢意！

最后，感谢阅读本教材的每一位读者！

阳正熙

2021 年 10 月 6 日

第三版前言

本书第三版修订秉承的思路是，继续提升其理论性、综合性、实用性和可读性，努力打造既适合于资源工程专业（固体矿产方向）本科和研究生的专业教材，又可作为其他地矿类专业教学以及野外地质勘查工作者的参考书。本次修改和补充的重要内容包括以下几个方面：

1. 在第 12 章中对"联合国分类框架"（第 12.1.1 节）的内容进行了更新；将原第 16 章第 16.2.6 节"矿体空间连续性"的内容调整至第 12 章作为第 12.3 节。

2. 在第 16 章中删去了"特高品位问题"一节（原第 16.2.5 节）和"矿体空间连续性"（原第 16.2.6 节），补充增加了"资源储量类别的确定"一节内容（第 16.2.5 节）。

3. 第 17 章作了比较大的调整：①将"空间内插法"（原第 17.1.5 节）的内容充实后单列为第 17.2 节；②补充增加了"矿石品位数据的探索性分析"的内容，将其列为第 17.3 节，"特高品位问题"也归入本节的内容中；③补充了"反距离加权法"的内容（第 17.6.4 节）；④在"地质统计学方法"一节（第 17.7 节）中补充了点克里金、块克里金、克里金方差的原理和计算过程。

4. 每章后面都增加了讨论题，这些讨论题一般都没有标准答案，适合于兴趣小组课外交流和讨论。

5. 考虑到教学的时效性，在第 1 章中删去了铁矿石价格博弈的案例（案例 1.1）。由于在第 17.3.3 节中讨论了"支撑"的概念，在第 17 章中删去了"支撑对矿床（体）品位-吨位的影响"（原第 17.7.4 节）。

6. 其余各章也都作了相应的补充修订，力求概念准确，表述清晰、内容完整。

矿产资源勘查学是一门极具综合性和应用性的专业课程，建议在理论教学过程中采用多样化的教学方式，围绕重点，突破难点，引发思考，启迪思维，培养创新意识，教学目的是为学生建立起矿产资源勘查的方法理念知识框架。为方便与使用本教材的教师进行教学交流，笔者可提供自己在长期教学过程中使用的 ppt 课件，有需求者可向科学出版社索取。第三版不再附有课程设计实训材料的光盘，读者如若需要，可向科学出版社索取。

矿产资源勘查是一个从未知到已知的探索过程，建议同学们在阅读本教材的过程中不要浅尝辄止、一知半解，也切忌死记硬背、囫囵吞枣。先从头至尾通读一遍，初步建立矿产资源勘查的理念知识框架；读第二遍时对重点章节内容仔细揣摩，进而获取这些知识的背景，理解应该采用什么样的逻辑和方法解决矿产资源勘查中的复杂问题，培养分析问题和解决问题的能力；读第三遍温故知新，触类旁通，从而收获具有很强生命力和持久性的知识体系；更深入地阅读则有可能形成自己的思想。

在第三版修订过程中参阅并引用了国内外大量优秀的文献资料，谨向这些作者表示崇高的敬意和诚挚的感谢！第三版的出版得到四川省十二五规划教材出版基金的资助，谨借此机会表示衷心的谢意！

阳正熙

2014 年 7 月 9 日

第二版前言

本教材第一版自 2006 年出版后，已连续印刷 6 次，发行量接近 9000 册。这组数据承载着的是读者对本书的厚爱，也是对笔者的鞭策。

时过四年，矿业全球化以及世界经济的深刻变化对于矿产资源勘查领域产生了重大的影响。与此同时，高等教育教学改革也在稳步深入推进，矿产资源勘查学的课程内容和知识体系也需要跟上时代发展的步伐。为此，本书在第一版的基础上进行了如下重要的修改补充：

1. 对第二部分矿产勘查应用技术的内容进行了显著扩充，其思路是力图将矿产资源勘查学打造成一门综合性课程。笔者在教学研究和实践过程中体会到，对于资源勘查工程专业而言，独立开设遥感、地质填图、地球物理、地球化学等勘查技术课程不仅要受到课程学分方面的约束，而且其教学效果也低于预期。如果把矿产资源勘查学作为综合性课程开设，不仅能够减少课程的门类和学时，有利于为学生腾出更多的时间学习通识课程，而且打破了学科之间的界限，有利于培养学生对矿产资源勘查的整体认知能力。

2. 补充前沿性和先进性的知识，注重体现与国际接轨的思想。体现在将原第 11 章矿产勘查阶段拆分为第 11 章矿产勘查阶段和第 12 章固体矿产资源/储量分类系统，并在第 12 章中介绍了国际上主要的资源/储量分类系统以及我国 2009 年新修订的《固体矿产资源量/储量分类》；将原第 15 章拆分成现在的第 16 章矿体圈定和第 17 章资源储量估算方法简介，在第 16 章中增加了矿体连续性的内容，第 17 章中补充了 SD 法、地质统计学方法、品位－吨位曲线、以及资源储量精度等方面的内容。

3. 增加了课程设计的实训材料，并且以光盘的形式储存。实训过程主要利用中国地质调查局开发的软件来实现，目的是为教学提供方便。课程设计的内容由高德政教授和严冰讲师完成。

4. 其余各章节也都作了相应的补充和调整，进一步丰富了该教材的内涵。

在第二版修订过程中参阅并引用了国内外大量优秀的文献资料，谨向这些作者表示敬意和诚挚的感谢！第二版的出版得到成都理工大学教材出版基金的资助，书中部分图件由孙萍女士绘制，谨借此机会表示衷心的谢意！

笔者对本教材第一版中存在的个别疏漏向读者深表歉意！

阳正熙

2010 年 8 月

第一版前言

矿产资源是人类社会发展的物质基础，人类文明从新石器时代、铜器时代、铁器时代至工业化时代的每次跨越，都伴随着矿产资源利用技术水平的飞跃，人类在开发利用矿产资源的进程中，逐步积淀了勘查矿产资源的知识，发展成为矿产勘查学。

矿产勘查学最早的知识体系是苏联学者 V. M. Kreiter（1931）根据苏联执行第一个五年计划在矿产勘查方面积累的经验总结成《矿床找矿勘探方法》；1940 年，由 Kreiter 撰写的《矿床找矿勘探学》教材出版，该教材的修订版（上册）在 1961 年、（下册）1962 年出版。一些国际上有影响的矿床勘查学优秀教材还包括捷克斯洛伐克布拉格大学 M. Kuzvart 等（1978 第一版，1986 第二版）的《矿床找矿与勘探》、美国亚利桑那大学 W. C. Peters（1978 第一版，1986 修订版）的《矿床勘查与矿山地质学》、原英国威尔士大学加的夫学院 A. E. Annels（1991）的《矿床评价》、英国雷斯特大学 A. M. Evans（1995）的《矿产勘查学导论》及其由 C. J. Moon 等（2006）修订再版的《矿产勘查学导论》，以及加拿大不列颠哥伦比亚大学 A. J. Sinclair 等（2002）的《应用矿产资源储量估计》等。

在我国，矿产资源勘查学作为一门独立的应用地质学学科，可以追溯到 20 世纪 50 年代。最早在地质院校设置的课程名称为"找矿与勘探及编录、取样、储量计算法"，后来调整为"找矿勘探方法"、"找矿勘探地质学"、"找矿勘探学"、"矿产勘查与评价"、"矿产勘查学"以及"矿产资源勘查工程学"等。最初的教学内容主要是借鉴苏联的教材以及苏联专家在华培训讲学的讲稿。国内比较有影响的教材包括：原重工业部（1954）汇编翻译的《找矿勘探理论和方法，苏联地质专家讲课汇编》、原成都地质学院与原昆明工学院（1980）的合编教材《找矿勘探学》（上、中、下）、侯德义（1984）主编的《找矿勘探地质学》及其由李守义等（2003）修订再版的《矿产勘查学》、赵鹏大等（1986）的《矿产勘查与评价》及其 2006 年修订再版的《矿产勘查理论与方法》、徐增亮等（1990）的《铀矿找矿勘探地质学》、阳正熙（1993）的《矿产勘查中的现代理论和技术》、范永香等（2004）的《成矿规律与成矿预测学》等。

30 余年来对矿产勘查的学习理解、课堂讲授、野外实践，笔者深深体会到，矿产勘查中充满着科学性、综合性、复杂性、变化性和艺术性的问题，这意味着在矿产勘查工程学课程的训练过程中，必须强调对学生进行创造性思维能力的培养。

矿产勘查最重要的环节是选准勘查靶区，本书的第一部分即是围绕这一主题展开的，包括第 2、3、4、5、6 章的内容。第 2 章主要论述成矿作用的地质规律，其目的是要阐明在哪个地质时期、在什么构造部位可能产生成矿物质的富集，从而为成矿预测奠定理论基础。矿产勘查思维需要借助于成矿模型来表达，因而在第 3 章中详细地阐述了成矿模型的概念以及描述性模型、品位-吨位模型，以及矿床成因模型的功能和应用。勘查模型在第 4 章中进行专门论述，其目的是要突出矿床类型的信息特征以及识别这些特征相应的勘查手段。第 5 章涉及了圈定勘查靶区的具体步骤和主要方法。第 6 章论述了建立勘查项目的战略考虑和哲学思想。

第二部分共有 5 章，重点论述矿产勘查应用技术体系。在第 7 章中介绍遥感地质及矿产地质填图；第 8 和 9 章分别阐述了地球物理和地球化学勘查技术的原理、方法，以及适用条件等方面的内容；第 10 章着重讨论探矿工程在矿产勘查中应用的技术问题。

第三部分的内容涉及矿产勘查方法系统，分成 5 章进行讨论。第 11 章阐明了矿产勘查阶段的划分以及各阶段主要的工作内容，并且详细介绍了矿产资源储量的分类系统；第 12 章论述了矿产勘查工作总体部署的指导思想和技术路径；第 13 章阐述了矿产取样的原理、思路和具体方法；第 14 章介绍矿产勘查中一些主要的综合图件的内容和编制方法；第 15 章专门介绍固体矿产资源储量估算方法的原理和步骤。

为了系统培养学生的实际动手能力和综合分析问题解决问题的能力，本课程安排了课程设计的内容。课程设计要求学生根据一个地区的基本地质资料确定矿种和目标矿床、圈定勘查靶区、建立勘查模型、进行项目设计、原始地质编录和综合地质编录、估算资源储量、最后提交勘查报告。课程设计说明书将与本教程配套。

本书力图反映近年来矿产系统勘查理论研究方面的主要成果以及综合勘查方法所涉及的最重要方面。的确，我们对于矿产勘查活动的认识在好多方面仍然是不全面的，我们需要不断更新知识、创新思想和发展理论。本书的编著只是一种新的尝试，作为教材，希望它能为学生搭建起矿产勘查知识的平台；作为参考书，希望它能为常年坚持在野外第一线辛勤工作的地质勘查人员提供理论和技术指导。然而，由于学时（篇幅）的限制，一些内容（如矿床统计预测方法、地质统计学等）不得不尽量压缩，一些内容（如原始地质编录）则需要放在课程设计中去完成。由于笔者才疏学浅，书中难免存在不完善甚至谬误之处，恳请矿产勘查界专家、同仁、和同学们批评指正！以便有机会修订再版时改进。

本书在编写过程中参阅并引用了国内外大量的相关资料，这些优秀的参考文献给了笔者巨大的启迪和帮助；本书的出版得到成都理工大学教务处的资助，谨借此机会一并致以最诚挚的谢意！

阳正熙

2005 年 12 月 1 日

目　　录

第二部分　矿产勘查应用技术

第三部分　矿产勘查方法

第1章 绪 论

1.1 矿产资源勘查的目的和性质

1.1.1 矿产资源勘查的目的

矿产资源是人类的宝贵财富，具有难以发现和不可再生的性质。矿产资源勘查（简称矿产勘查）是为发现和查明矿产资源在地质空间上的赋存状态、规模、质量、开采技术条件及评价其工业利用价值而进行的科学调查活动。它是在区域地质调查的基础上，根据国民经济和社会发展的需要，综合运用地质科学理论及多种勘查技术手段和方法对工作区的地质特征和矿产资源所进行的系统研究。

矿产勘查包括寻找、发现、证实和评价矿床。矿产勘查的主要目的是合理使用资金和时间、运用有效技术手段和方法去成功发现和探明矿床。

1.1.2 矿产勘查成功的定义

矿产勘查中的成功可以从两个主要方面进行定义：科学和技术意义上的成功及经济意义上的成功。

科学和技术意义上的成功表现为发现了值得进一步查明其经济潜力（吨位和品位）的矿化富集体或者圈出了重要的矿化异常。在此基础上，进一步的勘查验证将有三种可能的结果：①非经济的成功，即在可预见的未来，所发现的矿化体如果开采是不能盈利的；②次经济的成功，即在当前经济技术条件下所发现的矿化体暂时不能开采利用，但随着技术的进步或经济社会环境的改善，次经济的资源可能成为经济上可利用的资源；③经济上的成功，即所发现的矿化体能满足在当前经济技术条件下盈利开采所需的全部条件，这类矿体（床）通常称为工业矿体（床）。

科学和技术意义上的成功取决于两个关键的要素：存在和探测。在一个限定地区内矿床的存在与否是一种自然状态，这就是说在无矿的地区无论勘查理论和手段多么先进也不可能找到矿，因此，勘查工作最重要的是选准靶区。探测则在很大程度上取决于勘查工作的质量，这意味着：①选择最适合目标矿床类型及其环境的技术和方法；②合理计划和组织勘查工作，包括进度安排及其逻辑性；③合理利用好风险资金。

经济意义上的成功依赖于另一个关键要素——矿床的经济价值；其意义是使科学技术上的成功转化为经济上的成功。矿床经济价值仅部分取决于矿化体的自然状态，即矿化强度和范围，同时，它还包括了许多其他因素，如地理因素、经济因素、财政因素及政策和法律法规因素等。

如果考查近些年来重要矿床的发现，不难看出矿产勘查的成功主要来自三方面的因素。

（1）地质人员在以前没有人勘查过的地区找矿。这可能是由于历史因素，以前这一地区交通不便，更主要的原因可能是以前没有人意识到这个地区的找矿潜力。四川攀枝花钒钛磁铁矿矿床及甘肃金川铜镍硫化物矿床的发现都是这种成功的案例。

（2）地质人员认识了难以识别或者非典型的矿化标志。主要的原因可能是前人已经观测到这些矿化特征但否定了它们的价值。典型案例包括美国内华达州卡林金矿床、四川冕宁牦牛坪稀土矿床等。

（3）地质人员从新的视角理解原来熟悉的岩石和地质环境，创造性地利用新的勘查模型，并在勘查过程中知道什么时候追随预感。澳大利亚奥利匹克坝铜-金-铀矿床作为这一类成功的案例，一度在全球范围内掀起了铁氧化物-铜-金（iron oxide-copper-gold deposits，IOCG）型矿床的理论研究和找矿实践的热潮，产生了十分显著的溢出效应。

勘查项目失败的概率非常高，每一次勘查的失败或成功都会产生新的地质见解。在数字化时代，矿产勘查项目是地质、遥感、地球物理、地球化学、探矿工程等大量数据的来源；每个钻孔都是研究区成矿环境的一个微小快照，一个钻孔可以产生多达几兆至几百兆字节的数据，当有许多钻孔与其他类型的勘查信息相结合时，一个勘查项目可以产生上千兆字节的数据；如果再将本项目与数百个其他勘查项目进行比较，即可用以构建最佳的勘查模型。人工智能可以从许多不同的项目中获取大量的数据，这些数据量将汇成大数据，所有这些数据点都是可能成为指导矿产勘查的信息，但对于矿产勘查专业人员来说，对这些海量信息进行分类很难。幸运的是，利用今天的技术，这些数据现在可以用来训练计算机发现那些显示出与过去矿床发现模型相似的潜在区域。由此可见，大数据和人工智能是一种能使学者组合多个数据层并确定它们之间关系的方法，在数十年积累起来的地质数据基础上准确地抓住进一步成功勘查的机会。

1.1.3　矿产勘查的经济性质

矿产勘查主要是一种经济活动，更确切地说，是一种特殊的投资形式。促进矿产勘查活动不断进行的原因是：①已知矿产资源储量不能满足当前或可预见未来的经济发展要求，急需寻找新的资源储量；②人们总想找到比目前正在开采或拥有资源储量的矿床更能获利的矿床，即生产成本较低和（或）品位较高的矿床。但在实际工作中，大多数勘查项目多难以发现具有经济意义的矿床，因此，其项目的最初投资就难以回收，更不用说赚取投资利润了。对于国外一些私营勘查公司来说，矿产勘查的大部分盈利来自少数重大矿床的发现。

矿产勘查是一个动态的过程，它将随着矿产的品价格、消费者的需求、采矿和矿石加工技术、政府的矿业政策及新的勘查技术和地质理论等因素的变化而变化。

由于矿产勘查基本上是一种经济活动，技术发展和政府的矿业政策对矿产勘查的整体水平和发展方向有着极大的影响。矿产勘查的一次热潮一般开始于某种刺激因素，如矿产品价格的上升、新矿床类型的证实，或者在以前被认为缺乏矿产资源的地区取得重要突破等。一次勘查热潮常常可导致许多重大发现。一旦新发现的矿产原料当前看来已经过剩，或者随着本地区勘查的深入发展，目标矿床发现率显著降低，或者在新的地区发现了更容易探明的矿床，勘查目标将会转移，于是矿产勘查的一个周期宣告完成，与此同时，新的勘查热潮将再度兴起。

世界矿产品市场发生的巨变始于 1974 年，由于供小于求，1973～1974 年石油价格急剧上升，其他矿产品价格也相继上涨（尤其是 1979～1980 年），进而促进了 20 世纪 70 年代后期矿产勘查活动的繁荣兴旺。同时，也促使人们更合理地使用矿产资源，更广泛地回收金属，以及发展塑料、金属陶瓷和玻璃材料来代替一些传统的矿产资源。

上述状况导致了两方面的后果：一方面，矿山建设和开发的速度加快；另一方面，消费却停滞不前，矿产品过剩，价格暴跌，矿产品输出国也因此而失去了重要的外汇来源。于是又迫使许多矿山关闭，采矿公司关、停、并、转；对地质勘查而言，除金矿勘查仍然方兴未艾外，其他许多金属矿产勘查活动锐减，直到 1997 年，矿产勘查投资才回升至高位。

随后几年金属价格暴跌，大部分采矿公司持续削减生产，一些矿业公司并购，以及许多初级公司缺乏资金，导致勘查投资连续 5 年下降，并且在 2002 年降到了 12 年以来的最低点。这轮矿产勘查周期于 2002 年探底，之后，黄金价格的不断攀升及股市持续多年的牛市，共同促使其他大多数金属的价格在 2007 年和 2008 年早些时候达到高峰，大型采矿公司每年勘查投资的增加和初级勘查公司投资的急剧增加推动世界矿产勘查投资（不包括铀矿）创造了 2008 年的历史新高。然而，伴随着世界陷入近 10 年以来最坏的经济状况，金融市场也遭遇低迷，矿业市场这几年的繁荣至 2008 年 9 月进入了新一轮的调整期。尤其是从 2012 年开始，随着全球矿产品需求持续萎缩，矿业投资强度显著削减，大宗商品及主要矿产品价格呈现高位下行态势，我国矿业与全球矿业一样，进入了行业的低迷期。

随着中国经济结构的自我调整优化、中国深化改革红利的不断释放，以及"一带一路"和"十四五"规划等重大战略的实施，大宗商品呈现上扬的趋势，预计矿业和能源行业会先后逐渐复苏，地矿行业将面对新的机遇。

1.1.4　矿产勘查的风险性质

矿产勘查属于风险性很高的事业。有人把矿产勘查比喻为人类活动中最大的赌博，这是因为，如果勘查项目取得成功，其所包含的经济报酬将大于许多其他行业所期望的经济报酬；但同时矿产勘查失败的概率也相当高，倘若失败，则会导致重大的经济损失。然而，矿产勘查是人与自然做斗争，在这一过程中，人能充分发挥其主观能动性。

矿产勘查风险来源于地质方面、技术方面、环境-社会-政策方面、经济方面的不确定性。

地质风险与矿床埋藏状况有关，也与勘查靶区的选择有关。更进一步说，即使发现了矿床，由于矿床内部地质情况的变化，地质风险仍然存在。矿床规模也与风险有关，如果矿床规模小，其整个开采阶段可能都处于矿产品价格低迷时期；如果矿床规模大，其开采阶段可能会跨越一个以上的价格周期，从而在一个或更多的金属高价期受益。所以小矿床的内在风险大于大矿床。

技术风险与矿床开采和选冶技术条件有关。这些风险必须及早考虑，一般可以通过初步验证、半工业性试验等降低风险。

环境-社会-政策风险在于矿产资源能否以符合国家环境保护政策的方式勘查和开采？能否以符合地方政府投资政策的方式勘查和开发？

经济风险在所有的经济预测阶段都存在，与对价格、汇率、成本和市场条件等的预测正确与否和是否科学合理有关。矿山开发的经济风险比勘查阶段还要高得多，如果根据不正确的地质资料进行矿山建设，将会造成重大经济损失。从这个意义上讲，经济风险是一种总体风险类型，它包含并反映了上述三类风险。

由于勘查活动是全方位活动，在勘查和开发的过程中，还可能遇到原来被疏忽的因素或难以预料的问题，如经营机制转换、某些政策的改变、整体和局部发生矛盾等。

当人们认识到矿产勘查高风险的规律性时，自然要采取相应的对策。其中一个重要对策是对矿产勘查实行低门槛准入政策。主要表现在以下几个方面：第一，探矿权的取得采用"先来先得"原则（也有例外的情况）。第二，对申请探矿权人的主体不加限制，在市场经济国家，自然人、法人、非法人均可以取得探矿权。第三，探矿权准入成本低，市场经济国家探矿权的准入成本仅体现在租金上，并且探矿权的有偿取得原则也全部体现在租金上；租金的费用一般情况下也仅是名义上的，征收的费用很少，美国就是这方面的典型例子（王家枢，2008）。

风险是不利因素，然而，它又是矿产勘查活动的组成部分，因此，为了尽量减少风险程度，缓解其在每个勘查阶段中的有害效应，提高抵御风险的能力，有必要对勘查项目进行风险分析。勘查项目风险分析的目的是揭示风险来源、判别风险程度、提出规避风险对策、降低风险损失。实际操作时可以分为四个步骤：①风险识别，即界定风险源，确定潜在的风险范围；②风险量化，确定事件发生的概率及可能产生的后果；③风险影响评估和方案选择，定量计算发生风险的后果和选择行动方案；④风险处理计划，描述处理风险的各种方法，并推荐具体的处理风险的行动。矿产勘查过程中除了应综合各种因素认真分析利弊、在风险和机会之间进行权衡外，特别要搞好组织协调工作，以保证勘查活动顺利进行，达到风险最小、效益最高的预期目标。

1.2　矿产勘查所面临的形势

1.2.1　国家矿产资源安全的基本概念

国家资源安全问题是指一个国家因其社会经济发展所需要的自然资源受到某些因素（如资源枯竭、国际市场资源价格变动、生态环境破坏等）的干扰而不能获得持续、稳定、及时、足量地供给并导致一定程度的威胁和损害的状态（成升魁等，2003）。根据世界各国关于矿产资源生产和消费的水平，大致可以划分出矿产资源生产国和消费国。为了保证各自的国家利益，矿产资源生产国通常采取确保矿产资源稳定需求、足量供给的战略，具体对策主要包括：①动用剩余生产能力及调节生产配额来调节资源供应，并通过提高资源价格来实现最大利润；②建立矿产资源现有产业和产品销售网络。

矿产资源消费国往往认为：为保证国家矿产资源安全，不仅要保障资源进口数量的相对稳定，而且要保证控制矿产品市场并维持低价位；其安全战略一般是通过多渠道以可接受的矿产品价格获取足量资源来满足国民经济的持续发展。具体对策包括：①建立矿产资源战略储备以应付短期矿产资源短缺的威胁；②开发替代产品；③发展循环经济，提高资源利用效率；④增加矿产资源勘查和开发及技术创新的力度，降低对矿产资源进口的依赖性。

我国矿产资源总量虽然很大，但人均少，资源禀赋不佳；多数大宗矿产储采比较低，石油、天然气、铁、铜、铝等矿产人均可采资源储量远低于世界平均水平，资源基础相对薄弱；

重要矿产资源储量增长相对缓慢，矿产勘查难度不断增大，隐伏区、深部区等找矿方法尚未有效突破，一大批老矿山可采储量急剧下降，矿产资源勘查开发接续基地严重不足，一些重要矿产资源储量消耗快于资源储量增长。

随着工业革命的不断发展，全球气候变暖对人类生活的影响越来越大，近几年世界各地自然灾害频发，给人类社会带来深重灾难。为了应对气候变化，清洁可替代能源也就应运而生。在这一过程中，稀土、锂、钴、镍或铟等稀缺原料越发重要，它们都是人类迈入低碳社会的关键材料，如金属铟，常常被用来制作触摸屏、太阳能面板等透明导体。初步估计，到2050 年，金属铟全球累计需求约 3.4 万 t，目前全球已探明资源量约 1.5 万 t。

当今世界资源竞争已成为国家之间竞争的重要形式之一。地球上储存的资源是相对有限的，缺乏资源会严重影响一个国家的发展及竞争力，有可能会遭遇"卡脖子"，历史上第一次世界大战和第二次世界大战，一定意义上说就是资源争夺大战。当前许多国家都在围绕战略资源、关键资源和战略新兴资源展开激烈博弈。例如，全球每年钴产量仅为 13 万 t，其中 60%产自刚果（金），我国已经未雨绸缪布局刚果（金）铜钴矿，目前中资企业的钴产量已占刚果（金）总产量的 40%，而且还获得肯斯韦尔（Kinsevere）铜钴矿床 95%的股份，该矿床不仅规模大，而且是世界上钴品位最高的矿床之一。

自然资源部 2020 年 7 月 3 日在北京主持召开的矿产资源规划编制培训视频会议明确指出，当前，我国矿产资源基本国情没有变，矿产资源在国家发展大局中的地位和作用没有变，资源环境紧约束态势没有变。今后我国矿产资源消费总量仍将处于高位，国内资源难以满足需求，许多新型能源、新兴产业、生态建设和民生保障等原材料和产品来自矿产品，但国内资源供应保障仍存在很大缺口，资源供需矛盾、资源开发与生态保护矛盾依然突出，矿业高质量发展任重道远。

外部环境复杂多变，矿业合作挑战加大。全球矿业市场活跃，资源配置和矿业全球化趋势明显，为我国利用国外资源和市场提供了难得的机遇。但市场竞争日趋激烈，矿产品价格大幅波动，境外勘查开发矿产资源和进口矿产品成本增大。加之我国资源战略储备能力不足，有效应对资源供应中断和重大突发事件的预警应急能力较弱，矿产资源安全始终是国家可持续发展的核心问题。经济社会对于矿产资源巨大的需求，矿产资源保障能力的下降，呼唤着地质找矿必须取得重大突破。

"十四五规划"和 2035 年远景目标绘就了我国未来十五年经济社会发展的路线图。为贯彻落实中央决策部署，自然资源部正在会同国家发展和改革委员会、科学技术部、工业和信息化部、财政部组织制定《战略性矿产国内找矿行动纲要（2021—2035 年）》，旨在加大国内矿产勘查力度，推动矿业高质量发展，增强战略性矿产资源安全保障能力。矿产资源勘查将进一步围绕国家资源安全和重大战略需求，瞄准战略性和关键性矿产资源勘查开发的重大科学问题和技术难题，实施新一轮找矿突破战略行动，同时也将在数字化、智能化、绿色中国、深地深海等领域拓展，为我国早日实现社会主义现代化提供矿产资源保障的支撑服务。

1.2.2 矿产资源的可持续发展

20 世纪末，广为世界各国接受的社会经济发展的一个重大问题是：地球资源是有限的，这些资源的开采应以一种不损害子孙后代利益的方式进行，实现社会经济的可持续发展和资源的永续利用。就矿床开采而言，可持续发展的概念意味着未来的社会和经济实践应当努力维护矿产资源的保障能力，既要满足当代，还要满足子孙后代的需求。事实上，由于矿产资源的稀缺性和不可再生性，随着世界人口的急剧增加，保障矿产品长期稳定的供应是一个十分艰巨的任务，要求人们更好地认识地球系统、更有效地循环利用现有资源，以及对处于枯竭边缘的资源寻找替代资源。

矿产资源永续利用的条件是不可再生的矿产资源消耗量要得到大致等量的新增资源储量的补充，即实现保有资源储量的动态平衡。这是矿产资源可持续利用的充分和必要条件，也应成为矿业可持续发展的重要指标之一。

通过全球资源的优化配置，建立稳定、安全和经济的供应体系，满足我国全面经济建设对矿产资源的需求；通过开源节流，在满足当代人需求的同时，也保证我们的子孙后代发展的需求，实现资源利用上的代际公平；通过高效利用，将矿产资源的优势转化为经济优势，带动地区发展，实现地区间发展的公平性；通过战略储备，降低突发事件和国际市场价格波动对中国的影响，保障国家经济安全；通过科技进步，提高矿产资源的利用效率和效益；重视灾害预防和环境保护，实现资源、环境与社会经济的协调发展和良性循环（周宏春，2003）。

由中国地质调查局组织编撰的巨著《中国矿产地质志》系统地梳理核实了我国已发现的6.48万处矿产地，全面展示了矿产资源的时空分布和成矿规律，研判了我国矿产资源潜力和找矿前景，为实现我国矿产资源可持续发展奠定了坚实基础，为实施国家能源资源安全战略提供重要支撑。

遵循地质规律，依靠技术创新促进转变矿产资源开发利用方式，以科学发展观引领绿色矿业的发展，合理利用资源、保护环境，着力实现矿产资源开发的经济、环境和社会效益相协调，是实现矿产资源可持续发展的必然要求，从而实现经济发展与保护资源双赢。

1.2.3 矿产勘查难度增大

按与地表的关系可把矿床分为以下三类。

（1）露头矿（outcroppedore bodies）：矿体本身或上部氧化带出露地表。

（2）隐伏矿（concealedore bodies）：矿体曾经由于地壳抬升出露地表但后来由于地壳下降而被新的沉积层覆盖，可能导致这类矿体在地表无任何矿化显示。

（3）盲矿体（blindore bodies）：矿体未直接出露地表但赋存在地表浅部（一般在1km深度范围内），在地表可能存在与矿体有空间关系的蚀变带或地球化学异常。

寻找露头矿床不需要高深的理论和技术手段，只需对当地情况比较熟悉，具备一些简单的矿物鉴定知识就能找到，20世纪50年代以前，国内外发现的绝大多数矿床均属于这类矿床。发现盲矿床则需要借助一定的地质理论和技术手段，由于地表有矿化间接显示，勘查成功的机会仍比较多，70年代以前发现的矿床多属此类。

勘查在地表没有任何可识别矿化显示的隐伏矿床和盲矿床的难度最大，在许多勘查程度较高的地区所面临的任务就是寻找这类矿床，由于这些地区一般都已形成配套的工业基础，寻找这类矿床具有很大意义。

勘查对象从露头矿床到地表只有间接矿化显示的矿床，再到现在和今后需要找寻的地表无任何矿化显示的隐伏矿床和盲矿床的变迁，表现为矿床勘查难度增大，勘查费用增高，而矿床发现率却相对降低。这是矿产勘查地质工作者正面临的严峻的挑战，也面临着观念的转变和知识的更新。

White 等（2007）分析了我国矿产勘查的现状后提出：①中国地质条件极其有利于矿产勘查更大的发现；②中国国内大部分地区都存在勘查不足或者未勘查的情况，绝大部分勘查工作中除了地质填图和地球化学测量，较少甚至没有运用过系统的、综合的地质勘查方法。他们认为，按照世界标准，现今中国采用的绝大部分勘查技术和方法都已过时，而且缺乏正确的勘查理念；对大多数地质勘查队伍来说，如地质填图和地球化学之类的基础勘查技术是可以采用的，但是有关矿床模型方面的知识却是残缺的；地面地球物理方法可以用但是费用较高，所以没有被普遍应用；航遥技术难以应用，质量较差。根据他们的结论，中国矿产勘查和采矿产业至少和世界的水平相差了 50 年。

改革开放以来，地勘单位改革走过了一段漫长而曲折的道路，有过辉煌的业绩和丰硕的成果，也有过低谷与阵痛。1980 年 4 月，在北京组织召开了全国地质系统评功授奖大会，形成了新一轮找矿立功热潮，在社会上产生了良好的影响。1987 年，地质矿产部印发《地质工作体制改革总体构想纲要》，提出了改革的目标，建立具有中国特色、充满生机与活力、适应有计划商品经济发展的地质工作体制。1999 年 4 月，国务院办公厅印发《地质勘查队伍管理体制改革方案》，对地勘队伍的管理体制进行了重大调整，实行了属地化管理，满足了国家及区域性经济发展对地勘工作的需要。2001 年 11 月，国土资源部印发《地质队伍"野战军"组建总体方案》，使地质工作更加紧密地与国民经济和社会发展相结合，更加主动地为经济与社会发展服务。2006 年 1 月，《国务院关于加强地质工作的决定》出台，建立中央和地方公益性地质调查队伍。

为了适应我国地质找矿工作面临内外部环境的巨大变化，国土资源部于 2009 年在全国范围内开展了"地质找矿改革发展大讨论"，从思想观念、体制机制、规范标准等层面进行了系统的梳理，在思想观念、体制机制、实际工作等方面都不同程度地取得了新进展。目前，《矿产资源管理法》正在加紧修订，《国土资源部关于构建地质找矿新机制的若干意见》、《关于完善地质找矿运行机制实现找矿重大突破的若干意见》及《全国矿产资源规划（2016—2020）》等一系列重要文件已发布实施，这些都标志着我国适应社会主义市场经济体制要求的矿产资源勘查、开发利用宏观调控机制的初步建立，矿产资源管理法律制度日趋完善。

为了贯彻落实《国家中长期科学和技术发展规划纲要（2006—2020 年）》，加强对矿产资源科技的宏观指导和政策引导，科技部会同国家发展和改革委员会、国土资源部、国家能源局于 2009 年联合制定了《固体矿产资源技术政策要点》，提出了包括开展战略性矿产资源勘查评价，建立资源高效开发和利用先进工艺技术系统，发展大型高效节能矿山设备，发展矿山生态环境保护技术，完善矿山灾害控制和预防体系，发展基础性及前瞻性应用技术等七个方面，涵盖了 60 个领域的发展战略。

解放思想、转变观念是矿产勘查取得新的改革和发展的动力之源。在矿业全球化的趋势下，深入了解矿产品及其下游产业链的经济规律和金融知识，认真分析世界矿产品市场的复杂变化，及时捕捉各种信息，对制定对策、延长重要战略机遇期的时效、确定矿产资源勘查技术路线等都具有十分重要的意义。

《全国地质勘查规划》（国土资发〔2008〕53 号）文件指出：我国城镇化和工业化进程

加快，资源供需矛盾更加突出，环境压力不断增大；全球矿业形势步入全面复苏阶段，矿业市场活跃，资源跨国竞争日趋激烈。地质勘查工作面临前所未有的发展机遇和挑战。《全国地质勘查规划》中确定了我国 2010 年和 2020 年地质勘查工作目标，以我国区域地质特点、地质勘查工作程度、资源禀赋条件为基础，根据国家区域发展战略和经济社会发展对地质勘查工作的需求，分别从宏观、中观等不同的尺度，勾画了我国今后地质勘查工作的总体布局。进一步确立了企业在商业性勘查中的主体地位，明确了市场在矿产勘查要素配置中的基础性作用，加强了政府对商业性矿产勘查的宏观调控和引导，从而达到规范勘查市场行为和改善市场环境的目的。其根本目标是形成促进实现矿产勘查的新机制，提高地勘单位核心竞争力。

矿产资源是工业的血液和粮食，为立足国内增强能源资源保障能力，2011 年国务院批准《找矿突破战略行动纲要（2011—2020）》；确立了"用 3 年时间，实现地质找矿重大进展""用 5 年时间，实现地质找矿重大突破""用 8～10 年时间，重塑矿产勘查开发格局"的目标（《中国地质调查百年史纲》编写组，2018）。

2012 年 2 月，国土资源部会同国家发展和改革委员会、科技部、财政部在全国启动了找矿突破战略行动，并由国土资源部印发了《国土资源部全国工商联关于进一步鼓励和引导民间资本投资国土资源领域的意见》《国土资源部关于加快推进整装勘查实现找矿重大突破的通知》等文件，有效调动了多方面参与地质找矿的积极性。

2014 年 7 月 4 日，时任中国地质调查局局长汪民在中矿联地勘协会第三次会员代表大会上的讲话中强调，地勘单位要改变传统的人才培养、引进、使用观念，充分尊重人才、保障人才权益、激发人才创造活力，着力培养一批创新性、复合型人才和领军人才，打造一批肯干事、能干事的队伍。不断增强地勘队伍的市场竞争力。

习近平总书记 2013 年 9 月明确指出："我们既要绿水青山，也要金山银山。宁要绿水青山，不要金山银山，而且绿水青山就是金山银山。"2017 年，国土资源部召开的全面推进绿色矿山建设部署动员视频会强调，紧紧围绕生态文明建设总体要求，将绿色发展理念贯穿于矿产资源规划、勘查、开发利用与保护全过程，引领带动传统矿业转型升级。由此可见，绿色矿业是生态文明建设重要一环，绿色勘查是保障地质找矿工作可持续发展的重要抓手，这已从行业呼吁上升到国家层面的共识，这要求地勘单位在矿产资源勘查与开发方面，必须毫不犹豫地把"绿色""生态"作为"底线"。

2018 年是我国地勘单位转型发展非常重要的一年，国家经济发展的需求和地质勘查市场的变化，推动了我国地质工作结构的升级和服务领域的拓展。在事业单位体制改革和地质勘查领域供给侧改革的双重作用下，全国地勘单位的管理体制进入变革期，产业结构步入调整期，地勘单位迅速转变发展思路、更新发展理念、聚焦政府需求、围绕社会关切、提供高质量的地勘产品和服务。矿产资源勘查正朝着数字化、信息化和智能化方向发展。

当前，我国矿产资源基本国情没有变，经济社会发展对矿产资源的刚性需求仍保持在高位。面对找矿突破的挑战和事业单位分类改革的推进，我国国有地勘单位正面临思维转换和战略发展的新机遇，顺势而为，应对挑战的一些举措可能应该包括：①需要培育和激活矿产勘查市场；②需要提高勘查效率；③需要找到降低发现成本的方式；④需要明智地知道在什么部位进行钻探；⑤需要建立一个可持续发展的行业；⑥矿产勘查的国际化对于把勘查经费花在哪儿有重要的影响。

1.3 矿产勘查地质工作者应具备的素质

矿产勘查难度增大是由于矿产勘查空间从二维过渡到了三维，勘查对象在地表反映的现象与矿床本身之间的距离越来越远；矿化信息由强信息转化为弱信息，由直接信息转化为间接信息。

矿产勘查是一个极具挑战性的行业，矿产勘查工作要取得重大突破，除了改进勘查理论和技术外，提高矿产勘查人员的素质是一个十分紧迫的问题。

Miller（1976）提出了成功的矿产勘查地质人员应具备的素质，按重要性依次为：①良好的身体素质；②创造性；③智力；④乐观主义；⑤坚忍不拔的毅力；⑥不优柔寡断、不盲目崇拜；⑦冒险精神。

朱训（2003）认为矿产勘查地质人员需要智力方面和非智力方面的素养。智力素养包括：①合理的知识结构；②丰富的经验储备；③正确的理性思维；④高超的管理才能。非智力方面的因素包括：①强烈的找矿意识；②无私的奉献精神；③良好的协作道德；④强健的身体素质。

地勘行业具有其特殊性，除了在要在市场中保持竞争力、实现可持续的经营目标，还肩负为经济社会发展提供地质基础服务的社会责任，因此不能单从市场经济的角度考虑可持续发展的能力，还要考虑地勘事业的永续发展。对于地勘单位而言，资源、资产都不具备竞争优势，其核心竞争优势是人才（付贵林等，2020）。毫无疑问，高级知识人才的能力将决定未来矿产勘查公司的生存和发展。就矿产勘查而言，所要求的高素质地质人才既是精通矿产勘查理论和技术的行家，也是具有项目管理才能的专家，能够强有力地领导自己的团队同心协力地完成所承担的项目。这类人不墨守成规，具有很强的开拓创新精神，善于听取他人意见，懂得扬长避短，是一个地道的综合素质高手。这种综合素质除了包括上述 Miller 所强调的7 个方面以外，还应具备以下几种能力。

（1）勘查思维能力。

提高矿产勘查的智力，不但需要知识和技术，更需要高超的思维技能，因为知识和技术都需要靠思维去巧妙地应用（周先民，2001）。矿产勘查思维包括问题性思维、批判性思维及创新思维。

问题性思维的起点是设问，利用问题导向促进科学技术的创新。矿产勘查过程中需要解决的重大问题包括：①勘查目标是什么？涉及勘查什么矿种及什么矿床类型的勘查战略？②到哪儿去勘查？为什么要去那儿勘查？有没有更好的替代靶区？诸如此类的问题能够引领我们通过成矿规律和成矿预测的研究途径定义目标矿床的最佳勘查靶区。③怎样实施勘查？也就是要选择适宜的勘查技术和方法，以最短的时间、最低的成本发现目标矿床。④所勘查的矿床在当前经济技术条件下能否开发？也就是要查明矿床的质量、数量、开采技术条件等诸多因素。正是通过这些勘查哲学问题展开矿产勘查活动，敲开成功发现矿床的一扇扇大门。

批判性思维注重的是反思。它召唤人们摆脱思想的迷信，不唯上，不唯书，也不唯众，从传统的约束、教条的框套和权威的笼罩中解放出来，在事实和逻辑的基础上，在理性和自由的加持中，在审辩式和建设性的评判中，用自己的眼睛去观察，用自己的头脑去思考，用自己的心灵去探究。同时，努力在开放、多元、包容的视界中去倾听、去汲取、去提升。一名有思想、有批判性思维的矿产勘查专业人员，一定具有筛选能力、判断能力和知识更新能力，从而具有引领勘查项目取得成功的定力。

创新性思维强调的是超越，是打破固有的思维定式，以新的理念、新的视角和新的方式，开辟新的路径，求解新的问题，提出新的立论。创新思维具体在矿产勘查中表现为想象力，如提出新的勘查项目、设想出新的成矿模型和勘查概念，或者对传统勘查方法的更新等。换句话说，矿产勘查中的创新是指用一种独到的方式表述自己的勘查思维，或者采用一种新方法处理老问题。创新的作用在于确定勘查项目的起点、推动勘查理论的深化、促进成矿理论的完善、形成学术的竞争、引领科学的成矿预测、实现勘查技术的综合应用。具有创新能力的地质人员具有很强的应变能力，能够在复杂的情况下做出正确的判断和决策。因此，创新能力常常能帮助勘查项目取得重大突破。创新是矿产勘查的灵魂，不创新就是重复别人的老路，就是浪费金钱和时间，就是减少甚至丧失自己的人生价值。

培养学生矿产勘查思维能力是矿产资源勘查学课程最重要的教学目的；加持了勘查思维的教学内容，课程教学就会成为科学和技术紧密结合的艺术。

（2）工程能力和团队精神。

工程可以广义地定义为把科学知识转化为实际目的的过程。因此，工程的内容不仅包括有形的硬件，而且涉及项目的具体运作方法、组织结构及管理实践。过去许多勘查项目的失败是决策不当或管理不善造成的。工程能够以最少的项目经费、最短的时间获得最好的勘查效果。

团队精神是构成工程能力的一部分。无论是就一个勘查公司还是就一个勘查项目而言，其整体竞争实力表现在人、财、物等方面的综合，但地质勘查人员的能力起着决定性作用。他（她）要充分设计好团队的知识和能力结构，使团队具有技术创新的能力；他（她）还要具备较强的组织和发动能力，领导项目组（团队）全体成员朝着既定目标前进。通过各学科人员密切配合、知识共享，把每个人的聪明才智汇聚成集体的智慧和力量。

为了维持人类文明对矿产资源的需要，必须培养大批有潜在能力的优秀矿产勘查地质工作者，他们肩负着为国民经济建设提供足够能源和矿物原料的光荣而又艰巨的任务。希望有志于矿产资源勘查事业的同学们努力学习本专业及相关领域的知识，提高自己在质疑力、观察力、洞察力、协同力等方面的核心素质；把握矿产勘查领域的现状和发展趋势，培养自己的战略眼光和全球视野，逐渐成长为矿业界精英。

本 章 小 结

（1）矿产勘查的成功分为科学技术意义上的成功及经济意义上的成功。科学技术意义上的成功在于发现值得进一步勘查的矿化或矿致异常，经济意义上的成功则在于证实了发现的矿化具有工业开发价值。科学技术意义上的成功需要借助地质理论和勘查技术手段来实现，而经济意义上的成功则建立在技术成功的基础之上。

（2）矿产勘查是一种投资，矿产勘查活动具有动态性和不确定性的特点。动态性质表现在矿产勘查活动显著地受矿产品价格（供求关系）、科学技术的进步等诸多方面因素的影响，这些因素引领着矿产勘查的发展方向。不确定性说明矿产勘查是一项风险性很大的事业，风险来自于地质方面的不确定性、经济技术方面的不确定性，以及政策方面的变化性。风险是客观存在的，但可以通过智慧降低风险。

（3）实现矿产资源的可持续发展需要提供足够的矿产资源储备并保护好环境。

（4）优秀的矿产勘查地质人员需要具备良好的身体素质、思想素质、业务素质、创新能力及团队精神。

讨 论 题

（1）为什么说矿产资源勘查是一个动态过程？

（2）如何培养正确的矿产勘查思维？

（3）如何应对矿产资源勘查面临的挑战？

（4）自 2000 年以来国际铁矿石价格走势变化带给你哪些思考？

（5）在国外投资矿产资源勘查需要考虑哪些方面的风险？

（6）如何才能成长为一名优秀的矿产勘查地质人才？

本章进一步参考读物

陈毓川, 李庭栋, 彭齐鸣, 等. 1999. 矿产资源与可持续发展. 北京: 中国科学技术出版社

程裕淇, 朱裕生, 宋国跃. 2002. 大地中的宝藏——实说中国的矿产资源. 北京: 清华大学出版社

王家枢. 2008. 矿产勘查工作规律性初探(之一). 国土资源情报, (6): 2-5

王家枢. 2008. 矿产勘查工作规律性初探(之二). 国土资源情报, (7): 2-5

王家枢. 2008. 矿产勘查工作规律性初探(之三). 国土资源情报, (8): 2-7

王家枢. 2008. 矿产勘查工作规律性初探(之四). 国土资源情报, (9): 2-6

王家枢. 2008. 矿产勘查工作规律性初探(之五). 国土资源情报, (10): 2-9

夏国治, 程裕淇. 1990. 当代中国的地质事业. 北京: 中国社会科学出版社

《中国地质调查百年史纲》编写组. 2018. 中国地质调查百年史纲. 北京: 地质出版社

周先民. 2001. 找矿思维方法. 北京: 地震出版社

朱训, 尹惠宇, 项仁杰, 等. 1999. 中国矿情. 第二卷. 北京: 科学出版社

Hall D J. 2006. The mineral exploration business: innovation required. SEG Newsletter, 65: 8-15

Miller L J. 1976. Corporation, ore discovery, and the geologist. Economic Geology, 71(4): 836-847

White N, Yang K H. 2007. Exploring in China: the challenges and rewards. SEG Newsletter, 70: 1-15

第一部分　靶区圈定

矿产资源勘查的第一步是选准勘查靶区。工业矿床发现的概率大约只有千分之一，在高风险的条件下，要使勘查成本最低，以便集中资金进一步深入开展工作，就要求在每个勘查阶段的最终结果中可供选择的最佳靶区（机会）尽可能地少，而其他所有靶区都要被否决掉。对非重点靶区尽快加以确定或否决，才有可能把有限的经费投入到最有可能发现目标矿床的地区。选择靶区的技术思路是：在成矿理论的指导下，根据目标矿床形成的地质环境和矿化信息，选择最有利于目标矿床形成的地区。

- 第 2 章　成矿地质规律
- 第 3 章　成矿模型
- 第 4 章　矿产勘查模型
- 第 5 章　靶区圈定及资源潜力评价方法
- 第 6 章　矿产勘查项目

第2章 成矿地质规律

地壳本身的结构和构造是极不均匀的，地壳运动及其应力分布也是极不均匀的，导致地壳在不同时间和空间上表现出不同的运动特点。认识地壳纷繁变化的运动特点是地球动力学研究的主要内容，也是认识成矿规律的必然和自由。把矿床形成环境和构造环境联系起来的目的是了解各种构造环境中形成的岩石的含矿潜力，在构造环境内圈定有利于成矿的部位。构造环境是控制矿床类型、矿床变形及保存矿床潜力的主要因素。

2.1 成矿规律分析

2.1.1 成矿规律分析中的几个基本概念

1. 成矿规律

矿床形成的空间关系、时间关系、物质共生关系及内在成因关系等的总和统称为成矿规律（metallogeny）。地壳中成矿物质的非均匀分布是自然界中的一种客观规律，研究成矿规律就是要探讨成矿物质在地壳非均匀性分布背景下的富集规律（即矿床的分布规律），总结矿床在空间上和时间上与各种地质特征（控矿因素）的关系，其目的在于确定在哪个地质时期、在什么构造部位产生了成矿物质的富集，从而圈定出成矿远景区，指导矿产勘查工作决策。

2. 成矿预测

成矿预测（metallogenic prognosis）是为了提高矿产勘查的成效和预见性而进行的一项综合研究工作。其主要过程是根据工作地区内已有的各种地质、矿产、地球物理和地球化学等方面的实际资料，全面分析研究区内的地质特点和已发现的各种矿产的类型、规模及其在时间、空间上与地质构造的关系，阐明其成矿规律，进而预测区内可能发现矿产的有利地段及控制条件，指出需要进一步工作的方向、顺序和内容等，为下一阶段的勘查工作提供依据。矿产勘查的特点是在不确定条件下进行各种决策，因此，矿产勘查的核心是预测（赵鹏大等，2019）。

成矿预测的重点是圈定成矿远景区，然后评价远景区内的成矿潜力。根据 1990 年地质矿产部颁布的《固体矿产成矿预测基本要求（试行）》的规定，成矿预测工作分为小比例尺（1∶100 万～1∶50 万）、中比例尺（1∶20 万～1∶10 万）和大比例尺（1∶5 万～1∶1 万）成矿预测。但也有学者根据预测区范围分为区域性预测和局部性预测（范永香和阳正熙，2003；薛建玲等，2018）；有的根据预测对象分为深部预测、盲矿预测；还有的根据预测方法分为地质统计预测、资源总量预测（赵鹏大等，1994）等。

3. 控矿因素

控矿因素（ore-controlling factors）又称为成矿地质条件，是指直接或间接影响、控制矿床（矿体）形成及其分布的各种地质要素，包括构造作用、岩浆活动、地层、岩性、岩相古地理、区域地球化学因素、变质作用、古水文条件、风化作用等。一个矿床的形成往往是多种控矿因素共同作用的结果，但针对具体的某一类矿床而言，控矿因素对成矿的贡献存在主次之分。控矿因素分析是成矿规律研究的重要基础。

4. 矿化信息

矿化信息（mineralization information）也称为找矿标志，是指能显现矿化存在或可能存在的地质现象或线索。如矿化露头（原生露头或铁帽）、近矿围岩蚀变、标型矿物、重砂矿物、旧矿遗迹等信息能够直接指示矿化的存在，故称为直接矿化信息；如地球物理异常、地球化学异常、遥感地质解译等信息则属于间接矿化信息。

5. 成矿远景区

成矿远景区（mineral prospect）指根据矿产勘查初步研究圈定的潜在含矿区域或成矿有利地段，又称为成矿靶区。成矿远景区是三维的，远景区内可能出露矿化现象、老矿山或者具有与某类矿床形成环境有关的异常特征（一般是借助于地质、遥感技术、地球物理及地球化学的观测结果识别）。

远景区是勘查地质人员工作的基本单元，不同远景区其成矿地质条件、地质工作程度和找矿潜力不同，勘查地质人员需要优选出最有成矿潜力的远景区作为勘查靶区，然后对其进行勘查，其目的是查明远景区内可能存在的矿床。

6. 成矿潜力

成矿潜力（mineral potential）指未发现矿床存在的概率。某个地区成矿潜力是在矿产资源评价阶段得出的结论，其精确性取决于当前科学知识水平和该区勘查工作程度，以及所获得的地学资料的数量和质量。如果该区的地质和矿床类型研究方面取得重要的进展或者获得新的资料，则其成矿潜力应该重新进行评价。

7. 矿点

矿点（occurrence）是勘查程度很低或未作品位和吨位估计的潜在矿床的赋存部位。包括矿化点（ore occurrence）和非经济矿点（uneconomic occurrence）。

8. 矿产资源潜力评价

矿产资源潜力评价（assessment of mineral resources potential）是在全面总结地质调查、矿产勘查和科学研究等成果的基础上，深入研究成矿地质背景、典型矿床特征和区域成矿规律，采用综合地质信息预测方法，科学评价区域矿产资源潜力，为矿产资源规划、管理、保护和合理利用提供基础支撑。实际上，从工作性质、研究内容、研究方法及预期成果等方面，矿产资源潜力评价项目与成矿预测项目都具有相似性。

2.1.2 　成矿规律分析的思路

成矿规律分析（metallogenic analysis）是指查明地壳中矿产分布规律的各种方法的总和。其特点是，把一个个地质现象作为统一整体的各个部分来加以研究，并同时对所获得成果（结论）进行综合。

矿产勘查是一项风险性很大的事业，成功的概率通常被估计为千分之一，即 1000 个异常或远景区中可能找到 1 个工业矿床（图 2.1）。在高风险条件下，要使勘查成本最低，以便集中资金进一步工作，就要求在每个勘查阶段的最终结果中可供选择验证的最有成矿潜力的靶区尽可能地少，而其他所有靶区都要否决掉。对非重点靶区很快加以确定或否决，才有可能降低直接的勘查成本。而成矿规律分析就是在矿产勘查过程中充分利用不同地质科学的最新成就和理论来达到上述目的的最有效途径。

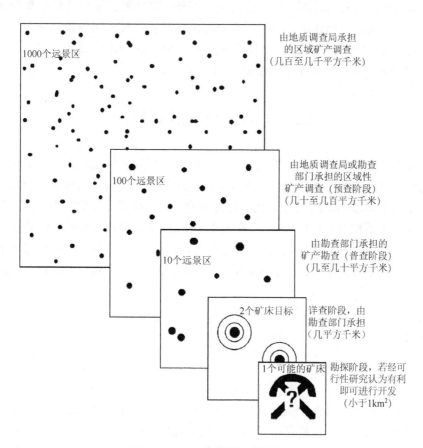

图 2.1　矿产资源勘查基本过程示意图

地球上不存在完全相同的矿床，然而，深入研究表明，根据矿床的共性可以把全球的所有矿床划分成少数几种类型，如果掌握了某个特殊矿床类型的全部特征，包括矿床形成和定位的地质环境及矿床本身的地质特征，那么，就能够根据实际观测资料分析和预测远景区的成矿潜力。

矿产勘查的第一步是要确定工作区，即勘查靶区。勘查靶区是指依据充分收集的地质、构造、蚀变及矿化（点）资料，开展矿床类型和找矿标识研究，对区内物探、化探、遥感等异常进行分析解释，以及野外踏勘或投入极少量工程揭露和控制，圈出的成矿地质条件较有利、与目标矿床成矿模型中的地质环境和矿化特征比较吻合的地段，面积一般在几到几十平方千米之间。确定为勘查靶区的条件是靶区内发现矿床的概率高于其他地区。

矿床的形成及其定位是多种地质过程综合作用的结果。矿床分布最重要的普遍规律之一是在全球范围内一定矿床组合与一定类型的构造有关，换句话说，一定的地质环境孕育着一定类型的矿床，这是我们进行成矿规律分析的基础。成矿规律分析的主要目的是查明矿床在空间上和时间上的分布规律，并利用这些规律组织和进行矿产勘查工作。

区域性成矿分析的成果通常是确定出成矿省、矿区，或矿田的远景区分布。区域性成矿单元的存在说明了区域地质背景对成矿过程的控制，这些区域规模的控矿因素所起的关键作用是区域成矿分析的主题；区域成矿分析强调矿床之间的关系，致力于探讨导致矿化局部富集的区域地质环境，从而为局部性成矿分析奠定基础。局部性的成矿分析结果则是圈定出目标矿床或矿体的靶区；局部成矿分析着重于研究矿床地质特征之间的相互关系，从而提供有关矿体及其成矿过程的关键性数据。尤其是利用地质科学和技术的最新成就，在最有利于开发的地理-经济环境中发现新的矿化富集区具有重要意义。

2.2　矿床的空间展布特征

如果把迄今已发现的矿床在地质图上投点，可以观察到矿床在地质空间上的分布不是随机的，而是不均匀地群集在某些部位，并且这种非均匀性矿化富集规律（经验规律）在地球表面不同尺度的空间域和不同的时间域内都普遍存在，意味着矿化的发育受到全球性、区域性，以及局部性地质构造环境的约束（理论规律）。本节从成矿单元和矿化分带这两个方面来研究矿床在空间上的展布特征，2.3节阐述不同地质时期矿化的富集规律，2.4节将以板块构造为例研究全球性构造对成矿作用的约束，2.5节将扼要论述区域性和局部性构造对矿化的制约。

2.2.1　成矿单元

1. 成矿单元的概念

金属在地壳内的分布具有"成群分布、成带集中"的非均匀性特征。地质学家试图不断地应用其技术能力来认识这种特征，以便确定某个地区可作为有利勘查靶区的特殊金属富集区。从矿化的空间分布规律和时间分布规律理解，一定的空间域对应着一定的时间域，而且，不同的"空间-时间"域内成矿规律的研究和成矿分析的目标是不同的。因此，实际工作中，需要从不同层次或不同等级的成矿"空间-时间"域来研究其成矿规律和进行成矿预测。这种按不同层次划分的"空间-时间"域统称为成矿单元，它是指含有一组同期的而且具有内在成因联系的矿床或者是有利于这类矿床形成的地质单元。按照这一定义，成矿单元是具有发现矿床潜力的预测区（成矿远景区）。

朱裕生等（1997）认为成矿单元是一个成矿作用和经济的概念，成矿作用是地质意义下的地质单元；"经济"是指矿床而言。二者在成矿单元划分时，以前者为主，同时考虑后者。

2. 成矿单元的划分

苏联的学者强调以地质构造单元为基础划分成矿单元（斯特罗纳，1982；斯米尔诺夫，1985；卡日丹，1990）。一般分为以下几个层次。

（1）全球性成矿带。大致与全球性构造带相当，如环太平洋成矿带、古特提斯成矿带等。

（2）成矿省。长期的观测已确立了这样一个事实存在，即同种金属常常在不同的地质时期、由不同的地质作用重复地在同一区域内集中。这虽然是一种经验方式，但它导致了成矿省的概念，即以某一特殊矿物组合或者以一种或多种特殊矿化类型为特征的矿床集中区。张秋生和刘连登（1982）把这一层次的成矿单元称为矿化集中区。成矿省的存在表明，成矿过程受区域地质格局控制，这种区域性成矿控制是成矿省研究的重点；区域性矿床分布的研究，强调矿床的内在联系，利于深入了解促使矿化局部富集的区域地质环境。因此，成矿省的概念不仅能够提供金属组合及金属矿床的区域分布、成因等方面的信息，而且也可提供发现新矿床的机会。

成矿省可以看作地理上定义的整体，在该整体内所有矿床都具有"血缘"关系。成矿省的圈定，通常是根据含相同金属或地球化学行为相似的金属、成因相同的矿床及其远景区的分布。成矿省的规模虽然难以给定具体的尺度界限，但一般认为至少是区域性的。例如，美国内华达州北部的金矿成矿省，葡萄牙与西班牙两国间的伊比利亚火山成因块状硫化物矿床（volcanogenic massive sulfide deposits，VMS）成矿省，澳大利亚西澳皮尔巴拉地区哈默斯利盆地苏必利尔型铁矿成矿省，以及我国华南钨、锡成矿省等。在许多文献中，长条状的成矿省常常称为矿带，如安第斯斑岩铜矿带。

（3）矿带。是指具有共同地质构造特征和成因联系的矿床或矿床组合的分布地带。它可以分为以下三种类型：①与一定构造岩相带吻合的矿带，如我国祁连山地区与细碧角斑岩带吻合的黄铁矿型铜矿带；②与一定区域构造断裂带吻合的矿带，如我国湘西黔东的汞矿带；③与一定大地构造单元边界吻合的矿带，如湘西钨-锑-金矿带。与矿带一致的地质构造单元往往是三级或四级单元。在一些文献中有时把这一层次的成矿单元称为成矿区。

（4）矿结。是矿带或成矿区中矿床较为集中的一部分。

（5）矿田。由一系列在空间上、时间上、成因上紧密联系的矿床组合而成的含矿地区。矿田是矿带中矿床、矿点和物化探异常最集中的地区。

（6）矿床和矿体。它们是具有经济含义的成矿单元。

成矿单元的划分至今没有完全统一。前三个高级别的含矿系统，按其规模属于全球性和区域性系统，其含矿性取决于岩石圈各层的关系、成分和构造；第四和第五级别的系统，其含矿性取决于地壳各层的发育、构造和成分；而矿床和矿体则取决于地壳浅部层位的发育特征。

在上述各级成矿单元中，矿床（体）的分布并不是均匀的，而是呈丛状或带状聚集，矿床常常聚集成矿田、矿田群集成矿结、矿结群集成矿带或成矿省（图 2.2）。研究表明，成矿省、矿结、矿田也像矿床一样，可以根据其规模划分为超大型、大型、中型和小型；而且，小型成矿省内以小型矿结、矿田、矿床为主，大型成矿省内多产出大型矿结、矿田、矿床（卡日丹，1990）。

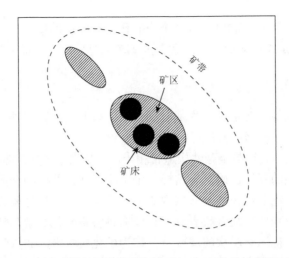

图 2.2　成矿单元层次性示意图（Pan and Harris，2000）

　　一个地区如有大量呈星罗棋布式分布的矿点，无论它们是否具有工业价值，对成矿预测来说都是一个有利的勘查标志。众多矿点的分布本身反映出该区属于成矿元素的异常区，而大型工业矿床与中小型矿床及矿点构成"众星捧月"的布局在成矿省内是常见的现象。

3. 我国成矿预测工作中划分成矿单元的原则

　　国内地质人员习惯将成矿单元称为成矿区带。以成矿理论为指导，采用各种方法进行地质、物探、化探、遥感等多学科、多类别资料的分析处理，识别和提取成矿信息，在研究成矿规律的基础上，划分和标定不同级别的成矿区带，圈出远景区，提出找矿靶区和矿产勘查的工作意见。此类工作称为成矿区划即成矿预测。一般是在区域成矿条件分析基础上遵循下列原则进行成矿区带的划分。

　　（1）在同一地质构造单元内，采用成矿系列的原则分析不同矿床类型在其发展演化过程中是否有成因联系（是否同期或有物质来源联系）。

　　（2）确定按矿种还是按矿组来划分。如果一个地区分布着某矿种的不同类型的矿床，彼此之间又有成因联系，应按矿种来划分成矿单元；如果彼此之间不存在成因联系，应分别按矿床类型来划分；如果一个地区的几个矿种，彼此之间都有成因联系，应按成矿系列来划分。

　　（3）成矿区带分级。成矿区带分为 5 个等级：全球性成矿区带为 I 级；跨越数省的成矿区带为 II 级；控矿地质条件相同并有较大展布范围的成矿区带为 III 级；由同一成矿作用形成的成矿区带为 IV 级；受局部有利构造、岩体、层位控制的成矿区带为 V 级。

　　（4）成矿区带的命名。近于等轴状的成矿单元称成矿区，长度与宽度相差悬殊的成矿单元称成矿带。成矿区带的命名采用"地理（省、地区、山岳等）名称或大地构造单元＋成矿时代＋矿种（或矿组）＋成矿区（带）"，如长江中下游中生代铜金铁铅锌硫成矿带；四川盆地中生代油气盐类矿产成矿区等。

　　根据上述原则，结合对成矿规律的分析研究，陈毓川（1999）、赵一鸣等（2004）、叶天竺（2004），以及徐志刚等（2008）对我国的成矿单元厘定出了各具特色的划分方案。尽管地质学者们从不同的角度划分的成矿单元不完全相同，但最终目的都是逐步由面缩小为点，为地质找矿圈定最有可能的找矿空间。

"十一五"期间,我国找矿突破的重点主要围绕西南三江、雅鲁藏布江、天山、南岭、大兴安岭、阿尔泰、西昆仑-阿尔金、北山、秦岭、川滇黔相邻区、晋冀、豫西、湘西-鄂西、辽东-吉南、长江中下游和武夷等 16 个重要金属重点成矿区(带)进行展开。"十二五"期间,我国矿产勘查工作重点部署在阿尔泰、天山、昆仑-阿尔金、北山-祁连、柴达木周缘及邻区、秦岭、西南三江、班公湖-怒江、冈底斯、川滇黔相邻区、大兴安岭、辽东-吉南、晋冀、豫西、湘西-鄂西、长江中下游、南岭、钦杭、武夷山、武当-桐柏-大别等 20 个重点成矿区带和乌蒙山片区。

2011 年,国务院批准实施《找矿突破战略行动纲要(2011—2020 年)》。按照找矿突破战略行动总体部署,国土资源部制定了整装勘查战略,全国先后共设置了 141 个整装勘查区,分布在 26 个重点成矿区带,资金投入、矿业权配置、政策支持、技术人才支撑等都向整装勘查区倾斜。实施 10 年的找矿突破战略取得了丰硕的成果。

4. 研究成矿单元的比例尺

一般说来,研究Ⅱ、Ⅲ级成矿区带可采用 1:25 万~1:100 万比例尺;Ⅳ级成矿区带可采用 1:10 万~1:25 万比例尺;Ⅴ级可采用 1:2.5 万~1:5 万比例尺。

实际上,只能根据目前对成矿规律的认识、现有的成矿概念或理论,以及要求区划所解决的问题来划分成矿单元。因此,随着认识的深化及创新概念和对区划质量要求的提高,原来划分的成矿单元的时空域将会有所变化,而且更趋于合理。

5. 成矿系统

从系统论的观点来分析,成矿单元可以作为一个成矿系统来研究。成矿系统是指在一定"空间-时间"域中,控制矿床形成和保存的全部地质要素和成矿动力学过程,以及所形成的矿床系列、异常系列构成的整体,是构成成矿功能的一个自然系统(翟裕生,1999)。

根据定义,成矿系统是由相互作用和相互依存的若干要素结合成的有机整体,系统中各要素的相互关联和相互作用即成为成矿系统的结构,体现了与成矿作用有关的物质、运动、时间、空间、形成、演化的统一性、整体性和历史观。一个成矿系统的内部结构通常包括 4 个部分:①控矿因素;②成矿要素,包括矿源、流体、能量、空间和时间等;③成矿作用的完整过程,包括成矿作用发生、持续、终结及成矿后的变化和保存等;④成矿产物,包括成矿系列和异常系列。

翟裕生等(2010)强调成矿系统研究主要是区域成矿系统研究。研究区域成矿系统可以提高对区域成矿规律的认识水平,把握区域成矿的整体特征,从而可从全局上提高找矿预测能力。区域成矿系统理论在成矿分析中的具体运用包括以下几种。

(1)区域找矿目标,由单个矿床到矿床系列。

找矿目标不只限于单个矿种和单一矿床类型,而应该是找寻该区存在的矿床组合或矿床系列,即由一定成矿系统产生的全部矿种和矿床类型,以区域中一个或多个成矿系统中所形成的矿床系列(组合)作为找矿的整体目标,有利于建立起区域找矿的战略眼光。

(2)成矿系统的整体分析,由已知到未知,由少知到多知。

在区域找矿工作中建立起全局观念和找矿整体思维是十分必要的。在某些区域中,由于成矿强度较大，以及成矿物质和控矿因素的多样性和复杂性，在一个成矿系统中可形成多种矿床类型。它们都是在一个统一的地质成矿事件中形成的，是矿床系列中的成员，各自占有一定的时-空位置和表现出特定的物质组成和结构构造。当已经发现其中的一种或少数几种矿床类型时，可根据成矿系统观点，推断在区域中可能存在但尚未发现的其他相关矿床类型，即"缺位预测"。

（3）从矿化网络入手逐步缩小靶区，由面到点。

成矿系统理论强调矿体和矿化异常的一体性。将矿床、矿点、矿致异常作为一个整体，构成三维的矿化-异常网络，简称矿化网络。由于矿致异常与矿体相比一般占有更大的空间，能显示更多的有关的成矿信息，深入研究矿体和矿致异常的关系，充分运用地质成矿理论，区分和筛选与矿化有关的异常，一步步地缩小找矿靶区，可以达到发现矿床的目的。

（4）从点上突破扩展到全局铺开，由点到面。

从矿化网络入手到逐步缩小靶区，是由面到点的成矿系统分析。而在点上经详细工作发现矿床（体）以后，则可按成矿系统的整体分析思路，依据当地的具体地质成矿因素，分析可能存在的该成矿系统中其他矿床类型和矿种，进而部署进一步的勘查工作。为此，由点到面，再由面到点，点和面动态地有机结合，最终可达到既能精细认识点（矿床），又能全面把握面（区域）的良好效果。

（5）成矿系统的空间分析，向深处和外围找寻。

在成矿系统的空间结构中，区域矿化分带是主要表现形式，其中矿化垂直分带指矿床物质组成、结构、矿化类型在垂深方向的变化。已有的丰富勘查资料表明，在广泛分布的热液成矿系统中，矿化垂直分带表现比较明显。矿化垂直分带性不仅对已知矿床类型的深部探矿，而且对寻找新类型矿床也是有意义的。在找寻深部的新类型矿床时，除利用深部地质、地球物理和地球化学勘查所提供的信息外，还可利用成矿区（带）中不同区段剥蚀程度差别的对比，利用已揭露矿床去找寻附近和邻区尚在隐伏的同类矿床或矿床系列中的其他成员。

（6）成矿系统的时间分析，查找成矿链条中的缺失环节。

在一个大规模成矿事件中，随着成矿系统作用过程中成矿流体性质和控矿构造——岩石因素的变化，矿床类型也发生相应的变化，由早到晚所形成的多种矿床类型，它们可组成一个较完整的成矿序列（成矿链条），在找矿中可利用已掌握的环节（已知矿床类型）去查找有可能存在而尚未发现的缺失环节（新类型矿床）。

（7）成矿系统的历史分析，全面研究矿床的形成和保存。

矿床是地质历史的产物。成矿系统作用过程结束后，所产生的矿床系列及异常系列又进入一个新的历史阶段，即这些产物经受后来地质作用的变化和被改造的阶段。主要的地质改造作用有构造变形、流体溶蚀、变质作用和地表风化剥蚀、搬运和掩埋作用等。作为一个矿床，其经受的后来变化有变形、变质、变位、变品位、变规模等。已知的地表和近地表的很多矿床都是经过众多地质事件磨难后的"幸存者"。一个区域中的矿床"幸存者"越多，找矿的潜力就越大。因此，区域成矿研究应该"两手抓"：既要研究矿床形成条件，又要研究矿床保存条件。在有些情况下，矿床保存条件研究的重要性并不亚于成矿条件研究。扩展来说，不只要研究单个矿床的破坏保存，还要研究一个成矿系统产生的矿床组合和异常系列的被改造过程和整体保存条件，包括哪些矿床类型被破坏了，哪些被保存下来，保存在哪些地段，等等。显然，这对于区域矿产资源评价具有重要意义。

（8）建立成矿系统模型。

在找矿工作中已广泛运用矿床模型和找矿模型来提高找矿成效，但这多是针对单个矿床类型建立的矿床模型，其包容度较小。按照成矿系统论的思路，应在全面深入研究区域成矿特征和成矿机理的基础上，综合各类相关矿床的主要特征，建立成矿系统模型。

成矿系统理论从系统论的高度总结了矿床的共生组合规律，为成矿预测提供了新的思路。对有关成矿系统的研究方法感兴趣的读者可参考李人澍（1996）、翟裕生（1998，1999，2007）、翟裕生等（1999，2004，2010）、於崇文（1998，1999）、汤中立和白云来（1999）、吴言昌等（1999）、于晓飞等（2020）的著作。

2.2.2　矿化空间分带性

矿化空间分带性是指一系列有成因联系的成矿元素、矿物组合、矿化类型、围岩蚀变等矿化特征在空间上表现出规律性的分布。研究这种规律性分布有助于阐明成矿元素在成矿作用中的演化，提供有关矿化类型、矿石质量、矿体延深等方面的重要信息，对矿产勘查具有重要意义。矿化分带既可展现为区域性带状分布，也可表现为局部性带状构造。

1. 矿化的区域性分带

矿化的区域性分带可以表述为相同或相似类型的矿床在空间上呈现区域规模的线状或带状展布，而且在横向上，这种线状延伸的矿带常常被具有不同矿化特点的另一个矿带所替代。区域性矿化分带又可分为全球性矿化分带和地域性矿化分带。

1）全球性矿化分带

目前关于全球性矿化分带的概念只是在环太平洋矿带的研究中得到发展。C.C.斯米尔诺夫于 1946 年最早注意到地壳中金属矿床的全球性分布规律，他以环太平洋为例，证明一定的金属矿床是严格地产于这一全球性构造的一定部位。

围绕太平洋水域的环太平洋成矿带的内带以铜矿床为特征，在空间上构成了一个大铜环。它通过日本、中国的台湾岛、菲律宾、苏拉威西岛、新几内亚、布干维尔岛，经新西兰后中断，然后进入美洲大陆，其位置又由智利、秘鲁、墨西哥、美国西部、加拿大科迪勒拉及阿拉斯加东南部的超大型铜矿区所确定；在科里亚克、堪察加和千岛群岛，这一铜环出现中断（伊齐克松，1985）。

大铜环最引人注目的要素之一是南美洲的安第斯段，这个长约 3000km 的带内已经发现了一系列超大型的斑岩铜矿床，而且明显地反映出成矿作用演化的横向分带性（王之田等，1994）。沿太平洋东岸（22°S～31°S）为层状和脉型铜矿带，向东过渡为含钼斑岩铜矿带、铅锌矿带和锡矿带。

现已查明，在环太平洋带的内带（近太平洋一侧），其最大特征是产出铜矿床，而其外带（远太平洋侧），最大特征是产出锡矿床。产于内带的矿床中，钨主要以白钨矿的形式存在，而且通常产于多金属矿床中；而在外带的矿床中，钨主要以黑钨矿的形式存在，而且基本上是产于石英脉型矿床中，与锡石共生（谢格洛夫，1985）。

有关全球性矿化分带目前在很大程度上仍然还是处于理论认识阶段，这方面研究还有待于进一步深化。随着数字地球技术的发展和应用，全球性矿化分带将会不断产生新的揭示和诠释。

2）地域性矿化分带

地域性矿化分带的特点是，在一定类型的构造环境中不同类型的矿床有规律地呈现带状分布。因此，地域性成矿带的范围一般可以根据区域构造单元环境的轮廓来确定。研究地域性成矿分带除了具有一定的理论意义外，对矿产勘查也具有实际的战略指导意义。

长江中下游铜铁成矿带是地域性分带的一个实例，许多学者都曾对该成矿带内矿床的分布规律进行过深入探讨。常印佛等（1991）将该成矿带划分为3个次一级的成矿亚带：①位于北部边缘的滁县—桐城亚带，该亚带内矿化以铜金组合为主，兼有铅锌矿化，几乎无铁矿组合；②中部沿江亚带，该亚带为长江中下游成矿带的主体，以铜、铁、金、银和铅锌矿化为主；③南部溧阳—石台亚带，矿化以铜、钼、金为主，兼有钨、锑和铅锌矿化。此外，常印佛等（1991）和翟裕生等（1992）还阐明了沿该成矿带在纵向上也存在明显的分带性。

2. 矿化的局部分带性

矿化的局部分带性是指矿田、矿床或矿体范围内展现出的分带性。前述的矿化区域性分带主要表现为矿床类型在空间上的交替分带；局部分带性则主要是由矿石矿物或脉石矿物的矿物学特征方面的变化、金属含量方面的变化，或者一定元素之间的比值乃至同一种元素中的同位素比值在不同矿化部位的变化来确定的。此外，局部分带还具有三维的特点（区域性分带也同样具有三维的特点，只是在区域成矿分析研究中更多地注意矿床在平面上分布的特点）。几乎所有类型的矿床都可能存在分带性，一些类型的带状分布可能直达矿体（直达矿化中心或矿体根部），只要能够识别出这种分带模型，建立起矿化在三维空间的图像，就能够比较准确地对矿体进行定位预测。

图2.3阐明了美国内华达地区卡林型金矿床（又称为"以沉积岩为主岩的微细浸染型金矿床"）围岩蚀变分带：由矿化中心向外依次为似碧玉岩带、黏土化带、硅化带、脱碳酸盐化带。当钻孔进入脱碳酸盐化带，意味着已经接近矿体，从而能够有效地指导钻探的进程。

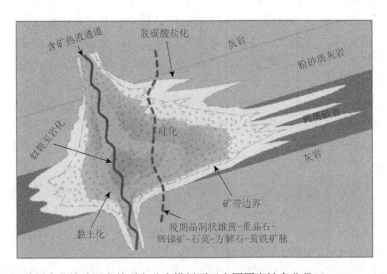

图2.3　美国内华达地区卡林型金矿床横剖面示意图围岩蚀变分带（Arehart，1996）

本图说明靠近成矿流体补给通道构造附近的围岩蚀变分带和矿化分布特征

2.3　成矿的时间演化规律

众所周知，地球，尤其是地壳，在地质历史中经历了一个演变序列，这些变化是如此之大，必定要对矿化的性质及其范围产生某种影响，具体表现为一定的成矿物质在一定地质时期的某些地区或一定地区的某些地质时期内的富集规律。这种有利于某种矿产或多种矿产富集的地质时间区间称为成矿期（metallogenic epochs）。成矿期的概念不受矿化空间规律的限制，大至全球、成矿省，小至矿床。

2.3.1　全球成矿期

从全球范围考察矿化类型及其样式的变化，可以方便地采用太古宙、元古宙和显生宙的时间区间及其环境来讨论。

1. 太古宙成矿期

太古宙的时间区间为距今 38 亿～25 亿年以前，这一成矿期显著地富集一定的金属矿产，包括金、银、锑、铁、锰、铬、镍-铜及铜-锌-铁等；显著地缺失另一些矿产，包括铅、铀、钍、汞、铌、锆、稀土及金刚石等。

太古宙存在两个主要的大地构造环境：高级变质区环境和绿岩带环境。高级变质的麻粒岩-片麻岩地体，含三种岩石组合：①长英质片麻岩和混合岩，该岩石组合构成了这类地体的主体；②层状镁铁-超镁铁杂岩体，其规模可能很大，例如，位于格陵兰西南部的菲斯克奈瑟杂岩体厚度为 1.5km，走向长度约 60km（Windley，1984）；③变质火山岩和变质沉积岩，主要由角闪岩、大理岩、石英岩、云母片岩、条带状含铁建造组成。在高级变质区内形成的矿床并不重要，主要的矿床实例是博茨瓦纳的 Selebi-Pikwe 镍矿床和产于格陵兰菲斯克奈瑟杂岩体中的铬铁矿床（Pirajno，1992）。

太古宙一个非常独特的性质就是在所有大陆地盾区内广泛分布的花岗岩和片麻岩中发育着呈长条状展布的绿岩带，这一性质在北美、印度、澳大利亚、巴西等地盾区及津巴布韦克拉通上都表现得非常清楚（Hutchinson，1983；Evans，1997；Pirajno，1992）。

绿岩带地质的主要特征已由 Condie（1981）、Windley（1984）、张秋生和刘连登（1982）进行了总结。一个完整的绿岩带包括以下 3 个岩性地层单元：①下部超镁铁质岩群，包含超镁铁至镁铁质火山岩（其化学成分与洋中脊玄武岩大致相同），含少量火山碎屑岩和沉积岩；②中部为镁铁质至长英质火山岩、火山碎屑岩和沉积岩组合；③上部以沉积岩为主，含少量火山岩和条带状含铁建造。

绿岩带内金属矿化的富集程度及矿化类型的丰富多彩性，是以后任何已知的地质构造环境都难以与其相比拟的，从这个意义上说，金属矿化在太古宙成矿期即已达到了顶峰。产于绿岩带的矿床类型可以概括如下：

（1）金矿床。迄今已经证实，分布在世界各地所有的绿岩带，无论其规模大小，都有金矿床产出，而且，超大型金矿床在绿岩带内屡见不鲜，例如，加拿大苏必利尔省和斯莱夫省绿岩带已探明的黄金储量为 8125t，已发现 14 个黄金储量大于 100t 的超大型矿床（Robert and

Poulsen，1997）。据克列斯京于 1990 年的统计，世界范围的绿岩带含金性都相近，大致为 50～60kg/km²，在最富的带中可达 65kg/km²。而 Barley 等（1989）对澳大利亚绿岩带的研究结果表明，戈登迈尔绿岩中的含金为 43kg/km²，默奇逊省中的绿岩含金为 20kg/km²，南十字架省中的绿岩含金为 12.5kg/km²。金矿化主要以含金石英脉形式产出，主要赋存在靠近花岗岩体的绿岩带之边缘部位（即处于接触带内），而且向着绿岩带的中心方向金矿化减弱，这表明金是从超镁铁-镁铁质火山岩中由花岗岩的侵入作用建立起的温度梯度而富集的。大型脉状矿床中，金矿脉厚 1～5m，在膨胀处达 30m；走向长度数百米，而沿倾向延深可达 1～1.5km；矿脉一般产于宽 10～150m、长几千米的片理化带（剪切带）内，无论沿倾向或沿走向都呈雁行排列。一些矿床表现出与条带状含铁建造有关，而加拿大赫姆洛矿床则是发育在角闪岩相中的浸染状矿化，研究成果表明它是与斑岩有关的金矿床[①]。

　　绿岩带中产出的金矿床通常都含银，在加拿大阿比提比绿岩带内，以金-银-铜-锌组合的矿床赋存在花岗岩-镁铁质火山岩的接触带中。

　　（2）铜-镍硫化物矿床。铜-镍硫化物矿床发育于科马提岩和拉斑玄武岩熔岩流及其相应的岩床内部或底部附近。矿体呈透镜状，透镜体最大厚度可达 150m 左右，一般为 30～50m（Hutchinson，1983）。世界上存在 4 个主要的区域产出这种类型的铜-镍硫化物矿床，它们分布在澳大利亚西南部的卡尔古利地区、加拿大南部的阿比提比地区、津巴布韦及俄罗斯地台中的波罗的地盾区。这些金属及其主岩都派生于地幔，表明这些成矿省的存在是受地幔的非均匀性控制。

　　（3）铜-锌块状硫化物矿床。火山成因块状硫化物矿床在太古宇中普遍存在，为富锌-铜-银-金矿床。这类矿床赋存在绿岩带内具钙碱性特征的火山岩序列中，而且可与日本黑矿型（Kuroko-type）矿床进行对比（Hutchinson，1973）。加拿大苏必利尔省阿比提比绿岩带中产出的块状硫化物矿床，如著名的基德·克里克（Kidd Creek）矿床和诺兰达（Noranda）矿床等，都是这类矿床的重要实例，它们属于世界上最大的块状硫化物矿床之列（Meyer，1988）。这些矿床主要产出铜、锌和金，但它们具有原始型，而且铅含量很低。绿岩带中缺乏铅矿化的事实可能反映了太古宙期间没有充分的时间为地幔中的铀和钍的衰变产生足够的铅（Evans，1997）。这一时期的火山成因块状硫化物矿床主要形成于 27.5 亿～26.5 亿年前（Slack，2012）。

　　（4）铁矿床。含铁大于 15%的化学沉积岩称为铁岩，主要由铁岩组成且可作为填图单位的岩石地层单位称为含铁建造，含铁建造常具有硅铁交替的条带状构造，故又称为条带状硅铁建造。绝大多数含铁建造与火山喷流作用有关。

　　条带状含铁建造（banded iron formation，BIF）在太古宇中普遍存在，但其数量不如元古宇。太古宇铁矿床类型主要为奥尔戈马型（Algoma-type）。西澳大利亚地区的绿岩带和加拿大阿比提比（Abitbi）绿岩带都产出这类矿床，世界上最大的菱铁矿床即赋存在阿比提比绿岩带中。

　　（5）铬铁矿床。绿岩带内并不普遍发育铬铁矿化，然而津巴布韦的塞鲁克维（Selukwe）矿床是一个例外。该矿床位于津巴布韦大岩墙附近，它是赋存蛇纹岩和滑石-碳酸盐岩中的高品位铬铁矿床。

---

　　① Williams-Jones A. E. et al.1998. Finding the next hemlo: Hemlo geochemistry, alternation and metamorphism, CAMIROExploration division hemlo research project, McGill University.

2. 早—中元古宙成矿期

始于距今 25 亿年前的元古宙标志着大地构造的显著变化，最早的稳定岩石圈板块开始发育，虽然这些岩石圈板块的规模似乎还比较小，但它们的出现为沉积盆地的形成、地台沉积物的沉积及大陆边缘地槽的发育等奠定了基础，同时也孕育了大量的矿床。这一成矿期以下列矿床类型为特征：

（1）金-铀砾岩型矿床。沉积盆地的形成为金-铀砾岩型矿床创造了基本的条件，众所周知的例子有南非的维特瓦特斯兰德盆地，该盆地内广泛分布含金-铀砾岩，矿床中含金石英砾石来源于盆地周边太古宇绿岩带金矿床的风化剥蚀。加拿大、巴西、澳大利亚及加纳等国也都有这类矿床产出。不过，这些地区的砾岩型矿床常只有铀的富集而不含金，其原因可能是古砂矿源区缺少发育很好的绿岩带。这种类型的矿床代表了一个独特的成矿事件，许多学者认为这一成矿事件在以后的地质历史中再也没有重复出现过，因为当时处于还原状态的大气圈是保存碎屑铀矿物和黄铁矿的必要条件。不过，这一观点是有争议的（Robinson and Spooner，1984；Windley，1984）。

（2）沉积锰矿床。在距今 23 亿～20 亿年前形成的碳酸盐沉积物中存在着锰的显著富集，它们常与条带状含铁建造相伴产出。这类矿床在南非、巴西、印度和加纳等地都分布很广。这类矿床是世界上优质锰矿的主要来源。

（3）沉积岩为容矿岩石的层状铅-锌矿床。在大约距今 17 亿年以前，水圈中的二氧化碳含量已经达到能形成巨厚白云岩序列沉积的水平。在许多地区，这些白云岩序列中赋存有同生基本金属（base metals）硫化物矿床。这一时期形成的其他沉积岩中包括由白云质页岩和粉砂岩组成的建造，著名的加拿大苏利文铅-锌-银矿床和澳大利亚芒特艾萨铅-锌-银矿床即产于这类极厚的陆源碎屑沉积建造中，它们显示出特别清楚的矿物条带。这类矿床规模巨大，与其他类型火山成因块状硫化物矿床（VMS）不同，它们与火山作用或侵入作用没有直接的联系，多数矿床学家认为是形成于热卤水成矿作用，属于沉积喷流型（sedimentary exhalative，SEDEX）矿床，为了区别于火山成因块状硫化物矿床（VMS），故又称为热水喷流沉积矿床。

（4）铜-镍-铂族元素-铬矿床组合。小规模地壳板块（克拉通）的存在为大规模的裂隙系统的发育创造了条件，从而导致层状镁铁-超镁铁杂岩体的侵入和定位，众所周知的津巴布韦大岩墙和南非布什维尔德杂岩即是形成于这一时期。这些层状杂岩体是铬、铂族金属、镍、铜等金属的巨大宝库。

（5）条带状含铁建造。在距今 25 亿～19 亿年前的这段地质史期间，条带状含铁建造的发育达到鼎盛阶段，这一时期发育的含铁建造称为苏必利尔型（Superior-type）；作为一个地层单元，其厚度可达数百米，沿走向延伸达数百甚至数千千米，构成了地球上一种重要的矿产宝藏，澳大利亚、巴西及印度等早—中元古宙盆地是 BIF 富铁矿的重要产区；Morris（1998）详细总结了西澳哈默斯利盆地内 BIF 矿床的成因模型和勘查模型。虽然太古宙时期的条带状含铁建造也很重要，但由于当时不存在稳定的大陆板块，因而不像早元古宙所见的那样大规模发育。伴随着稳定的岩石圈板块的发展，条带状含铁建造可以在大范围内同时沉积；这种沉积作用发生在板块内部盆地中的大陆架上，绿岩带内基性火山岩的风化作用提供了形成条带状含铁建造所需的铁和硅。虽然晚元古宙仍然还有条带状含铁建造的发育，但其分布范围已远小于早元古宙。进入显生宙以后，这种建造的地位已被鲕状赤铁矿建造和褐铁矿建造所取代。

（6）基鲁纳式铁矿床。基鲁纳式铁矿床以铁的高度富集及磷的显著富集为特征；矿石由磁铁矿组成，含氟磷灰石是特征性副矿物。这类矿床主要分布于瑞典和美国密苏里州。这类矿床被认为是由基性或中性岩浆在岩浆房内冷凝过程中熔离出的磁铁矿矿浆侵入到同源的中酸性火山岩中而成（Hutchinson，1983）。

（7）钛铁矿床。大约在元古宙中期有许多斜长岩体定位，分布于挪威和加拿大的这类斜长岩体中都有钛铁矿床产出。这也是在以后地质时期中再没有重复发生的一种独特的岩浆事件。

（8）金刚石矿床。含金刚石的金伯利岩在这一成矿期内已有形成，这表明当时的地热梯度已经显著降低而且发育了较厚的岩石圈板块，因为金刚石的形成要求极高的压力，只有在岩石圈厚度大于120km以上才能结晶。

太古宙成矿期与早—中元古宙成矿期之间矿化富集的差异表现在：①与火山活动有关的奥尔戈马型铁矿让位于规模巨大的苏必利尔型铁矿；②继绿岩带金矿后，出现了早元古宙金-铀砾岩型矿床；③火山成因块状硫化物矿床数量明显减少，在洋底不再出现含硫化镍的超镁铁质岩浆活动。

3. 晚元古宙成矿期

晚元古宙成矿期的矿化富集具有如下特征：①首次出现大规模的沉积型铜矿床，实例包括赞比亚和刚果（金）铜钴成矿带及美国西北部的一些沉积—改造型铜矿床；②晚元古宙是沉积锰矿床形成的第二个重要成矿期，富锰的沉积物沉积在克拉通地块上或沿克拉通地块边缘分布，最重要的矿床包括印度中部和纳米比亚的锰矿床；③锡矿化开始广泛发育，在上元古宇岩石中锡矿化主要与非造山碱性和过碱性花岗岩和伟晶岩有关，这类锡矿床主要分布在非洲，呈三个南北向的锡矿化带展布，另一个锡矿带分布在巴西西部的罗德尼亚地区。

4. 显生宙成矿期

元古宙时期，地球上的陆地主要是以超大陆形式存在，至元古宙末期发育了新的大地构造型式，板块的碰撞造就了显生宙宏伟的造山带，大规模的洋壳再循环形成了延伸很长的火山链和大陆边缘弧、后弧盆地、裂谷盆地及其他的地质构造特征，从而显著增加了成矿环境的多样性和变化性。一些成矿环境仍然保存了与太古宙火山成因块状硫化物矿床和元古宙沉积型矿床类似的特点，硅酸盐岩浆在地球化学方面日臻完善的演化及地壳内部矿化富集体的再循环可以解释显生宙成矿期中钼、锡、钨等矿床的重要发育。

塞浦路斯型含铜黄铁矿矿床和砂岩型铀矿床在显生宙成矿期内首次出现。豆荚状铬铁矿床最早出现于太古宙，但在元古宙缺失，而在显生宙则发育更广泛。在显生宙形成的火山岩型块状硫化矿床中铅显著富集，而且，根据Slack（2012）的统计，显生宙期间世界上规模最大的块状硫化物矿床主要形成于500~300Ma（晚寒武~晚石炭世）。斑岩型铜钼矿床大量发育且集中分布，形成许多超大型矿床。

大量的能源矿产，包括油、气、煤等，主要形成在显生宙。

2.3.2　我国主要的成矿期

我国疆域辽阔，占据东亚的中心部位，西伯利亚和印度的构造关系、特提斯域与环太平洋域的相互作用制约着我国区域地质构造环境的空间配置。根据现有的地质、地球物理、海洋地质及同位素测年资料，我国共有 5 个前震旦纪地台和 4 个显生宙期间发育起来的、位于上述地台之间的褶皱系，晚中生代以来的亚洲东部大陆边缘叠置于其上。这种配置在不同地史阶段的演化导致了我国矿产在时间上的分布特点，根据这种地史演化及其有关大地构造的发展阶段，可以相应地概括出 5 个成矿期。

1. 前震旦纪成矿期

华北地台是我国最古老的克拉通，距今 18 亿年前的吕梁运动后即出现未变质的沉积盖层（马文璞，1992）。华北地台最全面地展示了我国前震旦纪成矿期矿化富集的特点，其余几个地台均由于基底出露范围的局限性，该成矿期的矿化特征大部分被掩盖了。

鞍山式铁矿（奥尔戈马型）是这一成矿期最显著的特征，条带状含铁建造从吉林东部的板石沟经辽宁鞍山地区，一直西延至河北迁西一带，呈明显的带状分布，我国太古宙铁矿资源的全部储量几乎都集中在这个带内（张秋生和刘连登，1982）。与世界其他地区相反，早—中元古宙的苏必利尔型铁矿床虽然在我国山西一带也有分布，但其规模和分布范围都比鞍山式铁矿小得多。

近些年来，国内外地质学家对华北地台太古宙绿岩带的研究，取得了较为明显的进展。在华北地台上分布着与国外基本特征相似的太古宙绿岩带，它广泛发育在吉林和龙、夹皮沟，辽宁清原、鞍本地区、辽西，内蒙古固阳，冀东青龙—滦县，山西五台，豫陕小秦岭，河南登封、鲁山—舞阳，鄂豫皖交界的大别山和胶东等地区（张贻侠和刘连登，1994）。与加拿大和澳大利亚等国相比，我国产出的绿岩带型金矿床数量相对比较少、规模相对比较小而且品位相对比较低，这可能与我国花岗-绿岩带发育的规模较小有关。

我国绿岩带中迄今为止尚未发现与科马提岩有关的铜-镍硫化物矿床；铜-锌硫化物矿床的规模也很小，辽宁北部包括红透山矿床在内的数十个中小型铜锌矿床（铜金属量总计约 40 万 t、锌金属量约为 10 万 t）可能属于这种类型。

取代苏利文型块状硫化物矿床地位的是分布于辽宁海城—大石桥一带的菱镁矿床，菱镁矿总储量超过 20 亿 t。此外，辽东半岛产出的硼铁矿床、江苏海州层状磷灰石矿床、辽宁甜水层状磷块岩矿床等都是我国元古宙沉积成矿作用的特征，辽宁南部地区的青城子等、吉林的荒沟山及延至朝鲜的咸德铅锌矿床等也是与元古宙火山—沉积作用有关（张秋生和刘连登，1982）。

条带状含铁建造中的金矿床在我国境内发育较少，目前已知比较典型的矿床是黑龙江东风山金矿。金-铀砾岩型矿床至今尚未能取得重大突破，其主要原因可能是绿岩带型金矿不发育，没有足够的含金石英脉砾石来源。

2. 加里东成矿期

进入古生代后，华北地台、塔里木地台、扬子地台、南海—印支地台等都已经先后处于相对稳定的状态，而位于它们之间的区域则逐渐活跃起来，开始了褶皱系的演化程式，这一成矿期的矿化富集特征主要表现如下。

（1）在地台的被动边缘形成重要的沉积矿床，包括昆阳式磷矿、襄阳式磷矿、湘潭式锰矿、瓦房子式锰矿、宣龙式铁矿等。塔里木地台区内稳定的海相沉积提供了良好的油气生、储、盖岩系组合。

（2）祁连山褶皱带是这一成矿时期内生金属矿化最集中的区域，曾被誉为中国的乌拉尔，与海底基性火山岩有关的镜铁山铁矿、白银厂火山岩型块状硫化物矿床、金川铜镍硫化物矿床等大型、超大型矿床都是在这个时期形成的。

（3）华南褶皱系也表现出显著的金属富集，包括湖南桃林铅锌矿、潘家冲铅锌矿、七宝山多金属矿田、黄金洞金矿、沃溪金矿、龙山金矿等。

3. 海西成矿期

海西成矿期基本上继承和发展了加里东成矿期的特点，华北地台内部属陆表海环境、塔里木地台仍为浅海环境、扬子地台则由于华南褶皱系的整体封闭而整体成陆、天山—兴蒙褶皱系区域也在两侧大陆分别向南和向北增生的过程中，在晚古生代后最终导致洋壳消失并继续朝着陆内会聚的过程。海西成矿期矿化富集的主要表现如下。

（1）这是我国最重要的成煤期之一，尤其在华北地台上发育了大同、开滦、平顶山、淮南等大型煤田，鄂尔多斯盆地号称世界十大聚煤盆地之一；在扬子地台区，广布于广西、贵州和云南东部的煤田及湖南中部、江西萍乡一带的煤田等也是在这一成矿期内发育的。除煤以外，这一成矿期还孕育了其他许多类型的沉积矿产，包括宁乡式铁矿、广布于新疆喀什—南天山—河西走廊—宁夏中卫地区，以及云南、贵州和湖南等地的石膏矿产；四川盆地内富饶的天然气田；克拉玛依油田也赋存在这一时期的地层中。我国铝土矿床的成矿时代主要集中于海西成矿期，如山东淄博、山西阳泉、河南巩义、广西平果等矿床。

（2）本成矿期也是继加里东期之后又一次较强烈的岩浆活动期，涉及的范围较加里东期有所扩大（程裕淇，1994），因而，这一时期内生金属矿化分布的范围更广，包括世界著名的白云鄂博稀土矿床，其他如阿勒泰富含稀有金属的伟晶岩型矿床、新疆黄山地区的铜镍硫化物矿床、攀西地区的钒钛磁铁矿矿床、河北矾山和姚家庄等地的磷灰石矿床、黑龙江多宝山斑岩铜矿床、产于准噶尔蛇绿岩中的铬铁矿床（萨尔托海、鲸鱼等铬铁矿产地）、内蒙古白乃庙斑岩铜矿等（王作勋，1990）。

4. 燕山成矿期

印支运动后，我国进入了一个新的构造发展期，华北地台与扬子地台已经拼合，东部和西部构造差异更趋明显，我国西南部此时仍为特提斯洋所占据，而东部则受亚洲东部活动大陆边缘的影响，发育了一系列的北东、北北东向的火山岩带和断陷盆地及大型拗陷盆地，中酸性岩浆侵入活动显著加强，因此，这一时期是我国东部最重要的成矿期，主要矿化富集特征表现如下。

（1）大量断陷盆地的发育为我国储藏了极为丰富的煤和石油，如东北、内蒙古东部的大型和超大型煤田，鄂尔多斯超大型煤田（鄂尔多斯地区的煤盆地常常上叠在海西期含煤岩系之上，构成"双纪煤田"），以及新疆北部准噶尔、伊宁、吐哈及塔里木北缘等聚煤盆地。在许多聚煤盆地中，还常常伴生膨润土矿床，例如，吉林公主岭市刘房子煤矿区的煤层与优质钠质膨润土呈互层产出，这类膨润土矿床一般储量大、质量较好。燕山成矿期也是我国石油生成、聚集的最重要时期之一，我国超大型油田——大庆油田的重要产油层即是在这一成矿期内形成。

（2）本期岩浆活动是我国地质历史上最强烈的一次，与成矿的关系也最为密切。这次岩浆活动的特点是：①岩浆活动遍及全国范围，但从整体上看，东部比西部地区强烈。②早期岩浆活动比晚期强烈，早期为基性、中酸性和酸性岩类侵入体，岩体规模一般较大；晚期则出现较多的偏碱性、碱性岩类，有不少是浅成侵入体，多数为小规模的岩体。③侵入岩体多为复式岩体。④火山岩分布也很广泛，主要在我国东部濒临太平洋地区，其次见于西南和西北地区。

强烈的岩浆活动造就了这一时期丰富多彩的内生金属矿床，包括著名的长江中下游铜铁成矿带内几乎所有的铁、铜矿床，华南大部分钨、锡矿床，湖南重要的铅锌矿床（水口山、黄沙坪等），云南金顶铅锌矿床，陕西金堆城斑岩钼矿床，黑龙江团结沟斑岩型金矿床，江西德兴斑岩铜矿，湖南柿竹园钨钼铋锡多金属矿床，华南大多数稀有、稀土矿床等。这一成矿期形成的许多内生矿床都达到大型或超大型矿床规模，而且常常具有成群或成带分布的特征。

5. 喜马拉雅成矿期

本成矿期与两个重要构造事件有关：在我国东部滨太平洋区域发生区域性伸展裂陷作用，以及在我国西南部印度板块和欧亚板块聚合、碰撞和隆升作用。相应的成矿环境表现如下。

（1）我国东部在这一时期进入了一个新的演化阶段，其标志是一系列北东向地堑型盆地的大量出现，如沅麻盆地、衡阳盆地、南雄盆地、信江盆地等。它们中的一些转化成大型拗陷，如南阳—襄樊盆地、江汉盆地、华北盆地及苏北盆地等。我国东部的大部分油气田（包括海域范围内），如任丘、濮阳、大港、胜利、辽河、东海、南海等，以及大部分煤田，如抚顺、梅河、虎林、依兰、沈北、黄县等，都是在这一成矿期形成的。除东部外，我国西南的许多煤田，包括云南开远、昭通、罗茨，四川盐源等也发育于这一时期，这些聚煤的断陷盆地则是派生于喜马拉雅造山运动。

（2）我国西南地区在这一时期已进入了全面陆内汇聚挤压环境，在这个时期的大陆岩石圈构造体制演化中，由于强烈的挤压和周围刚性块体的阻挡，大规模的逆冲推覆形成，岩浆侵入活动也十分活跃，为内生金属矿化富集创造了良好的环境，重要的矿床包括西藏玉龙斑岩铜矿、罗布萨铬矿床、哀牢山金矿及三江地区的许多金属矿床。

2.4　板块构造环境与成矿的关系

金属在地壳内的富集过程与其地球化学行为有关。从描述性的角度看，金属在地壳中的非均匀性分布可以用成矿省的概念来解释，但从更基本的意义上讲，可以把各种矿床成因模型与地壳演化及地球动力学的现代理论结合起来解释。讨论和描述板块构造是如何与几类金属矿床的成因和分布联系起来，这种相关性对于矿床成因的研究及矿产勘查具有一定的实用价值。

2.4.1　板块构造理论的基本概念

板块构造理论是基于一个简单的地球模型。在该模型中，一个 50～150km 厚的刚性外壳——岩石圈，是由大陆壳和大洋壳及上地幔的上部组成，岩石圈被认为是位于一个较热、较弱、半塑性的软流圈上；软流圈（即低速带）从岩石圈的底部向下延深至大约 700km 的深处。脆性岩石圈破裂成为镶嵌状的板块，这些板块在地质时期内互相之间以大约 1～12cm/a 的速度相对运动，从而使大陆和大洋的位置发生改变。板块之间的边界有三种主要类型：增生型（扩张型）边界、消减型（聚敛型）边界，以及转换断层（走滑断层）边界。

板块边界构造环境的特征对成矿具有重要意义。板块运动过程（高温、高压及部分熔融作用等）促使金属元素沿着板块边界释放和富集，导致板块边界与许多类型的矿床成因有关。

2.4.2　板块边界成矿环境

1. 增生性板块边界

上涌的软流圈对流把地幔物质带到接近地壳表面的部位，该部位的岩石圈受到拉张，导致该处岩石圈裂开，成为互相背离运动的两个板块（图 2.4）。热地幔物质的上升、水的加入及与地壳拉张有关的压力释放等因素结合，导致地幔对流柱的部分熔融，形成镁铁质岩浆（地幔分异产物）。当大陆板块经过扩张时，其扩张边缘的地表表现为裂谷，如东非裂谷和我国的攀西裂谷；而当大洋地壳遭受扩张时，则表现为洋中脊和有关的海底火山和火山岛屿链。

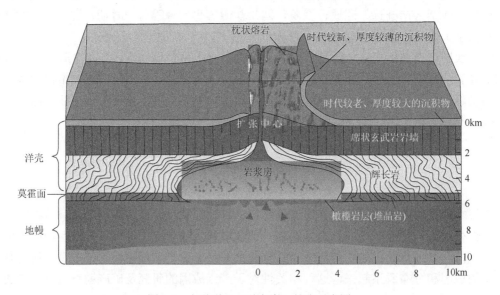

图 2.4　大洋裂谷（洋中脊）扩张示意图

由于镁铁质岩浆的侵入和喷出作用，扩张板块的边界多数情况下将成为形成新大洋壳的场所。这种新的地壳在扩张中心定位，然后又被裂开，依次形成更年轻的大洋地壳。而对成矿具有重要意义的一个事实是：这些扩张中心作为地壳显著的热异常部位，形成了大规模热液对流系统。

在扩张中心环境可能形成三种基本的矿床类型（表 2.1）。第一种类型是基本金属块状硫化物矿床，起因于地幔上涌带上部地壳岩浆房内的高热流，这种热驱动了大规模海水通过大洋壳对流（图 2.5），形成壮观的海底热泉活动，即黑烟囱（black smokers）和白烟囱（white smokers）。当海水在玄武质岩石内运移时，其化学成分将发生变化，释放出钠和镁，吸取岩石中的钙和钾；而且，过热的卤水还能萃取岩石中的铜、锌、铁、银和金等。这种过饱和的含矿流体喷出海底时迅速冷却，其所携带的金属成黑色的烟灰状物质释放在热泉喷口附近沉淀聚集；成群成带的黑烟囱沿洋中脊分布构成黑烟囱田（black smoker field），从而形成火山喷流型块状硫化物矿床，其成因类型归属于火山成因块状硫化物矿床（VMS）。由于硫化物在海水中易于溶解，必须有火山喷出物迅速把它们埋藏才能形成矿床。如果这种含矿流体在枕状熔岩内立刻与下渗的冷海水混合，则会导致热液中所含金属在围岩中沉淀形成脉状或网脉状矿体，从而使冒出海底的热水形成温度较低的白烟区。

表 2.1　与扩张带有关的矿床

矿床类型	主岩	矿床类型实例
1. 基本金属块状硫化物矿床		
铜-铁-锌矿床	蛇绿岩套中的玄武质熔岩	塞浦路斯丘多斯地区块状硫化物矿床
铜-铅-锌矿床	裂谷盆地中陆源沉积岩	不列颠哥伦比亚地区苏利文块状硫化物矿床
2. 岩浆矿床		
豆荚状铬铁矿床	蛇绿岩套中的橄榄岩	西藏罗布莎矿床
铜-镍-铂族元素硫化物矿床	蛇绿岩套中的橄榄岩	菲律宾吕宋岛阿柯耶矿床
3. 浸染状钨-铀-钼-锡矿床	碱性花岗岩	尼日利亚含锡花岗岩

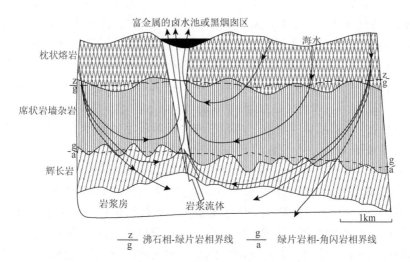

图 2.5　洋中脊塞浦路斯型块状硫化物矿床成矿环境示意图（Evans，1997；Pohl，2011）

冷海水向下渗透至岩浆房，然后热力驱动加热的热水沿着热液通道上升至海底。
如果热液不与近海底地壳内的冷水混合，热液通道口附近则为黑烟区

这类矿床在地质记录上也是很特殊的，现在已经直接观测到矿床的形成过程。据澳大利亚科学院科学新闻报道，1997 年，澳大利亚科学家宣布在巴布亚新几内亚新不列颠岛附近的俾斯麦海（Bismarck Sea）海底黑烟囱内发现世界上最富的金矿床，其金含量比西澳金田金矿床的金品位高出 5~10 倍。

在许多情况下，这些矿床虽然形成于扩张中心，但后来由于板块运动而随其所赋存的大洋壳一道被定位于聚敛带上（图 2.6），这种以推覆体的方式仰冲到大陆块体之上的大洋壳及上地幔的残片称为蛇绿岩（ophiolite）。根据 Anonymous（1972），一个完整的蛇绿岩序列从上到下包括以下岩体。

（1）洋中脊玄武岩（mid-ocean ridge basalt，MORB），通常以枕状熔岩的形式存在，玄武岩的洋底变质作用表现为从顶部的沸石相至底部的绿片岩相。

（2）席状岩墙杂岩，由走向与前大洋地堑（洋中脊）平行的产状陡倾的岩墙群组成，变质作用以绿片岩相为主。许多蛇绿岩序列中缺失席状岩墙群。

（3）深成杂岩，上部由均匀分布的块状辉长岩、闪长岩、英云闪长岩和奥长花岗岩，下部由层状辉长岩和橄榄岩（堆晶岩）组成。一般没有经历洋底变质作用。深成杂岩体代表岩浆房的部位。

（4）构造变形的亏损地幔岩，主要由方辉橄榄岩（多已蚀变为蛇纹岩）和透镜状纯橄岩组成。

在该火成岩序列之上可能覆盖各种海相沉积岩，最常见的是生物成因的燧石岩和远海灰岩。非生物成因的喷流燧石岩和碧玉岩只形成于中白垩世之前，自此以后出现消耗硅的硅藻，导致海水中的硅含量高度不饱和（Grenne and Slack，2005）。

上述的块状硫化物矿床赋存于蛇绿岩序列上部的枕状熔岩中，这类矿床在塞浦路斯最早发现，故又称为塞浦路斯型块状硫化物矿床（Cyprus-type massive sulfide deposit）；位于葡萄牙和西班牙南部的伊比利亚成矿省即是由这类矿床组成，其中的典型矿床包括 Rio Tinto 和 Neves-Corvo 等著名矿床；我国甘肃的白银厂铜矿也属于这种矿床。另一类矿床以块状或浸染状铬铁矿化的形式赋存在蛇绿岩序列下部构造变形（叶片状）的方辉橄榄岩和下堆积岩的纯橄岩体内。方辉橄榄岩中纯橄岩可以理解为从底辟上升的玄武质熔浆结晶分异滞留析离出的产物，铬铁矿借助于流体-流体不混溶作用产自于纯橄岩。由于大洋地幔内的韧性剪切作用，纯橄岩及铬铁矿体都遭受了强烈的变形，形成豆荚状体，称为豆荚状铬铁矿床（又称为阿尔卑斯型铬铁矿床），典型矿床如古巴的莫亚矿床、我国西藏藏北的东巧及藏南的罗布莎矿床等。蛇绿岩序列的堆晶岩中也可能分异出层状铬铁矿，但没有经历过早期的韧性剪切变形作用。

在稳定大陆壳内的初期裂谷阶段，地壳变薄和拉伸作用也能发生类似的、但与火山作用无明显关联的热泉活动，导致沉积喷流型热液金属矿化作用，这种成因类型的矿床称为 SEDEX 型块状硫化物矿床，其最显著的特点是硫化物矿石具有层纹状构造。现代的实例有红海海底拗陷内形成的富金属热卤水和加利福尼亚索尔顿海地区的地下热卤水。索金斯（Sawkins，1990）以世界上规模最大、位于加拿大不列颠哥伦比亚省的苏利文富银铅锌矿床命名这类矿床为苏利文型块状硫化物矿床，类似的矿床包括德国兰墨尔斯伯格地区的块状硫化物矿床、澳大利亚昆士兰地区芒特艾萨矿床及美国田纳西州的达克敦矿床、阿拉斯加州的红狗矿床等。所有这类矿床都赋存在陆源巨厚沉积岩序列中，主岩沉积环境为与大陆破裂早期阶段有关的裂谷盆地，在大多数情况下，这些盆地并不演化为大洋盆地。这类环境也有利于化学沉积作用，可能形成条带状含铁建造和含锰建造；其发育的碳酸盐岩建造有可能最终成为密西西比河谷型铅锌矿床（the Mississippi Valley-type，MVT 型）的主岩。

在稳定大陆内部与扩张板块环境有关的第三种类型矿床是派生于非造山期岩浆作用的矿床，由于构造环境相对比较稳定，有利于来自于地幔的岩浆高度演化和分异作用，形成层状镁铁-超镁铁杂岩体及其相关的矿床（铬铁矿矿床、铜镍硫化物矿床及铂族元素矿床），最著名的是南非布什维尔德杂岩体（Robb，2005）；或者形成超碱性（超钾）岩浆岩（金伯利岩和钾镁煌斑岩）及其相关的矿床（金刚石矿床）；或者形成碳酸岩浆及其相应矿床，如我国四川冕宁牦牛坪碳酸岩中的稀土矿床；还可能形成碱性花岗岩及其相关矿床，如尼日利亚约斯高原碱性花岗岩中的锡和铌矿床。

2. 消减（聚敛）型板块边界

随着板块背离扩张中心运动，它们最终必定会与背离其他扩张中心运动的板块碰撞。在这类碰撞边界，其中一个板块被牵引至另一个板块之下进入软流圈，形成消减带。随着地壳被牵引至软流圈，将会发生两个过程：第一个过程是消减的板块被加热，伴随着水的加入，导致了大洋壳的部分熔融，沿消减板块产生的中性至酸性成分的岩浆底辟向上运移，到达消减带后部的地壳表面时喷发形成火山岛弧或大陆岩浆弧。第二个过程包括消减板块的断块在叠置板块上的构造定位，这种被仰冲抬升的断块如果定位于被动大陆边缘，即为蛇绿岩；若在主动大陆边缘增生楔中定位则形成极其复杂的块体，称为混杂岩（mélange）。

岛弧后部发生后弧扩张是由相当复杂的因素构成的，也是很常见的。它可形成具有明显大洋特征的边缘盆地，这些盆地的沉积来源于靠近的大陆或岛弧的沉积物。

在消减型板块边界的环境中可形成两种特殊类型的矿床，见表 2.2。

表 2.2　与消减带有关的矿床

矿床类型	主岩	矿床实例
1. 块状硫化物矿床		
铜-锌矿床	镁铁质火山岩和杂砂岩	日本别子矿床
铅-锌-铜矿床	酸性-中酸性火山岩	日本黑矿矿床
2. 浸染状矿床		
斑岩铜矿床	花岗质侵入体	江西德兴铜矿床
斑岩钼矿床	花岗质侵入体	陕西金城堆钼矿床
斑岩铀-钨-钼-锡矿床	花岗质侵入体	法国海西期花岗岩

岛弧环境中形成的块状硫化物矿床可分为两类：一类矿床以日本别子矿床命名的别子型块状硫化物（Besshi-type massive sulfides）矿床，它是赋存在海底镁铁质火山岩尤其是玄武岩及厚层杂砂岩中的块状铜和铜、锌硫化物矿床，在日本、挪威、古巴等地的岛弧中都有分布，这类矿床形成方式与塞浦路斯型矿床类似。另一类矿床以日本黑矿命名的黑矿型矿床，赋存在海底长英质或中性火山岩中，在加拿大、澳大利亚、西班牙等地都分布有这类矿床。这两类矿床也归属于火山成因块状硫化物矿床（VMS）。

在消减型板块边界环境中形成的第二类特殊矿床是斑岩型矿床（图 2.6 和案例 2.1），其主岩通常是花岗质浅成侵入岩体，并被认为是含矿流体的热驱动源和金属源。这类矿床与消减带有关，含矿岩体是由消减板块的部分熔融产生。

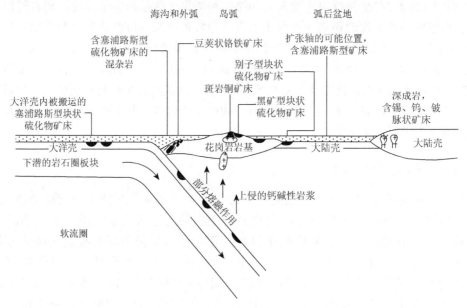

图 2.6　在岛弧及其邻区发育和定位的一些矿床类型分布示意图（Evans，1997）

案例 2.1　斑岩铜矿床的勘查

斑岩铜矿床是一类规模大（通常含有大约 5 亿 t 矿石）、品位低（铜品位一般在 0.2%～1.0%，平均约为 0.5%，常含钼和金）、适合于大规模露天开采的细脉浸染状铜矿床。这类矿床在 19 世纪即已发现，但当时这类矿床的开采仅限于高品位带和富矿脉，直至 20 世纪采用大规模露天开采方法之后，在 20 世纪 50～70 年代在全球广泛开展斑岩型铜矿的深入勘查和研究。此后由于基本金属价格的下跌，这类矿床的勘查活动一度有所下降。近年来由于铜价的上扬、铜矿石湿法冶金技术的突破及人们逐渐认识到富金斑岩铜矿床的重要性等，斑岩铜矿勘查热潮再度兴起。世界 60% 的铜产量、99% 的钼产量来自于斑岩型铜矿床，经济意义巨大。

矿化在空间上和成因上与岛弧环境和造山环境的中酸性浅成侵入体有关。斑岩型矿床可以分为：①斑岩铜-钼矿床（与花岗斑岩有关）；②斑岩铜-金矿床（与碱性花岗斑岩和闪长玢岩有关）；③斑岩铜-钨矿床（与石英饱和的花岗斑岩有关）。

斑岩型铜矿床的热液蚀变分带明显，蚀变中心为钾化带，向外依次为黄铁绢英岩化带、黏土岩化带，以及青磐岩化带。斑岩铜矿床围岩蚀变及金属分带模型使得勘查目标放大了上百倍。斑岩型矿床的成因可归纳为：侵入作用派生于消减过程；与矿化有关的岩浆富含挥发分；岩浆冷凝收缩及流体的沸腾作用导致侵入体及其围岩裂隙广泛发育；随着温度和压力的降低及化学环境的变化，含矿热液在与围岩发生水岩反应的过程中其所携带的矿质沉淀富集。

斑岩铜矿的描述性模型和成因模型是紧密相关联的，从而在矿产勘查中同时得到应用，寻找新的斑岩铜—金矿床或其外缘的金矿床的勘查概念来源于描述性模型，并在成因理论上得到流体成分和金属搬运方式的支持。

3. 转换型板块边界

这种边界主要存在于洋中脊，边界内无新地壳的补充和现有地壳的消亡，目前尚未发现与这种板块边界有关的矿床。

4. 板内环境

在岩石圈板块内部存在许多类型的矿床，由于错综复杂的地质事件或者由于地质演化期间大地构造机理的变化，其中一些矿床可能与地史早期的板块构造方式有关，且这些板块构造方式很难与现代板块边界联系起来。例如，太古代绿岩带中的金矿床具有确定的岛弧亲缘关系，然而，绿岩带的成因至今仍未有公论。板内环境中其他一些重要矿床，如密西西比河谷型铅锌矿床和一些岩盆状超镁铁岩的成矿环境还不受板块构造状态的控制。

板块构造有利于矿产勘查的拓宽和加深对大地构造环境的认识。如在这些大地构造环境中发生的许多与成矿有关的岩性组合，根据板块构造理论就能够深入了解其相对的空间位置。例如，如果识别出某个特殊的大地构造环境（或许该环境由于变质变形作用而变得模糊难辨），那么，就能加深对该环境内存在的各种潜在的成矿环境的了解，从而使矿产勘查能够有针对性地开展，寻找一些专门矿床类型。

上述例子是简单概括的，而实际问题却要复杂得多。除板块构造成矿理论外，还有其他多种研究途径，这些途径或者从地球动力学的角度分析构造环境与成矿的关系（如地槽地台成矿分析），或者分析岩性组合与地质过程之间复杂的相互作用及其可能导致的成矿事件（如建造成矿分析）。而尤其值得关注的是"玻璃地球"（glass earth）的新思维，这是澳大利亚国家科学和工业研究组织（Commonwealth Scientific and Industrial Research Organisation，CSIRO）下属的矿产勘查和采矿处领导并正在付诸实施的一个长期的国家级创新工程计划，该项工程的目的是使澳大利亚大陆地下 1km 深度范围内发生的地质过程"透明化"，从而发现新一轮特大型矿床。了解和掌握这些研究思路对启迪智慧和确定勘查战略都大有裨益。

2.5　控矿因素分析

前已述及，矿床形成于特定的地质环境，其形成和分布规律受一定的地质因素控制。在矿产勘查中，这些控制矿床形成和分布的各种地质因素称为控矿地质因素，主要包括构造、岩浆岩、地层、岩相古地理、岩性、变质作用、地球化学、风化作用等。控矿因素分析是成矿分析的主要内容，本节将简要论述这些因素对成矿作用的具体控制，控矿因素分析的结果是圈定靶区的重要依据，因而是构成成矿模型的主要要素。

2.5.1　构造控矿分析

矿床的形成在很大程度上受着构造作用的制约，构造不仅为成矿流体的运移提供了通道，也为成矿物质提供了沉淀富集的场所。在矿产勘查过程中查明构造与矿化的关系，尤其是分析构造的扩容部位，对靶区圈定和矿床评价都具有重要的意义。一般来说，大地构造和区域性构造控制着成矿省、成矿带和矿田的分布，局部构造控制着矿床和矿体的分布。在第 2.4 节中已经讨论了板块构造环境与成矿的关系，本节将着重论述局部构造对成矿的控制。

1. 构造与矿化在时间上的关系

根据构造与矿化的时间关系可分为成矿前构造、成矿期构造和成矿后构造。成矿前构造是指成矿作用前即已存在的构造，这类构造提供了成矿流体运移的通道并且为矿质的沉淀富集提供了场所；成矿期构造指成矿过程中发生的构造变动，研究成矿期构造对于了解矿体内部的复杂结构、富矿体产出的部位、矿体分带性等都是十分重要的；成矿后构造是指发生在成矿作用以后的构造，这类构造可能破坏矿体的完整性，从而使矿床勘查和开发的难度增大。

成矿流体在化学性质上是很活泼的，在压力和温度梯度作用下沿着构造通道运移的途中与围岩反应必然会生成各种各样的矿物（尤其是石英）充填在岩石孔隙中，导致围岩渗透性降低。显然，在分析成矿前构造时要注意其成矿期的活动性，成矿前构造在成矿过程中的再活化（尤其对于高质量热液矿床的形成）是必要和充分条件之一。

实际工作中，查明成矿后断层的性质对于寻找矿体被错失的部分具有十分重要的意义，美国克拉玛祖斑岩铜矿床的发现就是一个生动的例子（案例 2.2）。

案例 2.2　美国亚利桑那州克拉玛祖铜矿的发现

通过研究已发表的关于圣玛纽埃矿山钻孔资料，洛威尔（Lowell）于 1968 年对切过圣玛纽埃斑岩型铜矿体的圣玛纽埃断层的运动作了新的判断。前人误认为圣玛纽埃层是逆断层，并认为该矿体有一小部分被圣玛纽埃断层向上错移并已被剥蚀（图 2.7）；新判断认为该断层性质为正断层，从而认为这部分矿体是向下错移，而且错距不会很大，被错移的矿体仍在附近。通过研究圣玛纽埃矿体的产状及其围岩蚀变模型后，还推断该矿体已被断层削去了一半而不是一小部分，换句话说，被错失部分是另一个大矿体。前人已经在最可能含矿的靶区内钻了 7 个孔，但未发现具工业品位的矿化。洛威尔复查了前人的岩心，发现这 7 个孔中已有 4 个孔穿透了青盘岩化蚀变围岩进入到石英-绢云母蚀变带，而且，有一个孔揭示了弱铜矿化的存在，分析表明，钻孔刚接近矿体时就终孔。后来按照洛威尔的设计施工了一个钻孔，该孔穿过弱黄铁矿化后在 750m 深处就揭露了克拉玛祖铜矿床。该矿床后来成为北美主要铜矿床之一。

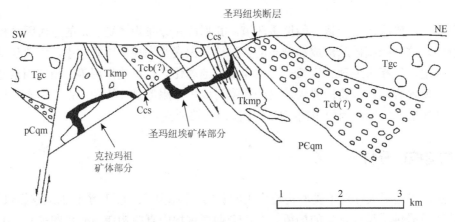

图 2.7　美国克拉玛祖—圣玛纽埃斑岩铜矿区地质剖面示意图（Peters，1987）

Tgc 为古近纪—新近纪砾岩　　　　　　　Tcb 为古近纪—新近纪火山岩和沉积岩互层
Tkmp 为拉拉米期二长斑岩　　　　　　　PЄqm 为前寒武纪石英二长岩

2. 构造与矿化在空间上的关系

1）构造等距性

2.2 节论述了矿化在空间上的群聚性特征，这种群聚性规律实质上是构造控制的表现。此外，矿化在空间上有时也呈现出等距性分布的特点，表现为矿带、矿田、矿床或矿体在空间分布上大致以相等的距离有规律地出现，这种等距性可以表现为直线式或斜列式等距，有时还呈菱形格子等距、弧形等距或其他形式的等距性分布。这是由于矿化受某些间距近于相等的断裂或褶皱构造控制。

20 世纪 60 年代，江西省地矿局在赣南地区沿西华山—漂塘钨矿带开展了四维时空结构、隐伏状成矿花岗岩预测与成矿规律研究。该钨矿带呈北东向展布（图 2.8），当时已发现的西华山钨矿床与荡坪钨矿床直线距离约 3.3km，荡坪矿床与大龙山矿床相距约 5.4km，大龙山与漂塘之间约为 2.4km。认识到荡坪与大龙山的间距大约为其余矿床之间的 2 倍，地质人员推测在荡坪与大龙山之间可能存在隐伏钨矿床，经过勘查果然在两者之间距荡坪约 2.8km 处发现了木梓园矿床。通过进一步深入研究，总结了赣南脉状钨矿床的"等距、等深、侧列、侧伏、分带"规律，建立了线脉带—细脉带—薄脉带—大脉带—根部带的钨矿床"五层楼"垂直分带模型。这一成果，1978 年以"赣南钨矿成矿规律预测"项目荣获全国科学大会奖。

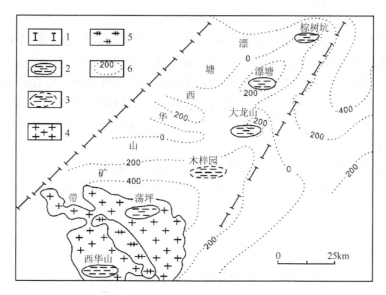

图 2.8　江西赣南西华山—漂塘钨矿带内矿床呈等距性分布规律

（赵鹏大和魏俊浩，2019）

1. 矿带范围；2. 已知矿床位置；3. 推测矿床位置；4. 燕山早期花岗岩；
5. 燕山早期花岗斑岩；6. 隐伏花岗岩顶板等值线

Carranza（2009）利用点型分析、分形分析及 Fry 分析研究菲律宾 Aroroy 地区已知的低硫化物浅成热液金矿床（点）在空间上的分布型式，同时采用距离分布方法研究这些已知矿床（点）与各种控矿因素之间的空间关系，证实这些矿床受构造控制呈等距分布。

2）控矿构造的空间组合

引导含矿岩浆或含矿热液上升的通道称为导矿构造。一些深大断裂是最有利的导矿构造，在遭受强烈褶皱的地区，某些陡斜的有利于成矿流体循环的岩层或岩系也是有利的导矿构造。

含矿流体在沿着导矿构造上升的途中，成矿物质会选择在适合的物理化学环境中富集成矿，这种有利的成矿部位称为容矿构造。导矿构造本身的局部环境可能成为容矿构造，但成矿流体更有可能在发育于导矿构造附近的派生或伴生构造环境中迁移聚集，尤其是滞留于导矿断裂带的上盘那些有利于容矿的构造部位。但是，如果上盘断块渗透性较差，则会导致成矿物质在下盘富集，美国内华达地区卡林金矿带就是一个典型的案例。

就力学性质而言，导矿构造常常是压性或压扭性断裂，容矿构造常常是张性或张扭性断裂构造。但有些矿产的形成，如金刚石矿产，则需要压性或压扭性的构造环境。构造应力最集中的部位是构造扩容区，也是最有利的容矿部位，一般发育在构造不规则的部位，如褶皱的转折端和倾伏端（背斜）或扬起端（向斜）及断层产状变化的部位。

3）断裂构造部位与成矿的关系

不同性质和规模的断裂构造，往往是岩浆和成矿流体的通道及聚集场所，起着控岩控矿的作用。然而，成矿断裂中往往不是整条断裂带都含矿，多数情况下矿化只在局部的扩容部位富集；因此，断裂构造控矿分析应从构造控矿机理方面着手研究，查明有利于成矿的构造部位。常见的有利断裂构造成矿部位包括：

（1）不同方向断裂交叉处及主干断裂与次级断裂的交叉处。

（2）断裂产状变化部位。平面上断层走向发生变化扭曲的转弯处（图 2.9），剖面上张扭性断裂倾角由缓变陡（图 2.10）、压扭性断裂由陡变缓的部位，这些部位都属于扩容部位，往往形成富矿体。右旋剪切断层的扩容部位位于剪切带右侧（图 2.9），左旋剪切断层则位于其左侧，在这类扩容空间内发育的富矿体垂向延深较大，而沿走向延伸一般不大。赋存在正断层和逆断层扩容部位的富矿体往往沿走向延伸较大，沿倾向延深较小。理解这些控矿规律对于勘查工程的部署是非常重要的。

（3）断裂构造与有利岩层的交汇处或与其他构造的交切处。

（4）成矿后断层性质的分析对于寻找错失的矿体具有十分重要的意义（案例 2.2）。

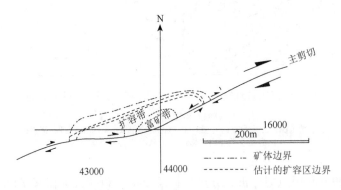

图 2.9　爱尔兰中部锡尔弗迈因斯（Silvermines）（Phillips et al.，1988）

铅-锌矿床 K 带矿体赋存在断层的扩容部位

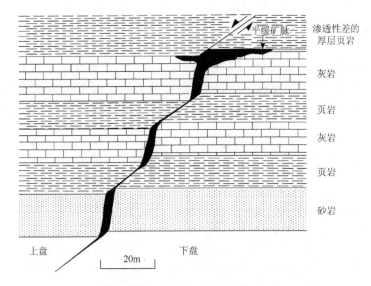

图 2.10　正断层横剖面矿化扩容示意图（Evans，1997）

赋存在正断层中的矿脉，呈现出狭缩－膨胀构造形态，在膨大部位矿化富集，同时还阐明了下伏于不透水层底部的平伏矿体

科技日报 2013 年 3 月 19 日报道了澳大利亚昆士兰大学地震学家戴恩·威瑟利和澳大利亚国立大学地球化学学家理查德·亨利在《自然·地质科学》发表的论文，其研究成果认为沿断层发生地震时，处于断层带内的高温含矿流体会在"断层割阶"内（即断层的扩容部位）迅速沉积下来形成金矿脉。断层割阶是与岩石主断层线相连的一种斜向的拐折断裂（图 2.11），当地震发生时，主断层线的两侧会沿着断层方向滑动，互相摩擦，而断层割阶只是简单地打开。他们设计出一种简单的热力学活塞模型，计算了地震中高温流体流过断层割阶时的情况。计算结果显示，此时压力会迅速降低——从地球深处正常的高压突然降到接近地表压力的水平。例如，在一次地球内部 11km 处的 4 级地震中，断层割阶突然打开会使压力从 290MPa 降低到 0.2MPa（海平面大气压为 0.1MPa），压力降低了 1000 倍。含矿流体在约 390℃时遇到这种迅速降压，会快速沸腾蒸发，导致矿物质在瞬间结晶，这一过程称为"闪蒸"或"闪急沉淀"，致使块状石英及与之相关的矿物和金属都从含矿流体中沉淀析出。所以一次地震瞬间极有可能导致含金矿脉的形成。此外他们还发现，沿着断层割阶，即使小地震也能产生很大的压力速降。即便是在 2 级地震中，压力也会降低 50%。

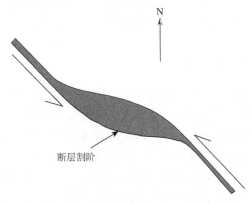

图 2.11　断层割阶平面示意图

4）褶皱构造部位与成矿关系分析

各种褶皱构造对矿床都有明显的控制作用，成矿前和成矿过程中形成的褶皱及与其有关的伴生和派生构造（断层、节理、劈理等）均可成为内、外生矿床有利成矿空间。对内生矿床而言，应重视成矿前的褶皱，褶皱构造中最有利的成矿部位是褶皱轴部、倾伏端（背斜）或扬起端（向斜）、倒转褶皱的翼部，以及褶皱过程中派生的断裂和破碎带部位等（图 2.12）。

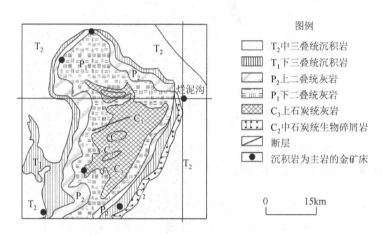

图 2.12　贵州省烂泥沟金矿田地质图（Peters，2002）

说明金矿床受癞子山穹窿构造控制（穹窿长轴为 25km、短轴 12km），金矿床沿着穹窿边缘二叠系与三叠系之间的边界分布

查明研究区构造格局及其分布规律，研究各类构造的性质、产状及其变化，构造的复合，以及构造与有利岩性的交集，识别成矿前、成矿期和成矿后构造等是成矿分析中最重要的研究内容之一。

2.5.2　岩浆岩与成矿的关系分析

岩浆岩与成矿作用在成因机理、空间及时间方面都存在比较复杂的关联，具体表现在成岩和成矿作用都受相同的构造系统控制，具有相近的形成深度，它们在微量元素、副矿物和同位素成分方面及不同类型矿床围绕侵入体的规律性分布等诸多方面紧密相关。因此，在分析各种岩浆活动对矿化的控制作用时，应注意从多方面进行考察。

1. 岩浆岩成分特征与成矿的关系

一定类型的矿床专属于一定成分和类型的岩浆岩，这种现象称为岩浆岩成矿专属性（igneous rock affiliation）。例如，铜-镍（-铂族元素）硫化物矿床主要产于层状镁铁-超镁铁杂岩体内；磁铁矿-磷灰石矿床或钛铁矿—金红石—磷灰石矿床与斜长岩和一些碱性岩紧密相关；金刚石矿床主要赋存在金伯利岩中；阿尔卑斯型铬铁矿床主要产于蛇绿岩杂岩体的超镁铁岩石单元内，而在蛇绿岩杂岩体的枕状熔岩中则可能产出塞浦路斯型块状硫化物矿床；主要与碳酸岩岩浆作用有关的稀土矿床及与中酸性岩浆作用有关的钨、锡、钼、铋、铜、铅、锌、金、银、铁、铀等热液型和夕卡岩型矿床，在空间上既可赋存在岩体内部，也可能形成于岩体与围岩的接触带部位及其附近，还有的矿床可能分布在远离岩体数百米甚至数千米的距离，但它们还是具有成因联系。

镁铁和超镁铁质岩浆中富含成矿元素（包括铜、镍、铬、铂族元素等）但挥发分不足，因而在成岩过程中一般不可能派生出有挥发分参与的成矿作用，主要是通过熔离作用及结晶分异作用富集成矿。中酸性岩浆中常常含有足够的成矿元素（包括锡、钨、钼、铅、锌、铜、汞等）并且含有足够多的气体组分（包括氟、硼、氯、硫、砷等），这些气体组分与成矿组分化合形成丰富的挥发性组分，通过与围岩发生交代作用形成夕卡岩矿床和各种热液矿床，也有可能沿着某些构造岩性通道到达远离岩体的部位。

关于成矿专属性方面的研究前人已作过大量的工作。苏联学者斯米尔诺夫（Smirnov）于 1957 年总结出锡、钨、铍和钼矿床主要赋存在二长花岗岩-白岗岩系列（二氧化硅含量在 67%～74%）；钼、铜、铅、锌与英云闪长岩-花岗闪长岩-花岗岩系列（二氧化硅含量在 60%～65%）。吴利仁（1963）根据对我国 166 个镁铁－超镁铁岩体的岩石化学进行系统研究后，提出了可用于判断镁铁－超镁铁岩体含矿性的镁铁指数（m/f）的经验公式：$m/f = (Mg + Ni)/(Fe^{2+} + Fe^{3+} + Mn)$；将 m/f 值大于 6.5 者称为镁质超基性岩，与铬铁矿床关系密切；m/f 值为 2～6.5 称为铁质超基性岩，与铜镍硫化物矿床关系密切；m/f 值小于两者称为铁质基性岩，与钒钛磁铁矿床关系密切。在我国华南地区，与花岗岩成矿有关的矿产包括钨、锡、钼、铋、铍、铌、钽、铜、铅锌、银、铀、钍、稀土及金等，彰显了成矿元素组合的复杂性和多样性。

经验观测和理论研究都支持花岗质岩石的成分特征与成矿元素之间有显著的相关性。花岗岩的成矿潜力与母岩的成因及其演化过程有关，重要的控矿因素包括板块构造环境、源岩的性质、熔体的温度和压力参数、水和其他挥发分的含量、岩浆侵位深度、成岩期构造变形、熔体中氧逸度（氧化还原态）、围岩同化作用、岩浆结晶分异作用。根据 Pohl（2011）的总结，不同环境中形成的花岗岩衍生出以下类型的矿化。

（1）M 型（幔源型）花岗岩：如蛇绿岩套中与辉长岩共存的奥长花岗岩（斜长花岗岩）和石英闪长岩及原始大洋岛弧中的浅成侵入体都属于 M 型花岗岩。与 M 型花岗岩有关的典型矿床主要为斑岩型铜（金）矿床及热液金矿床。

（2）I 型花岗岩：I 型花岗岩比 S 型花岗岩含更丰富的角闪石，钙、钠、锶的含量更高。一般来说，深成的 I 型花岗岩基主要由英云闪长岩和花岗闪长岩组成，而且常常与更基性的岩石（从辉长岩到闪长岩）紧密共生。其中，一些水不饱和的熔体（水不饱和的岩浆能够上升地表）喷出地表形成火山岩（如安山岩和英安岩）。一般认为 I 型花岗岩来源于下地壳原有火成岩的重熔，然而，地球化学和同位素证据表明 I 型花岗岩还可能形成于上升的地幔岩浆与下地壳重熔岩浆及上地壳熔体的混合。I 型花岗岩的副矿物常常为磁铁矿，因而将其归属为磁铁矿系列岩浆岩或氧化型花岗岩（少数 I 型花岗岩可能为还原型），这是因为这些岩浆通常具有较高的氧化度和较高的磁化率（大于 $10^3 nT$）。与氧化型花岗岩有关的特征矿床包括铁氧化物-铜-金（不含铀）矿床（IOCG 型矿床）、斑岩型铜-钼矿床、钼-钨-铜夕卡岩型矿床、热液型铅-锌矿床以及一些金-银矿床等。

（3）S 型花岗岩：S 型花岗岩是沉积岩重熔（部分熔融）作用的产物，主要形成于大陆碰撞环境及消减板块上的沉积岩被俯冲至深部高温高压区（达到变质作用转换为显著的熔融作用的环境）。S 型花岗岩主要是浅色、富二氧化硅、具有二长花岗岩性质的花岗岩类岩石，除黑云母外还常常含白云母；副矿物包括堇青石、石榴子石、蓝晶石；钛铁矿是常见的不透明副矿物，这就是为什么 S 型（和 A 型）花岗岩属于钛铁矿系列岩浆岩的一部分，并具有低磁化率的特征（小于 10^3nT）。由于源岩沉积岩中含有机碳，故 S 型花岗岩岩浆的氧化度较低，属于还原型花岗岩；S 型花岗岩熔浆的水派生于变质作用过程中白云母的脱水作用，导致岩浆中富含水，并在较深的部位冷凝结晶，从而，这类花岗质岩石中火山岩很稀少。与 S 型花岗岩有关的矿床主要为锡、钨、钼等矿床。

（4）A 型花岗岩：典型的 A 型花岗岩是大陆裂谷的碱性花岗岩，可进一步分为富钠和富钾花岗岩。富钠花岗岩与铌、铀、钍、稀土元素及锡矿化有关；富钾花岗岩广泛发育热液硅化、电气石化，主要与锡、钨、铅、锌和萤石矿化有关。

2. 岩浆的定位深度及岩体的剥蚀深度与成矿的关系

岩浆定位深度不同，其成岩成矿的物理化学条件也不一样，从而直接影响岩浆分异作用的程度及成矿作用。例如，在深部岩浆房定位的中酸性或酸性岩浆在成岩过程中可能派生出伟晶岩型矿床，而夕卡岩型矿床和热液型矿床（包括斑岩型矿床）则主要与中浅成和浅成中酸性或酸性侵入体有关。

Singer 等（2008）对世界各地勘查程度很高的 422 个斑岩铜矿床的定位深度进行了统计分析，其结果如图 2.13 所示。从该图中可以看出：75%的斑岩铜-金矿床定位于 1.5km 以浅的深度，75%的斑岩铜矿床定位于 2.5km 以浅的深度，75%的斑岩铜-钼矿床定位于 4.0km 以浅的深度。

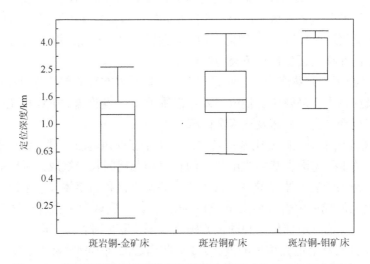

图 2.13　各亚型斑岩铜矿床的定位深度盒须图（Singer et al.，2008）

岩体的剥蚀深度意味着与其相关矿床的出露和保存程度。如果研究区广泛发育中酸性或酸性岩脉，意味着该区剥蚀程度较浅，是寻找产于中浅成和浅成中酸性或酸性侵入体顶部及其附近围岩中的热液矿床和夕卡岩矿床的有利地区；如果研究区内中酸性或酸性岩体呈岛状分布且主要出露边缘相，说明剥蚀程度中等，刚达到岩体顶部，仍然是寻找热液矿床和夕卡岩矿床的有利地区；如果中酸性或酸性侵入体的中心相大面积出露，说明岩体剥蚀程度已经很深，与岩体边缘及外围相关的矿床可能已经被剥蚀。

顺便指出，剥蚀程度不仅对于岩浆矿床的存留具有重要意义，对其他类型矿床也有重要的影响。例如，中非加丹加铜钴成矿带是横跨赞比亚和刚果（金）的巨型铜钴成矿省，在赞比亚铜带地区，由于其地壳抬升剥蚀作用比刚果（金）地区更强烈，大部分太古宙花岗岩结晶基底都已出露，沉积盖层加丹加超群（Katan-gan group）主要分布在基底边部及周围，而且其下部含矿地层罗安群（Roan group）也已普遍大面积出露；而在刚果（金）加丹加省，太古宙结晶基底没有大面积出露，罗安群受后期近北东向的挤压作用主要呈条带状分布，并且其上面还覆盖着大量较罗安群年轻的上部地层恩古巴群（Nguba group）和昆代隆古群（Kundelungu group），说明主要的含矿层位还埋藏在地下，深部罗安群铜钴矿床找矿潜力巨大。

3. 岩浆分异作用与成矿作用的关系

一般说来，岩浆分异演化作用进行得越完全，越有利于岩浆矿床的形成和富集，例如，赋存在层状镁铁-超镁铁杂岩体内及其附近、由岩浆熔离分异作用形成的铜镍硫化物矿床。对于中酸性和酸性岩浆而言，高温含矿气液是母岩浆完全分异作用的产物。可以利用岩脉的发育情况指示岩浆分异作用进行的程度：如果研究区内发育二分脉岩（即基性和酸性岩脉），说明岩浆仅经历了半完全分异作用；如果发育各种成分的脉岩，则表明岩浆分异作用进行得很完全。岩脉和矿体之间的关系可以比喻为既可能成为兄弟关系（形成时间的先后），又可能成为宾主关系（空间上相伴生），后一种关系的存在很有可能是因为岩脉的侵入为后续的成矿流体创造了流通条件。

岩浆的分异程度还可以根据岩体本身的形态、岩相的演化分布，以及微量元素的地球化学行为等进行判断。

4. 岩体的形态、产状与成矿的关系

岩体的形态和产状对成矿物质的富集有重要的影响。例如，早期岩浆矿床中的成矿物质由于重力分异作用往往聚集在盆状岩浆房底部形成底部矿体；岩浆气-液成矿作用通常发育在岩体的顶部和旁侧凹陷部位，例如，赣南地区脉状钨矿床主要发育于花岗岩体的凸起部位。在成岩作用晚期阶段，如果残余岩浆特别富含挥发分，则可能是沸腾作用而导致在岩体上部产生隐爆角砾岩和网状裂隙，为热液矿化提供了极为有利的成矿环境。中酸性岩体的形态越复杂越有利于夕卡岩型矿床的形成。一般来说，岩盆、岩株状侵入体更容易成矿，而岩基出露区找矿潜力很小，其原因可能是与该花岗岩体有关的矿床已经被剥蚀殆尽。

2.5.3　地层、岩相和古地理因素与成矿关系的分析

地层、岩相和古地理环境因素制约着外生矿床的形成和分布。

地层是在一定地质时期内形成的具有一定岩相特征的层状沉积物，地层控矿具体表现为层位控矿，即成矿作用受有利岩性的沉积层控制。例如，在世界范围内，重要的煤矿床、沉积型铜矿床、沉积型铁矿床、黄铁矿（硫）矿床、磷矿床、铝土矿矿床、锰矿床，以及各种

类型的砂矿床的成矿作用等都明显地被约束在几个时代确定的地层层位中（2.3 节）。所以，地层控矿分析的首要任务是确定研究区内是否发育有利于某类沉积矿床成矿的层位。

岩相是指在一定沉积环境中由于沉积分异作用而形成的产物。岩相建造与地层在成矿控制方面既有区别又有联系，地层控矿主要表现为时控（层位），而岩相及其相应的建造则是地层在一定沉积环境下的具体表现。大多数沉积矿床都是产在一定的岩相和一定建造中，同一矿种表现为相变的矿床分带（如沉积铁矿床或锰矿床的相变分带），不同矿种间则表现为成矿序列（如铁－锰－磷序列）。因此，在成矿分析时应注重沉积岩相和建造与矿床类型之间的关系。

古地理是指某个地质时期的海、陆、水系分布及地势和气候等自然地理状况。古地理的分析是以岩相研究为基础的，从不同的岩相分布和变化来分析当时的海陆分布、海水深浅变化、海水进退方向、海水含盐度、古气候的变化、沉积物的来源等。分析古地理与沉积矿床的关系主要从研究区某个时期所在的古地理单元、古气候及海陆变迁等方面着手。

2.5.4　岩性与成矿作用的关系

沉积矿床的成分在成因上总是与围岩有紧密的联系，因而，根据上下地层的岩性特征可以推断成矿潜力。例如，鲕状锰矿床通常下伏于如泥灰质砂岩、海绵岩或含放射虫的碧玉岩之类的硅质沉积物之下。

对于内生成矿作用而言，具有下列三方面性质的岩石有利于成矿：①渗透性（砂岩、砾岩、孔隙度较高的熔岩，以及裂隙发育的岩石具有良好的渗透性）；②化学活泼性（容易与含矿热液发生反应，从而使矿质沉淀富集，具有化学活泼性的岩石如碳酸盐类岩石）；③脆性（脆性好的岩石如火成岩、石英岩、白云岩等）。酸性或中性岩浆侵入于碳酸盐类岩石中的环境最有利于形成多金属铜、锡、钨、钼、锑等接触交代矿床（夕卡岩型矿床）和热液矿床。

经验表明，含碱性长石的岩石（如酸性喷出岩和侵入岩、长石砂岩、长石石英砂岩等）、含镁和钙质的碳酸盐岩有利于成矿；页岩、千枚岩、云母片岩不利于成矿；不纯的碳酸盐比纯的碳酸盐岩石更有利于成矿。

在一些矿床中，渗透性差的页岩起着阻隔或者限制成矿热液向上运移的作用，促使矿质在屏蔽层之下沉淀富集。最有说服力的实例莫过于美国内华达东北部卡林金矿带（案例 5.1），带内大多数特大型金矿床都发育在罗伯兹山冲断层下盘附近大约 100m 范围内，其主要原因就在于该断层将一套化学性质不活泼的硅质页岩推覆于有利于成矿的碳酸盐岩层之上，起到区域性屏蔽层的作用，迫使成矿流体在断层下盘附近化学性质活泼的碳酸盐岩层中横向运移，富集成矿。

2.5.5　变质作用与成矿作用的关系

区域变质作用期间元素的活化和富集导致变质矿床形成，因而，在变质岩区寻找变质矿床时变质相是一个重要的控矿条件，例如，沸石相中可能赋存自然铜矿床；绿片岩相中可能赋存金矿床；铁矿床、蓝晶石矿床、硅线石矿床、红柱石矿床、刚玉、结晶石墨矿床及钛铁矿矿床等与角闪岩相有关；角闪石矿床、辉石矿床、磁铁石英岩矿床、石榴子石矿床及金红石矿床等与麻粒岩相有关；榴辉岩相中可能赋存红柱石矿床。在变质矿床中，原岩的物质成分及其含矿性是影响矿化类型的主要因素。

需要指出的是，上述控矿因素分析只是一般的指南，不同类型的矿床控矿因素所起的作用不同，建议读者通过对典型矿床的研究，提高自己综合分析的能力。同时，在进行控矿因素分析时，还应注意结合找矿标志。找矿标志是指能够直接或间接指示矿化的信息。由于许多找矿标志比矿体本身分布范围广而且易于发现，对这些信息的研究有利于评价区域的含矿性，使人们能够有效而迅速地发现矿床，同时为合理选择和应用勘查方法提供地质依据。找矿标志的种类很多，常见的找矿标志包括矿体露头（原生露头和氧化露头）、围岩蚀变、矿物共生组合和矿物标型特征、地球物理和地球化学异常、古采矿遗址、特殊地形与地名及特殊的植物等。

本 章 小 结

成矿规律主要研究矿床形成的时间规律、空间规律、物质来源规律，以及共生组合规律。成矿规律是成矿预测的理论基础。

成矿的时间规律表现在一种或多种矿产或矿床类型趋向于在某个地质时期内富集，据此可以划分出不同的成矿期。成矿的空间规律主要表现在：①矿床（体）具有成群分布、成带集中的特点，据此可以划分出不同的成矿单元；②矿化常常展示出分带性特征，通过对分带性规律的研究建立矿化分带模型；③矿床（体）分布的等距性规律，认识这一规律有助于预测隐伏矿床（体）或盲矿床（体）。成矿物质来源规律属于矿床学的研究范畴，本教材未予涉及。矿化共生组合规律仅提及从成矿体系方面进行研究。

矿床分布最重要的普遍规律之一是在全球范围内，一定的矿床组合与一定的构造类型有关，据此可以把成矿作用与大地构造环境联系起来。本章简要总结了板块构造与成矿作用的关系。

控矿地质因素分析是具体地剖析构造、岩浆作用、地层等诸因素对矿化的控制作用。如果能够证实成矿作用的主要控矿因素，则这些因素就成为预测这类矿床存在的地质准则。

讨 论 题

（1）将南美安第斯斑岩铜矿成矿省与我国冈底斯斑岩铜矿成矿省进行对比，试问我国冈底斯成矿省内是否具有类似安第斯斑岩铜矿带的巨大找矿潜力？

（2）在华北地台的早元古宙基底内是否存在寻找金-铀砾岩型矿床的潜力？

（3）大地构造控矿的作用是什么？简要论述地槽、地台、地洼构造与成矿的关系。

（4）简述 VMS 型矿床与 SEDEX 型矿床地质特征和成矿环境的对比。

（5）论述花岗岩与成矿的关系。

（6）讨论正岩浆矿床控矿因素。

（7）讨论地层和岩性对成矿的控制作用。

（8）论述断裂构造与成矿的关系。

（9）开展矿化信息的讨论。

本章进一步参考读物

陈国达. 1985. 成矿构造研究法. 2 版. 北京: 地质出版社

范永香, 阳正熙. 2003. 成矿规律与成矿预测学. 徐州: 中国矿业大学出版社

孟良义. 1993. 花岗岩与成矿. 北京: 科学出版社

米契尔 A H G, 加森 M S. 1986. 矿床与全球构造. 周裕藩, 李锦轶译. 北京: 地质出版社

沈保丰, 陆松年, 杨春亮, 等, 2000. 矿床密集区预测的理论和方法(以华北地台为例). 北京: 地质出版社

索金斯·弗. 1987. 金属矿床与板块构造. 曹开春, 谢振忠译. 北京: 地质出版社

薛建玲, 陈辉, 姚磊, 等. 2018. 勘查区找矿预测方法指南. 北京: 地质出版社

翟裕生, 等. 1997. 大型构造与超大型矿床. 北京: 地质出版社

翟裕生, 等. 1999. 区域成矿学. 北京: 地质出版社

翟裕生, 等, 2010. 系统成矿论, 北京: 地质出版社

翟裕生, 林新多. 1993. 矿田构造学. 北京: 地质出版社

翟裕生, 彭润民, 向运川, 等. 2004. 区域成矿研究法. 北京: 中国大地出版社

朱裕生, 李纯杰, 等. 1997. 成矿预测通则方法之一, 成矿地质背景分析. 北京: 地质出版社

Pohl W L. 2011. Economic Geology Principles and Practice. Hoboken: Wiley-Blackwell.

Rollinson H.2014.Using Geochemical Data: Evaluation, Presentation, Interpretation. Oxford: Routledge.

第3章 成矿模型

矿产勘查必须与不完整的资料库打交道。人类肉眼无法观察到地壳的内部,对成矿过程的认识通常都是间接的,对矿床确切的性质是不完全了解的。面对如此复杂的研究对象,学者们不得不多方探索更为有效的理论工具。实践证明,矿产勘查的研究总会自觉或不自觉地以成矿模型作指南,因为成矿模型是把一幅模糊不清的隐蔽矿床的图像简化增强为可识别特征的最好方式。

3.1 成矿模型的概念

3.1.1 模型的概念

模型(model)通过抽象、简化、类比,使所研究系统的结构、形态或运动状态变为易观测的形式。模型通常有两方面的含义,其一是指相对于研究对象的原型而建立模型,即是对原型的抽象或仿真;其二是指研究原型所采用的模型化方法。模型基于原型建立,相似于原型但不等于原型。

模型可分为四类,即原样模型、相似模型、图形模型和数学模型。

(1)原样模型:原样模型是与研究对象在结构和过程方面基本相同的实体。例如,在制造汽车、飞机等不太庞大的产品时,往往在转入批量生产前要先造出样机,这就是原样模型。

(2)相似模型:根据不同系统之间相似规律而建立起的研究用模型。

(3)图形模型:图形模型有丰富的内容。其表达方式包括示形图、示意图、框图、逻辑图、工程图等。示形图、示意图和框图为不严格图,即没有严格确定的规范,作图者往往要附加文字说明,这些图形模型适合显示那些还不太清楚的问题,因而在矿产勘查研究中使用极为广泛,如地质图、地形图及其他各种地质平面图和剖面图等。正是借助这些图形模型来开发构造成矿环境的想象力和创造力,所研究的成矿环境才变得越来越清晰、越来越具体。

(4)数学模型:数学模型是指运用数字符号和数学公式来表达系统的结构或过程。

模型对于任何一种研究问题的脑力活动都是十分重要的。讨论模型的实质和形式,目的在于开发应用模型的思想;了解模型的性质和作用会使思路更加清晰。模型化(即构造模型)只不过是运用某种信息载体来外在地显示人们对现实世界中事物的认识。

模型无所谓真假,模型的价值只在于它的适用性和有效性。模型被用来显示客观事物的状态及其变化,它反映了人们对客观事物认识的思维过程,并能帮助发展这种过程。

建立模型需要有一个模型化的过程,即需要有一个认识问题的辨证过程。模型是人们对事物认识的表达形式和工具,而不是研究问题的归宿,人们所关心的是把问题很好地表达清楚并获得满意的答案。因此,模型本身要被当作一个系统来研究。模型方法论的重要概念之一就是对外延的限定和内涵的开发过程,也就是一个不断深化的认识过程。

矿产勘查中所需要研究的成矿模型，包含有两个方面的意义：一方面是成矿作用的模型化，如板块构造成矿模型（参见 2.4 节）、地槽成矿模型等；另一方面是矿床类型的模型化，这是本章需要阐述的内容。为了使读者能够把前面有关内容联系起来，本教材仍采用成矿模型（metallogenic models）这个术语，请注意区分。

这里还需要回答这样一个问题：在矿产勘查中为什么要使用模型？对这一问题的直接答案是，在成矿预测方面，还没有发现比模型更好的方法。作为一个预测系统，模型代表了科学方法。在着手建立一个成矿模型之前，需要仔细考虑研究对象及现实世界中抽象的概念；在建立成矿模型的过程中，研究者会深深地感觉到对所研究的对象还知之甚少，往往不知道可以利用哪些资料，漏掉了哪些资料；利用已建立好的成矿模型，有助于深入了解勘查工作中所要解决的问题。

3.1.2　成矿模型分类

实际上，模型是为研究对象建立的信息网络，因此，任何模型的固有性质应当是信息、信息连接及使用目的的网络的选择。从而，对于矿床勘查而言，成矿模型应当包括有关成矿地质环境、矿床地质特征、矿床的规模及赋存深度等，而且，所有这些信息需要借助于运筹的、成因的及概念的推理网络联系起来，其唯一的目的就是要提供支持矿床勘查的知识库。所以，成矿模型可以定义为精心组织的、用于描述矿床类型基本属性的信息系统。

成矿模型是思维模型，它是通过对同类矿床反复研究，从而在头脑中形成对该类矿床的共同特征与内在规律的认识过程。可以将成矿模型所模仿的矿床称为"原型"，由此，建立成矿模型的目的就是以"模型"模仿"原型"，从而加深对原型的深入了解，实现对原型查找与控制。构建模型总是力求与原型相似，然而，同类矿床的个数往往多得难以计数，每个矿床的特征不可能完全相同，而该类矿床的模型可以只有一个，因此要求一个模型与该类矿床中每个矿床完全相同是不可能的，也是不必要的。在数量众多的同类矿床中，总有一些共同的特征，矿床建模的任务就是要将这些矿床样本的共同特征抽象出来，由此构建的成矿模型就有可能表达该类矿床的总体。

成矿模型可分为：①以观测资料为基础的经验模型（empirical models），也称为描述性模型（descriptive models）；②以理论概念为基础的成因模型（genetic models），也称为概念模型（conceptual models）。每个矿床类型所接受的模型一般都包含这两个方面。成矿模型匹配相应勘查技术后的表达方式称为勘查模型（exploration models），本书将在第 4 章中进行论述。

经验模型是指与矿化富集有关的观测特征的集合。经验模型已经应用了数百年而且形成了矿产勘查的基础；经验模型应用的关键是直接观测和经验。成因模型试图描述导致矿床及其有关地质特征形成的物理和化学过程；成因模型在很大程度上派生于对观测资料的综合分析和推测，但它们包括了实验或计算的约束条件。新的观测资料或概念可能会使某个成因模型发生渐变甚至发生根本的改变。

在矿产勘查过程中，应用成矿模型时应注意避免以下两个方面的问题。

（1）不要过于强调成矿模型的经验属性中的局部性特征。对局部性特征给予过多的关注可能是由于某个重要矿床的发现。例如，1980 年美国霍姆斯特克金矿公司在加利福尼亚发现了麦克劳林金矿床后，许多研究者强调超镁铁岩石的存在是控制这类矿床形成的主要因素之一；后来的研究表明，麦克劳林是一个典型的热泉型浅成热液金矿床，超镁铁岩是该矿床成矿环境中典型的但不是必要的成矿特征。此外，局部性特征也可能在以某个矿床命名的矿床类型中被强调，如卡林型、别子型、奥林匹克坝型等。参考同类矿床共同特征确立成矿模型的经验属性的方法是很方便的，然而，相同矿床的实例往往不多，如果不加选择地生搬硬套可能会造成失误。

（2）过于强调成因模型中的某些因素并把它们作为唯一重要的准则可能会导致滥用，所选择的准则常常作为某类矿床成因的统一理论，这种理论常常容易出现偏见或教条。例如，早期的花岗岩成矿理论强调成矿流体和矿质都来源于花岗岩浆；后来的研究表明，在许多与花岗岩有关的成矿系统中，花岗岩岩浆房可能只是起着热引擎的作用，驱动围岩中流体对流，而成矿流体主要来源于地下水，矿质源自于围岩。由于无法直接观测到成矿过程，只能基于间接的资料或理论来解释矿床是怎样形成的及何时形成的，以这种方式建立的成因模型在所研究的地区内具有一定的可信度，但是如果把它应用到不适当的环境或者应用于地质情况尚不十分清楚的地区则属于滥用。

3.1.3　成矿模型化的历史回顾

成矿模型化的思想并不是一个新领域，而是赋予其一个相对较新的名称，因为我国古代著作中记载的矿产分布和矿物分带到根据矿床特征进行分类都是按照这种思想进行的。

系统地成矿模型化起始于 20 世纪 50 年代。当时，在苏联，区域成矿规律研究和成矿预测中已流行地槽成矿模型，在以后的几十年中又广泛应用成因模型配合成矿建造分析进行成矿预测；在局部预测中，各种对象模型，包括预测普查组合的确立，都与一般的成矿模型有密切的关系。而在西方国家，一些勘查公司或采矿公司需要定义不同类型的目标矿床及制定各类目标矿床的勘查战略而着手系统建模，其具体做法是，详细研究某一类型矿床的许多实例，确定出一套矿床特征，利用这些特征指导矿产勘查，以便集中力量研究数量有限的靶区。这一新的勘查方式帮助发现了美国著名的亨德逊钼矿床，而且这一勘查新思维开创了成矿模型的先河。1973 年出版的《美国的矿产资源》一书中，已经对一些矿床类型的特征进行了初步的描述并根据对未发现矿床期望的金属吨位作过资源估计（Brobst et al., 1973）。1975 年年初，美国地质调查局在实施阿拉斯加 1∶25 万标准图幅的资源评价项目中已经实际应用了描述性模型，包括：①利用地质特征圈定成矿预测区；②利用品位－吨位模型进行定量资源评价（Richter et al., 1975）。

1978 年，美国地质调查局 D. A. Singer 等收集了有关斑岩铜矿、块状硫化物矿床、豆荚状铬铁矿床及其他类型矿床大量可靠的品位和吨位资料建立了它们的品位-吨位模型，并应用于阿拉斯加 1∶100 万矿产资源评价。1980 年，美国地质调查局开始了成矿模型化的研究，汇编了由 45 位矿产资源专家提出的描述性模型。与此同时，还认识到应用人工智能和专家系统进行矿床模拟的可能性，20 世纪 70 年代末期，美国斯坦福研究所与美国地质调查局合作研制了"Prospector"（专家系统）程序软件，用于模拟斑岩铜矿及其他几种矿床类型，然而，由于这种模拟过程需要花费大量的时间和经费，难以满足对大量矿床类型的模拟。

1982 年，美国地质调查局承担了哥伦比亚资源评价的任务，该项目提出了利用成矿模型作为美国与哥伦比亚两国地质人员之间交流基础的直接需求。在美国地质调查局地质人员的通力合作下，很快便汇编了一批描述性模型，包括品位和吨位模型，这些模型构成了美国地质调查局第 1693 号局刊《矿床模型》的核心内容（Cox et al.，1986；Cox，1993），其中包括 87 个描述性矿床模型和 60 个品位和吨位模型，反映了 38 位作者的工作成果。《矿床模型》中的描述性模型分为两部分：第一部分是地质环境的描述，描述了有利于所研究的矿床模型的矿化环境类型，包括主岩、构造和沉积环境等控矿因素，这些因素指明到哪儿去寻找这类矿床及如何圈定这类矿床的成矿预测区；此外，还有一个补充的地质因素，即共生的矿床。第二部分是有关矿床类型的详细描述，包括矿物成分、矿石结构构造、围岩蚀变及地球化学和地球物理信息等找矿标志，这些特征使得根据有限的露头观测或文献中零碎的描述就有可能识别矿床或对矿床进行归类；除此之外，用图形表示的品位-吨位模型阐明了由描述性模型所定义的矿床类型的品位和吨位的分布。美国地质调查局出版的这本《矿床模型》专著成为现代矿产勘查方法学的基础，在美国和其他许多国家的矿产勘查中得到广泛应用，而且，它还被美国林务局和土地管理局作为短期教程，在哥斯达黎加、委内瑞拉和墨西哥等国都被用作地质人员短期培训的教材（Cox，1993）。该专著已在 20 世纪 90 年代初译成中文出版，在我国产生了比较深刻的影响。

成矿模型代表着本教材所建立起的成矿理论、成矿规律和勘查思维的科学基础，它把所要找寻的矿床与所能够观测到的地质特征有机地联系起来。现有的成矿模型对现在乃至今后长时期的矿产勘查都是很有用的，但是，它们只是代表初步系统化的尝试，因此，它们能够而且应该不断地进行完善。

研制成矿模型的目的是建立矿床的综合样板，即建立用现有手段和方法可以查明的互不矛盾的特征组合。在建模过程中，必须遵守类似或相似、代表性和可以外推等条件。模型也应当符合重功能（有一定指导性）和讲实效（作为矿产勘查的一种手段发挥重要作用）的要求。相应地，模型化过程包括建立模型本身、研究模型和在具体矿床上应用模型所得到的资料。模型化技术随模型的用途及其应用方法不同而不同。

在我国，20 世纪 70 年代以后，成矿模型化思想获得长足进展，不少矿床的成功发现是由于借助了成矿模型的指导。例如，吉林浑江—柳河石膏矿床的发现，萨布哈成矿模型起了相当大的作用；赤柏松铜镍硫化物矿床的储量增加，与基性、超基性岩有关的成矿模型也做出了贡献（张贻侠，1993）。大量有关我国成矿模型的论著也相继问世，如《中国矿床成矿模式》（陈毓川等，1993）、《矿床模型导论》（张贻侠，1993）、《中国矿床模式》（裴荣富，1995）等。这些著作在发展和完善成矿模型化理论，以及总结我国的矿床成矿模型方面做出了重大的贡献。

3.2　描述性成矿模型

描述性成矿模型是对一类矿床本质属性的概括，是对该类矿床基本而共同的特征的总结，或者说，是一类矿床输出信息的系统总结。根据定义，描述性成矿模型应代表一类而不仅仅是一个矿床，因此，首先应在深入研究个别矿床的基础上对矿床进行正确的归类，归类的目的在于揭示一类矿床的共性、共同规律，力求避免把不同类型的矿床归并在一起。

Eckstrand 等（1996）给出了矿床类型的经验定义："矿床类型是指具有（a）共享一套地质属性，（b）含有某种特殊矿产品或矿产品组合的矿床集合"。从而，根据定义中的（a）和（b）即可把一类矿床与另一类矿床区分开。由该定义还可得出两个重要的推论：①同一矿床类型中的矿床可能具有相同或类似的成因；②含有代表某一特殊矿床类型的地质属性的岩石组合具有赋存这种类型的矿床的最大潜力。

一般来说，矿床的归类应根据矿床产出的大地构造位置、控矿的构造条件、容矿围岩的种类及变化、矿石矿物成分和组构特征以及工业可利用的矿种等因素。矿床的归类应能容纳新发现的矿床类型，以便指导发现新的矿床。

描述性模型用于定义共享大量属性的矿床类型。建立描述性成矿模型利用的原始资料必须真实可靠、切忌带着某种成因观点对原始资料随意取舍。一类矿床的基本特征要通过对数据的统计和对事实的归纳而显示出来。

建立描述性成矿模型还要求从矿床复杂的地质环境中精选具有本质意义的要素加以系统组合，模型所体现的是一类矿床的基本特征，而不是全部属性。描述性成矿模型最基本的属性包括矿床地质特征（如矿体形态和产状、矿物成分和矿石组构、分带性及地球化学特征等），以及成矿地质背景（如矿床的形成与区域构造演化的时空关系、成矿作用与深部地质过程的关系等）。在应用描述性成矿模型时还应注意到，描述性模型反映的是一组矿床的共性，而矿床还具有其地域性的特点，因此，在矿产勘查过程中，既要理解矿床类型的共性，也要认识到研究区矿床的特性，这样，才能在普遍性模型的指导下，既能发现同类新矿床，又不会漏掉新类型的矿床。

描述性模型包括"地质环境"和"矿床描述"两部分内容。第一部分内容依照分列标题提供矿床赋存的地质环境信息："岩石类型"和"结构"标题描述有利于矿床形成的主岩及认为可能引起某些矿床形成的矿源岩的特征；"地质时代"指的是导致矿床形成的地质事件的年龄；"沉积环境"呈现的是矿化的地质环境；"大地构造环境"涉及有利于成矿的主要大地构造特征或成矿省特征；"伴生矿床类型"列出空间上共存的矿床类型。这一部分的信息，尤其是主岩岩性和大地构造特征很容易从地质图中获得。第二部分内容提供了矿床本身的识别特征，尤其强调如矿物学、围岩蚀变、地球物理和地球化学异常等矿化信息。

为了说明描述性模型的特征，这里引用 Cox（1986）《矿床模式》中一个相对比较简单的模型——岩筒型金刚石矿床描述性模型作为案例（案例 3.1）。

案例 3.1　岩筒型金刚石矿床描述性模型

特征描述　金伯利火山角砾岩筒和其他碱性镁铁质岩石中的金刚石矿床

资料来源　Orlov（1973）；Dawson（1980）；Gold（1984）

地质环境

岩石类型　金伯利岩火山角砾岩筒；橄榄石钾镁煌斑岩类（富钾、镁煌斑岩）和白榴石钾镁煌斑岩筒类。

岩石结构　岩筒状、斑状火成岩结构。火山角砾岩含来自地幔、基底岩层及其上覆盖层的许多岩石包裹体。火山角砾凝灰岩局部充填在火山角砾岩筒上部。

地质时代　已开采的大多数岩筒的时代为 80～100Ma、250Ma 和 1000～1100Ma。

成矿环境　岩筒在高压下由地幔侵入但快速冷凝。

构造背景　多数岩筒侵入到早元古代（即已稳定了的克拉通）内，部分侵入到变形了的克拉通边缘区上覆的褶皱盖层岩石中。岩筒与造山作用无关，但产在造陆运动所形成的挠曲或隆起和沿主要基底的断裂带中。某些岩筒产于陆地卫星或侧视雷达影像上可见的区域性软弱带的交汇部位。

伴生矿床类型　金刚石砂矿。

矿床特征

矿物组合　金刚石、圆粒金刚石或黑色金刚石（多晶的，一般呈暗黑色），放射纤金刚石（球粒状，多晶的和无定形的黑色金刚石）。

结构/构造　金刚石呈斑晶或包裹体状稀疏分散在角砾岩中。开采的金伯利岩，金刚石的回收率为（$0.1\sim0.6$）$\times10^{-6}$。

围岩蚀变　蚀变发生在"蓝色黏土"带中的蛇纹石化；靠近岩筒的围岩发生硅化和碳酸盐岩化；少量的碱性交代作用，形成钾长石和钠角闪石。

控矿条件　金刚石的分布是不均匀的，局限在金伯利岩或钾镁煌斑岩岩筒中和向上的喇叭口状火山口内。可供开采的岩筒是很少的，目前仅能根据金刚石的含量来确定是否可采。

风化作用　岩筒快速风化形成地形上的洼地。

地球化学标志　铬、钛、锰、镍、钴、铂族元素、钡等；异常的镍、铌和如镁铝榴石、石榴子石、金云母和镁钛铁矿等重砂矿物的存在表明靠近岩筒；钾镁煌斑岩筒缺乏钛铁矿。

实例

非洲矿床（Sutherland，1982）

澳大利亚西部矿床（Alkinson et al.，1984）

怀俄明—科罗拉多矿床（Lincoln，1983）

成矿模型在靶区圈定中的作用描述性模型最重要的目的是要定义矿床类型可能存在的地质环境，如图 3.1 左侧所示，这种定义能把矿床类型与地质图上的特征联系起来，这是成矿预测的一个基本过程。描述性模型的另一个重要的用途是在地质上定义包括在品位—吨位模型中的矿床总体，如图 3.1 右侧所示。加拿大地学在线咨询（GeoReference）公司开发的MineMatch 系统已经成功地实现了利用计算机把所研究地区与现有描述性模型进行匹配，从而大大拓展了描述性模型的应用空间，提供了方便实用的工具。

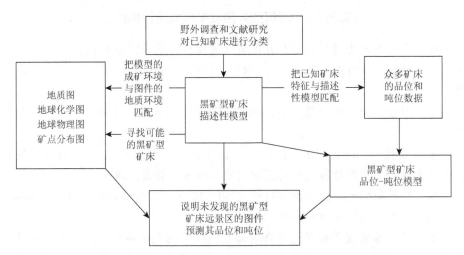

图 3.1　描述性矿床模型与品位-吨位模型之间的关系

图中以黑矿型矿床为例，通过建立矿床资料与图件资料之间的联系说明描述性描述性矿床模型在勘查规划和矿产资源定量评价中都是极其重要的，其原因在于：①不同的矿床类型具有显著不同的矿石平均品位和吨位；②不同类型的矿床赋存在不同的地质环境，而且在地质图上可以辨识成矿地质环境。描述性矿床模型综合了地质、矿床、地球物理、地球化学等应用于资源评价和矿产勘查的地学信息，以全球矿床为基础建立起来的矿床模型提供了矿床重要特征的鉴别及不同特征的论证。精心设计的矿床模型能够使地质人员推断某个地质环境中可能存在的矿床类型，矿产经济人员能够确定这些资源的经济可行性。由此可见，描述性矿床模型以一种非常有用的形式为决策者呈现地学信息，并在该方面起着至关重要的作用（Mosier et al.，2009）。

矿床分带模型也是一种非常重要的描述性模型。例如，图 3.2 是热水喷流沉积（SEDEX）矿床在垂向上和横向上呈现出的矿物学及地球化学分带模型；图 2.3 表现的是卡林型金矿床围岩蚀变分带模型。矿化空间分带模型不仅能够充分表现矿化环境和成矿作用进程，在成矿预测方面还具有按图索骥的功能。

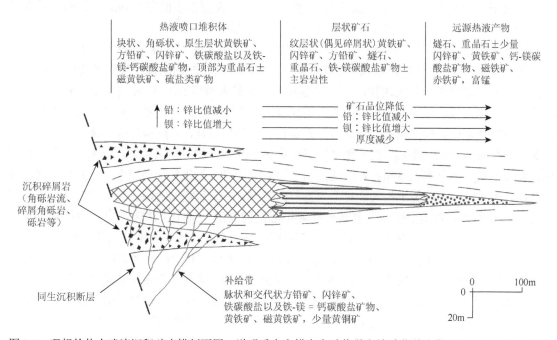

图 3.2 理想的热水喷流沉积矿床横剖面图，说明垂向和横向上矿物学和地球化学分带（Emsbo et al.，2010）

3.3 矿床品位-吨位模型

矿床品位-吨位模型（grade-tonnage models）属于矿床统计模型，可以分为两类：一类是利用矿床类型中矿床的平均品位和吨位作为样本构建模型，用于分析和比较相似地质环境中尚未发现的同类型矿床的品位和吨位；另一类是利用某个矿床中矿体或块段的品位和吨位构建模型，主要用于矿床范围内的矿石储量分析和经济分析，为便于区分，把第二类品位-吨位模型称为矿床（体）品位-吨位曲线。本节论述矿床类型的品位-吨位模型，有关矿床（体）品位-吨位曲线将在第 17.9 节中介绍。

3.3.1　建立矿床类型的品位-吨位模型的方法

　　建立品位-吨位模型，第一步是搜集一组矿床类型相同且勘查程度较高的矿床数据集（矿床吨位及其平均品位数据）用于建立模型，这里所说的"勘查程度较高的矿床"是指该矿床勘探阶段的工作（参见 11.2 节）已全面完成。在这一步骤过程中，正确的矿床分类是很重要的，因为不同类型的矿床其品位和吨位方面的差异通常比较明显，例如，富含萤石的以花岗斑岩为主岩的斑岩型铜钼矿床比不含萤石、以石英二长斑岩为主岩的斑岩型铜钼矿床具有更大的吨位和更高的平均品位。分类不正确的矿床在建模过程中可能被证实为统计异元。

　　由于品位-吨位模型用于预测未发现的矿床，最理想的情况是模型中各矿床的平均品位信息都是采用统一的边际品位或最低工业品位进行确定，吨位包括过去的产量、储量和平均品位高于最低工业品位的资源量。虽然这种情况几乎任何模型都不能完全满足，然而最重要的是，需要了解所采用信息的性质以便证实异常结果的原因。

　　矿床类型的品位和吨位模型实质上是该类型矿床品位和吨位的累积频率分布，因此，建立模型的第二步是用统计方法分析这些数据，包括拟合所观测的品位和吨位并检验它们之间的关系。为了建立某一开采两种矿产（如金和银）的矿床类型的品位-吨位模型，必须对三个变量进行研究，即矿床的吨位和两种矿产的品位；还需要确立三组关系：吨位与每种矿产品位的关系及两种矿产品位之间的关系。对于大多数矿床类型而言，品位和吨位的频率分布可以用对数正态分布来模拟，即如果直方图是根据矿床品位和吨位的对数来绘成，那么，大多数直方图都会表现出正态分布的性质；若以吨位和平均品位的对数为坐标作散点图，它们常表现为分散状态，表明品位与吨位不相关。对于少数矿床类型，品位和吨位的显著相关性的确存在，但至今所研究的大多数类型矿床，其品位和吨位都是独立的。同一类矿床产出的两种矿产品位的对数也可能是统计学上独立的，除非这两种矿产是赋存在相同或紧密共生的矿物中。

　　矿床品位-吨位模型采用坐标图的方式表示，这种图形有利于矿床类型的比较及数据的展示。这类图形的横坐标一般采用对数刻度表示吨位或品位，纵坐标表示矿床的累计百分数（或百分位数），为便于比较，同一矿种不同矿床类型的品位或吨位图采用相同的坐标刻度；图中的每一个点代表样本中相应矿床的位置投影点（图 3.3）。为了做出这些图，每个变量（品位或吨位）的数值按从小到大顺序排列，并计算每个矿床的变量值在综合统计矿床的变量值总和中所占的累计百分比（或求出每个矿床品位和吨位数据的百分位数）。然后，以每个矿床的品位或吨位的对数值及该矿床对应变量值的累计百分比（或百分位数）在坐标图上投点。最后，根据品位或吨位对数值的平均值和标准差及正态分布表对图中的观测值进行曲线拟合，该拟合曲线即为对数正态分布曲线，一般都呈向后的"S"形，如果样本容量很小，数据点将位于该拟合曲线之上；随着数据增多，这种效应会减小。

　　拟合曲线上采用截线的方式表示出第 90、第 50 和第 10 个百分位数所对应的平均品位和吨位值，这些值提供了估计未发现矿床品位和吨位的基础。例如，品位或吨位图中第 50 个百分位数所对应的平均品位或吨位值可以解读为该类矿床中有 50%的矿床其平均品位或吨位低于该值，50%的矿床高于该值。对于具有多种有用组分的矿床类型，也可采用诸如表 3.1 的方式进行表达。

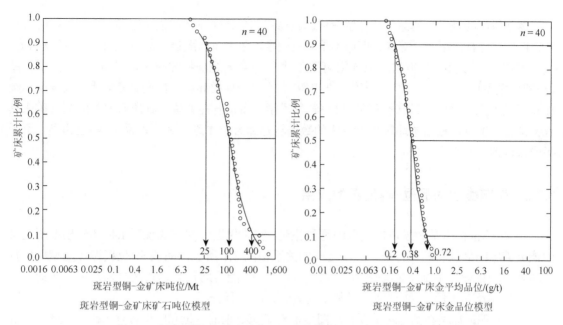

斑岩型铜-金矿床矿石吨位模型　　　　　　　　　　　斑岩型铜-金矿床金品位模型

图 3.3　斑岩型铜-金矿床吨位-Au 品位模型（Singer et al.，2007）

图中每个点表示矿床样本中每个矿床矿石吨位（金平均品位）相应的累计百分比或百分位数；平滑曲线具有与观测数据相同的平均值和标准差，表示对数正态分布的百分位数，并在该曲线上绘制了截距为第 90、第 50 和第 10 个百分位数所对应的吨位值（金平均品位值）

表 3.1　火山成因块状硫化物矿床（VMS）品位和吨位模型（Mosier et al.，2009）

VMS 矿床亚型	吨位和品位	矿床数（n）	对应第 10 个百分位数的值	对应第 50 个百分位数的值	对应第 90 个百分位数的值
黑矿型	吨位/Mt	421	36.0	3.00	0.15
	Cu 品位/%	421	3.2	1.20	0.30
	Zn 品位/%	421	10.0	3.20	0.00
	Pb 品位/%	421	3.2	0.42	0.00
	Au 品位/(g/t)	421	2.6	0.40	0.00
	Ag 品位/(g/t)	421	140.0	25.00	0.00
别子型	吨位/Mt	272	31.0	1.90	0.14
	Cu 品位/%	272	3.5	1.40	0.35
	Zn 品位/%	272	8.2	1.70	0.00
	Pb 品位/%	272	0.7	0.00	0.00
	Au 品位/(g/t)	272	2.5	0.24	0.00
	Ag 品位/(g/t)	272	59.0	9.50	0.00
塞浦路斯型	吨位/Mt	174	15.0	0.74	0.03
	Cu 品位/%	174	4.1	1.70	0.61
	Zn 品位/%	174	2.1	0.00	0.00
	Pb 品位/%	174	0.0	0.00	0.00
	Au 品位/(g/t)	174	1.7	0.00	0.00
	Ag 品位/(g/t)	174	33.0	0.00	0.00

需要说明的是，少数品位和吨位变化比较稳定的矿床类型（如铁矿床和锰矿床），其品位-吨位图中横坐标采用的是算术刻度而不是对数刻度，图中的平滑曲线是采用目估拟合绘制出的。

利用描述性模型分类的矿床数据可用于建立与矿床经济特征有关的品位-吨位模型。品位-吨位模型可用于预测该类矿床中未发现矿床的预期规模和品位区间。美国地质调查局已经建立了世界上几乎所有矿床类型的品位-吨位模型，如果研究者认为其所研究地区某类矿床具有特殊性，也可以根据本地区该类矿床的数据构建适合于本地区相应的品位-吨位模型，用于指导该区的矿产勘查工作。

3.3.2　矿床类型的品位-吨位图的应用

品位-吨位模型是对描述性模型的重要补充，它采用图形的方式说明由描述性模型所定义的该类矿床的品位和吨位特征，二者之间的关系如图 3.1 所示。品位-吨位模型在定量成矿预测和勘查项目设计中都是很有用的，其作用在于：①能帮助预测远景区内未发现矿床的潜在价值（规模及其质量）；②有助于对某个地区的矿床进行分类。

为了说明矿床类型的相对重要性，图 3.4 对矿床类型的品位和吨位进行了比较。图中各椭圆的中心点为各金矿类型的矿床样本中金品位和吨位的中位数；椭圆的短轴和长轴分别代表该类矿床样本平均品位和吨位的一个标准差；每个矿床类型的椭圆区域包含大约 45% 的矿床数，由各椭圆中心点引出的箭头所指的大象图形表示该类矿床样本中前 5 个具有最高金属量的矿床品位和吨位的中位数；图中的对角线表示金属量等值线。由图 3.4 可以看出，康斯托克型浅成热液脉状矿床的金品位比斑岩型铜金矿床高，但由于斑岩型铜金矿床具有较大的矿石吨位，其所拥有的黄金储量更大；南非的石英砾岩型（兰德型）金矿床具有高的金品位和非常大的吨位。

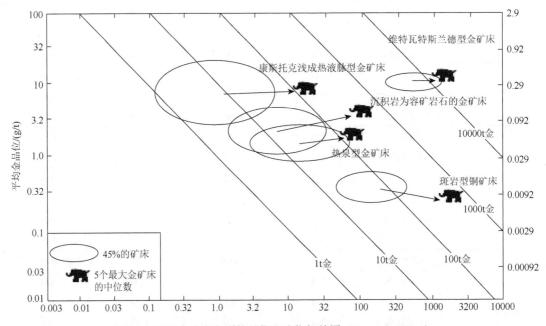

图 3.4　不同金矿床类型的品位和吨位相关图（Singer，1993a）

每个椭圆的中点表示矿床类型的品位和吨位的中位数；椭圆的短轴和长轴分别代表该类矿床平均品位和吨位的一个标准差；大象图形表示该类矿床前 5 个含黄金储量最大的矿床品位和吨位的中位数。盎司（oz）为非法定单位，1oz = 28.35g

构建品位-吨位模型来源于勘查程度很高的矿床有用元素的平均品位，以及根据已开采的总产量和现有的资源储量得出的矿石吨位，依据这些数据建立的品位-吨位模型可以比较精确地代表该类矿床每个尚未发现矿床的禀赋。从而，品位-吨位模型可用于估计相似地质环境中未发现的同类矿床的品位和吨位；品位-吨位模型结合未发现矿床数的估计（参见 5.2 节），可以将地质人员的资源评价结果转化为决策者能够理解和应用的语言（Singer，2010）。

3.4 矿床成因模型

在矿床勘查中，应用最广泛的成因理论是矿床成因模型和大地构造成矿模型，前者注重于矿床或矿田的成矿过程，而后者关注成矿省或成矿带的时间-空间控矿因素。矿床成因模型通常是通过考虑驱动成矿物质活化、迁移及富集的局部因素构建起来的，而大地构造成矿模型的建立则主要考虑控制矿化区域性分布的构造-岩浆因素。现代矿床成因的认识强调矿床的形成具有多源、多因、多期和多阶段的特点，概括说来，现代矿床成因理论主要关注：①成矿物质来源；②成矿物质的搬运方式；③矿化富集机理；④矿床的保存状况。

矿床成因模型是对观察到的矿床地质现象做出合理的成因解释。实际上，建模始于描述，而当描述性模型建立后，其许多方面需要在理论上进行成因解释；随着模型的属性被理解为具有成因意义，描述性模型就演化成为成因模型。所以，成因模型是由一组描述成矿过程和约束条件的概念组成，可用于概括一个或多个描述性模型所定义的矿床，也可以定义有利于成矿的地质环境。

法国地质学家 P.鲁蒂埃最早从矿质来源、搬运和沉淀环境等方面系统地提出矿床成因模型。他在 1967 年归纳了 4 种主要的成因模型（图 3.5），通过对这 4 种成因模型讨论，他得出如下结论：采用一种或几种成因模型对于矿产勘查战略和战术具有重大影响；从实践的观点来看，摒弃僵化的勘查方式和方法之所以十分重要，原因也在于此。

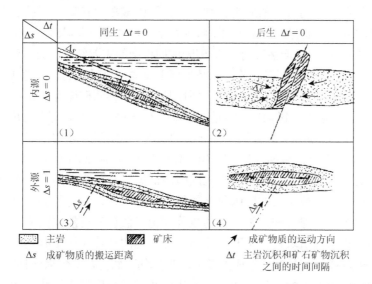

图 3.5 四种基本的矿床成因模型（鲁蒂埃，1990，转引自 Edwards，1986）

矿床成因模型着重表现成矿作用过程及其演化，需要涉及的基本内容包括矿床地质特征、成矿物质（金属、硫等）和成矿流体（含矿岩浆、含矿热液等）的来源、成矿物质的搬运方式、成矿物质沉淀环境及富集机理，以及矿床形成后的改造等方面。图3.6阐明了区域变质热液金矿床（绿岩带金矿床）的成因模型，根据该模型，这类矿床的勘查战略应部署在绿岩带的绿片岩相地区，战术目标是脆韧性剪切带及与金矿化有关的围岩蚀变。

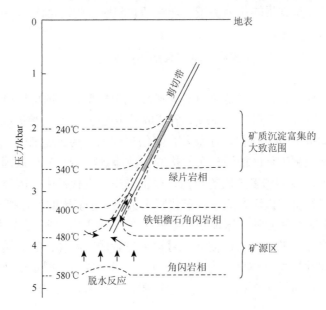

图 3.6　区域变质热液金矿床（绿岩带金矿床）成因模型（Evans，1997）

巴（bar）为非法定单位，1 bar = 10^5Pa

　　虽然矿床成因的研究属于矿床学的范畴，但是，需要利用矿床成因来解释某类矿床的地质特征。一个好的矿床成因模型能够合理地解释该类矿床所具有的大部分特征。

　　矿床成因模型在矿产勘查中的应用又称为理论找矿或概念找矿。在过去十余年里，学者们在对矿床形成的地质环境有了比较深刻了解的基础上，许多重要矿床类型的成因模型更加成熟，在矿产勘查中应用中也已经积累了许多矿床成因模型的重要经验。具体说来，建立成因模型的目的是在脑海中描绘出所要寻找的矿床是如何形成的，以及它的矿床地质特征是什么。因此，需要提出以下问题：有利于成矿的地质环境是什么？哪些矿床地质特征是主要的控矿因素？流体温度是否是成矿的关键问题？可能呈现哪些矿化信息？是否存在形成矿床的最佳成矿期？矿床可能具有什么样的规模？通过诸如此类的问题导向，进一步凝练目标矿床的勘查要素（勘查要素也称为预测要素，包括控矿因素和矿化信息），在此基础上建立勘查模型。

　　另一方面，数十年的研究也表明，矿床成因的证据总是不全面的，而且具有多解性。这就意味着即使是研究程度最深入的矿床仍然值得进一步工作，现有的关于某类矿床的成因模型的概念仍然值得进一步修正和完善。有的成因理论（假说）可能在兴盛一时后便会逐渐被人们抛弃或被另一种学说所取代，主要的原因是无法观测到地质历史时期的成矿过程，只能基于间接的资料来解释矿床是怎样形成的及何时形成的，然而，即使以这种方式也很难实现，那么，只有借助于假说或推断。实际上，成矿物质及成矿介质的来源和性质、驱动成矿介质的力源、成矿物质被搬运的方式及沉淀富集的机理等方面都具有很大的不确定性。鉴于此，在实际工作中要注意成因模型的适用条件和限制，正确地理解和发挥成因模型的功能。

本 章 小 结

综上所述，成矿模型是精心组织的、用于描述矿床类型基本属性的信息系统。描述性模型主要由两部分内容组成：①矿床所在地质环境的描述，这部分内容指明到哪儿去寻找这类矿床及如何圈定这类矿床的成矿预测区；②矿床类型的特征描述，根据这些特征就有可能从有限的露头观测或文献中零碎地描述识别或推断这类矿床的存在，还可以对已知矿床进行归类。品位-吨位模型阐明了由描述性模型定义的矿床类型的品位和吨位分布特征，从而可以在一定的概率水平下大致估计目标矿床的品位和吨位。

矿床成因模型是对矿床形成机理的科学归纳，也是对描述性模型的理论解释。矿床成因的概念能够为我们指出找矿方向。

必须认识到：模型既具有理论上的功能，也具有方法上的功能，然而，只有恰当地运用好模型，并把它看作是解决现实问题的一种手段时，才会知道把它用到哪里及如何去用，也只有这样，模型技术才能有实际指导意义。

讨 论 题

（1）论述成矿模型的思想。

（2）阐述 SEDEX 型矿床的描述性成矿模型。

（3）阐述斑岩型铜矿床的描述性模型和成因模型。

（4）举例说明矿产资源勘查中描述性模型、品位-吨位模型、成因模型的应用。

本章进一步参考读物

陈毓川, 朱裕生, 等. 1993. 中国矿床成矿模式. 北京: 地质出版社

考克斯 D P, 辛格 D A. 1990. 矿床模式. 宋伯庆, 李文祥, 朱裕生, 等译. 北京: 地质出版社

刘亮明. 2007. 成矿理论的预测能力及其改善途径. 地学前缘, 14(5), 82-91

裴荣富. 1995. 中国矿床模式. 北京: 地质出版社

施俊法, 唐金荣, 周平, 等. 2010. 世界找矿模型和矿产勘查. 北京: 地质出版社

薛建玲, 陈辉, 姚磊, 等. 2018. 勘查区找矿预测方法指南. 北京: 地质出版社

阳正熙. 1993. 矿产勘查中的现代理论和技术. 成都: 成都科技大学出版社

张秋声, 刘连登. 1982. 矿源与成矿. 北京: 地质出版社

张贻侠. 1993. 成矿模型导论. 北京: 地震出版社

Emsbo P, Seal R R, Breit G N, et al. 2010. Sedimentary exhalative (sedex) zinc-lead-silver deposit model, U. S. Geological Survey Scientific Investigations Report 2010-5070-N

Groves D I. 2008. Conceptual mineral exploration. Australian Journal of Earth Sciences, 55(1), 1-2

Slack J F. 2012. Exploration-resource assessment guides in volcanogenic massive sulfide occurrence model: U. S. Geological Survey Scientific Investigations Report 2010-5070-C

第4章 矿产勘查模型

4.1 概 述

4.1.1 矿产勘查模型的概念

目标矿床是矿产勘查的对象。每个目标矿床都要包含这类矿床赋存的地质环境、勘查准则及营利性准则等内容,因而,从一定意义上来说,它是一个特殊的地质特征和经济特征的组合,只有借助于一定的勘查手段才能查明这种组合。而且,现代矿产勘查实践已经证明,单独一种勘查手段不足以查明目标矿床,需要选择多种手段相互配合。这就是建立勘查模型的思路。

矿产勘查模型(mineral exploration models)是表述目标矿床及其对一定勘查技术产生预期效应的模拟体系。建立矿产勘查模型的目的是满足矿产勘查的要求,避免收集和解释不必要的资料、费时而无成效的科学研究。勘查过程中,需要创造性地利用已有地质信息(包括地质资料和地质概念)、创造性地应用现有勘查技术。

勘查模型的建立需要综合考虑描述性模型、成因模型、品位-吨位模型及项目经费和组织管理等约束条件,无论正式或非正式提出的勘查模型都给出了一组用于勘查矿床的指南。

勘查模型建立后即可用于圈定工作靶区及组合运用各种勘查技术。选定勘查技术的原则是花钱最少,并能迅速有效地提供各种资料。例如,运用于热泉型金矿的勘查技术包括:①采用遥感图像解译、地质填图证实火山-侵入岩分布区、构造(破火山口、断层以及裂隙带等);②在上述地区内进行初步勘查,即采用详细地质填图查明热液系统(蚀变和矿化)及近地表热液活动的证据(硅华、抛出物层、回落角砾岩、网脉等);③应用地球化学测量以圈出钛、锑、钡、金、银的异常区;④应用金刚石钻探验证异常。

勘查模型有助于确定在勘查项目实施过程中应采用哪些技术措施和手段来圈定所寻找的目标矿床并实现勘查效益最大化。在实施各种勘查技术、手段时,在步骤上还应考虑先简后繁,密切配合,互为印证。当最初实施的一些勘查技术、手段达不到目的时,就应及时补充新的勘查技术、手段,以利顺利完成任务,实现既定的目标。建立勘查模型是一个各类方法互相补充验证、取长补短、去伪存真、互相消除疑点、消除多解性的过程,也是提高矿产勘查流程合理性的有效途径。

图 4.1 说明了矿产勘查的基本过程,图中方框

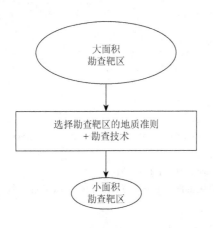

图 4.1 矿产勘查基本过程(Hodgson,1991)
勘查技术用于测量矿化综合标志的分布,以便能够在较大的勘查区内筛选出最有远景的、范围更小的地区进行更深入的勘查

内容体现了勘查模型的核心，换句话说，勘查模型定义了目标矿床的勘查要素（预测要素），以及相应匹配能够经济有效地探测这些勘查要素的勘查技术。

勘查模型的意义在于：①圈定矿产勘查靶区，使勘查工作一开始就能把注意力集中在关键问题上；②增强勘查工作的信心，由于勘查模型确立了勘查目标，利于勘查人员发扬锲而不舍的精神去发现和探明矿床；③最佳组合勘查技术，相得益彰；④完整的勘查模型可以指导从大面积选区到局部预测的各项工作，有利于勘查工作的计划、组织和管理。

4.1.2 矿产勘查模型发展历史简介

现在勘查斑岩铜矿床时，理论上要求要着重查明斑岩铜矿床赋存的大地构造环境及其控矿构造和围岩蚀变分带。然而，值得注意的是，世界上许多重要的斑岩铜矿床的发现是在板块构造理论被广泛接受，以及 1970 年 Lowell 和 Guilbert 阐明著名的斑岩铜矿床成因模型之前，在 20 世纪 50 年代，美国一些采矿公司已经开始利用勘查模型的概念指导勘查工作。以美国皮玛（Pima）斑岩铜矿床发现过程为例，可以说明斑岩铜矿勘查模型的发源及其实际意义（案例 4.1）。

案例 4.1 美国亚利桑那州皮玛斑岩铜矿发现过程

1949 年秋，两位美国地质学家对斑岩铜矿的勘查做出了以下判断和分析：①铜的市场行情看好；②斑岩铜矿的地质资料已经在收集和研究；③美国西南部亚利桑那和新墨西哥地区为研究程度很低、被冲积层覆盖的有利斑岩铜矿远景区；④刚刚发展起来的地球物理技术可用于勘查斑岩铜矿；⑤大规模露天矿山开采方法已经证明可行。这个判断和分析为勘查斑岩铜矿建立了最早的勘查模型雏形，显然，它非常具有吸引力，美国一家勘查公司立即着手开始区域地质的分析研究。

该勘查模型要求地球物理技术能透过冲积层识别出有意义的响应。把这个要求与该区已有的地质资料进行对比，选择了亚利桑那州皮玛地区作为最有利的勘查靶区。该靶区已有的小矿山已经采出了价值约 2000 万美元的金属，其中包括铜；而且，明显存在着对矿化有利的构造控制；更有利的是，一些矿体赋存在碳酸盐岩与侵入体的接触带内，期望这种矿体能引起磁异常和电异常。

从靶区地面和坑道内采集的样品论证了所期望的地球物理对比；方法性模拟试验和在已知矿区上部的试点测量提供了试验性地球物理响应模式。

在磁法初步测量期间圈出了磁异常。接着，采用详细的磁法测量圈定了一个重要的高值异常区。为了进一步证实，又实施了几种物探技术后，找到了其中最适用的技术并发现需要验证的目标。根据目标的电阻测量资料，结合地质预测，估算出冲积层的覆盖厚度为（65±16）m。最后，采用钻探技术，第一个钻孔在 65m 深处揭露了基岩和氧化矿带，取得了技术上的成功；在 80m 深处钻到硫化物矿带。接着又施工了 15 个钻孔，圈出了矿体范围；然后施工一口勘探竖井，开拓了地下坑道。皮玛矿床终于被成功地揭露出来了。

其他勘查公司闻讯而来，一场更大规模的斑岩铜矿勘查活动在该区展开，导致更多斑岩铜矿床的发现，其中包括当时世界上最大的斑岩铜矿床。从而确定了美国西南部斑岩铜矿省的存在。现在对斑岩铜矿床的认识达到了比较深入的水平，勘查模型也更加完善。该案例说明，矿产勘查模型是在实践中产生和发展起来的。随着矿产勘查难度的增大，国内外许多研究者都越来越重视勘查模型的研究和应用。

20世纪80年代初，苏联的一些地质人员创造性地建立了针对一些主要的有色金属和贵金属矿床类型的预测普查对象模型（克里夫佐夫，1988a，1988b，1988c；博罗达耶夫斯卡娅，1988），在实际应用中取得显著的经济效益并被大力推广，由此在1987年获得苏联地质部和地质工会首次颁发的年度科技成果奖。澳大利亚地质研究机构于2002年系统总结了太古宙绿岩带金矿床、斑岩型铜矿床、奥林匹克坝型铜-金-铀矿床等的勘查模型。

在我国，熊光楚于1978年最早提到建立地球物理-地质找矿模型，并于1982年进一步阐明采用综合地球物理、地球化学和地质方法发掘找矿标志，确定找矿准则，以及建立地球物理-地球化学-地质找矿模型。许多学者对勘查模型的建模技术进行了系统的总结和推广（池顺都，1991，2019；王世称等，1993；阳正熙，1993；熊鹏飞，1994；熊光楚，1996，1998；王钟等，1996；范永香和阳正熙，2003；施俊法等，2010）。

4.1.3　成矿模型与矿产勘查模型的关系

成矿模型与矿产勘查模型之间有着紧密的联系：成矿模型是矿产勘查模型的基础，矿产勘查模型是成矿模型在技术和经济方面的延伸。

前已述及，成矿模型是成矿系统中各成矿要素的高度概括和抽象，其内容一般包括系统的基本地质特征、矿化的时间和空间、成矿物质来源及成矿机理等，它提供了矿床形成条件的信息。然而，由成矿模型所刻画的成矿系统常常是在一定概念意义上而言的，其成矿要素的相对时间和空间关系通常都具有较大的不确定性；根据成矿模型选择的勘查技术可能不是一种最佳的勘查组合。由此可见，成矿模型虽然对成矿预测和勘查工作具有重要的指导作用，但在实际应用中仍然缺乏如何去勘查目标矿床的基本判别要素和获取各种矿化信息的技术手段、方法及其合理组合的运作方式，因而限制了它在实际勘查工作中的应用潜力。

勘查模型是成矿模型的补充和深化，它在内容上不仅包含成矿模型中的重要因素，而且还包含针对查明目标矿床勘查准则的技术手段的最佳组合、工作程序的合理安排及技术经济要求等。因此，勘查模型强调的是预测和勘查功能，是使成矿预测成果在矿产勘查中得到具体实现的提纲，这不仅增强了预测的可能性，而且还提高了预测的准确性。

4.2　矿产勘查模型的种类

4.2.1　地质-地球物理-地球化学勘查模型

在地球物理勘查过程中，常常需要根据地质-地球物理勘查模型开展工作；在地球化学勘查过程中，一般也都要求建立地质-地球化学勘查模型。在矿产勘查工作中，更多的是要求建立地质-地球物理-地球化学勘查模型，这类模型又称为综合地学勘查模型（熊光楚，1986，

1998；王钟等，1996；邹光华等，1996；范永香和阳正熙，2003；Morris，1998）。这类勘查模型不仅是对矿产勘查工作具有理论指导意义的理论模型，而且是能为矿产勘查制定最佳战略的实用模型（案例 4.2）。

案例 4.2　太古宙绿岩带金矿床勘查模型（Yeats and Vanderhor，1998）

矿床实例：

澳大利亚的 Golden Mile、NorsmanSons of Gwalia、Mt CharlotteHill 50、WilunaVictory-Defiance、New Celeberation、JundeeKanowna Belle、Bronzewing 等矿床；加拿大的 Hollinget-McIntyre、Dome、Hemlo 等矿床。

目标矿床特征：

- 一般规模：0.5～1600t Au
- 最常见的规模：1～20t Au
- 品位：>1g/t（露天开采）；>5g/t（地下开采）
- 低的 Cu/Au、低～中的 Ag/Au、低～中的 Te/Au、极少见有高的 Sb/Au 值。

采矿和选矿：

- 地表风化程度很高，有利于采用低成本的露天开采方法（有些矿床采用地下开采是不经济的）
- 矿石一般不需要磨矿，但是如果 Au 是与细粒黄铁矿或毒砂共生则可能成为难选矿石
- Cu 含量很低容易实现最优选矿

区域控矿地质准则：

- 矿床一般赋存在太古宙花岗岩-绿岩地体中的绿岩部位，尤其是在呈线状分布的绿岩带内
- 成矿作用发生在高峰期变质作用的同期、晚期，直至后期
- 虽然最重要的矿床主要是赋存在绿片岩相地区，但在低绿片岩相到麻粒岩相变质作用区都有可能形成这类矿床
- 控矿构造形式多样，但最常见的是区域性主要剪切带附近的次级断层和缓倾伏的直立背形构造的枢纽部位

局部控矿地质准则：

- 任何岩石都可能是潜在的主岩，但最为常见的主岩是具有高 Fe/(Fe + Mg) 值的岩性坚硬的岩石，如条带状含铁建造（banded iron formation，BIF）和花斑状辉长岩等
- 强硬岩石（如花岗岩类、长石斑岩或粒玄岩）的切变边缘
- 在脆-韧性剪切带内的割阶（jogs）和分叉断层群（splays）
- 剪切带与有利主岩（见前述）或其他构造的交会部位
- 非强硬岩石序列中的强硬岩石单元；确切的主岩与岩石地层有关

矿化特征：

- 后生、受构造控制、晚构造期成矿
- 脉石矿物主要为石英和碳酸盐矿物，硫化物含量一般为 1%～6%
- 矿化呈脉状或发育在显著的围岩蚀变带内

- 矿化温度与区域变质相之间存在显著的相关性
- 在低变质级中发育的矿化其硫化物主要为黄铁矿（±毒砂），而在中-高变质级中主要为磁黄铁矿（±毒砂）

围岩蚀变特征：

- 分带的围岩蚀变晕宽 0.2～200m；而在高温矿床附近围岩蚀变带较窄且分带不明显
- 主要发育与 K_2O、S、CO_2 交代作用有关的围岩蚀变
- 在镁铁质主岩中的低温矿床蚀变：绢云母-碳酸盐化（近矿围岩蚀变）、绿泥石-碳酸盐化（远矿围岩蚀变）
- 在镁铁质主岩中的中温矿床：黑云母-角闪石-斜长石±碳酸盐（近矿蚀变）、黑云母-绿泥石-普通角闪石±碳酸盐（远矿蚀变）
- 在镁铁质主岩中的高温矿床：透辉石-钾长石-石榴子石-普通角闪石±黑云母

矿床地球化学准则：

- 利用蚀变指数[3K/Al、CO_2/Ca、CO_2/(Ca + Mg + Fe)]和微量元素分布特征可以勘查微细的远矿 $K-CO_2$ 交代作用
- 可作为探途元素的微量元素包括 Ag、As、B、Bi、Mo、Pb、Sb、Te、W
- S 同位素值范围为−5.7‰～5.0‰（根据澳大利亚 Yilgarn 克拉通地区的矿床的资料）
- C 同位素值范围为−8.1‰～−2.7‰（根据澳大利亚 Yilgarn 克拉通地区的矿床的资料）
- Pb 同位素（锆石）获得的成矿年龄大约为 2630～2600Ma（根据澳大利亚 Yilgarn 克拉通地区的矿床的资料）
- 一般说来，矿床中贱金属含量极低，但个别矿床含异常高的贱金属（例如，Boddington 矿床含异常高的 Cu，Mt Gibson 矿床中 Cu、Zn、Pb 含量表现为异常）

地表地球化学准则：

- 在澳大利亚 Yilgarn 地区，由于广泛的深度风化作用（风化剖面深达 20～100m）及红土层的存在，地球化学勘查起着重要作用
- 在土壤剖面中金的亏损一般可深达 40m，但在氧化还原前缘及在原地红土层可能保留着矿化特征
- 土壤、岩屑、风化层地球化学测量是应用最广泛的区域勘查手段
- Au、As、Bi、Sb、Pb、W、Mo 是主要的探途元素

成矿流体化学特征和来源：

- 成矿流体盐度低至中等
- pH 值近中性：H_2O-CO_2±CH_4
- CO_2 的摩尔分数 = 0.1～0.2
- 成矿流体温度（T）200～740℃、压力（P）0.5～5kPa
- 成矿流体初期表现为还原至弱氧化状态、后期阶段则可能成为强氧化状态
- 对于成矿温度较高的矿床，Au 一般以二硫化物络合物、氯化物的形式进行迁移
- 一种或多种脱硫化作用（与富铁的主岩发生化学反应）、相分离作用，或流体混合作用而导致金的沉淀富集
- 热液流体和 Au 假定为变质或岩浆成因。虽然流体已经受到热液通道附近的围岩改造，

但同位素资料表明原生成矿流体为深部地壳来源，而且有证据支持成矿流体在地壳浅部与地下水混合

- 对于高温矿床而言，岩浆流体可能是重要的

地球物理准则：

- 矿体的地球物理信号一般较弱或者缺失
- 地球物理技术主要用于定义覆盖层之下的主岩和构造靶区
- 使用最广的地球物理勘查技术是航空和地面磁法测量

4.2.2　找矿预测地质模型

薛建玲等（2018）强调依据成矿地质体、成矿构造和成矿结构面、成矿作用特征标志三方面的研究内容构建勘查区找矿预测地质模型，并称为"三位一体"研究内容。

成矿地质体是指矿床形成在空间、时间和成因上有密切联系的地质体，包括建造和构造两方面。根据其研究内容分为沉积类成矿地质体、火山岩类成矿地质体、侵入岩类成矿地质体、区域变质类地质体。

成矿构造和成矿结构面研究的目的是直接揭示矿体空间赋存位置、展布、形态、规模和产状等特征，这也是找矿预测的直接目的。成矿构造分为矿体构造、矿床（勘查靶区）构造和矿田构造三个层次，构成成矿构造系统。成矿结构面是指成矿过程中赋存矿体的显性或隐性存在的岩石物理及化学性不连续面，分为原生成矿结构面、次生成矿结构面、物理化学转换结构面。

成矿作用特征标志是预测未揭露矿体的主要依据，分为成矿作用标志和成矿作用特征标志。通过宏观和微观的方法可以识别的成矿作用总体产物称为成矿作用标志；能够直接指示矿体赋存位置的、对找矿预测具有特殊意义的标志称为成矿作用特征标志。

找矿预测地质模型建模遵循以下四个原则：

（1）通过成矿地质体定向，研究和分析成矿地质体的时空关系，预测矿体存在的可能性，确定找矿方向；

（2）构建可能的由成矿地质体和成矿构造及成矿结构面组成的勘查区多元空间结构模型；

（3）对照和分析成矿作用特征标志的空间特征；

（4）在找矿预测地质模型的基础上，结合勘查区大比例尺物探、化探、遥感、自然重砂等信息，建立综合信息找矿模型，圈定找矿靶区或预测矿体赋存地段，部署新一轮物探工作或直接部署工程验证。

4.2.3　方法-目标-成果模型

池顺都（2019）认为矿产勘查模型是多层次的等级模型，每个层次都有一定的"方法-目标-成果"构式及其方法手段组合，由此根据矿产勘查基本单元划分了 6 个类型的方法-目标-成果模型（表 4.1）。

表 4.1 方法-目标-成果模型

矿产勘查基本单元	方法-目标-成果构式		勘查评价模型
	构式类型	方法-目标-成果	
矿床及更小的成矿单元	a 构式	探矿工程直接探明、评价矿床	露头矿型
	b 构式	用地质调查法确定地质异常，用地球物理、地球化学方法确定预测矿体赋存部位，用探矿工程法评价矿体	浅部矿型
	c 构式	用地质调查法确定地质环境，用地球物理和地球化学方法确定地球物理和地球化学特征，预测矿体赋存部位，然后用探矿工程法评价矿体	隐伏矿型
矿田及更大的成矿单元	d 构式	根据地球物理和地球化学方法获取矿致异常，根据地质调查与遥感资料获取成矿有利地质环境信息，预测勘查对象	浅部矿型
	e 构式	根据地质调查与遥感资料获取成矿有利地质环境信息，根据地球物理和地球化学方法获得异常所解释深部有利地质环境，预测潜在勘查对象	隐伏矿型
	f 构式	根据地质调查与遥感资料获取成矿有利地质环境信息，利用地球物理和地球化学方法异常解释获得深部有利地质环境，经探矿工程验证后预测潜在的勘查对象	较可靠的隐伏矿型

4.3 矿产勘查中值得重视的问题

4.3.1 如何对待勘查活动长期未能取得重大突破的地区

一个分布着众多小矿山或矿点（常常数十个甚至数百个）的地区有时被形容为"只见星星，不见月亮"，显然，这类地区对矿产勘查具有很大的吸引力。然而，矿产勘查工作往往在这类地区几经上下，消耗了勘查队伍大量宝贵的时间和资金，寻找矿床却未能取得重大突破。这种重复勘查而又重复失望的地区使勘查人员颇感棘手。

一种情况是由于勘查区内矿化本来就很弱或者缺失形成重要矿床的基本条件，那么，重要的是做出符合客观实际的结论，避免类似的勘查工作再重复进行。

另一种情况是，这种勘查区内的确存在有重要矿床，只是令人一时捉摸不透，需要勘查人员提出新的设想和通过丰富的想象力，创造性地应用勘查模型，坚持不懈，才可能取得重大突破。下列几点要求或许对这类地区的勘查工作具有一定的指导意义：

（1）准确和无偏见地进行野外和室内观测；

（2）批判性地利用前人资料，创造性地类比相似地区；

（3）认真吸取前人的工作经验，特别是不要忽视失败的教训，因为失败往往是成功的先导，有助于头脑清醒，避免走弯路；

（4）准确定义问题，在确立勘查项目时就要斟酌什么样的问题值得解决，什么样的问题应暂且不顾；

（5）对于与自己设想的勘查模型有矛盾或不相干的资料不应抛弃，而应仔细地推敲；

（6）如果勘查进程缓慢，则应修改或放弃原定勘查模型，以确立新的模型指导勘查；

（7）如果所获得的大部分资料都支持自己原来的设想，坚持下去就能期望取得成功；

（8）善于接受各种意想不到的勘查结果；

（9）各学科人员经常交流讨论工作，统一认识，集思广益。

在矿产勘查工作的进行过程中，需要尽快地否定非重点靶区，以减少靶区数量，从而降低直接勘查成本，集中力量于最有利的靶区。因为选择过程不可能做到万无一失，有利的勘查靶区有时也难免会被否决掉。

然而，有些实例表明，后来的重复勘查是在对前人工作完全不了解或虽有所了解但比较粗糙的情况下进行的，以至于所获得的结果是重复和无效的，造成时间和费用的浪费。因而，要在一定范围内改变措施，使矿产勘查情报尽可能充分利用，避免无谓的重复勘查。

4.3.2 相信科学的勘查模型

矿床及其成矿环境和控矿因素是一个系统。系统是相互作用的诸要素共存有序的集合体。辨认一个系统主要就是辨认它的信息特征。勘查模型是在科学理论的指导下，综合分析现代技术手段所获取的各种资料的基础上建立起来的，它的核心内容包括了某类矿床系统的信息特征，以及为辨别这些特征所应采取的相应的勘查手段。因此，科学的勘查模型可以鼓励学者们去勘查，指出应当勘查什么和到哪儿去勘查及怎样勘查，有利于在各种资料中看到前人可能没有看到的东西，想到前人没有想到的问题，并激励学者去做前人不敢做的事情。

在工作中，要力避盲目性，盲目性往往表现在疏忽了但并未意识到自己的疏忽。所以，应当牢记 L.G.萨克斯关于六个盲人摸象的寓言，避免工作中的片面性和主观性，因为，片面性和主观性可以使人们陷入盲目性。

创造性地运用勘查模型既是一门科学，又是一门艺术。因为模型在一定意义上来说，只是矿产勘查的提纲，是运用已知去探索未知，探索未知既需要科学技术，也需要敏感、信心和果断，所以，从事矿产勘查的人员必须自觉接受各种锻炼，提高素质，这样，就会在科学的勘查模型的指导下，去实现既定的目的。

本 章 小 结

勘查模型的目的是要以简明的方式回答矿床赋存的地质部位、矿化信息的可能表现形式，以及如何采用最佳的勘查技术组合有效地发现目标矿床。

成矿模型是勘查模型的基础，勘查模型使成矿模型的预测功能得到最充分的发挥。成矿单元可以看作一个成矿系统，不同层次的成矿单元勘查模型有所不同。随着所预测的内容被逐渐揭示和验证，先验模型不断被补充完善，最终发展成后验模型。

讨 论 题

（1）试总结斑岩型铜矿床的勘查模型。

（2）"盲人摸象"的寓言故事对于矿产资源勘查过程有什么重要启示？

（3）论述建立勘查模型的思路与方法。

（4）讨论矿床描述性模型、成因模型、勘查模型之间的关系。

本章进一步参考读物

范永香, 阳正熙. 2003. 成矿规律与成矿预测学. 徐州: 中国矿业大学出版社

施俊法, 唐金荣, 周平. 2010. 世界找矿模型和矿产勘查. 北京: 地质出版社

熊光楚. 1998. 信息论、系统论与地质找矿工作. 北京: 地质出版社

薛建玲, 陈辉, 姚磊, 等. 2018. 勘查区找矿预测方法指南. 北京: 地质出版社

杨立德. 2009. 地质—物探—化探找矿模型. 物探与化探, 33(6): 741-742

邹光华, 欧阳宗圻, 李惠, 等. 1996. 中国主要类型金矿床找矿模型. 北京: 地质出版社

Morris R C. 1998. BIF-hosted iron ore deposits—Hamersley Style. AGSO Journal of Australian Geology & Geophysics, 17(4): 207-211

第5章 靶区圈定及资源潜力评价方法

5.1 勘查目标决策

5.1.1 勘查目标

勘查目标（exploration target）的确立包括三方面的内容：首先根据市场的需求预测确定目标矿种，其次根据矿种确定目标矿床，最后根据目标矿床的成矿模型圈定勘查靶区、建立勘查模型。勘查目标决策是勘查战略的第一步。勘查目标决策常常需要把地质概念应用于现有数据库，或者说，需要把成矿理论与地球物理、地球化学、矿产经济学、决策科学、空间分析及概率理论有机融合。相对于后续勘查活动而言，它基本上是矿产品市场前景、矿床经济参数及矿床存在概率的预测，所以这一过程又称为成矿预测（范永香等，2003），这一领域已经发展成为独立的学科分枝。靶区是勘查项目的立足点，如果靶区圈定失误，那么，后续勘查过程无论采用多么先进的手段，无论勘查工作效率多么高都注定会是徒劳的。

勘查目标的确定以室内研究为主。我国半个多世纪以来的区域地质和矿产地质工作已经积累了丰富的资料，而且，1999 年成立了中国地质调查局，负责统一部署和组织实施国家基础性、公益性、战略性地质和矿产勘查工作，为国民经济和社会发展提供地质基础信息资料，并向社会提供公益性服务。

5.1.2 目标矿种的确定

不同矿种在其矿产经济循环系统的勘查、矿山建设、采矿、选冶、矿产品销售、闭坑等环节或阶段中都有其技术、服务系统的专属性或专业性（吴六灵，2018）。在我国计划经济的时代，一些地质队只寻找某种特殊的矿产，例如，专门勘查铀矿、煤矿、石油、铬铁矿、金矿、铁矿等。这种勘查队伍善于勘查专门的矿床，但缺乏随经济体制的改变、供求关系的变化、矿产品市场价格的涨落的应变能力，因而，现在除少数矿产（如石油和煤）还保留了专业勘查队伍外，其他从事金属矿产的勘查队伍都已经扩展了勘查范围和领域。虽然国际上也有许多著名的采矿公司经营单一矿种，例如，加拿大 Inco 公司只勘查和开发镍-铜-铂族金属，Barrick 公司及美国和南非的一些国际大公司只勘查和开发黄金等，但这些公司都通过开发高质量矿床获得丰厚的利润并具有雄厚的实力。

在确定目标矿种时，一方面，要预测矿产品的价格走势，在市场经济条件下矿产品的价格受供求因素制约，随着经济全球化及矿业全球化进程提速，我国主要矿产品价格基本上都与国际接轨；另一方面，要考虑到经济技术发展对矿产供求关系的影响，新技术、新产品、新领域的影响，尤其是保障国家资源安全。

矿产资源具有全球分布的不均匀性的特点，致使世界各国都有一些矿产品很难完全实现自给自足。为加强资源保障和储备，不同国家和国际组织从地区安全、经济发展、产业升级等角度出发，提出了"关键性矿产"（critical minerals）和"战略性矿产"（strategic minerals）的概念。

关键性矿产是指既具有重要经济性，又存在较高的供应风险的一类矿产资源。战略性矿产资源特指由于国内供应不足或生产技术落后而严重依赖进口、一旦国外供应中断或出现价格大幅波动就会对国内经济安全和国防安全具有重大影响的重要矿产，以及对世界矿业市场具有调控能力的国内优势矿产（陈其慎和王高尚，2007；唐金荣等，2014）。

2008 年全球金融危机爆发以来，伴随着战略性新兴产业的蓬勃发展，资源供应安全问题由传统的大宗矿产扩展到了新兴战略性产业所需的小宗矿产。由于这类矿产总量少、易于掌控、容易发生中断，美国、英国、欧盟等国家和地区开展了大量的关键矿产研究，旨在识别出具有经济重要性且供应风险较大的矿种，以便进行更好的风险治理。与上一轮关键矿产研究不同的是，本轮的研究焦点侧重于产业发展对矿产资源的需求，尤其是战略性新兴产业发展所必需的矿产，如稀土元素、铂族元素等（唐金荣等，2014）。

针对近年来我国大幅依赖澳洲进口铁矿石的实际情况，我国已经在长期的大国博弈中表现出受制于人的弊端，自然资源部在 2021 年 8 月 23 日回复政协委员提案的函中明确将铁矿列为战略性矿产国内找矿行动主攻矿种，以规模大、易采选的"鞍山式"沉积变质型铁矿、"攀枝花式"钒钛磁铁矿及品位较高的夕卡岩型铁矿作为重点突破方向。

矿产品的重要性及其供应链的性质会随着时间而改变，不同国家或者同一国家所处的经济、技术发展阶段不同、采取的国家发展战略不同，所需要的关键矿产自然不同，换句话说，关键矿产是一个在不同国家、不同时段、不同场合会给出不同界定的动态概念。例如，30 年前可能被视为关键矿产品的矿产现在可能已不重要，而现在被认为至关重要的矿产品 30 年后可能被取代。例如，在 20 世纪 70 年代，稀土元素在某些专业领域之外几乎没有什么用途，而且大部分产自美国。如今，稀土元素是几乎所有高端电子产品不可或缺的一部分，几乎全部产自我国。

2011 年国务院办公厅下发的《找矿突破战略行动纲要（2011—2020 年）》，提出了战略新兴产业所需矿产，主要指"三稀"矿产（稀有金属、稀土金属、稀散金属）、金刚石、高纯石英、晶质石墨等矿种。近年来，我国开展了战略性新兴矿产研究，将战略性新兴矿产定义为在新型工业化和生态文明社会发展阶段，由新技术革命引导，满足战略性新兴产业可持续发展和我国全面建成小康社会需求的新能源矿产、新材料稀有矿产和新功能矿产。简单地说，战略性新兴产业矿产就是在新一代信息技术、高端装备制造、新材料、生物、新能源汽车、新能源、节能环保等七大战略性新兴产业中发挥关键作用的矿产资源。《全国矿产资源规划（2016—2020 年）》指出："为保障国家经济安全、国防安全和战略性新兴产业发展需求，将石油、天然气、煤炭、稀土、晶质石墨等 24 种矿产列入战略性矿产目录，作为矿产资源宏观调控和监督管理的重点对象，并在资源配置、财政投入、重大项目、矿业用地等方面加强引导和差别化管理，提高资源安全供应能力和开发利用水平。"

毛景文等（2019）从世界供需形势、我国矿产资源探明储量和资源禀赋特点入手，将关键矿产划分为主导型、技术和条件制约型、市场制约型和资源短缺型四类。

（1）主导型。属于我国的优势矿产，能够满足国内需求，在国际上也处于主导优势，甚至一些矿产在一定程度上可以影响国际市场，主要包括锗、铟、重稀土、轻稀土、钨、天然石墨、锑、镁、镓、钒、铋、重晶石、萤石、钪、钛、锶、砷、碲、汞、镉、氟、钡。

（2）技术和条件制约型。关键矿产在我国储量较大，但因技术和其他条件制约回收利用率较低，导致产量较小，主要包括锂、锡、铷、铍、铌和锰。

（3）市场制约型。该类型矿产在我国储量较大，但是由于较高的开发成本和市场需求极其有限，大量矿产资源难以开发利用，主要包括铼、镓、钪、碲等稀散矿产资源。

（4）资源短缺型。该类型矿产在我国没有足够的资源储量，需要从国外进口，主要包括镍、钴、铂族元素和铬等矿产。

关键性矿产和战略性矿产概念的提出，有助于从国家层面上进一步重视关键性矿产和战略性矿产的保护与开发利用，确保这类矿产资源的安全稳定供应，保障国家经济安全、国防安全和战略性新兴产业发展需求等。

5.1.3　目标矿床的确定

每一矿种通常都有多种矿床类型，不同的矿床类型所赋存的地质环境和经济价值往往差异很大，因此，目标矿床直接影响到勘查战略和投资效果。

我国矿业的发展进程中，四个最重要的趋势显著增强了现代矿床发现的挑战：①矿产品价格具有短期动荡、长期呈现下行和上扬交替的周期性变化特点；②矿床发现难度的不断加大；③生态环境保护、安全生产、改善工作条件等使生产成本显著增加；④矿业全球化。这几个趋势的综合效应必然要提高目标矿床的界限值（包括矿床的品质、规模、经济技术条件、生态环境保护等），目标矿床界限值的提高势必会增加矿床发现的风险，换句话说，在技术上成功的条件下，降低了发现经济矿床的概率。鉴于此，预测的目标矿床应该是高质量矿床（阳正熙，1999）。

高质量矿床是指那些规模大、品位高、在当前经济技术条件下容易开采和加工的矿床。开发高质量矿床具有生产成本低、现代化技术程度高、矿山寿命长、经济效益好等特点。以高质量矿床作为目标矿床是我国矿产勘查的努力方向。

近 30 年来，采矿技术取得长足进展，在加拿大、澳大利亚、美国、南非、瑞典等矿业发达国家，遥控采矿和自动化采矿技术已经实现。例如，加拿大 Inco 公司在肖德贝里地下开采矿山的采掘工作实现了通过卫星在位于大约 400km 之外的多伦多市区内的遥控中心进行遥控；露天开采都已借助于全球定位系统（global positioning system，GPS）技术实现了自动化。同时，采矿深度也不断加大，例如，加拿大安大略省 Kidd Creek 黑矿型块状硫化物矿床的开采深度已超 2000m；南非 Anglo 金矿公司已经着手开采垂深为 3500～5000m 的金矿。在我国，采矿行业是"5G＋工业互联网"探索最早、应用最为广泛的领域之一。5G 作为采矿行业推进产业数字化进程的"智能工具箱"，与大数据、云计算、人工智能等新技术融合应用正加速释放技术潜能，推动矿业提升产业层次、提高经营水平、加快高质量发展，为智能矿山建设注入了新动力和新活力，展现了"5G＋工业互联网"广阔的应用前景。例如，西藏玉龙铜矿正在打造自动化、数字化、信息化、智能化、无人化、世界一流的智慧矿山；再如，华为专门为矿业开发的矿鸿操作系统通过独特的"软总线"技术，实现了统一的设备层操作系统，以统一的接口和协议标准，解决了不同厂家设备的协同与互通的问题，从而为矿业构建起了工业互联网生态体系，助力矿业数字化转型。

高质量矿床在市场经济中具有很强的竞争力。例如，20 世纪 90 年代后期黄金价格处于探底的低迷阶段（黄金价格下探至 265 美元/oz），世界平均黄金生产成本大约为 260 美元/oz，而巴里克（Barrick）公司在秘鲁的 Pierina 高硫化物浅成热液金矿床探明的储量约为金 250t、银 1750t，生产成本仅为 50～100 美元/oz，设计生产能力为 23.30t/a，2003 年生产黄金约 28t。由此可见，开发高质量矿床可以在变幻莫测的市场经济中立于不败之地，寻找高质量矿床是促进矿产勘查活动不断进行的推动力。

小规模矿山开采在我国地方经济发展中起着重要作用。然而，由于小规模矿山生产缺乏长远规划，对环境疏于保护，许多小规模矿山开采已经导致我国一些局部生态环境遭到严重破坏，而且，小规模矿山条件简陋、易发安全事故、产量波动大。随着生活水平不断提高、生态环境意识的不断增强，小规模采矿活动将会逐渐受到限制和衰落，只有采用现代化采矿技术才能满足最大限度保护环境的要求。毫无疑问，矿产勘查战略应以高质量矿床作为勘查目标，并以此为契机，发展我国的矿业。

勘查高质量矿床的基本思路是，首先根据矿床品位-吨位图确定目标矿种的高品位、大吨位的矿床类型作为目标矿床，其次根据目标矿床的地质特征确定勘查靶区、勘查技术、项目经费预算及人员和设备的配置，其中最关键的环节是勘查靶区的抉择。

成功实现高质量矿床勘查战略的关键因素包括：①跟踪国内外高质量矿床发现的记录，从中吸取宝贵的经验和教训；②努力降低发现成本；③对现有资料进行深入分析研究，仔细推敲，寻找突破口；④利用长期合作的联合经营方式分散风险；⑤尽可能把勘查靶区定位在矿化富集区内；⑥整合多学科技术；⑦团队上下一心、坚韧不拔。

5.1.4　靶区的圈定

勘查工作必须布置在地质环境最有利于目标矿床形成的地区。靶区的抉择除了要全面分析控矿因素、覆盖层厚度及地球物理和地球化学技术的响应外，还要综合考虑靶区所在的经济地理位置、生态环境的影响等因素。因此，勘查靶区一般是指"A 类远景区"内经少量地表工程揭露和控制的，成矿条件十分有利，与已知矿床勘查模型表达的勘查准则吻合程度较高，预测依据充分，资源潜力大或较大，地表可见矿化露头或隐伏（盲）矿床存在可能性很大，可优先安排区域矿产地质调查、普查或详查的地段。面积一般在一到几十平方千米之间。

矿床的分布具有极不均匀性和丛聚型性特征，这一经验规律意味着：①某个勘查队伍在新开辟地区获得重大突破，为其他勘查队伍提供了矿床赋存部位和成矿潜力的新信息；②新类型矿床的发现为其他勘查队伍提供了该类矿床成矿环境和地质特征的信息，从而可能促使发现更多新矿床或降低发现成本。因此，在矿产勘查中，竞争更多地存在于人与自然之间，或者说，在人与未知之间，新矿床的发现常常能提升整个勘查界的知识水平，增大在已知区或新区发现更多同类矿床的机会（案例 5.1）。

案例 5.1　卡林趋势（Carlin Trend）金矿带

美国内华达卡林金矿床的发现是矿业界最重要的事件之一，但是，如果没有在勘查和开采及选冶方面的技术突破，该矿床的发现是不可能的。由于这一地区的金颗粒极其细小，早期的淘金者们没有注意到其蕴藏着的巨大潜力。

20世纪50年代后期，美国地质调查所的Ralph Roberts领导的项目组在卡林地区进行地质填图，Roberts的研究论文及他在内华达大学的讲座使纽芒特（Newmont）勘查有限公司的地质学家John Livermore和Alan Cope深受启发，同时，能够从低品位金矿石中回收金的氰化物浸出技术的发展也促使纽芒特公司重新对卡林地区进行勘查。通过采用先进的钻机和分析技术，1961年发现了卡林金矿并揭示了罗伯特山冲断层下盘金矿床勘查潜力。卡林矿山1965年开始露采，1993年转入地下开采。

现已查明，位于内华达东北部的卡林金矿带长约64km、宽约8km，呈北北西向展布，是北美最大的金矿带，也是世界上仅次于南非的产金区。自1961年纽芒特公司在该区发现卡林矿床至1996年已查明40余个金矿床、累计探明金资源量为1.8亿oz（约5103t），至2008年底已累计产出黄金2227t。纽芒特和巴里克由于在卡林地区金矿床的勘查和开发而成为世界上两个最大的金矿公司。至2002年初，已从26个生产矿山中开采出黄金1560t。

1991年，Placer Dome公司以联合经营的方式在卡林金矿带西南部的Cortez趋势发现Pipline和South Pipline金矿床，1998年发现Cortez Pediment矿床，2003年发现Cortez Hill。一些专家认为Cortez趋势成为世界第三大甚至可能超过卡林地区而成为第二大产金区。

卡林金矿床的发现是新的地质理论与高强度资金投入，以及高技术采矿和选矿等多方面结合的成功典范。在此后如火如荼的金矿勘查领域，以沉积岩为主岩的金矿床（卡林型金矿床）成为最重要的目标矿床之一，并且在许多国家都取得重大突破。20世纪70年代以来，在我国的贵州、广西、四川、陕西等地相继查明一大批这类矿床。

内华达地区许多这类矿床都受到强烈氧化，氧化作用使得这些矿床适合于大规模露天开采和堆浸法提取黄金，由此也容易把这种类型的所有矿床误解为都是大吨位、低品位的矿床。新的深部勘查发现，许多这类矿床属于高品位中等规模，适合地下开采。

靶区圈定一般遵循以下两种战略：

（1）就矿找矿战略。

就矿找矿战略又称为"圈羊法"或"淘金热法"，即在已知矿田或矿床范围内圈定靶区，这是利用了矿床（体）成群出现的规律，因而是多年来行之有效的途径。在成矿条件有利的已知矿化区内的勘查都很活跃，西方国家矿业界有一句俗语："如果你要捕获大象的话，就得去大象的家园"。这里的"大象"指的是世界级的高质量矿床，而"大象的家园"则是指根据特殊的地质环境和前人成功的勘查经验建立起来的含有这种高质量矿床潜力的地区。

王文（2004）对国外1950～2000年发现的70个矿床的勘查史资料进行了分析研究，结果表明，其中有42%的矿床是在已知成矿带或老矿区外围和深部找到的。成熟区的勘查具有非常重要的意义。一方面，这些地区是找矿的有利地区，在矿床勘查和开采过程中积累了大量的资料，有比较丰富的资料和经验可供借鉴，只要充分注意吸取前人成功的经验和失败的教训，采用新的思路、新的理论、新的方法和新的技术，在这些地区取得新的突破是完全有可能的。另一方面，这些地区往往已经具备了比较好的工业基础，新矿床（体）的发现具有很高的经济和社会效益。

我国东部和中部许多地区在20世纪后半叶进行了比较深入的勘查工作，已探明一大批重要矿床，较大程度地满足了以往国民经济建设的需求。但是受当时技术条件所限，大部分已探明矿床都属于直接出露地表或地表容易识别的矿床，这些地区地下中浅部仍有大量隐伏资源未被发现；而且，由于受当时勘查技术和采矿成本的制约，勘查深度基本控制在 500m 以浅，500～1000m 的深度区间仍赋存巨大的资源潜力。随着对矿物原料需求的增加及勘查和采矿技术的发展，开展东部和中部重要成矿区带中浅部隐伏矿床和 500～1000m 深度第二找矿空间深隐伏矿床的勘查，充分发挥地表已基本配套的采选冶能力，对于保持现有矿山企业产能，满足 2035 年以前的矿产资源急需，具有重要的现实意义。

朱训等（2016）主编的《就矿找矿丛书》（丛书由《就矿找矿论》《就矿找矿 100 例》《就矿找矿论文集》及毕孔彰等主编的《就矿找矿理论与实践》四本论著组成）回顾了大量矿床的发现及勘查过程，系统总结了地质找矿工作不同阶段的技术方法和规律性认识，凝练出了就矿找矿的哲学思维，包括就浅部矿找深部矿、就本部矿找外围矿、就本类型矿找他类型矿、就本矿种找他矿种、就贫矿找富矿、就小富矿找大贫矿、就表外矿找表内矿、就矿物找矿床、就露头矿找盲矿、就找矿标志找矿等内容丰富和体系完整的地质找矿科学理论，在矿产勘查中具有重要的指导意义。

（2）开辟新区战略。

开辟新区战略又称为"试错法"或"逐步逼近法"，即是指勘查程度很低或者目标矿床类型尚无重要发现的地区进行成矿分析，圈定成矿靶区。

我国西部地区幅员广阔，大部分地区勘查程度非常低，其中许多地区成矿条件良好，是实施战略勘查的主战场。在新区开展矿床勘查工作必须以区域基础地质调查成果（包括地质、地球物理、地球化学等方面）为依据，科学地进行成矿分析，对有利的远景区进行普查。

靶区圈定过程大致包括下列步骤：

（1）构建目标矿床的成矿模型。

把研究区的地质环境与目标矿床联系起来是通过成矿模型来实现的。目标矿床成矿模型可以是成因模型，可以是描述性模型，也可以是勘查模型，或者是三者的结合。构建目标矿床成矿模型的目的是要提供支持勘查活动的知识库。借助成矿模型，就有可能按图索骥。

在运用成矿模型时，一个极为重要的问题是不能机械地照搬模型。根据某一地区获得的一套资料建立起的模型如果不加批判地套在另一个地区获得的一套资料的框架中，有可能会导致靶区圈定的失误，因为局限于某个地区的隐含假设可能会通过模型移植到另一个地区，只有创造性地应用成矿模型，才有可能把信息之间的联系转化为概念之间的联系。举一个简单的例子，假设围岩的渗透性被认为是信息库之间一个很重要的联系，如果一个地区是砂岩，而另一个地区是裂隙相当发育的碳酸盐岩，虽然这两种环境中围岩渗透性的表现形式不同，但可以看作具有相同的有利于矿化的条件。

不同靶区规模模型的参数是不同的，要注意识别目标矿床的区域性和局部性控制因素和矿化信息，而且，应当能够以相对较低的成本观测到这些因素和信息。控矿因素和矿化信息的研究虽然是公认的发现目标矿床的最好方式，但必须准确把握，尤其至关重要的是判别出哪些是第一位的控矿因素。一个正确的认识可以指导有效的勘查，相反，一个错误的结论可能会导致不应有的失败。

（2）靶区圈定。

目标矿床成矿模型建立后，就可以用于在研究区内圈定靶区。首先是汇编关键性目标专题图（即代表目标矿床成矿模型中关键组分并且能够进行空间描述的信息图层），例如，矿点分布图、有利岩性分布图等。圈定靶区方法可以归为两类：文氏图法和层次法（图5.1）。

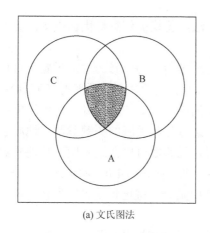 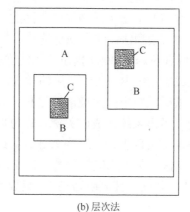

(a) 文氏图法　　　　　　　　　　　(b) 层次法

图 5.1　圈定成矿预测区的两种途径，图中填充区域代表靶区

　　文氏图法的做法是把目标矿床成矿模型中多种控矿因素和矿化信息相吻合的部位圈为靶区[图 5.1（a）]，传统的操作方法是在透图台上把研究区内地球化学异常和地球物理异常叠加在相同比例尺的地质图上，根据地质、地球物理和地球化学特征的叠合程度圈定目标矿床类型的成矿靶区。现在可利用地理信息系统（geographic information system，GIS）来实现，具体做法是将研究区内各种关键勘查要素（预测要素）数字化并转化为栅格图层然后叠加，利用文氏图原理圈定靶区；也可以根据证据权法来完成（参见 5.3 节）。文氏图法主要适用于勘查程度比较高、资料比较丰富的地区（文氏图的数学解释请参见数据集合的有关内容）。

　　例如，20 世纪 70 年代，原西澳矿业公司（Western Mining Corporation，WMC）在南澳斯图尔特陆架区寻找赞比亚型铜矿床，即是以"重力异常、磁异常及线性构造交互部位的叠加区域"的勘查思路确定了高勒克拉通的奥林匹克坝地区作为勘查靶区，结果出乎意料地发现了轰动矿业界的奥林匹克坝矿床（Selby，1991）。

　　层次法认为大多数靶区模型都是由一系列不同尺度的重要控矿参数组成。因而，应用层次法需要确定不同层次矿化特征的嵌套关系[图 5.1（b）]，具体的做法是根据研究区内目标矿床成矿模型中不同级别的控矿因素和相应比例尺的矿化信息先圈出大区域的靶区，然后再逐步缩小靶区范围。例如，利用地球动力学参数（全球构造）圈定某个国家最有远景的靶区[如图 5.1（b）中的 A 区]，利用区域性或地壳构造定义最有远景的成矿省[如图 5.1（b）中的 B 区]，而利用各种局部范围的地质参数（如构造、盆地、岩石地层、岩浆作用等）确定最有远景的局部区域[如图 5.1（b）中的 C 区]。

　　层次法一般适用于从全球性成矿带到成矿省再到矿田范围的逐步缩小靶区的过程，尤其适用于在资料相对较少的区域快速缩小靶区的情况。自 20 世纪 80 年代以来，我国开展的全国性的成矿区划工作即是这一思路的具体体现。

　　实际操作过程中，这两种途径常常结合运用。

　　（3）靶区优选。

　　实际工作中，常常会在研究区内圈出多个靶区（远景区），由于资金和人力资源等方面的限制，不可能对所有圈定的靶区同时进行勘查验证，必须通过对这些靶区的成矿潜力进行充分论证，并按其潜力大小分级排序，最后优选出 1～2 个潜力最大的靶区作为下一步勘查的工作区，同时要提出项目工作建议或设计方案。

叶天竺（2004）提出了四种优选靶区的方法：①找矿信息量优选模型；②地质背景衬度法；③非先验约束模型法；④主观优选法。

Hronsky 和 Groves（2008）提出了靶区优选的概率方法。该方法通过定义目标矿床形成的关键过程（在成矿系统中起关键作用的过程，而且，每个关键过程都是相互独立的）。例如，浅成热液矿床成矿系统中的关键成矿过程可以描述为成矿物质来源、成矿流体通道、成矿物质圈闭及盖层或溢出系统。成矿关键过程可以通过与其关联的关键参数（地质事件）或替代参数（地质现象）表现出来，这些关键参数或替代参数可以在地质图或从地质数据库中检测到。如果确认靶区内某个成矿关键过程存在，其概率估计为 1.0；如果证实为缺失，其概率为 0；如果没有决策依据，其概率为 0.5。只要其中某个关键过程缺失，那么，该靶区成功的概率即为 0。

在中国地质调查局 2019 年颁发的《固体矿产地质调查技术要求（1∶50000）》（DD 2019—02）中，依据成矿条件、工作程度和找矿潜力等划分了 A、B 和 C 三类找矿靶区（表 5.1）。

表 5.1　找矿靶区分类表

分类要素	类型		
	A 类	B 类	C 类
区域成矿地质背景	区域构造、地层、岩浆活动及地球化学、地球物理、遥感图像解译结果表明区域成矿条件有利	区域构造、地层、岩浆活动及地球化学、地球物理、遥感图像解译结果表明区域成矿条件较有利	区域构造、地层、岩浆活动及地球化学、地球物理、遥感图像解译结果表明区域成矿条件较有利
靶区成矿地质条件	与已知矿床找矿预测模型吻合程度高，含矿建造、控矿构造等基本清楚	与已知矿床找矿预测模型吻合程度较高，含矿建造、控矿构造等比较清楚	含矿建造、控矿构造等不甚清楚
矿产情况	有已知矿产地；预测资源量达中型及以上规模	有已知矿（化）点；预测资源量达中型及以上规模	预测资源量达中型及以上规模
蚀变特征	反映与成矿有关的蚀变作用强烈、规模较大、分带明显	虽反映与成矿有关的蚀变作用强烈，但规模较小、分带欠佳	蚀变较弱
地球物理场、局部异常推断、解释	通过与同类型已知矿床的区域地球物理场和局部异常特征对比，矿致异常的可能性大	通过与同类型已知矿床的区域地球物理场和局部异常特征对比，矿致异常的可能性较大，但具有多解性	对地球物理资料推断解释依据不足
地球化学异常特征	异常的强度和规模大，元素组合特征与已知矿床异常相似，初步证明为矿致异常，且异常出现在成矿有利部位	异常具有一定强度和规模，元素组合特征与已知矿床有可比性，但规模较小或可认为属新类型矿床	异常与已知矿床难以类比，元素组合单一，强度一般
遥感图像及异常特征	遥感异常或蚀变异常信息与已知同类型矿床具有可比性	有遥感异常或蚀变异常信息，与已知矿床的可比性较差	遥感异常不明显
部署建议	结合技术经济评价和环境影响评价成果，可优先部署普查工作	结合技术经济评价和环境影响评价成果，可开展进一步评价工作	暂缓部署进一步找矿工作

靶区的圈定通常是按照成矿单元的层次从大面积入手逐步缩小范围，根据 1∶25 万和 1∶5 万区域地质填图资料及预查资料可以圈定区域靶区；根据普查和详查资料可以圈定局部

靶区。在同一幅图中不同规模的靶区可以采用不同粗细的线条予以圈定，以示区别。靶区最好采用直线圈定，同时最好至少有两个边与地质图的边框平行，这样有利于勘查工作的部署，而且能够避免复制图件及给图件的各个边定向可能出现的误差。

在圈定靶区的过程中应当注意不同目标矿床类型的控矿因素。例如，对于沉积成因的矿床，赋矿的主岩受限于一定的地层-岩性分布区；而热液成因的层控矿床，其矿床分布范围虽然限于某些有利的层位，但有时可能超出这些层位的范围，从而，靶区的范围应大于地层-岩性准则的分布区。

控矿因素和矿化信息分布区的范围应根据不同异常场（地质、地球物理、地球化学）的实际资料确定。在成矿预测图上，每一类控矿因素和矿化信息都要采用不同的符号表示。目标矿床靶区的范围要根据控矿因素和矿化信息的总和圈定。靶区圈定可以采用传统的目测法，即在透图台上把各种有利的控矿因素和矿化信息叠加在同一张图上，然后根据它们的总体分布范围圈定靶区；而现在更多的是利用 GIS 技术圈定（参见 5.3 节）。

世界上没有任何矿床所在的地质环境是完全相同的，所以不可能采用一成不变的成矿模型套合在所有的勘查研究区。必须立足于选择最具潜力的靶区、最好的勘查准则、最佳的勘查手段组合，科学合理地选择本身既能反映勘查知识水平的深浅，又能体现项目管理才能的高低。

找矿靶区的圈定是根据相似类比原理推断类似的地质环境下存在一种或多种矿床类型的可能性。成矿模型提供了联结地质环境和矿床类型的桥梁。地质矿产分布图是圈定成矿区域的主要信息源。能鉴别出矿床类型的区域无疑将增加圈定这类矿床靶区的信心，但由于不完整的矿床描述，对许多靶区和某些矿床很难鉴别其矿床类型。无论在何种情况下，找矿靶区的圈定都应首先依据地质图或推断地质图。靶区原始面积的缩小仅取决于有信息确切表明在除去的面积内不存在这种矿床类型。对某些矿床类型，广泛勘查能提供这样一种证据，但对许多矿床类型只能用密集勘查的方法排除非矿化区域。

5.2　"三部式"矿产资源评价方法

矿产资源评价（mineral resource assessment）是美国和加拿大等国广泛使用的术语，是指对某个地区赋存矿床潜力的评价，这种评价是基于对研究区现有的区域地质图、局部地质图、地球物理和地球化学资料及已知矿点资料的汇编，并应用现代矿床学的知识，如有必要，还可以开展相应的野外调查工作以补充现有资料的不足；根据单个矿床类型已知的地质特征，由专家工作组估计不同区域相对的成矿潜力。说明研究区内不同部位相对成矿潜力的评价结果表现在成矿潜力图中。由此可见，矿产资源评价的工作内容与我国开展的成矿预测工作是大致相同的。

美国地质调查局经过近 20 年的实践，总结出一种以成矿模型为中心的"三部式"矿产资源评价方法（Singer，1975，1979，2010；Singer and Cox，1993；Drew et al.，1986；Root et al.，1992）（图 5.2）。

第一部分：根据矿床类型及其地质特征圈定成矿远景区；

第二部分：借助于品位-吨位模型估计金属量及其矿石的某些特征；

第三部分：估计圈定的各成矿预测区内每种矿床类型的个数。

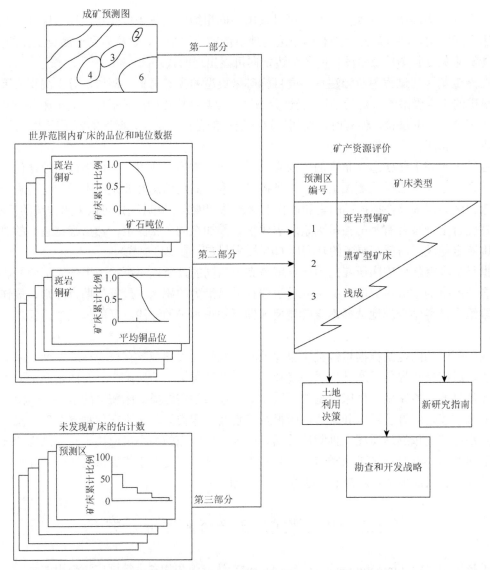

图 5.2　"三部式"矿产资源定量评价结构流程（Singer and Cox，1993）

　　成矿远景区是通过与其他地区相似地质环境的矿床进行类比圈定的。为了确定远景区的边界，首先必须要有地质图，并且需要地质、地球物理和地球化学方面的资料。传统的远景区圈定方法是利用描述性成矿模型把这些信息与不同类型矿床的成矿地质环境综合起来考虑（图 3.1），而现在已经发展成为利用神经网络技术进行靶区圈定。

　　未发现矿床个数的估计是以概率的方式表示的，在进行估计时需要考虑的一个重要问题是所估计的矿床数与品位-吨位模型之间的联系，两者之间必须吻合。"三部式"成矿预测过程中主要是采用主观方法估计未发现的矿床数（通常是采用德尔菲方法）。为了使估计的矿床数与某个品位-吨位模型一致，所估计矿床中有近半数矿床的规模和品位应当大于该模型吨位或品位的中位数。从而，未验证远景区由品位-吨位模型代表的矿床总体的概率必须谨慎地估计。

　　利用矿床分布密度是一种比较实用的估计未发现矿床数的方法。矿床分布密度是矿床模型的一种表现方式，建模过程是计算出勘查程度较高地区单位面积分布的矿床数，然后利用这组数据建立矿床密度分布频率直方图，如图 5.3 所示。可以利用矿床分布密度累积频率直方图中直接估计 90%、50% 及 10% 概率条件下研究区内未发现的矿床数，也可以间接作为其他未发现矿床数估计方法的指南（Singer，2010；Singer and Berger，2007；Singer and Cox，1993）。

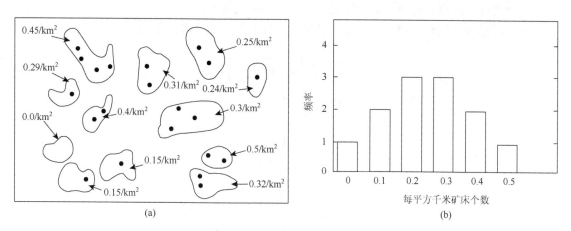

(a)　　　　　　　　　　　　　　　　　　　　　(b)

图 5.3　在 12 个假设勘查程度较高的远景区内已知矿床（用实心圆点表示）（Singer，2008）

分布平面图（a）及其推导出的矿床密度直方图（b）

矿床数的估计很明显代表了存在于靶区的某些固定的但未知的未发现矿床数的概率（可信程度）。这些估计既反映了矿床存在的不确定性又反映了对矿床类型存在的有利度的度量。不确定性被一系列估计的矿床数所表明，这种估计与品位-吨位图上 90%～10% 或 1% 相联系；矿床数的巨大差别表明了巨大的不确定性。成矿有利度能用矿床估计数来表达，并与给定的概率水平或矿床数的期望值有关。根据矿床类型的估计必须与品位-吨位模型相一致，因此矿床的估计数必须与品位-吨位模型的分位值相匹配。例如，在任何概率水平上，估计的未发现矿床数的一半应该比吨位的中位数更大，且约 10% 的矿床应该与吨位模型中第 90 个百分位数的矿床规模一样大。如果品位-吨位模型是基于矿区资料建立的，那么未发现矿区数应该可以估计。某些模型的构建是基于空间距离规则，例如，在块状硫化物模型中组合矿化采用 500m 规则，对未发现矿床数进行估计时应该应用同样的规则。已经公布品位和吨位研究区的矿床被计为已发现矿床；但是为了避免重复计算，没有公布的矿床则被认为是未发现矿床。

大多数矿床类型的统计研究表明：①吨位分布近似于对数正态分布；②矿床规模与矿床密度呈负相关关系；③远景区的规模与所赋存的矿床规模相关；④矿化岩石的总量与矿床规模的中位数成正比。利用这些统计关系及品位-吨位模型可以预测未发现矿床的个数及其金属总量（Singer，2008；Slack，2012）。

美国地质调查局还开发了 Mark3 资源定量分析专用软件，评价结果包括潜在的新就业机会、矿山开采的潜在收入、土地规划及潜在的矿产品供应等。

加拿大不列颠哥伦比亚省地质调查所在实际应用"三部式"矿产资源评价方法过程中把金属矿产资源评价分解为 6 个步骤（图 5.4）：

（1）汇编研究区内现有地质资料；

（2）圈定矿产评价区块；

（3）以表格形式列出区块内已发现的矿产资源并构建矿床模型；

（4）聘请经验丰富的专家组成专家组按远景区和矿床类型估计未发现的矿床数；

（5）采用美国地质调查局（United States Geological Survey，USGS）开发的 Mark3B 矿产资源评价蒙特卡洛模拟器确定尚待发现的金属矿产品的数量；

（6）根据未发现和已知矿产资源计算每个远景区的原地资源总价值。

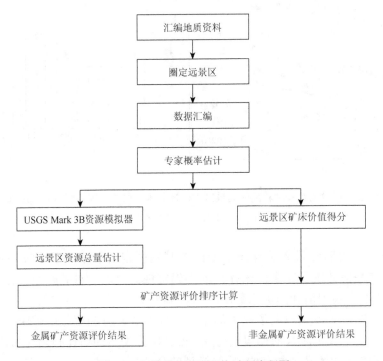

图 5.4　金属矿产资源评价过程流程图

其中，对于非金属矿产资源评价而言，图 5.4 中的第 4 步是相同的，但不是采用 Mark3B 模拟器和计算原地资源总价值，而是应用非金属矿床类型的相对排序方法。所有非金属矿床类型都根据主观的价值估计赋以 1～100 的相对排序得分，这种矿床价值相对得分用于确定每个远景区未发现矿床的重要性，然后把这些估计结果与已发现的非金属矿床的价值结合起来求出总的非金属矿产远景区评价结果排序。

5.3　数学模拟方法在成矿预测中的应用

数理统计方法应用于成矿预测发展形成的矿产资源定量预测理论及方法体系称为地质统计预测或矿床统计预测。限于篇幅，本书不可能对这部分内容作详细介绍，只利用本节简要介绍有关数理统计理论与成矿预测结合的发展进程，并且在 5.4 节选择齐波夫定律和证据权法进行扼要阐述，以此试图带领读者管中窥豹。感兴趣的读者可参考韩金炎（1987）、刘承柞和唐声喤（1989）、赵鹏大等（1994）、范永香和阳正熙（2003）的著作。

5.3.1　定量预测发展历史沿革

1. 初始发展阶段（20 世纪 50～60 年代）

采用数理统计方法解决成矿分析中的问题的历史可以追溯到 20 世纪 50 年代中期，巴黎矿业学院经济学教授 M. Allais 和美国加州大学地球物理学教授 L.B.Slichter 所作的开拓性工作为后来的统计预测奠定了基础。

Allais（1957）应邀对阿尔及利亚的撒哈拉沙漠地区开展矿床勘查的可行性作出评价。他的第一步是要估计在这 100 万 km² 的研究区内可能找到的矿床数及其矿产价值。因为该研究区内地质工作几乎还是一片空白，没有资料可供利用，于是，Allais 决定根据其他地区的资料进行类比。他选择了法国和北美勘查程度比较高的地区建立了矿床分布的统计模型。例如，他把美国西部含矿盆地划分为许多单元，每个单元面积为 10km²，发现每个单元中的矿床数近似地以泊松离散概率函数的方式分布。根据研究结果，他得出矿床的分布与随机过程有关的结论；并进一步推论单个矿床的价值呈对数分布，它们近似地呈现正偏斜的频率分布曲线，表明数量相对较少的矿床在区域内矿产总价值中占大部分。

在上述泊松-对数模型的基础上，Allais 推出了一个三阶段勘查项目在最不利、中等、最有利的情况下成功的概率（P），其结果列于表 5.2。

表 5.2　矿产勘查项目成功的概率

概率（P）	矿产价值至少 20 亿法郎的矿床个数	
	估计值	95% 的置信区间
1/1000	10	4～16
1/500	20	11～29
1/250	40	28～52

注：此表据 Allais，1957；转引自 Peters，1987

在考虑了期望的勘查成本后，Allais 建立了勘查项目能够盈利 500 亿法郎的概率为 0.35、亏损 200 亿法郎的概率为 0.65。他认为这种估计适用于撒哈拉研究区，也适用于任何具有相似面积的地质研究程度很低的地区，因为其中没有考虑地质因素。Allais 的这一预测从未被验证过。同时，由于政治原因，阿尔及利亚的这一风险勘查项目被放弃了。

不过，Allais 这项研究成果所获得的 3 个结论对以后的成矿预测工作产生了非常重要的影响，表现在：

（1）在一个很大的区域范围内，矿产品的主要价值来自于少数几个大型矿床。例如，具有最大价值的这个矿床常常占到该区全部矿床总价值的 35%～40%，正是这个最大矿床，而非发现矿床的总个数，对风险勘查成功作出的贡献最显著。

（2）远景区的筛选必须是具有高度选择性的，因为其目的就是要排除那些成矿潜力较低的地区（即那些有可能投入勘查经费而又不能发现矿床的远景区）。如果早期的筛选阶段不具有选择性（"筛孔"太稀），那么，下一阶段将仍然要在与上次风险相近的条件下验证几乎所有的异常。这就是需要对工作区内的远景区进行分类的原因。

（3）确立了筛选策略及泊松-对数分布的矿床模型后，随着远景区范围的逐步缩小矿床发现概率将会显著提高。参照式（5.1）所示概率公式。该式又称"赌博者孤注一掷"定律。

$$P = e^{-NP_s} \tag{5.1}$$

式中，P 为孤注一掷的总事件的概率；P_s 为单个冒险事件成功的概率；N 为冒险次数。表 5.3 对这一定律作了更好地诠释。根据表 5.3，假设每个远景区都有相等的 1% 的概率有矿床存在，那么，为了把失败的风险降低至 10%，必须研究（查证）229 个远景区。

表 5.3　在降低勘查风险所要求查证的远景区个数（Peters，1987，有补充）

成功的概率	失败的概率			
	20%	10%	5%	1%
1%	160	229	298	458
5%	31	45	58	90
10%	15	22	28	44
20%	7	10	13	21

Slichter（1959，1960）应用统计学理论指导在地表没有矿体出露地区确定最佳钻孔网度及航空地球物理飞行线间距。在他的研究中，他根据美国西部和加拿大安大略已知矿区的资料，在许多假设情况下计算出使矿床发现与勘查总成本的比值（即勘查利润比值）达到最大的模型。

Slichter 证实了 Allais 关于矿床价值呈对数分布的研究结果，但是，他拒绝了 Allais 关于矿床分布服从泊松分布的论点。Slichter 得出的结论是，在他的控制区内，矿床的空间分布服从指数函数分布，因此意味着在一个单元空间范围内，已知矿床（体）的存在并不会降低赋存在该单元内其他矿床（体）存在的概率。矿产勘查地质人员一般都认为矿床（体）不是随机分布的，而且认为某个地区已知矿床或矿点的大量出现正是说明该区是成矿有利地区的一个重要标志。

Allais 和 Slichter 的工作思路都是通过对地质工作程度较高的地区进行研究后，建立矿床的统计分布模型，再把这种模型类比到研究程度较低的未知地区。在所类比的未知区内，所有的单元（子区）都具有相同的发现矿床的概率。其开拓性工作的重要特征如下。

（1）认识到某个地区的矿产资源量与该区的地质环境之间存在某种关系，而且这种关系是可以用数学语言来进行描述的，这是成矿分析中数学模型的原始概念；

（2）他们关于矿产资源量与地质环境之间的关系还只是建立在单变量基础上的数学关系，因而只有研究和探索意义，尚未成为具有实用价值的成矿预测方法和途径。

尽管如此，Allais 和 Slichter 的研究为后来的统计预测搭建起了把统计学方法应用于成矿分析研究的平台。

2. 趋于完善阶段（20 世纪 60～70 年代）

此阶段，成矿预测工作中应用数理统计方法得到显著发展，尤其是计算机技术的引入，为成矿预测提供了重要的手段。这一阶段值得一提的是哈里斯（Harris）于 1965 年建立的地质数学模型，其内容如下。

（1）选择美国亚利桑那州和墨西哥州相毗邻的工作程度较高的地区作为已知区进行研究。

（2）将已知区划分为 243 个单元，每个单元面积为 32km²。

（3）从已知区的地质图上选择 24 个地质变量，这些地质变量可分为四类：①岩石类型和时代，包括单元中第三纪以前的沉积物所占的百分比和前寒武纪侵入岩所占的百分比；②断裂，包括单元内长度为 0～8mi 的高角度断裂条数和高角度断裂的交会部位的数目；③褶皱，包括单元内长度为 0～8mi 的背斜个数和长度大于 0～8mi 的背斜个数；④侵入活动的时代和接触关系，包括拉拉米期和内华达期侵入岩与沉积岩接触带的长度、前寒武纪侵入岩与前寒武纪变质岩接触带的长度等。

（4）根据矿山过去的开采资料，把每个单元内的矿床储量换算成相应的价值，并将价值大于 100 万美元的单元归为一组，小于 100 万美元的单元归为第二组。

（5）建立贝叶斯准则下的多组判别分析函数，确定这 24 个地质变量与所划分的矿产资源价值组之间的关系，当归入第一组的概率大于 0.2 时，即可认为该单元是成矿有利的地区。

（6）为了验证该模型的有效性，利用邻近犹他州地质条件类似、工作程度较高的地区进行检验，其结果表明全部已知矿床都落入含矿组的界限内；而且，在所划分的 144 个单元内，圈出 19 个有矿单元，将这 19 个有矿单元的预测结果与实际结果进行比较，结果见表 5.4。

表 5.4　根据已知区建立的地质数学模型预测结果与实际情况的对比（Harris，1984）

矿床级别（按累积总产值划分）	预测的矿床数	实际已知的矿床数
>1 亿美元	5	5
1000 万～1 亿美元	2	4
100 万～1000 万美元	3	8
<100 万美元	9	0

由于 Harris 的模型考虑到了地质因素，其预测效果相对比较好。总结这一阶段的重要进展，得出两个显著的特点：

（1）在单变量数学模型基础上发展了具有实用价值的多元统计数学模型及主观概率模型等；

（2）电子计算机的应用为成矿预测提供了崭新的工具，从此可以把许多人工难以完成的复杂计算的数学方法纳入成矿分析的范畴，为地质数据和地质知识的综合奠定了基础。

3. 实用阶段（20 世纪 70 年代至今）

一方面，计算机技术突飞猛进的发展为解决繁杂的计算问题创造了条件；另一方面，成矿预测中应用数学的理论基础和方法都已基本成熟。因而，数理统计和其他许多数学方法在成矿预测分析中的应用进入了实用阶段。这一阶段有下列重要事件值得指出。

（1）1975～1980 年，国际地质相关计划（International Geoscience Program，IGCP）第四组设置第 98 号专题《资源研究中计算机应用标准》，总结推广 6 种定量成矿预测方法：①区域价值法；②体积估计法；③丰度估计法；④矿床模拟法；⑤德尔菲法；⑥综合方法。这一专题的设置对矿产资源数据的收集、处理和应用的标准化起到了很大的推动作用。

（2）在 1976 年召开的第 25 届国际地质大会上，国际数学地质协会（International Association for Mathematical Geosciences，IAMG）组织召开了定量勘查策略讨论会。

（3）1977 年，苏联学者康斯坦丁诺夫应用逻辑信息方法预测矿床的可能规模（康斯坦丁诺夫，1982）；1980 年，布加耶茨应用模糊数学理论进行成矿预测。

（4）在我国，成矿预测中应用数学方法始于 1975 年，赵鹏大等首先在宁芜盆地中段和北段应用数理统计方法开展铁矿预测；1977 年，朱裕生等在安徽庐枞盆地北段应用统计对策方法预测铁矿（朱裕生，1984）。

（5）2006 年，国土资源部部署了全国矿产资源潜力评价工作，下发了《关于开展全国矿产资源潜力评价工作的通知》（国土资发〔2007〕6 号），该项目工作定位为我国矿产资源方面的一次重要的国情调查，目的是通过系统总结地质调查和矿产勘查工作成果，全面掌握矿产资源现状，科学评价未查明矿产资源潜力，建立真实准确的矿产资源数据，为实现找矿重大新突破提供资源勘查依据（参见 5.4 节）。中国地质大学开发的矿产资源评价系统（Geodas），以及中国地质科学院开发的矿产资源研究所开发的矿产资源评价系统（mineral resource assessment system，MRAS）为本次全国矿产资源潜力评价提供了技术支撑。

进入 20 世纪 90 年代后，地理信息系统在矿产勘查中的推广应用使数字矿产勘查逐渐成为现实。

地理信息系统（GIS）是在计算机软硬件技术支持下采集、存储、管理、检索和综合分析各种地理空间信息，以多种形式输出数据或图件产品的计算机系统。其外观表现是计算机软硬件系统，但是它的内涵却是由一些计算机程序和各种地学信息数据组织而成的现实空间信息模型。通过这些模型，可以从视觉、计量和逻辑上对现实空间从功能上进行模拟；通过计算机程序的运行和各类数据的变换还可以对各类信息变化进行仿真（朱光和季晓燕，1997）。在 GIS 操作下，各类地质图件不再是一张从内容到形式都不变化的图纸，而是一些可以随意抽取、增减、组合、复制、装饰、传输的计算机空间信息；地质人员可以按照自己的思维利用这些信息迅速编制成各种专题图件。

市场上现在有许多非常优秀的矿产勘查专用 GIS 软件，如加拿大的 Gemcom、Geosoft，澳大利亚的 Micromine，以及我国的 MapGIS 等。

GIS 技术及其应用作为通用技术被列入原地质矿产部、冶金部、煤炭部、中国石油天然气总公司等十个部门近百名专家共同编制的 20 世纪 90 年代发展地质勘查工作的关键技术；原国土资源部颁布的《矿产勘查跨世纪工程》和《第二轮填图计划》中都明确规定要利用 GIS 作为重要技术手段支持新一轮矿产资源评价和填图。中国地质调查局、中国地质大学、原中国地质矿产信息研究院等单位在把 GIS 技术推广应用于地学和资源勘查方面取得十分可喜的成就，并制定出了一系列的技术标准和管理办法。

GIS 是一个用于图件叠加、搜索重合异常及交互查询检验地质体或矿床特征的极佳的"电子透图台"。作为决策支撑的工具，GIS 的重要性已逐渐为我国地质勘查部门所认识，通过利用现有的所有数据库并借助于统计学和专家系统对数据进行综合，可以实现最佳化勘查决策。

GIS 在矿产勘查中的成功应用不仅来自于计算"黑箱"的应用，而且来自于建矿床模型的仔细建立（在此基础上建立勘查模型），指导数据库的选择及利用这些数据库提取用于矿产勘查的重要的空间证据。一方面统计学方法（如证据权法和逻辑回归方法）非常重要，因为它能够客观地计算出每个数据层和已知矿床之间的空间关系。另一方面，专家系统（如模糊逻辑或证据理论）不受已知矿床的束缚，而是利用勘查经验对每个数据层进行权的分配并建立试图模仿有经验的地质人员综合不同数据来源的思维过程的"推理网络"，采用不同的假设应用各种不同模型的结果生成一系列综合的"成矿有利性"图件，这些图件之间的差异度即为假设改变及参数改变结果的敏感性的度量。

毫无疑问，考察勘查数据之间空间关系最常用的 GIS 方法是利用其可视化技术在彩色屏幕上进行图像放大、扫视、询问以及应用增强、叠加点和线等功能，而勘查空间数据分析模块的加持进一步拓展了可视化技术的功能。此外，利用矿床类型的知识建立综合勘查方案（专家系统），以及利用 GIS 技术建立矿体空间模型，诸如此类，都需要 GIS 技术专家和地质人员共同努力，目的是为地质人员提供一个用户友好的 GIS 平台。

采用 GIS 工具圈定勘查靶区充分利用了大多数 GIS 的图层概念，即在一个独立的数据层（专题）内含有某个特殊类型的全部特征。例如，岩性界线储存在一个图层内而线性构造储存在另一个图层内。为了达到最大的灵活性，属性信息都以平面文件形式储存，并尽可能采用层次编码，从而使数据库的询问能力达到最大。举例说来，变质级可以用一个数字来表示，变质级越高，该数值越大，以这种方式，所有的变质岩都可以由一次询问选定。

将遥感、地球物理、地球化学和探矿工程等硬件技术与计算机信息处理的软件技术相结合，即基于 GIS 平台，应用先进的数据管理、建模和分析系统对勘查所获得的各种数据信息进行处理，使多样性的勘查技术数据常规性地转换成实用的地质信息和直观的三维图像表达，已成为当代矿产勘查的主要工作模式。同时，信息技术的进步也使遥感、地球物理、地球化学和探矿工程技术数据的采集和存储更快更高效，工作效率大大提高。数据信息处理技术已然成为矿产勘查技术中不可或缺的重要组成部分。

4. 发展趋势

现在，地质人员都已习惯于使用计算机，矿产资源勘查中所使用的数学方法的应用软件都已经比较成熟，具体的计算已经是一件容易的事。计算机技术的迅速发展提供了越来越好的手段，为了充分发挥计算机的潜能，应尽可能多地掌握一些常用的数学方法，进一步推动成矿分析的数字化、定量化、标准化。

几代地质学家通过艰苦的努力积累了大量宝贵的资料。这些资料的存储、加工、查询及分析处理、再利用，一直是地质学家渴望解决的重大课题。电子技术、计算机技术、航天航空技术及通信测量技术的发展，使得数据库、数据分析与处理、3S 技术成为资料处理的重要手段，地质资料不再是令人生畏的、孤立的数字与文字的堆积和表述，已成为相互关联的、可视的、对地质现象进行三维或多维显示及模拟的图形，尤其是 GIS 技术的发展，使其正在逐渐成为地质学家探索地下奥秘的利器。

传统上，大多数矿产勘查（矿业）公司的工作都是以纸质报告和计算机输出的纸质地球物理图或地球化学图为基础。随着计算机技术（包括硬件和软件）的迅猛发展，GIS 已成为许多勘查部门及矿业公司日常工作内容的一部分。在多数情况下 GIS 被用作基本的数据管理系统，而有些公司则利用 GIS 的特性，进行不同专业多源数据的综合，以更有效地确定下一个主要矿体可能赋存的靶区。不管 GIS 用于什么目的，将多学科的数字化数据综合在一起，需要特定的数据获取标准。而且，如果没有合理的管理和存储系统，数字数据可能很容易损坏或丢失。

由中国地质调查局承担的国家 863 计划"基于 SIG 的资源环境空间信息共享与应用服务"课题，正在打造地质空间信息的共享平台，一个基于空间信息栅格（spatial information grid，SIG）与大型 GIS 技术的中国地质空间信息网格已经初步形成。空间信息网格是一种汇集和共享地理上分布的海量空间信息资源，并对其进行一体化组织与协同处理，具有按需服务能力的空间信息基础设施。目前，已有多个省局依托本省地理信息大数据平台、综合应用遥感数据、地质大数据，以及云计算大数据、移动互联、智能化技术等新兴技术手段建设了面向地质业务管理和专业技术应用的地质大数据云服务中心及信息服务系统。实现了线上、线下相结合的数字地质资料服务、地质"一张图"服务、项目辅助管理、地质随身行 APP、用户统一身份认证等应用功能。

"智慧勘探"系统是由华东有色地勘局自主研发的覆盖从野外数据动态采集、地质数据管理、勘查设计、资源储量估算、数字矿山建设等矿产勘查和开采工作全流程的信息化与智能化平台。该系统以成矿理论为指导，综合应用 GIS、大型关系型数据库、智能移动设备等现代信息技术和定量统计分析、三维地质建模等先进地质信息方法。目前，该系统在地质数据远程回传、专家汇商指导、矿床模型库构建、地质统计学资源储量估算、资源量定量预测等方面均有重大突破。

如果说，因特网实现了硬件资源的连接，万维网实现了网页的连接，网格技术则实现了应用层面的互联互通，有效地消除了信息孤岛，使信息共享成为可能。空间定位技术、航空和航天遥感、GIS 和互联网、栅格计算等现代信息技术的发展及其相互渗透，逐渐形成了以空间信息为核心的集成化技术系统。这种信息共享与服务为矿产勘查展示了广阔的应用前景。

5.3.2　齐普夫定律和证据权法

目前可供成矿预测选择的数学方法很多。常用的统计方法有频率分布法、条件概率法、贝叶斯法、参数计算法、蒙特卡洛法，以及多元统计方法等；其他分析方法还包括信息量分析、数量化理论、逻辑信息法、特征分析、齐普夫定律、秩相关分析、模糊数学法、灰色系统理论、综合信息矿产预测理论等。这里只选择齐普夫定律作简要介绍。综合 GIS 的各种图层并编制成矿预测图的方法有多种，最常用的是证据权法、代数法和模糊逻辑法（Bonham-Carter，1997；Knox-Robinson and Wyborn，1997），本书只对齐普夫定律和证据权法作简要介绍。

1. 齐普夫定律

齐普夫定律是美国哈佛大学语言学教授齐普夫（Zipf）于 1949 年提出的一种概率分布模型。齐普夫在对英文单词出现频率进行的研究过程中，把出现频率最高的单词"the"的秩（range）设为 1，出现频率次高的单词"to"设为 2，诸如此类，按出现频率大小依次排列，建立起英文单词出现频率的系列，称为齐普夫系列。齐普夫系列存在一个有趣的规律：频率值（F）与秩（R）的乘积为一常数，即，$FR = K$。后来，人们发现这种规律广泛存在于自然科学和社会科学中，从而，这一规律又被总结为齐普夫定律，该定律指出：第一大的数值是第二大数值的两倍、第三大数值的三倍、第四大数值的四倍，诸如此类。其数学表达式为

$$F_1R_1 = F_2R_2 = F_3R_3 = \cdots = F_nR_n = K \tag{5.2}$$

式中，F_n 为研究对象取值；R_n 为秩，一般用自然数 1, 2, 3, ⋯, n 表示。因而，式（5.2）又可写为

$$F_1 = 2F_2 = 3F_3 = 4F_4 = \cdots = nF_n = K \tag{5.3}$$

这里所说的秩，就是把某个变量的若干个观测值按照从小到大（或从大到小）的顺序排列，其中每个值所在的位次即称为该观测值的秩。由式（5.2）可见，当秩 $R = 1$ 时，研究对象对应值等于常数 K，即：$F_1 = K$。显然，只要求得最大值 F_1 或 K 值，则其他各级的值将分别为 $K/2$, $K/3$, $K/4$, ⋯, K/n。

把齐普夫定律应用于矿床发现非常直接，即把已知矿床按大小投点在双对数坐标纸上排列，再将齐普夫的单位坡度线与已知数据拟合，然后查找未发现的矿床。Howarth 等（1980）对于未发现矿床的预测途径给出有趣的评述，包括齐普夫定律的使用条件。国内也有许多应用齐普夫定律进行成矿预测的实例（刘振义和祝增献，1994；任林子，1993；刘庆生等，1999；綦远江等，2002；董耀松和王伟东，2003），预测效果都比较好。下面举一个应用实例。

綦远江等（2002）采用齐普夫定律对夹皮沟金矿田的金矿资源量进行预测，根据矿田内已知矿床的储量，按其大小排列列于表 5.5 中。利用各已知矿床储量与最大已知矿床储量的比值 F_n/F_1，且乘自然数的积，建立起接近自然数的系列（表 5.6）。

表 5.5　夹皮沟金矿田部分矿床探明储量表

矿床名称	三道岔	板庙子	小北沟	三道沟	大金牛	大线沟
编号	F_1	F_2	F_3	F_4	F_5	F_6
储量/kg	40781	9050	6693	5850	4160	3870

引自綦远江等，2002

表 5.6　夹皮沟金矿田各系列值及其平均值和标准差

序次（n）	R_nF_2/F_1	R_nF_3/F_1	R_nF_4/F_1	R_nF_5/F_1	R_nF_6/F_1	平均值（x）	标准差（s）
1	1.1096（5）	0.9847（6）	1.0041（7）	1.0201（10）	1.0439（11）	1.0325	0.00432
2	1.9973（9）	1.9694（12）	2.0083（14）	2.0402（20）	1.9928（21）	2.0016	0.0231
3	3.1068（14）	2.9542（18）	3.0124（21）	2.9582（29）	3.0367（32）	3.0137	0.0562
4	3.9945（18）	3.9389（24）	4.0166（28）	3.9783（39）	3.9857（42）	3.9828	0.0254
5	5.1041（23）	4.9236（30）	5.0207（35）	4.9984（49）	5.0295（53）	5.0153	0.0580

引自綦远江等，2002。括号内的数值表示秩

由表 5.6 中可以看出，第 2 系列的平均值（x）最接近自然数 2，而且其标准差（s）也最小。因此确定三道岔矿床（F_1）的秩为 2，板庙子、小北沟、三道沟、大金牛及大线沟等矿床的秩为表中第二系列括号内数字（R_n），即分别为 9、12、14、20 及 21。由此可以判断，夹皮沟矿田目前缺失秩为 1、3、4、5、6⋯⋯矿床，意味着在该区还存在一个规模更大的矿床及一些具有一定规模的矿床尚待发现。利用式（5.2）还可计算出最大矿床的黄金储量为

$$K = (2F_1 + 9F_2 + 12F_3 + 14F_4 + 20F_5 + 21F_6)/6 = 81616kg$$

据此计算方法，还可计算出不同规模的矿床个数、资源量及其找矿潜力（刘庆生等，1999；綦远江等，2002）。

选择数学方法时，首先要考虑成矿分析工作的研究内容，其次要了解各种数学方法的特点及其所能解决的问题。例如，一些用于研究分类的数学方法，如聚类分析、判别分析、非线性映射等，可用于对岩体、异常等进行分类，也可用于对比成矿环境和圈定各级成矿远景区；在估计可能的成矿概率时，可选用事件概率的数学方法，如条件概率、贝叶斯准则、蒙特卡洛法和频率分布法等。需要强调的是，每种数学方法都有其应用条件，而且，对变量的分布、数据的类型、样品数及变量数等都有特殊的要求。只有正确地使用数学方法才能获得好的预测效果，否则，就有可能只是一种脱离实际情况的"数字游戏"。

2. 证据权法

证据权法是一种对支持某个假设的证据进行综合的定量方法，用于组合各种来源的空间数据，描述和分析数据之间的相互作用，建立预测模型，从而为决策者提供支持。这种方法最初是在临床医学研究对非空间数据的开发应用过程中发展起来的，在临床应用中，证据由一套病情症状组成，而过程的"假设"是"该病人具有疾病 x"。对于 x 的每一个症状，计算一对权值，其中一个作为该症状存在的赋值，另一个是该症状缺失的赋值；权值的大小取决于一大群病人中该症状与该疾病之间的相关性程度。然后，根据病症的存在或缺失，利用所计算出的权值估计新病人患上这种疾病的概率。20 世纪 80 年代末由加拿大地质调查所著名数学地质学家 Agterberg 和 Bonham-Carter（1990）引入这种方法进行成矿预测，随着计算机技术的发展，20 世纪 90 年代在美国和加拿大，证据权法作为一种采用 GIS 技术进行区域成矿预测重要方法得到广泛的应用（Bonham-Carter，1997）。采用证据权法进行成矿预测，证据是由一套勘查数据库（图层）组成，假设是"该部位有利于目标矿床类型的存在"，并根据已知矿点和用于预测的图层之间的度量关系估计权重，然后对用于计算权重的图中所有可能的部位重复进行评价、生成由多个图层的证据综合而成的成矿潜力图。

如果把研究区内每个可能与某个矿床类型的成矿有关的地质特征都以二元图（即存在和缺失）的形式表示，并假设已从数据库中选取已知矿床（点）建立了矿床子库，利用该矿床子库可获得已知矿产地位置的矿床（点）分布图。如果把这些二元图与矿床（点）分布图简单地融合在一起，那么可以迅速地构成一份成矿预测图。这种简单的综合结果对理解研究区总的远景是有一定的意义的，但是，这种方法不能确认一些与矿床空间关系更密切的地质特征，只能机会均等地考虑每一个因素，因而难以获得所预期效果的成矿预测图。

由 Agterberg（1988）、Agterberg 等（1990）和 Bonham-Carter（1988，1990，1994，1997）发展起来的证据权法克服了这一问题。证据权法的基本原理是把每一种成矿信息（转化成二元图）都看作成矿预测的一个证据因子，每个证据因子对成矿预测的贡献是由该因子的权来确定的。证据权模拟的目的就是要确定这些与已知矿床（点）相关的二元图的证据权。

图 5.5 阐明了两份二元图合成的概念（假设这些二元图与某个已知类型的矿床有关）。图 5.5（a）描述了 6 个矿床的位置、岩石类型和两条线性构造；图 5.5（b）表示该岩石类型的露头形态，其中有几个矿床可能与该岩类有关；图 5.5（c）说明这两条线性构造扩展成带状，在这些带状区内矿床存在的可能性大于该研究区的其他部位；图 5.5（d）指示位于岩石类型和带状构造域叠加部位可能具有矿床存在的最大概率。在图 5.5（b）～（d）中的矿床都是由一个小的单元面积表示。

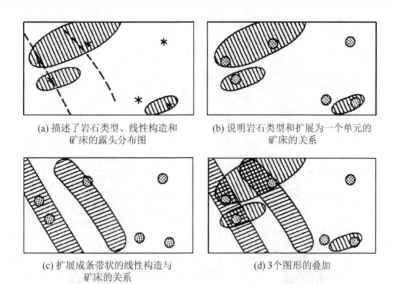

(a) 描述了岩石类型、线性构造和　　　　　(b) 说明岩石类型和扩展为一个单元的
　　　矿床的露头分布图　　　　　　　　　　　　　　矿床的关系

(c) 扩展成条带状的线性构造与　　　　　　(d) 3个图形的叠加
　　　矿床的关系

图 5.5　阐述两个与某一矿床类型有关的二元图形合成概念的仿真例子（Agterberg et al.，1990）

假设研究区总面积为 $t\,\mathrm{km}^2$，每个单元面积为 $u\,\mathrm{km}^2$，那么，$T = t/u$ 为研究区划分的单元总数；设 D 为含有一个矿床（点）的单元数，如果 u 足够小的话，则 D 等于已知矿床（点）数，于是，$P(D) = D/T$ 称为先验概率，即随机选择的某个含矿单元的概率。先验概率为非条件概率，而且在整个研究区范围内都是常数。把所求出的先验概率转化为先验有利度 $O(D)$。

对于第 j 个因素的二元图，bj 为该因素出露的面积，则 $Bj = bj/u$ 表示存在该因素的单元数。第 j 份二元图的证据权定义为

$$W_j^+ = \ln\frac{P(B_j \mid D)}{P(B_j \mid \overline{D})} \quad \text{和} \quad W_j^- = \ln\frac{P(\overline{B}_j \mid D)}{P(\overline{B}_j \mid \overline{D})} \tag{5.4}$$

若二元模型存在（即该因素分布的区域内存在含矿单元），则采用正的证据权 W_j^+；若不存在，则采用 W_j^- 式中的条件概率采用叠加面积确定（图 5.6），例如

$$P(B_j \mid D) = \frac{B_j \cap D}{D} \quad \text{和} \quad P(B_j \mid \overline{D}) = \frac{B_j \cap D}{\overline{D}} \tag{5.5}$$

m 个因素的二元图的任何重叠合成（唯一性条件），其后验有利度的对数值由式（5.6）给出。

$$\ln O(D \mid B_1^k \cap B_2^k \cap B_3^k \cdots \cap B_m^k) = \ln O(D) + \sum_{j=1}^m W_j^k \tag{5.6}$$

式中，k 为二元模型的存在或缺失，例如，$B_j^k = B_j$ 表示 j 模型存在；$B_j^k = \overline{B}_j$ 则表示 j 模型缺失。同理，有

$$W_j^k = \begin{cases} W_j^+, & \text{若} B_j^k = B_j \\ W_j^-, & \text{若} B_j^k = \overline{B}_j \\ \varPhi, & \text{若} B_j^k \text{为未知的情况} \end{cases} \tag{5.7}$$

于是，后验概率为

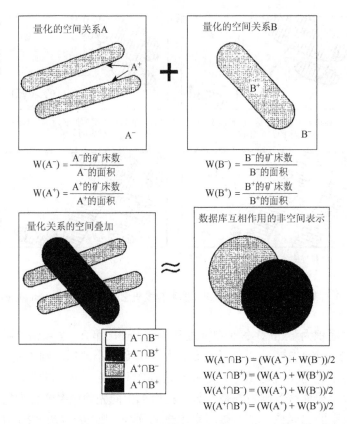

图 5.6　两个已证实和量化的空间关系合成为单张图的过程示意图（Knox-Robinson and Wyborn，1997）

$$P_{后} = \frac{O_{后}}{1 + O_{后}} \tag{5.8}$$

对于每一个唯一性条件都要进行后验概率的确定。

证据权法的预测结果是一份后验概率图，其值为 0～1，其数值越大，表明发现矿床的概率越大，圈出那些后验概率大于某一临界值的地区，即为成矿远景区。由于后验概率是在大量地质、地球物理、地球化学、遥感等图层叠加操作的基础上计算出来的，因此其结果综合反映了各种控矿因素和矿化信息对矿床的控制和指示作用。

$$O(D) = \frac{P(D)}{1 - P(D)} \tag{5.9}$$

据雷恩斯（1997）报道，最近在加拿大新发现的一个块状硫化物矿床就是使用证据权、模糊逻辑的 GIS 综合技术预测出来的。Turner（1997）对美国内华达北中部地区采用证据权 GIS 方法对以沉积岩为容矿岩石的金矿类型进行成矿预测，取得了令人信服的成果。

加拿大地质调查局在 Arcview 平台上开发了证据权法模块（WofE），这是一个免费使用的软件，可直接在加拿大地质调查局网站上下载。严冰等（2005）在四川宁南地区铅锌成矿预测中应用 WofE 软件圈定预测区取得比较好的效果。苏红旗等（1999）在 MapGIS 平台下实现了证据权法成矿预测。

中国地质大学开发的矿产资源评价系统（Geodas）及中国地质科学院矿产资源研究所开发的 MRAS 系统都具有证据权法功能模块。

证据权法是一种经验类比方法，其目的是要根据研究区内一定数量的已知矿床编制同类矿床的成矿预测图，所以要求这些已知矿床应该是属于同一成因类型的矿床。假定研究区内存在两种或多种矿床类型，由于每类矿床的控矿因素不同，如果分析中采用所有已知矿床，那么，就有可能编制出效果不佳的成矿预测图，这是因为可以用于某种矿床类型的矿化部位可能由于缺乏另一种矿床类型的控矿因素而不能被系统识别。如果能确切地证实研究区内存在两类或多类矿床，那么，研究区内所有已知矿床都应进行正确的归类，然后分别编制每类矿床的成矿预测图。

证据权方法要求二元图与矿床（点）分布图是条件独立的，如果这一条件不能满足，最终的成矿预测图将可能低估或者高估研究区内期望存在的矿床数（Bonham-Carter，1994）；证据权法的第二个限制是它的概率性，在远景计算中不能把矿床规模考虑进来。

5.4　全国矿产资源评价项目采用的方法体系简介

2006～2010 年，国土资源部实施了全国矿产资源潜力评价项目。该项目定位为我国矿产资源方面的一次重要的国情调查，其目的是通过系统总结地质调查和矿产勘查工作成果，全面掌握矿产资源现状，科学评价未查明矿产资源潜力，建立真实准确的矿产资源数据库，满足矿产资源规划、管理、保护和合理利用的需要。项目的总体技术思路为：以成矿理论为指导，加强区域成矿规律研究，加强与成矿有关的基础地质研究工作，最大限度地深入分析地质构造的成矿信息，以Ⅲ级成矿区（带）为单位，深入全面总结主要矿产的成矿类型，研究以成矿系列为核心内容的区域成矿规律；全面利用物探、化探、自然重砂、遥感所显示的地质找矿信息；运用体现地质成矿规律内涵的预测技术，全面全过程应用 GIS 技术，在定性和Ⅳ、Ⅴ级成矿区内圈定预测区的基础上，实现分省、全国资源潜力预测评价。该项目的方法体系主要包括以下几个方面。

1. 确定矿产预测方法类型

全国矿产资源潜力评价项目采用现代综合信息理论，全方位全过程应用 GIS 技术，矿产资源潜力评价分矿种、按矿产预测类型开展工作。凡是由同一地质作用下形成的，成矿要素和预测要求基本一致，可以在同一张预测底图上完成预测工作的矿床、矿点和矿化线索，均可以归为同一矿产预测类型。全国项目办专家组总结出六种矿产预测方法类型。在预测工作中，不同的矿产预测类型应选择不同的预测方法类型。

（1）沉积型矿产预测方法类型：受严格的地层层位岩相控制，预测底图选择岩相古地理图\沉积建造古构造图，包括通常预测模型中的外生沉积型矿产，SEDEX 型、砂岩型铅锌矿、铜矿、铀矿等内生热卤水成因矿产及部分海相火山岩型无法区分火山机构的矿产。进一步可划分为沉积岩型、沉积内生型和第四纪沉积型。

（2）侵入岩体型矿产预测方法类型：由成矿侵入体时空定位的矿产，岩浆岩构造作为预测评价的必要条件，岩体直接控制矿床的分布，底图选择侵入岩浆岩构造图，包括岩浆型、斑岩型、夕卡岩型、高温热液型、伟晶岩型等矿产。根据预测重要因素和资源预测潜力估算方法，进一步可划分为岩浆型和侵入岩体接触带型。

（3）火山岩型矿产：由成矿火山作用时空定位的矿产，底图选择火山岩性岩相构造图，包括陆相火山岩型和部分海相火山岩型。

（4）变质型矿产预测方法类型：由成矿变质作用时空定位的矿产，底图选择变质建造构造图，包括变质型铁矿、变质型铜矿和部分绿岩带金矿。

（5）复合内生型矿产预测方法类型：由地质建造、变形构造、侵入岩浆作用综合因素时空定位的矿产，底图选择构造建造图。代表性预测地质模型有胶东金矿、小秦岭金矿等。

（6）层控内生型矿产预测方法类型：由特定地层建造时空定位的矿产，底图选择沉积建造构造图，在构造沉积建造图上圈定预测区。

2. 典型矿床研究

选择区内或邻区具有代表性的典型矿床，在全面搜集和综合分析已有各类资料的基础上，通过开展必要的专题调查、样品采集及测试分析等工作，深入研究典型矿床成矿特征，建立典型矿床成矿模式和找矿预测模型，为开展矿产地质专项填图、矿产检查和潜力评价等各项工作奠定基础。典型矿床应具备以下条件：

（1）在成矿地质背景、成矿地质作用、矿化蚀变特征及找矿标志等方面具有相对广泛的代表意义，成矿要素和找矿预测要素能够与调查区进行类比分析；

（2）矿产勘查程度较高，矿床地质特征研究比较全面，资源储量应达到中型及以上规模；

（3）科学研究程度较高，在矿床成因、成矿时代、成矿作用、找矿标志等方面具有一定认识；

（4）可选择 1 个或多个典型矿床进行调查研究，调查区内无合适典型矿床的，可在邻区选择成矿地质背景相似的矿床作为典型矿床。

典型矿床的工作内容及要求如下：

（1）搜集分析典型矿床勘查、开发及专题研究资料，确定矿床类型，了解矿床基本地质特征（包括矿产种类、资源储量规模、矿体地质特征、矿化蚀变特征、成矿物质来源及成矿物理化学条件等），分析典型矿床调查研究中存在的问题，制定调查工作方案；

（2）开展已有探矿工程和生产坑道调查编录、路线地质调查、物化探精测剖面测量，以及成矿年龄、岩石地球化学、微量元素、包裹体、同位素等采样测试分析工作，详细查明与成矿有关的各类地质要素，确定成矿地质体，研究成矿构造和成矿结构面类型及其特征，查明成矿作用特征标志等；

（3）分析研究成矿地质体，以及其他与成矿有关的地质要素特征、成矿/控矿构造及其类型和特征、矿体特征（形态、规模、产状、分布规律）、矿石特征［自然类型、矿物组成及矿物组合、结构与构造，成矿期、成矿阶段，矿石品位及变化特征、共（伴）生组分及含量］、围岩蚀变特征（蚀变类型、强度、分布及分带性）等，建立典型矿床成矿模型，展示成矿地质体、成矿构造和成矿结构面与成矿作用特征标志之间的关系，对所有成矿要素进行筛选、分类和排序；

（4）全面搜集典型矿床各种比例尺地质、物探、化探、遥感等资料，通过综合分析并筛选、分类和排序，建立典型矿床找矿预测模型。

3. 信息提取

矿产预测评价涉及地质、地球物理、地球化学及遥感等多学科信息。不同矿产预测类型，其预测要素的组合是不一样的。为了确定某类矿床最佳的预测要素组合，需要通过大量的典型矿床的对比研究。

预测要素是指具有预测意义的控矿要素和控矿标志。预测要素在 GIS 中表征为地质空间对象图层或图层的属性，在定量统计预测中称为变量。根据预测要素与矿化的关系分为必要预测要素、重要预测要素及次要预测要素。

某类矿床的必要预测要素是指该类型矿床存在的必要条件，也就是说，如果研究区内缺乏该要素，就不能找到该类型的矿床。重要预测要素是指对预测区优选及资源量估算起重要作用的要素。次要预测要素是指对圈定目标矿床类型预测区可有可无的预测要素。

信息提取的具体操作是通过数据模型实现的，在矿产预测数据模型中，详细定义了各专业学科原始数据、信息提取和解译成果的数据格式。信息提取的主要内容是对成矿要素图和预测要素图进行复核、确认和修改，通过定性的研究对比和分析，从中提取真正和矿产预测有关的要素，剔除和矿产预测关系不大的要素，对反映同一信息的多种表达进行有效的归并，避免重复，从而最终为建立区域预测模型奠定基础。

4. 建立区域成矿模型

在 GIS 环境下开展成矿预测的基本途径是信息提取和综合。根据具体预测目标研究典型矿床预测要素与区域预测要素的关系，对各种预测变量进行反复筛选和优化组合，从而形成最优的预测要素组合，这一过程即为建立预测模型过程，可通过框图的形式和逻辑语言来表达建模过程，这些工作可由 GIS 自动实现。

5. 圈定预测区

（1）划分预测单元。主要采用两种划分方法：①规则网格单元法，即是在研究区底图上按照一定的规格（一般是 1cm×1cm）划分成规则网格；②不规则地质体单元法，即是采用恰当的预测要素图层组合构成，以各要素图层的边界作为单元的自然边界。

（2）预测变量的构置和优化。为了研究各变量相对矿化的重要性而需要对变量进行定量排序，为探讨各变量之间的相关性需对变量进行分类。在对预测变量进行分类组合的基础上进一步进行筛选和优化组合，从而达到预测变量结构的最优化。

（3）单元成矿有利度的计算。如果研究区内有足够多的已知矿床用于建立数学模型，例如，只有少量单元中有矿产信息，则可采用数据驱动为主的方法，如证据权法、逻辑回归方法、人工神经网络法及特征分析法等。如果研究区内缺乏足够多的已知矿床用于建立数学模型，例如，有相当多的单元中有矿产信息，则可采用知识驱动为主的方法，如模糊逻辑法、模糊证据权法及多指标决策方法等。

有利度主要以四种形式输出，即有利度指数、后验概率、模糊度及适合度。

（4）预测区的圈定。计算单元成矿有利度的主要目的是圈定预测区，这里的预测区是指一组具有相同成矿意义单元的组合。实际上就是在计算出各单元的成矿有利度后确定预测单元的阈值（临界值），成矿有利度大于阈值的单元即为预测区。所圈定的预测区应该是最小预测区（即使发现矿床的可能性最大、漏掉矿床的可能性最小）。

（5）预测资源量估算。预测资源量估算方法包括体积法、地球物理模型法、地球化学块体估值法、矿床地质经济模型法及矿床模型综合地质信息定量预测法。

该项目采用的矿产资源评价系统主要是 Geodas 和 MRAS。

本 章 小 结

　　勘查目标包括目标矿种、目标矿床及靶区。目标矿种的确定是基于对矿产品市场的分析和预测，优先考虑国家急需的关键性矿产和战略性矿产；目标矿床应该是高质量矿床；勘查靶区的圈定则是建立在研究区内控矿因素最佳组合部位的基础之上。

　　圈定成矿远景区（即指明勘查有利地段）并对远景区内的资源潜力进行评价（即说明其矿化规模）是成矿预测的主要任务。成矿预测的方法多种多样，构成了一个方法学体系，本章简略地介绍了两类方法。

　　（1）"三部式"矿产资源评价方法，由三部分工作内容组成：①利用描述性矿床模型圈定成矿远景区；②借助于品位-吨位模型预测矿床的规模和质量；③采用主观方法推断远景区内未发现矿床的个数。

　　（2）矿床统计预测方法，在介绍了这一方法体系的发展历程的基础上，本章选择了简便易行的齐普夫定律和能够利用 GIS 模拟技术来实现的证据权法进行简要介绍。原国土资源部实施的全国矿产资源评价项目在 GIS 平台上搭建起了矿产统计预测综合方法学体系。

讨 论 题

　　（1）列举一个高质量矿床，简要阐述其成矿地质环境和矿床地质特征、发现和勘查历史及经济贡献。

　　（2）如何圈定勘查靶区？

　　（3）如何优选勘查靶区？

本章进一步参考读物

毕孔彰, 王恒礼, 程新, 等. 2016. 就矿找矿理论与实践. 北京: 地质出版社

陈毓川. 1999. 当代矿产资源勘查评价的理论和方法. 北京: 地震出版社

陈毓川. 1999. 中国主要成矿区带矿产资源远景评价. 北京: 地质出版社

池三川. 1988. 隐伏矿床（体）的寻找. 武汉: 中国地质大学出版社

范永香, 阳正熙. 2003. 成矿规律与成矿预测学. 徐州: 中国矿业大学出版社

胡惠民, 等. 1995. 大比例尺成矿预测方法. 北京: 地质出版社

肖克炎, 张晓华, 王四龙, 等. 2000. 成矿预测通则方法之四 矿产资源 GIS 评价系统. 北京: 地质出版社

叶天竺. 2004. 固体矿产预测评价方法技术. 北京: 中国大地出版社

赵鹏大, 胡旺亮, 李紫金. 1994. 矿床统计预测. 2 版. 北京: 地质出版社

中国地质调查局地质调查技术标准,《固体矿产地质调查技术要求(1∶50000)》(DD 2019—02)

朱训, 孟宪来, 程新. 2016. 就矿找矿论文集. 北京: 地质出版社

朱训, 王妍, 李金发, 等. 2016. 就矿找矿 100 例. 北京: 地质出版社

朱训. 2016. 就矿找矿论. 北京: 地质出版社

朱裕生, 肖克炎, 丁鹏飞, 等. 1997. 成矿预测通则方法之二 成矿预测方法. 北京: 地质出版社

Hronsky J M A, Groves D I. 2008. Science of targeting: definition, strategies, targeting and performance measurement. Australian Journal of Earth Sciences, 55(1): 3-12

Singer D A. 2010. Progress in integrated quantitative mineral resource assessments. Ore Geology Reviews, 38(3): 242-250

第6章 矿产勘查项目

6.1 矿产勘查工作的主要内容

矿产勘查最终的目的是为矿山建设设计提供矿产资源储量和开采技术条件等必需的地质资料，以减少开发风险和获得最大的经济效益。

根据中华人民共和国国家标准《固体矿产地质勘查规范总则》（GB/T 13908—2020）的规定，矿产勘查内容包括勘查区地质、矿体地质、开采技术条件、矿石加工技术性能和综合评价等。

6.1.1 勘查区成矿地质条件研究内容

对勘查区地质研究内容包括搜集、研究与成矿有关的地层、构造、岩浆岩、变质岩、围岩蚀变等区域地质和矿区地质资料。

（1）地层：研究勘查区地层的岩性特征（矿物组成、结构构造、岩石类型等）、厚度、产状和分布情况，划分地层层序、岩性组合、岩相分带、标志层，研究岩石、岩相的物质组成和物理化学性质与成矿的关系、含矿层位。对沉积矿产还应研究沉积环境与成矿的关系。

（2）构造：研究勘查区大地构造特征；主要构造的规模、形态、产状、性质、空间分布范围、发育的先后次序及小构造的发育程度；构造与成矿的关系。

（3）岩浆岩：对与岩浆侵入活动有关的矿床，研究岩体的规模、形态、产状、岩性特征、岩相、岩石地球化学特征、侵位方式、侵入期次、侵入时代、岩体与围岩的接触关系等；对于与火山活动有关的矿床，研究与成矿有关火山岩的岩性特征、岩相、岩石地球化学特征、与火山活动有关的构造特征、火山机构类型、喷发方式、喷发旋回、喷发韵律、喷发时代。研究岩浆岩与成矿的关系。

（4）变质岩：研究变质岩的岩性特征、变质矿物组合、变质相及相带分布特点；变质作用的性质、强度、影响因素及变质作用对矿床形成或改造的影响。

（5）围岩蚀变：应了解或研究矿床的围岩蚀变种类、规模、强度、矿物组成、分带性及其与成矿的关系。

砂矿床还包括第四纪地质及地貌特征。

6.1.2 矿体地质研究内容

1. 矿体特征

（1）研究构造、岩浆岩等对矿体的控制、破坏和影响情况。

（2）研究矿体的数量、规模、形态和内部结构、产状、空间位置、厚度及其变化情况、主要有用组分的含量及其变化情况、对比标志、矿体的连续性、勘查区内矿体的总体分布范围等。

（3）研究无矿地段及夹石的种类、规模、岩性、厚度及其分布情况，顶底板岩性及其分布情况。

（4）研究矿床氧化带、混合带、原生带（简称"三带"）的发育程度、范围、矿物组合、分布规律；矿床的次生富集现象和富集规律等。

2. 矿石特征

矿石特征包括矿石物质组成和矿石质量特征。

（1）矿石物质组成：包括矿物组成及主要矿物含量、结构、构造、共生关系、嵌布粒度及其变化和分布特征；应划分矿石自然类型、矿石的蚀变和泥化特征，并研究各类型的性质、分布、所占比例及对加工、选冶性能试验的影响。

（2）矿石质量特征：包括矿石的化学成分、有用组分、有益和有害组分含量、可回收组分含量、赋存状态、变化及分布特征；依据矿石的工艺性质及当前生产技术条件，划分矿石工业类型和品级、不同矿石类型的变化规律和所占比例。非金属矿产及固体燃料矿产，可根据用途要求选择测定项目，用以确定该矿产的类型和品级。

3. 开采技术条件研究

（1）水文地质条件研究：调查矿区地下水的补给、径流、排泄条件，确定其汇水边界；查明含（隔）水层的分布、含水性质、构造破坏与含水层间的水力联系情况，主要构造破碎带、岩溶发育带与风化带的分布及其导水性，主要充水含水层的含水性及储水性、与矿体（层）的相对位置、连通其他含水层及地表水体和老窿水的情况；地下水的水头高度、水力坡度、径流场特征与动态变化；地表水体的分布、水文特征、连通主要充水含水层的可能途径及其对矿床开采的影响；确定矿床主要充水因素、充水方式和途径，建立水文地质模型，结合矿床可能的开采方案，估算矿坑开拓水平的正常和最大涌水量及矿区总涌水量。调查矿区及其相邻地区的供水水源条件，结合矿山排水对矿山供水问题及排供结合的可能性进行综合评价，指出矿山供水水源方向；对缺水地区，应对矿坑涌水的利用价值进行评价。

（2）工程地质条件研究：研究矿床开采区矿体及围岩的物理力学性质、岩体结构及其结构面发育程度和组合关系，评价岩体质量；调查影响矿床开采的不良工程地质岩组（风化层、软弱层、构造破碎带）的性质、产状与分布特征，结合矿山工程需要，对露天采矿场边坡的稳定性或井巷围岩的稳固性作出初步评价，指出可能发生工程地质问题的地质体或不良地段。

（3）环境地质条件研究：研究区域稳定性，矿区内历次地震活动强度及所在地区的地震烈度；老窿的分布范围及充填情况，在可能的情况下，圈定老窿（采空区）界限；查明矿区内崩塌、滑坡、泥石流、山洪、地热等自然地质作用的分布、活动性及其对矿床开采的影响；调查矿区存在的有毒（砷、汞等）有害（热、瓦斯、游离二氧化硅等）及放射性物质的背景值；对矿床开采可能造成的危害作出评价。

预测矿床疏干排水范围，对影响区内的生产、居民生活可能造成的影响和对生态环境、风景名胜区可能构成的危害作出评价，提出防治意见。

结合采矿工程，对矿床开采可能引起的地面变形破坏（地面沉降、开裂、塌陷、泥石流等）范围、采选矿废水排放对附近水体的污染进行预测和评价，对采矿废石的堆放、处置及利用提出建议。

适于水溶、热熔、酸浸、碱浸、气化开采的矿床及多年冻土矿床，应针对其勘查的特殊性要求开展工作。具体要求可参见相应矿产的勘查规范。

4. 矿石加工选冶技术性能试验

根据试验的目的、要求、程度、其成果在生产实践中的可靠性，矿石加工选冶试验可分为可选（冶）性试验、实验室流程试验、实验室扩大连续试验、半工业试验、工业试验 5 类。试验工作应根据勘查阶段，由浅入深循序渐进。具体要求按有关规范执行。

非金属矿的物化性能测试研究根据研究程度划分为初步测试研究、基本测试研究和详细测试研究三类。矿石加工选冶技术性能研究，通常包括矿石的工艺矿物学研究、金属矿和部分非金属矿矿石加工选冶试验研究、部分非金属矿的物化性能测试研究、矿石加工选冶产品和尾矿性能研究等。

（1）矿石的工艺矿物学研究。主要研究矿石的矿物成分、化学成分、结构构造、矿石矿物的工艺粒度和嵌布特征、矿石的物理化学性质；有用有益有害组分的含量、赋存状态、配分比例、在加工选冶过程中的分布规律；矿石的氧化程度等。

（2）金属矿石和部分非金属矿石加工选冶试验研究。主要研究矿石的可选性、主要有用组分的可利用性、伴生有用组分综合回收及有害组分去除的可能性，矿石加工选冶工艺流程和工艺条件、试验指标。

（3）部分非金属矿物的物化性能测试研究。对一些非金属矿物或矿石进行物化性能测试，研究与矿产品工艺技术性能密切相关的矿物或矿石的物理性质、化学性质。

（4）矿石加工选冶产品和尾矿性能研究。研究精矿、冶炼产品的质量；尾矿的矿物成分、品位、粒度组成及其利用途径或应用趋向，以及沉降特性及指标、毒性浸出情况，尾矿水的净化及处理措施。

5. 综合评价

在勘查主矿产的同时，对于达到一般工业指标要求又具有一定规模的共生矿产或伴生的其他矿产，应进行综合评价。对同体共生矿，应综合考虑，整体勘查，运用综合指标圈定矿体；对异体共生矿，应利用勘查主矿产的工程进行控制，其控制程度视具体情况确定。

6. 放射性检查

一般矿产应做放射性检查，对于放射性矿产，在各勘查阶段均应按规范要求开展放射性测量工作。

6.2 关于矿产勘查

6.2.1 矿产勘查战略

"战略"一词源自军事，包括战略指导思想和战略目标、总体战略及其子战略、战略部署及阶段战略对策及措施等。把"战略"转用于矿产勘查，是指勘查的总体谋略和全局筹划。

矿产勘查战略（mineral exploration strategy）是涉及矿产勘查工作一系列重大关键问题的解决方案、工作部署和预期经济目标。具体地说，由哪些人员、在何时何地、勘查什么目标矿床及如何进行勘查等都涉及矿产勘查战略问题。矿产勘查战略的正确决策关系着勘查项目的成败。国内外很多矿床被发现的实例表明，成功的矿产勘查活动常常包含着革新和创造，常常是根据矿产地质上的新认识，勘查技术手段的进步而做出带有新思路的战略决策；有些情况下，根据对旧资料的再分析或矿产资源形势、技术发展的正确认识，也可作出成功的勘查战略决策。由此可见，矿产勘查战略可以理解为利用勘查部门的现有技术和资源，在最有利的条件下实现其基本勘查目标的科学和艺术。

勘查战略的目的是要查明经济上具有开采价值的矿床，勘查战略需要通过勘查项目作为载体才能实现。例如，从战略的角度考虑，假设某地质队用 10 年的时间评价 100 个成矿远景区，在勘查和可行性研究上需要花费 5000 万元。经过这 10 年的勘查，查明了 10 个具有探明资源量的矿床，但其中只有一个矿床符合开采条件。为了能够长期生存发展，这个单一的项目必须产生足够的利润，不仅要偿还自己的勘查投资，还要产生足够的盈余利润。如果该项目的矿山建设费用为 1 亿元，加上生产成本，则该项目必须产生 5 亿元的未来利润，以使包括先前勘查在内的 1.5 亿元总投资产生 15%的税前总回报率。这个例子说明，为了实现这一战略，该地质队必须具备长期持续的资金保障，或者可以采取与其他投资公司联合经营的方式来分散勘查和开发的风险。

战略理念对勘查队伍的发展具有深远的影响，只有不失时机地积极实施人才战略、体制改革战略、高质量矿床勘查战略、高新技术战略及质量战略才能够增强在复杂多变的市场经济中搏击的能力。

6.2.2　整装勘查战略与整合勘查战略

整装勘查和整合勘查都是应对新形势发展提出来的地质勘查新思路。两者有相似、相通之处，同时也存在很大差异，目前仍在探索阶段。《国土资源部关于构建地质找矿新机制的若干意见》（国土资发〔2010〕59 号）明确提出了要推进实施矿产资源的整装勘查。

1. 整装勘查

整装勘查是指在资源前景明朗的地区，地勘单位和矿业企业联合，找矿着眼开矿，开矿引导找矿，打破传统的评价阶段划分模式，以矿产开发利用为最终目的，将预查、普查、详查、勘探、开发一条龙设计，物、化、电、磁、钻等多工种、多方法整合施工，加快勘查开发速度。

泥河铁矿勘查项目被业界誉为整装勘查的典范。地处长江中下游成矿带的庐江—枞阳地区，属于长江中下游成矿带的庐枞火山岩盆地，蕴藏着丰富的铁矿资源，在总结长期找矿经验的基础上，近年来，专家们对其外围地区和整个庐枞火山岩盆地的地质成矿背景与成矿规律进行了深入研究，对找矿潜力（特别是广泛分布的物探异常成因）作了全面解剖，认为庐枞盆地找矿前景广阔，萌发了深部钻探，向第二空间要矿的大胆设想。

2006 年 10 月，安徽省地质调查院《庐江盛桥—枞阳横埠铁铜矿勘查》项目在国家地质大调查项目中成功立项，中国地质调查局首批项目资金到位，安徽地质调查院调集各路精英组建项目组立即开展工作。

2007 年 5 月，泥河铁矿设计 500m 的第一孔钻进至 600m 时仍未见矿，由于不能解释磁异常产生的原因，于是采用井中物探，发现有磁性体，专家决定打下去，终于在 675m 处见矿。这个钻孔穿过 250m 的矿体，终孔于 1096m。泥河深部终于找到了罗河式玢岩型铁矿，实现了长江中下游地区 20 年来找矿重大突破。2007 年 7 月，安徽省地质矿产勘查局以泥河铁矿探矿权入股、中国五矿集团有限公司以资金投入，双方合作组建安徽五鑫矿业开发有限公司。

2007 年 11 月，中国地质调查局、安徽省国土资源厅、安徽省地质矿产勘查局、中国五矿集团有限公司在北京签署《共同推进安徽省庐枞地区矿产勘查合作协议》，明确合作四方以泥河铁矿为突破口，统一部署庐枞地区勘查工作，通过四方联动，整装勘查，尽快实现找矿重大突破。公益性、商业性地质工作相互衔接，理论探索、实践总结相互促进，普查、详查、勘探、开发一条龙设计，一场大会战就此打响。通过集中优势资源，该项目仅用 3 年多时间成功的探明了 1.2 亿 t 磁铁矿、3000 多万 t 硫铁矿及一个 500 万 t 中型石膏矿，创造了"泥河速度"。因为泥河铁矿高效的探矿速度和新模式的改革，实现了长江中下游地区 20 年来找矿重大突破，所以被评为 2007 年地质调查十大进展和 2008 年十大地质找矿成果，庐枞地区也被列为全国找矿示范区。

"泥河铁矿勘查"概括了整装勘查战略的内涵：政府指导、四方联动、公商结合、整装勘查、探采一体、企业运作。即以局为单位，整合人才、技术、资金、装备各类资源，物、化、遥、电、磁、钻，多工种、多方法一齐上，按市场机制运作。这实际上是市场经济条件下的矿产勘查大会战的另一种形式。但整装勘查不可一哄而上，一蹴而就，必须建立在对该区成矿模型有充分的了解、对矿产赋存有一定的把握、对成矿区带有充分的认识的基础之上。否则，整装勘查只能是一句空话。同时，在不能充分了解勘查风险的情况下，政府、企业是不会轻易投资的，人才、技术、资金不可能有效统一，整装勘查实际上也只能是纸上谈兵，流于行式，当然也谈不上成果。

"泥河"的主要经验有：安徽省国土资源部门积极营造良好的矿政管理环境，体现了政府部门的服务、管理作用。公益性地质工作发挥先行性、基础性优势，为大企业商业勘查降低投资风险。安徽省地质矿产勘查局主动参与，出人、出技术、出设备。中国五矿集团有限公司充分发挥企业资金和管理优势，敢于打破固有工作模式，大大加快了勘查、开发进度。

自 2012 年国土资源部启动了找矿突破战略行动并颁发《国土资源部关于加快推进整装勘查实现找矿重大突破的通知》以来，全国先后设置了 141 个整装勘查区，分布在 26 个重点成矿区带。截至 2019 年，全国整装勘查区内共投入经费 474.2 亿元，钻探工作量 2370 万 m，新发现大中型矿产地 383 处，大宗紧缺和战略性矿产新增一批资源储量，新发现西藏多龙铜矿、新疆火烧云铅锌矿、贵州松桃高地锰矿、江西大湖塘钨矿、安徽沙坪沟钼矿、内蒙古双尖子山银矿、四川甲基卡锂矿、新疆黄羊山石墨矿等世界级矿床，在新区域、新矿种、新类型等找矿方面不断取得新进展，为找矿突破战略行动重要矿种目标任务完成奠定了基础（于晓飞等，2020）。

2. 整合勘查

20 世纪 80 年代后期，《中华人民共和国矿产资源法》的颁布实施，促进了我国地质市场的改革开放，加速了探矿权和采矿权流转，为地质事业的蓬勃发展奠定了良好的基础。由于多元化的投入，现行矿业权设置范围相对较小，在同一矿田或成矿区星星点点分布数十个地勘项目，甚至一个完整的矿体，也被人为地分割成多个探矿权由不同法人参与地质勘查，形成了遍地是小矿床，大矿床"大矿小勘"的尴尬局面，从而提出了"整合勘查"。

整合勘查是指根据矿床的形成规律，对位于同一成矿区带、同一成矿体系或出于一个矿集区、一定范围物化探异常区内的矿业权区，进行统一工作部署、统一组织实施的勘查形式，同时也是对人员、技术、资金、设备等资源要素的优化整合。

河南嵩县多金属矿产勘查项目被誉为是整合勘查的典范。该勘查区位于小秦岭山脉东段，为东秦岭构造成矿带的主要组成部分，属于豫西小秦岭—熊耳山—外方山多金属成矿带中心地区，地质构造跨中朝和扬子两个一级构造单元，处于华北地台南缘，秦岭褶皱带东端，构造作用叠加，地质构造复杂，地层出露齐全，岩浆活动频繁，具有良好的地层、构造、岩浆岩三位一体的成矿地质条件。已有资料显示，这里蕴藏着金、钼、萤石、铁、银和铅锌等矿产资源，找矿前景广阔。

在该矿集区内，河南地矿局下属地勘单位有 8 个矿权，但由于勘查投入不足，工作进展缓慢。为了尽快实现矿产勘查突破，河南地质矿产勘查开发局果断决策，采取建立股份公司的方式，让这些地勘单位把矿权评估后入股，实现风险共担，利益共享。探矿权的整合引导资金、人员、技术等资源的整合，从而使小矿权变为大矿权，使小工作区形成大工作区，使小成果集成为大成果，而且由于统一规划、统一部署、统一组织、统一施工、统一研究，效率显著提高，节约成本。这种方式不仅能够降低勘查风险，而且由此形成的大项目，有利于引进企业的投入。

2008 年 11 月，由河南地质矿产勘查开发局 15 个地勘单位共同出资的河南豫矿资源开发有限公司成立，注册资金 1 亿元。与此同时，中国五矿集团有限公司以投资方式入股该项目，与豫矿资源公司合作成立河南五鑫矿业有限公司。2009 年 1 月，该项目的整合勘查完成整体部署。按照设计，项目概算总经费 1.86 亿元，其中，一期工程安排投入资金 6000 万元；项目总体设计钻探 75120m，坑探 6850m，槽探 11000m³。一时间，数百名地质勘查和矿山建设专家云集嵩县，在方圆约 70km² 的 8 个勘查区内，近 30 台钻机同时施工，多年不见的地质找矿大会战在这里热火朝天地重现。仅花了 2 年即全面完成普查、详查工作，这种勘查效率无疑是强强联合的结果。

2009~2013 年，该项目共施工钻孔 168 个，完成钻探工作量 82100m。现已查明在大坪村槐树坪矿区金矿床规模达到大型，向南 5km 处东湾矿区金矿床达到中型规模，两个矿区可提交黄金资源储量近 40t，未来将成为河南省最大的黄金矿山。

嵩县的主要经验在于：河南省地质矿产勘查开发局通过内部调整，协调相关利益，将处于一个成矿带上的 8 个探矿权整合到一个勘查平台，勘查区面积达 67km²，逐步形成了 50t 以上的金资源潜力的勘查开发基地；实现了统一勘查规划、统一项目设计、统一技术标准、统一组织实施、统一提交成果。从而使小矿权变成大矿权，小项目变成大项目，小工区集成为大工区，小成果集成为大成果，体现了整合勘查新机制的活力。

3. 整装勘查与整合勘查的区别

整装勘查针对的是勘查周期过长的问题，目的是减少各阶段的重复性工作，即在地质勘查项目实施起就将基础地质调查、普查、详查、勘探乃至开发阶段一次性立项、设计通过，各阶段无缝对接，地勘单位无须重复编写多个立项书、设计书、成果报告，减少各阶段重复的审批程序，尤其是等待审批拖延的时间。

整合勘查主要针对的是在大型矿床勘查区内采用小规模勘查的问题，目的是改变重点成矿区或大型矿床所在区域项目过多，矿体人为分割的大矿小勘的混乱勘查秩序，实现一个矿集区（尤其是大型矿床区域）只设一个勘查项目部，统一勘查，实现大矿大勘，使资源开发利用规模化和集约化。

作为矿产勘查部门正在探索的一种新的机制，整装勘查和整合勘查战略有望成为我国现阶段力争实现矿产勘查重大突破、发现和评价一批具有重大影响的大型或特大型矿产地的有效形式，以及一种资源综合勘查开发利用的有效途径。

6.2.3　隐伏区勘查战略

Mackenzie（1989）提出了在加拿大找寻块状硫化物矿床的勘查战略部署，这种海底喷发火山沉积类型矿床一般为成矿后的厚层沉积岩所覆盖，适合采用地球物理方法圈定异常。Mackenzie 的战略部署是：第一阶段采用地质理论在地质环境最有利的成矿区带优选出面积约为 $500km^2$ 的远景区开始进行草根勘查（grassroot exploration），相当于我国的预查，根据多年经验，它的成功概率只有 0.054，故必须筛选 20 个远景区进行工作，才能有把握地找到一个有经济价值的块状硫化物矿床。实际覆盖的面积为 $10000km^2$，换句话说，由于预测的不确定性，至少须覆盖 $10000km^2$ 才能找到一个有经济价值的矿床，在此范围内进行第二阶段的超低密度（采样密度大约为一个样/$800km^2$）地气中纳米级金属（nanoscale metals in earth gases，NAMEG）活动态测量法及覆盖层金属活动态（Mobile form of metals in overburden，MOMEO）测量法地球化学战略性测量（NAMEG 和 MOMEO 属于深穿透地球化学勘查技术），取得成果后就可迅速将靶区缩小到数千至 $10000km^2$，再进行区域性甚低密度的 NAMEG 与 MOMEO（采样密度大约一个样/$25km^2$）及常规地球化学测量。第三阶段可在优选出的数百平方千米内进行普查，然后缩小到数十平方千米内（涉及几个靶区）。这样不仅有把握找到一个大型、特大型或巨型矿床，而且为今后工作提供了一系列有希望找到大型、特大型及巨型矿床的后备基地。

谢学锦院士等 1994 年在山东也实施了类似的地球化学勘查战略。首先在山东全省进行了超低密度的 NAMEG 及 MOMEO 测量，采样密度选用每 $800km^2$ 一个采样点，圈定出了几个大的地球化学省，其中，胶东的地球化学省面积可达 $6000km^2$，几个特大型金矿如玲珑、焦家、大尹格庄、三山岛等金矿床皆位于该地球化学省的北部；南部主要是厚层冲积物覆盖，大部分覆盖层厚度在数十至百余米之间，这一地区地质资料很少，但从异常来看应是胶东进一步找大型金矿的主要方向。1995 年，在胶东地球化学省内将采样加密到 $10\sim100km^2$ 一个采样点，在覆盖区圈出的几个巨大的异常与北部已知矿带的异常在分布趋势上非常一致（谢学锦，1997）。

6.2.4　矿产勘查哲学

矿产勘查哲学（exploration philosophy）是指导勘查人员发现矿床综合应用一整套原理和

技术所持的观点，蕴藏在勘查过程中如何合理地运用人力、智慧、勘查技术，以及时间和经费等。因此，勘查程序是勘查哲学的具体体现。

矿产勘查哲学是 20 世纪 40 年代末、50 年代初出现在西方地质文献中和矿业界的一个概念。70 年代以后，西方国家的矿业公司、勘查公司及一些在找矿方面成绩卓著的专家，不断扩充和丰富矿产勘查哲学的内涵，涉及了矿产勘查全过程的各个环节和要素，阐述如何有效地利用各种工作资源去多快好省地发现矿床。其主要内容包括：

（1）矿产勘查和矿业在社会经济发展中的地位和作用；

（2）矿产勘查工作的性质、特点和要素；

（3）矿产勘查的任务、目标和战略；

（4）矿产勘查学家应具有的素质和品格；

（5）矿产勘查技术的合理应用原则；

（6）矿产经济和矿产勘查经济的基本问题和原则；

（7）现代矿产勘查的发展趋势、挑战和对策。

虽然西方勘查哲学涉及了矿产勘查工作的方方面面，包括矿产勘查的硬件（各种技术方法及其装备）和软件领域（各种地质资料、概念、理论、模型、思想方法、人才素质、政策策略等），但这种哲学主要是研究如何有效利用这些资源的战略战术问题，而不是去具体研究矿床的地质特征、分布规律、找矿标志或矿床的成因，也不是去从事某一技术方法及其设备的研究（戴自希和王家枢，2004）。

朱训等（2016）认为，就矿找矿战略具有哲学理论。就矿找矿既是矿产勘查工作在空间布局上与新区找矿并行不悖的一条指导方针，也是矿产勘查工作中的一种重要方法。就矿找矿在勘查哲学理论体系中还属于方法论方面的一个问题，既回答通过什么途径来找矿的问题，也回答如何去找矿的问题。

6.2.5　矿产勘查项目的立项论证

1. 矿产勘查项目的概念

矿产勘查项目是指为寻找和发现新的工业矿床而进行的一系列勘查活动。勘查项目也可以理解为矿产勘查任务，其内容包括该任务所要达到的目标、完成任务的途径和要求。

勘查项目是争取勘查经费的依据，是矿产勘查队伍赖以生存的保障。要使勘查工作坚持下去，就必须要有一个简单的、令人信服的证据来确立勘查项目，以获得足够的资金。从某种意义上讲，每一个矿产勘查项目实际上都是一个创意，需要建立一个明确的概念，即在哪个区域、采用什么技术路径、寻找什么类型的目标矿床、需要多长时间和多少经费，诸如此类。矿产勘查的任务不仅仅是寻找和发现矿床，而且是要以尽可能少的费用去寻找和发现最好的矿床。

Hall（2006）将矿产资源勘查定义为矿业的研发（research and development，R&D），并将矿产勘查过程与其他行业的研发过程进行了比较。同时强调勘查地质人员和勘查经理需要创新能力和具备领导才能，需要清楚地认识到矿产勘查是一种商业化运作，需要从投资机构和大型矿业公司争取经费。

只有在明确勘查靶区后，一般才能确定勘查项目。确定勘查靶区是一个非常重要的关键，在没有矿床存的地区内，无论多么完善和彻底的勘查也不会取得成功。

前已述及，确定勘查项目有两条途径可循，第一条途径称为"逐步逼近法"，一般用于开辟勘查空白区或新区，在加拿大和澳大利亚等西方国家，新区勘查项目称为"Greenfield exploration projects"；另一条途径称为"圈羊法"或"淘金热法"，即在已有重要发现的勘查程度很高的成熟地区内设立勘查项目（参见 5.1.4 节），西方国家称为"Brownfield projects"。

在大多数西方矿业发达国家，矿产勘查项目的目的和工作范围与勘查机构的性质有关。私营组织，如果是大的石油公司或采矿公司，主要是寻找具有高额利润的矿床或者为保证本公司所属企业正常生产准备充足的矿产；政府勘查机构则要受政治或社会的制约而不是单纯为了追求经济效益，例如，开发不发达地区，在失业区创造就业机会，保证足够的关键或战略矿产供应及换取外汇等。如果私营公司和政府勘查组织采用相似的途径勘查，政府组织则主要进行矿产资源的区域评价，以便进行土地使用规划或进行初步矿产勘查；而常常把具有矿化的地区留给私营企业去进一步勘查。一些发达国家的政府地质机构，如美国地质调查局、英国地质调查局、法国地质矿产调查局等都在许多发展中国家进行大规模的区域勘查。

我国目前的地质找矿工作划分为公益性地质工作和商业性矿产勘查工作。公益性地质工作由政府出资、地质调查机构承担，对于找矿至多做到详查阶段；商业性矿产勘查工作按照市场机制运作，出资人承担风险享受效益，由商业性矿产勘查承担的矿产勘查项目以投资人自身利益为转移。政府为降低商业性勘查风险设立了地质勘查基金，着重用于国家确定的重要矿种和重点成矿区带的前期勘查，同时还设立了危机矿山接替资源找矿专项，主要用来维持重要矿产品的现实供给，为国家资源安全提供基础支撑。

我国的矿产勘查项目应立足于寻找国民经济建设急需的紧缺矿产、出口创汇矿产和保证大中型采矿企业正常生产需要的矿产，以及为地方查明适合小规模开采的矿床。

2. 勘查项目的立项论证

矿产勘查项目的立项论证是勘查项目管理过程中首要环节，也是重要的环节，矿产勘查工作的社会经济效益就取决于立项论证。立项论证的核心内容是解决矿产勘查项目正确确立的问题，要全面收集、分析勘查项目的各种地质矿产资料，进行技术、经济论证，提出立项建议。

投资或承接勘查项目转让必须对该项目进行研判。冯建忠和续婧（2007）提出了有关矿产勘查项目研判的内容和准则。在西方矿业发达国家，矿产勘查项目的研判又称为尽职调查（due diligence），即根据成矿地质条件、矿化地质特征分析、现有地质工作程度对矿床的矿化强度和规模控制及各种示矿要素的综合提取，对找矿前景做出科学预测，对矿床的潜在经济价值做出评价，决定该项目是否投资及进一步勘查开发计划。

研判的内容包括：人文环境、自然地理、矿权设置调查，研究区域矿床分布规律和大地构造环境，矿区构造格局、地层层序及岩性、岩浆岩分布、岩石化学及演化，岩石变质程度，各种示矿要素提取（包括重砂、水系沉积物、土壤、岩石地球化学异常、重力、航磁、地面磁法异常和激电异常、遥感解译及蚀变信息，矿点、矿化点、矿化带矿化强度及规模等），矿床类型、矿床规模预测，投入概算及潜在价值估算。研判的准则主要包括以下 7 条。

（1）投资环境可行。主要包括地形地理条件、路、水、电、选冶等基础设施，以及与当地政府支持力度和村民协作关系等。

（2）矿权唯一性。必须保证探矿权的唯一性和合法性，矿权没有纠纷。

（3）资料翔实可靠。已投入地物化遥工作量，探槽、浅井、竖井、平硐、钻探工程量，各种编录原始资料、图件、报告是否齐全、可靠、具体，工程控制网度、间距情况，取样方法能否满足要求、样品加工及缩分是否合理、没有污染，化验方法及流程、分析的检出限和精确度等，资源储量估算是否合理。目前普遍存在的现实问题是：以假乱真、以小充大，以劣充好。表现为投入工作量少，工程控制不够，品位比预想的低，资源储量无依据或仅凭有限的工程随意推断。

（4）成矿地质背景、地质条件有利。

（5）示矿要素集中显示，有利矿化信息高度集成。

（6）找矿前景优越，潜在经济价值可观。在已发现的矿化地段，经济价值可观，深部及外围未控制区找矿标志明显、示矿要素显示好、有扩大资源储量的潜力。根据现有的市场金属价格，考虑到探矿、采矿、选矿、运输、劳动力等一系列成本，能取得明显的经济效益，短期内能融资或偿还贷款。

（7）价格合理。建议根据现有的市场金属价格，考虑到采矿、选矿、运输、劳动力等成本，切实保护投资者的利益，根据潜在价值的±1%作为基础价。价款考虑因素主要涉及：已投入探矿工作量费用及国家价款，现有工程控制金属储量的经济价值，选矿、采矿设备及基础设施折算价，外围新发现矿点的潜在价值估价。

对于转让的勘查项目，尽职调查的一个重要意义是从法律地位上了解项目的真伪可靠性，了解转让方是否真正拥有要转让的矿权或项目的法律地位，所收购的项目是否现在和将来存在欺诈陷阱及法律上的漏洞（吴六灵，2018）。

勘查靶区只有在获取矿权后，勘查项目才算真正成立。立项时应尽可能考虑包含多个矿床靶区，以保证勘查的成功率。

6.2.6　编制勘查实施方案

勘查活动需要耗费大量资金、时间和人力。因而，矿产勘查工作组织的好坏是关系到勘查工作能否取得成功的关键。为了有效地组织勘查工作，需要制定一个特殊的工作计划，这个工作计划称为勘查实施方案或勘查程序，其实质是利用现有勘查力量、手段及资金寻求发现矿床的途径。

矿产勘查实施方案是申请探矿权的一个法定要件，《矿产资源勘查区块登记管理办法》第六条明确：探矿权申请人申请探矿权时，应当向登记管理机关提交包括勘查实施方案及附件在内的材料。

勘查项目是通过勘查方案实施的。设计合理的勘查实施方案不仅能使该项目获得较多的成功机会，而且可以降低勘查费用。在许多情况下，发现工业矿床的难度并不在于知道矿化可能赋存在什么地方，而在于依据最初的勘查方案及通过实施最初的勘查实施方案所取得的成果，所制定的后续勘查实施方案是否准确、全面、科学。

设计勘查方案必须有明确的目的性，即勘查什么类型矿床？为什么要勘查这类矿床？到什么地方勘查这类矿床？需要多长时间？

各类勘查项目设计方案的编制在格式上大同小异，在内容上各有所重。一般要求做到任务明确、部署合理、方法得当、措施有力、技术可行、经济合理。在编制勘查方案前，首先必须对勘查区内的地质环境有正确的认识，确定符合实际情况的勘查模型。编制一个具体的勘查实施方案应包括以下内容：

（1）规定勘查项目的目标。要找什么矿；说明为什么要找那种矿；到哪儿去找。

（2）勘查区以往地质工作程度。要反映出勘查区以往地质工作情况、工作程度、地质工作成果、矿产开采情况、存在的主要问题等。申请延续、变更的项目，须简要介绍自首次登记或受让探矿权以来地质工作概况，重点反映探矿权人前一勘查期内的工作情况，包括完成的主要工作量、地质勘查投入、成果及存在的主要问题等。

（3）勘查区成矿地质背景。应包括区域地质成矿背景及勘查区地质特征与控矿条件。

（4）制定勘查工作部署。应反映出总体工作部署情况，包括工作部署基本原则和技术路线及矿床勘查类型、工程布置原则和依据。有关勘查工程总体部署的内容将在第 13 章专门论述。

（5）拟定勘查方案执行的顺序和阶段，并计算出各阶段所需费用及年度工作安排（应详细表述第一年度的工作安排）。

（6）按勘查方案的需要建立机构、编制预算、配备人员、为实现该项目提供仪器设备；设立与所用方法、技术管理相适应的机构。

（7）监督。项目一旦付诸实施，在关键环节上拟定检查和观测的措施。

（8）勘查实施方案应具备灵活性。这一点很重要，勘查方案必须有足够的灵活性才能适应勘查过程中经常碰到的意想不到的变化。勘查过程中的重要发现或取得的资料均需重新复查、分析，然后再纳入实施方案之中。

有关矿产勘查实施方案的编制大纲参见《国土资源部办公厅关于规范矿产资源勘查实施方案管理工作的通知》（国土资厅发〔2010〕29 号）文件中的附件 1。

矿产勘查项目所需的时间与所勘查矿床的规模与其产地有关。下列时间要求可以提供一个粗略的指标：

（1）小型矿床，2～3 年勘查，1～2 年矿山基建和选矿厂建设；

（2）中型矿床，3～4 年勘查，2～4 年矿山基础设施建设；

（3）大型矿床，5～10 年（或更长）勘查，5～8 年（或更长）的矿山基础设施建设。

确定和实施勘查项目要求严格的科学组织和管理（案例 6.1）。无论采用何种方法，勘查项目关键的要求是花费最低的成本而又不遗漏重要的勘查目标，实现这一要求不是一件容易的事情，因此，在勘查项目设计时即应考虑采用关键路线法及决策树的方法（阳正熙，1993）。勘查过程中，地质人员需要对成矿模型或勘查模型不断进行修改并加入矿床经济方面的考虑，对所寻找矿床的规模、埋藏的最大深度及开采技术条件等方面都应做到心中有数；圈定钻探靶区通常需要采用如地球物理和地球化学等多种勘查手段的最佳配合，实现对钻探目标的定位及目标在地下大致的延伸范围。

案例 6.1　FMC 公司在勘查项目组织和实施的成功经验

FMC 公司是生产工业和农用机械及化工产品的世界主要生产商之一，其产品畅销世界各地。该公司拥有 28000 余工人，117 个分厂分布于美国国内 27 个州和 15 个国家。在 20 世纪80 年代"淘金热"中，FMC 公司也加入了"淘金"队伍的行列，并获得巨大的成功。那么，该公司是怎样从事金矿勘查项目的呢？

他们首先研究了能提供金矿勘查的价格和利润信息，评价了勘查地质人员的能力及以往矿产勘查的费用；然后，求得所需调查靶区的数量。他们研究了1976～1980年的金矿勘查活动，根据研究结果，确定了所需招聘勘查地质人员的数目；并假设在7700个靶区中，估计大约20个靶区能发现潜在的工业矿床，换句话说，发现一个新矿床需要评价385个靶区；根据矿床规模评价，推测可以发现100万～300万oz黄金之间的矿床规模，他们选择的勘查目标为百万盎司黄金的矿床。虽然确定这一目标缺乏统计资料，但是，他们感觉这一目标是适合于他们的勘查项目的。

根据上述分析，假设未来勘查比过去5年的勘查难度增大50%，从而确定发现一个目标矿床需要评价575个靶区。选用这种较高的比例主要考虑以下原因：

（1）所获得并用于评价的1975～1980年的矿床勘查和发现的资料并不精确；

（2）从事金矿勘查起步较晚，不像其他许多公司那样已具有发现矿床的经验；

（3）未来勘查难度更大。

从区域勘查的水平上确定了靶区数量后，下一步就是制定计划实施的时间。他们选定以5年时间达到勘查目标。他们认为，要想获得成功，时间因素是最重要的。他们期望能在575个靶区中筛选出30%的远景区；在这30%的远景区中能选出20个最有远景的地区作为钻探靶区；在这20个最有远景的地区中，能有3个被选入为详细勘查的靶区；期望其中能有2个勘查区转入可行性分析评价，最后发现一个工业矿床。

他们把项目方案与霍姆斯塔克采矿公司提供的资料进行对比。霍姆斯塔克采矿公司研究了矿床发现的概率，其所获得的结论是：找到150万oz的金矿床要求调查500个靶区，从中筛选出50个进一步勘查的靶区，最后有10个靶区能被选入勘查评价。参考了这一结论后，他们更坚定了信心。

选定项目的目标后，接下来是资金预算。所预算的费用为5年2700万美元，其中，区域地质调查和普查钻探阶段花费最大，预算费用为1400万美元；详查阶段为800万美元；勘探阶段（包括可行性分析）为500万美元；然后，评价了花费这些钱可能获得的利润：如果发现100万oz的金矿床，投资60万～100万美元进行开发，并且，考虑了可能找到的矿床类型、采矿成本及矿石品位和回收率等因素。虽然他们并没有考虑堆浸法的费用，但他们所得出的结论是能够盈利的，至少不会亏本。

下一部考虑的问题是公司是否具有竞争性。他们计划聘请26名地质人员，由这26名地质人员组成的地质力量可以与美国当时20个主要金矿勘查公司的地质力量相抗衡。实际上，在财力方面，该公司具有足够的竞争力。

最后，项目的战略被肯定下来了，这是一个只找金矿、时间为5年、勘查经费为2700万美元、勘查目标为1个100万oz级的金矿床。

在具体实施项目的过程中，FMC公司要求勘查人员采用决策树技术组织实施，公司赋予他们一定的决策权限；勘查区的选择和人员配备都采用有关系统工程学的方法决策；金矿勘查模型由勘查人员自行决定；管理部门只负责分配资金，具体工作由勘查部门安排。

勘查为了避免失败，取得成功，每年计划采取4万多个岩石和土壤地球化学样品。

整个工作组织过程中对所获得的各种结果都有严格的检查措施。勘查部门要对日常工作进行检查，钻孔施工前后要进行评述，每月要对各自分管的项目实施情况进行一次总检查。勘查部门还成立了执行委员会，该委员会每两个月召开一次会议，检查整个项目全面实施的情况，而且，任何方案变更都必须在会议上进行评价讨论，取得共识后方可变动。管理部门负责检查预算执行情况、评价钻探结果、进行可行性分析等。

项目的最重要组成部分是人才。在 FMC 公司内具有三方面的专门人才：①有才能的矿产勘查人员；②充分相信自己的能力，对项目取得成功具有信心并持乐观态度的公司高层领导；③能够充分发挥集体智慧的项目管理人才。

1983 年 6 月 19 日，在帕拉代斯山顶（Paradise Peak）地区布置实施的第一个钻孔即传出捷报，该孔钻进至 24m 深处揭露了含金 12.4g/t、含银 81g/t 的矿层。在后来的 4 个月内该区共施工了 77 个钻孔，其中有 44 个孔见矿。矿体的连续性极好，矿床适宜露采，且剥离比小于 2：1。资源量估算结果为 100 万 oz 的金、300 万 oz 的银。接着，根据一定的投资和回收率进行了可行性研究。整个矿床从第一个钻孔施工、到生产出第一根金条，前后只用了 34 个月的时间。

该项目（称为黄金勘查项目 I）以帕拉戴斯山顶矿床的发现达到了该项目预定的目标。管理部门着手准备黄金项目 II 的工作。

帕拉戴斯山顶金矿床在花费了 1300 万美元后即发现了。该公司后来还开发了第二个矿山，奥斯汀金矿（Austin Gold Venture）。

该项目从立项到项目完成，其速度是快的，其效果也是非常好的。究其原因，经费充足只是一方面，真正值得借鉴的是，充分发挥了个人才能，依靠了集体智慧和严密科学组织及管理。

6.3　矿权基本知识

靶区确定后、勘查项目立项之前，需要向有关部门申请工作区的勘查登记，获得勘查许可证（即被授予探矿权）后，才能合法地在靶区内进行勘查工作。

6.3.1　矿产资源所有权和矿业权

矿产资源所有权包括对矿产资源所有权的占有、使用、收益和处分等，各项权能构成矿产资源所有权的内容。矿产资源所有者的代表是国务院，即国务院代表国家行使占有、使用、收益和处分的权利。该定义中的"占有"是指国家的矿产资源神圣不可侵犯，任何法人、自然人使用矿产资源需经国务院许可；"使用"是指国家可以依法设立矿业权，通过资源规划合理开发；"收益"是指国家作为所有者在经济利益上的回报，如收取矿产资源补偿费（权利金）；"处分"是指对矿产资源的规划分配和矿业权的出让、拍卖或作价投资等。

矿业权是在矿产资源所有权之下所设定的物权，它派生于矿产资源所有权。一般，国家通过矿业权的设定、许可和管理，可以基本实现所有权的各项权能。矿产资源所有权和矿业权共同构成矿产资源产权的内容。

1. 探矿权和探矿权人

我国的矿业权实行二分法，即分为探矿权（exploration right）和采矿权（mining right）。

《中华人民共和国矿产资源法实施细则》第六条规定：探矿权是指在依法取得的勘查许可证规定的范围内，勘查矿产资源的权利。取得勘查许可证的单位和个人称为探矿权人。采矿权是指在依法取得的采矿许可证规定的范围内，开采矿产资源和获得所开采的矿产品的权利。取得采矿许可证的单位或个人称为采矿权人。

由于探矿活动是一种风险投资很大的活动，国家对勘查活动也采取积极的鼓励政策，因此，我国法律对探矿权人的资格没有进行限制，凡是依法独立享有民事权利和承担民事义务的公民、法人或者其他经济组织，都可以成为探矿权人。成为探矿权人的条件是必须具备资质证书或施工单位的资质证书，勘查计划、勘查合同；勘查实施方案；资金证明等。如要成为特殊矿种的探矿权人必须符合特定矿种的特殊要求。此外，勘查石油、天然气的探矿权人，必须是国务院批准设立的石油公司或者持有同意进行石油、天然气勘查的批准文件者。

探矿权是排他性的权利。1998 年国务院以第 240 号令形式颁布的《矿产资源勘查区块登记管理办法》中规定，"禁止任何单位和个人进入他人依法取得探矿权的勘查作业区内进行勘查或者采矿活动"。法律应当保障探矿权人能够对其依法取得的工作范围进行勘查作业，并排除他人的干扰和妨害。

2. 采矿权和采矿权人

采矿权是指具有相应资质条件的法人、公民或其他组织在法律允许的范围内，对国家所有的矿产资源享有的占有、开采和收益的一种特别法上的物权，在物权法概括性规定基础上由《中华人民共和国矿产资源法》予以具体明确化。采矿权客体应包括矿产资源和矿区，具有复合性，并且矿区及其所蕴涵的矿藏种类规模不同对采矿权的取得及行使有着重要影响。

采矿权人是指出资开采矿产资源，并具备组织开采行为能力（资金、技术、设备），依法享有采矿权和承担相应义务的法人、自然人和其他经济组织。成为采矿权人的条件是必须具有地质勘查报告；资质证明、矿产资源开发利用方案、依法设立矿山企业的批准文件；开采矿产资源的环境影响评价报告；开采国家规划矿区、对国民经济具有重要价值的矿区矿产资源的资质文件；开采国家实行保护性开采的特定矿种的资质文件。

采矿权人依法享有的权利主要包括：①按照采矿许可证规定的开采范围和期限开采矿产资源；②自行销售开采的矿产品；③在矿区范围内建立所需的生产和生活设施；④根据生产建设需要依法取得土地使用权；⑤依法转让采矿权。

采矿权人应履行的义务主要包括：①按期进行矿山建设并开始生产；②合理开采、综合利用、有效保护矿产资源；③依法缴纳采矿权使用费、资源税和矿产资源补偿费等有关税费；④遵守国家有关劳动安全、水土保持、土地复垦和环境保护的法律法规；⑤接受国土资源主管部门和有关主管部门的监督管理，按照规定填报矿产资源储量表和矿产资源开发利用情况统计报告；⑥依法办理采矿权变更、延续、转让和注销手续。

6.3.2　矿业权登记制度

矿业权登记制度是指探矿权、采矿权申请人向国家履行勘查、开采登记手续，经批准依法取得勘查、开采矿产资源权利的制度。任何单位和个人勘查、开采矿产资源，都必须依法向国家提出申请，经有权的地质矿产行政主管部门批准，履行勘查、开采登记手续，领取勘查、开采许可证，取得了探矿权和采矿权后，才能进行矿产资源勘查、开采活动。勘查许可证和采矿许可证法律制度，体现了矿产资源国家所有权制度，是申请人依法取得矿产资源的合法使用权与收益权的制度，是合法的探矿权和采矿权受到法律保护、不受侵犯的制度。

根据国务院 1998 年颁布的《矿产资源勘查区块登记管理办法》，国家对矿产资源勘查实行统一的区块登记管理制度。矿产资源勘查工作区范围以经纬度 1′×1′划分的区块为基本单位区块。每个勘查项目允许登记的最大范围：矿泉水为 10 个基本单位区块；金属矿产、非金属矿产、放射性矿产为 40 个基本单位区块；地热、煤、水气矿产为 200 个基本单位区块；石油、天然气矿产为 2500 个基本单位区块。

1995 年原地质矿产部颁布的《矿产资源勘查区块划分及编号办法》规定：矿产资源勘查区块的划分，均以 1∶5 万图幅为基础，按经差 1′、纬差 1′划分成基本单位区块；以基本单位区块为基础，按经差 30″、纬差 30″划分成 A、B、C、D 四个四分之一区块；以四分之一区块为基础，按经差 15″、纬差 15″划分成 1、2、3、4 四个小区块，其编号均由其所在 1∶5 万图幅的编号、各区块行列号和四分之一区块号、小区块号共十六位码组成（基本单位区块号编号的后两位数字码为 0）。

国家实行探矿权有偿取得的制度。探矿权使用费以勘查年度计算，逐年缴纳。探矿权使用费标准：第一个勘查年度至第三个勘查年度，每平方千米每年缴纳 100 元；从第四个勘查年度起，每平方千米每年增加 100 元，但是最高不得超过每平方千米每年 500 元。

6.3.3　矿业权市场

1. 矿业权市场

矿业权市场是因矿业权流转、交易所产生和形成的经济关系和行为的总和。市场的产生和形成源于商品。矿业权市场的商品就是矿业权。

矿业权市场所包含的主要经济关系可概括为：矿产资源所有者与矿业权人的关系，地矿行政管理机关与矿业权人的关系，矿业投资人与矿业权人的关系，中介组织与矿业权市场主体的关系，这些经济关系表现为管理与被管理、服务与被服务、平等交易的相互关系。矿业权市场的这些经济关系是通过申请、审批等行为建立起来的。

我国矿业权市场分为一级市场和二级市场。一级市场表现为各级国土资源主管部门依据法定权限，通过审批、招标、拍卖、挂牌等形式，将探矿权、采矿权出让给矿业权申请人。在一级市场中，矿业权由矿产资源所有人（国家）流向市场中的矿业权持有人，具有垄断经营性质，矿业权呈纵向流通。二级市场表现为已经取得矿业权的单位和个人，通过市场途径，将矿业权让渡给新矿业权人。在二级市场中，矿业权在经营者之间的平行转移系经营者之间的交易行为，具有经营性质，矿业权呈横向流通（翁春林，2008）。

已经取得探矿权和采矿权的主体在符合一定条件后，将上述两种权利转让给其他矿业权人的行为称为矿业权流转。狭义上的矿业权流转仅仅包括矿业权的二级转让市场，而广义上的矿业权流转除了包括矿业权二级转让市场外，还包括一级出让市场。矿业权出让是矿业权进入矿业经济市场的第一步，应该说只有完成这一步，矿产资源才具有了商品或资产的属性。矿业权转让是矿业权流转的二级市场，当然也包括矿业权人依法将矿业权作为资产进行出租、抵押等。矿业权的流转并不必然涉及采矿权主体及矿业权证件的变更，虽然我国对矿业权实行的是不动产管理制度，但不是任何形式的流转均须变更采矿权主体。综合我国的企业法、公司法、民法等法律制度，矿业权的流转可以分为内部流转和外部流转两种机制。内部流转，如在矿业权属于矿山企业的情形下，各股东或合伙人对内部股权份额进行相互收购或转让，此时各投资人股份比例的调整实际上是间接地对矿业权进行调整。

根据王春秀等（2003），矿业权市场具有如下特征：

（1）矿业权市场中交易客体的特殊性，即所交易的矿业权是矿产资源使用权而非矿产资源所有权。根据《中华人民共和国宪法》和《中华人民共和国矿产资源法》及其他有关法律、法规的规定，矿产资源属于国家所有，其所有权不能出让，只能出让使用权"即矿业权"，所以在我国矿业权市场中交易的只能是矿产资源使用权，这种使用权不同于一般使用权，它包含了一定时期内对矿产资源的使用、收益的权利。

（2）矿业权市场中交易的矿业权具有期限性。取得采矿权或探矿权资格的矿业权人必须按照一定的开采规模、勘查进度在规定的时间内行使矿业权。

（3）交易实体的非移动性。矿业权在交易过程中，所依附的矿产资源不能移动，只发生货币和使用者的移动，其实质是矿产资源使用资格（采矿权或探矿权许可证）的交易。因此，矿业权交易往往以矿业权的产权证书为依据，权利的取得必须以法律为依据方为有效，并按权属管理的需要进行变更登记，使用权其权属的变更得到法律确认。

（4）矿业权价值的依附性。矿业权价值是指矿业权人在一定时期内通过对矿产资源客体的活劳动和物化劳动的投入而可能产出的投资收益额，矿业权价值主要来源于矿产资源。

（5）矿业权商品供给的稀缺性。由于矿业权商品依附于矿产资源，而矿产资源是一种可耗竭性资源，再加上它的天然属性，矿业权的供给弹性很小。

2. 矿业权转让

矿业权的转让是通过矿业权二级市场实现的。《中华人民共和国矿产资源法》第六条和国务院1998年颁布的第242号令《探矿权采矿权转让管理办法》第三条、第五条、第六条规定了探矿权和采矿权的转让必须符合的条件。

矿业权的转让是指探矿权人或采矿权人作为民事主体的一方将矿产资源探矿权或采矿权转移给作为民事主体另一方的新的矿产资源探矿权和采矿权受让人的行为。矿业权的转让以平等、自愿、等价、有偿为原则。矿业权人可以通过出售、作价出资、合作勘查或开采、上市等方式依法转让矿业权。矿业权转让后，原矿业权人与国家所确定的权利义务关系全部转移给新的矿业权受让人。

矿业权人在拥有矿业权后可能会自己进行勘查或开采，有的则不想由自己勘查或开采，而是将拥有的矿业权转让给他人进行勘查或开采。在以下几种情况下矿业权人有可能转让矿业权：

（1）当探矿权人发现了一处有经济价值的矿体后，由于自身开采技术、设备、人员等不具备勘探条件，因此可能会将探矿权转让给他人进行勘查，在转让过程中将勘查投入回收。

（2）一些大的矿业公司在勘查过程中发现了一些规模较小的矿体，如果由大的矿业公司进行开采，生产成本会很高，不值得开采，这时大的矿业公司有可能将发现的相对小规模的矿体的采矿权转让给他人开采。一般来说，规模相对小的矿业公司愿意开采这类矿体。

（3）某些小的矿业公司发现了规模较大的矿体后，由于自身人力、财力、物力等不具备开采条件和能力，他们会将矿业权转让给大的矿业公司开采，或者与他人合作开采。

（4）有些探矿权人希望寻找合资伙伴，以此来分担勘查风险，从而建立股份公司，将矿业权转让给该公司。

（5）矿业权是一种资产，投资人用作担保进行筹资，当矿业权抵押实现时，抵押权人可以拍卖矿业权，最终发生矿业权转让。

（6）当企业破产时，法院拍卖产权，发生矿业权转让。此时，该企业的矿业权作为企业的部分资产由法院执行判决，进行再分配。

（7）当企业分立、合作，与他人合资、合作经营时，企业可能会将矿权转让，作为企业资产入股或合资经营。

在目前的外商投资矿产勘查领域中，外方投资者和中方投资者合作勘查是最主要的形式。其中，中方大部分是以其探矿权作为投入，外方投入大部分或全部勘查资金。

探矿权人有收益和转让的权利。按照《探矿权采矿权转让管理办法》，探矿权人有权优先取得勘查作业区内的矿产资源的采矿权。在完成法定义务后，可以将探矿权转让他人。探矿权人取得探矿权后，在支配这种财产权利的过程中，随着勘查工作的进行，勘查数据等地质资料的取得，探矿权可能会增值。同时，由于可以优先取得勘查作业区内的采矿权，探矿权人可以通过采矿获得勘查投入的回报。探矿权人在完成法定义务的情况下，可以通过转让等方式处置其探矿权并通过探矿权的转让获取勘查投入乃至探矿权增值的回报。

为进一步完善探矿权和采矿权有偿取得制度，2003 年，国土资源部又颁发了《探矿权采矿权招标拍卖挂牌管理办法（试行）》。探矿权采矿权拍卖，是指主管部门发布拍卖公告，由竞买人在指定的时间、地点进行公开竞价，根据出价结果确定探矿权采矿权竞得人的活动；探矿权采矿权挂牌，是指主管部门发布挂牌公告，在挂牌公告规定的期限和场所接受竞买人的报价申请并更新挂牌价格，根据挂牌期限截止时的出价结果确定探矿权采矿权竞得人的活动。

矿产资源有偿使用是建立资源开发良性经济机制的最有效途径，为此，国土资源部 2006 年出台了《矿产勘查开采分类目录》，对矿业权实施分类管理。为了鼓励开展锰、铬、钒、铜、铅、锌等高风险性矿产勘查实行申请在先原则：只要没有他人申请并符合规定，申请人就可以取得探矿权，找不到矿，风险自担，找到矿，优先取得采矿权；对低风险矿产勘查一律实行有偿出让，主要通过招标、拍卖、挂牌出让方式确定勘查主体；对于勘查风险很小可直接设置采矿权的矿产，不再设探矿权。

根据国土资源部 2011 年颁发的《矿业权交易规则（试行）》（国土资发〔2011〕242 号）：矿业权交易是指县级以上人民政府国土资源主管部门（以下简称国土资源主管部门）出让矿业权和矿业权人转让矿业权的行为；矿业权出让是指国土资源主管部门根据矿业权审批权限和矿产资源规划及矿业权设置方案，以招标、拍卖、挂牌、申请在先、协议等方式依法向探矿权申请人授予探矿权和以招标、拍卖、挂牌、探矿权转采矿权、协议等方式依法向采矿权申请人授予采矿权的行为；矿业权转让是指矿业权人将矿业权依法转移给他人的行为。

6.3.4　探矿权评估

探矿权评估是探矿权投入的必要组成。尤其在利用好外资及国外先进的勘查技术方面，在目前的中外合作探矿企业中，中方如以探矿权作价出资或作为合作条件，涉及国家出资形成的，按照《探矿权采矿权评估管理暂行办法》的规定必须进行评估。为了实现探矿权评估的有序进行，原国土资源部还先后出台了《探矿权采矿权评估资格管理暂行办法》《探矿权评估报告备案办法》等规定。从这些规定可以看出，目前的探矿权评估，是从类似国有资产管理的角度，从防止国家所有的矿产资源流失的目的出发所做的评估。但是，从更广的范围来讲，非国家出资形成的探矿权，如果准备以出资形式转让，也应逐步实行先评估，再作价的道路。好处在于，一方面，中立的、专业性的矿权评估机构的存在，为探矿权实现市场化流转提供了十分便利的条件；另一方面，为探矿权及矿产勘查企业最终走向股票上市，走向社会融资的道路打下了基础。从这一角度来说，探矿权评估市场的逐步建立和发展，对中外合作勘查具有十分积极的意义。

探矿权的价值，取决于探矿权区域内查明有潜在经济开采价值的矿床；埋藏在地下的矿床在没有开采之前，它的价值只反映在矿产勘查数据上。由于勘查数据专业性强，不确定性因素很多，矿权评估过程应秉持客观、公正、独立和诚信的原则，杜绝虚假数据，最大限度保护投资者利益。

本 章 小 结

本章明确了矿产勘查工作的内容，概括为 5 个方面：①勘查区地质研究；②矿体地质研究；③开采技术条件研究；④矿石加工技术条件的研究；⑤综合评价。由于各个勘查阶段工作程度不同，研究重点也将有所不同。

矿产勘查人员应该树立勘查战略和勘查哲学的思想，这是因为矿产勘查项目具有投入大、风险高、周期长的特点。为了确保勘查项目目标和目的的实现，需要周密的计划与协调，以及严密的组织和科学的管理。

本章还介绍了矿权的概念和及矿权市场的基本知识。

讨 论 题

（1）如何理解矿产勘查战略？
（2）如何理解矿产勘查哲学？
（3）如何开展勘查项目的尽职调查？
（4）评价某个勘查项目取得成功的标准有哪些？
（5）试论我国矿业权市场的现状和发展趋势。

本章进一步参考读物

国家市场监督管理总局.2020. 固体矿产地质勘查规范总则

国土资源部.2003. 探矿权采矿权招标拍卖挂牌管理办法(试行)

国土资源部.2011. 矿业权交易规则(试行)

国土资源部矿产资源储量司.2003. 固体矿产地质勘查规范的新变革. 北京: 地质出版社

国务院.2014. 矿产资源勘查区块登记管理办法(2014 修订)

国务院. 2014. 探矿权采矿权转让管理办法(2014 修订)

矿业权评估指南修订小组. 2004. 矿业权评估指南(修订版). 北京: 中国大地出版社

王家枢. 2008. 矿产勘查工作规律性初探(之一). 国土资源情报, (6): 2-5

王家枢. 2008. 矿产勘查工作规律性初探(之二). 国土资源情报, (7): 2-5

王家枢. 2008. 矿产勘查工作规律性初探(之三). 国土资源情报, (8): 2-7

王家枢. 2008. 矿产勘查工作规律性初探(之四). 国土资源情报, (9): 2-6

王家枢. 2008. 矿产勘查工作规律性初探(之五). 国土资源情报, (10): 2-9

吴六灵. 2018. 矿产资源勘查与经营. 北京: 地质出版社

谢学锦. 1997. 矿产勘查的新战略. 物探与化探, 21(6), 402-410

阳正熙. 1993. 矿产勘查中的现代理论和技术. 成都: 成都科技大学出版社

第二部分　矿产勘查应用技术

矿产勘查时，为了研究矿床地质构造，揭露、追索和圈定矿体，查明矿产的质和量，以及了解矿床的水文地质和开采条件等所采用的各种工程和技术方法，总称为矿产勘查手段或矿产勘查技术。现代矿产勘查技术包括遥感地质及矿产地质填图、地球物理勘查技术、地球化学勘查技术，以及探矿工程勘查技术等，这些构成了一个完整的勘查技术体系。

几十年的矿产勘查实践充分说明，无论一种技术多么好，它必须应用于适合的环境才有效；应用勘查技术获得的信息还必须结合实际地质环境进行解释。因此，勘查地质工作者必须熟悉每一种勘查技术，以便对其经济有效性进行充分的评价。

- 第 7 章　遥感地质及矿产地质填图
- 第 8 章　地球物理勘查技术
- 第 9 章　地球化学勘查技术
- 第 10 章　探矿工程勘查技术

第7章 遥感地质及矿产地质填图

7.1 遥 感 技 术

7.1.1 遥感技术的基本原理

遥感技术指的是在不同高度的平台上，利用各种传感器，在不直接与地球表面观测目标或现象接触的情况下，接受来自各类目标或现象的电磁波信息，再通过信息处理、加工、分析，揭示出目标或现象的结构性质及其变化的综合性空间探测技术（明冬萍和刘美玲，2017）。换句话说，遥感是通过测量反射或发射电磁辐射以获得地球表面特征的技术。它能使人们识别主要的区域或局部地形特征及地质关系，有助于发现有矿产潜力的地区。

安装在飞行器上的遥感仪器（传感器）扫描地球表面并测量反射太阳的辐射或地表发射的辐射，遥感技术应用的电磁波波长范围跨越了从超紫外线（ultraviolet light，UV），0.3～0.38μm、可见光（visible light spectrum，VIS）0.38～0.74μm、近红外（neur infrared，NIR），0.74～1.3μm、短波红外（short wave infrared，SWIR）1.3～3μm、中红外（mid infrared，MIR）3～6μm、远红外（far infrared，FIR）6～15μm、到微波（microwave，NW）1mm～1m，其中，超紫外—远红外（0.3～15μm）为光学波段。

由传感器从远距离接收和记录目标物所反射的太阳辐射电磁波及物体自身发射的电磁波（主要是热辐射）的遥感系统称为被动遥感（图7.1）。测量由飞行器本身发射出的辐射在地球表面的反射，这类方法称为主动遥感方法（有时又称为遥测）；其主要优点是不依赖太阳辐射，可以昼夜工作，而且可以根据探测目的的不同，主动选择电磁波的波长和发射方式。

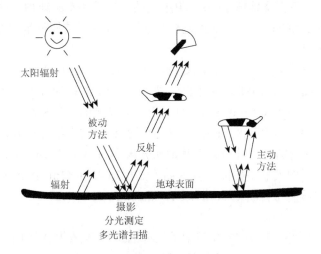

图 7.1 遥感的主动方法和被动方法示意图（Gocht，1988）

一般利用各种合成方式构建多光谱影像或颜色合成影像。遥感影像中的每一种颜色称为一个光谱波段（spectral band），每个波段调到电磁波辐射波长的一个窄波段（即"颜色"），遥感技术可以探测到少至一个、多至 200 个以上的波段。

由于不同的岩石类型在不同的光谱范围内具有不同的反射辐射特征，所以，根据遥感信息能对一个地区作出初步的地质解释，一些与矿床关系密切的地质特征提供了能够用遥感探测到的强信号。例如，与热液蚀变有关的褪色岩石和与斑岩铜矿氧化带有关的红色铁帽，或者是可能赋存贵金属矿脉的火山岩区的断裂等，这些特征即使有时被土壤或植被覆盖也能清楚地识别。部分植被本身也具有反射地下异常金属含量的效应。

遥感技术系统主要由遥感仪器（传感器，用来探测目标物电磁波特性的仪器设备，常用的有照相机、扫描仪和成像雷达等）、遥感平台（用于搭载传感器的运载工具，常用的有气球、无人机、飞机和人造卫星等）、地面管理和数据处理系统、资料判译和应用等部分组成。

根据所采用的遥感平台的不同，通常又可分为航天遥感（主要是卫星遥感）及航空遥感两类。航天遥感是专门用于探测和研究地球资源的卫星遥感，其优点是在很短的周期内得到基本上覆盖全球的、特征、规格相同的图像，并且处理分析的速度快，单位面积的费用较低，便于发挥多波段、多时相、多种图像的信息优势，以及与地面地质、地球物理勘探及地球化学勘查等多种数据复合分析的优势。航空遥感图像，包括黑白及彩色航空像片，航空多波段遥感图像及航空测视雷达图像等，适用于较大比例尺的地质矿产调查。

7.1.2　地球资源卫星遥感技术的发展历程

1. 国外地球资源卫星的发展历程

遥感技术是 20 世纪 60 年代以来在航空摄影、航空地球物理测量等方法基础上，综合应用空间科学、光学、电子科学及计算机技术等最新成果而迅速发展起来的。1972 年，美国国家航空航天局（National Aeronautics and Space Administration，NASA）发射了第一颗地球资源技术卫星（当时称为 ERTS-1，后来改称为 Landsat-1），它采用距地球表面 920km 高并且与太阳同步的近圆形轨道，每天绕地球 14 圈，卫星上的摄像设备不断地拍下地球表面的情况，每幅图像可覆盖地面近 20000km^2，Landsat-1 的成功发射开启了陆地卫星成像（landsat imagery）应用于地学领域的新纪元。

第一代陆地资源卫星（包括 Landsat-1、Landsat-2 和 Landsat-3）使用的传感器是多光谱扫描仪（multispectral scanner，MSS），能同时获得 4 个光谱波段的数据，其中，两个波段的波长范围分别是 0.5～0.6μm 和 0.6～0.7μm，对应于可见光谱的绿色和红色部分；另两个波段的波长范围分别是 0.7～0.8μm 和 0.8～1.1μm，对应于光谱中的近红外部分，刚好超出可见光范围。第一代陆地卫星获得的光谱波段数据其地面分辨率为 79m×79m（称为像元，也就是说，所记录的地球表面反射的天然电磁波，其观测值是由地面 6241m^2 面积上反射率的平均值组成），并且通过返束光导管摄像机（return-beam vidicon camera，RBVC）提供少量分辨率为 40m 的影像。

第二代陆地卫星系统始于 1982 年发射的 Landsat-4，它在与太阳同步的轨道上运行，每 16 天覆盖一次地球。Landsat-4 安装了专题成像仪（thematic mapper，TM）传感器，在第一年的试运行期间能获得与早期发射卫星提供的相同的 MSS 数据，TM 数据的空间分辨率为 30m×30m，而且更准确；第二年后，它可以提供 6 个波段范围 0.45～2.35μm 的光谱数据和

1 个分辨率较低（120m）波长范围 10.4～12.5μm 的热红外波段。1984 年发射的 Landsat-5 是为 Landsat-4 提供数据备份。由于 TM 数据的第 5 和第 7 波段位于短波红外区内，以及随着功能更强大的计算机软件的问世，TM 数据不仅提供了识别铁帽，而且还能够识别热液黏土矿物蚀变的功能。目前 Landsat-1、Landsat-2、Landsat-3、Landsat-4 均相继失效，Landsat-5 已于 2013 年退役。

卫星图像按标准进行分幅，一幅称为一景（scene）又称为一个像幅，一景 MSS 图像由 3240×2380 个像元组成，而一景 TM 图像是一景 MSS 图像的像元个数的 9 倍。每一景有一个编号，由轨径（path）编号和行（row）编号两组数字组成，这种编号称为全球参考系统（worldwide reference system，WRS）。例如，Landsat-4、Landsat-5 覆盖全球一次共飞行 233 圈，其轨径编号为 001 至 233；规定穿过赤道西经 64.6°为第一圈轨径，编号为 001，自东向西编号。我国领土大致位于 Landsat-4、Landsat-5 号卫星的 113～146 号轨径之间。在任一给定的轨道圈上，横跨一幅图像的纬度中心线称为行，按照卫星沿轨道圈的移动进行编号，即 80°47′N 作为第一行，与赤道重叠的行编为第 60 行，到 81°51′S 为 122 行。然后开始第 123 行，向北方行数增加，穿过赤道（相当于 184 行），并继续向北直至 81°51′N 为第 246 行。从 123 行后为夜间飞行。我国领土的大陆部分白昼图像大致位于 23～48 行，例如，某幅图像编号为 123-32，表示位于第 123 圈轨径、第 32 行的位置。由于同一景遥感图像通常都是采用多个光谱波段同时拍摄，如果每个波段赋予一种颜色，通过三个波段的合成就可以生成一幅假彩色图像。

1999 年发射的 Landsat-7 是美国第 3 代陆地资源卫星（Landsat-6 在 1993 年因火箭故障没有发射成功），它运行在一条高 705km、倾角 98.2°的太阳同步轨道上，每天绕行地球 14 圈，16 天覆盖地球一遍，图像幅宽达 185km。Landsat-7 卫星最主要的特点是用再增强型专题成像仪（enhanced thematic mapper plus，ETM＋），它是安装在 Landsat-6 上的 ETM 的改进型号，比 MSS 和 TM 灵敏度高。

美国国家航空航天局（NASA）和美国地质调查局（USGS）于 2013 年 2 月 11 日合作研制发射了 Landsat-8 陆地资源卫星，卫星上搭载了陆地成像仪（operational land imager，OLI）和热红外传感器（thermal infrared sensor，TIRS）。OLI 陆地成像仪包括 9 个波段，空间分辨率为 30m，其中包括一个分辨率 15m 的全色波段，成像幅宽 185km×185km。TIRS 包括 2 个单独的热红外波段，分辨率 100m。

Landsat-9 卫星于 2021 年 9 月 27 号成功发射，卫星上携带第二代陆地成像仪（OLI-2）和热红外传感器（TIRS-2），每 16 天完成一次地球全景图像的拍摄，与 Landsat-8 相距 8 天。

Landsat-8 和 Landsat-9 的数据都可以从 USGS、地理空间数据云等网站下载。下载的数据格式均为经典的 GeoTIFF 格式，其中包括 11 个按波段划分的影像文件、一个质量评估文件和一个 TXT 格式的元数据文件。质量评估文件主要包括传感器的运行环境参数；元数据包含拍摄时间、太阳高度角、经纬度等信息。

SPOT（Systeme Probatoire d'Observation de la Terre）系列卫星是法国空间研究中心（Centre National d'Etudes Spatiales，CNES）研制的一种地球观测卫星系统。1986 年法国 SPOT Image 公司发射了第一颗商业遥感卫星，其传感器能够提供分辨率可以达到 10m×10m 的全色（黑白）影像，还可以提供分辨率为 20m×20m、与 MSS 相似的彩色图像。1998 年 SPOT-4 卫星增加了一个短红外波段（1.58～1.75μm），分辨率为 20m。2012 年发射的 SPOT-6 卫星，将多光谱波段地面分辨率提高到了 6m，空间分辨率能够达到 1∶1 万地质解译的要求，短红外波段能够反映大部分的蚀变信息；2014 年 6 月发射的 SPOT-7 卫星，其全色分辨率为 1.5m，多光谱分辨率为 6m。SPOT 的一景数据对应地面 60km×60km 的范围，在倾斜观测时横向最大可达 91km，各景位置根据网格参考系统（grid reference system，GRS）由列号 K 和行号 J 的交点（节点）来确定。SPOT 数据的用途和 Landsat 相同，广泛应用矿产地质填图、水资源调查、大气探测、植被调查、农作物估产、土地利用监测等领域。

1997 年，空间成像 EOSAT 公司发射了分辨率为 1～3m 的 IKONOS-1 卫星，可提供与航高 3000m 的航空照片相当的地面细节。1998 年春，美国 Earth Watch 公司发射的 EarlyBird 卫星，可提供分辨率为 3m 的图像用于详细地质填图。表 7.1 总结了目前国际上主要商用陆地观测卫星的技术指标。

表 7.1　国际上主要的商用陆地观测卫星的技术指标

卫星	所有者	发射年份	成像系统	波段数	分辨率/m	最佳图像的比例尺	立体成像
Landsat-5	美国政府	1984	多光谱	7	30	1∶100000	
SPOT-4	法国政府	1998	全色 多光谱	1 3～4	10 20	1∶30000 1∶60000	是
Landsat-7	美国政府	1999	全色 多光谱	1 6	15 30	1∶50000 1∶100000	
ASTER	美国政府和日本政府共同拥有	1999	可见光/近红外（VNIR） 短波红外（SWIR） 热红外（thermal infrared，TIR）	3 6 5	15 30 90	1∶50000 1∶100000 1∶250000	是
IKONOS	GeoEye（美国私营公司）	1999	全色（最低点） 多光谱	1 4	0.82 3.28	1∶4000 1∶15000	是
QUICKBIRD	Digital Globe（美国私营公司）	2001	全色（星下点处） 多光谱	1 4	0.6 2.4	1∶2500 1∶7500	
SPOT-5	法国政府	2002	全色 多光谱	1 4	2.5 10	1∶7500 1∶30000	是
ALOS	日本政府	2006	全色 多光谱	1 4	2.5 10	1∶7500 1∶30000	是
WOLDVIEW-1	Digital Globe（美国私营公司）	2007	全色（星下点处）	1	0.5	1∶2500	
GeoEye-1	GeoEye（美国私营公司）	2008	全色（最低点） 多光谱	1 4	0.41 1.64	1∶2000 1∶5000	
WOLDVIEW-2	Digital Globe（美国私营公司）	2009	全色（星下点处） 多光谱	1 8	0.46 1.8	1∶2000 1∶5000	
SPOT-6	法国政府	2012	全色 多光谱	1 4	1.5 6	1∶5000 1∶20000	是
Landsat-9	美国政府	2021	全色 多光谱 热红外	1 8 2	15 30 100	1∶50000 1∶100000 1∶250000	

随着更精确的数字传感器的出现，NASA 在 1983 年即已经引进了一个名为机载成像光谱仪（airborne imaging spectrometer）的试验超光谱扫描仪（hyperspectral scanner），该系统具有 128 个波段。1987 年，又进行了 224 个波段的机载可见光/红外线成像光谱仪的飞行试验。这些扫描仪已经发展到能提供 64～384 个独立波段的影像，目前还仅限于在飞机上使用，不久将会在卫星上应用。搭载在美国 Terra 卫星（1999 年 12 月发射，轨道高度 700～730km）上，由日本和美国合作研发的 Aster（星载热发射和反射辐射仪）传感器也具有可见光-近红外光谱达 14 个波段的高光谱数据，这些数字传感器的出现为开展地表岩性识别和矿化蚀变信息提取提供了重要遥感数据源。

超光谱扫描仪不仅能够提供与 MSS 和 TM 相似的影像，其最大的优点是能够为影像中每一个像元提供一种光谱信号。如果把实验室测定的矿物或植被的反射光谱与图像中的像元进行匹配，就可以在基本上均一的区域内证实主要的矿物或植物。

雷达遥感技术则具有较强的穿透性，可以穿透云雾，进行全天候工作，产生分辨率优于 10m 的图像，在揭示地质构造方面具有独特的优势。

谷歌地球（Google Earth）是一款由谷歌公司开发的虚拟地球仪软件，该软件把卫星照片、航空照相和 GIS 布置在一个地球的三维模型上，卫星图片、地图，以及强大的谷歌搜索技术的有机结合，使人们能够随时浏览全球各地的高清晰度卫星图片。

2. 我国地球资源卫星的发展历程

我国的资源卫星计划起步于 20 世纪 80 年代中期，由于巴西政府对我国在研的资源卫星表现出极大的兴趣，1988 年，我国与巴西在北京签署了《中华人民共和国和巴西联邦共和国政府关于联合研制地球资源卫星的协议书》，命名为"中巴地球资源卫星（China-Brazil earth resource satellite，CBERS）"的合作项目从此拉开序幕。1999 年，中巴地球资源卫星 01 星在太原成功发射，2003 年又成功发射了中巴地球资源卫星 02 星。2000 年，我国自行研制的地球资源二号 01 卫星成功发射，此后，又分别发射了 02 和 03 卫星，其分辨率高于中巴地球资源一号卫星系列，而且形成了三星联网，表明我国卫星研制技术实现了历史性跨越，填补了我国资源卫星遥感数据的空白，结束了我国卫星遥感长期依赖国外数据的历史。

2007 年 9 月，第一颗民用高分辨率陆地卫星资源一号 02B 星的发射，开创了我国民用卫星应用的新局面。2008 年发射了环境减灾 A、B 卫星；2011 年 12 月我国发射了资源一号 02C 星，这颗卫星分辨率是 2.36m。2012 年 1 月我国发射了资源三号 01 星，这颗卫星最高分辨率为 2.1m，同时搭载了 4 台前后式的光学相机，其主要目标就是获取三线阵立体影像和多光谱影像，它的立体观测可以测绘 1：5 万比例尺地形图，并能提供丰富的三维信息。2016 年，我国的资源三号 02 星成功发射，它与资源三号 01 星组网运行，目的就是进一步的提高数据分辨率和精度，它的发射极大改善了我国自主研发的高分辨率卫星数据不足的局面，更进一步地完善和丰富了卫星测绘应用体系。

2020 年 7 月，资源三号 03 星成功发射并在轨与资源三号 02 星组网运行。资源三号 03 星是一颗高分辨率立体测绘卫星，主要用于获取高分辨率立体影像和多光谱数据，该星的成功发射进一步提升了我国 1：5 万比例尺测图及更大比例尺地理信息更新能力。与常规的光学卫星相比，除可提供数字正射影像、数字表面模型等标准测绘产品之外，资源三号 03 星的突出优势在于三相机立体观测和激光测高仪获取高程控制点，直接生成三维立体影像。

2021 年 12 月，资源一号 02E 星成功发射并与在轨的资源一号 02D 星组网运行，形成全球领先的业务化对地元谱探测能力，基本可实现全国陆域范围高元谱数据半年全覆盖。02E 星沿用了 166 波段的高元谱相机，能够全部覆盖可见光、近红外与红外线；一次拍摄可获取 166 张不同波段的照片，能够准确捕捉各类地物反射的元谱信息，通过反演推算得出监测目标的含量和覆盖范围，合成后就是一张名副其实的"藏宝图"。

20 多年来，我国的资源系列卫星历经起步发展、技术跨越及科研向应用转变三个阶段，卫星遥感数据进入大发展时期。未来我国后续资源卫星家族成员将会梯次接替，谱系不断扩充，资源卫星遥感观测将从数量向质量生态转变。

为了提升国产卫星遥感影像资源利用效率，各省（自治区、直辖市）已建或正在筹建遥感影像统筹服务平台，形成各省范围内实时获取多源、多尺度国产卫星遥感影像，平台支持自主查询、在线浏览实体影像，达到所见即所得的效果，面向全社会提供遥感影像数据一站式服务。

3. 光学遥感技术的发展

光谱分辨率指成像的波段范围，分得越细，波段越多，光谱分辨率就越高。细分光谱可以提高自动区分和识别目标性质和组成成分的能力。一般来说，传感器的波段数越多，波段宽度越窄，地面物体的信息越容易区分和识别，针对性越强。随着遥感技术的不断发展，光谱分辨率不断提高，光谱波段分得越来越细，由最初的全色波段，发展为多光谱遥感、高光谱遥感和超光谱遥感。

（1）全色波段（panchromatic band）：一般指使用 0.5～0.75μm 左右的单波段，即从绿色往后的可见光波段。因为是单波段，在图上显示是灰度图片。全色遥感影像一般空间分辨率高，但无法显示地物色彩。

（2）多光谱遥感（multispectral remote sensing）：将地物辐射电磁波分割成若干个较窄的光谱段，以摄影或扫描的方式，在同一时间获得同一目标不同波段信息的遥感技术称为多光谱遥感。多光谱传感器采集的数据为细分某特定光谱波长范围，分 10 个等分到 100 等分，一般这个范围是可见光到热红外，也就是整个遥感研究的光谱范围。最初的星载图像传感器（如 Landsat 系列）就是以离散的几种颜色（或者几个波段）对地球成像，即多光谱成像。多光谱遥感的优点是不仅可以根据影像的形态和结构的差异判别地物，还可以根据光谱特性的差异来判别地物，从而显著扩大了遥感的信息量。

（3）高光谱遥感（hyperspectral remote sensing）：利用很多狭窄的电磁波波段（波段宽度通常小于 10nm，$1nm = 10^{-3}μm$）产生光谱连续的图像数据（传感器采集的数据为细分某特定光谱波长范围，分 100 个等分到 1000 等分），为每个像元提供数百至数千个窄波段光谱信息，组成一条完整而连续的光谱曲线。

（4）超光谱遥感（hyperspectral remote sensing）：如果传感器采集的数据为细分某特定光谱波长范围，分为 1000 个等分到 10000 等分则称为超光谱数据，其遥感方法为超光谱遥感，光谱波段范围在可见光、近红外、短波红外、中波红外、热红外之间。

7.1.3 航空遥感

航空遥感（摄影）是以高空、中空、低空有人机、低空无人机、飞艇等作为航空飞行平台，采用航空摄影光学相机、数字航空摄影系统、机载激光雷达、机载合成孔径雷达（synthetic aperture radar，SAR）和合成孔径雷达干涉测量（interferometric synthetic aperture radar，InSAR）、机载定位测姿系统（position and orientation system，POS）、航空多光谱、机载高光谱（航空成像光谱仪）等技术手段开展航空遥感（摄影）测量。航空遥感具有技术成熟、成像比例尺大、地面分辨率高、机动灵活、适合大面积地形测绘和小面积详查及不需要复杂的地面处理设备等特点；缺点是飞行高度、续航能力、姿态控制、全天候作业能力及大范围的动态监测能力较差。航空遥感技术能为国土资源调查、海洋资源调查、地质灾害与环境调查与监测、城乡建设规划等应用领域提供高精度的航空遥感（摄影）影像信息和地理定位定向信息。

航空摄影可为数十平方千米或更小范围的勘查工作提供地形和地质基础资料；卫星遥感使用较宽的电磁光谱，而航空摄影只利用可见光和近红外光谱部分。

航天飞机已经拍摄了一些极好的大区域照片，不过未能进行系统的覆盖拍摄。由飞机进行的垂直摄影所获得的照片，已成为多数地质工作的基础，目前我国常用的航空像片，像幅有 18cm×18cm、23cm×23cm 和 30cm×30cm 三种，比例尺可从 1：10 万到 1：2 万或更大。彩色航空照片对矿产勘查是非常有用的，因为颜色能突出重要的地质细节，但彩色航空照片摄取较少，价格较贵，通常难以买到。无人机遥感技术具有自动化、智能化、专用化，以及机动、快速、经济等优点，已成为主要的航空遥感技术之一。

航空照片能精确地反映地貌及基岩岩性和构造，而且，根据其灰度或颜色分辨率能识别出如岩石蚀变带和硫化物氧化带等。因为飞机拍摄相邻地区的照片能够形成立体感，所以，地貌的细节表现得特别明显。这些毗邻的照片（或称立体像对）在前进方向叠加了大约 60%，侧向上叠加大约 30%。用作三维图视的立体镜可以是野外用的袖珍型或室内用的反射棱镜或单棱镜。因为是在中心透视中拍摄的单张航空照片，因而，它们具有边缘和高程畸变，这可以通过照片的联结或叠加所形成的一张有误差的照片镶嵌在图上进行校正。

根据航片上可识别的地形、地貌和地质特征，帮助确定重点勘查工作区、参照地形标定工作路线、设置工作场所、部署地球化学取样或地球物理测线位置。因此，航片是勘查设计较理想的基础资料。

已经研制出无畸变、具颜色校正的航空摄影专用相机。黑白胶片目前仍是最常用的，但红外胶片和各种彩色胶片的应用已日渐广泛。

7.1.4　遥感地质

遥感地质又称为地质遥感，是综合应用现代的遥感技术来研究地质规律，进行地质调查和资源勘查的一种方法。它从宏观的角度，着眼于由空中取得的地质信息，即以各种地质体对电磁辐射的反应作为基本依据，结合其他各种地质资料及遥感资料的综合应用，以分析、判断一定地区内的地质构造情况。遥感地质工作的基本内容是：①地面及航空遥感试验，建立各种地质体和地质现象的电磁波谱特征；②进行图像、数字数据的处理，判释地质体和地质现象在遥感图像上的特征；③遥感技术在地质填图、矿产资源勘查及环境、工程、灾害地质调查研究中的应用。遥感地质需要应用计算机技术、电磁辐射理论、现代光学和电子学技术及数学地质的理论与方法，是促进地质工作现代化的一个重要技术领域。

遥感地质解译分为初步解译、实地踏勘、详细解译、野外验证、综合研究、编写报告等六个工作阶段，每个阶段的工作内容及遥感地质要素解译方法可参考中国地调局地质调查技术标准《遥感地质解译方法指南（1：50000、1：250000）》（DD2011-03）。

国内各遥感中心一般都备有成套的电磁波信息磁带，应用计算机处理技术可获得国内任一地区的黑白或假彩色合成图像。在假彩色合成图像中，可以选择不同的光谱限或光谱限的合成来突出或增强最重要的地质信息。例如，计算机在对原始电磁波信息处理过程中，通过选择特征频带强度（强度比值）能够对岩石进行分类；最好地反映某一岩石类型的信息组合（算法）被赋予一种颜色，使该像幅内相应于该算法（也即相应于该岩石类型）的所有像元都被赋予同种颜色。结合野外和实验室谱分析，TM 数据能够生成黏土和铁氧化物蚀变分布图，ASTER 数据可以有效地生成青磐岩化合黏土化蚀变分布图；超光谱数据可以生成多达 20 余种蚀变矿物的分布图（表 7.2）。因此，只要识别出工作区最重要的岩石类型或蚀变带及其光谱特征，便可以把这些特征外推到更大的地区，也就可以根据假彩色合成图像进行初步地质解释，以及对该区矿产潜力进行评价。

表 7.2　光学传感器识别蚀变矿物的范围和能力

传感器名称	美国陆地资源卫星（Landsat）	日本地球资源卫星（JERS-1）	星载热发射和反射辐射仪（ASTER）	美国超光谱（Hyperion）
波段数	8	7	14	220
图幅大小	185km×185km	75km×75km	60km×60km	7.7km×42km
蚀变矿物识别能力	热液黏土矿物蚀变	明矾石化、绢云母化、绿泥石化、高岭石化、方解石化	明矾石化、绢云母化、绿泥石化、高岭石化、蒙脱石化、方解石化、滑石化、地开石化	明矾石、绢云母、绿泥石、高岭石、蒙脱石、方解石、白云石、滑石、地开石、赤铁矿、针铁矿、黄钾铁矾、叶蜡石、埃洛石、石膏、绿帘石、阳起石、水铵长石、富铝绢云母、富镁绢云母、镁绿泥石等

红外波长范围的遥感可将记录的地球表面的热辐射用于圈定高热流或低热流地区，并可证实不同程度保留或放射积热的岩石类型。雷达波长能穿透植被并显著地被地表反射，航空侧视雷达非常适合地质构造制图。

ASTER 传感器提供近红外波段（VNIR）、短红外波段（SWIR）和热红外波段（TIR）范围内的多光谱数据，它是第一个提供 SWIR 和 TIR 多光谱数据的星载传感器。在矿产勘查中，利用 SWIR 数据可以识别热液蚀变矿物，利用 TIR 数据可以识别硅酸盐矿物，尤其是石英。

高光谱遥感技术已经成为当前遥感领域的前沿技术。高光谱遥感在矿产地质填图及矿产勘查的应用一般采用机载高光谱数据（星载高光谱传感器的信噪比比较小），主要目的是提取地表的矿化信息。不同类型的热液蚀变和矿化往往具有与之相对应的主要光谱吸收特征组合，因而能够在可见光—短波红外光谱之间发现矿物的诊断性吸收特征，从而能够针对相关矿物组合进行填图。

在 2000～2500nm 的 SWIR 波长区间非常适合矿物填图，2000～2400nm 波长区间可显示出含羟基和碳酸盐的特定矿物组合的许多特征，这些矿物是热液蚀变的标志，包括叶蜡石、高岭石、地开石、云母、绿泥石、蒙脱石、明矾石、黄钾铁矾、方解石和铁白云石等（甘甫平等，2017）。利用光谱学方法，尤其是高光谱成像技术，就有可能对地表热液蚀变矿物的分布及其相对含量及矿物组合等进行精确填图。

许多学者认为"遥感是指非接触的、远距离的探测技术"这个定义没能将遥感与航空地球物理探测技术区分开来。遥感地质是利用探测对象的光谱响应进行地质研究的一种方法，在过去十多年中，遥感勘查技术经历了从处理图像到提取光谱矿物学信息的根本性转变，由此，澳大利亚地球科学学会（2014）将遥感地质称为光谱地质学（spectral geology），并将光谱地质学定义为"对电磁波谱一定范围进行测量与分析，以便识别出不同岩石类型、表面物质及其矿物与蚀变标志的具有重要的物理意义且比较清楚的光谱特征"。该领域已取得重大进展，尤其是在钻孔岩心光谱分析方面卓有成效，例如，Coulter 等（2017）经过对世界多地大量钻孔岩心的光谱分析总结出了各类矿物的光谱特征（表 7.3）。从表 7.3 可以看出，许多与成矿有关联的重要蚀变矿物都可以利用光谱地质技术识别，大多数矿物在 SWIR 和长波红外（long ware infrared，LWIR）范围内都有明确的显示。

表 7.3 不同类型矿物在 VNIR、SWIR、LWIR 范围内的光谱分析精度的定性描述（Coulter et al.，2017）

矿物大类	矿物类（亚类）	矿物族	矿物实例	VNIR 响应	SWIR 响应	LWIR 响应
硅酸盐矿物	链状硅酸盐	角闪石	阳起石	无响应	良好	中等
		辉石	透辉石	良好	中等	良好
	环状硅酸盐	电气石	锂电气石	无响应	良好	中等
	岛状硅酸盐	石榴子石	钙铝榴石	中等	无响应	良好
		橄榄石	镁橄榄石	良好	无响应	良好
	双岛状硅酸盐	绿帘石	绿帘石	无响应	良好	中等
	层状硅酸盐	云母类	白云母	无响应	良好	中等
		绿泥石	斜绿泥石	无响应	良好	中等
		黏土类矿物	伊利石	无响应	良好	中等
			高岭石	无响应	良好	中等
	架状硅酸盐	长石	正长石	无响应	无响应	良好
			钠长石	无响应	无响应	良好
		氧化硅	石英	无响应	无响应	良好
非硅酸盐矿物	碳酸盐	白云石	白云石	无响应	中等	良好
		方解石	方解石	无响应	中等	良好
	氢氧化物		三水铝石	无响应	良好	中等
	硫酸盐	明矾石	明矾石	中等	良好	中等
			石膏	无响应	良好	良好
	硼酸盐		硼砂	无响应	中等	待定
	卤化物	氯化物	石盐	无响应	待定	待定
	磷酸盐	磷灰石	磷灰石	中等	无响应	良好
	碳氢化物		天然地沥青	待定	中等	待定
	氧化物	赤铁矿	赤铁矿	良好	无响应	无响应
		尖晶石	铬铁矿	无响应	无响应	无响应
	硫化物		黄铁矿	无响应	无响应	无响应

注：LWIR 波长所在区间为 6～15μm，相当于远红外

反映一个广大地区内的岩石类型和地质构造概貌，是遥感技术在矿产勘查中的主要优势。高分辨率图像资料的可利用性，进一步促使矿产勘查利用遥感技术。特别需要注意研究的课题包括：①应用综合数据套，即把地球物理、地球化学测量资料叠加在遥感图像中；②在短红外和中红外波长范围内开发图像资料的数字处理技术；③影像雷达的评价。实际工作中常常利用多阶段、多种遥感影像进行解译。首先，从小比例尺（1∶250000～1∶1000000）卫星影像解译入手，其次，解译高空拍摄的研究区的大比例尺航摄像片，再进一步解译研究区更大比例尺的传统拍摄的航片，在一些条件较好的地区，还可以结合航空物探测量成果进行研究。最后，利用多种遥感信息可以对一些重要的地质特征的解译结果互相印证，例如，航空磁法测量可以指示侵入体的存在，利用航片可以帮助圈定侵入体的边界。

遥感资料提供的信息有助于对区域地质体进行较准确的圈定，从宏观上控制区域地质构造的总体格架，对提高区域地质调查质量具有十分重要的作用。遥感图像的解译主要是去伪存真、先整体后局部，通过对比、推理，解译不同比例尺的单张单波段或彩色合成卫片，然后再对比多时相、多波段、多片种，以及航、卫片镶嵌图，从中确定各类地质体、线、环形影像特征及其分布和变化等。根据遥感资料的影像特征，进行遥感影像单元和遥感形态单元（线形、环形）划分，并编制遥感图像解译草图；对照参考已有地质资料，拟定全区岩性和构造地质解译标志；根据解译标志，对遥感资料进行地质解译并参考《遥感解译地质图制作规范（1∶250000）》（DZ/T 0264—2014）编绘遥感地质解译图，提供野外踏勘中参考应用，以便有针对性地布置地质观察路线，并对解译内容进行实地检查验证，不断修改补充和完善解译标志，提高解译质量；同时修改补充原遥感地质解译图有关内容，使解译内容与客观情况更为吻合。

遥感地质解译的重点包括：区域构造格架解译、辅助地质填图解译、已知控矿因素的追索圈定等。因为遥感影像只是多种勘查手段中的一种，所以有必要与其他类型数据（地质、地球化学、地球物理等）在相同比例尺和同一个坐标系统中进行匹配和比较。

如果说遥感数据分辨率的提高显著地提高了地面地质体影像的精细程度，那么，高光谱和超光谱技术的发展则促使遥感地质方法由现在的以图像分析为主转变为以光谱分析为主的图谱结合的方式。未来的遥感地质将会向着定量化（如地质目标的自动识别、岩石中矿物丰度和化学成分的定量反演、包括地质填图模型和矿产资源评价模型在内的定量应用模型等）、集成化（即多种遥感技术、多种遥感信息及多种数据处理方法集成为优势互补协同作业的应用体系），以及智能化（即利用人工智能技术提取和解译遥感信息）的方向发展。

2007 年在北京召开的以"遥感找矿面临的新挑战"为主题的第 302 次香山科学会议提出了"后遥感应用技术"的概念。后遥感应用技术是指在数字地球框架下，将遥感技术与传统的地质方法相结合、与现代信息技术相结合的遥感信息深化应用技术，其核心是遥感信息的延伸应用和信息化。其目的是最大限度地利用信息资源，以提高矿产资源的勘查效果。后遥感应用技术有利于发挥遥感找矿的技术优势，发现用常规地质方法很难发现的地质体和地质现象，为找矿提供新的依据。通过引进新型探测技术的数据源，开发先进图像处理方法，进一步深化对遥感信息的理解和诠释；通过与传统地质方法的集成来弥补主要反映地表信息、受植被干扰大和解读不确定性等不足。

7.2　矿产地质填图

7.2.1　地图和地质图的基本概念

地图是用形象符号再现客观，反映和研究自然现象及社会现象的空间分布、组合、相互联系及其在时间中变化的图形模型。地质图属于一种重要的地图类型，是矿产勘查中用于交流信息的最重要媒体。地图是地表特征的二维展示，它不仅能传递某个特定区域的详细信息（采用图形的形式实现），而且能指示该区域相对于地球其他地区的位置（采用坐标系统控制）。地形图和地质图是矿产勘查中最常用的地图，地球物理和地球化学图件常常与地质图结合使用。

地质图是在平面上的地质观测和解释的图形展示，地质剖面图是在垂向上的地质观测和信息解释，两者在性质上是相同的。对于矿产勘查工作来说，平面图和剖面图在可视空间及三维地质关系方面是必不可少的图件。有了这些图件，便可以应用有关成矿控制的理论来预测潜在矿床赋存的位置、规模、形态及品位等。

地质填图的目的是确定构造单元并概括或恢复出填图区的地质发展历史，根据对资料的综合分析，评价相应地质条件下矿化潜力和建立勘查准则。矿产勘查的第一步是获得地质图。在确立勘查项目之前，首先需要收集研究区内原有的地质图和资料，在对这些图进行评价后，可能需要在更小的区域内进行更大比例尺的地质研究。而且，勘查靶区的地质图对所有后续勘查工作，包括地球物理、地球化学、钻探，以及矿山设计和开采等，都是极为重要的地质控制资料。所以地质填图是勘查地质人员必须掌握的基本技术之一。

7.2.2　我国地质填图的进展简介

1. 我国地质填图的进展

我国最早的区域地质调查工作始于 1952 年地质部成立之时，至 20 世纪末的近 50 年间，已累计完成 1∶100 万区域地质调查面积达 947.38 万 km²，占国土面积的 98.7%；完成 1∶20 万中比例尺区域地质调查 691 万 km²，占国土面积的 72%；完成 1∶5 万区域地质填图 164 万 km²，占国土面积的 17%。从 2004 年开始，我国再次启动了中断 20 多年的大比例尺区域矿产远景调查工作，被锁定的区域包括雅鲁藏布江地区、"三江"地区、大兴安岭中南段等 15 个重要成矿区带的成矿有利地段，共填图 217 幅，调查面积为 88021km²，年度计划总投资 1 亿元。至 2010 年，我国已基本实现中比例尺地质图的全面覆盖，在主要经济发展区带、重要成矿带及科学问题突出的地质单元行将完成 849 幅 1∶5 万地质图，合计 36 万 km²。

根据国际基本地形图系统数字化的新形势，从"九五"计划开始，我国中比例尺新测图幅统一由 1∶20 万改为 1∶25 万，并且规范了 1∶25 万、1∶5 万、1∶2.5 万，1∶1 万比例尺构成的国家层次"野外地质填图"标准系列，数字填图技术已经在我国推广。目前，我国地质填图已实现野外数据采集、储存、数据处理、成图的全流程数字化。全球定位系统（global positioning system，GPS）已成为野外地质人员的重要工具，它有两个主要的用途：①预先把所需要研究的观察点位置坐标输入 GPS，野外工作时就可以很容易地利用它到达预定点位；②野外定点，即利用 GPS 确定并自动记录观测者所在位置。

中国地质调查局除承担比例尺一般为 1∶25 万～1∶5 万区域地质填图外，还承担 1∶5 万矿产远景调查。矿产远景调查是战略性矿产勘查的前期基础工作，是为矿产预查直接提供靶区和新发现矿产地的区域找矿工作，其目的是解决矿产勘查后备选区紧缺问题，为政府矿产资源规划管理、提高矿产可持续供给能力提供基础保障，为提高国家勘查资金的投入产出效益、促进矿业可持续发展服务。

矿产远景调查一般部署在重要成矿区带，选择成矿有利地段，突出战略性矿种，兼顾综合找矿，按国际分幅，采用单幅或多幅联测的方式分阶段部署。未开展过 1∶5 万区调的地区，矿产地质填图必须以野外实测为主。已进行过 1∶5 万区调的地区，采用野外调查和室内修编相结合的方式进行，主要任务是实测矿产和与成矿有关的含矿层、标志层、控矿构造、矿化带、蚀变带、物化探异常区和其他地质体。有关矿产远景调查的技术要求请参见中国地质调查局地质调查技术标准《战略性矿产远景调查技术要求》（DD2010-03）。

2. 数字地质调查系统简介

21 世纪初，中国地质调查局李超岭团队基于地质填图过程实际上就是对地质点（point）、分段路线（routing）及点间界线（boundary）观测和描述的理念，把这三个地质填图要素地质点、分段路线、点间界线（point routing boundary，PRB）抽象出来表述为数字化填图的核心技术，成功地将其转化为计算机语言。经过 20 余年不懈努力，中国地质调查局独立自主开发出了我国数字化填图系统，实现了地质填图和矿产资源勘查过程的信息化、数字化和智能化。

数字地质调查系统（digital geological survey system，DGSS）是贯穿整个地质矿产资源调查过程的软件，功能涵盖区域地质调查、固体矿产勘查、矿体模拟、品位估计、资源储量估算、矿山开采系统优化等内容。软件由四大子系统组成：

（1）数字地质填图系统 RGMap。

具有整合显示地理、地质、遥感等多源地学数据，GPS 导航与定位，电子罗盘测量，路线地质调查 PRB 数据描述，产状、素描、化石、照片、样品、地球化学数据、重砂、矿点检查等数据采集，路线信手剖面自动生成、实测地质剖面导线、分层、地质描述、素描、照片、采样、化石等野外数据采集功能。

（2）探矿工程数据编录系统 PEData。

探槽、浅井、坑道、钻孔探矿工程野外数据采集与原始地质编录，并现场实时自动形成探槽、浅井、坑道、钻孔探矿工程图件等功能。

（3）数字地质调查信息综合平台 DGSInfo。

提供全国大、中比例尺标准图幅接图表，野外 PRB 数据检查与编辑，PRB 数据入库，PRB 数据整理与处理（数据浏览、数据提取形成专题图层），剖面厚度自动计算，剖面图和柱状图自动绘制，等值线计算与制图，多元统计计算与成图，地球化学数据采集、处理与成图，第四系钻孔综合剖面图、地球物理物理数据处理与成图，PRB 空间数据定量评价，实际材料图编辑与属性继承操作，1∶10 万实际材料图投影到 1∶25 万图幅（或 1∶2.5 万到 1∶5 万），编稿地质图编辑与地质图空间数据库建立，异常查证结果数据库、矿点检查结果数据库，以及综合地质构造图层、含矿地质建造图层、控矿构造图层、矿产地图层、矿化信息及找矿标志图层、蚀变带信息及物化遥等综合异常图层、矿产预测远景区图层、找矿靶区图层、地质工作部署建议图层等内容的成矿规律分析与矿产预测图数据库的建立等功能，满足完成野外手图、PRB 图幅库、实际材料图、编稿地质图及地质图空间数据库整个过程的要求，覆盖各种比例尺填图全过程。

另外，提供了探矿工程数据综合、处理、制图过程。探槽、浅井、坑道、钻孔探矿工程数据、勘查线数据、采样分析数据录入与组织管理，自动生成坑道、探槽、钻孔、浅井工程图件的基本内容投影在矿区平面图上，自动输出坑道、探槽、钻孔、浅井工程编入数据采集表、素描图、矿区平面图，多模式多用途钻孔综合柱状图应用等相关功能。

（4）资源储量估算与矿体三维建模信息系统 REInfo。

基于条件表达式的工业指标设置、勘查线剖面生成与编辑、单工程（单指标、多指标）矿体圈定与人机交互编辑、人机交互矿体连接（直线、曲线及提供连接规则）、地质块段法资源储量计算、剖面法资源储量计算、采样平面图法、地质统计学资源储量计算（含距离加权反比法）、煤矿资源储量计算、采空区动态储量管理、矿体三维显示与分析等功能，输出各种与资源储量计算有关的表格与图件。

7.2.3　矿产地质填图概述

矿产勘查阶段的地质填图称为矿产地质填图，由地质勘查部门自行完成，比例尺一般为 1：10000、1：5000、1：1000，一些情况下为 1：500。野外填图的比例尺越大，要求的控制程度和研究程度越高。例如，如果野外按照 1：5000 比例尺要求进行地质填图，那么，最终成图的比例尺应为 1：5000 或 1：10000，而不能为 1：2000，因为该比例尺的野外填图的控制程度不能达到更大比例尺地质图的要求。

在 1：10000 比例尺的地质填图中，间距为100m 的勘查工程能够在这一比例尺的地质图上展绘出来，而且，宽度为几米的岩墙和断层带不需要在图上夸大表示。在 1：1 万地质填图的基础上可进行更大比例尺（如 1：2000）的地质填图，更大比例尺的地质图上能够实际表示与矿床有关的规模更小的地质特征。一般说来，地质填图选取比例尺应按工作区内原有地质图比例尺 5～10 倍的尺度扩大，采用小于这一倍数比例尺的地质填图，例如，如果进一步详细的地质填图只比原比例尺扩大 2～3 倍，将不可能新增多少地质细节。

矿产地质填图的目的任务是提高测区内地质矿产研究程度，基本查明地质特征，大致查明成矿条件，发现新矿（化）点，为物化探异常解释、成矿规律研究和勘查靶区圈定提供基础地质资料。

地质填图在矿产勘查的各个阶段都需要进行，随着勘查工作的逐步深入，勘查范围逐步缩小，地质填图所要求的比例尺更大，精度要求更高。地质填图也不是一个孤立的活动，它在勘查手段的最佳组合中占有重要位置，地质填图对地球物理、地球化学、槽探、钻探及坑探等勘查技术的应用提供指导作用，而地质填图过程中也需要借助于这些手段来了解覆盖层之下基岩的地质特征。

一旦确定了钻探或槽探的施工区域，则一般需要进行更大比例尺的地质填图，例如1：500（1cm＝5m），以便把取样结果及地层和构造细节都能精确地展绘在图上。勘查工程如探槽和钻探的原始地质编录则还要以更大比例尺（如 1∶50 或 1∶100）来进行。原始地质编录有助于确定构造、岩性、矿化及详细取样位置之间的关系，而且对于岩土工程研究也是很重要的。

7.2.4　实测地质剖面的测制要求

实测地质剖面是进行勘查区基本地质情况研究及进行地质填图的基础工作。在地质填图设计书中即应明确测制实测地质剖面的目的、地点及样品（标本）采集要求等。首先需要通过踏勘，选择露头良好、构造清楚的地段作为实测剖面的路线，必要时采用探槽进行揭露。其次进行实测剖面，通过观察研究和对比，确定填图单位。最后采用一套经过鉴定、测试的标本，统一命名和统一认识。

实测地质剖面的分层精度可根据剖面的比例尺大小确定。凡在剖面图上宽度达 1mm 的地质体均应划分和表示，对于一些重要的或具特殊意义的地质体，如标志层、化石层、矿化层、火山岩中的沉积岩夹层等，如果厚度达不到图上 1mm，也应将其放大到 1mm 表示。

对于实测勘查线剖面，要求地质界线定位准确，并且准确测定其产状，勘查工程位置准确定位。

实测地质剖面时用半仪器法同时测绘地形及地质界线，绘制路线地质平面图和地质剖面图。勘查线剖面图用仪器法测绘地形剖面图，填绘地质体时，对工程位置及地质界线特别是矿体（层）界线、重要的地质构造界线等必须用仪器法定位。测量点、基点、观测点在实地用木桩或用油漆在岩石上标记，勘查线剖面的端点还应埋设水泥桩，并测定其 x、y 和 z 坐标。实测地质剖面的比例尺依据地质填图的比例尺确定，表 7.4 为矿区地质图与实测地质剖面图及勘查线剖面图比例尺的关系。

表 7.4　矿区地质图与实测地质剖面图及勘查线剖面图比例尺的关系

矿区地质图	实测地质剖面图	勘查线剖面图
1∶10000	1∶2000～1∶5000	1∶5000～1∶10000
1∶5000	1∶1000～1∶2000	1∶2000～1∶5000
1∶2000	1∶500～1∶1000	1∶1000～1∶2000
1∶1000	1∶200～1∶500	1∶500～1∶1000

资料来源：国土资源部《固体矿产勘查原始地质编录规程》（DZ/T 0078—2015）

7.2.5　矿产地质填图的要求

1∶10000 矿产地质填图是在 1∶50000 或 1∶100000（一些情况下可能为 1∶250000）地质图的基础上进行的。在开始地质填图工作之前，要注意分析研究区内现有地球物理、地球化学及航空像片资料。如果目标矿床是内生矿床，地质填图过程中尤其要注意对构造特征的了解；如果是外生矿床，则要注重岩相-岩性条件的研究；在变质岩区要加强对变质相的研究。在解读研究区的构造格局时有必要了解地质事件发生的时间顺序；除了构造要素需要查明以外，任何类型的接触界线都必须要确定。覆盖层不一定要填出来。大比例尺地质填图的主要目的是要发现填图区内出露于地表的所有矿化体、建立矿化与岩性和构造之间的关系、确定矿床界限、圈定有利于成矿的靶区、综合收集矿产勘查所需的资料。在覆盖层厚度不大的地区应采用探槽揭露，中心部位主干探槽最好能够横切过工作区，揭露和控制主要地层和构造；辅助探槽主要用于控制矿化和构造的走向。

矿产地质填图的目标任务是提高测区内矿产地质研究程度，了解工作区内地表和近地表存在的岩石类型和构造型式及相互间的关系，大致查明地质及矿化特征，发现新矿（化）点，为物化探异常解释、成矿规律研究和勘查靶区圈定提供基础地质资料。矿产地质填图是矿产勘查中花费最少而且最重要的一种方法，主要任务是实测矿产和与成矿有关的含矿层、标志层、控矿构造、矿化带、蚀变带、物化探异常区和与成矿有关的其他地质体，主要目的是创建一幅总结归纳野外地质观测研究结果的地质图。

大比例尺矿产地质图能够全面反映工作区内的地质及矿化特征、矿（化）点的分布状况，是物化探异常解释、成矿规律研究和圈定找矿靶区的重要基础性地质资料，可以直接为矿产资源的进一步勘查提供依据，在矿产勘查中具有重要作用。

矿产勘查地质填图过程中应注意以下几方面：

（1）应充分收集、分析、应用区内已有的地质、物理、化学、遥感、矿产资料，提高研究程度和工作效率。

（2）应充分应用新技术、新理论、新方法，不断提高区内地质、矿产研究程度和填图质量。原则上采用数字填图技术。使用 GPS 定点。

（3）要充分考虑区内地形、地貌、地质的综合特征及已知矿产展布特征，对成矿有利地段要有所侧重。

（4）尽可能使用符合质量要求的地形图为底图，其比例尺应大于或等于最终成图时的比例尺，野外手图比例尺应大于或等于室内地形底图，无合适比例尺地形图应测绘出符合要求的地形图后再进行填图工作。地质填图过程中最好同时进行地球物理和地球化学测量。

（5）根据不同比例尺要求的精度查明区内地层、构造和岩浆岩的产出、分布、岩石类型、变质作用等特征，深入研究与成矿有关的地质体和构造并且了解含矿层、矿化带、蚀变带、矿体的分布范围、形态、产状、矿化类型、分布特点及其控制因素、矿石特征。

有关矿产地质填图方法以及具体技术要求请感兴趣的读者参见原国土资源部 2015 年颁发的《固体矿产勘查原始地质编录规程》（DZ/T 0078—2015）规范中的相关内容。

7.2.6　矿产地质填图的研究内容和方法

1. 矿产地质填图的研究内容

（1）沉积岩：采用岩石地层方法填图，重点查明岩石地层单位的沉积序列、岩石组成、岩性、主要矿物成分、结构、构造、岩相、厚度、产状、构造特征及接触关系，大致查明其含（控）矿性质、时空分布变化等，厘定地层层序和填图单位。

（2）侵入岩：着重查明侵入岩体、脉岩的形态与规模、产状、主要矿物成分、岩石类型、结构构造、包体、岩石化学和地球化学特征等及侵入岩体内外接触带的交代蚀变现象、同化混染现象及分异现象特征，并圈定接触带、捕房体或顶盖残留体，测量接触带产状；探讨侵入体的侵入期次、顺序、时代、演化规律、与围岩和矿产的关系及时空分布、控矿特征。

（3）火山岩：采用火山地层-岩性（岩相）双重方法填图，研究火山岩的成分、结构、构造、层面构造和接触关系。大致查明火山岩层的层序、厚度、产状、分布范围、沉积夹层及岩石化学和地球化学特征，划分和厘定岩石地层单位；划分火山岩相，调查研究火山机构、断裂、裂隙对矿液运移和富集的控制作用，以及与火山作用有关的岩浆期后热液蚀变、矿化特征；研究探讨火山作用与区域构造及成矿的关系，确定与成矿有关的火山喷发时代。

（4）变质岩：区域变质岩要研究各种类型变质岩石的特点和变质作用；浅变质沉积岩、火山岩、侵入岩注意运用相应的填图方法进行工作；中、深变质岩系根据变质、变形作用特征及其复杂程度、岩石类型，划分构造-地层单位、构造-岩层单位、构造-岩石单位；接触变质岩石应着重研究接触变质带、接触交代带的分布、物质成分、规模、形态、产状和强度及其主要控制因素。要求查明变质岩石的主要矿物成分、结构构造、岩石类型、岩石化学和地球化学特征、变形特征及其空间分布、接触关系，并建立序次关系，恢复原岩及其建造类型；调查研究各类变质岩内的含矿层、含矿建造及矿产在变质岩中的分布规律，变质岩石、变质带、变质相对矿床、矿化的控制作用。

（5）构造：查明构造的基本类型和主要构造的形态、规模、产状、性质、生成序次和组合特征。建立区域构造格架，探讨不同期次构造叠加关系及演化序列；观察褶皱、断裂构造或韧性剪切带、构造活动等及新构造运动对沉积作用、岩浆活动、变质作用、矿化蚀变、成矿的控制作用、对矿体的破坏作用及矿体在各类构造中的赋存位置和分布规律。

（6）矿产：观察研究含矿层、蚀变带、矿化带、矿体，与成矿有关的侵入体、接触变质带、构造带，以及矿化转石等的种类、规模、展布范围、产状、形态及其空间变化，并取化学分析样和采集标本。观察研究矿石质量特征、矿石的物质组成、矿石矿物、脉石矿物、结构构造等。

（7）第四纪地质：第四纪地质体大致按时代、成因类型划分填图单位。含矿层位为第四系时要大致查明第四纪沉积物的物质成分、厚度及时空分布。

2. 矿产地质填图的方法

在勘查工作区内，常常需要建立地质填图、地球物理测量、地球化学取样、勘查工程布置的控制网。一般的作法是沿主要矿化带、地球物理或地球化学异常带、构造带的走向布置一条或多条基线，然后垂直于基线布置横剖面线（图 7.2），剖面线间距最初可定在 300m 左右，随着勘查工作的深入逐步加密。如果勘查区域已经缩小到矿床或矿体范围，可能要求进行 1∶1000～1∶100 比例尺的地质填图。

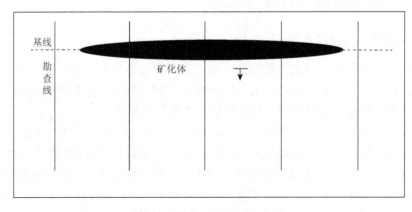

图 7.2　勘查区控制网的建立

野外填图过程中的资料收集常常采用两种方式：①在野外记录簿上按时间顺序记录信息，记录簿代表完成野外研究的工作日志，记录每天观测的点号、点位、点性、观测内容、样品编号等；②利用专为本勘查项目设计的标准的收集数据表格，即要求把每个观测点或取样位置记录在单独的表格上。重要的地质界线和地质体应有足够的观察点控制。重要地质现象、矿化蚀变应有必要的素描图或照片。野外地质观察记录格式应统一，点位准确，记录与手图要一致。记录内容应丰富翔实，真实可靠。地质现象观察要求仔细，描述要求准确，除详细描述岩性特征外，对沉积岩石的基本层序、火山岩石的相序特征、侵入岩石的组构特征、露头显示的构造特征、接触关系、矿化蚀变现象等均应有详细描述记录，并有相应照片或素描图。点与点之间的路线也应有连续观察记录；每条路线应有路线小结。重点穿越路线、重要含矿层位、矿（化）带、矿（化）体、蚀变带的追索路线应有信手剖面。

当发现重要含矿层位、矿化带、矿体（点）、蚀变带时，应采用适当的轻型山地工程予以揭露控制。工程应采用 GPS 定位。探矿工程应按规范要求编录。

本 章 小 结

通过本章的简要介绍，读者应对遥感技术和矿产地质填图有了基本的认识。遥感地质技术能够提供研究区鸟瞰遥感地质影像，不仅能够辅助进行矿产地质填图，还可以提取围岩蚀变信息和控矿构造格局，以及有利成矿的岩性分布特征的信息。

矿产地质填图属于大比例尺综合性地质调查研究工作，其主要任务是通过地质填图、矿产调查和综合研究，系统查明勘查工作区的地质特征和成矿地质环境，为勘查工作提供基础地质资料。

讨 论 题

（1）试述卫星图像目视判读的步骤和方法特点。

（2）在航空像片上如何确定岩层产状？如何判读向斜构造、背斜构造和断层？

（3）阐述矿产地质填图的方法和技术要求。

本章进一步参考读物

国土资源部. 2015. 固体矿产勘查原始地质编录规程(DZ/T 0078—2015)

李超岭, 于庆文. 2003. 数字区域地质调查理论与技术方法. 北京: 地质出版社

叶天竺. 2004. 固体矿产预测评价方法技术. 北京: 中国大地出版社

中国地质调查局. 2011. 遥感地质解译方法指南(1∶50000、1∶250000) (DD2011-03)

自然资源部中国地质调查局. 2019. 固体矿产地质调查技术要求(1∶50000) (DD2019-02)

第8章　地球物理勘查技术

8.1　概　　述

8.1.1　地球物理勘查的基本原理

地球物理方法一般在某种程度上测量所有岩石所具有的客观特征，并收集大量的用于图形处理的数字资料。在矿产勘查中的应用体现在两个方面：①目的在于定义重要的区域地质特征；②目的在于直接进行矿体定位。第一方面的应用主要是填制某种岩石或构造特征的区域性分布图，例如，地球物理方法测量地表对电磁辐射的反射率、磁化率、岩石传导率等。这方面的应用不要求观测值与所寻找的目标矿床之间存在任何直接或间接的关系，这类观测资料结合地质资料可以产生地质特征的三维解释，然后可以应用成矿模型预测在什么地方能够找到目标矿床，从而指导后续勘查工作。这一应用的关键是对这些观测值以最容易进行定性解释的形式展示，即转化为容易为地质人员理解的模拟形式，现在利用 GIS 技术可以很容易实现。第二方面的应用是测量直接反映并且在空间上与工业矿床（体）紧密相关的异常特征。矿床在地壳内的赋存空间很小，这决定了这类测量必须是观测间距很小的详细测量，从而，测量费用一般较高。以矿床为目标的地球物理/地球化学测量项目通常在已经圈定的勘查靶区内或至少是有远景的成矿带内进行，其观测结果的解释关键在于选择那些被认为是异常的观测值，然后对这些异常值进行分析，确定异常体的大致性质、规模、位置及其产状。

岩石或矿石物理性质简称为物性（physical properties），如岩石和矿石的密度、磁化率、电阻率、弹性等，岩石或矿石的物性差异是选择相应的物探方法的物质基础。任何地球物理勘查技术应用的基本条件是在矿体（或它所要探测的地质体）与围岩之间在某种可测量到的物性方面能进行对比。例如，重力测量是根据密度对比；电法和电磁法是根据电导率进行对比。异常强度除受物性差异控制外，还受到其他一些因素的约束。地球物理异常是由式（8.1）中的信息构成：

$$A = \Delta P \times F \times V / r^n \tag{8.1}$$

式中，A 为地球物理异常的度量；ΔP 为所测量到的物性差；F 为作用力（自然力或人工外加力）；V 为地质体的有效体积；r 为地质体与观测点之间的距离；n 为经验常数，与地质体形状、大小、所用地球物理方法等有关。

由式（8.1）可知，具有强作用力而且与围岩有显著物性差异的大矿体，若赋存在近地表，能产生强异常，若赋存在地下较深部位（即 r 较大），仍可能产生明显异常。表达式 V/r^n 是地质体各要素的总和，地质体形状是很重要的，球状或筒状体所赋的 n 值比倾斜的板状体大，例如，透镜体所产生的异常比赋存在相同深度的脉状体产生的异常要微弱得多。地质体这种形状效应适用于所有地球物理勘查技术，但在电磁法中有独特含义：重力法、磁法、电阻率法及激发极化法接收的信号强度与地质体体积有关，而电磁信号却与垂直于外加场的地质体面积有关，从而，在电磁法中，平放的圆盘状体能产生具有相同半径的球状或透镜状体相同的电磁异常强度。

8.1.2　勘查地球物理技术的应用及其限制

20 世纪 50 年代，地球物理技术的应用和发展深刻地影响着矿产勘查，尤其在北美，许多勘查公司认为，地球物理技术是矿产勘查的"灵丹妙药"，然而，应用效果却使这些公司感到失望。美国西南部的斑岩铜矿省应用激发极化法测量穿越矿化区、无矿区和覆盖区，其结果不具有判别性；在一个地区，由于勘查竞争激烈，各公司都争先应用地球物理技术，以至于不得不采取一个非正式的协议来降低互相之间电的干扰；为了查明地球物理测量对黄铜矿和黄铁矿的判别，一个勘查公司把强烈的电流输入地下，以至于把该区地下的小动物全部杀灭了（Peters，1987）。

地球物理勘查技术（除放射性测量外）最初在美国应用缺乏成功归因于 4 个因素：①忽视了勘查靶区的选择；②缺乏对地质环境和矿床特征的认识；③缺乏对新技术适用范围的认识；④地球物理测量仪器灵敏度不高。

地球物理技术在矿产勘查各阶段都可使用。在初步勘查阶段，采用航空地球物理圈定区域地质特征；在详细勘查阶段，运用地面地球物理和钻孔地球物理测井，甚至在坑道内直接运用地球物理技术。

地球物理技术常可用作辅助地质填图。例如，在美国密苏里铅锌矿区东南部，依靠航磁异常圈定埋藏的前寒武系基底岩石的隆起和凹陷，这些隆起和凹陷与上覆碳酸盐岩石中的藻礁和矿床有关。在一些具有广泛覆盖层分布的地区，电法、电磁法、地震法和重力法广泛用于在高阻的石灰岩层、低阻的板岩层及高密度的镁铁质岩墙分布区填图。

地球物理技术也可直接用于寻找矿床，如利用放射性法找铀矿、磁法找铁矿、电法找基本金属矿床等；通常认为，它们是在未开发地区进行矿产勘查的一部分。在许多老矿区，利用这些地球物理技术还获得了许多新的发现；在生产矿区，正在力图应用地球物理技术寻找深部隐伏矿体，因为在寻找具有特征相对明显的矿体时更容易应用新概念和新技术。生产矿区有特殊的优点，地球物理技术可在深部坑道运用，但也存在缺点——杂散电流及工业有关的噪声干扰。

综上可见，地球物理技术在矿产勘查中的应用目的在于：①确定具有潜在工业矿床的地区；②排除潜在无矿的远景区。例如，假设要寻找含铜镍硫化物矿床，地球物理勘查的目的是查明在工作区一定深度范围内是否存在某种具有电导带或很大密度带的地质体及其赋存部位；如果兴趣更广泛些，相同的地球物理工作还能阐明超镁铁岩体或主要断裂带的特征信号，因为它们能预测铜镍矿化的地质特征。

地球物理信号是由信息和噪声组成的，异常存在于信息中。异常必须根据地质条件进行解释。由于影响异常的因素十分复杂，地球物理异常具有多解性，致使利用地球物理技术进行矿产勘查命中率较低。Paterson（1983）在加拿大为寻找块状硫化物矿床的工作进行了好几年，结果表明，5000 个航空电磁异常中有一个是潜在的工业矿体。

通过综合运用表 8.1 中所列的地球物理技术可以降低地球物理异常的多解性。例如，一个与强电导体异常形状大致相同，而且出现在相同部位的磁异常，可以表明是一个磁黄铁矿体或者是黄铁矿和磁黄铁矿石组合的矿体，而不是石墨片岩的电导带；如果导体不具磁性，但密度很大，足以产生高重力值，则它可能是一个黄铁矿体，而不是磁黄铁矿体或磁铁矿体。

表 8.1　地球物理勘查技术一览表

技术种类		测量单位	测量参数	测量的物理性质	提交成果的方式	引起地球物理异常的原因	适用范围	评价
磁法		毫微特斯拉（nT）或伽马（γ）	地磁场强度的空间变化	磁化率和剩余磁化强度	等值线图剖面图	磁铁矿、钛铁矿、磁黄铁矿、镜铁矿等的富集体含磁性矿物的矿体基岩的不规则性镁铁质侵入体和火山岩沉积物中的"黑砂"	适应于寻找含磁铁矿、磁黄铁矿等铁磁性矿物的矿床圈定基性和超基性岩体及推断构造等。可应用于航空和地面测量	效率高、成本低、效果好，寻找磁铁矿床、块状硫化物矿床、斑岩铜矿床、IOCG 型及金刚石矿床等
重力法		毫伽（mGal）或重力单位（0.1mGal）	重力加速度的空间变化	密度	等值线图剖面图	致密状矿体致密状侵入体基岩不规则性基底不规则性盐穹	密度大的矿床（如各种致密块状的金属矿体）和密度小的非金属矿床（如盐类床矿）；研究地壳深部构造、确定基岩顶面的构造起伏、研究基底构造、圈定侵入体、勘查与石油、天然气有关的局部控矿构造。可应用于航空和地面测量	受地形影响大，适合于寻找金刚石矿床、VMS 矿床、MVT 铅锌矿床、SEDEX 矿床及岩浆型铜—镍硫化物矿床
电法	自然电位	mV	自然电位	电化学力和电导率	等值线图剖面图	导电矿化体、石墨	寻找金属矿床和解决水文地质问题	设备简便，成本低，速度快
	电阻率法	Ω/m	具外加电流的视电阻率	电阻率或电导率	等值线图剖面图"探测"曲线图	电导性矿体电导性和电阻性地层具导电性流体的裂隙电导性矿化	金属硫化物矿床石墨矿床黄铁矿化、石墨化岩石分布区的地质填图水文地质和工程地质	适合于寻找 VMS 矿床、MVT 矿床、斑岩铜矿及岩浆铜-镍硫化物矿床
	激发极化法	mV/V 及派生的单位	极化电压	电子（金属）和离子（液体）和导体之间的电化学效应	等值线横剖面图等值线图剖面图	浸染状矿化、石墨、蛇纹石、一定的黏土和云母	主要用于寻找良导金属矿和浸染状矿床	不论其电阻率与围岩差异如何均有明显反映，比较其他电法，它有独特的优点
	电磁法	阻抗（Ω）或无量纲比；电导率单位（S/m）或电阻率单位（Ω·m）	接收的外加电场与磁场的比值	电导率和电感	等值线图剖面图套合剖面图矢量图	电导性和磁性矿体、石墨化岩石	适合寻找导电、导磁矿体，如块状硫化物矿床、磁铁矿床等。可应用于航空和地面测量	应用广泛，但数据的定量解释比较复杂。适合于寻找金刚石矿床、铀矿床、VMS 矿床及铜-镍硫化物矿床等
放射性法		脉冲数/次 mR/次	铀、钍和含钾矿物的自然伽马射线		等值线图剖面图"探测"曲线图	天然放射性物质	可应用于航空和地面测量	方法简便，效率高。适合于寻找铀矿床、斑岩铜矿床、奥林匹克坝型矿床等

地球物理技术探测的深度极限与信号/噪声的比值、探测目标的形状和规模及作用力的强度有关。仪器敏感度的增益或外加力的增强均无助于来自深部的弱信号。例如，如果近地表

的噪声来源碰巧是覆盖层中的电导带或火山岩中的磁性带，那么，随着外加电流的增强或磁力仪灵敏度的改善，噪声也将增大。虽然磁法、地震法和大地电流法测量都可以渗透很深，并对探测目标进行大致对比，但是，就矿体的效应而言，大多数金属地球物理技术的有效的实际探测深度为 300m 以浅；在有利条件下，对于一定的电法测量（激发极化法）和电磁法测量（声频电磁法），300m 深度可作为工作极限。经验法则有时提到：激发极化法可以探测到所寻目标最小维的两倍深度范围内所产生的效应；对磁性体而言，赋存于其最小维 4~5 倍的深度范围内可被探测到；在电磁测量中，最深的效应大于传感器和接收器之间距离的 5 倍。显然，在地质勘查中，不能指望单纯依赖地球物理勘查技术，因为它涉及许多变量且穿透的深度有限，所以，必须综合应用各种手段和理论推断等才能圆满完成任务。

物性是岩石或矿石物理性质的简称，如岩石和矿石的密度、磁化率、电阻率、弹性等。在实施地球物理测量项目工作之前需要对测区内各类岩石和矿石进行系统的物性参数测量和研究，物性测定是选择地球物理勘查方法和进行地球物理异常解释的前提和主要依据。

物探仪器发展的明显特点之一是智能化、网络化功能的增强及一机多参数测量，这不仅可大大提高观测速度，还为实现张量和阵列观测提供了基础。

8.1.3 航空地球物理勘查和井中地球物理的主要技术

1. 航空地球物理勘查技术

航空地球物理测量在一些发达国家应用比较广泛，它们具有速度快、每单位面积成本相对较低的特点，不仅可以同时进行航空磁法、电磁法、放射性法测量，某些情况下还可同时进行重力测量。目前，航空测量精度大大提高，不仅勘查成本很低，而且具有所获资料比较全面等优点，勘查效果比较显著。航空地球物理与地面地球物理方法的配合，以及航空地球物理测量数据与遥感数据的结合，极大地推动了地球物理技术的发展和应用。我国自行研制的直升机磁法和电磁发测量系统目前的最大勘查比例尺已达 1∶5000，探头离地高度最低可达 30~80m，采样间隔可达 1~3m 左右，差分全球定位系统（differential global positioning system, DGPS）平面定位精度好于 1m，尤其适合于地形复杂地区的矿产勘查工作（熊盛青等，2008）。

高分辨率航空磁测方法是采用高灵敏度仪器、大比例尺高精度航空勘查技术获取高质量的航空磁测数据，利用先进的数据处理方法对磁测信息进行有效分离与提取，以及进行精细定量解释的方法。高分辨率航磁测量方法具有速度快、测量数据精度高、解释方法精细、价格低廉等优势，目前在国内外得到了广泛的应用。在矿产勘查方面：可快速有效地对矿产勘查远景区进行评价，更好更快地进行勘查选区；直接发现矿床或矿体，可替代地面物探测量；识别构造细节，分辨细小的断层与裂隙；对岩石边界进行精确填图；区分杂岩单元；"穿透"沉积层对下伏基岩进行填图，较准确圈出隐伏地质体的空间分布状态。

航空电磁法分为时间域和频率域两类。时间域发射断续的脉冲电磁波，主要测量发射间隙的二次电磁场，所以又称为航空瞬变电磁法。频率域发射连续的交变电磁波，发射的同时测量二次电磁场。航空电磁法广泛应用于地质填图、矿产勘查、水文地质和工程地质勘查、环境监测等。它成本低、效率高、适应性强，能够在地面难于进入的森林、沙漠、沼泽、湖泊、居民区等地区开展物探测量工作。特别适合大面积的普查工作，是国土资源大调查中必不可少的物探方法。多年来国外一直将航空电磁法作为一种常规的物探方法广泛应用。

航空放射性测量系统主要由航空多道伽马能谱仪和飞机系统组成。利用光电效应，晶体探测器将不可见的射线转换为能够被探测的光电子流，该光电子流正比于放射射线的能量。通过分析光电子流的强度，能谱分析仪获得放射射线的能量和该能量射线单位时间内出现的次数，即该能量射线单位时间内的计数。该计数越大，说明该能量射线的强度越大。通过分析不同能量射线的强弱分布特点，获取有用的地质信息或放射污染的程度。

航空放射性测量的特点是快速、经济且有效，最初主要用于寻找放射性矿产资源，即铀矿普查，测定岩石中铀、钍、钾的含量。固定翼航空放射性测量主要用于铀矿普查，直升机航空放射性测量主要用于铀矿详查。到了 20 世纪 60 年代，航空放射性测量开始广泛应用。80 年代以来，航空放射性测量逐渐受到重视，在基础地质研究和矿产资源勘查中得到了广泛的应用，利用它进行地质填图及寻找其他矿产资源，取得了丰硕的地质和找矿效果，形成了一套成熟的测量方法技术。到目前为止，我国大约有 1/3 的国土已经完成了航空放射性测量，找到了众多的大、中、小型铀矿床及矿田（袁桂琴等，2011）。

2. 井中地球物理测量技术

众所周知，地面物探异常往往是地下多个地质体（包括矿体）所形成异常的叠加结果，根据地面异常布置验证孔不一定发现地下矿体。经过分析解释普查资料的地表地质、地面地球物理和地球化学采集的数据而布置的钻孔，企图穿过目的物，但分析解释的正确性和精度与工作的详细程度及非目的物的干扰程度有关，故在普查或干扰严重的地区，普查钻孔的见矿率较低。而进行地下地球物理勘查则可弥补地面地球物理勘查的上述不足之处。对钻探工程在条件适宜的情况下，应根据地球物理条件，进行测井与井中地球物理测量，以发现和圈定井旁盲矿。

井中地球物理测量技术包括井中地球物理勘查和地球物理测井技术。井中地球物理勘查用来解决井周、井间的地质问题，其探测范围为几十米到几百米，是介于地面地球物理勘查和常规测井之间的过渡性技术，具有受地面干扰因素影响小、探测范围大的特点，可准确地确定井周与井间盲矿的空间位置及其形态。地球物理测井技术在石油勘查中广泛应用，主要用于解决井壁的地质问题，其探测范围为十几厘米到几米。

井中地球物理勘查技术主要包括：井中磁测（包括磁化率测井）、井中激发极化法、井中大功率充电法、井中瞬变电磁法、井中电磁波法、井中声波法等。

井中地球物理勘查可应用于固体矿产勘查、石油勘查、水文及工程地质勘查等领域。特别是在深部和外围找矿评价中，井中地球物理勘查具有独特的优势，是寻找深部、隐伏矿床的重要手段。

井中磁测主要用于解决井底、井旁和井周的地质问题。具体包括：①划分磁性层，确定磁性层的深度和厚度，提供磁性参数（磁化率、磁化强度等），验证评价地面磁异常；②发现井旁盲矿，并确定其空间位置；③预测井底盲矿，估算可能见矿的深度；④大致估计磁性矿体资源量等。

井中激发极化法可以校正钻孔地质剖面，确定被钻孔穿过的矿层的深度、厚度，探测井旁盲矿体，预测井底盲矿，确定见矿深度，以及为地面地球物理和井中地球物理的资料解释提供岩矿石的电阻率、极化率参数等。

地-井瞬变电磁法是近年来国内外发展较快、地质找矿效果较好的一种电法勘查方法，主要应用于金属矿勘查、构造填图、油气田、煤田、地下水、地热、冻土带、海洋地质等方面的研究。在金属矿勘查方面，主要应用于勘查井旁、井底盲矿体，尤其是当地面电磁法工作因矿体深度太大，或者是在受电性干扰因素（如导电覆盖、浅部硫化物、地表矿化地层等）影响大的地区，更能体现其优越性（袁桂琴等，2011）。

利用井中地球物理勘查预测井旁、井底盲矿、判断已见矿矿体的空间分布对于提高钻探（含坑探）工程效益、扩大钻探工程作用半径、降低钻探工作量等方面具有重要意义。

8.2　磁 法 测 量

8.2.1　磁法测量基本概念

1. 感应磁化强度和磁化率

物质在外磁场的作用下，由于电子等带电体的运动，会被磁化而感应出一个附加磁场，其感应磁化强度与外加磁场强度的关系可表述为

$$M = kH \tag{8.2}$$

式中，M 为感应磁化强度（induced magnetization），是表示岩石和矿石受现代地磁场磁化所产生的感应磁性大小的物理量。H 为外加磁场强度（现代地磁场强度）。在国际单位制（international system of units，SI）中，感应磁化强度的单位是特斯拉（Tesla），用 T 表示 $[1T = 1N/(A\cdot m)]$，例如，中纬度地区地磁场总强度为 $5\times10^{-5}T$（50000nT）。由于磁法测量测得的强度变化要小得多，采用毫微特斯拉（nanoTesla）为基本单位，又称为纳米特斯拉，简称为纳特（nT，$1T = 10^9 nT$）。在高斯单位制中，磁场强度单位是奥斯特（Oersted，简称 Oe），更小的单位用伽马（gamma，用符号 γ 表示），$1Oe = 10^5 \gamma$。国际单位与高斯单位的换算关系为 $1nT = 1\gamma = 0.00001Oe$。$k$ 为磁化率（magnetic susceptibility），是表征物质磁化难易程度的物理量。在国际单位制（SI）中，k 是无量纲的常数，其值可正可负：正值意味着 M 与 H 方向相同；负值意味着方向相反。

在磁法测量中，磁化率是试图确定其空间分布特征的岩石/矿物的基本属性，从这个意义上讲，磁化率类似于重力测量中的岩矿密度。一方面，与密度不同的是，磁化率不仅在不同类型的岩石或矿物之间变化都相当大（例如，不同的岩浆岩样品其磁化率的差异可达几个数量级），而且在同类岩石中的变化也相当大；另一方面，磁化率与密度也有相似之处，所观测到的磁化率中存在相当程度的叠加。因此，仅仅根据磁化率不足以确定岩石类型，又或者说，对岩石类型的了解通常不足以估计预期的磁化率。表 8.2 列出了常见矿物和岩石的磁化率。

表 8.2　常见矿物和岩石的磁化率

矿物/岩石名称	磁化率$\times10^3$（SI）	矿物/岩石名称	磁化率$\times10^3$（SI）
石英	−0.01	砂岩	0~20
岩盐	−0.01	页岩	0.01~15
方解石	−0.001~0.01	板岩	0~35
闪锌矿	0.4	片岩	0.3~3

续表

矿物/岩石名称	磁化率×10^3（SI）	矿物/岩石名称	磁化率×10^3（SI）
黄铁矿	0.05～5	片麻岩	0.1～25
赤铁矿	0.5～35	花岗岩	0～50
钛铁矿	300～3500	辉长岩	1～90
磁铁矿	1200～19200	玄武岩	0.2～175
灰岩	0～3	橄榄岩	90～200

2. 剩余磁化强度

如果移除外加磁场后物质仍存在天然磁化现象，其磁化强度称为剩余磁化强度（remnant magnetization）。地壳物质在形成过程中可以同时获得感应磁场和剩余磁场，感应磁场会随着外加磁场（即当时的地磁场）的移除而消失，剩余磁场则能够固化在地质体中，与现代地磁场无关；地壳物质的感应磁场方向与地球磁场方向平行，而剩余磁场可以呈任意方向，如果环境温度高于居里温度，物质的剩余磁化强度随之消失。在北半球，感应磁化强度的负异常指向北，正异常指向南；如果实测的磁化强度不符合这一规律，则意味着测区内存在显著的剩余磁场。

地球磁场由正常磁场（又称为主磁场或基本磁场）、外源磁场和磁异常三部分组成。基本磁场主要由地核内电流的对流形成，属于内源磁场，占地球磁场的 99%以上；外源磁场是起源于地球外部并叠加在基本磁场上的各种短期磁变化，例如，与太阳黑子活动周期一致的磁变化、日变化等；磁异常是磁法勘查中的观测值与正常磁力值及日变值之间的差值，换句话说，磁异常是在消除了各种短期磁场变化后，实测地磁场与正常地磁场之间的差异。

对磁异常数据进行分析时，需要了解磁异常是感应磁化强度为主还是剩余磁化强度为主，这可以利用剩余磁化强度（Ir）/感应磁化强度（Ii）进行度量，该比值称为科尼斯伯格比值（Konisberger ratio）。只有含磁铁矿较高的岩石（如镁铁质、超镁铁质岩石）才以剩余磁化强度为主，表 8.3 为各大类岩石磁化率和剩余磁化强度的标型值。

表 8.3　各大类岩石磁化率和剩余磁化强度的标型值

岩石类型	磁化率（k，国际单位制）	Ir/Ii（剩余磁化强度/感应磁化强度）
沉积岩	0.0005	0.01
变质岩	0.0030	0.1
花岗岩	0.0050	1.0
玄武岩/辉长岩	0.1200	10.0

3. 磁法测量原理

磁法测量（magnetic surveys）是采用磁力仪记录由磁化岩石引起的地球磁场的分布。因为所有的岩石在某种程度上都是磁化了的，所以，磁性变化图可以提供极好的岩性分布图像，而且在某种程度上反映岩石的三维分布。

通过实测地面磁场，所获得的观测值包括正常磁场强度和剩余磁场强度（磁异常）两个分量。如果测量工作部署在高磁化率地质体附近，通常能够获得比远离该磁性体区域更高的总磁场强度。从而，通过测绘地面总磁场强度的变化，就能够圈定高磁化率地质体的赋存位置。

案例 8-1　简单岩墙的磁法测量

假设地表下存在一条北东向展布的岩墙，磁化率为 0.001nT；其围岩为沉积岩，磁化率为 0；岩墙宽度为 3m，赋存在地下 5m 深处。为了发现该岩墙，布设东西向的测线测量磁场强度，随着测量行至岩墙附近就会观测到除地磁场外的感应磁场，从而可以确定岩墙所在的位置（图 8.1），并且还可以通过磁场强度的空间变化确定岩墙的规模。由该岩墙产生的磁异常剖面曲线图可以看出：

（1）磁异常位于靠近岩墙的区域，远离岩墙，磁异常迅速消失；

（2）磁异常相对于岩墙中点并不是对称的（磁异常剖面图上横坐标 0 所在的位置为岩墙中点），不仅异常左侧和右侧曲线的形状不同，而且最大异常值并非位于岩墙中心位置。通常情况下，这种现象见于所有磁异常，当然，这一概括的具体表现取决于磁性体的形状、展布方向、赋存位置（大小和形状相同而位置不同的磁性体会生成不同的异常）及测量剖面的方向等因素；

（3）本例产生的磁异常大约为 40nT，这种规模的磁异常已经很明显了，实际工作中低至几纳特的磁异常也是很常见的。因此，磁法测量技术要求系统误差和随机误差小于几纳特。

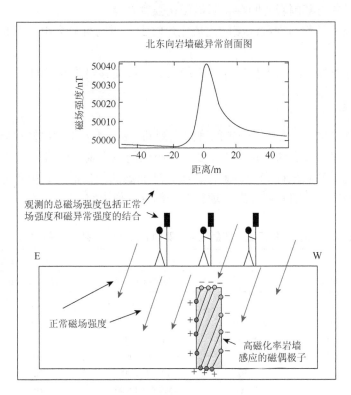

图 8.1　假想岩墙及其产生的磁异常

4. 航空磁法测量

区域磁性分布图一般是由安装了磁力仪的飞机在低空平稳飞行测出来的，这种图准确地记录了工作区内地磁场的变化，图的细节与飞行线的高程和间距有关。澳大利亚和加拿大等国都已经系统实施了大面积的公益性航空磁法测量，这类测量通常以飞行高 100m、线距 400m，每隔 10m 或更大的飞行间距读数一次，所获得的磁性数据将被网格化为 80m×80m 像元大小，然后使用 ERMapper 之类的程序对图像进行处理。在地形适宜的勘查区，还可进一步利用直升机或无人机，采用飞行高度 50m，线距 50m 的测量间距，可获得 10m×10m 像素网格。

磁法测量不仅是最有用的航空地球物理技术，而且，由于其飞行高度低并且设备简单，其费用也最低。现在使用的标准仪器是高灵敏度的铯蒸气磁力仪，有时也采用质子磁力仪，但铯磁力仪不仅灵敏度比质子磁力仪高 100 倍，而且还能以 0.1s 的区间提供一次读数，质子磁力仪只能以 1s 或 0.5s 区间提供读数。铯磁力仪和质子磁力仪都能够自动定向而且可以安装在飞机上或吊舱内。地面磁法扫面速度比较慢，因而矿产勘查中大多数磁法测量都是采用航空磁法测量。

8.2.2　磁法测量的技术要求

1. 磁法测量的适用条件

（1）所研究对象与其围岩之间存在明显磁化强度差异。

（2）研究对象的体积与埋藏深度的比值应足够大，否则可能会由于引起的磁异常太小而观测不出来。

（3）由其他地质体引起的干扰磁异常不能太大，或能够消除其影响。

2. 测网的布置

在地面磁法测量中，一般是以一定网度建立测站，表 8.4 为不同比例尺磁法测量测网间距的确定，探测磁性差异较小的板状地质体要求较小的间距。现代仪器通常都与 GPS 连接，从而能够同时自动记录站点坐标和相对磁性读数。地面磁法的仪器设备携带方便，容易操作，因而，磁法常作为地质填图和初步勘查项目的一部分工作内容。

表 8.4　不同比例尺磁法测量测网间距的确定（引自罗孝宽等，1991）

比例尺	矩形测网			正方形测网	
	线距/m	点距/m	测点数/(个/km²)	线距 = 点距/m	测点数/(个/km²)
1:50000	500	50~200	40~8	500	4
1:25000	250	25~100	100~40	250	16
1:10000	100	10~50	1000~200	100	100
1:5000	50	5~20	4000~1000	50	400
1:2000	20	4~10	12500~5000	20	2500
1:1000	10	2~5	50000~20000	10	10000
1:500	5	1~2	200000~100000	5	40000

磁法测量的测线布置应尽可能与磁异常长轴方向垂直，点距和线距的大小应视磁异常的规模大小而定，使得每个磁异常范围内测点数能够反映出磁异常的形状和特点。

3. 基点的确定

磁测结果是相对值而不是绝对值，为便于对比，一般一个地区要选择一个固定值，固定值所在的观测点称为基点。基点可分为两种类型：①全区异常的起算点称为总基点，要求位于正常场内，附近没有磁性干扰物，有利于长期保留；②测区内某一地磁异常的起算点称为主基点，可作为检查校正仪器性能，故又称为校正点。

8.2.3　磁异常的地质解读

1. 常见磁异常图的表现形式

磁法测量获得的数据经各种方法校正（包括日变化、纬度影响、高程影响、向上延拓和向下延拓等）后，便可以绘制成磁异常图。区域性磁异常图通常是根据航空磁法测量数据绘制而成。磁异常通常采用以下三种图件展示形式。

（1）磁异常剖面图（图 8.2）。反映剖面上磁异常变化情况。剖面上异常的对称性受磁性地质体的形状及其相对于地磁场的方向，垂向或水平产状的磁性地质体产生对称的磁异常；倾斜的长条形磁性地质体形成非对称性异常。磁性体的规模及埋藏深度可以利用磁测剖面异常曲线的形状进行定性估计。一般说来，埋藏越深、规模越大的磁性体所产生的磁异常宽度越大，而且磁异常曲线的对称性越高。

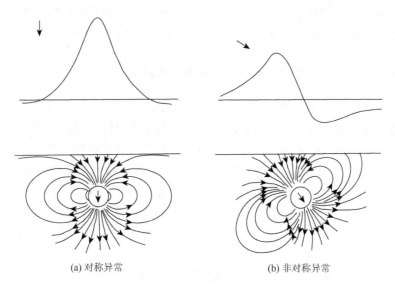

(a) 对称异常　　　　　　　　　(b) 非对称异常

图 8.2　磁异常剖面图

（2）磁异常平面剖面图。这种图件是把多个磁异常剖面按测线位置以一定比例尺展现在平面上，反映测区磁异常的三维变化，可以给人以立体视觉，便于相邻剖面间异常特征的对比。

（3）磁异常平面等值线图（图 8.3）。磁法测量的数据可以绘制成磁力等值线图。根据等值线的形状和轮廓可以大致确定磁性地质体的位置、形态特征、走向及分布范围，

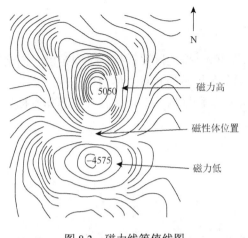

图 8.3 磁力线等值线图

解译深部地质界线的性质，以及发现断层等。根据磁异常梯度可以大致判别地质体的埋藏深度：浅部磁性地质体引起显著的陡倾异常；深部磁性地质体则形成宽缓异常。现有的许多地质专用软件已经很好地利用晕渲法解决了等值线着色的问题，所绘制的磁异常彩色渲绘图像中采用红色代表磁力高、蓝色代表磁力低，两者之间的色调表示磁力高、低之间的值，这种图像易于判读，而且能够更直观地表现磁异常的三维空间变化。

磁异常的等值线形态多种多样，有的是等轴状或同心圆状，有的是条带状，有的呈椭圆形。一般等轴状和椭圆形异常是由三维空间体引起的，而条带状和长椭圆状异常可以近似看作由二维空间体（板状、层状体）引起。

三维空间体一般是正负成对出现。在北半球，一般负异常位于偏北一侧，若整个正异常周围有负异常（伴生负异常）环绕，则表示磁性体向下延深不大。

在实际上，真正的三维空间体异常是不存在的，只要磁性体沿走向的长度大于埋深 5 倍，将其看作是二维体来解释，误差不大。通常是由异常等值线来判定二维空间体或三维空间体的异常，其方法是：取 1/2 极大值等值线，若长轴长度为短轴长度的三倍以上，即可将其看作二维空间体异常，这一规则属于中、高纬度区（张胜业和潘玉玲，2004）。

二维空间体一般是正异常一侧有伴生负异常出现，只有顺层磁化向下无限延伸的板状体上，Z_a 曲线为二侧无负异常的对称异常。在特定情况下，ΔT 也可能出现正或负的异常。

2. 借助磁异常图了解地下地质特征空间展布的大致范围

具体操作过程是首先将磁异常图与相应的地质图进行对比，建立磁异常所在位置与相应地质体之间的联系，根据岩石（矿石）磁性参数，判别引起磁异常的原因；其次结合控矿地质因素区分哪些磁异常是矿致异常，哪些是非矿致异常；最后进行分析，若异常位于成矿有利地段，且磁性资料表明该区矿体的磁性很强，则该异常有可能是矿致异常。

磁异常的位置和轮廓可以大致反映地质体的位置和轮廓，其轴向一般能反映地质体的走向。平面上呈线性条带、弧形条带或 S 形条带展布的磁异常，通常是构造带的反映；区域性磁力高或磁力低，可能是隆起或凹陷（穹窿或盆地）的反映。局部磁力高通常是小岩体或矿体的反映。

只有正异常而无负异常、正异常两侧虽然存在负异常但不明显，或两侧负异常大致相等，可以解释为磁性地质体位于正异常的正下方；磁异常正负相伴可以解释为磁性地质体的顶面大致位于正负异常之间且赋存在梯度变陡的下方。

物性资料是分析研究磁异常的基础，特别要强调的是对复杂磁异常的定性解释，如果没有物性资料是很难进行的，因此在实际工作中，一定要注意收集物性参数。要详细掌握工作区各种岩性的物性资料，认真分析磁异常对应的地质体是否具有磁性，其磁性能否引起实测异常，借以判断引起磁异常的原因。

3. 磁异常的区域趋势和剩余分析

深部磁性体引起的磁异常具有较长的波长，这种长波长的磁异常称为区域趋势；埋藏较浅的磁性体引起的磁异常以较短的波长为特征，具有短距离波长的磁异常称为剩余或称为异常（图 8.4）。

如果对浅部地质体感兴趣，那么，长波长的磁异常（即区域趋势）就是噪声，因而可以滤除；同理，如果研究的是埋藏较深的地质体，那么，短波长的异常就成为了噪声，应该去除掉。不过，有时候这两类数据并不是那么容易区分开，难以进行分离。

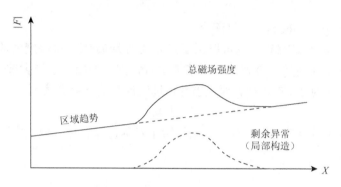

图 8.4　磁异常的区域趋势和剩余异常示意图

（$|F|$ 为总磁场；X 为磁异常的波长）

区域异常一般反映了区域性构造或岩浆岩的分布，局部异常可能与矿化体、小规模的侵入体有关。为了进一步查明每个异常的地质原因，还可结合地质特征或控矿因素对磁异常进行分类。

4. 磁性地质体埋藏深度的估计

磁异常分析的另一个重要内容是确定引起磁异常的地质体的埋藏深度，通常是在磁异常图上对已经证实异常的横剖面进行研究。具体做法如下。

1）利用波长半宽度技术估计埋藏深度

该方法的原理是磁异常的宽度与磁性地质体的埋藏深度相关，而且二者的值为同一个数量级。由此很容易建立起它们之间的经验公式。

（1）直立筒状地质体。

直立筒状地质体（如金伯利岩筒）引起的磁异常可以看作为一个孤立磁极（monopole）。设岩筒顶部距地表的深度为 z，那么，其异常垂直分量的半宽度 $x_{1/2}$ 计算公式为

$$x_{1/2} = 0.766z \tag{8.3}$$

整理后得

$$z = 1.306x_{1/2} \tag{8.4}$$

需要指出的是，式（8.3）所计算的是磁异常半波长宽度（图 8.4），从而必须滤除背景磁场（即区域趋势）。此外，应用式（8.4）时还需谨慎，因为该式只有在磁性体倾角近于 90° 的情况下才成立；

（2）球状和圆柱状磁性地质体。

估算球状和圆柱状磁性地质体埋藏深度的公式为

$$x_{1/2} = 0.5z \tag{8.5}$$

整理后得

$$z = 2x_{1/2} \tag{8.6}$$

式中，z 为球状或圆柱状磁性地质体中心至地表的埋藏深度。与式（8.3）相同，由于计算的是磁异常的半幅宽度，必须先消除其背景磁异常后才能进行计算。

可以利用式（8.5）和式（8.6）对磁异常两侧进行计算，如果磁异常不对称，可以取其平均值。

2）坡度法（slope methods）估算深度

利用磁异常坡度（dF/dX）也可以用于给定磁性地质体埋藏深度的约束条件。具体作法为：在磁异常图中找到具有最大 dF/dX 值的位置，然后找出位于最大坡度值1/2处的两个点，这两点间的距离为 d（图8.3）。偶极磁性体埋藏深度的计算公式为

$$z = 1.4d \tag{8.7}$$

这一分析可以在磁异常两侧进行，如果异常不对称，那么可以取左右两侧 d 值的平均值进行计算。

8.2.4　磁异常的描述

1. 异常的形状和走向

在平面等值线图上，磁异常或者呈狭长带状展布，或者呈圆形、椭圆形圈闭的等轴状异常，等轴状异常无明显的走向。

狭长带状异常有明显的走向。在平面等值线图上，其等值线长轴的方向即为它的走向；在剖面平面图上曲线主峰值在测线上的投影位置连线的方向即为它的走向。

2. 异常的长度和宽度

一般采用等值线平面图上零等值线以上的第一条起始等值线来划分，也有用异常值 1/2 极大值的那条等值线来划分的，其单位一般为米或者千米，在实际描述中一定要注意说明是采用哪条等值线来划分的。例如，以××nT 等值线衡量，异常长××米，宽××米。

3. 异常的分布范围

一般采用测网点线号来描述分布范围，例如，异常分布（位于）××线××点—××线××点。注意一定要说明异常中心位置，中心位置一般系指异常极大值点的位置。

4. 异常的强度和形态

异常的强度指异常的正负极大值和一般强度。根据异常的强弱区分判断引起异常的地质因素，一般来说，磁铁矿引起的异常强度高，而岩体引起的异常相对弱，依据这一特点来区分异常的性质。

异常形态是指曲线是否规则，是否圆滑；是单一磁性体引起，还是由多个磁性体叠加引

起。磁性体具有一定的埋深时异常曲线规则、圆滑、宽缓。磁性体出露地表或埋深较小时异常曲线尖陡、不规则、呈剧烈跳跃。单一磁性体引起的异常只有一个异常峰值。由多个磁性体叠加引起的异常有多个异常峰值。

5. 磁异常的梯度

磁异常梯度是磁异常的一个重要特征，分水平梯度和垂直梯度。水平梯度指异常沿走向和垂直走向两个方向上的变化规律，也是指磁异常变化最快的地方，在有正负异常相伴生的情况下，这个变化最快的地方（磁异常的梯度带），一般处在极大值和极小值之间。垂直梯度指异常沿垂直方向上的变化规律。用上延或下延一定距离后的异常与实测异常作比较。

在平面等值线图上观察，等值线密集的部位梯度变化大，等值线稀疏的部位梯度变化小；在剖面图上，异常曲线的陡缓反映出它的梯度变化，陡的一侧梯度变化大，缓的一侧梯度变化小。实际描述时，将梯度变化大的称为梯度变化陡，梯度变化小的称为梯度变化缓。

一般采用对比的方法描述异常梯度的变化，例如，异常的梯度变化北侧较陡，南侧较缓，或异常曲线南缓北陡。可以对异常梯度变化进行定量描述，具体计算方法是将两点间异常差值除以两点间距离即为梯度变化值，单位为 nT/m。

6. 正负异常的分布规律

不论是垂直磁化还是斜磁化，因磁性体的延深不同，在其正磁异常的两侧或者一侧，均有相伴生的负磁异常。在实际工作中确定正负异常的伴生关系主要是看它们两者之间的变化是否连续，两者的规模和强度是否相呼应，正负异常既然是伴生的就不能把它们机械地分割开来，而应该作为一个整体来研究，在分析研究异常时，要正负异常一起看，不能只注意正值异常，而忽视负值异常。

8.2.5　磁法在矿产勘查中的应用

磁法测量结果对地质数据的解释极为有用，因为地质填图过程中常常受露头发育不良的条件限制。磁法测量能够测定地表盖层之下地质建造的相对磁性分布图，据此能够推断不同岩石类型的边界，以及断层和其他构造的展布等，从而使地质图上的信息显著增强。磁法勘查是一种轻便快捷的勘查技术，其勘查精度随着仪器设备的更新换代不断提高，目前，磁法勘查已成为矿产勘查中一种重要的手段。

1. 划分不同岩性区和圈定岩体

利用磁法测量对在磁性上与围岩有明显差异的各类岩浆岩（尤其是镁铁质和超镁铁质体）进行填图的效果非常好。基性与超基性侵入体，一般含有较多的铁磁性矿物，可引起数千纳特的强磁异常；玄武岩磁异常值在数百至数千纳特之间。闪长岩具中等强度的磁性，在出露岩体上可以产生 1000~3000nT 的磁异常，当磁性不均匀时，异常曲线在一定背景上有不同程度的跳跃变化。花岗岩类一般磁性较弱，在多数出露岩体上只有数百纳特的磁异常，曲线起伏跳跃较小；然而，如果在岩浆侵位过程中与围岩发生接触交代作用而产生磁铁矿或磁黄铁矿，沿岩体边缘有可能形成磁性壳。喷出岩一般具有不规则状分布的磁性，少数喷出岩无磁性。

磁异常一般都源自于岩浆岩和变质岩，沉积岩通常不产生磁异常，因而磁异常一般都以基底岩石为主，沉积盖层实际上不产生磁异常，或者说沉积盖层对磁力实际上是透明的，在沉积盆地观测到任何有意义的磁异常，一定是基底表面或内部磁性体引起的，因此，磁法测量特别适应于较厚沉积盖层下的基底构造填图（孟令顺和傅维洲，2007）。此外，利用磁异常的平滑度估计基底的埋藏深度（或者沉积盖层的厚度）是磁异常数据的标准应用。

区域上利用磁法可以绘制沉积盆地轮廓图。在煤田地质勘查中利用地面高分辨率磁法测量可以绘制不利于煤矿开采的浅成侵入体（岩墙、岩床和火山颈）的分布区及菱铁矿（煤层杂质）分布区等。

原岩为沉积岩的变质岩一般磁性微弱，磁场平静；原岩为火山岩的变质岩，其磁异常与中酸性侵入体的异常相近；含铁石英岩建造通常形成具有明显走向的强磁异常。

2. 推断构造

构造趋势能够借助于磁性分布型式展示出来，因而，在矿产勘查，尤其是在油气勘查中，磁法勘查主要用于研究结晶基底的起伏与结构，测定深大断裂和岩浆岩活动地带。近年来，高精度磁法勘查在研究沉积岩构造方面也有一定效果。

断裂的产生或者改变了岩石的磁性，或者改变了地层的产状，或者沿断裂带伴随有同期或后期的岩浆活动，因而，断裂带上的磁异常大多表现为长条状线性正异常或呈串珠状、雁行排列的线性磁异常。有些发育在磁性岩层中的断裂带，由于断裂带内岩石破碎而磁性减弱，如果没有岩浆侵入的话，则这类断裂带上会出现线性低磁异常带。

在褶皱区，一般背斜轴部上方会出现高值正磁异常，向斜轴部上方可能出现低缓异常，而其两翼则表现为升高的正异常。

综上所述，利用磁法测量能够测定地表盖层之下地质建造的相对磁性分布图，据此能够推断不同岩石类型的边界，以及断层和其他构造的展布等，从而，在露头发育不良的地区，磁法测量可以作为矿产地质填图的重要辅助手段。

3. 矿致异常

铁矿体具有很高的磁化率并且可以呈现感应磁化强度和剩余磁化强度，这些磁异常在一定的飞行高度上很容易被探测到，因此，航磁测量是预查阶段最有用的勘查手段之一。

因为石棉矿常常赋存在富含磁铁矿的超镁铁侵入岩中，所以，利用磁法勘查可以确定石棉矿床。需要指出的是，赤铁矿具有反铁磁性，只能产生微弱异常。

有经济价值的矿床本身可能不具有磁性，但是只要矿石矿物与一定的磁性矿物（主要是磁铁矿和磁黄铁矿）之间存在某种相对直接的关系或者与某些可以采用磁法填图的岩石类型相关，就有可能利用磁法探测到矿化的存在。例如，与含铁建造有关的金矿化，由于含铁建造中含磁铁矿，在一些金矿化带内含磁黄铁矿，利用磁法测量可以圈出含铁建造层位，至于如何在含铁建造中找到金矿体则属于另一个研究内容。对于夕卡岩型金矿，则可以利用磁法圈定夕卡岩体，夕卡岩中常常含有一定量的磁铁矿和磁黄铁矿。

　　在一些斑岩型铜矿床中，磁法测量结果可能表现为在未蚀变的岩石建造之上圈出的是正磁异常，而勘查目标则圈定为磁力低，这是因为在成矿过程中，原始侵入体或火山岩中所含的磁铁矿矿物被成矿流体取代，其中的磁铁矿已被蚀变为如黄铁矿之类的非磁性矿物。

案例 8.2　利用航磁异常确定南澳希尔塞德项目钻探靶区

　　Rex 资源公司是 2007 年才组建起来的澳大利亚初级矿产勘查公司，其主要勘查项目位于南澳约克半岛派恩波因特地区，地质上该区属于高勒克拉通地体，位于奥林匹克坝型铜-金-铀矿床成矿带的南段。Rex 公司于 2009 年 8 月在希尔塞德地区完成了高分辨力航磁测量。图 8.5 说明了南澳政府实施的区域性磁法测量的图像和 Rex 公司开展的高分辨率磁法测量获得的图像之间的对比。图 8.5（a）图像证实该区存在一个长约 2km、宽约 500m 的大型磁异常（三个灰色隆起分布区域）；图 8.5（b）图像说明该磁异常是由三条清晰的延伸长达 2km 的南—北向重要靶区组成（解释为富磁铁矿的构造带，从西向东分别为 Zanoni 构造带、Parsee 构造带和 Songvaar 构造带）Rex 公司本次实施航磁测量项目的意义在于以下几点。

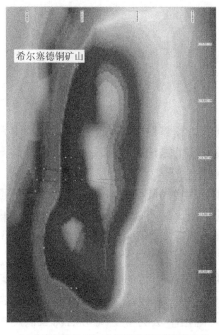
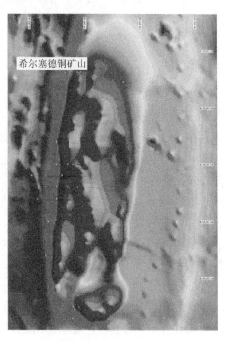

(a) 政府机构以400m飞行线距获得的航磁异常　　　(b) Rex公司以25m飞行线距获得的航磁异常图像

图 8.5　南澳约克半岛希尔塞德地区航磁异常图

（引自 Rex 公司 2009 年年报）

　　（1）揭示了磁异常与铜矿化的关系。目前已施工的金刚石钻探项目初步证实了 Zanoni 构造带内厚大的高品位铜和金矿化体，在 Parsee 和 Songvaar 构造带内还证实了高品位的铜、金矿化，区域范围内还沿派恩波因特断裂带圈定了多个强磁异常，具有在南澳再找到一个世界级奥林匹克坝型矿床的勘查潜力；并且确认了磁铁矿是引起希尔塞德地区磁异常的原因，而且铜与磁铁矿关系密切。

　　（2）测量结果更精确。本次测量是南澳地区进行的最详细的磁法测量之一，直升飞机的飞行高度为距地面 30m，飞行线距为 25m，完成了 400km 的测量任务，为 Rex 公司进一步圈定钻探靶区提供了重要的指导。

（3）为区域性勘查指明了方向。本次测量是在希尔塞德地区 $10km^2$ 的范围内进行的，整个派恩波因特铜带面积为 $1000km^2$，Rex 公司拥有约 $60km^2$ 的矿权地，计划下一步将采用高分辨力航磁测量对整个矿权地进行覆盖。

8.3 电 法 测 量

电法测量（electrical surveys）是通过仪器观测人工的、天然的电场或交变电磁场，根据岩石和矿石的电性差异分析和解释这些场的特点和规律，达到矿产勘查的目的。电法利用直流或低频交流电研究地下地质体的电性，而电磁法是利用高频交流电达到此目的的。利用岩石和矿物电导性高度变化的特点，多种电法测量技术得到发展，包括电阻率法、充电法、自然电场法、激发极化法、电磁法等，本书只对电阻率法、激发极化法及电磁法作简要介绍。

8.3.1 电阻率法

1. 电阻率法的基本概念

当地下介质存在导电性差异时，地表观测到的电场将发生变化，电阻率法就是利用岩石和矿石的导电性差异来查找矿体及研究其他地质问题的方法。电阻率是表征物质电导性的参数，用 ρ 表示，单位为 $\Omega\cdot m$。

根据地下地质体电阻率的差异而划分出电性层界线的断面称为地电断面。一方面由于相同的地层，其电阻率可能不同，不同的地层，其电阻率又可能相同，地电断面中的电性层界线不一定与地质剖面中相应的地质界线完全吻合，实际工作中要注意研究地电断面与地质剖面的关系。

另一方面，由于地电断面一般都是不均匀的，将不均匀的地电断面以等效均匀的断面来替代，所计算出的地下介质电阻率不等于其真电阻率，而是该电场范围内各种岩石电阻率综合影响的结果，称为视电阻率。由此可见，电阻率法测量更确切地说应该是视电阻率法测量。

电阻测量技术利用两个电极把电流输入地下并在另两个电极上测量电压而实现。可以采用各种不同的电极布置形式，并且在所有情况下都可以计算出地下不同深度的视电阻率，利用这些数据可以生成真电阻率的地电断面。

矿物中金属硫化物和石墨是最有效的电导体，含孔隙水的岩石也是良导体，而且正是岩石中孔隙水的存在使得电法技术的应用成为可能。对于大多数岩石而言，岩石中孔隙发育程度及孔隙水的化学性质对电导性的影响大于金属矿物粒度对电导性的影响，如果孔隙水是卤水，电法的效果最好；只含微量水分的黏土矿物也容易发生电离。表 8.5 列出了一些常见岩石和矿物的电阻率，由于孔隙水的存在及其含盐度的差异，表 8.5 中同类岩石或矿物呈现很大的电阻率变化区间。

表 8.5　常见岩石和矿物的电阻率

常见的岩石类型	电阻率/Ω·m	常见矿物	电阻率/Ω·m
表土层	50～100	磁黄铁矿	0.001～0.01
风化基岩	100～1000	方铅矿	0.001～100
黏土岩	1～100	黄铜矿	0.005～0.1
砂岩	200～8000	黄铁矿	0.01～100
灰岩	500～10000	闪锌矿	1000～1000000
花岗岩	200～100000	磁铁矿	0.01～1000
辉长岩	100～500000	赤铁矿	0.01～1000000
玄武岩	200～100000	锡石	0.001～10000
板岩	500～500000	斑铜矿	10^{-6}～10^{-5}
石墨片岩	10～500	辉铜矿	10^{-8}～1
绿片岩	500～200000	铬铁矿	1～1000000
石英岩	500～800000		

2. 电阻率法的布设

电阻率法测量的目的是圈定具有电性差异的地质体之间的垂直边界和水平边界,一般采用垂直电测深法和电剖面法的布设方式来实现。

(1) 垂直电测深 (vertical electrical sounding) 法:垂直电测深法是探测电性不同的岩层沿垂向方向的变化,主要用于研究水平或近水平的地质界面在地下的分布情况。该方法采用在同一测点上逐次加大供电极距的方式来控制深度,逐次测量视电阻率 ρ 的变化,从而由浅入深了解剖面上地质体电性的变化。垂直电测深法有利于研究具有电性差异的产状近于水平的地质体分布特征,这一技术广泛应用于岩土工程中确定覆盖层的厚度及在水文地质学中定义潜水面的位置。

(2) 电剖面 (electrical profiling) 法:电阻率剖面法的简称,这种方法用于确定电阻率的横向变化。它是将各电极之间的距离固定不变(也即勘查深度不变),并使整个或部分装置沿观测剖面移动。在矿产勘查中采用这种方法确定断层或剪切带的位置及探测异常电导体的位置。在岩土工程中利用该法确定基岩深度的变化及陡倾斜不连续面的存在。利用一系列等极距电剖面法的测量结果可以绘制电阻率等值线图。

电阻测量方法要求输入电流和测量电压,由于电极的接触效应,同一对电极不能满足这一要求,需要利用两对电极(一对用作电流输入,另一对用作电压测量)才能实现。根据电极排列形式不同,电剖面法主要分为联合剖面法和中间梯度法等。

联合剖面法采用两个三极装置排列(三极装置是指一个供电电极置于无穷远的装置)联合进行探测,主要用于寻找产状陡倾的板状(脉状)低阻体或断裂破碎带。

中间梯度法的装置特点是供电电极距很大(一般为覆盖层厚度的 70～80 倍),测量电极距相对要小得多(一般为供电电极距的 1/30～1/50),实际操作中供电电极固定不变,测量电极在供电电极中间 1/3～1/2 处逐点移动进行观测,测点为测量电极之间的中点。中间梯度法主要用于寻找如石英脉和伟晶岩脉的高阻薄脉。

电阻率测量的测网密度需根据勘查目标和工作比例尺确定，表 8.6 列出了不同比例尺电剖面法测网布置密度。

表 8.6 不同比例尺电剖面法测网布置密度（李世峰等，2008）

比例尺	线距/m	点距/m
1∶25000	250	100
1∶10000	100~200	50~80
1∶5000	50~100	20~40
1∶2000	20~40	10~20

3. 电阻率数据的定性解读

由于电法勘查的理论基础很复杂，在地球物理勘查中电法测量的结果最难以定量解读。在电阻率测量结果的解释中，对于垂直电测深测量结果的数学分析方法已经比较成熟，而电剖面测量结果的数学分析相对滞后。

利用垂直电测深法获得的视电阻率数据可以绘制相应的视电阻率等值线断面图（图 8.6）、视电阻率平面等值线图等，借助这些图件可以分析勘查区的地质构造、地层（含水层）的分布特征等。

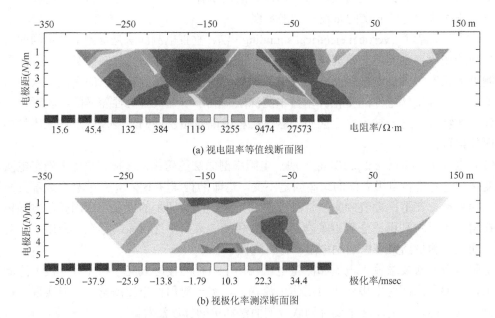

(a) 视电阻率等值线断面图

(b) 视极化率测深断面图

图 8.6 同一剖面偶极-偶极电阻率和偶极-偶极极化率测量结果绘制的等值线断面图（Ford et al., 2008）

联合剖面法的成果图件主要包括视电阻率剖面图、视电阻率剖面平面图、视电阻率平面等值线图等，利用这些图件可以确定异常体的平面位置和形态，并可进行如下定性分析。

（1）沿一定走向延伸的低阻带上各测线低阻正交点位置的连线一般与断层破碎带有关。

（2）沿一定走向延伸的高阻异常带，多与高阻岩墙（脉）有关。需要指出的是，地下巷道、溶洞等也具有高阻的特征，应注意区分。

（3）没有固定走向的局部高阻或低阻异常与局部不均匀体有关。

4. 电阻率法的应用

电阻率法既可以直接探测矿体（如密西西比河谷型硫化物矿床），也可用于定义勘查目标的三维几何形态（如金伯利岩筒）；电阻测量还可用于绘制覆盖层厚度图。

电阻率法应用于水文地质研究，可以提供地质构造、岩性及地下水源的重要信息。电阻率法测量也广泛应用于工程地质研究，垂直电测深法是一种非常方便的、非破坏性的确定基岩深度的方法，并且能够提供地下岩石含水性的信息；电剖面法可用于确定探测深度之间基岩的变化，并且能够显示地下可能存在的不良地质现象。

尽管电阻率法在圈定浅部层状岩系及垂向电阻不连续面方面是一种有效的方法。然而，这种方法在使用上有许多限制，主要表现在：①电阻数据具多解性；②地形和近地表电阻变化可能屏蔽深部电阻变化；③电阻测量的有效深度大约为 1km。

8.3.2 激发极化法

1. 激发极化法的基本概念

当施加在两个电极之间的电压突然断开时，用于监测电压的两个电极并没有瞬间降低为零，而是记录了一个初始快速衰减其后缓慢衰减的过程；如果再次开通电流，电压开始为迅速增高其后转为缓慢增高，这种现象称为激发极化（induced polarization，IP）。

激发极化法测量地下的极化率（即物质趋向于持续充电的程度）。其原理是利用存在于矿化岩石中的两种电传导模式：离子（存在于孔隙流体中）和电子（存在于金属矿物中），若在含有这两类导体的介质中施加电流，在金属矿物表面就会发生电子交换，引起（激发）极化，形成电化学障。这种电化学障提供了两种有用的现象：①需要额外电压（超电压）来传送电流通过该电化学障，如果切断电流，这种超电压不会立即下降为零而是逐渐衰减，使电流能在短时间继续流动；②具电化学障的矿化岩石，其电阻具有鉴别意义的特征，包括与外加电流频率有关的相位和差值。在非矿化岩石中，外加电流只是通过孔隙间的离子溶液传导，因此，其电阻与外加电流频率无关。尽管激发极化现象很复杂，但比较容易测量。

激发极化法根据上述原理可以采用直流激发极化法，这种技术利用电压衰减现象，其观测值以时间域的方式，以毫秒（ms）为单位表示；也可以利用电阻对比现象采用交流激发极化法，其观测值以频率域的方式获取，以百分比频率效应（percent frequency effect，PFE）为单位表示。

在直流激发极化法中，用极化率 η 表示岩（矿）石的激发极化特性，实际工作中，由于地下介质的极化并不均匀且各向异性，所计算出的极化率值是电场有效作用范围内各种岩（矿）石极化率的综合影响值，称为视极化率值 η_s。

2. 激发极化法测线的布设

激发极化法测量沿着垂直于主要地质走向等间距布设测线，采用两个电流电极将电流注入地下，利用两个电压电极测量衰减电压，同时还可以测量电阻率。电极布置可以采用多种方式，如单极–偶极排列（梯度排列）、偶极–偶极排列等。改变电极之间的距离可以获得不同深度的测深结果，从而可以绘制出电阻率和极化率随深度变化而变化的图像。对于偶极–偶极测量来说，电极对之间的距离保持不变，增加电压电极和电流电极之间的间隔，这种间隔是以电压电极之间距离的整数倍（n）增加的。

    IP 法测量结果一般绘制成极化率视剖面图（图 8.6 和图 8.7）。视剖面图能够表现极化率相对深度及电极距的变化，反映导体的几何形态。视剖面图的具体作法是利用 3～4 种电极距所获得的 IP 观测值（视电阻率值），以供电偶极的中点和测量偶极中点的连线为底边作等腰三角形，取直角顶点为记录点，并将相应的 IP 观测值（视电阻率值）标在旁边，同理，当改变电极距（n）时可作出同一测点不同 n 值的直角顶点，同时标出相应的观测值，然后绘制成等值线图或晕渲图。埋藏较浅的小规模导体趋向于生成"裤腿状"异常，如图 8.7 所示。

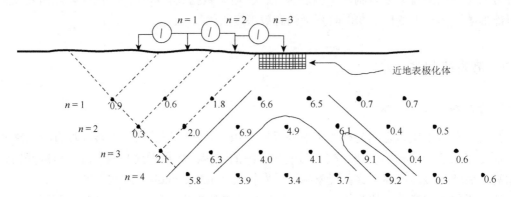

图 8.7   IP 视剖面图，说明与某个埋藏较浅的导体有关的极化率变化和"裤腿状"异常（Moon et al.，2008）

3. 激发极化法的应用

    电法测量中，激发极化法是矿产勘查中应用最广的一种地面地球物理技术。最初设计这种技术是用于寻找浸染状硫化物矿床，尤其是斑岩铜矿，但不久就发现这种方法比常用的电阻法更能在层状、块状硫化物矿床及脉状矿床中显示有特征意义的异常（理论上，导电的块状硫化物矿化只能产生微弱的激发段化响应，但实际上，激发段化法在勘查块状硫化物矿床的效果也很好，这是因为块状硫化物成分比较复杂）。

    激发极化法是一种特殊类型的电法测量，它实际上是目前唯一一种能够直接探测隐伏浸染状硫化物矿床的地球物理方法。

    除闪锌矿外，所有常见的硫化物都是电导体；大多数具金属光泽的矿物也都是电导体，包括石墨和某些类型的煤；一些不是电导体但具有不平衡表面电荷的黏土矿物也能产生效应（地质噪声）。一些具有阻挠特性，使用相角关系的措施，例如，采用（光谱激发极化法），能够判别出金属矿物和非金属矿物发出的信号。激发极化法应用的另一个限制是成本较高。

8.3.3   电阻率法和激发极化法的适用条件

    电阻率法和激发极化法技术要求一台能够输出高压的发电机及直接置于地下的传送输入

电流的电极，并且需要沿着地面布置的一系列接收器测量电阻或极化率（充电率）。因而，电阻率法和激发极化法是相对费钱费力的技术，主要用于具有金属硫化物矿床潜力的勘查区内直接圈定目标矿床。

应用电阻率法和激发极化法有可能会遇到输入电流短路的问题，短路的原因可能是在深度风化地区含盐度较高的地下水。如上所述，电阻率法和激发极化法结果解释过程中可能会遇到的问题是：除了块状和浸染状硫化物矿体会产生低电阻或高极化率外，岩石中还有其他可能产生类似响应的带，如石墨带。因此，在结果的解释中应结合工作区的地质特征进行排除。

电阻率法和激发极化法的有效探测深度在 200～300m 范围内，适合于近代抬升和剥蚀的地区，因为在这些地区，新鲜的、风化程度较弱的岩石相对接近于地表。

电阻率法和激发极化法目前只能在地面使用，不能用于航测。地面电阻率法和激发极化法的主要优点是能够直接与地面接触，因此，电阻率法和激发极化法在详细勘查中应用广泛。

8.3.4　电磁法

1. 电磁法的工作原理

电磁法是电法勘查的重要分支技术，它主要利用岩石（矿物）的导电性、导磁性和介电性的差异，以及电磁感应原理，观测和研究人工或天然形成的电磁场的分布规律（频率特性和时间特性），进而解决有关的各类地质问题。

电磁法测量（electromagnetic surveys，EM）的目的是测量岩石的电导性，其原理或者是利用天然存在的电磁场，或者是利用一个外加电磁场（一次场）诱发电流，通过下部的电导性或磁导性岩（矿）石产生次生电磁场（二次场），从而导致一次场发生畸变。一般说来，一次场和二次场迭加后的总场在强度、相位和方向上与一次场不同，因此，研究次生电磁场的强度和随时间衰变或研究总场各分量的强度、空间分布和时间特性等，可发现异常和推断地下电导体或磁导体的存在（图 8.8）。

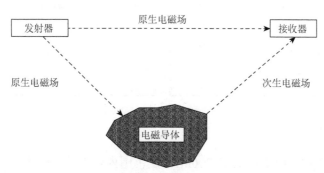

图 8.8　电磁法工作原理示意图

发射器（transmitter，TX）中的电流随时间变化（振动）产生原生电磁场，同样，原生电磁场也随时间变化，从而在导体（矿体）中感应出次生电磁场；次生电磁场通过接收器（receiver，RX）时，随时间变化产生次生电压，测量次生电压就能获得导体的大小和位置的信息原生电磁场是使交流电通过导线或线圈产生，这种导线或线圈既可以布设在地面也可以安装在飞机上；在电导性岩石中诱发的电流会产生次生电磁场。原生电磁场和次生电磁场之间的干扰效应提供了确定电导性或磁导性岩（矿）体的手段。

2. 岩石（矿物）的电导率

电导率是表征物质电导性的另一个参数，以西/秒（S/m）为单位进行度量；电导率与电阻率互为倒数关系，这两个术语都很常用。不同类型岩石和矿物之间的电导率差异相当大，如铜和银等自然金属是良导体，而石英等矿物实际上不具有电导性。岩石和矿物的电导性是一种十分复杂的现象，电流可以以电子、电极或电介质三种不同方式进行传导。

花岗岩基本上不导电，而页岩的电导率在 0.5~100mS/m 变化。岩石中含水量的增加使其电导率显著增大，例如，湿凝灰岩和干凝灰岩的电导率可以相差 100 倍（Telford，et al.，1990）。不同类型岩石之间的电导率值域存在重叠现象，块状硫化物的电导率值域可能覆盖如石墨和黏土矿物之类的其他非矿化岩石。导电的覆盖层，尤其是水饱和的黏土层可能足以屏蔽下伏块状硫化物的电磁异常。

表 8.7 列出了部分岩石和矿物的电导率，块状硫化物、石墨及卤水具有较高的电导率（超过 500mS/m；沉积岩、风化岩石、围岩蚀变带及淡水的电导率位于 1~500mS/m 的中等电导率区间；火成侵入体及变质岩的电导率较低（低于 1.0mS/m）。

表 8.7 部分岩石和矿物的电导率

岩石类型	电导率/（mS/m）			矿物名称	电导率/（mS/m）		
	最小	最大	平均		最小	最大	平均
砂岩	1.00	20.0		黄铜矿	116.55	707.00	
页岩	30.0	200		方铅矿	115.44	158.80	
灰岩	0.01	1.00		黄铁矿	172.00	874.70	
砾岩	0.10	1.00		磁黄铁矿	540.00	656.30	
含铁建造	0.05	3300		闪锌矿	0.08	388.50	
流纹岩			0.04	磁铁矿			205.40
辉绿岩			0.03	石墨	108.00	389.00	
玄武岩			0.20	煤	2.00	100.00	
辉长岩			0.02				
夕卡岩			1.25				
角岩			0.05				

3. 电磁法的应用

电磁法测量系统对于位于地表至 200m 深度范围内的电导性矿体最有效。虽然从理论上讲，较高的一次场强和较大间距的电极可以穿透更大的深度，但是，对电磁法测量观测结果的解释过程中遇到的问题将会随穿透深度的增加呈对数方式增多。一般来说，地面电磁法的有效探测深度大约为 500m，航空电磁法的有效探测深度大约为 50m。此外，电磁法数据的定量解释比较复杂。

电磁法借助于地下硫化物矿体周围产生的电导异常探测各种贱金属硫化物矿床。航空电磁测量和地面电磁测量结果都可以绘制出地下硫化物矿体的三维图像，从而提供钻探靶区。

电磁测量尤其适合于探测由黄铁矿、磁黄铁矿、黄铜矿及方铅矿等矿物组成的块状硫化物矿床，这些矿物紧密共生形成致密块状矿体，犹如一个埋藏在地下的金属体。需要指出的是，如果块状硫化物矿体中闪锌矿含量较高，由于闪锌矿为不良导体，矿体可能只表现为弱的电磁法测量异常。

地面电磁测量技术的费用相对较高，一般是在勘查区内用于圈定特殊矿化类型的钻探靶区时使用。这种技术也可以在钻孔测井中应用，用于测量钻孔与地表之间或两相邻钻孔之间通过的电流效应。航空电磁法既可以用于矿床靶区圈定，也可用于辅助地质填图。

电磁法测量结果解释过程中经常出现的问题是因为许多矿体围岩可能产生与矿体本身相似的地球物理响应；充水断裂带、含石墨页岩及磁铁矿带都能产生假的电导异常；风化程度很深的地区或含盐度很高的地下水都有可能导致电磁测量失效或者造成观测结果难以解释。正因为如此，在新鲜岩石露头发育较好或风化程度较低的地区应用电磁法测量技术效果更好。

航空和地面电磁法测量在矿产勘查中都是很常用的技术，如果在具有电导性的贱金属矿床和电阻性围岩之间或者厚度不大的盖层之间存在明显的电导性差异，那么，利用电磁法测量能够直接探测导电的基本金属矿床。这一技术在北美和斯堪的纳维亚地区应用比较成功。许多其他电导源，包括沼泽、构造剪切带、石墨等电导体，在电磁法测量异常解释中构成主要的干扰源。

8.4　重　力　测　量

8.4.1　重力测量的基本概念

1. 重力测量的基本原理

重力测量（gravity surveys）的基本原理是利用地下岩石、矿石之间存在的密度差异而引起地表局部重力场的变化，通过仪器观测地表重力场的变化特征及规律，进行找矿或解决重要的地质构造问题。主要应用于铁、铜、锡、铅、锌、盐类、能源矿产的找矿、调查，以及了解大地构造的形态等方面。

重力测量是测量地下岩石密度方面的横向变化，所采用的测量仪器称为重力仪，实际上是一种灵敏度极高的称量器，通过在一系列的地面测站称量标准质量，利用重力仪能够探测出由地壳密度差异引起的重力方面的微细变化。像磁法数据一样，重力异常也可采用重力等值线图或彩色图像表示。

重力场强度在国际单位制（SI）中的计量单位是米/秒^2（m/s^2）；在厘米-克-秒（centimeter-gram-second，CGS）单位制中，计量单位是厘米/秒^2（cm/s^2），为纪念伽利略，这一单位又可用伽（gal）表示，即：1gal = 1cm/s^2。在相对重力测量中，厘米/秒^{2}和伽的单位都太大，因而在实际工作中采用的是国际单位制中定义的"国际重力单位"（gravity unit, g.u.）1m/s^2 = 10^{6}g.u.，以及厘米-克-秒制中的毫伽（mgal）和微伽（μgal），它们之间的关系为：1g.u. = 10^{-6}m/s^2 = 0.1mgal；1gal = 10^{3}mgal = 10^{6}μgal。地球表面重力的平均值为 9.8m/s^2 = 9.8×10^{5}mgal，由地下密度变化引起的重力变化大约为 $100\mu cm/s^2$，陆地上重力测量的精度可以达到 $\pm0.1\mu cm/s^2$，海面上重力测量精度可以达到 $\pm10\mu cm/s^2$。

2. 岩石（矿物）的密度

自然界中岩石（矿物）密度各不相同，这种差异造成重力场的不均匀变化，密度差异是开展重力勘查的重要基础。密度单位在国际单位制中为 kg/m^3，在厘米-克-秒单位制中为 g/cm^3。

在所有的地球物理参数中，岩石密度是变化程度最小的变量，大多数常见岩石类型的密度在 $1.60\sim3.20g/cm^3$ 变化。岩石密度变化的一般规律是岩浆岩密度（$2.5\sim3.6g/cm^3$）＞变质岩密度（$2.6\sim2.8g/cm^3$）＞沉积岩密度（$1.6\sim2.7g/cm^3$）。

岩石的密度与其孔隙度和矿物成分有关。在沉积岩中孔隙度的变化是密度变化的主要原因，从而，在沉积岩序列中，压实作用导致密度随深度的增加而增大，渐进胶结作用致使时代越老的岩石密度越大。

大多数岩浆岩和变质岩的孔隙度极低，其成分是引起岩石密度变化的主要因素。一般来说，密度随岩石酸性增加而降低，从而，从酸性岩、中性岩、基性岩至超基性岩密度逐渐增大。

表8.8 列出了部分常见矿物和岩石的密度。从表8.8 中可以看出，辉长岩的密度 $2.7\sim3.4g/cm^3$，花岗岩密度 $2.4\sim3.1g/cm^3$；页岩密度 $2.1\sim2.8g/cm^3$，灰岩密度 $2.3\sim3.0g/cm^3$；方铅矿的密度 $7.4\sim7.6g/cm^3$，磁铁矿密度 $4.8\sim5.2g/cm^3$，黄铁矿密度 $4.9\sim5.2g/cm^3$，磁黄铁矿密度 $4.3\sim4.8g/cm^3$，黄铜矿密度 $4.1\sim4.3g/cm^3$。由于诸如此类的密度差异，当具有一定规模的地质体的密度大于围岩的密度（如沉积岩中的岩浆侵入体），就可以观测到重力正异常；如果地质体的密度小于围岩（如碳酸盐岩中发育的溶洞），则出现负异常。因此，可以利用重力测量圈定岩石构造和寻找大规模块状硫化物矿床。

表 8.8　部分常见矿物和岩石的密度

岩石名称	密度/（g/cm³）	岩（矿）石名称	密度/（g/cm³）	矿物名称	密度/（g/cm³）
纯橄岩	2.5～3.3	大理岩	2.6～2.9	磁铁矿	4.8～5.2
橄榄岩	2.6～3.6	白云岩	2.4～2.9	黄铁矿	4.9～5.2
辉长岩	2.7～3.4	灰岩	2.3～3.0	赤铁矿	4.5～5.2
辉绿岩	2.9～3.2	页岩	2.1～2.8	方铅矿	7.4～7.6
玄武岩	2.6～3.3	砂岩	1.8～2.8	黄铜矿	4.1～4.3
玢岩	2.6～2.9	白垩	1.8～2.6	磁黄铁矿	4.3～4.8
安山岩	2.5～2.8	干砂	1.4～1.7	铬铁矿	3.2～4.4
花岗岩	2.4～3.1	黏土	1.5～2.2	钛铁矿	4.5～5.0
流纹岩	2.3～2.7	表土	1.1～2.0	钨酸钙矿	5.9～6.2
石英岩	2.6～2.9	煤	1.2～1.7	重晶石	4.4～4.7
片麻岩	2.4～2.9	褐煤	1.1～1.3	刚玉	3.9～4.0
云母片岩	2.5～3.0	锰矿	3.4～6.0	硬石膏	2.7～3.0
蛇纹岩	2.6～3.2	钾盐	1.9～2.2	石膏	2.2～2.4
千枚岩	2.7～2.8	铝矾土	2.4～2.5		

注：密度值的变化范围反映风化程度及孔隙度

3. 重力测量工作比例尺的确定

对于金属矿产勘查而言，要求以不漏掉最小有工业价值的矿体产生的异常为原则，即至少应有一条测线穿过该异常，所以线距应不大于该异常的长度，并且在相应工作成果图上，线距一般应等于 1cm 所代表的长度，允许变动范围为 20%。至于点距，应保证至少有 2～3 个测点在所确定的工作精度内反映其异常特征，一般为线距的 1/2～1/10，表 8.9 为大比例尺重力测量的测网间距。具体布设是可参照《大比例尺重力勘查规范》（DZ/T 0171—2017）。

表 8.9　大比例尺重力测量的测网间距

比例尺	矩形测网		正方形测网 线距 = 点距/m	非规则测网 点数/km^2
	线距/m	点距/m		
1：25000	250	50～200	—	20～60
1：10000	100	20～50	—	80～120
1：5000	50	10～20	30～40	—
1：2000	20	5～10	10～20	—
1：1000	10	2～5	5～10	—
1：500	5	1～2	2～5	—

8.4.2　重力异常的解释

1. 异常解释过程中应注意的问题

（1）从面到点：对异常的解释一般是从读图或异常识别开始，即先把握全局，再深入到局部。不同地质构造单元内由于地质条件的差异而呈现不同的重力异常分布特征。所以首先对异常进行分区或分类，分析研究各区（类）异常特征与区域地质环境可能存在的内在联系，在此基础上才有可能进一步对各区内的局部异常作出合理的地质解释。

（2）从点至面：对异常的解释必须遵循从已知到未知的原则，因为相似的地质条件产生的异常也具有相似的特征，因而可以利用某一个点或一条线作控制进行解释，将获得的成功经验推广到周围条件相似地区的异常解译中去，或者是从露头区的异常特征推断邻近覆盖地区的异常成因解释。

（3）收集工作区内已有地质、地球物理、地球化学及钻探资料，尽可能多地增加已知条件或约束条件，为重力异常解释提供印证、补充或修改。有条件时，应对所解释的异常进行验证，进一步深化异常的认识和积累经验。

2. 异常特征的描述

对于一幅重力异常图，首先要注意观察异常的特征。在平面等值线图上，对于区域性异常，异常特征主要是指异常的走向及其变化（从东到西或从南到北异常变化的幅度）、重力梯级带的方向及延伸长度、平均水平梯度和最大水平梯度值等；对于局部异常，主要指圈闭状异常的分布特点，如异常的形状、异常的走向及其变化、重力高还是重力低、异常的幅值大小及其变化等。

在重力异常剖面图上，应注意异常曲线上升或下降的规律、异常曲线幅值的大小、区域异常的大致形态与平均变化率、局部异常极大值或极小值幅度及所在位置等。

重力异常的描述可参考 8.2.4 节磁异常的描述内容。

3．典型局部重力异常可能的地质解释

（1）等轴状重力高：可能反映的是囊状、巢状或透镜状的致密块状金属矿体，或反映镁铁质-超镁铁质侵入体，或反映密度较大的地层形成的穹窿或短轴背斜，或是松散沉积物下伏的基岩的局部隆起。

（2）等轴状重力低：可能是盐丘构造或盆地中岩层加厚的地段的反映，或是密度较大的地层形成的凹陷或短轴向斜，或是碳酸盐地区的地下溶洞，或是松散沉积物的局部增厚地段。

（3）条带状重力高：可能是高密度岩性带或金属矿化带引起的重力异常，或是镁铁质岩墙的反映，或是密度较大地层形成的长轴背斜构造等。

（4）条带状重力低：可能反映密度较低岩性带或非金属矿化带的展布特征，或是侵入于密度相对较大的围岩中的酸性岩墙，或是密度较大地层形成的长轴向斜。

（5）重力梯级带：重力异常等值线分布密集并且异常值向某个方向单调上升或下降的异常区称为重力梯级带，可能反映垂直或陡倾斜断层的特征，或是不同密度岩体之间的陡直接触带等。图 8.9 列举了在重力异常等值线图上指示断裂构造识别标志。

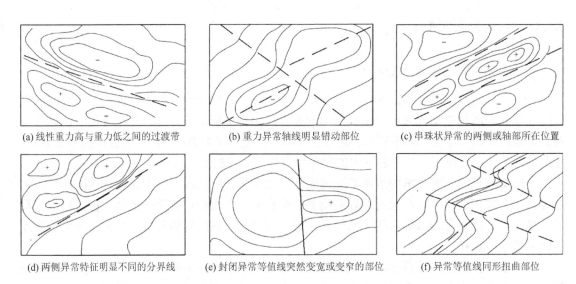

(a) 线性重力高与重力低之间的过渡带　　(b) 重力异常轴线明显错动部位　　(c) 串珠状异常的两侧或轴部所在位置

(d) 两侧异常特征明显不同的分界线　　(e) 封闭异常等值线突然变宽或变窄的部位　　(f) 异常等值线同形扭曲部位

图 8.9　重力等值线图上断裂构造识别标志（刘天佑，2007）

8.4.3　重力测量在矿产勘查中的应用

重力测量可用于探测相对低密度围岩中的相对高密度地质体，因而可以直接探测密西西比河谷型铅锌矿床、铁氧化物铜-金型矿床（IOCG 型矿床）、铁矿床、夕卡岩型矿床、块状硫化物矿床（VMS 型矿床）等。

在地质情况比较清楚的地区，能够预测探测目标的大致密度和形状时，重力测量可直接用于寻找块状矿体。葡萄牙南部伊比利亚（Iberian）黄铁矿带中的一个最重要的矿床——内维

什科尔武（Neves Corvo）块状硫化物矿床就是 1977 年在详细重力测量圈定的异常区内用钻探在 305m 深处揭露和确定的。重力测量受地形效应影响较大，尤其在山区，但在较深的地下坑道内，这种影响就会小得多，例如，在奥地利布莱贝格（Bleiberg）地区采用重力测量圈定了高密度的铅锌矿带。

重力测量和磁法测量配合可以有效地识别从基性到酸性的各类隐伏侵入体。如果同步显示重力高和磁力高，而且异常强度和规模较大，则该异常可能是镁铁或超镁铁岩体所致；如果显示磁力高而且异常规模较大，重力只表现为弱异常，则有可能是中性侵入体；如果同步显示磁力低和重力低，而且异常规模很大，则有可能是酸性侵入体。

在勘查基本金属矿床中，重力测量技术通常用于磁法、电法及电磁法异常或者地球化学异常的追踪测量，尤其适合评价究竟是由低密度含石墨体引起还是由高密度硫化物矿床引起的电导异常。重力测量也是用于探测基本金属硫化物矿床盈余质量（密度差）的主要勘查工具。重力数据还可以估计矿体的大小和吨位，重力异常还可以用于了解有利于成矿的地质和构造的分布特征。重力不能直接探测到石油，但如果石油密度低，并且聚集在圈闭中，油气藏圈闭在重力异常图上表现为重力低（低异常值构成的圈闭），因此，可以通过重力勘探间接探测油气藏。背斜也会引起重力异常，因为它们会使高密度或低密度层更接近地表。

重力测量最常用的功能是验证和帮助解释其他地球物理异常，它也被用于地下地质填图；重力法及折射地震法的特殊功能是确定冲积层覆盖区下部基岩的埋深及轮廓，还可用于寻找砂矿床。

最适合于重力测量的条件主要包括：①作为研究对象的地质体与围岩之间存在明显的密度差异；②地表地形平坦或较为平坦；③工作区内非研究对象引起的重力变化较小，或通过校正能予以消除。

8.5　设计和协调地球物理工作

地球物理和矿产勘查关系十分密切，因此，勘查地质工作者要善于把两者的工作协调好。地球物理工作者根据地质解释选择野外方法和测线，而勘查地质工作者却要利用地球物理信息进行有关解释。

8.5.1　地球物理勘查的初步考虑

（1）地球物理勘查模型。基于矿床（体）的概念模型及工作有关的任何其他地质信息，可以预测一定的物性对比及矿床可能产出的深度范围。一种地球物理模型可能是矿床发现模型；另一种模型是填图模型，目的在于确定岩性和构造的关键地质信息。

（2）目标。考虑成本、完成地球物理勘查工作的时间。在日程安排及地球物理勘查模型的组织范围内，制定出最佳的地球物理和地质工作程序。

例如，某单位 1964 年在某硫化铜镍矿成矿带上做了大量的地质物化探工作。主要物化探方法有：次生晕法、磁法、重力法、自然电场法、激发极化法、电阻率法等。他们这次找矿是成功的，查清了这个成矿带并找到了数个矿体，但仔细研究，有些方法效果重复，有的方法效果局限，还有的效果不佳。磁法和重力法比较，在岩体上磁法有明显异常，在大的岩体上有重力异常，在小的岩体上则需仔细辨认；磁法速度快、成本低，室内工作量比重力的少，因此只选磁法就可以了。自然电场方法简单，速度快，成本低，但只对块状硫化矿体有效，对浸染状矿化无效。激发极化法对块状和浸染状硫化矿体都有效，电阻率法效果不佳。可见，只用磁法、次生晕法和激发极化法三种方法就可以完全解决问题（杨立德，2009）。

（3）工作程序。可能不止一个单位参加项目工作，为了使他们能建立起一个试验性程序以便发挥其作用，必须让他们了解工作区原有地球物理的控制程度及现在的目的，并尽可能详细地阐明下列条件：①工作区的范围；②所要求地球物理工作的详细程度；③测线的方位及测站的间距；④所要求地球物理工作覆盖的程度（完全覆盖或部分覆盖）；⑤各拟用地球物理技术所要求的精度；⑥测线控制要求的精度；⑦提交成果的范围和方式（即原始资料、等值线图、解释资料等），若需要解释资料，说明解释程度等；⑧地球物理工作的日程安排；⑨工作区的地形、气候、地质特征及野外基地设施等。

8.5.2　地球物理工作开展前的准备

开展工作之前，勘查地质人员要与地球物理人员共同设计一个特殊工作项目，其内容包括以下 4 个方面。

（1）由勘查地质工作者简要介绍：①工作区的地质条件。利用现有地质图，若可能的话，还可利用能指示不连续性和岩性对比的原有地球物理测量资料，详尽地把地质模型与物性（如密度、电导率、磁化率等）联系起来。②噪声来源。根据现有信息可以预测某些噪声来源，如具导电性的覆盖层，矿山、管道产生的人工噪声等。

（2）共同编制工作进度表。季节、气候、设备故障等因素的影响，不可避免地会造成地球物理工作的某些延误。因而，工作进度安排具有应变性。此外，由于地球物理工作是用于建立工作区的地质图像，工作进展过程中可能会出现新的情况，需要补充一些测线；有时测线需要延拓至邻区；有时需要补充使用其他地球物理方法；地质填图范围可能需要扩大，以便与新的地球物理资料吻合。诸如此类，虽然不可能编入工作进度表中，但在考虑工作安排时必须预计这些可能发生的事件。

（3）取样和试验。实验室确定地球物理参数的样品及地球物理响应的模拟可以由地质人员来完成。此外，勘查地质人员和地球物理人员可以选择露头发育良好的部位进行踏勘；若要穿过已知矿体进行试点测量，勘查地质人员的任务是要识别工作区或类比区内具代表性的矿体。

（4）地下信息。根据地层层序、深部取样及已有剖面图上的重要信息，对地球物理工作及对在最关键部位设计钻孔，以获得最重要资料的地质工作是十分重要的。在某些情况下，只要把钻孔再延深几米就可穿透一个有意义、具物理特征的边界，或者施工一个成本较低的无岩心钻孔穿过覆盖层，即使它们与直接的地质目的没有什么关系，但在地球物理方面具有意义，这也是值得的。

8.5.3　地球物理测量期间的协调工作

（1）把明显的异常进行分类，必要时进行一些特殊的地质工作来增强或证实初步的解释。

（2）提供辅助的地球物理方法。在异常可由其他地球物理方法证实时，此项工作仍由现场的物探组完成。

（3）延拓工作。有关勘查靶区范围的早期概念可能由于地球物理资料的充实而发生变化，从而需要调整勘查范围。

8.5.4　后续工作

野外工作完成后，首先，地球物理工作者要对资料进行处理和解释；勘查地质工作者可能要求增强一些明显的信号以阐明某些特殊地区的可疑信息。其次，可能需要进行附加的地质填图来证实地球物理解释。最后，可能选择合适的目标进行钻探。

地球物理测量是矿产勘查中了解深部地质情况的重要手段，地球物理测量和资料解释工作是一项十分复杂的任务，而且，如果没有地质指南的话，这项工作的价值将是有限的。勘查地质工作者也应该明白，如果没有地球物理方面的资料，其工作也会受到明显的限制。

本 章 小 结

地球物理勘查技术取决于所探测的矿化与围岩之间存在显著的物性比对。在矿产勘查中，地球物理勘查资料可以为成矿地质环境分析提供补充性信息，例如，识别有物性差异的隐伏半隐伏构造、岩体、地层、推断基底埋深及进行盖层分层等；还可以为靶区圈定提供直接或间接的矿化信息。

本章旨在使读者了解地球物理勘查技术的基本原理、在矿产勘查中的应用、适用条件等。

讨 论 题

（1）磁法测量的原理、应用、适用条件、测量成果的解释。

（2）激发极化法的原理、应用、适用条件、测量成果的解释。

（3）重力测量的原理、应用、适用条件、测量成果的解释。

（4）对比重力异常和磁异常的解释技巧。

（5）从下列地质特征中选出两种适合采用磁法测量的地质体：

①基底构造；②岩浆侵入体；③盐丘构造；④金属矿床；⑤富含磁铁矿的岩石。

（6）从下列地质特征中选出一种适合采用电阻率法测量的地质体：

①盐丘构造（高ρ）；②金属矿床（低ρ）；③碳氢化合物（高ρ）；④夹在玄武岩（高ρ）之间的沉积层（低ρ）。

本章进一步参考读物

国土资源部. 2017. 大比例尺重力勘查规范(DZ/T 0171—2017)

李世峰, 金瓯昆, 周俊杰. 2008. 资源与工程地球物理勘探. 北京: 化学工业出版社

罗孝宽, 郭绍雍. 1991. 应用地球物理教程—重力磁法. 北京: 地质出版社

夏国治. 2004. 二十世纪中国物探(1930~2000). 北京: 地质出版社

薛建玲, 陈辉, 姚磊, 等. 2018. 勘查区找矿预测方法指南. 北京: 地质出版社

叶天竺. 2004. 固体矿产预测评价方法技术. 北京: 中国大地出版社

袁桂琴, 熊盛青, 孟庆敏, 等. 2011. 地球物理勘查技术与应用研究. 地质学报, 85(11): 1744-1805

中国地质调查局. 2006. 岩矿石物性调查地质规程(DD2006-03)

Ford K, Keating P, Thomas M D. 2008. Overview of Geophysical Signatures Associated with Canadian Ore Deposits//Goodfellow W D. Mineral Deposits of Canada: A Synthesis of Major Deposit-Types, District Metallogeny, the Evolution of Geological Provinces, and Exploration Methods. Special Publication 5, Mineral Deposits Division, Geological Association of Canada, 937-971

Kearey P, Brooks M, Hill L. 2002. An Introduction to Geophysical Exploration. 3rd edition. Paris: Blackwell Science Ltd

第 9 章　地球化学勘查技术

9.1　概　　述

9.1.1　地球化学勘查发展历史简述

现代地球化学勘查始于苏联，在 20 世纪 30 年代即已开展了系统的研究。第二次世界大战后，这些技术传入西方并得到了进一步发展，至 70 年代，地球化学勘查已成为最有效的勘查手段之一；90 年代末，谢学锦院士和加拿大学者 E. M. Cameron 共同提议将自 80 年代以来发展起来应用于探测埋深在数百米的隐伏矿床的新技术（包括地气法、酶提取法、电地球化学法、元素有机态法、活动金属离子法及金属活动态法等）统称为深穿透地球化学（deep-penetrating geochemistry）（谢学锦和王学求，2003）。

地球化学勘查技术迅速发展的推动力在于认识到：①大多数金属矿床的围岩中都存在微量元素异常富集的晕圈；②冰碛物、土壤、泉水、河水、河流沉积物之类物质中微量元素的异常富集来源于矿床的风化剥蚀；③发展了适合检测天然介质中含量较低，以百万分之（part per million，ppm）几甚至十亿分之（part per billion，ppb）几计（简称为几 ppm 甚至几 ppb）的元素和化合物的快速、精确的化学分析方法；④利用计算机辅助的化探资料统计技术处理和评价方法大大增强了地球化学勘查的效率；⑤在国外，随着直升机和覆盖层钻进设备的使用，取样效率不断提高；⑥研究自然地理景观对地球化学勘查的影响方面取得了重要进展，从而可以针对一定的野外条件选择最有效的野外技术和解释方法。

9.1.2　地球化学勘查的基本原理

矿床代表地壳某个相对有限的体积范围内某一特殊元素或元素组合的异常富集。大多数矿床都存在一个中心富集区，在中心富集区内有用元素常常以质量百分数（贵金属以 ppm）的数量级富集达到足以经济开采的程度；远离中心区有用元素含量一般呈现降低趋势，是以 ppm（贵金属以 ppb）级度量的程度（但其含量明显高于围岩的正常背景水平），有用元素的这种分布规律为探测和追踪矿床提供了地球化学勘查的途径。

地球化学勘查的基本原理是矿化带内的与成矿有关的微量元素由于热液、风化剥蚀、地下水渗滤等作用而扩散到周围地区。在水系沉积物地球化学勘查中，这一原理意味着地球化学异常的源区可能位于汇水盆地内的任何部位；在土壤地球化学取样和岩石地球化学取样中，采样网格定义了潜在的异常源区，网格的设计意味着源区的地球化学晕至少大于采样间距的假定，因此，要求深入了解不同元素的搬运机理才能够比较准确地估计地球化学晕的分布范围。简而言之，地球化学勘查涉及与矿床有成因联系的微量元素的亏损与富集，地球化学勘查的艺术就是查明这些元素自然扩散形成的原生晕和次生晕。

利用矿床附近的天然环境中一定元素或化合物的化学特征一般不同于非矿化区相似元素或化合物的化学特征的原理，地球化学勘查技术可以通过系统测量天然物质（岩石、土壤、河流和湖泊沉积物、冰川沉积物、天然水、植被及地气等）中的一种或多种元素或化合物的地球化学性质（主要是元素或化合物的含量）发现矿化或与矿化有关的地球化学异常。

气候和地形控制着次生环境中元素的活动性。例如，在寒冷气候条件下，由于化学分解效果较差而且水系不发育，不容易形成发育较好的地球化学异常；在干燥、炎热的气候条件下（沙漠气候），化学分解效果也较差，由骤发洪水引起的扩散同样不会形成发育良好的地球化学异常；在赤道气候条件下，成矿元素的离解和淋滤非常彻底，以至于在风化岩石和土壤中没有保留下金属富集的痕迹。由上述可知，应用地球化学勘查技术的最好环境是，位于温带气候且地形平缓的地区，由于气候温暖、水源丰富，矿物被有效地分解，平缓的地形促使化学分解和次生扩散晕的发育。

地球化学勘查的部署采取从区域到局部的方式，从稀疏取样到密集取样演化。大多数地球化学勘查项目首先是从区域河流沉积物取样开始，其次是土壤取样，最后是岩石取样。地质填图和地球物理测量一般都与地球化学测量同步进行。

9.1.3　地球化学勘查中一些重要的基本概念

地球化学勘查建立在一些重要的基本概念之上，主要包括以下几个方面。

1. 地球化学景观

某一元素含量的空间变化称为地球化学景观（geochemical landscape）；气候、地形、岩石、土壤、水和植被等自然要素的综合体称为自然地理景观（physical geographic landscape）。地球化学景观受自然地理景观的约束，一般来说，同一地球化学景观带内，化学元素迁移条件和迁移规律具有相同或相似的特点。

2. 地球化学背景和异常

在地球化学勘查中将无矿地区或未受矿化影响的地区称为背景区或正常区，背景区内天然物质中单元素的正常含量称为地球化学背景含量或地球化学背景（geochemical background），简称为背景。背景不是一个确定的含量值，而是一个总体（参见14.1.1节），该总体的平均值称为背景值；一个地区的地球化学背景可用背景值和标准差两个数值来描述。偏离某个地球化学背景区域（或某个地球化学景观区）的值称为异常值（anomalies），异常值分布的区域称为异常区。地球化学异常区按规模分下列3种。

（1）地球化学省：地球化学省是规模最大、含量水平最低的异常区，其范围可达数万平方千米或更大。如非洲的赞比亚，根据水系沉积物铜含量大于20ppm圈出的铜地球化学省，面积为8000多km^2，该国重要铜矿床几乎都赋存在该铜省内。

（2）区域性异常区：由矿田或大型矿床周围广大范围内的矿化引起的异常区，面积达数十至数百平方千米。

（3）局部异常区：分布范围较小的异常区，其异常元素含量水平最高。许多局部异常在空间和成因上与矿床密切相关，是地球化学勘查中研究和应用最多的一类异常。

3. 有效异常

指示矿床存在的单元素异常含量称为有效异常（significant anomalies），矿床本身就是有效异常，因此又称为矿致异常（ore-caused anomalies）。实际工作中主要依据勘查地球化学数据集圈定地球化学异常。一方面，由于人类活动可能已经导致大量地球化学景观发生了改变，并不是所有的地球化学异常都是有效异常；某个强异常或许是无效异常（可能是工业污染所致）；另一方面，弱异常或缺失异常并不意味着不存在矿床，有可能是研究区所遭受的风化剥蚀程度不足以使金属从矿化源区活化迁移，也可能赋存有地表无地球化学异常显示的盲矿体。因此，需要综合分析所有可利用的矿产资源勘查数据集才能合理地确定有效地球化学异常。

4. 临界值和异常下限

通过采用设定临界值（threshold）的方式来确定地球化学异常，临界值标志着某个元素总体的上限和下限，换句话说，临界值所界定的区间内为背景，区间外为异常。矿产资源勘查过程中主要关注的是正异常，因而把背景区的上临界值称为异常下限。不过，对于出现的负异常也应该引起重视，例如，矿源区由于成矿物质的迁出而导致亏损，产生负异常。

5. 原生晕和次生晕

矿床形成过程中成矿元素在矿体周围岩石中迁移扩散形成的元素相对富集区域（异常区）称为原生晕（primary halo），其富集过程称为原生扩散（primary dispersion）。由于影响岩石中流体运移的物理和化学变量很多，原生晕分布的规模和形状变化相当大；一些原生晕在距离其相应矿体数百米的范围内即可能被检测出来，而有的原生晕只有几厘米的分布宽度。

矿床形成后由于风化剥蚀作用导致在风化岩石、土壤、植被及水系等次生环境中迁移扩散形成元素的相对富集区（异常区）称为次生晕（secondary halo），其富集过程称为次生扩散。次生晕的形状和大小受许多因素的约束，其中最重要的也许是地形和地下水运动因素。

识别测区内元素扩散的主要机理有助于合理设计地球化学测量项目实施方案，导致元素迁移富集的过程主要是物理过程和化学过程。图 9.1 简要地阐明了元素扩散的基本过程。

图 9.1　元素扩散基本过程

6. 靶元素和探途元素

地球化学勘查被认为是利用现代分析技术延伸了查明矿床存在能力的一种方法。矿床地球化学勘查是对天然物质进行系统采样和分析以确定派生于矿床的化学元素异常富集区。采样介质通常是岩石、土壤、河流沉积物、植被及水等。所分析的化学元素可能是成矿的金属元素，称为靶元素（target element），或其他与矿床有关且容易探测的元素，称为探途元素（pathfinder element）。靶元素和探途元素合称为指示元素（indicator element）。靶元素或探途元素的原生晕是在成矿过程中发育在主岩内的，原生晕的成分和分布与矿床类型有关，例如，斑岩铜矿可能具有平面上和垂向延伸（深）达数百米的原生晕；赋存有沉积型硫化物矿床的地层沿着层位方向可能具有大范围的金属异常富集带，但沿垂向上则迅速消失。发育在次生环境中的靶元素或探途元素扩散晕的分布范围通常都要比相应的原生晕大得多，因此，河流沉积物地球化学、土壤地球化学、地下水地球化学及生物地球化学等手段能够探测到赋存在更远距离的矿床。地球化学异常显著扩展了矿床目标的探测范围（图9.2）。随着迅速、灵敏、精确的分析方法的迅速发展，地球化学勘查技术在矿产勘查中的应用日益广泛。

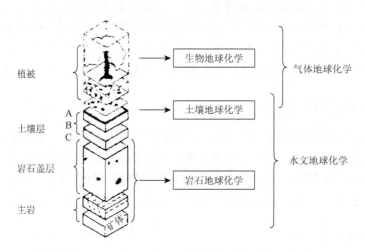

图 9.2 地球化学勘查技术及探测原生和次生分散晕时所采集的地质物质（Gocht et al.，1988）

选择探途元素要求建立目标矿床的成因模型，例如，砷在块状硫化物矿床中作为铜的探途元素，但它并不是每类铜矿床的有效探途元素。表9.1列举了一些最常见矿床的靶元素和探途元素组合。

表 9.1 一些常见矿床的靶元素和探途元素组合

矿床类型	靶元素	探途元素
斑岩型铜矿	Cu、Mo	Zn、Au、Re、Ag、As、F
硫化物矿床	Zn、Cu、Ag、Au	Hg、As、S、Sb、Se、Cd、Ba、F、Bi
贵金属脉状矿床	Au、Ag	As、Sb、Te、Mn、Hg、I、F、Bi、Co、Se、Tl
夕卡岩型矿床	Mo、Zn、Cu	B、Au、Ag、Fe、Be
砂岩型铀矿	U	Se、Mo、V、Rn、He、Cu、Pb
脉状铀矿	U	Cu、Bi、As、Co、Mo、Ni、Pb、F
与镁铁—超镁铁杂岩体有关的矿床	Pt、Cr、Ni	Cu、Co、Pd
萤石脉状矿床	F	Y、Zn、Rb、Hg、Ba

7. 异常强度和异常衬度

异常强度（anomaly intensity）是指异常含量的高低或异常含量超过背景值的程度。异常区内异常值的平均值称为该元素的异常平均强度。

异常衬度（anomaly contrast）又称为异常衬值，是指异常和背景之间的相对差异，它能反映异常的强度，通常有四种表现形式：

（1）某个元素含量值与其异常下限之比，这种方式求出的衬值≥1 即为异常值，可用于对比同一地区不同元素之间的异常强度。

（2）元素的峰值与背景值之比。异常值中常常有多个峰值，如果这种形式的衬值持续存在，异常区就很容易圈定。例如，图 9.3 中可以估计铜的地球化学背景值域为 20～80ppm，地球化学异常值域为 80～300ppm。假设背景值为 50ppm，

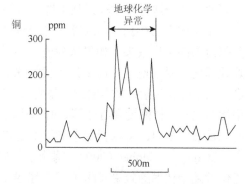

图 9.3　某土壤地球化学勘查剖面铜含量变化曲线图

那么，图中峰值分别为 300ppm、220ppm、150ppm、230ppm，其相应的衬值为 6∶1、4.4∶1、3∶1、4.6∶1。

（3）元素的异常值与其背景值之比，所得出的衬值为背景值的倍数。

（4）异常平均强度与相应的背景值之比，可用于对比不同区域同一元素的异常强度或者同一地区不同异常区的异常强度。

有时候还可以利用原始衬度来反映勘查区的异常强度，原始衬度是指矿体中成矿元素的平均值与围岩中该元素的背景值或异常下限值之比。

不同粒级的样品之间、上层土壤和下层土壤之间、河水与河流沉积物之间及不同的化学分析方法之间所获得的元素含量，其异常衬值不同。显然，异常衬值越高，说明所采用的技术方案的效果越好，利用试点测量可以确定具有最高异常衬值的技术方案。

8. 试点测量

地球化学勘查项目的基础是系统的地球化学取样，从而必须从成本-效果的角度对采样介质、采样间距、分析方法等进行设计。地球化学勘查项目设计中一个重要的方面是评价在勘查区域内采用哪一种技术方案对于所寻找的目标矿种最有效，这一过程称为试点测量（orientation survey），又称为技术试验或地球化学测量方法有效性试验。在试点测量阶段，需要尽可能收集和研究勘查区内现有资料，对不同取样介质（岩石、河流沉积物、河水、土壤等）的取样方法进行试验，从所有的介质中采集代表性样品，在实验室采用不同分析方法进行化学分析（包括在实验室采用多种分析方法对不同粒级的土壤或河流沉积物进行化学分析，旨在确定如何制备用于化学分析的样品及采用哪一种化学分析方法）。试点测量的目的之一是建立勘查区内不同部位可能存在的化学元素含量的值域，并了解某种地球化学勘查方法在某个化学元素的异常值和背景值之间是否具有显著的衬值。不同部位采集的样品其衬值也不同，例如，上层土壤和下层土壤之间、河流水样和河流沉积物之间的衬值是不同的。从而，方法性试验是寻求为获得最大可能衬值的最佳取样方法和化学分析方法。

试点测量的另一个重要目的是利用精心设计好的取样方案确定最佳的技术参数（包括采样密度、采样物质的粒度、靶元素和探途元素等）、排除可能存在的隐患、为后续地球化学测量制订最佳的取样战略及建立标准的操作程序、确保项目顺利开展。最好的试点测量是选择与目标矿床成矿地质条件类似而且地形条件与工作区也类似的远景区，或矿区内对采用各种

不同的采样方法进行试验，从中选择效果最佳的方法作为工作方法。

如果前人已在测区内或邻区开展过地球化学勘查工作，设计时其主要技术指标和方案可参照前人的工作成果。如果认为资料不足，可补作部分试点测量。前人未工作过的地区，特殊地球化学景观地区，以及为寻找特殊矿种、特殊矿产类型为目的的地区，必须开展试点测量。试验内容包括：采样层位（深度）、采样介质、样品加工方案、靶元素和探途元素的确定、采样布局、采样网度和方法等。前已述及，地球化学背景和异常一般都是采用经验方式确定，而在试点测量中，可以利用典型背景区和已知矿化区采集的样品确定异常下限。

Stanley 和 Nobel（2007）阐明了如何根据试点测量数据的统计分析结果来确定所采用地球化学勘查技术的效果（图 9.4）。图 9.4（a）中的频率直方图呈现高度的地球化学对比（异常衬值很大），样品值明确地归属于异常子总体或背景子总体，换句话说，样品分类明确，异常下限容易确定，说明试点测量中所采用的技术指标和方案是合理的。图 9.4（b）中的频率直方图说明样本值在一个连续区域内覆盖了异常和背景值域，其子总体显著叠加，异常衬值很低，有必要对取样过程进行评价。

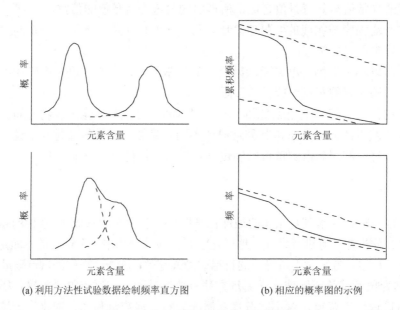

(a) 利用方法性试验数据绘制频率直方图　　　　　　　(b) 相应的概率图的示例

图 9.4　试点测量数据的统计分析结果

（a）中的频率直方图为双峰式分布，清晰地呈现出异常分总体和背景分总体，其地球化学衬值很高，能否圈定异常取决于样品是否布设在异常区（布尔型变量）。（b）中的频率直方图中异常和背景分总体显著重叠，其地球化学衬度很低，需要采用另一种方法来评价勘查的效能

9.2　地球化学勘查的主要方法及其应用

根据采样介质的不同，地球化学勘查技术分为河流沉积物地球化学测量、土壤地球化学测量、岩石地球化学测量、水地球化学测量、生物地球化学测量、气体地球化学测量等。本节将对前三种方法作简要的介绍。读者若需进一步了解不同勘查阶段各种地球化学勘查技术的工作内容和技术要求，可参考本章后列出的相关技术规范及有关地球化学勘查的文献。

9.2.1　河流沉积物取样法

1. 河流沉积物取样法的特点

以水系沉积物为采样对象所进行的地球化学勘查工作称为河流沉积物取样法（stream sediment sampling），其特点是可以根据少数采样点上的资料，了解广大汇水盆地面积的矿化情况。由于矿化及其原生晕经风化形成土壤，再进一步分散流入沟系，经历了两次分散，不仅异常面积更大，而且介质中元素分布更加均匀，样品代表性更强，可以用较少的样品控制较大的范围，不易遗漏异常。对于所发现的异常，具有明确的方向性和地形标志，易于追索和进一步检查。

河流沉积物是取样点上游全部物质的自然组成物，它们通过土壤或岩石的剥蚀及地下水的注入而获得金属，这些金属可能赋存在矿物颗粒中，但它们更多的是存在于土粒中或岩石和矿物碎屑表面的沉淀膜上。表现地球化学异常的河道向下游都可能迅速衰减。因为许多河道都是稳定的，所以，从河流沉积物中取样是有效的，其单个样品点可以代表很大的汇水区域。故在某些地球化学省，每 100km 只采取一个河流沉积物样品；但更经常的是一个样品只代表几平方千米的地区，沿主要河流每 1km 取 2～3 个样品，而且取样点都布置在支流与主流汇合处的支流上。在详细测量河流沉积物时，沿河流每隔 50～100m 进行采样，在一般情况下，向着上游源区方向金属或重砂矿物含量增高，然后会突然降低，在河床狭长地带内形成水系沉积物异常，习惯上称为分散流（dispersion train）。发现矿化的分散流后，其所在的流域盆地，尤其是分散流头部所在的流域盆地便是与该分散流有成因联系的成矿远景区。

一般情况下，指示元素在分散流中的含量比在原生晕或土壤次生晕中的含量低 1～2 个数量级，因此，同一指示元素在分散流中的异常下限往往低于在土壤次生晕中的异常下限。细粒沉积物（<0.25～1.0mm）的分散流长度一般在 0.3～0.6km（小型矿床）至 6～8km（大型矿床）之间变化，最大长度可达 12km 以上（黄熏德和吴郁彦，1986）。

2. 采样方法

河流沉积物样品一般比土壤样品容易收集而且容易加工，然而，如果人们将各种废料都倾注于河流中，就会使沉积物混入杂物，影响取样效果，严重的甚至可使取样失败。

为了发挥河流沉积物取样的最大效益，应尽可能满足下列条件：

（1）工作区应当是现代剥蚀区，发育了深切的河流系统；

（2）理想的取样点应布置在面积相对较小的上游汇水盆地中的一级河流上，在二级或三级河流中，即使存在很大的异常区也会迅速稀释（图 9.5）；

图 9.5　河流水系分级示意图

1 表示一级水系，2 表示二级水系，3 表示三级水系

（3）在河流沉积物取样中，可以采集全部河流沉积物，或者某个粒级的沉积物或者重砂矿物。在温带地区，细粒级河流沉积物中可以获得微量金属元素的最佳异常值/背景值衬度，这是因为细粒级沉积物含有大多数有机质、黏土、铁锰氧化物；含有卵石的粗粒级沉积物来源一般更为局限而且亏损微量元素。通常采集粉砂级河流沉积物（一般规定为 80 网目以下的样品），然而，应当通过试点测量来确定能给出最佳衬度的沉积物粒级。对于基本金属分析和地球化学填图而言，0.5kg 的样品就足够了，但如果是分析金，由于金粒的分布极不稳定，因而要求采集的样品重量要大得多，例如，许多作者（Gunn，1989；Hawking，1991；Akcay et al.，1996）采集了 8～10kg 的–2mm 粒级的样品再进行缩分。

最常用的采样方法是在选定的位置上采集活性水系沉积物样品，最好是沿河流 20～30m 范围内采集多个小样品组合成一个样品，并且在 10～15cm 深度采样，目的是避免样品中含过多的铁锰氧化物。在快速流动的河流中，为了采集到适合化学分析的足够重量的样品（至少需要 50g，最好是 100g），必须采集较大体积的沉积物进行现场筛分。

若河流沉积物中发现较多的重砂矿物存在，应对河流沉积物进行淘洗或加工。对所获重砂除进行矿物学研究外，还可进行化学分析，以查明重矿物中选择性增强的一定靶元素和探途元素的异常含量。重砂方法基本上是淘金方法的量化。水中淘洗常常需要把密度大于 3 的重砂矿物分离出来，除了贵金属外，淘洗还要检测富集金属的铁帽碎屑、铅矾之类的次生矿物、锡石、锆石、辰砂及重晶石之类的难溶（稳定）矿物，多数包括金刚石在内的宝石类矿物。每一种重矿物的活动性都与其在水中的稳定性有关，例如，在温带地区硫化物只能够在其来源地附近的河流中淘洗到，而金刚石即使在河流中搬运数千千米也能够很好地保存下来。采集的样品通常要进行分析，即要对样品中的重矿物颗粒进行计数。在远离实验室的遥远地区查明重砂矿物的含量是非常有用的，根据重砂异常有可能直接确定下一步工作的靶区。重砂取样的主要问题是淘洗，要达到技术熟练程度需要花几天时间实践训练。

河流沉积物测量一般可采用地形图定点。先在 1：25000 或 1：5000 地形图上框出计划要进行工作的范围。在此范围内划出长宽各为 0.5km 的方格网。以四个方格作为采样大格。大格的编号顺序自左而右然后再自上而下。每个大格中有四个面积为 0.25km^2 的小格，编号顺序自左而右自上而下标号 a，b，c，d。在每一小格中采集的第一号样品为 1，第二号样品标号为 2。每个采样点根据其所处的位置按上述顺序进行编号。

采样过程中需要详细记录采样位置的有关信息，包括河流宽度和流量、粗转石的性质及附近存在的岩石露头情况。这些信息在以后对化学分析结果进行研究及选择潜在的异常值进行追踪调查时将是很重要的。

图 9.6 表示常见的河流沉积物取样位置分布图，砂岩分布区钼的背景值大约为 1ppm，异常下限大约为 2ppm；黑色页岩区钼的背景为 6～10ppm；但这些值并不能反映矿化潜力。图 9.6 中右下角的河道发育大约 5km 长的钼的分散流，指示花岗闪长岩可能含有钼矿化。如果对样品同时进行了铜、锌、镍和钒的分析，就会发现这四种元素在页岩中含量都会很高，但只有铜含量会随着进入花岗闪长岩区域与钼含量呈正相关关系，从而可以区分发育在页岩区和花岗闪长岩区的这两类钼异常的成矿潜力。

异常值的追踪测量一般是采取对上游河流沉积物取样的方式，即沿着异常的河流，确定异常金属进入河流沉积物中的入口点，上游河流沉积物金属含量增高表明可能已接近矿化区。

例如，图 9.7（a）说明河流沉积物取样圈出的锌异常分散流（右上角中阴影区），图中 A 区部位的锌异常是以物理风化作用的方式迁移至河道，B 区毗连河道部位发育的锌异常则是借助地下水渗流作用迁移的结果；根据 A 区和 B 区的锌异常值圈出异常区，并确定了土壤地球化学追踪来源区的范围[图 9.7（b）右上角方形区域]。

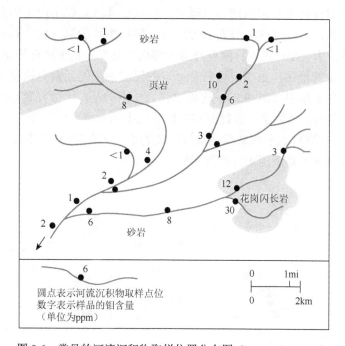

图 9.6　常见的河流沉积物取样位置分布图（Horsnail，2001）

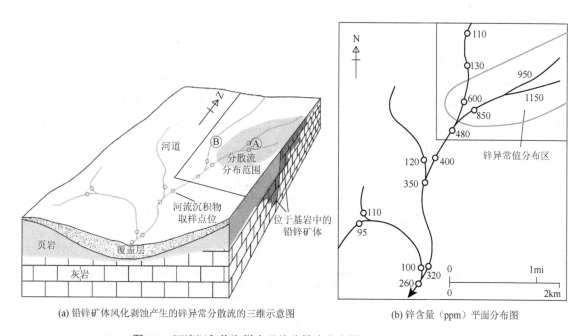

(a) 铅锌矿体风化剥蚀产生的锌异常分散流的三维示意图　　(b) 锌含量（ppm）平面分布图

图 9.7　河流沉积物取样点及锌分散流分布图（Horsnail，2001）

图 9.7（b）与图 9.7（a）为同一区域，背景范围在 95～130ppm，异常下限约 200ppm

9.2.2　土壤地球化学取样法

1. 土壤地球化学取样法的基本原理

土壤地球化学取样技术基本原理是：派生于隐伏矿体风化作用产生的金属元素常常形成围绕矿床（体）或接近矿床（体）分布的近地表宽阔次生扩散晕，由于具有测定非常低的元素丰度的化学分析能力，按一定取样网度开展土壤地球化学分析便能够圈定矿化的地表踪迹。

在露头发育不良的地区，土壤取样具有一定的优越性，靶元素有机会从下伏基岩的小范围带内呈扇形扩散在土壤中（图 9.8）。这里要强调一点的是，土壤异常已经由于蠕动与其母源基岩的矿化发生位移；实际上，直接分布在矿体之上的土壤异常只存在于残积土中。因此，与岩石取样比较，土壤取样的主要缺点是具有较高的地球化学"噪声"（指混入了杂物或污染），以及必须考虑形成土壤的复杂历史过程的影响。

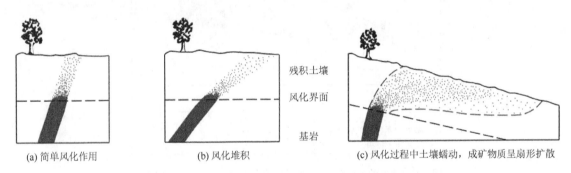

(a) 简单风化作用　　　　(b) 风化堆积　　　　(c) 风化过程中土壤蠕动，成矿物质呈扇形扩散

图 9.8　土壤蠕动导致指示元素在土壤中呈扇形扩散

2. 土壤地球化学取样方法

土壤地球化学取样要求按一定的取样间距（网度）挖坑并从同一土层中采集样品。测线方向应尽量垂直被探查地质体的走向，并尽可能与已知地质剖面或地球物理勘查测线一致；测网与采样点数可参照表 9.2 进行部署。对于规模较小的目标矿体（如赋存在剪切带内的金矿体及火山成因块状硫化物矿体），取样网度有必要加密至 10m×25m；对于斑岩铜矿体，取样网度可以采用 200m×200m。

表 9.2　土壤地球化学测量参考测网与采样点数

工作阶段	简称	比例尺	测网/m	采样点数/（个/km²）	备注
区域地球化学勘查	区域化探	1∶250000	1000×500	2	
地球化学普查	化探普查	1∶50000	500×250～250×250	8～16	
地球化学详查	化探详查	1∶25000	200～2500×50～100	40～100	
		1∶10000	100～200×20～50	200～500	
		1∶5000	50×10～25	800～200	

资料来源：《土壤地球化学测量规程》（2017 修改版）（DZT 0145－2017）

利用土壤地球化学取样追踪地球物理异常时，至少应有两条控制线横截勘查目标，而且控制线上至少应有两个样品位于目标带内，目标带两侧控制宽度应为目标带本身宽度的 10 倍 [图 9.9（a）]，若目标两侧控制宽度不够，有可能难以圈定异常[图 9.9（b）]。

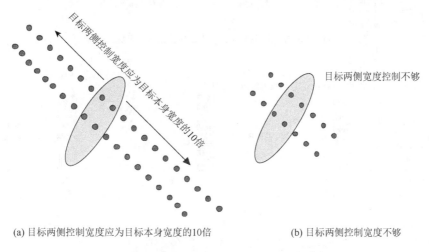

(a) 目标两侧控制宽度应为目标本身宽度的10倍　　　　　(b) 目标两侧控制宽度不够

图 9.9　追踪地球物理异常的土壤地球化学样品布置示意图

土壤地球化学取样的工具是鹤嘴锄或土钻等，采集的土壤样品装在牛皮纸样袋中，样品干燥后筛分至 80 网目（0.2mm），并收集 20～50g 样品进行分析。

取样土壤的主要类型包括：①残积的和经过搬运的土壤；②成熟的和尚在发育的土壤；③分带性和非分带性的土壤；④上述过渡类型的土壤。

图 9.10 代表分带型土壤中的典型剖面，并说明在四种气候环境中剖面可能发生的某些变化。在温带气候并具有正常植被的条件下，在树叶腐殖层（A_0 层）之下是一层富含腐殖质和植物根须的黑色土层，称为 A_1 层；该层底部常常发育一个淋滤亚层，颜色呈灰色至白色，称为 A_2 层，该亚层的金属元素已被淋失。A 层之下是一个褐色至深棕色的土层，称为 B 层，该层趋向于富集由地下水从下部带上来，以及从上部 A 层淋滤下来的金属离子，土壤测量通常是在 B 层采样。如 B 层缺失，可以选择其他层作取样层，但必须保证每个样品都是取自同一层位。B 层之下的土层颜色一般为灰色，称为 C 层，该层土壤可能直接派生于风化的基岩，因而向下岩石碎块越来越多直至为基岩。这类地区的土壤剖面可以反映出母岩中存在的矿化，因而土壤取样是一种很有效的勘查方法。

在一些地区，要对剖面重要部位的各层土壤都进行取样，目的是确定近矿体剖面的特征。在这种近矿土壤剖面中，从 B 层到 C 层金属含量表现为增高或保持稳定；在距矿体更远的部位所采的样品中，B 层中的贱金属含量一般更为富集。在温带地区，通常在富腐殖质的 A 层更容易检测到金。此外，最顶部的森林腐殖土层起着圈闭由植被从基岩和土壤中聚集起来的活动元素的作用，有时把它作为取样介质可以收到明显的效果，尤其在亚高山地带，那里的矿物土壤层（A 层、B 层、C 层）实际上是派生于被搬运了的崩积物和冰川碎屑物。

在潮湿炎热的热带地区，原地风化作用可能导致与上述特征不同的红土层，只要认识到当地土层的特征，土壤地球化学取样效果仍然会比较好。然而，在干旱地区，由于没有足够的地下水渗滤，难以把金属离子迁移到地表，一般的土壤地球化学取样方法可能失效。

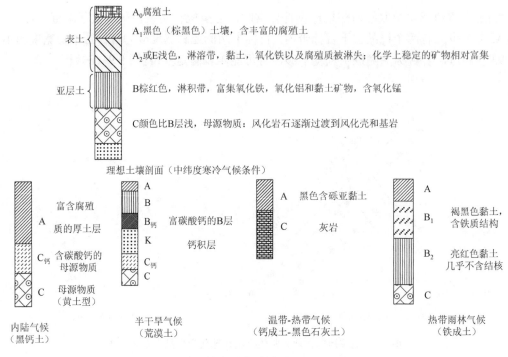

图 9.10　分带性土壤典型剖面（Peters，1987）

　　并不是所有的土壤都是简单的基岩风化的残积物，例如，它们可能是通过重力作用、风力作用，或雨水营力从来源区横向搬运了一定的距离。这些土壤可能是具有长期演化历史的地貌的一部分，其演化历史可能包括潜水面的变化及元素富集和亏损的地球化学循环。为了足以解释土壤地球化学测量的结果，需要对其所在的风化壳有所认识。对于复杂的风化壳，有必要在设计土壤地球化学测量之前进行地质填图和解释，以便确定适合于土壤地球化学取样的区域。

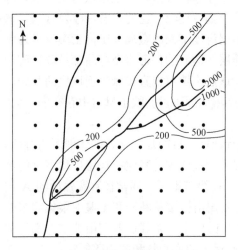

图 9.11　土壤地球化学勘查区锌异常含量（ppm）等值线图

(Horsnail，2001)

　　在我国西、北部干旱荒漠戈壁残山景观、半干旱中低山丘陵景观、干旱半干旱高寒山区景观、高寒湖沼丘陵景观等景观区应注意克服或避免风成沙或风积黄土的干扰；在东北森林沼泽景观区土壤测量应避免有机质和黏土层的干扰。有风成沙和有机质及黏土层干扰的景观区，土壤测量应在 C 层（残积层）取样。

　　由于费用相对较高，土壤地球化学取样一般应在已确定的远景区内进行比较详细的勘查时使用，主要用于圈定钻探靶区。图 9.11 表示在图 9.7（b）右上角圈出的进一步追踪区域采用土壤地球化学取样圈定的土壤地球化学勘查区锌异常含量（ppm）等值线图，图中主异常区（右上侧）反映了可能存在的隐伏矿体，可以采用钻探进行验证。

9.2.3　岩石地球化学取样法

岩石地球化学取样法广泛应用于基岩出露的地区。就取样位置选择而论，岩石采样是最灵活的方法，它可以在露头上，或坑道内，或岩心中采集。在细粒岩石中，一个样品一般采集 500g；在极粗粒岩石中，样品重量可达 2kg。

样品可以分别是新鲜岩石或风化岩石，由于风化岩石和新鲜岩石的化学成分有所不同，不能将这两类样品混合，否则将会难以对观测结果进行合理的解释或得出错误的结论。

与其他地球化学方法比较，岩石地球化学勘查具有几个优点：①局部取样，所获信息直接与原生晕有关，还可以利用岩石地球化学取样建立矿床的元素分带模型，图 9.12 为利用岩石地球化学取样建立美国落基山地区脉状铜矿床金属元素分带模型，大范围的取样，所获信息可直接与成矿省或矿田联系起来；②岩石取样的地质意义是直接的，采样时要注意构造、岩石类型、矿化和围岩蚀变等现象；③岩石样品不像土壤和水系沉积物样品那样容易被外来物质污染，而且，岩石样品可以较长期保存以备以后检验。当然，污染是相对的而不是绝对的，即使是最干净的露头，在某种程度上也已经发生了淋滤和重组合现象。

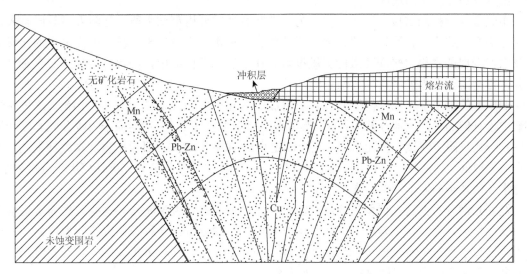

图 9.12　利用岩石地球化学取样建立美国落基山地区脉状铜矿床金属元素分带模型

（据 U.S. Department of Agriculture，1995）

岩石地球取样法也有一些明显的限制，包括：①采样位置受露头发育程度的制约；②岩石样品仅代表采样位置的条件，比较而言，河流沉积物样品代表整个汇水区内的条件；③在有明显矿化出露的部位所采样品显然不能代表围岩晕，一般的解决办法是取两个样品，一个取自矿化带内，一个取自附近未矿化的岩石中，用以获得金属比值的信息；④岩石样品只能在实验室内分析，而土壤、水系沉积物和水化学样品不需磨碎，并可直接在野外用比色法分析，用以立即追踪更明显的异常。

由于岩石测量的采样工作和样品加工等方面的工作效率较低，成本较高，很少在大范围内开展面积性岩石测量。一般应根据其工作目的有针对性地布置采样工作：

（1）为了查明水系或土壤异常浓集中心的确切位置，可在略大于异常的范围内布置几条剖面线进行岩石采样；

（2）为了查明构造带的含矿性，可布置若干条垂直于构造带的短测线采集岩石样品；

（3）为了查明是否存在新的含矿层位，可布置几条垂直于地层走向的长测线进行岩石采样；

（4）为了评价岩体的含矿性，可在测区内的几种典型岩体中各采集数十个岩石样品等。

9.2.4　矿产地球化学勘查中常用的测试技术

野外现场测试技术主要使用比色法。这种方法最常见的是用双硫腙（一种能与各种金属形成有色化合物的试剂），通过改变 pH 或加入络合剂，可以分别检测出样品中所含的金属，主要是铜、铅、锌等。具体操作是把试管中的颜色与一种标准色进行对比，并以 ppm 为单位换算出近似值。因为只有在土壤或河流沉积物样品中呈吸附状态的金属或冷提取金属才能被释放到试液中，所以，比色法实际上只能测出样品中全部金属含量的一小部分（5%～20%）。因此，这种测试方法灵敏度和精度都很低，而且所能测试的元素有限，但是，利用它能初步筛选出具有潜在意义的地区。

实验室内分析测试技术种类很多，为了选择合适的分析测试手段，化验人员与地质人员应充分协商。选用分析测试手段需要考虑的因素是成本、定量或半定量、所需测定的元素数目及它们表现的富集水平和要求的灵敏度等。在地球化学样品中，如含有多种具潜在意义的组分，可能需要考虑采用几种方法测定。

低成本的基本金属地球化学分析方法通常是将重量约 1g 的样品利用强酸溶解，这种酸性溶液中含有样品中的大部分基本金属，然后采用原子吸收光谱（又称为原子吸收分光光度计），虽然它一次只限定测试一种元素，但它能测定大约 40 种元素，而且灵敏度和精度都很高；还具有成本较低、速度快、操作相对简单等优点。石墨炉原子吸收分光光度计可用于分析如金、铂元素及钛之类的低丰度值元素。

发射光谱分析尤其在俄罗斯应用广泛，它适用于同时对大量元素（这些元素的富集水平可以变化很大，而且可以是不同的化学组合）做半定量分析。一种较昂贵的新型仪器——电感耦合等离子光谱（inductively coupled plasma mass spectrometry，ICP-MS），具有发射光谱系统的多元素测定能力，灵敏度相当高，而且经济。

岩石和土壤中的贵金属可采用火法试金分析，其优点是可以利用重量相对较大的分析样品（大约为 30g），重量较大的测试样品有助于降低"块金效应"，从而能够获得更好的分析精度。

中子活化分析是一种灵敏度高、能准确测试地球化学样品的仪器和方法，尤其是测定金的灵敏度很高，它广泛用于测定生物地球化学样品和森林腐殖土样品中所含的金及常见的探途元素。作为一种非破坏性方法，它能提供同时或重复测试各种元素的手段。

实验室比色法类似于野外比色法，但它能得益于进一步的样品制备和更周密的控制条件。虽然较其他测试方法精度低，但成本也低，因此，仍被广泛用于测定钨、钼、钛、磷等元素。

地球化学样品分析不必刻意追求测试结果的准确性，因为利用地球化学勘查的主要目的是了解靶区内相关元素的分布型式而不是这些元素的绝对含量，何况重量仅为 1g 的分析样品也难以完全代表原始样品。正因为如此，地球化学分析结果只作为矿化显示而不宜看作为矿化的绝对度量。

一般铁、铝和钙之类的元素以质量分数为单位进行测定；锌、铜和镍之类的元素以 ppm 为单位测定；金和铂族元素则以 ppb 为单位测定。锌、铜和镍等元素的异常值可以在大约 100ppm 至数千 ppm 变化；砷、铅和锑在数十 ppm 至数百 ppm；银的异常值可以达到 3ppm 至数百 ppm；而对于金而言，其值在 15ppb～20ppb 即可能成为异常值，但在一些重要区域可能达到 100ppb 或更高。

样品分析是地球化学勘查中的一个重要环节。地球化学勘查项目动辄要分析数以千计的样品，需要检出 ppm 级、有时甚至为 ppb 级的痕量元素含量，因而必须研制快速的、适于大规模操作而且非常灵敏的分析方法。近 30 年来地球化学分析技术的发展主要反映在野外现场测试技术的研发方面。用于现场测试的便携式仪器主要包括便携式 X 射线荧光光谱仪（portable X-ray fluorescence spectrometry，pXRF）、便携式 X 射线衍射仪（pXRD）、便携式近红外和短波红外光谱仪（pNIR SWIR）、便携式微米拉曼光谱仪（μRaman）、激光诱导击穿光谱仪（laser induced breakdown spectroscopy，LIBS）及岩心扫描仪等。

9.2.5　矿产地球化学勘查的工作程序和要求

矿产勘查的各阶段都可应用地球化学测量技术。在区域范围内（数百甚至数千平方千米的地区）、地质资料缺乏的情况下，以稀疏的取样密度采集河流沉积物样品以查明具有勘查潜力的地区；在比例尺更大的地区，配合地质或地球物理测量，以更密的取样网度覆盖较小的地区（一般是几平方千米）。地球化学异常指导勘查潜在的矿床，缺乏异常有助于确定无矿地区，但实际工作中应慎重，因为没有查明地球化学异常并不能否定矿床的存在。

区域地球化学勘查属于中小比例尺的地球化学扫面工作，矿产地球化学勘查则属中大比例尺地球化学勘查，后者还可进一步划分为地球化学普查（比例尺为 1∶5 万～1∶2.5 万，）和地球化学详查（比例尺为 1∶1 万～1∶5000）。

1. 矿产地球化学勘查区的选择

矿产地球化学勘查以发现和圈定具有一定规模的成矿远景区和中大型规模以上矿床为目的，因而，正确选准靶区是矿产地球化学勘查的关键。矿产地球化学勘查选区一般是根据区域地球化学勘查圈定的区域性或局部性地球化学异常，或者是配合地质、地球物理方法综合圈定钻探靶区。

地球化学普查区工作面积一般为数十至上百平方千米，主要采取逐步缩小靶区的方式，以现场测试手段为指导，对新发现或新分解的异常源区进行追踪验证。地球化学详查区主要布置在局部异常区或成矿有利地段，工作面积一般为 1 平方千米至数十平方千米，主要采用现场测试手段，查明矿床赋存位置及远景规模。

2. 测区资料收集

全面收集测区有关地质、遥感、地球物理、地球化学等方面的资料，详细了解以往地质工作程度，并对资料进行综合分析整理，对勘查靶区进行充分论证，利用试点测量选择最适合测区的地球化学勘查方法或方法组合。

在水系或残坡积土壤发育的地区，地球化学普查一般是对区域地球化学圈定的异常范围内采用相同方法进行加密测量；地球化学详查则是在地球化学普查圈定的异常区内沿用大致相同的方法技术加密勘查。而在我国西部干旱荒漠地区或寒冷冰川地区及东部运积物覆盖区，则需要进行技术方法的有效性试验。

确定所要分析研究的元素（靶元素、探途元素）、测试要求的灵敏度和精度等。这些选择是根据成本、已知的或推测的地质条件、实验室设备等因素，此外，最重要的是考虑方法试验或者类似地区的经验。一般来说，地球化学普查的分析指标为几种至十几种，详查范围更接近目标，分析指标以几种为宜。

根据试点测量获得的结果进行地球化学勘查项目设计，设计方案需要回答下述重要问题：

（1）采用何种采样方法？这个问题的答案很简单，因为根据方法性试验结果的解释，地球化学勘查人员能够确定哪一种取样方法最经济而且能最有效地圈定矿化异常区。

（2）如何确定最佳采样点位的布置形式（例如，河流沉积物地球化学测量是按照设定的间距进行采样或者土壤和岩石地球化学测量是按照事先确定的网格进行采样）？这个问题的答案在于所选定用作化学分析的样品（如土壤、岩石、河流沉积物或河流水样）能否给出最佳衬值。

（3）如何确定采样间距？这一问题的答案要求化探人员了解地球化学测量的目的，如果目的是要在全国范围或区域范围内圈定矿化异常区，那么，采样间距可以在数千米之间；如果目的是在某个确定局域内圈出具体矿体位置，那么，采样间距可能在数十米之间（采样间距的确定可参考相应的地球化学勘查规范）。之所以区域地球化学勘查项目和局部范围的地球化学勘查项目采样间距相差如此之大，是因为区域化探项目旨在圈定潜在矿化的大范围靶区，而局域化探项的目的是在相对较小的范围内确定具体的矿化构造。

（4）采用哪一种实验室分析方法？这一问题的答案仍然是来自于方法性试验结果，因为在方法性试验过程中要对各种实验室分析方法进行检验。

化探人员设计出能够回答上述所有问题的勘查方案后，即可按要求到实地进行采样。

野外采样时，要在部分样品点采集少量深部样品进行比较，以使样品更具可靠性并对污染等情况作出评价。

3. 地球化学勘查的野外记录

地球化学技术在矿产勘查中之所以重要，是因为化探样品的收集很迅速，其大量的数据可用于研究元素分布模型和趋势变化。但是，如果只采样而无记录，其后果可能像采样不当或样品分析测试不正确那样容易出现错误。野外记录是取样过程的一个重要组成部分，要经常培训采样人员，提高采样人员的素质，以使采样保质、保量。

野外工作中对每一个采样点进行详细地质观察和描述是非常重要的，因为这些信息在数据解释阶段将会是十分有用的。在土壤测量中，应当记录下采样层位、厚度、颜色、土壤结构等；若有塌陷、有机质存在、土壤已经搬运及含岩石碎屑或有可能已被污染等迹象，也应当记录下来。采样位置除必须准确地在图上标定出来外，最好能在现场上做标记，便于以后复查。

对河流沉积物的采样，要记录采样点与活动性河床的相对位置、河流规模和流量、河道纵剖面（陡或缓）、附近露头的性质、有机质含量、可能的污染来源等。

岩石样品有特殊的地质含义，记录中应包括尽可能多的岩石类型、围岩蚀变、矿化及裂隙发育程度等方面的信息。为了加快记录速度，可设计一种便于计算机处理的野外记录卡片。

所采集的样品应仔细包装、编号并及时送实验室进行制备和化学分析。地球化学勘查人员应该意识到分析过程中可能出现的问题，从而应该设计一个用于检验分析数据质量的方案（参见 14.4.3 节）。需要记住的一点是，即使是最好的实验室也可能出错。

9.3　统计学方法在地球化学勘查数据处理中的应用

根据定义，地球化学数据本质上是成分数据。元素或元素的氧化物通常以百万分之一（part per million，ppm）、十亿分之一（part per billion，ppb）、重量百分比（wt%）或者其他形式的"比例"表示。由于数据是以比例表示，存在两个重要的限制：①数据被限制在正数空间内，并且每个样品各元素分析值必须总和为一个常数（如 1000000ppm 或 100%）；②当某个元素值（比例）改变，其余的一个或多个元素值也必须改变才能保持总和不变。

地球化学勘查数据集是一个多元数据集，数据处理是地球化学勘查的一个重要组成部分。地球化学勘查原理和统计学原理都体现出：不同的取样介质、不同的采样方案、不同的化学分析手段都有可能产生不同的背景水平和异常含量，或者说同一个地球化学勘查数据集可能来源于不同的总体，如图 9.13 所示。因此，利用不同取样介质或相同取样介质不同取样方案获得的数据混合处理后所圈定的异常区是不可靠的，实际工作中应该分别进行处理。地球化学数据处理的数学方式主

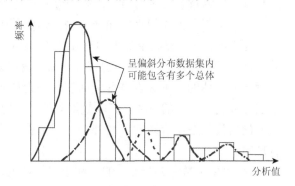

图 9.13　呈正偏斜分布的数据集频率直方图，可能包含多个总体，如图中频率曲线所示

要是应用统计学方法解释地球化学数据集及定义地球化学异常，一元统计方法可用于组织和提取一个元素数据集的数字特征（平均值、方差、标准差、变化系数等），并且利用频率直方图、累积频率图、盒须图等可视化方式了解数据集的分布形状（对称分布还是偏斜分布、单峰还是多峰等）、中心位置、离散程度、离群值（outliers）等特征（参见 14.1 节）；多元分析方法则用于研究元素之间的内在规律，圈定元素组合异常等。

9.3.1　确定异常下限的方法

1. 几种传统的异常下限确定方法

Hawkes 和 Webb（1962）推荐了如下几种定义异常下限值的方法。

（1）采用试点测量确定局部异常下限。即在已知矿化区和远离矿化区分别采集一定数量的样品，所获得的数据绘制成诸如直方图或累计频率图之类的统计图件，确定区分矿化区和非矿化区数据的最佳值作为异常下限（图 9.4）；

（2）将数据集（data set）按从小到大的顺序排列，选择靠前的占总数据个数 2.5%的数据作为异常下限；

（3）采用数据集的"平均值＋2 倍标准差"作为异常下限；

（4）采用中位数＋2 倍中位数绝对偏差。具体作法是将数据集按从小到大的顺序排列，先找出数据集的中位数，然后求出各数据与中位数之差并取绝对值，称为绝对偏差（absolue deviation），再将求出的绝对偏差排序，找出其中位数，称为中位数绝对偏差（median absolute deviation，MAD）。

Reimann 等（2005）对上述估计异常下限的方法进行了比较研究，给出了如下评述。

（1）第一种方法要求补充进行野外工作，但试点测量一般在地球化学勘查项目实施之前完成，在项目分析数据出来后几乎不可能仅仅为了确定异常下限再进行试点测量。

（2）第二种方法是利用了第 97.5 个百分位数，其依据是第三种方法中的"平均值＋2 倍标准差"原理。采用数据集总个数 2.5%的极值数据作为异常值的作法是有疑问的，因为不能解释为什么选取 2.5%的极值数据个数而不是选取 5%、10%或者不选取（没有异常值）。如果需要采用百分位数，那么，累计频率图中第 98 个百分位数（即数据集总个数的 2%或 1：50 的比例）作为背景值域与异常值域的分割点更容易被接受。

（3）第三种方法似乎更加严密些，但实际上，这种方法隐含着数据集服从正态分布的假设，这种方法的计算结果是大约有 4.6%的数据作为异常值（即正态分布曲线下两侧各有 2.3% 的数据），为了满足正态分布的假设，需要将原始数据进行对数转换。显然，利用这种方法确定背景值总体的上下限也是有疑问的，因为如果异常指示的是矿化，那么异常值域和背景值域应该分属于不同的总体，而以数据集的"平均值＋2 倍标准差"作为这两个总体边界（切割点）的估值就是不合理的。此外，如果数据集中异常值个数占的比例较大，这种方法也是不合理的。

（4）"中位数＋2MAD"的方法求得的估值作为异常下限，这种方法所确定出的异常值个数最多，适合呈正偏斜分布的数据集。这种方法在统计学上比较稳健（不像平均值那样容易受极值的影响）。

除了上述确定异常下限的方法外，还可利用盒须图上须线端点值定义异常下限。盒须图也是一种稳健的统计方法，如果异常值个数低于数据集总数的 10%，采用盒须图方法是最合适的。此外，利用盒须图对数据进行初步分级用于编制地球化学色块图是非常有用的途径（参见 9.3.2 节）。

实际工作中常采用上述第三种方法，即"平均值＋2 倍标准差"的方法确定异常下限。根据统计学经验，单元素地球化学勘查数据几乎都呈正偏斜分布，可以利用对数转换或迭代剔除的方法使数据近似服从正态分布。

2. 对数转换法

将原始数据转换为以 10 为底的对数（lg）数据后，一般近似于服从对数正态分布。从理论上讲，异常下限值应取 $\bar{x}+3s$（图 9.14），实际工作中，在试点测量阶段，可以采用 $\bar{x}+3s$ 定义异常下限；如果没有进行试点测量，则只能利用 $\bar{x}+2s$ 定义异常下限。值得注意的是，这里的 $\bar{x}$ 是对数算术平均值，s 为对数算数平均值的标准差，所求得的异常下限应转化为反对数值。

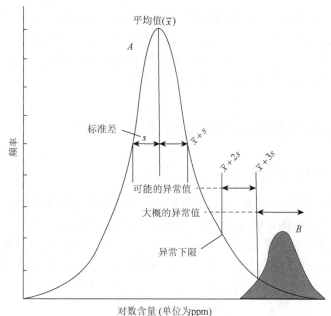

图 9.14　两个不同地球化学总体的概率分布图

地球化学数据的分布一般都呈对数正态分布，总体 A 可以看作为正常的地球化学背景；
总体 B 可以看作矿化区的表现（Pohl，2011）。

3. 迭代剔除法

迭代法在数学上又称为逐次逼近法，迭代过程是不断重复的过程，每次迭代过程是为了逼近所涉目标，且每次迭代的初值不同。采用迭代剔除法处理勘查地球化学数据，目的是使不服从正态分布的元素数据集趋近于正态分布。根据高艳芳和李俊英（2016），迭代剔除过程如下：

（1）计算元素原始数据集的算术平均值（$\bar{x}_1$）和标准差（s_1）。

（2）依据正态分布的 3s 法则，将大于 $\bar{x}_1 + 3s_1$ 和小于 $\bar{x}_1 - 3s_1$ 的离群值（outliers）剔除，从而获得一个新的数据集。再计算该新数据集的算术平均值（$\bar{x}_2$）及其标准差（s_2）。

（3）检查新数据集中是否存在大于 $\bar{x}_2 + 3s_2$ 和小于 $\bar{x}_2 - 3s_2$ 的离群值。若有，则重复过程（2）进行剔除（迭代），以此类推，重复 n 次直至无离群值存在，即可认为数据已趋近于正态分布，迭代过程终止。

（4）计算最终数据集的算数平均值（$\bar{x}_n$）和标准差（s_n）。迭代法所获得的 $\bar{x}_n$ 即为背景值，$\bar{x}_n + 2s_n$ 为异常下限。

寻求所研究元素的异常值是地球化学勘查的主要目的，最好是能够利用试点测量确定异常下限。在没有进行试点测量的情况下，可以利用项目完成后获得的数据集确定。需要强调的是，异常下限的设定应有一定的灵活性，例如，根据图 9.3 中定义的异常下限为 80ppm 铜，但是考虑到取样、样品加工、化学分析过程中都存在误差，更为稳妥的作法是将异常下限上调至 100ppm 铜；此外，在鉴别异常值时还应考虑样品所在的空间位置。在 9.3.4 节中还将对采用不同方法确定异常下限并进行评价举例说明。

地球化学勘查人员需要注意排除研究化学元素的异常值来源于地表如古冶炼遗址或人工

废物之类的污染源的可能性；同时还需要查证所研究的化学元素异常是否是岩石中元素的非经济含量或是其他因素引起的。换句话说，地球化学勘查人员应当寻求对所研究化学元素的所有地球化学异常值进行的合理解释，如果根据野外观察不能确认现有的解释，那么就有必要再去实地对不能解释的地球化学异常值进行实地查证。

9.3.2　盒须图方法在勘查地球化学中的应用

1. 四分位数及四分位数间距

在统计学中，四分位数（quartiles）是指把一元数据集中所有观测值由小到大排序并分成四等份（每部分包含 25%的数据），处于三个分割点位置，即第 25 个百分位数（称为下四分位数）、第 50 个百分位数（第二个四分位数，也是中位数）、第 75 个百分位数（称为上四分位数）的数值。将下四分位数记为 Q_1，第二个四分位数记为 Q_2，上四分位数记为 Q_3，Q_3 与 Q_1之间的区间称为四分位数间距（interquartile range，IQR），即

$$IQR = Q_3 - Q_1 \qquad\qquad (9.1)$$

Q_1 与 Q_3 的统计意义为：数据集中有四分之一的数据小于 Q_1，另有四分之一的数据大于 Q_3，余下的二分之一数据分布在 Q_1 与 Q_3 的区间范围内；Q_2 位于 Q_1 与 Q_3 之间，其所在位置也是数据的中位数位置，用于说明数据集中有一半的观测值大于 Q_2，另一半小于 Q_2。

IQR 度量位于数据序列中部 50%的观测值的离散程度，IQR 值越大，Q_3 与 Q_1 的间距越大，表明数据的离散程度越高，或者说变量的变化性越大；IQR 值越小，说明数据变化性越小。由于 IQR 对离群值和偏斜分布不敏感，如果数据集呈偏斜分布或存在离群值，采用 IQR描述该数据集的离散程度更合理；如果为正态分布，则更适宜用标准差来度量。

2. 盒须图及其绘制

盒须图（boxplots）又称为箱线图，是一种表现最小值、最大值、Q_1、Q_2、Q_3、IQR 的描述性统计学图件（图 9.15）。盒须图的绘制步骤如下。

（1）绘制数轴，度量单位大小和数据集的单位一致，起点比最小值稍小，长度比该数据集的全距稍长。数轴可以横放，也可以竖立（图 2.14），根据图的布局和美观考量而定。

（2）绘制出矩形盒，如果是竖立的矩形，则矩形上、下边的边线位置分别对应数据集的第三个四分位数（Q_3）和第一个四分位数（Q_1）；在位于矩形盒内部的中位数位置画一条线段表示第二个四分位数线（Q_2）。绘制盒须图对盒的宽度没有要求，以图形美观为原则。

（3）在 $Q_3 +1.5IQR$ 的区间称为上内限，$Q_1 -1.5IQR$ 的区间称为下内限。在上内限范围内数据的最大值处画一条与中位数线平行但略短的线段作为离群值的截断位置，同样，标绘下内限范围内最小值所在的截断位置；这两个截断位置分别代表该数据集正常值范围内的最大值和最小值的位置。然后从矩形上、下边线（Q_1 和 Q_3 处）中点各引一条直线与相应的离群值截断线中点相连，与 Q_3 连接的线段称为上须线（upper whisker），与 Q_1 连接的线段称为下须线（lower whisker），上下须线之间表示该数据集正常值的分布区间，处于内限以外位置的数据点都是离群值。

在 $Q_3 +3IQR$ 与及 $Q_1 -3IQR$ 之间的区间分别称为上外限和下外限，位于内限与外限之间

的离群值称为温和的离群值（mild outliers），在外限以外的值称为极端的离群值（extreme outliers），如图 9.15 所示（为美观起见，该图没有绘制数轴，可以根据 Q_1、Q_2、Q_3 进行定位）。

（4）位于须线段范围之外的观测值作为离群值单独投点标示，在一些教材中建议用符号"○"标出温和的离群值，用"＊"标出极端的离群值。相同值的离群值数据点并列标出在其所在的同一百分位数据线位置上，不同值的离群值标在其相应的百分位数位置上。至此即已完成数据集盒须图的绘制。

盒须图依托实际数据进行绘制，不需要事先假定数据服从特定的分布形式，没有对数据作任何限制性要求，它只是真实直观地表现数据集形状的本来面貌，在描述性统计学中有许多重要的应用。利用盒须图能够比较客观地、清晰地表现数据集中离群值的识

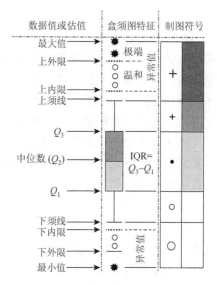

图 9.15　表现一元数据集分布特征的盒须图

别功能，在地球化学勘查中可用于定义异常下限，通常以 $Q_3 + 1.5IQR$ 内的最大值（上须线端点值）作为异常下限（Bounessah and Atkin，2003）。

3. 基于盒须图的勘查地球化学数据分区

根据盒须图的结构特征，可将单元素地球化学数据集划分为 5 个稳健的区域（图 9.15）：
（1）正异常区域，最大异常值至上须线端点（离群值截断线）区间；
（2）高背景区域，上须线端点至矩形盒顶边（Q_3）区间（最多为 25%的数据量）；
（3）背景区域，Q_3 至 Q_1 区间（不超过 50%的数据量）；
（4）低背景区域，矩形盒底边（Q_1）至下须线端点区间（最多有 25%的数据量）；
（5）负异常区域，下须线端点至最低异常值。
上述分区可作为绘制地球化学图的图符或色区划分及着色依据（图 9.15）。

利用盒须图还可以对多个元素数据集的分布形状进行比较。具体作法是在同一数轴上，将这几个数据集的盒须图并行排列，参见图 2.14，即可直观地分析比对元素之间的变化性。例如，根据各元素盒须图的中位数所在的位置了解其数据集的形状（对称分布还是偏态分布）；从 IQR 区间大小及须线段的长短就能得知背景区内元素分布是集中还是分散（变化程度）；还可以知晓某个元素盒须图中的异常值放在其他几个元素的盒须图中处于什么位置。

9.3.3　原始数据标准化处理

地球化学勘查数据是由多元素数据构成的多元数据集，不同元素之间或同一元素的观测值在数量级上可能存在显著差异，而且，元素之间存在不同程度的相关关系。为了消除数量级差异的影响，以便能够合理地计算各元素的异常下限及元素之间变化性的对比，通常需要对原始数据进行标准化处理。假设多元素地球化学数据集是由 m 个样品 n 个元素（变量）构成的，常用的标准化计算公式为

$$z_{ij} = \frac{x_{ij} - \overline{x}_j}{s_j} \qquad (9.2)$$

式中，z_{ij} 为多元素地球化学数据集（样本）中第 i 个样品中第 j 个元素的观测值（x_{ij}）的标准化值；$\overline{x}_j$ 为该元素的算数平均值；s_j 为 x_{ij} 的标准差；其中，$i = 1, 2, \cdots, m$；$j = 1, 2, \cdots, n$（在 $m \times n$ 阶矩阵中，x_{ij} 表示第 i 行第 j 列的数值，$\overline{x}_j$ 和 s_j 分别为第 j 列元素的平均值和标准差）；标准化变换后的数据集中各元素含量均服从平均值为 0，标准差为 1 的标准正态分布。

　　由于算术平均值及其标准差对离群值（异常值）都很敏感（只要原始观测值样本中有一个异常值，其平均值和标准差都会显著变化），Yusta 等（1998）及 Carranza（2009）提出了下列改进的标准化算法：

$$z_{ij} = \frac{x_{ij} - M_j}{\text{IQR}_j} \qquad (9.3)$$

式中，M_j 为第 j 个元素的中位数；IQR_j 为该元素的四分位数距。式（9.3）的标准化算法能够使多元素地球化学数据集中每个单元素数据集（或者同一元素数据集的不同岩性数据子集）盒须图划分的类别之间能够具有可比性，从而可以进行异常对比。如果以 j 元素的中位数绝对偏差（MAD_j）代替式中的 IQR_j，即

$$z_{ij} = \frac{x_{ij} - M_j}{\text{MAD}_j} \qquad (9.4)$$

　　式（9.4）中的 MAD_j 类似于式（9.2）中的标准差 s_j，从而，式（9.4）中的标准化算法计算的 z_{ij} 值类似于式（9.2），因此，用 $M_j + 2\text{MAD}_j$ 确定异常下限类似于 $\overline{x}_j + 2s_j$。

　　为了对比多元素数据集中各单元素之间的异常，可以利用由盒须图方法定义的异常下限值及其四分位数距作为标准化算法：

$$z_{ij} = \frac{x_{ij} - \text{第} j \text{个元素的异常下限值}}{\text{IQR}_j} \qquad (9.5)$$

　　需要指出的是，式（9.5）中的标准化算法应采用利用盒须图法统一定义各元素的异常下限（例如，都采用盒须图中上须线端点定义异常下限）。同理，利用 $M_j + 2\text{MAD}_j$ 及其 M_j 也可用作标准化：

$$z_{ij} = \frac{x_{ij} - (M + 2\text{MAD})_j}{M_j} \qquad (9.6)$$

　　利用式（9.3）和式（9.4）都能够获得同一图幅中不同取样介质中的各元素标准化数据集，从而可以比较同一元素在不同取样介质中的空间分布规律。式（9.5）和式（9.6）则可用于比较相同元素在不同取样介质中的异常分布规律，例如，同一指示元素在岩石和土壤之间或者不同岩性之间的异常分布（异常强度）进行对比。

　　此外，许多多元分析方法（如主成分分析、因子分析及判别分析等）的算法中都要计算协方差或相关系数矩阵，可以利用式（9.3）和式（9.4）对原始数据进行预处理。

9.3.4　不同方法定义元素异常下限值的比较分析

　　Carranza（2009）利用菲律宾 Masbccte 岛阿罗罗伊地区面积大约为 101km^2 的汇水盆地获得的 135 个河流沉积物地球化学样品，采用 $\overline{x} + 2s$、$M + 2\text{MAD}$ 及盒须图上须线端点值分别计

算出各元素原始数据的异常下限及其对数异常下限的反对数（表 9.3）。由表 9.3 中可以看出，采用 $M+2MAD$ 定义的原始数据异常下限及对数异常下限的反对数都是最小的。

表 9.3　采用 $\bar{x}+2s$、$M+2MAD$ 及盒须图上须线端点值分别计算各元素原始数据异常下限及对数异常下限的反对数（Carranza，2009）

分析元素	$\bar{x}+2s$		$M+2MAD$		盒须图的上须线端点值	
	原始数据 异常下限	对数异常下限的 反对数	原始数据 异常下限	对数异常下限的 反对数	原始数据 异常下限	对数异常下限的 反对数
Cu	139.72	184.93	96	120.30	136	200
Zn	121.76	139.77	88	108.85	113	187
Ni	26.31	34.81	22	26.58	30	42
Co	32.06	43.73	26	28.50	36	42
Mn	1461.93	1719.86	1120	1380.22	1630	1800
As	25.86	27.66	4	14.73	9.0	82.0

　　由于原始数据经对数转换后具有正态分布性质，利用其对数异常下限的反对数确定异常值更为合理。表 9.3 中的信息表明，采用 M+2MAD 求得的异常下限可以获得最多数量的异常值。As 作为浅成热液金矿床的探途元素，图 9.16 表示利用 $\bar{x}+2s$ 和 M+2MAD 求得的对数异常下限的反对数所获得的异常值与研究区内已知浅成热液金矿床的空间分布分别呈弱相关和紧密相关关系，反映 M+2MAD 确定异常的效果更好（根据盒须图定义的异常下限没有出现 As 异常值）。

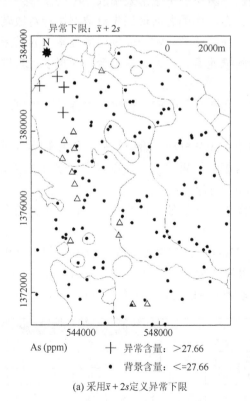
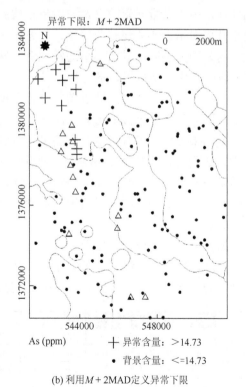

(a) 采用 $\bar{x}+2s$ 定义异常下限　　　　　　　　　(b) 利用 $M+2MAD$ 定义异常下限

图 9.16　菲律宾阿罗罗伊地区河流沉积物 As 含量（反对数）分布图

图中三角形符号表示浅成热液金矿床（点）的位置，浅灰色曲线为岩性界线（Carranza，2009）

　　Reimann 等（2005）指出，如果要求异常值个数少于数据总数的 10%，适合采用盒须图上须线端点值方法定义异常下限；要求异常值个数大于 15%，应用 M + 2MAD 更合理。图 9.16 中采用 M + 2MAD 求得的对数异常下限获得了 11 个异常值，只占总数 135 的 8%，说明据此编制的异常分布图不是最佳的，有必要进一步根据岩石类型或样品位置等划分数据子集研究异常的分布。

9.3.5　异常区的圈定

　　在地球化学勘查区内，只要确定了单个元素数据集的异常下限就可以圈出异常区。以靶元素或探途元素的正常含量为特征定义的区域称为背景区，而至少以一个靶元素或探途元素含量大于其异常下限为特征圈定的区域称为异常区（正异常区）。

　　地球化学勘查的主要目的是圈定进一步工作的靶区，因而，通常是利用图形的方式表达地球化学勘查结果，凸显地球化学异常区。最常用的地球化学图件是投点图，即把单个元素或一组紧密相关元素的测试结果投在地质图或地形图上。在一些地球化学图（尤其是河流沉积物取样分布图）上是用圆圈的大小或其他符号表示样品点上元素分析值所在的区间，然后圈定异常区。如果数据点比较均匀，可以作等值线图来表示，重要元素之间的比值，如铜/钼、银/锌等比值，也可投在图上并绘制等值线图；等值线图的缺点在于有时候图上呈现出仅仅只根据一两个样品而圈出的多个封闭等值线区域，尤其是在区域地球化学勘查中、样品分布很不规则的情况下这种现象更为常见。

　　多变量数据常常需要研究变量之间的相关性，两个变量常常采用散点图的图形方法研究其相关性，由于微量元素的含量一般呈正偏斜分布，作图之前最好先对数据进行对数转换。其他用几何表示方式的还有曲线图、直方图等。地球化学异常一般采用多元素的异常形式来表达，这是因为不同的矿床类型通常都有特殊的靶元素和探途元素组合。模拟多元素地球化学异常区的常用方法包括以下几种。

　　（1）利用元素两两之间散点图的组合呈现多元素相关性的可视化定性描述，也可应用相关系数和协方差定量分析多元素组合异常。

　　（2）如果工作区没有开展试点测量，可利用主成分分析、聚类分析、模糊聚类分析等无监督学习法确定元素组合并绘制多元素组合异常图；如果进行了试点测量，则可采用元素比值（异常强度和异常衬度）、回归分析、判别分析等有监督学习方法。

　　（3）将相同比例尺的单元素地球化学异常图进行叠加处理，然后圈出相互重合的多元素异常区域。

　　根据《多目标区域地球化学调查规范（1∶250000）》（DZ/T 0258－2014）提出采用累积频率制作地球化学等值线图的颜色分级方案，以累计频率 0.5、1.5、4、8、15、25、40、60、75、85、92、96、98.5、99.5、100（%）分级间隔对应的含量划分色区（图 9.17）。

	1	2	3	4	5	6	7	8	9	10	11	12	13	14	15
R	0	0	0	50	120	180	220	255	246	255	255	254	249	150	94
G	50	80	140	180	200	220	240	255	230	185	138	92	57	10	34
B	110	150	200	240	240	250	250	150	40	40	38	18	7	0	36
累计频率 15级/%	0.5	1.5	4	8	15	25	40	60	75	85	92	96	98.5	99.5	100

图 9.17　地球化学图颜色分级方案

9.4　异　常　查　证

在矿产勘查的不同阶段中，通常需要相应地对地球物理和地球化学圈出的异常进行筛选，优选出最具代表性的异常，进行异常查证，目的是查明异常源，对异常的地质找矿意义作出评价，提出进一步工作建议。

9.4.1　异常的筛选

首先对工作区范围内已有的各种资料（物理、化学、矿产、地质、遥感等）进行综合整理及必要的数据处理，从中提取与找矿有关的异常信息，编制相应的异常图件和建立异常（矿点）卡片，以提供一整套系统的找矿信息和矿产资料。其次以综合方法推导成果图件为基础，对所圈定的化探异常、重砂异常、伽马能谱测量异常和航磁、重力异常及遥感菱环构造异常等进行分类和排序。综合方法推断成果图件的综合性强，可使异常分类的依据更为充分，并且对异常所处的地质环境的了解、目标识别准则和发现标识的确定及地质找矿意义的判断更为深入，因而分类结果更为客观。

9.4.2　异常查证的工作方法

在对异常排序的基础上，及时挑选部分认为最有找矿远景的异常进行查证，是查明异常的地质起因和对异常的找矿意义作出评价的重要举措。

异常查证工作按查证的详细程度可分为三个等级，即踏勘检查（三级查证）、详细检查（二级查证）、工程验证（一级查证）。异常查证任务、要求及考核标准见表 9.4。

表 9.4　异常查证任务、要求及考核标准表（孙文珂和丁鹏飞，1994）

查证级别	查证任务	查证要求	考核标准
踏勘检查 （三级查证）	①证实异常是否存在 ②进一步确定异常的确切位置 ③了解异常所处的环境 ④初步查明由浅部地质体引起异常的起因，对异常的找矿远景作出初步评价，提出是否进一步工作的具体意见	①应大致确定异常的范围，至少有三条物探、化探剖面反映异常 ②查证方法以原方法为主，并可适当选择其他方法。物探异常要作必要的化探工作，物探、化探异常都应进行地质剖面测量工作 ③对浅覆盖区内有找矿意义的异常，应进行少量的槽探揭露 ④检查结束后，应提交查证工作简报，提出是否详细检查的建议	全面检查是否符合本阶段的查证要求。重点考核： ①初步查明了由浅部地质体引起异常的起因 ②对异常的找矿意义作出了有依据的评价
详细检查 （二级查证）	①详细圈定异常范围 ②详细了解异常区的地质、地球物理和地球化学特征 ③对异常的找矿意义作出评价 ④对有找矿意义的异常提出工程查证的具体建议	①应作大比例尺的面积性物探、化探工作，工区大小应以能完整反映主要异常形态为准，测网密度应以能充分反映异常的主要细节为原则 ②应测地质、物探、化探的典型剖面，测制地质草图 ③对浅覆盖区有找矿意义的异常应进行一定量的山地工程，揭露浅部异常体 ④对需要进行钻探验证的异常，要进行定量、半定量的推断，提出异常验证方案及验证建议书。提出异常检查报告	全面检查是否符合本阶段的查证要求，重点考核： ①在确定异常起因方面提供了更充分的依据 ②对建议验证的异常源形态和参数作出了较为可靠的推断

续表

查证级别	查证任务	查证要求	考核标准
工程验证 （一级查证）	①查明由地下地质因素引起异常 的地质起因，或查明矿化向深部延 伸的变化情况，大致了解矿化规 模、产状、分布特征 ②提出可否作为进一步开展地质 矿产评价的具体意见	①实施合理、有效的验证工程 ②对钻孔必须进行井中物探、化探工作 ③查证过程中应有物探、化探配合，以便及时调 整验证工程和作补充性物探、化探工作 ④查证结束后，应提出是否进行地质普查的意见， 提出查证报告	全面检查是否符合本阶段 的查证要求，重点考核： ①工程中见到了异常源 ②对异常的找矿价值作出 了有根据的评价

异常查证的工作流程如图 9.18 所示。一般应遵循先三级、后二级、再一级查证的顺序，不宜跳跃（特殊情况下可跨越）；而且应在逐级筛选的基础上进行异常查证工作，即通过初步筛选确定三级查证异常，二级查证异常则在三级查证后的异常中筛选，一级查证异常又在二级查证后的异常中筛选。

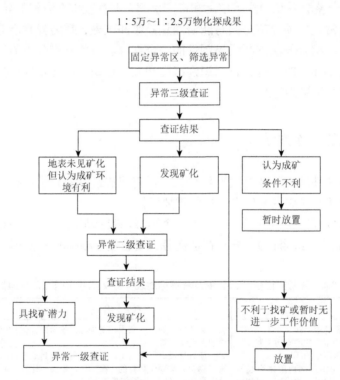

图 9.18　异常查证工作流程图（孙文珂和丁鹏飞，1994）

在开展异常查证工作前需编写设计书，工作结束后应编写异常查证报告，即踏勘结束后应提交工作简报、详细检查结束后应提交异常检查报告，工程验证结束后应提交验证成果报告。

为证实显著的地球化学异常，要在地球化学异常区内采用较密的间距和增加地球化学手段进行取样分析。多次取样和补充分析是很重要的，像地球物理勘查一样，地球化学勘查是把异常与矿体的概念模型联系起来，而且，初步钻探验证可能改变整个模型（案例 9.1）。

案例 9.1　综合地球化学勘查

在加拿大新不伦瑞克省的普利森特山（Mount Plea-sant），钨-钼-锡矿床是经过地球化学勘查—钻探—评价序列多次重复进行才发现的。在初步地球化学勘查中，是在 260km 范围内采用河流沉积物地球化学测量，结果发现 3 个铅、锌、铜的异常部位；接着在这些异常区内又进行河流沉积物地球化学测量和土壤地球化学测量，在一条水系内发现了高金属含量的信息。然后实施更详细的地球化学测量，以 30m×120m 的网度采取土壤样，结果选定了进行地球物理勘查和钻探的靶区。但是，应用电磁法测量效果不佳，钻探也只揭露出矿化现象。为此，对勘查模型重新进行了评价，对土壤样品补充作钼和锡的分析，从而，圈定出一组新的地球化学异常。

接着又进行钻探，结果还是不理想，但获得了一些新的地质信息。这些信息表明，要补充进行地球化学测量。于是在部分地区以更密的取样网度（6m×30m）进行新的尝试，还是未获得所期望的信息。接着又用更精确的测试技术重新对原始土壤样品进行分析，结果提供了新的一组异常信息。然后，又进一步进行取样，不过，这次是选择其中一个异常区进行基岩取样，圈出了一个含锡带，并估计可能是冰川作用使得土壤异常的范围发生了转移。在异常区又一次投入钻探验证，结果很令人鼓舞，后来又施工了一个平硐，揭露出很好的矿带。从地球化学初步勘查在三条水系中揭示出异常至矿山建设，这一过程共花了 11 年的时间。1983 年，这个新建的钨、钼矿山投产，日产矿石量 2000t。

案例 9.1 说明，要注意参考最适合的矿床模型选择取样介质、取样密度及靶元素和探途元素；在研究程度较低的地区，要通过方法性试验测量证实最适合的靶元素和探途元素，并确定最有效的取样密度；随着工作的逐步深入，在获得了更多的地质资料的基础上，有必要对原有模型和取样方法进行调整。因为没有圈出清晰的地球化学异常并不一定说明该区不存在矿床，事实上，也可能是由于地球化学信息未能充分解释而未及时发现潜在的矿床。

本 章 小 结

地球化学勘查技术是通过对天然物质进行系统取样和分析查明派生于矿床的化学元素异常富集区。根据取样介质的不同，地球化学勘查技术分为河流沉积物地球化学测量、土壤地球化学测量、岩石地球化学测量等方法。河流沉积物地球化学测量和土壤地球化学测量主要用于圈定次生晕分布区、岩石化学取样圈定原生晕分布范围。在工作程序上，区域地球化学一般采用河流沉积物地球化学测量，在河流沉积物异常区内采用土壤地球化学测量进一步缩小靶区，最后采用岩石地球化学测量逼近矿床。

统计学是地球化学勘查数据分析的工具，本章利用一元描述性统计学分析了单元素异常及其分布规律，囿于篇幅，未能进一步涉及有关应用多元分析探讨靶元素和探途元素的内在关系及组合异常的内容。

在异常查证过程中，地球化学勘查人员应对异常出现地段的地质和地理背景、异常形成的机制及使异常强化或弱化的各种因素有足够的认识。在河流沉积物测量阶段发现大量异常后，要研究它们的规模及强度，并考虑各种可能强化或弱化异常的环境因素或人为污染所引起的假异常，研究从大量异常中筛选出最有远景的异常的快速有效的方法。在土壤和岩石地球化学勘查阶段需要判断异常与异常源空间位置上的关系，推测矿化剥蚀深度或埋藏深度，评价矿化的潜力等。

讨论题——加拿大不列颠哥伦比亚省希尔塞德地区铜异常

一、希尔塞德地球化学勘查区基本资料

地理位置：勘查区位于加拿大不列颠哥伦比亚省中部。

地质特征

 岩石类型：勘查区内主要出露页岩、碳酸盐岩、砂岩及少量火山岩。

 已知矿化类型：勘查区内沉积型铜矿。

 预测的目标矿床：沉积型基本金属矿床。

地形特征

 地势：地形中等起伏；高程为 500～2000m。

 水系：水系发育，春季河水流速较快。

气候特征：温带气候，年降水量为 400～500mm（以降雪的形式为主）。

植被特征：茂密林区。

勘查条件

 取样密度：河流沉积物取样：6～8 个样/km；土壤取样网度：100m×200m（6 号和 7 号采样线除外）。

 野外条件：良好。

 采样时间：7～8 月。

 覆盖层特征：残积土为主，少量运积土（高山冰川沉积）。

取样介质：河流沉积物和土壤。

分析方法

 样品制备：河流沉积物和土壤样品都是经风干后筛分。

 样品粒度：–200 目。

 提取技术：热硝酸-高氯酸提取。

 测定元素：Cu、Pb、Zn。

 分析方法：原子吸收。

二、项目概述

加拿大某勘查公司在不列颠哥伦比亚中部地区开展了区域河流沉积物地球化学测量，采样密度为 3 个样品/km，初步圈出了希尔塞德 Cu 异常，并推断该异常区具有沉积型基本金属的矿化潜力。第二年 7 月继续采用河流沉积物地球化学测量进行异常追踪，由于获得了有利的结果（表 9.5），几周后又采用详细的土壤地球化学测量，表 9.6 列出了希尔塞德地区 B 层土壤样品 Cu 含量，然后在土壤地球化学异常区采用浅井和探槽揭露基岩，但只揭露出无矿的砂岩。

表 9.5　希尔塞德地区河流沉积物样品 Cu 含量　　　　　　　（单位：ppm）

样品编号	Cu	样品编号	Cu	样品编号	Cu	样品编号	Cu
1	45	8	195	15	250	22	70
2	55	9	175	16	150	23	75
3	65	10	140	17	90	24	70
4	85	11	135	18	50	25	65
5	105	12	140	19	50	26	50
6	95	13	260	20	145	27	45
7	150	14	270	21	100		

表 9.6　希尔塞德地区 B 层土壤样品 Cu 含量　　　　　　　（单位：ppm）

距离南/m	采样剖面线编号						
	1	2	3	4	5	6	7
0	60	35	70	70	75	65	80
100	55	60	80	80	65	70	70
200	45	50	80	75	60	70	65
300	70	55	60	85	80	70	80
400	70	40	55	70	75	160	175
500	80	65	50	65	105	190	
600	50	75	65	70	890	310	
700	55	70	55	80	840	320	
800	65	70	75	110	365	260	
900	60	60	80	190	325		
1000	70	35	55	160	325		
1100	50	70	150	160			
1200	80	860	810	—			
1300	100	260	—	—			
1400	—	210	—	—			

三、操作步骤

1. 将表 9.5 中的河流沉积物取样数据投在图 9.19，然后在图中标示出潜在的河流沉积物异常样品点。

2. 将表 9.6 中的土壤取样数据投在图 9.19 中，然后圈出潜在的土壤地球化学异常区。

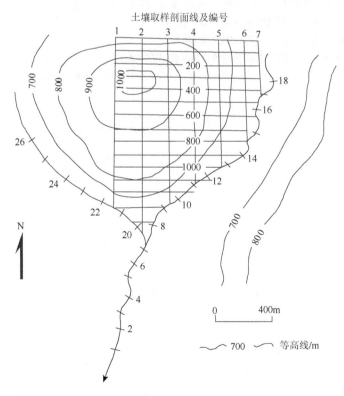

图 9.19　河流沉积物取样位置及其编号（图中只标示了双号点）及土壤取样网格

四、问题讨论

1. 可以假定铜含量较高（＞150ppm）的河流沉积物样品代表矿化样品吗？如果不能，说明理由。

2. 该公司仅在右侧河流的西部山坡进行了土壤取样，而该座山西侧的河流也具有相似的地形，地球化学勘查人员是根据什么确定河流沉积物地球化学异常值的源区位于山的东侧？

3. 所采用的土壤取样网度（100m×200m）合理吗？

4. 假设矿化赋存在直径400m或更小的范围内，为什么探槽不能揭露异常区下伏基岩中的矿化？给出两种可能的解释。

5. 如果附近不存在工业矿体，那么对该土壤异常区最合理的解释是什么？

6. 根据你对问题5的解释，所圈定土壤异常属于什么类型的异常？

7. 该异常是假异常还是矿致异常？或者在目前的工作阶段还不能确定？

8. 你能为公司董事会提出有关该矿权地的勘查工作建议吗？

9. 通过该项目的实施能否推导出应用于地球化学勘查的主要原理？

本章进一步参考读物

国土资源部. 2014. 多目标区域地球化学调查规范(1∶250000) (DZ/T 0258-2014)

国土资源部. 2014. 岩石地球化学测量技术规程(DZ/T 0248-2014)

国土资源部. 2015. 区域地球化学勘查规范(1∶50000) (DZ/T 0011-2015)

国土资源部. 2017. 土壤地球化学测量规程(2017 修改版) (DZ/T 0145-2017)

国土资源部地质调查局. 2016. 中国地质调查局百项成果. 北京: 地质出版社

吕国安. 2002. 成矿区带地球化学异常评价方法. 北京: 冶金工业出版社

王汝成, 翟建平, 陈培荣, 等. 1999. 地球科学现代测试技术. 南京: 南京大学出版社

伍宗华, 古平, 等. 2000. 隐伏矿床地球化学勘查. 北京: 地质出版社

薛建玲, 陈辉, 姚磊, 等. 2018. 勘查区找矿预测方法指南. 北京: 地质出版社

阳正熙, 吴堑虹, 彭直兴, 等. 2008. 地学数据分析教程. 北京: 科学出版社

叶天竺. 2004. 固体矿产预测评价方法技术. 北京: 中国大地出版社

中国地质调查局. 2010. 战略性矿产远景调查技术要求(2010 修改版) (DD2004-04)

Rollinson H. 2014. Using Geochemical Data: Evaluation, Presentation, Interpretation. Oxford: Routledge

第10章 探矿工程勘查技术

地质、地球物理、地球化学及遥感等勘查技术都能从不同方面提供发现矿床所需的资料，这些资料是非常重要的，然而，它们一般都具有多解性的特点。虽然通过综合运用上述技术可以互相补充，互为印证，消除多解性，建立起比较符合实际情况的地质图像或概念，但是，其真实性最终仍有待探矿工程技术来证实。由系统布置的探矿工程勘查网能提供矿化远景区内的地质及矿石含量的三维图像。无论从矿产勘查还是矿产质量研究的角度，探矿工程作为获取实物地质资料的唯一手段，其本身即是多种技术方法的综合运用。

探矿工程勘查技术包括坑探和钻探两大类。钻探是目前地质勘查中运用得最多的技术手段。

10.1 坑 探 工 程

坑探工程简称坑探，是在地表和地下岩石或矿体中挖掘不同类型的坑道，以了解地质和矿化情况。它可以分为地表坑探工程（过去有人称为轻型山地工程）和地下坑探工程（又称为重型山地工程）两种。地表坑探一般采用人工挖掘，不需照明、通风、动力等设备，包括剥土、探槽和浅井，主要用于揭露基岩、地质界线、接触关系和矿化带等，以了解其特征和延展情况；而地下坑探由于是在地下较深处的岩石或矿体中掘进，因此，生产技术较复杂，需要动力、照明、支护、通风、排水等一系列设备，主要用于勘探形态复杂、有益组分变化大和经济价值高的矿床，如稀有金属矿床、贵金属矿床、宝石矿床等。对于各类大型矿床，即使矿体形态比较规划、有益组分变化不大，为了提高控制程度或者为了检查钻孔质量及专门采取技术样品和技术加工样品，同样需要使用（或部分使用）坑探工程。

坑探的特点是地质人员可以进入工程内部，对所揭露的地质及矿化现象进行直接观测和采样，能够获得比较精确的地质资料。因而，利用坑探工程探明的资源储量具有较高的精度，可以用于检验钻探和物探、化探资料或成果的可靠程度。由于地下坑探工程，尤其是竖井和斜井，要求设备多、施工速度慢、成本高，选用这类工程时一定要切合实际，权衡好各方面的因素。

10.1.1 地表坑探工程

1. 探槽

探槽（trenching）是指勘查工作中为揭露基岩或矿化体，在地表挖掘的一种深度不超过3m的沟槽。一般要求探槽槽底深入基岩 0.3m、底宽 0.6m 左右，其长度及方向则取决于地质要求，通常是按一定的间距垂直所要探明的地质体或矿化体布置。按其作用的不同分为主干探槽和辅助探槽。

　　主干探槽布置在勘查区的主要地质剖面上，要求尽量垂直于矿化带或构造带及围岩的走向，目的是研究地层剖面和构造规律及控制矿化体的分布等。辅助探槽是加密于主干探槽之间的短槽，用于揭露矿体或其他地质体界线。关于探槽原始地质编录的技术要求参见国土资源部 2015 年颁发的《固体矿产勘查原始地质编录规程》（DZ/T 0078—2015）中的相关内容。

　　探槽主要适用于揭露、追索和圈定近地表的矿化体或其他地质界线，一般要求覆盖层的厚度不超过 3m。由于探槽施工简便、成本较低，在矿产勘查中广泛应用。

2. 浅井

　　浅井（pitting）是从地面铅垂向下掘进的一种深度和断面都较小的勘查竖井。其断面形状一般为正方形或矩形，断面形状为圆形的浅井又称为小圆井。断面面积为 $1.2\sim2.2m^2$，深度不超过 20m，一般为 5～10m。

　　浅井可用于砂矿床及风化壳型矿床的勘查或用于揭露松散层掩盖下的近地表的矿化体。浅井施工的难度和成本比探槽要高，因而，如果不采集大样的话，可用轻便取样钻机代替部分浅井。

10.1.2　地下坑探工程

1. 平硐

　　平硐（adit）又称为平窿，是按一定规格从地表向山体内部掘进的、一端直通地表的水平坑道（图 10.1）。两端都直接通达地表的水平巷道称为隧洞或隧道。平硐的形状一般为梯形或拱形，是人员进出、运输、通风及排水的通道。在勘查中常用于揭露、追索和研究矿体。与竖井和斜井比较，平硐的优点是施工简便、运输及排水容易、掘进速度快、成本较低等，因此，在地形有利的情况下应优先采用平硐勘查。

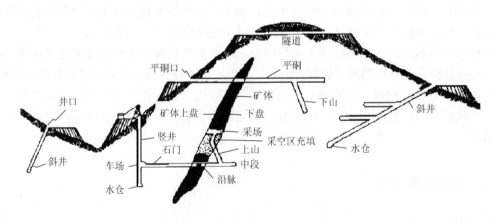

图 10.1　地下坑探工程示意图

2. 石门

　　石门（crosscut）是指从竖井（或盲竖井）或斜井（或盲斜井）下部掘进的地表无直接出口且与矿体走向垂直的地下水平巷道。它是穿过围岩的巷道，故称为石门，一般用作连接竖井或斜井与主要运输巷道（沿脉）的主要通道、揭露含矿岩系的地质剖面、追索被断层错失的矿体等。

3. 沿脉

沿脉（drift）是指在矿体中或在其下盘围岩中沿矿体走向掘进的地下水平巷道。沿脉无地表直接出口，一般通过石门与竖井或斜井井筒连接。布置在矿体内的沿脉称脉内沿脉，布置在围岩中的沿脉称脉外沿脉或石巷，采用哪一种沿脉应根据矿体地质特征和生产要求而定。

在勘查项目中，主要利用沿脉来了解矿体沿走向的变化情况，沿脉还可供行人、运输、排水和通风之用。

4. 穿脉

穿脉（cross-cuts）是指垂直矿体走向掘进并穿过矿体的地下水平巷道。在勘查中穿脉主要用于揭露矿体厚度、了解矿石组分和品位的变化、查明矿体与围岩的接触关系等，其长度取决于矿体厚度及平行分布的矿体数。

沿脉、穿脉、石门等地下平巷配合，构成了控制矿体分布的水平断面，这种水平断面称为水平（level），通常以所在标高来编号，如 0m 水平、–50m 水平等，有时也以从上往下按顺序编号，如第一水平、第二水平等。相邻水平之间的阶段称为中段，某一水平标高以上的那个中段称为某标高中段，中段上下相邻水平坑道底板之间的垂直距离（或高差）称为中段高度。

5. 竖井

竖井（shaft）是指直通地表且深度和断面较大的垂直坑探工程。竖井是进入地下的一种主要通道，按用途可分为勘探竖井和采矿竖井，后者又分主井、副井、通风井等。竖井一般在地形比较平坦的地区采用。勘探竖井断面常为矩形，深度一般在 20m 以上。由于开掘竖井技术复杂、成本高，一般不得随意施工。竖井设计须与矿山设计部门共同商定，以便开采时利用。

6. 斜井

斜井（inclined shaft）是以一定角度（一般不超过 35°）和方向，从地表向地下掘进的倾斜坑道，它也是进入地下的一种主要通道。地表没有直接出口的斜井称为盲斜井或暗斜井。斜井的设计与施工也须与矿山设计部门共同商定。

10.1.3　地下坑探工程的地质设计

地下坑探工程地质设计的内容包括：坑探系统的选择、勘探中段的划分、坑口位置的确定、坑道工程的布置、设计书的编写等。地下坑探工程施工技术复杂、工程量大、投资费用高，设计时必须具有充分的地质依据和明确的目的，坑道的布置必须考虑为今后矿床开采时所利用，因而要提出多个设计方案进行地质效果和经济效果的比较和论证，抉择最优方案。

1. 坑道勘查系统的选择

坑道勘查系统（参见 13.2.4 节）可分为平硐系统、斜井系统及竖井系统，分别适用于不同的条件。因此，应用时须根据矿床所在的地形地质条件，如地形、矿体产状、围岩性质等进行合理选择。原则上要求所选坑探系统既能达到最佳勘查效果，又能实现经济、安全、施工方便，并且所设计的坑道能够为今后矿山开发所利用。

2. 勘探中段的划分

一般是以主矿体地表露头的最高标高为起点，根据所确定勘查类型或采用其他方法确定的中段高度（参见 13.2.5 节）或其整数倍。一般厚大急倾斜矿体，中段高为 50～60m；厚度不大的急倾斜矿体，中段高为 30～40m；缓倾斜矿体，中段高为 25～30m。向下依次确定各勘探中段的标高（此为在水平上布置水平巷道腰线的标高），并在设计剖面图或矿体垂直纵投影图上标绘出各水平的标高线，以便布置坑探工程。同一矿区不同地段的水平标高应当一致，同一水平上各水平巷道的腰线标高误差不得超过 3‰～5‰（徐增亮和隆盛银，1990）。

3. 坑口位置的选择

平硐和斜井坑口应有比较开阔的场地，以便建筑附属厂房及堆放废石，并且要求岩层比较稳固、坑口标高必须高于历年最大洪水水位。坑口最好能位于坑探系统的中部，使主巷两翼的运输和通风距离大致相等。

布置竖井时要求：

（1）井筒应布置在矿体下盘，而且必须位于在开采后形成的地表移动带范围之外，以确保井筒的安全及避免因维护井筒而保留大量的矿柱；

（2）井筒应避开构造破碎带和厚度大而又非常坚硬的岩层（如花岗岩、石英岩等）；

（3）井口标高必须高出历年洪水水位，井口附近地形条件良好，便于建筑、排水、堆放废石等；

（4）尽可能使石门长度达到最短。

4. 探矿坑道的布置

探矿坑道主要指沿脉和穿脉。沿脉坑道一般布置在主矿体内或其下盘，其设计长度大致与矿体一致或视需要而定；穿脉坑道应布置在相应的勘查线上，用于揭露矿体沿厚度方向的变化及圈定次要矿体。

探矿坑道的布置是在相应水平的平面图上进行。如果深部有钻孔资料，可以根据设计地段的勘查线地质剖面编制水平地质平面图（编制方法参见 15.4 节）。当深部无钻孔资料时，则可根据勘查区大比例尺地质图，在设计地段按一定间距切制若干条地质剖面，剖面上地质界线及其产状按地表产状向下延伸到设计水平，然后编制水平地质预测平面图。

在水平地质平面图上，坑道的布置可分为脉内沿脉系统和脉外沿脉系统。如果矿体厚度小于沿脉坑道的宽度，可以考虑采用脉内沿脉系统；如果矿体厚度大于沿脉坑道宽度，而且下盘围岩稳定，则可采用脉外沿脉系统，在沿脉中按一定间距布置穿脉。无论是脉内沿脉还是脉外沿脉系统，穿脉坑道的布置都必须与整个勘查系统相适应，便于资料的综合整理。探矿坑道设计好后，应在水平地质设计平面图及勘查线设计剖面图上标出坑道的方位、坑道设计长度、断面规格、坡度等。

5. 坑探工程设计书的编写

凡地下坑探工程都应编写专门的设计书，首先对应用坑探工程的地质依据和必要性进行论证，其次对勘探系统的选择、水平标高及坑口位置的确定等进行评述，最后列表统计坑探工作量。设计书应附勘查区地形地质图、各中段地质（预测）平面图、有关设计剖面等图件。具体要求参见湖北省国土资源厅 2007 年发布的《湖北省固体矿产地质勘查坑探工程设计编写要求（试行）》规范。坑道设计被批准后还应将坑道预计地质情况和水文地质情况等方面的资料送交施工部门，以保证施工安全。

6. 坑探的施工管理和编录要求

根据批准的坑探工程施工设计图，由地质人员与测绘人员共同到现场对工程进行实测定位。施工期间应定期对工程质量与工程量进行阶段验收，在预计有突水和涌水地段施工时应制订探水防水措施和预警方案，工程全部完工后应进行竣工验收。

国土资源部 2015 年颁发的《固体矿产勘查原始地质编录规程》（DZ/T 0078—2015）中详细阐述了坑道原始地质编录操作方法及技术要求，表 10.1 列出了坑探工程原始地质编录作业细则。

表 10.1　坑探工程原始地质编录作业细则

工序名称	技术要求	主要操作步骤	注意事项
1. 坑口测定及坑道布置	位置、方位、坡度必须与设计相符	1. 坑口坐标计算，下达定位测量通知书；2. 实地测量定位；3. 地面标记、打桩、编号	定位必须复测检查
2. 工程施工	执行施工合同及有关坑探工程规程和规定要求	1. 签订施工合同书，明确施工要求；2. 提交预想平面图、剖面图和穿、沿脉位置平面图；3. 随施工进度监控施工方位及工程规格；4. 根据工程地质情况的变化下达任务变更通知书或终止通知书	
3. 工程验收	完全满足设计和地质观察素描作图要求	1. 系统检查工程方位、规格、断面、坡度；2. 穿脉坑道穿过矿体并控制其顶底板；3. 查有无坍塌、冒顶、片帮、悬石等不安全因素；4. 冲刷消洗坑壁	主矿体分支复合及平行矿体的控制
4. 地质编录准备	掌握编录规范及有关工作细则	1. 研究设计及工程地段平、剖面资料，了解各地质体在三度空间上可能的变化；2. 学习坑道地质编录规范、方法，统一素描作图法	已有资料仅作参考
5. 地质编录	贯彻原始编录规范、执行设计及有关工作细则	1. 填写工区名称、工程编号；2. 工程系统踏勘了解，统一认识，确定分层界线；3. 量具检查、挂基准尺丈量绘图，测量产状及界线；4. 深入观察研究，逐层进行描述，典型地质现象用大比例尺补充素描或照相描述；5. 布样、采样	描述不得漏项；文、图相符并与实地吻合

10.2　钻　探　方　法

钻探是利用机械碎岩方式向地下岩层钻进的一种地质勘查方法，主要用于探明深部地质和矿体厚度、矿石质量、结构、构造情况，包括提供地下含水情况，验证物探、化探异常，寻找盲矿体等。钻探方法不仅广泛应用于矿产勘查，也是工程地质勘查中的最基本的勘查手段之一，通过钻探可以直接获取地下埋藏的岩石、土层、水、气、油等实物样品，并可在钻孔中进行各种测试。

10.2.1　主要的钻探方法

钻探按钻进方法分为冲击钻进、回转钻进、冲击回转钻进及振动钻进等；按钻进是否采取岩心分为取心钻进和不取岩心钻进。

1. 冲击钻进

这种钻进设备基本上是采用压缩空气驱动的锤击系统，重锤把一系列的短促冲击迅速地传递至钻杆或钻头，与此同时，传递一次回转运动，达到全面破碎钻孔孔底岩石的目的，这种钻进方法称为冲击钻进。钻进设备大小不一，小者如用于坑道掘进的风钻，大者可以安装在卡车上，能够以较大孔径钻进数百米的深度。

冲击钻进方法是一种快速而成本较低的方法，其最大的缺点是不能提供取样的精确位置，然而，其钻探费用只有金刚石钻探的 1/2～1/3。这种技术主要在勘探阶段用于加密钻探，获取化学分析样品及确定矿化的连续性，尤其适合斑岩铜矿的勘查。其钻进速度可达 1m/min，而且在一个 8h 的工作班内钻探进度有可能达到 150～200m。如果以这样一种进度并配置多台钻机，每天可获得数百个样品；以 10cm 的孔径计算，每钻进 1.5m 的孔深可以产生大约 30kg 的岩屑和岩粉，所以，要求与采样和样品的化学分析密切配合。像所有的压缩空气设备一样，这类钻机操作时噪声很大。

2. 回转钻进

利用硬度高、强度大的研磨材料和切削工具，在一定压力下，以回转的形式来破碎岩石的钻进方法，称为回转钻进。按照钻进形式，回转钻进又可分为以下两类。

（1）孔底全面钻进，即在钻进过程中将孔底岩石全部破碎，钻下的岩屑通过冲洗液带至地表用作样品，不能取岩心。典型的回转钻头是三牙轮钻头，以高达 100m/h 的速度钻进是可能的。这种类型的钻进方法一般用于石油勘查和开采，其钻孔孔径较大（大于 20cm）、钻孔深度可达数千米，需要使用昂贵的钻进泥浆，钻探设备比较笨重。

（2）孔底环状钻进，即以环状钻进工具破碎岩石，在钻孔中心部分留下一根柱状岩石（岩心），这种钻进方法称为岩心钻探。按照不同的方法，岩心钻探又进一步分为不同的钻进形式（表 10.2）。

表 10.2　岩心钻探钻进形式的分类

按岩石破碎形式划分		按冲洗液循环介质划分	按循环方式划分	按钻孔角度划分
回转钻进	硬质合金钻进 钢粒钻进 金刚石钻进	清水钻进 泥浆钻进 空气钻进 化学泥浆钻进	正循环钻进 反循环钻进	直孔钻进 斜孔钻进 水平孔钻进
	冲击回转钻进 震动钻进 静压钻进			

3. 冲击回转钻进

冲击回转钻进是冲击钻进和回转钻进相结合的一种方法，即在钻头回转破碎岩石时，连续不断地施加一定频率的冲击动载荷，加上轴向静压力和回转力，使钻头回转切削岩石的同时还不断地承受冲击动载荷剪崩岩石，形成高效的复合破碎岩石的方法。根据冲击和回转的重要性大小，这种方法还可进一步分为冲击-回转钻进（即冲击频率较低、冲击功较大、转速较低）和回转-冲击钻进。

回转式空气冲击钻进（rotary air blast drilling，RAB）在澳大利亚矿产勘查初期阶段中是一种非常重要的勘查手段，据加拿大应用地球化学家协会 2006 年发行的第 130 号勘查通信的报道，仅 1996～1997 年，在西澳耶尔岗克拉通地区矿产勘查施工的 RAB 钻探总进尺达到5000km；近 30 年来在耶尔岗地区发现的金矿床中，RAB 钻探在 90%的金矿床的发现过程中都起着关键作用。为什么 RAB 钻探在澳大利亚矿产勘查中得到广泛应用，究其原因主要在于以下几点。

（1）澳大利亚大部分地区都分布着很厚的风化壳，采用钻探手段很容易穿过覆盖层进入到富含黏土矿物的氧化基岩内；而且现代潜水面一般都位于比较深的部位（通常为 40～60m的深度水平），使得 RAB 钻探样品的采取率能够达到技术要求。

（2）RAB 钻探成本比反循环钻探和金刚石钻探要低得多。根据 2006 年澳大利亚钻探公司承包的 RAB 钻探项目的基本钻探费用价格为：4.5～6.5 澳元/m（RAB 多刃钻头钻进）、8.5～12.5 澳元/m（RAB 风动往复式驱动锤冲击钻进）。RAB 钻机售价也相对较低，钻机一般安装在四轮或六轮驱动的卡车上，载重 10～15t，根据 2006 年的价格，澳大利亚生产的车载 RAB钻机售价为 40 万～60 万美元（包括活动住房在内）。

（3）RAB 钻机搬迁灵活轻便，钻进速度快（每小时进尺可达 30～40m，钻孔直径为 9～11.5cm），适合勘查初期阶段圈定异常或异常查证。

（4）澳大利亚劳动力成本相对较高，因而，采用人工开挖探槽和浅井揭穿浅部覆盖层并不是一种经济有效的最佳选择。

RAB 钻机与露天矿山的爆破孔钻机（潜孔钻机）结构基本相似，所不同的是 RAB 钻机通常安装在卡车上而不是履带式的；既可采用硬质合金钻头旋转钻进（绝大多数情况下采用这种钻进方式），也可采用风动往复式驱动锤冲击钻进（适应于钻进硅质胶结砾岩、石英脉、燧石层及硅铁建造等坚硬岩层）。RAB 钻进取样的原理是将压缩空气（压力高达 17.5～24.5kg/cm²）从钻杆内部向下注入，通过钻头沿钻杆和孔壁之间返回地面，钻下的岩屑随之携带至地表，按采样要求收集。

4. 反循环钻进

反循环钻进是指钻井液介质从钻杆与孔壁之间或从双壁钻杆间隙进入孔底，将岩屑或岩心经钻杆柱内携带至地面。钻进液介质可以是清水、泥浆、空气或气液混合。

反循环钻进方法既可用于钻进未固结的沉积物（如砂矿床钻探），也可用于钻进岩石；采取的样品既可是岩屑，也可是岩心。尤其适合于斑岩型铜矿和以沉积岩为主岩的金矿床（卡林型金矿床）。

这种钻进方法的优点是钻进速度快（每小时钻进深度可达 40m）、样品采取率高（可达

100%），而且样品几乎不受到污染。由于采用了专用钻杆、需要空气压缩机和其他附加设备等，其钻探成本较高，然而，其采样质量也较高。一些反循环钻进具有取岩屑和岩心双重功能，因此，在钻进过程中可以考虑在重要部位时采用高质量的岩心钻进，而在不重要的部位采取岩屑钻进方式，这样实际上可以降低钻探总成本。

5. 不取岩心钻进

一般是在勘探后期，对矿床地质情况已有相当了解，且地质情况简单，或为了查明远离矿体的围岩时采用。在钻进方式上的不同之处在于，它是从钻孔中取出岩屑、岩粉，再配合电测井以确定钻孔中各岩性的位置和厚度。但在见矿部位，一般仍要取心。在勘探石油、天然气时，较多采用地球物理测井技术，目前在勘探固体矿床中，也日趋广泛采用。测井方法主要有以下几种。

（1）磁测井，主要用于协助查明钻孔附近由于矿体引起的磁性干扰。

（2）电磁测井，电磁性、电阻性和激发极化法能有效查明金属矿体，特别是能指示块状或浸染状硫化物矿床的存在。

（3）γ-射线能谱测量用于放射性矿床勘查。

（4）中子活化法用于测量孔壁中钼、铅、锌、金和银的含量。这一方法目前仍处于试验阶段，但由于它能直接测定某些金属含量，今后定会有广阔的发展前景。

此外，地球物理测井技术不仅能应用于单孔，还可在钻孔之间及钻孔和地面之间进行测量，从而对勘查目标进行三维解释。

进行钻探工作，需要：

（1）一套复杂的机械设备，如不同型号的钻机（带动力机）、水泵（带动力机）、钻塔、拧管机和照明发电机等，还得配钻杆、取芯管及各种其他工具等，特别是石油钻探更是庞杂；

（2）完整的施工规程；

（3）一支训练有素的工人队伍和具有组织指挥才能，兼有丰富的理论知识和技术才能及实践经验的高级工程师、工程师等人员。

过去，地质和探矿工程是一家，在转换机制后，探矿工程已独立成队或公司，但主要为地质服务的任务没有变，因此，在进行地质勘查中，地质人员和探矿工程部门应密切合作。

10.2.2　钻探方法的选择

选择合适的钻探技术或多种技术的结合需要考虑钻进速度、成本、所要求样品的质量、样品的体积及环境因素等方面进行综合权衡。虽然冲击钻进方法只能提供相对较低水平的地质信息，但具有速度快、成本低的优点；金刚石钻进能为地质研究和地球化学分析提供最重要的样品，并且在任何开采深度范围内都可以利用这种技术获得样品，所获得的岩心能够进行精确的地质和构造观测，还可以提供无污染的化学分析样品，不过，金刚石钻进成本最高。在矿产勘查中，金刚石钻探方法应用最为广泛。

勘查项目的技术要求在选择钻探技术时起着重要作用。例如，如果勘查区地质复杂或者露头发育不良，而且没有明确圈定的目标（或者也许需要验证的目标太多），不可避免地需要采用金刚石钻进来提高对该地区地质认识的水平；在这种情况下，从金刚石钻进所获取的岩心中得到的地质信息有助于建立勘查目标概念或者是对地球物理/地球化学异常进行排序。如果需要验证个别的、明确圈定的地表地球化学异常，其目的是要验证是否是浅部埋藏矿体的显示，那么可以选用冲击钻或其他成本较低的钻进方法。

10.2.3　矿产勘查中钻探工程的主要目的

钻探是矿产勘查技术中一种最重要也是花费最高的技术。在几乎所有的情况下，都需要利用钻探技术对矿体进行定位和圈定。在各个勘查公司，投入靶区钻探的预算百分比提供了公司勘查业绩的度量；许多管理有方的成功的勘查公司认为，在一定期间内，平均至少应有40%的勘查经费用于靶区钻探。根据矿产勘查的目的，勘查钻孔可分为如下几类。

（1）普查钻孔。在区域勘查阶段，主要用于了解深部地层、岩性等的变化，尤其是在寻找层控矿床的地区。

（2）构造钻孔。主要用于区域勘查阶段，查明与矿床有关的地质构造。

（3）普通钻孔。在详查尤其是在勘探阶段中，用于查明矿化的连续性，即探明深部矿体的赋存状态、质量和数量等。普通钻孔一般都属于加密取样钻孔，一般不要求通过这类钻孔来了解更多的矿床地质特征的信息，故可采用成本较低的钻进方法。

（4）控制钻孔。用于圈定矿体边界和矿床的分布范围。设计控制钻孔时，要注意充分利用已有的钻孔资料，因为许多成功的勘查项目往往始于对过去的钻井资料和岩心所作检查。美国亚利桑那州的克拉玛祖铜矿的发现就是一个极好的实例（案例 2.2）。

10.3　金刚石岩心钻探方法

金刚石钻进是采用由镶嵌有细粒金刚石的钻头破碎岩石的一种钻探方法。金刚石具有极高的硬度和良好的强度，是迄今最有效的碎岩材料。由于人造金刚石及配套技术的发展，金刚石钻探应用范围大为扩展，不仅能应用于坚硬地层，而且能应用于硬、中硬及软地层，金刚石钻探的发展推动了整个岩心钻探技术的发展，金刚石钻探已成为矿产勘查最重要的钻探方法。

金刚石钻探在发展中为适应不同岩层及不同地质勘查要求，发展了以金刚石及绳索取心钻进为主体的多工艺钻进，包括冲击回转钻进、受控定向钻进、反循环中心取样钻进、无岩心钻进等。

金刚石钻探配套技术包括钻头、管材及工具、设备（钻机、泵、仪表等）、钻井液、钻进工艺、规程、标准等。

10.3.1　金刚石钻头

金刚石钻头按包镶形式分为表镶、孕镶、镶嵌体三类，分别适用于各类不同的地层。表镶金刚石钻头是在钻头胎体表面镶嵌天然单层金刚石（按每克拉金刚石的粒数进行分类）；孕镶金刚石钻头是将细粒金刚石均匀分布在胎体工作层中，在钻进过程中金刚石与钻头胎体一起磨损，新的金刚石不断露出于唇面来切削破碎岩石；镶嵌体钻头是用复合片或聚晶体镶嵌在钻头胎体上。一般说来，镶有颗粒相对较大的表镶和孕镶型金刚石钻头适合钻进较软的岩石（如灰岩），而镶嵌型钻头适合钻进坚硬的致密块状岩石（如燧石岩层）。我国现在能制造不同岩层和不同用途的金刚石钻头，还能制造特殊钻头，如冲击回转钻头、打滑钻头、不提钻换钻头等，在金刚石钻头设计、制造和性能检查技术方面已跻身国际先进行列。

随着技术的发展，金刚石钻头将可以钻进任何岩石。但是由于金刚石钻进成本较高，并且要使岩心钻进长度和岩心采取率达到最大而钻头磨损达到最小，选择钻头要求具有相当丰富的经验和判断能力。用过的表镶金刚石钻头还具有金刚石回收利用的价值。

虽然希望钻取的岩心直径越大越好，但是小直径的岩心一般也是能够接受的，因为金刚石岩心钻探的成本随孔径的增大及随钻进深度的增加而增高。同时，也要求最小的岩心直径不仅能够提供地下的地质信息，而且能够提供适合化学分析或工程地质研究的样品。岩心直径可以直接用毫米表示，但更常见的是用代码分类，常用的是美国金刚石岩心钻机制造商协会（Diamond Core Drill Manufactures Association，DCDMA）制定的分类标准，表 10.3 列出了金刚石钻进标准岩心直径代码及其对应的岩心直径和孔径。

表 10.3 金刚石钻进标准岩心直径代码及其对应的岩心直径和孔径

标准岩心直径代码		标准岩心直径/mm	钻孔孔径/mm
传统钻进	XR	18.3	30.0
	EX	21.4	36.0
	EXT	23.8	36.0
	AX	29.4	48.0
	AXT	32.5	48.0
	BX	42.1	59.0
	NX	54.8	76.0
	HX	76.2	96.0
绳索取心	AQ	27.0	48.0
	BQ	36.5	60.0
	NQ	47.6	75.8
	HQ	63.5	96.1
	PQ	85.0	122.6

岩心直径代码中第一个字母指示的是钻孔孔径。第二个字母指示岩心管系列。第三个字母 T 表示的是薄壁岩心管，这种岩心管重量更轻，其所获的岩心直径也要稍微大一点；X 系列岩心管是传统使用的标准管，这些代码 EX、AX 和 BX 仍然是岩心直径常用的符号，但是，现在更多的是采用 Q（或 W）系列（绳索取心岩心管）和钻杆。X 系列和 W 系列的钻孔孔径相同，由于钻进过程中要提取内管，W 系列的岩心直径稍微小一点。例如，BW 的岩心直径为 33.3mm，而 BX 为 42.1mm。

10.3.2 岩心管

随着钻头的旋转运动钻取岩心，并且通过钻杆的推进迫使岩心向上进入岩心管。岩心管根据其所能容纳岩心的长度进行分类,岩心管一般长 1.5~3m,最长可达 6m。岩心管通常都是双管,其中的内岩心管不随钻杆运动,也不旋转,这样能够提高岩心采取率。在岩石较易破碎的情况下,还可以采用三管的岩心管。

过去,为了采取岩心,必须把钻孔内所有钻杆全部从孔中一根一根地提出地面,取完岩心后还得一根一根地放入孔内,再继续钻进,这是一个很费时间的过程。现在,采用绳索取心的方法,无须升降和拧卸钻杆,从而大大节省了时间,也减轻了钻工的劳动强度。

绳索取心钻进是指在钻探施工过程中提升岩心时不提升孔内钻杆柱,而是通过绞车和钢丝绳将打捞器放到孔底,将容纳岩心的内管连同岩心一起提至地面,取出岩心后再将空的内管投放孔内,继续钻进。而且,新近发展起来的技术甚至能够通过钻杆柱的伸缩更换钻头或检查钻头的磨损情况而无须提升全部钻杆柱。

金刚石绳索取心钻进是目前较先进的钻探工艺,它可以使起钻间隔时间延长,升降作业辅助时间减少,这种优点在深孔时表现得特别明显,在破碎岩层中绳索取心钻进可以随时捞取岩心,进而提高了取心质量。因此绳索取心钻进具有钻进效率高、钻探质量好、孔内安全、劳动强度和钻探成本低等优点,目前广泛用于钻探生产中。

10.3.3　循环介质

一般在钻进过程中,利用水在钻杆内部向下流动,冲洗钻头的切割面,然后通过钻杆与孔壁间狭窄空间返回地面(这种钻进方式称为正循环钻进)。该道工艺的目的是润滑和冷却钻头并把破碎和研磨的岩屑从孔底带到地表。水可以与各种黏土或其他掺合剂结合使用,从而可以达到降低样品损失和保护钻孔壁的目的。有关循环介质的研究在石油钻井中取得显著的进展。

10.3.4　套管

套管是一种柱状空心钢管,钻具可以在套管中安全运行。钻进过程中经常可能遇到破碎带或漏水层,必须采用套管封闭孔壁,它能够防止孔壁岩石坍塌、循环介质的流失或地下水的灌入之类的突发事件。在设计钻孔时必须考虑套管和钻头按尺寸配套,保证下一级较小直径的套管和钻头能够通过已经钻进的较大直径的孔径。

10.3.5　钻进速度和成本

在固体矿产勘查中大多数钻孔深度都小于 400m,但所使用的钻机一般都具有最高钻进深度达 2000m 的能力,而且可以打水平钻孔、垂直钻孔,以及从水平到垂直角度之间的各种倾斜钻孔。钻进速度与钻机类型、钻头及钻孔孔径等因素有关。一般说来,孔径越大,钻进速度越慢;孔深越大,钻进速度越慢。此外,钻进速度还与钻孔穿过的岩石类型有关,在软岩层、易碎或节理发育的岩层中钻进速度较慢。

每小时钻进 10m 的速度是可能达到的,当然,这在很大程度上取决于钻工的技术及岩石的钻进条件。对于孔深为 300m 左右的钻孔而言,钻进成本在 800~1500 元/m 不等。有关金刚石钻探成本的标准可参考相关文献。

10.4　钻孔的设计

钻孔设计是在勘查工程总体部署的框架下进行（参见第 13 章）的，作为勘查系统的一个重要组成部分，本节着重阐述钻孔设计中的一些具体要求。

10.4.1　钻孔布置及施工顺序的考虑

钻孔布置必须在对地面地质情况进行了一定程度的地表揭露、实测地质剖面或者是对地球物理、地球化学勘查成果进行了深入研究的基础上进行。探矿工程是直接获取深部地质和矿产情况的最有效手段，但因投资较大，对钻孔布置必须精心设计实施，为避免盲目和浪费。一般应严格遵循以下原则。

（1）根据不同的要求，按一定间距，系统而有规律地布置，以便工程间相互联系并对比，利于编制一系列的剖面和获得矿体的各种参数；

（2）尽量垂直矿体走向或主要构造线方向布置，以保证工程沿矿体厚度方向穿过整个矿体或含矿构造带；

（3）从把握性大的地方向外推移，即由已知到未知，由地表到地下，由稀到密地布置；

（4）充分利用原有槽探、钻探和坑探的成果。

无论是零散的或成勘查线排列的钻孔，均应尽可能地与已有的勘查工程配套，相互联系，构成系统，以便获得完整的地质剖面。布置的形式可以是勘查线，也可以是勘查网（如正方形的、矩形的或菱形的），这要视地质和矿床的具体情况而定（参见第 13 章）。

在施工的步骤上，为了某些特殊需要，例如，为查明某些重要地层层序，获得有关岩石类型方面的信息，探测不整合面下部或冲断层下盘的地质情况，以判断有利成矿部位；或在勘查靶区为了验证显著的地球物理异常或地球化学异常及重要的地质情况，也可先布置单孔，但单孔布置应符合总体方案要求，使它成为总体方案的一个点或基础，往后，再按更系统的勘查间距施工。

为了获得适合确定矿石品位的最精确的取样，钻孔一般都要以高角度与潜在的矿体相交。如果目标是原生矿化，钻孔要布置在预测的氧化带水平以下穿过矿体（案例 10.1）。如果矿化体是陡倾斜的板状，那么，钻孔应以一定角度在矿化体倾向相反的方向揭露矿体。如果矿化体的倾向还不清楚（当验证地球物理或地球化学异常时常常会出现这种情况），那么，为了保证能与目标相截，将需要设计至少两个相反倾向的钻孔，若第一个钻孔揭露到了目标矿化体，则不施工反向钻孔；若第一个钻孔落空了，有可能矿化体是向反方向倾斜，有必要施工反向钻孔进行证实。如果矿化体是缓倾角的层状或透镜体，则采用垂直钻孔进行验证。

案例 10.1　钻孔设计和施工战略

以一个虚构的例子来进一步阐明钻孔布置和施工顺序。假设钻探目标是一个隐伏的倾斜板状或脉状矿体，钻孔定位的指南如下（图 10.2）：

（1）根据地球物理和（或）地球化学异常结果的解译，沿推测的隐伏矿体的倾斜方向布

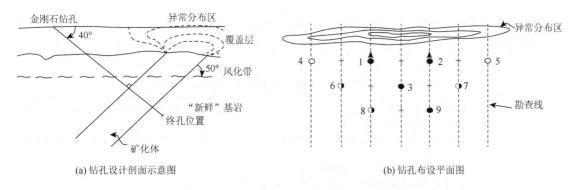

(a) 钻孔设计剖面示意图　　　　　　　(b) 钻孔布设平面图

图 10.2　钻孔定位指南（Annels，1991）

置 2 个钻孔（图 10.2（b）中编号为 1 号和 2 号孔），设计时尽可能在接近氧化界面下的基岩内垂直或高角度穿透矿体，其目的是揭露矿体的氧化带[图 10.2（a）]，这两个孔所在的勘查线间距可按 50m 的倍数设定。如果不清楚矿化体的倾向，则可能需要在异常的两侧各设计一个孔，希望其中能有一个孔穿过矿体。矿化部位至少应以 NQ 直径的孔径与其相截，因而，设计钻孔开孔孔径时应考虑到能够保证钻孔穿过破碎带部位，同时满足可以加套管。

（2）确定钻孔最佳倾角时，还要考虑到钻孔与岩层层理、片理、劈理等相截的角度不是锐角，因为锐角相交可能会导致岩心破碎呈薄片状，这些岩石碎片在岩心管内互相滑动，有可能在岩心管尚未盛满之前即被堵塞。

（3）勘查线应尽可能与矿化体走向垂直，以便绘制精确的勘查线剖面。

（4）钻孔应遵循一定的施工顺序。如图 10.2（b）所示，如果 1 号孔和 2 号孔揭示了具有经济意义的矿化，那么，应在这两条线之间的勘查线上施工第 3 号钻孔，其目的是验证矿化沿倾斜方向上的连续性；若 3 号孔证实了矿化的延深，那么，继续施工第 4～7 号孔；然后施工 8 号孔和 9 号孔。从而逐步建立起一个错位控制的勘查网。

（5）一旦确立了矿化体的空间位置和产状以及地层层序，即可以转入勘探阶段，实施补充钻探（在图 10.2 中"+"的位置加密钻探）。这一钻探阶段可考虑采集岩屑作为化学分析样品的回转冲击钻进技术，同时，为了获得选冶半工业试验的样品，还可以考虑大直径钻孔的可能性。

一旦揭露到目标矿化体，根据勘查设计的要求，以第一个见矿钻孔位置为起点实施扩展钻探，目的是确定矿化范围。由于矿化体沿走向的变化通常小于沿倾向的变化，在多数情况下，第一批施工的扩展钻孔都是从第一个发现孔沿走向布置（以 40m 或 50m 为倍数的规则网度布置），目标是在与第一个发现孔近似的深度与矿化体相截。一旦在一定长度的走向范围内证实了有经济意义矿化的存在，即可以按设计实施勘查线剖面上较深的钻孔。

10.4.2　单孔设计

钻孔结构又称为孔身结构，是指钻孔由开孔（开钻）至终孔（完钻）的孔径变化，它包括孔深、开孔和终孔直径、孔径更换次数及其所在深度、下入套管的层数和位置及套管的固定方法。在单孔设计时，在满足地质要求的前提下，应尽可能简化钻孔结构，即力求孔径小、少换径、少下或不下套管，从而提高钻进效率、降低钻探成本。

表10.4列出了设计钻孔时所需考虑的因素。钻孔设计一般包括以下内容。

表10.4 设计勘查钻孔所需考虑的因素（Peters，1987）

A. 初步考虑	1. 钻探目的：为获得基础地质资料（岩性、地质、构造）；或者为获得靶区资料（矿床发现指南）；或者为证实勘查目标（发现矿床）
	2. 钻探目标的几何形状及埋藏深度：根据地质、地球物理、地球化学资料的解释及可能的矿床模型等进行推断
	3. 经费预算的限制及最大可接受的成本
	4. 钻探区的自然地理条件：交通、气候、设施等
	5. 钻探工程条件：岩性、构造、现有的采矿坑道、采样可能遇到的问题等
	6. 要求钻探提供的资料：
	  a. 主要的地质界线和地质细节
	  b. 钻孔地球物理测井资料
	  c. 钻孔定向测量资料
	  d. 岩石力学测试样品
	  e. 水文资料
	  f. 化学分析测试样品等

B. 钻孔的设计	1. 根据钻孔的用途确定最小岩心的直径和岩心采取率
	  a. 获得深部地质资料
	  b. 提供化学分析测试样品
	  c. 岩石力学测试样品
	2. 根据钻孔的用途确定最小孔径
	  a. 钻孔地球物理测井
	  b. 水文测试
	  c. 复杂地层中下套管和不等径钻进
	3. 确定地面与地下钻进的孔位、地下钻室的潜在价值、坑道存在的掘进、通风、动力、供水、排水等
	4. 确定钻孔的类型（直孔、斜孔、定向孔）
	5. 钻进方法的可能结合（如在需要查明的重要部位以上采用无岩心钻进方法）
	6. 采用楔入、造斜器等手段可在主孔内进行多孔钻进
	7. 下套管的程序
	8. 岩心和样品的处理及保存
	9. 钻探承包单位的价目表
	  a. 岩心钻进和无岩心钻进每单位深度的成本（随孔径深度的增大而增高）
	  b. 岩心采取率的保证措施，特殊岩心和样品处理方法的成本
	  c. 金刚石钻头的消耗
	  d. 扩孔
	  e. 安装套管
	  f. 钻杆及套管损失
	  g. 水泥和泥浆
	  h. 供水
	  i. 搬迁
	  j. 钻井场地准备

C. 钻孔施工过程应考虑的因素	1. 随着新资料的补充修改钻孔设计 2. 决断（终孔、加深、钻孔或补充要求提供其他有关钻孔内的信息）

（1）编制设计理想剖面图。这种剖面图是根据地表地质情况的观测研究、地球物理和地球化学异常的分析等获得的有关矿体和围岩产状、构造特点等资料，结合控矿条件分析，推测矿体在地下可能的延伸和赋存状态而编制的。

（2）钻孔预定截穿矿体（或其他地质体）位置的确定。根据设计钻孔的目的要求，在理想剖面图上从矿体在地表的出露点开始，向下沿推测矿体或矿带厚度中心平分线（矿体较薄时则沿底板线）截取选定的钻孔孔距，此间距的下端点即为钻孔预定截穿矿体的位置。

（3）预计终孔深度。是指定钻孔在穿过了目的层后再钻进一段进尺（如 5m）后不再继续下钻的深度。当对地下地质情况掌握不太确切，尤其是在验证地球物理或地球化学异常时，终孔深度应设计得比较灵活些。

（4）钻孔类型的确定。这是指岩心钻探的钻孔采取什么角度进行钻进。根据地质上对穿过矿体时的要求及矿体和围岩的产状、物理机械性质和技术可能，可考虑直孔、斜孔或定向孔。具体选择时应注意以下要求：①保证钻孔沿矿体厚度方向穿过。至少钻孔与矿体表面的夹角不得小于 25°～30°，以免钻孔沿矿体表面滑过。②尽量节约工程进尺，使孔深较浅就能达到预计的终孔位置。③尽可能选择直孔，因为斜孔和定向孔技术上比较复杂，施工比较困难，设计用的资料也要求更高。一般在矿体倾角大于 45°～60°时才考虑采用斜孔。

（5）地表孔位的选择。单个工程布置应符合总体方案要求，因此，钻孔地表孔位的选择应在满足地质要求的前提下，注意照顾现场的实际情况，例如，便于场地平整、避开容易坍塌的危险地点，不损坏建筑物和交通要道，尽量少占农田及便于器材运输和供水等方面的因素。当设计孔位与上述要求相矛盾时，可根据具体地质条件，在勘查线上或两侧作适当移动，但不得超过 2～3m。

（6）编制钻孔理想柱状图。根据实测地质剖面和孔位周围的地质、地球物理、地球化学及其他探矿工程资料编制出钻孔理想柱状图，提供钻进时要截穿的岩（矿）层厚度、换层深度、岩性特点、岩石硬度、裂隙发育情况、涌水、漏水等资料，以备钻探人员施工时能针对具体情况采取必要的技术措施。同时，要提出对钻探的质量要求（如岩心、矿心的采取率等）。合理的开孔、终孔直径、钻孔方位、开孔倾角、允许弯曲度、测深及测斜等要求。

第一个钻孔施工后获得的新资料，应作为修改邻近新钻孔设计的依据，指导新钻孔的正确施工，如此渐进，以使每一个钻孔的设计尽可能符合实际，获得最大效果。

10.5　钻探编录

10.5.1　概述

1. 常用术语解释

回次（round trip）：指在钻孔施工中，将钻具下入孔底进行钻进直至将钻具提出孔外，这样一个循环，称为一个回次。

进尺（footage）：钻进深度的度量，基本单位为 m，作为钻探或钻井工程的工作量指标，用以表示工程的计划工作量和实际完成的工作量，或借此核算工程的单位成本等。实际工作中，则按每台钻机或井队的班进尺、日进尺、月进尺、年进尺、平均进尺、总进尺等方式分别表示计划和已完成的工作量。此外，还以钻头进尺（即新钻头从开始钻进到磨损报废为止共钻进的深度）来评价钻头的寿命。在钻孔编录中常常涉及累计进尺和回次进尺的概念。

累计进尺等于孔深，计算公式为

$$孔深(m) = 钻具总长 - 机高 - 机上余尺 \tag{10.1}$$

或　　　　　　　$$孔深(m) = 回次前孔深 + (回次前机上余尺 - 回次后机上余尺) \tag{10.2}$$

式中，钻具总长 = 钻头长 + 岩心管长 + 异径接头长 + 孔内钻杆柱长 + 机上钻杆长；机高为孔口地面到丈量机上余尺时钻机上的固定位置处的距离；机上余尺为从钻机上固定位置至机上钻杆上端的长度。

回次进尺计算公式为

$$回次进尺(m) = 钻具总长 - 回次前孔深 - 机高 - 回次后机上余尺 \tag{10.3}$$

或　　　　　　　　$$回次进尺(m) = 回次初机上余尺 - 回次后机上余尺 \tag{10.4}$$

岩（矿）心采取率（core recovery）：岩（矿）心采取率是指实际采取的岩（矿）心长度或岩屑体积（重量）除以该取心（或取岩屑）孔段实际进尺或体积（重量）并以百分率表示。在一个回次进尺内的采取率称为回次岩心采取率，在某一岩层内的采取率称为分层岩心采取率。岩心采取率是衡量钻探或钻井工程质量的一项重要指标。

钻孔弯曲（hole deflection）：又称为孔斜，是指在钻进过程中，已经钻成的孔段轴线与原设计轴线之间所产生的偏移。孔斜是衡量钻探或钻井工程质量的一项重要指标。

钻孔实际轨迹偏离原来设计轨迹时，对钻探成果、特殊工程效果及钻孔施工本身都会造成危害。在钻探成果方面，可能歪曲地质体（包括矿体）的产状，误定矿体厚度，甚至可能导致预计的钻探目标落空，还可能改变勘查网度从而导致对地质构造的判断失误，影响对矿体的控制程度和资源量/储量估算精度。在钻探施工方面，孔斜会造成钻具与孔壁摩擦力增大、钻杆折断事故增多、钻具升降困难、功率消耗上升、钻进速度下降及岩心采取率降低等。钻孔弯曲值的大小称为钻孔弯曲度，如果钻孔弯曲度超过允许范围，则需要进行纠斜甚至重新钻孔，从而造成重大的经济损失。根据中国地质调查局规定：垂直钻孔允许顶角每100m 弯曲2°，斜孔每100m 弯曲3°，按孔深累计计算；方位角偏差一般不超过勘查网的1/3～1/4，要求在钻进时必须根据岩层情况，每钻进一定深度即测量一次，以便及时发现和采取纠正措施，并根据孔斜测量结果校正地质剖面图。

钻孔顶角（zenithal angle of hole）：钻孔轴线上某一点的切线与通过该点铅垂线间的夹角，称为该点或该孔深处的钻孔顶角，它是确定钻孔在地下空间位置的一项参数。

钻孔倾角（dip angle of hole）：钻孔轴线上某一点的切线与包括该点的水平面之间的夹角，称为该点或该孔深处的钻孔倾角，它与钻孔顶角互为余角。

钻孔方位角（azimuthal angle of hole）：自钻孔轴在水平面投影上的某点指北方向起，顺时针方向与通过该点切线之间的夹角，称为该点或该孔深处的钻孔方位角，它是确定钻孔在地下空间位置的一项参数。

2. 钻探阶段

矿产勘查过程中采用钻探大致可分为初步钻探和详细钻探两个阶段，每个阶段钻探所要求的地质信息量是不同的。

初步钻探阶段是在普查和详查阶段实施的钻探项目。这一阶段钻探的目的是加深对勘查靶区的地质认识和矿化潜力的评价，其中，最关键的目标是在地下发现和确定矿体或矿化带。这是勘查靶区钻探最关键的阶段，钻探地质编录过程常常比较困难，因为地质人员对钻探所揭露的岩性还不熟悉，而且难以知道在岩心中观察到的许多特征中究竟哪些特征可以在钻孔之间相关联，岩心所反映出的特征对矿化的识别是至关重要的，如果不能识别矿化，则可能导致漏掉矿体。显然，尽管第一批施工的钻孔数可能不多，但所要求钻孔能够提供的信息量要达到最大，而且要求对岩心的观测和记录尽可能详细。根据经验，地质人员在对矿化岩石进行编录时，每小时编录的岩心长度不要超过 5m，应当详细观测岩心中出现的每一个面。

详细钻探阶段相当于勘探阶段实施的钻探项目。这一阶段已经基本上确立了矿体的存在，实施钻探的目的主要是建立矿床的经济参数（如品位和吨位等）及工程参数（如矿体的形态、产状、埋藏深度等）。当勘查项目进入到此阶段时（大多数勘查项目都未能达到这一阶段），主要地质问题都基本上已经明了，地质人员应当对勘查区的情况已经心中有数。同时，这一阶段钻探工作量很大，将获得大批量的岩心，从而对钻探编录的要求是快速准确地收集和记录大量标准数据。

从钻孔中获得的信息来自于以下几方面：岩心（或岩屑）、孔内地球物理测量、钻孔弯曲测量等。本节重点讨论钻孔地质编录，负责钻孔编录的地质人员必须熟悉所有来源的信息。

3. 岩心采取率及采取质量的要求

有效的岩心采取率是必须达到的，如果岩心采取率小于 85%～90%，那么，该段岩心的价值是值得怀疑的，因为该段岩心不能很好地代表所穿透的岩石，即它不是一个真样品，而且容易误导。尤其是矿化和蚀变岩石部位在钻进过程中常常最容易破碎，易于被研磨而损失。

除了保证达到有效的岩心采取率外，还要求钻探过程中岩心应有较好的完整程度，避免钻进和采心过程中对岩心的人为破碎、颠倒和扰动，尽量保持岩心的原生特征。为了提高岩心采取质量，必须根据岩层特点，正确地选定钻进方法、取心工具，确定适宜的钻进规程和操作方法。

10.5.2 钻孔编录前的准备工作

在钻探期间，尤其是在初步钻探阶段，任何一个钻孔在编录前都要进行许多工作：

（1）编制钻孔周围地表地质图，钻探开始之前，尽可能详细编制钻孔周围地表地质图（比例尺为 1∶1000 或更大），最好的方式是岩心编录比例尺与地表地质图可以比较，不过，由于地表露头常常发育不良，地表地质图比例尺通常小于钻孔编录的比例尺。

（2）编制钻孔预测剖面图，根据地表地质图编制钻孔预测剖面图。

（3）编制勘查线预测剖面图，根据地形图和地表地质图编制勘查线预测剖面图，图中标绘出设计钻孔的位置及所有已知的地表地质、地球化学和地球物理特征，必要时，将这些资料投影到钻孔预测剖面图中。

（4）根据这些剖面图，预测钻孔与重要地质要素相截的位置。编写钻孔设计说明书，在说明书中应当包含这些预测结果。这一过程促使项目地质人员能够充分考虑两个重要的问题①为什么要钻这个孔？②期望通过这个孔发现什么？

10.5.3 钻孔定位

钻机必须精确地按设计的钻孔方位角和倾角安置。为了保证正确地安装钻机，建议采用下述步骤：

（1）用木桩标出钻孔孔口的大致位置。

（2）用推土机或人工平整场地并挖好蓄水池。钻机场地面积为边长 15～20m 的方形。

（3）原有木桩此时通常已不存在，因而必须重新用木桩标定钻孔方位。孔位的定位误差在 1m 左右都是允许的，关键是在钻探结束后精确地测定井口的实际坐标。

（4）在木桩上标出钻孔编号、方位角和倾角。

（5）在孔位的任一边 20～50m 的距离以设定前视和后视木桩的方式确立钻孔设计的方位角，钻工将依据这些标志安装钻机。注意必须让钻工们明确知道哪一个是前视木桩、哪一个是后视木桩。

（6）钻机安装完毕后，在开钻之前，还应再用罗盘和测斜仪检验钻孔的方位角和倾角。

10.5.4　岩心整理及鉴定

1. 岩心整理

每一回次取出的岩心必须及时整理，其要求如下：

（1）钻探记录员应将每次取出的岩心洗净，然后按上下顺序从左至右装入岩心箱内，并填写回次岩心牌，说明回次编号、岩心名称、本回次起止深度、岩心采长和所代表的孔段位置及孔底残留岩心情况。对重要的岩心，应交地质人员进行复查与保管。

（2）换层岩心装箱时，须在两层岩心之间置以换层隔板及层次岩心牌。

（3）凡长度大于 50mm 和少数长度虽小于 50mm 但仍完整的岩心，都应统一编号和并填写岩心牌，并且用油漆在岩心上表明孔号及本块岩心编号。岩心编号用代分数表示，分数前面的整数代表回次号，分母为本回次中有编号的岩心总块数，分子为本回次中第几块编号的岩心。例如，某孔中第 5 回次，有 7 块编号的岩心，其中，第 3 块编号为 $5\frac{3}{7}$。

（4）在岩心箱一侧写明矿区名称、孔号、岩心起止号码及岩心顺序号等。

2. 岩心鉴定要求

观测岩心最好是在明亮的自然光下进行，如果阳光太强，天气太热，可在一把浅色的遮阳伞下观测；若因天气太冷或下雨不能在室外编录，室内应尽可能有大的窗户。编录的岩心箱应放在舒适高度的盘架上，岩心应清洗干净，而且湿的岩心能够更清晰地展示出地质特征。观测岩心时一般使用放大镜，有条件时也可配备一台双目镜。编录时要详细记录主要的构造特征（如裂隙间距和裂隙方位）、岩性描述（包括颜色、结构、矿物成分、蚀变特征、岩石命名等），以及其他细节，如岩心采取率及岩心损失过大（例如，当大于 5%时）的位置。这种描述应当是系统的，而且应当尽可能地定量描述。

矿产勘查部门一般都有岩心编录的标准格式及描述地质特征的专门术语。中国地质调查局 2001 年颁布的《固体矿产钻孔数据库工作指南（试用）》中详细规定了建立固体矿产数据库的有关引用标准、数据采集原则、工作流程、编录表格、数据内容、数据文件格式、词典定义标准、质量保证要求等。

在比较舒适的自然环境下观测岩心，首先遇到的问题是岩心上可能观测到的细节非常多，以至于很难确定主要地质特征的界线，换句话说，容易出现"见木不见林"的情况。为了克服这一点，比较好的方式是随着岩心的钻取，先初步编制一份全孔的总结性的编录。这种第一轮的岩心扫视确定是否存在有关矿化的任何直接的、最重要的地质特征，而且，如果存在矿化，能够提供直接开始对化学分析取样的控制；同时，总结性编录应确定出钻孔穿过的主要地质界线和构造，并给出下一步拟进行更详细编录的岩心范围。对岩心多次编录是非常必要的，因为岩心中隐藏着大量的信息，每次编录肯定都会有新的发现和认识。

根据许多地质人员的体会，对一定长度范围的岩心分别观测其岩性、构造、矿化和围岩蚀变等特征比试图同时观测和记录这些特征更容易些；而且，如果测量岩心采取率或转换方位标志之类的日常工作由有经验的野外钻探技术人员完成，那么，地质人员的编录工作将会更顺畅些。

地层分层要慎重，既要看整个岩心的变化，也要仔细研究分析钻探日志中记录的钻进速度的变化、钻工的操作感觉、冲洗液的颜色和消耗量的变化、孔壁坍塌和加固情况及钻进过程的描述等。

根据围岩颜色、硬度、矿物组成及其结构构造的变化很容易识别围岩蚀变。例如，大多数情况下绢云母化部位岩心颜色变浅；硅化部位岩心硬度增加；滑石化使岩心硬度降低；绿泥石化/方柱石化部位岩心呈现绿色。

注意含水层及地下水位的鉴定。如果做了提水、抽水、压水或注水试验，应将其试验结果进行比对。

岩心编录是在现场进行的，应随着钻孔的进度及时做好编录工作，不可拖延，否则会失去指导钻探进程的意义、造成不必要的经济损失。加深或中止钻进及确定下一个开钻的钻孔之类的重大决策可能必须在钻进过程中作出。

除了对岩心进行地质描述外，还要对岩心进行各种用途的取样。在初步钻探阶段，岩心的取样部位应该根据地质特征来确定，由地质人员选定取样部位并在编录时在岩心上标示清楚；取样部位的边界应尽可能与地质人员观测或推测的矿化界线一致。如果所取岩心相对比较均匀时则应按一定的长度（一般以 1m 长度作为一个样品）采取规则样品，采样时采用金刚石锯或岩心劈分机将岩心分成近乎相等的两半，其中一半送交化学分析或作其他研究用，另一半放回岩心箱内作为记录保存。取样区间不应跨越发生岩心损失的岩心段，例如，把岩心采取率为 100%的样品与岩心采取率只有 70%的样品混在一起，实质上是用质量差的样品影响质量好的样品。

显然，构造特征的记录应当在岩心劈分之前就完成。比较好的作法是在编录前对湿岩心拍照，这样，随着钻孔的进程，可以拍摄一套从顶到底的全孔岩心柱的永久性原始照片记录。所获得的岩心花费了如此高昂的代价，因而，更要保存好这些岩心供以后检验。诚然，长期保存岩心涉及时间、空间和费用的问题，钻孔位置可能会消失，但其所含信息的价值是重要的，尤其是在一些重要的矿区内。地质矿产部 1992 年颁发的《地质勘查钻探岩矿心管理通则》（DZ/T 0032－1992）详细规定了地质勘查钻探岩矿心（含岩屑，下同）的现场管理、缩减处理、移交入库和库房管理的细则。

在不取岩心钻进过程中，岩屑和岩粉一般按 2m 的间距进行采集，在现场干燥后装袋（图 10.3）。岩屑和岩粉经清洗后，采用放大镜或双目镜即可相对容易地进行观测；还可以对样品进行淘洗以获取人工重砂样品。同样，对岩屑和岩粉样品的描述必须是系统的和定量化的。

图 10.3　　无岩心钻进现场岩屑（粉）样品采集

10.5.5　岩心采取率及换层深度的计算

1. 岩心采取率的计算

从钻孔内提取岩心时，钻下的岩心有可能不能全部取出，这部分未能取出而残留在孔内的岩心根部称为残留岩心。由于残留岩心位于每回次的底部，磨损消耗不大，理论上认为本次残留岩心长度与本次残留进尺相等。因此，回次岩心采取率的计算有以下两种情况：

（1）无残留岩心的情况，回次岩心采取率的计算公式为

$$回次岩心采取率 = 本回次所取岩心长度 ÷ 本回次进尺 × 100\% \qquad (10.5)$$

$$分层岩心采取率 = 本分层岩心总长 ÷ 本分层进尺总长 × 100\% \qquad (10.6)$$

（2）若回次岩心采取率超过 100%，即回次岩心总长超过回次进尺，一般为残留岩心所致。残留岩心原则上应由钻探施工人员处理，地质编录人员应及时检查其处理质量。如果地质编录时，发现有残留岩心出现，经确认后由编录人员处理。根据《固体矿产勘查原始地质编录规程》（DZ/T 0078—2015），残留岩心处理的原则是，回次进尺不变，修正相关的回次岩心长度，将回次采取率超过 100% 的部分岩心作为上一回次的残留岩心，推回上一回次。如果上一回次的岩心长由于加上推上来的岩心后大于该回次进尺，导致其采取率大于100%，则继续上推，但最多只能上推三个回次。上推三个回次后仍有残留，应寻找原因，再作处理。

例如，××矿区第 9 回次进尺 4.0m，岩心长 4.9m，第 8 回次原进尺 4.5m，岩心长 4.2m，第 7 回次原进尺 4.0m，岩心长 2.9m。残留岩心处理情况如表 10.5 及图 10.4 所示。

表 10.5　　××矿区第 9 回次残留岩心处理表（据 DZ/T 0078—2015）

回次	进尺/m	岩心长/m	原采取率/%	岩心±/m	处理后残留/m	处理后采取率/%
7	4.0	2.9	73.0	+ 0.6	0.0	88.0
8	4.5	4.2	93.0	+ 0.3	0.6	100.0
9	4.0	4.9	122.5	−0.9	0.0	100.0

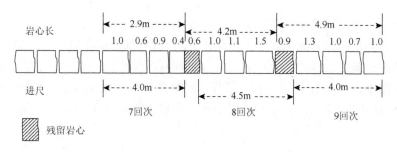

图 10.4　残留岩心处理图（引自 DZ/T 0078—2015）

如果岩心破碎为砂状、粉状和不在同一岩性中钻进而用反循环采心工具采取的岩心，一般不准上推。可去除多余破碎岩心。

2. 换层孔深的计算

从一个分层变换为下一个分层时称为"换层"，换层时所处钻孔深度称为换层孔深。根据换层所处位置不同，分为回次内换层、回次间换层及空回次换层三种情况计算换层孔深。

（1）回次内换层。某一回次内换层时的换层孔深的计算式（图 10.5）为

$$回次内换层孔深 = 上回次止孔深 + \frac{本回次上层岩心长}{本回次岩心采取率} \tag{10.7}$$

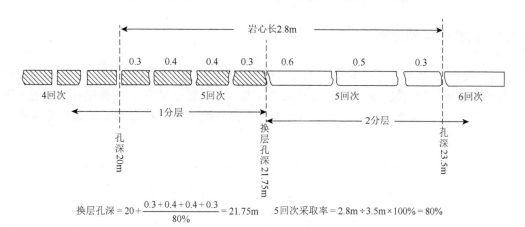

$$换层孔深 = 20 + \frac{0.3 + 0.4 + 0.4 + 0.3}{80\%} = 21.75m \qquad 5回次采取率 = 2.8m \div 3.5m \times 100\% = 80\%$$

图 10.5　第 5 回次内换层孔深计算示意图（引自 DZ/T 0078—2015）

（2）回次间换层。在二个回次之间换层时，其换层孔深等于上回次终止孔深，若有残留岩心，则应减去上回次残留岩心长。

（3）空回次换层。未取得岩心的回次称为空回次，若在空回次换层，其换层孔深等于上回次终止孔深加上空回次进尺的二分之一，也可根据上下层岩石的相对硬度、破碎情况确定合适的比例。

3. 测量标志面与岩心轴夹角

岩心轴夹角是岩心轴与各种面（层面、断裂面、节理面、片理面等）的夹角，它是了解地层、矿层（体）、岩（矿）脉及地质构造的倾角以及编制地质剖面图、计算地层和矿层（体）

厚度的基础数据。通常用量角器法测量获得岩心轴夹角，步骤如下。

首先找出要测量的标志面在岩心上的总体方向，找出标志面在岩心上的最高与最低点（可用红、蓝铅笔画一条线），如图 10.6 中 *AB*；将岩心柱面（图中 *CD*）紧靠岩心隔板；将量角器的零度边（图中 *ab*）与标志面（*AB*）平行，同时将量角器的 0 点与标志面（*AB*）同岩心柱面（*CD*）的交点（*O*）重合；读出岩心柱面在量角器上的读数（70°）即为岩心轴夹角。

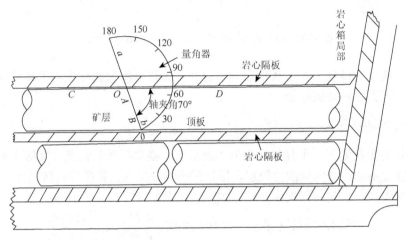

图 10.6　测量岩心轴夹角示意图（引自 DZ/T 0078—2015）

10.5.6　钻孔弯曲的投影

钻孔在施工过程中，某些地质因素（如地层产状的变化、岩石硬度差异、遇到断裂构造等）和技术原因（如钻机立轴不正、钻进压力不当、定向管过短等），致使钻孔轴线的实际方向偏离设计的钻孔轴线，造成钻孔弯曲，尤其在斜孔施工中钻孔弯曲的现象最为常见，如图 10.7 所示。

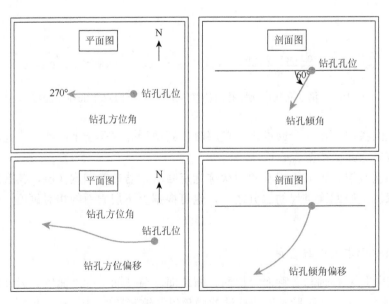

图 10.7　钻孔弯曲示意图（Marjoribanks，2010）

为了掌控钻孔轴线位置的变化，及时预防和纠正孔斜，钻进过程中应按要求对钻孔进行测量。一般超过 100m 深度的垂直钻孔要求每钻进 50m 测量一次，斜孔每钻进 25m 测量一次。采用投影方法把钻孔测量数据投影到勘探线剖面图上的作图技术，称为钻孔弯曲投影或钻孔弯曲校正。

只要获得钻孔测量的观测数据，就应当立即根据这些数据绘制钻孔轴线在剖面和平面上的投影图，通过这种图件可以了解钻孔到达设计目标的进度和效果。如果出现偏斜，钻工们可以及时采取纠斜措施解决这个问题。

现在，只要把钻孔测量数据输入到计算机内，在专用的勘查软件中通常都有完成钻孔弯曲投影任务的功能。然而，在勘查钻进过程中，为了及时指导钻探，一般都是在现场用手工绘制，而且，这种图件很容易完成，本书将在课程设计中介绍这种投影方法。

10.6　钻探合同

钻探任务可由地质队或勘查公司自己所属的钻探部门完成，也可与专门的钻探公司签约承包。如果是签约承包，则需要在承包合同中详细规定钻进条件、所要求的工作量及费用等。钻探的目的是要以较低的成本获得勘查目标的代表性样本，因此，钻探设备的选择是很关键的。如果不了解钻进条件，那么，在任何大规模钻探工作开始之前，应尽可能地事先进行试验性钻探，目的是对不同钻探方法进行比较，从而确定最适宜的钻探技术（案例 10.2）。

案例 10.2　钻探方法的选择

赋存在灰岩中的银矿化体厚 12.2m，主要由细粒白云石和石英组成，含少量的黄铜矿、方铅矿、闪锌矿，银主要以螺硫银矿的形式存在，部分为自然银。该矿化体已施工少量的金刚石钻探和冲击钻探进行验证，并且还施工了一个浅井采集大样进行采矿试验。

金刚石钻探情况：采用 BQ 钻头穿过矿化体，岩心直径 36.5mm，按 1m 样长采集样品，岩心采取率为 93%。岩心劈分后送化学分析样，矿化层样品总重量为 10kg。化学分析结果的加权平均品位为 62g/t 银。金刚石钻探的主要问题是样品品位可能偏低，因为易碎的银矿化层被金刚石钻头研磨后被循环水冲洗而导致品位偏低。

冲击钻探情况：穿过矿化体的孔径为 1.6cm，按 1m 长度的岩屑作为一个样品，岩屑采取率为 87%，所采集的全部岩屑都作为化学分析样，所获矿化层样品总重量为 255kg。样品分析结果的加权平均品位为 86g/t 银。这种钻进方法比金刚石岩心钻进的费用低，主要问题是密度较大的银矿物可能沉淀在钻孔的水柱中而不能收集到。

大样采集的情况：从 1.1m 见方的浅井中采集大样进行分析，样品总重量为 51.8t，加权的化学分析平均品位为 78g/t 银。

试验结论：接受大样的分析结果作为银品位的最佳估值，那么，应该选用费用较低的冲击钻进技术作为该矿床的主要采样手段。

在签订合同时涉及的主要费用如下：

（1）从钻探公司至钻探工作区钻井设备的搬迁，其费用随搬迁方式（人工搬迁、汽车搬迁等）而有所不同；

（2）机台的建立及各孔位之间的钻井设备的搬迁，其费用随孔位之间的搬迁距离及工作地区的不同而不同；

（3）每米进尺的基本钻探费用；

（4）个别项目的费用，如封孔、下套管、钻孔测井等；

（5）拆迁费用。

在合同中，所有费用都应当一项一项详细列出。

对于客户（勘查部门）提出的技术要求，例如，岩心采取率大于 90%、垂直钻孔的偏斜小于 5°等，钻探公司需要仔细考虑能否完成这些要求。如果接受这些要求但实际工作中未能满足时，钻探公司必须对此承担责任。

工程进行时，钻工们在每个班交班时都要填写工作报表（日志），报表中要详细描述本班所完成的进尺及存在的问题，由地质人员检验后在报表上签名。最后付款时就是根据这些报表核实合同的完成情况。钻工和勘查部门派往钻井现场的代表（负责钻孔质量监督和编录的地质人员）的关注点有所不同，钻工们可能只强调每个班的钻探进尺，而地质人员更关心的是岩心采取率和该钻孔所要揭露的预测目标。因此，负责钻探编录的地质人员应该全面熟悉合同条款及钻进过程中可能出现的问题。

钻探工程的成果体现在最终报告中，这类报告可由以下几部分组成：①钻探过程中的技术记录、岩心采取率及技术问题；②附有地质平面图和勘查线剖面图的钻孔柱状图；③岩石和矿石分析的地质记录；④地球物理测井。成功的探矿工程可以提供勘查区地质、矿床、矿石品位及吨位的三维图像。

本 章 小 结

探矿工程技术是矿产勘查中最重要而且成本最高的勘查手段，分为坑探工程和钻探工程。坑探工程是为揭露地质和矿化现象而在地表或地下挖掘不同类型坑道的工作，其特点是人员可以进入工程内部进行直接观测和采样，所获取的地质资料精度较高，但地下坑探工程成本很高。

钻探工程是采用钻机按一定设计角度和方位向地下钻孔，通过取出孔内的岩心、岩屑或在孔内下入测试仪器，获取地下地层、岩性、构造、矿化等方面的资料。

本章要求掌握探矿工程的单体设计思想和地质编录方法，有关探矿工程的总体设计理念需要在后续章节中逐渐领悟。

讨 论 题

（1）在什么条件下选择平硐勘查技术？

（2）金刚石钻探技术的优点和缺点有哪些？

（3）矿产资源勘查中如何选择钻探技术？

（4）如何进行钻孔（单孔）地质设计？

（5）如何进行岩心编录？

本章进一步参考读物

安徽省地质调查院. 2006. 作业指导书(QB/AHGC-2006)[内部资料]

国土资源部. 2015. 固体矿产勘查原始地质编录规程(DZ/T 0078-2015)

侯德义. 1984. 找矿勘探地质学. 北京: 地质出版社

青海省地质局, 山西省地质局. 1981. 探矿工程地质编录(上册). 北京: 地质出版社

赵国隆, 刘广志, 李常茂. 2003. 勘探工程技术. 上海: 上海科学技术出版社

第三部分　矿产勘查方法

矿产勘查时，为了查明矿床赋存的地质条件、了解矿床的质和量、评定其工业利用价值所采取的各种研究方法、技术措施和工作途径等，总称为勘查方法。矿产勘查项目是一个多层次、多形式、多因素、多技术种类的系统工程，通过多种勘查工程手段揭露矿体，获取目标矿床的各种参数，使理论的三维矿床模型与实际矿床情况基本吻合并据以估算资源量。这众多要素所形成的勘查系统自然存在着时空位置、比例关系、纵横序列等组合问题，存在着各个要素间是否相互关联、是否协调同步、工程部署是否最优化、勘查精度是否合理等问题。因此，矿产勘查应该遵循从实际出发、循序渐进、全面研究、综合评价，以及经济合理的原则。

第 11 章　矿产勘查阶段

11.1　概　　述

11.1.1　矿产勘查标准化

1. 标准化

标准化（standardization）是在经济、技术、科学及管理等社会实践中，对重复性事物和概念通过制订、发布和实施标准达到统一，以获最佳秩序和社会效益。

标准化的一个目的，就是在企业建立起最佳的生产秩序、技术秩序、安全秩序、管理秩序。企业每个方面、每个环节都建立起互相适应的成龙配套的标准体系，就能使每个企业生产活动和经营管理活动井然有序，避免混乱，克服混乱。"秩序"同"高效率"一样也是标准化的机能。标准化的另一目的就是获得最佳社会效益。一定范围的标准，是从一定范围的技术效益和经济效果的目标制定出来的。因为制定标准时，不仅要考虑标准在技术上的先进性，还要考虑经济上的合理性。也就是企业标准定在什么水平，要综合考虑企业的最佳经济效益。因此，认真执行标准，就能达到预期的目的。一些工业发达国家把标准化作为企业经营管理，获取利润，进行竞争的"法宝"和"秘密武器"。特别是一些著名公司，往往都建立企业标准化体系，以保证利润和竞争目标的实现。

2. 标准

标准（standard）是对重复性事物和概念所做的统一规定。它以科学、技术和实践经验的综合成果为基础，经有关方面协商一致，由主管机构批准，以特定形式发布，作为共同遵守的准则和依据。根据中华人民共和国标准法第六条，标准的级别分为国家标准、行业标准、地方标准、企业标准四级。

3. 规范

规范（specification）是对勘查、设计、施工、制造、检验等技术事项所作的一系列统一规定。根据国家标准法的规定，规范是标准的一种形式。

4. 地质矿产勘查标准

我国地质矿产勘查标准化工作始于 20 世纪 50 年代，按照统一和协调的原则，分别由各部门制定了一系列关于地质矿产勘查的标准和规范规程，初步统计已达上百种，其中固体矿产勘查规范已超过 45 种，涉及 84 个矿种，形成了一个独立的体系，并且已进入了国家的标准化管理体系。这些标准大部分都可以在自然资源部、中国地质调查局、中国矿业网，以及中国矿业联合会地质矿产勘查分会等相关网站上查阅。

11.1.2　矿产勘查阶段的基本概念

从前几章的讨论中我们已经了解到，矿产勘查工作是一个由粗到细，由面到点，由表及里，由浅入深，由已知到未知，通过逐步缩小勘查靶区，最后找到矿床并对其进行工业评价的过程。也就是说，一个矿床，从发现并初步确定其工业价值直至开采完毕，都需要进行不同详细程度的勘查研究工作。为了提高勘查工作及矿山生产建设的成效，避免在地质依据不足或任务不明的情况下进行矿产勘查、矿山建设或生产所造成的损失，必须依据地质条件、对矿床的研究和控制程度，以及采用的方法和手段等，将矿产勘查分为若干阶段，这种工作阶段称为矿产勘查阶段。

每个阶段开始前都要求立项、论证、设计、施工，而且在工程施工程序上，一般也应遵循由表及里，由浅入深，由稀而密，先行铺开，而后重点控制的顺序。每个阶段结束时都要求对研究区进行评价、决策，并提出下一步工作的建议。

矿产勘查过程中一般需要遵守这种循序渐进原则，但不应作为教条。在有些情况下，由于认识上的飞跃，勘查目标被迅速定位，则可以跨阶段进行勘查；反之，如果认识不足，则可能会返回到上一个工作阶段进行补充勘查。

11.1.3　矿产勘查阶段的划分

矿产勘查阶段的划分是由勘查对象的性质、特点和勘查实践需要决定的，或者说是由矿产勘查的认识规律和经济规律决定的。阶段划分合理与否，将影响矿产勘查和矿山设计以及矿山建设的效率与效果。

1. 国外矿产勘查阶段的划分

在联合国 1997 年和 2004 年推荐的矿产资源储量分类框架中，勘查阶段划分为：①预查（reconnaissance）；②普查（prospecting）；③一般勘探（general exploration）；④详细勘探（detailed exploration）。世界各国的矿产勘查总的说来也都相应地大致遵循这几个阶段。然而，不同的国家以及各国不同采矿（勘查）公司之间勘查阶段的划分又有一定的差异。下面以力拓（Rio Tinto）公司下属的 Kennecott 勘查公司采用的划分方案为例来进行说明。

第一阶段：矿产资源潜力评价（assessment of potential）。

本阶段的目的是要确定研究区内是否具有寻找目标矿床的潜力。工作内容主要涉及对有关研究区的现有资料的收集和评价，包括过去的开采历史、公益性地质图、卫星影像等资料，并选择交通方便的露头区进行实地地质考察。如果地质人员认为该区有一定的潜力，则需要向当地社团咨询，讨论和评价未来的勘查和开采对局部环境的影响。本阶段需要花数周的时间和数千美元。

第二阶段：靶区确认（target identification）。

如果某个地区经过评价认为是有利的，那么，该区的勘查可以转入靶区确认阶段。本阶段可能采用航空地球物理测量，还可能采用河流沉积物、土壤，以及岩石地球化学取样。在这一阶段期间，至关重要的是要获得勘查许可证或矿权。本阶段需要花数月的时间和数万美元。勘查结果的成功率为 10%，放弃该项目的概率为 90%。

第三阶段：靶区验证（target testing）。

本阶段一般是采用钻探验证，需要花数个月的时间和数十万美元。

第四阶段：评价阶段（evaluation phase）。

如果所勘查的矿床可能是以值得开采的质和量存在，那么，该勘查区就可转入评价阶段。这一阶段主要采用详细钻探方法来证实矿床的吨位、品位、几何形态和特征。这一阶段的后期要求进行可行性研究。这一阶段需要数年的时间，耗资数百万美元。

勘查过程每深入一步，勘查成本迅速增加，而且完成项目的时间需要更长。

2. 我国矿产勘查阶段的划分

我国矿产勘查阶段的划分，1949～1986 年，全国各系统的地勘部门并未完全统一，有的部门按初步普查、详细普查、初步勘探、详细勘探 4 个阶段划分，有的部门按初步普查、详细普查、勘探 3 个阶段划分。1988 年，地质矿产部将矿产勘查阶段划分为普查、详查、勘探 3 个阶段。1999 年，我国首次颁布了《固体矿产资源/储量分类》（GB/T 17766－1999），其中把矿产勘查阶段划分为预查、普查、详查、勘探 4 个阶段，与联合国 1997 年的分类框架完全一致。2020 年新修订的《固体矿产地质勘查规范总则》（GB/T 13908－2020）和《固体矿产资源储量分类》（GB/T 17766－2020）中按照"有没有""有多少""可采多少"的逻辑，将预查并入前期的基础调查中，依从低到高的工作程度划分为普查、详查和勘探三个勘查阶段。普查阶段主要解决"有没有"，详查阶段主要解决"有多少"，勘探阶段通过加强可行性研究，主要解决"可采多少"的问题。

普查（general exploration）：矿产资源勘查的初级阶段，通过有效勘查手段和稀疏取样工程，发现并初步查明矿体或矿床地质特征以及矿石加工选冶性能，初步了解开采技术条件；开展概略研究，估算推断资源量，提出可供详查的范围；对项目进行初步评价，做出是否具有经济开发远景的评价。

详查（detailed exploration）：矿产资源勘查的中级阶段，通过有效勘查手段、系统取样工程和试验研究，基本查明矿床地质特征、矿石加工选冶性能以及开采技术条件；开展概略研究，估算推断资源量和控制资源量，提出可供勘探的范围；也可开展预可行性研究或可行性研究，估算储量，做出是否具有经济价值的评价。

勘探（advanced exploration）：矿产资源勘查的高级阶段，通过有效勘查手段、加密取样工程和深入试验研究，详细查明矿床地质特征、矿石加工选冶性能以及开采技术条件，开展概略研究，估算资源量，为矿山建设设计提供依据；也可开展预可行性研究或可行性研究，估算储量，详细评价项目的经济意义，做出矿产资源开发是否可行的评价。

3. 矿产地质勘查报告

矿产勘查项目结束时，应按照实际工作程度，编写矿产地质勘查报告。按照地质勘查工作成果所能达到的勘查阶段要求，矿产地质勘查报告分为普查报告、详查报告、勘探报告，编写提纲可分别参照《固体矿产地质勘查报告编写规范》（DZ/T 0033—2020）中的附录 A、附录 B、附录 C。

矿产地质勘查报告的内容涵盖全部地质勘查工作和可行性评价工作，是对勘查工作及质量，以及矿产资源的空间分布、形态、产状、数量、质量、开采利用条件、工业利用价值等勘查工作成果的总结和评价，应全面、客观、真实、准确地反映地质勘查工作所取得的各项资料和成果，对获得的地质认识进行科学总结。

矿产地质勘查报告可供进一步勘查或矿山建设设计、矿产资源管理、矿产勘查开发项目公开发行股票及其他方式筹资或融资时参考使用，也可作为矿业权出让或转让时的参考资料。矿产地质勘查报告也是有关单位科研、教学等的参考资料。

11.2　勘查工作程度

勘查工作程度又称为勘查控制程度，是指在勘查区内，不同勘查阶段对成矿地质环境、矿床地质特征、开采技术条件等方面研究和查明的程度。勘查控制研究的重点是主要矿体，即作为未来矿山主要开采对象的一个或多个矿体。一般根据矿体的资源量规模确定主要矿体，将资源量（一般为主矿产，必要时考虑共生矿产）从大到小累计超过勘查区总资源量 60%～70%的一个或多个矿体确定为主要矿体。6.1 节已经介绍了矿产勘查工作的主要内容，本节依据国家标准《固体矿产地质勘查规范总则》（GB/T 13908－2020）阐述各勘查阶段对勘查程度的要求。

11.2.1　矿产普查阶段要求的勘查程度

1. 矿区（勘查区）地质特征的控制

在基础地质研究的基础上，通过 1∶25000～1∶5000 比例尺的矿区地质填图（一般为简测图）、遥感解译、露头检查，并结合已有工程揭露，研究成矿地质规律，初步查明勘查区的成矿地质条件和矿化地质体特征。对煤等沉积矿产应详细划分含矿地层，着重研究沉积环境和沉积相、成矿控矿规律，初步查明勘查区的构造形态。

2. 矿化体特征的控制

通过矿（化）点检查、1∶10000 或更大比例尺的物探、化探剖面测量或面积性测量、必要的取样工程等，对勘查区内发现的矿化线索逐一进行验证、检查、追索和评价。

勘查过程中应合理确定勘查类型，以正确选择勘查方法和手段，合理确定勘查工程间距和部署勘查工程，对矿床进行有效控制，对矿体的连续性进行有效查定。普查阶段矿体的基本特征尚未查清，难以确定勘查类型，但有类比条件的，可与同类矿床类比，初步确定勘查类型。

普查阶段重点在于发现矿床、控制矿床规模。对发现的矿体，特别是主要矿体，地表应用取样工程稀疏控制，深部应有工程证实，不要求系统控制，但应尽可能兼顾与后续勘查工程布置的合理衔接。当矿（化）体出露地表时，应根据需要开展 1∶2000～1∶1000 比例尺的矿床地质填图（简测图或正测图）。通过控制研究，对矿体的连续性作出合理推测，初步查明主要矿体的地质特征和勘查区内矿体的总体分布范围，探求推断的资源量。

3. 矿石成分特征的研究

通过有限的取样工程控制和样品的鉴定、测试、分析，与地质特征相似的已知矿床进行类比，初步查明矿石的物质组成、结构构造、矿石矿物的工艺粒度和嵌布特征、有用有益有害组分的含量和赋存状态、矿石的自然类型等特征。

在矿石工艺矿物学研究的基础上，对易选矿石进行类比研究；对较易选矿石一般进行类比研究，必要时进行可选性试验；对新类型矿石和难选矿石一般进行可选性试验，必要时进行实验室流程试验。对某些非金属矿进行物化性能初步测试，必要时进行物化性能基本测试研究。初步查明勘查区内矿石的加工选冶技术性能。

4. 开采技术条件的研究

收集、研究区域和勘查区的水文地质、工程地质和环境地质资料，与开采技术条件相似的矿山进行类比，对开采技术条件复杂的矿床，适当布置水文地质、工程地质工作，初步了解勘查区的水文地质、工程地质和环境地质条件。

值得指出的是，普查阶段的任务是找矿而不是圈定出矿体，避免超越勘查程度导致勘查项目失误。

11.2.2　矿产详查阶段要求的勘查程度

1. 矿区地质特征的研究

在普查的基础上，一般通过 1∶25000～1∶5000 比例尺的矿区地质填图（正测图）、1∶5000～1∶500 比例尺的矿床地质填图（正测图）、已有工程控制和揭露，基本查明勘查区的成矿地质条件和矿化地质体的特征，阐明矿床的成矿作用和成矿规律。

2. 矿体（矿化体）特征的控制

根据影响勘查类型的主要地质因素确定勘查类型，采用合理的勘查工程间距、有效的勘查技术方法手段、系统的（按一定的勘查工程间距、有规律）取样工程对矿床进行控制，每条勘查线剖面一般沿倾向深部至少应有 2 个工程控制，基本查明矿体特征。详细查明主要矿体的数量，基本控制主要矿体的规模、形态、产状、空间位置和勘查区内矿体的总体分布范围，基本确定主要矿体的连续性。对影响矿区（井田）划分的构造和控制、破坏、影响矿体的较大构造进行必要控制。

在确定的勘查深度以上，一般探求控制和推断资源量，且应具有合理的比例分布。控制资源量一般应集中分布在资源量最优、可能首先或先期开采的地段。金属和非金属复杂的小型矿床，用控制的勘查工程间距难以探求控制资源量的，可只探求到推断资源量。在确定的勘查深度以下，有成矿远景时，一般估算推断资源量，但不参与资源量比例统计。详查阶段金属和非金属矿床资源量比例的参考要求见表 11.1。

表 11.1　金属和非金属矿床各勘查阶段探求的资源量及其比例的参考要求

资源量规模		大、中型				小　型		
复杂程度		一般			复杂	一般		复杂
普查	探求资源量类型	推断资源量						推断资源量
详查	探求资源量类型	控制＋推断资源量						
	占比	金属矿床：控制资源量占比 20%～30%；非金属矿床：控制资源量占比 30%～50%						
勘探	探求资源量类型	探明＋控制＋推断资源量			控制＋推断资源量	控制＋推断资源量		
	占比/%	探明资源量	探明＋控制资源量	推断资源量	控制资源量	推断资源量	控制资源量	推断资源量
		10～20	40～60	60～40	30～60	70～40	30～60	70～40

注1：复杂的大、中型：指用探明的勘查工程间距难以探求探明资源量的情形

注2：复杂的小型：指用控制的勘查工程间距难以探求控制资源量的情形

注3：资料来源：国家标准《固体矿产地质勘查规范总则》（GB/T 13908－2020），附录 B

3. 矿石成分特征的研究

通过系统工程的取样鉴定、测试、分析，基本查明矿石的物质组成、结构构造、矿石矿物的粒度和嵌布特征，以及有用有害组分的含量、赋存状态和变化情况、矿石的自然类型和工业类型等特征。

在矿石工艺矿物学研究的基础上，对易选矿石视情况进行类比研究、可选性试验，必要时进行实验室流程试验；对较易选矿石视情况进行可选性试验、实验室流程试验；对新类型矿石和难选矿石一般进行实验室流程试验，必要时进行实验室扩大连续试验。对某些非金属矿进行物化性能基本测试，必要时进行物化性能详细测试研究。基本查明区内主要工业类型矿石的加工选冶技术性能。

4. 开采技术条件的研究

对矿床开采可能影响的地区（如矿山疏排水水位下降区、地面变形矿区、矿山废弃物堆放场及其可能污染区），开展水文地质、工程地质勘查及环境地质调查，基本查明矿床的开采技术条件。选择代表性地段对矿床充水的主要含水层及矿体围岩的物理力学性质进行试验研究，初步确定矿床充水的主（次）要含水层及其水文地质参数、矿体和围岩的岩体质量及主要不良层位，预测计算矿坑涌水量。指出影响矿床开采的主要水文地质、工程地质、环境地质问题。

详查阶段应避免只注重勘查工程控制而轻视地质综合研究以及矿石加工技术性能和开采技术条件评价的倾向。

11.2.3　勘探阶段要求的勘查程度

1. 矿区地质特征研究

在详查的基础上，视需要修测勘查区地质图、矿床地质图（均应为正测图），或开展更大比例尺的地质填图（正测图），结合工程加密控制和揭露情况，详细查明成矿地质条件、矿化地质体特征，深入成矿作用和成矿规律的研究。

2. 矿体（矿化体）特征的控制

在详查系统工程控制的基础上合理加密控制，采用有效的勘查技术方法手段，对矿体以及控制、破坏、影响矿体的较大构造进行必要的加密控制，详细查明矿体特征，即矿体的总体分布范围已经确定，主要矿体的规模、形态、产状、空间位置和连续性不致发生较大变化而未达到勘探目的。

在确定的勘查深度以上，一般探求探明、控制和推断资源量，且应具有合理的比例分布。勘探阶段一般应根据详查结果选择资源量和开采技术条件综合最优的地段作为首采区（煤炭先期开采地段），并以首采区（煤炭先期开采地段）为重点，兼顾全区，有针对性地开展勘探阶段工作。首采区是矿山开采初期采矿与选冶方法、工艺、流程的试验区。其控制程度应满足矿山设计要求，保证矿山设计的开采方式不能发生重大改变，保证矿山建设设计的开拓系统不能发生重大改变，保证矿石加工选冶流程不能发生重大变化。因此，首采区应采用加密工程系统地控制，详细查明矿体、矿石特征和开采技术条件，确定矿体的连续性，主要提交探明资源量。一般应按照保证首采区还本付息、矿山建设风险可控的原则，通过论证，合理确定各级资源量的比例。勘探阶段金属和非金属矿床资源量比例的参考要求见表 11.1。

出露地表的矿体边界，应充分利用矿体露头加强研究，视情况可采用工程加密控制；盲矿体应注意控制其顶部边界；拟地下开采的矿床，应重点控制主要矿体的两端、上下界面和延伸情况；拟露天开采的矿床，应注重系统控制矿体四周的边界和采场底部矿体的边界。

对于小型和复杂的大、中型金属和非金属矿床，用探明的勘查工程间距难以探求探明资源量的，可只探求到控制资源量；复杂的小型矿床，用控制的勘查工程间距难以探求控制资源量的，可只探求到推断资源量。在确定的勘查深度以下，一般不作深入工作，有成矿远景时，一般估算推断资源量，但不参与资源量比例统计。

破坏矿体及影响井巷开拓和开采的断层、破碎带、脉岩等，一般须用不少于 3 个工程对其产状和规模加以控制，以确定其对矿体的完整性的影响及破坏程度。

3. 矿石成分的研究

在加密工程基础上，通过取样鉴定、测试、分析，详细查明矿石的物质组成、结构构造、矿石矿物的粒度和嵌布特征，以及有用有益有害组分的种类、赋存状态和主要有用组分的含量及其变化情况，矿石的自然类型和工业类型等特征，满足矿山建设设计对矿石质量特征研究的基本要求。

在详细研究矿石工艺矿物学的基础上，对易选矿石视情况进行可选性试验、实验室流程试验；对较易选矿石一般进行实验室流程试验，必要时开展实验室扩大连续试验；对难选矿石视情况进行实验室流程试验、实验室扩大连续试验，必要时可进行半工业试验或工业试验。对某些非金属矿进行物化性能详细测试研究。详细查明矿石的加工选冶技术性能，为矿山建设设计推荐合理的矿石加工选冶工艺流程。

4. 开采技术条件的研究

详细查明矿区水文地质条件和矿床充水因素，通过试验，获取计算参数，预测计算首采区（第一开采水平）的矿坑涌水量，并对矿床地下水资源的综合利用作出评价，提出矿山防治水建议，指出供水水源方向；详细查明矿区工程地质条件，评价矿体及顶底板的工程地质特征、井巷围岩或露天采场的岩体质量和稳（固）定性，分析和评价矿山开采条件下可能发生的主要工程地质问题，预测可能出现的主要地质灾害并提出防治建议；调查评价矿区的地质环境质量，预测矿床开发可能引起的主要环境地质问题并提出防治建议。

11.3 可行性研究

可行性研究又称为可行性分析，是指在充分调查研究的基础上，从技术、经济、环境影响以及法律等方面开展全面分析研究，对各种投资项目的技术可行性和经济合理性进行综合评价的过程。在资源储量分类中，可行性研究是资源量转换为储量的要求。此外，由于勘查项目的高风险性，可行性研究在勘查项目投资决策以及项目运作中具有重要作用，可行性研究报告是投资决策、项目贷款、商务谈判和签订合同或协议，以及企业上市等的重要依据。

在《固体矿产资源量储量分类》（GB/T 17766—2020）和《固体矿产地质勘查规范总则》（GB/T 13908—2020）中，可行性研究分为概略研究、预可行性研究、可行性研究 3 个阶段。

11.3.1 概略研究

概略研究（scoping study）是指对矿产资源开发项目的投资机会研究，是对矿产开发经济意义的概略评价。普查工作阶段可行性评价工作要求为开展概略研究，一般由承担普查工作的勘查单位完成。概略研究主要依据普查所获矿产资源信息与同类型已知矿床（山）从矿体规模、矿石物质组成及质量、生产技术条件等方面进行类比，客观评述普查区内矿产资源的优劣及未来开发的可行性；结合普查区自然经济条件、建设条件、环境保护等因素，以我国类似矿山企业或授权机构发布的技术经济指标为参数，做出概略的技术经济评价，鉴别有无投资机会。所采用的矿石品位、矿体厚度、埋藏深度等指标，通常是我国矿山几十年来的经验数据，采矿成本是根据同类矿山生产估计的。由于概略研究一般缺乏准确参数和评价所必需的详细资料，所估计的资源量只具内蕴经济意义。

自然资源部颁布的《固体矿产勘查概略研究规范》（DZ/T 0336—2020）中对概略研究提出了如下基本要求：

（1）地质勘查工作应达到普查及以上程度。

（2）全面了解勘查区的自然地理、内外部建设条件、经济社会现状、周边资源开发利用情况，以及有关法律、政策等。

（3）普查阶段通常采用静态评价方法，详查、勘探阶段一般采用动态评价方法。

（4）应根据勘查工作成果及勘查区实际情况合理选取评价参数，现有成果及相关资料不能满足参数选取要求时，可通过类比方式确定。

（5）采用类比方式的，应选择与勘查区主矿产及矿石类型一致，开采技术条件、矿石加工选治技术性能等具有可类比性的矿山（勘查区），拟定开采方式、产品方案及技术经济参数等。

（6）概略研究工作应由具有相应能力的矿产地质、水文地质、工程地质、环境地质、采矿、选矿、技术经济等专业人员共同完成。

（7）勘查项目有工业指标论证报告的，可直接引用或借鉴工业指标论证成果。

11.3.2　预可行性研究

　　详查工作阶段可行性评价工作要求为开展预可行性研究。预可行性研究（prefeasibility study）是指对矿产开发项目可行性的初步评价。受工作阶段的限制，通常可依据有关宏观信息和在可能条件下所搜集到的资料开展工作，目的是从总体上、宏观上对项目建设的必要性、建设条件的可行性以及经济效益的合理性进行初步研究和论证。其结果可以为该矿床是否进行勘探或可行性研究提供决策依据。进行这类研究，通常应经过详查或勘探采用参考工业指标估计获得的矿产资源量数据，实验室规模的加工选冶技术试验资料，以及通过价目表或类似矿山开采对比所获数据估计的成本。预可行性研究内容与可行性研究相同，但详细程度次之，其误差应控制在±25%。当投资者为选择拟建项目而进行预可行性研究时，应选择适合当时市场价格的指标及各项参数，且论证项目应尽可能齐全。

　　预可行性研究需要评价各种备选方案并进行排序，从中选择最佳的方案，同时，还需评价个别参数的变化可能对项目的敏感性。预可行性研究包括取样和技术试验，经过预可行性研究后，控制的和探明的资源量可以相应地转化为储量。同时，采矿方法和生产率也已经选定，半工业性试验结果可能论证了产品的提取过程是可行的；矿山建设、劳动力的需求以及矿山开采对周围环境的影响也都进行了评价；基本建设投资和生产成本进行了详细的预算，诸如采矿和选矿方法的变更、各种生产率水平的效应等方面的敏感性分析也已经完成。在决策过程中，社会和环境方面的综合考虑是最重要的因素，根据社会和环境底线的研究结果预测和评价可能的影响。经过综合评估后，选择具有风险最低、价值最高的方案作为可行的方案。

11.3.3　可行性研究

　　可行性研究（feasibility study）是对矿产开发项目可行性的详细评价，对投资项目的技术、工程、经济进行深入、全面分析和多方案比较，进一步确认预可行性研究阶段优选出的技术和生产经营方案并使其价值达到最大化，从而对投资项目作出论证和评价。其结果可以详细评价投资项目的技术经济可靠性和科学性，所提出投资估计的精确度，要控制在与初步设计概算的出入不得大于10%。可行性研究所采用的成本数据精确度高，通常依据勘探所获的储量数据及相应的加工选冶技术性能试验结果，其成本和设备报价所需各项参数是当时的市场价格，并充分考虑了采矿、冶金、经济、市场、法律、环境、社会和政府的相关政策等各种因素的影响，具有很强的时效性。

　　勘探阶段获得的勘查成果要求进行可行性研究。可行性研究是矿山投资决策的重要环节，研究结果可作为投资决策的依据。将可行性评价作为分类的重要条件，强化了资源储量的经济意义。

本　章　小　结

　　固体矿产勘查工作分为普查、详查，以及勘探 3 个阶段。划分勘查阶段是为了避免在地质依据不足或任务不明的情况下进行盲目的勘查和开发所造成的重大损失，遵循"循序渐进、由已知到未知、由浅部到深部"的技术原则。

　　普查是通过对矿化潜力较大的地区开展地质、地球物理勘查、地球化学勘查、数量有限的探矿工程（不要求进行系统工程控制），以及可行性评价的概略研究，对已知矿化区进行初步评价，对有详查价值地段圈定详查靶区，估算推断资源量。普查阶段的工作比例尺为 1 : 10 万～1 : 1 万。

　　详查是对详查区采用各种有效的方法和手段，采用比普查阶段密的系统工程控制，估算控制的资源量，并通过预可行性研究，对矿化体作出是否具有工业价值的评价，进一步圈定勘探靶区。详查阶段的工作比例尺为 1 : 1 万～1 : 2000。

　　勘探是对已知具有工业价值的矿区或经详查圈出的勘探靶区，通过应用各种有效的勘查手段和方法，在系统工程控制的基础上加密工程控制以查明矿化的连续性，估算探明的资源储量；并通过可行性研究，使资源量提升为储量，为矿山建设在确定矿山规模、产品方案、开采方式、开拓方案、矿石加工选冶工艺、矿山总体布置、矿山建设设计等方面提供依据。勘探阶段的工作比例尺与详查阶段相同或更大（如 1 : 500）。

讨　论　题

　　（1）为什么需要划分勘查阶段？阐述每个勘查阶段的目的、任务、要求或勘查程度。
　　（2）举例说明"由表及里，由浅入深，由稀而密，先行铺开，而后重点控制"的勘查工作技术原则。
　　（3）梳理我国现行固体矿产勘查的相关规范。

本章进一步参考读物

国土资源部矿产资源储量司. 2003. 固体矿产地质勘查规范的新变革. 北京: 地质出版社
中华人民共和国地质矿产行业标准《固体矿产地质勘查报告编写规范》(DZ/T 0033—2020)
中华人民共和国国家标准《固体矿产资源储量分类》(GB/T 17766—2020)
中华人民共和国国家标准《固体矿产地质勘查规范总则》(GB/T 13908—2020)
中华人民共和国国家标准《固体矿产资源/储量分类》(GB/T 17766—1999)

第12章 固体矿产资源储量分类系统

在矿产勘查过程中，人们对矿床的研究和认识是随着勘查工程控制的程度而逐步深入的，不同类型的矿床、不同勘查阶段、工程的控制程度不同，所估算的矿产资源储量的可靠程度不同，其所提供资料的作用也不同。因此，有必要将矿产资源储量按其控制和可靠程度分为不同的类别。一般说来，资源储量按地质控制精度（或可靠程度）分级，按技术经济可利用性分类。目前大多数国家都把这种分类标准框架称为资源储量分类系统，把地质精度与经济可行性均作为资源储量分类的因素考虑。

资源储量类别是由国家有关部门或行业协会制定的，用作统一区分和衡量矿产资源储量精度与技术经济可利用性的标准。资源储量类别划分是为了便于国家与矿山企业正确掌握矿产资源，统一矿产资源储量的估算、审批、统计和用途，更加经济合理地做好矿产地质勘查工作。因此，明确各类资源储量的工业用途具有重要意义。

国际上，随着矿业全球化进程的加快，勘查（矿业）公司需要拓宽和建立有效的融资途径，股市投资者要求提供透明并且容易理解的信息，显然有必要建立国际上可接受的披露矿产资源储量报告的标准。实际上，自20世纪90年代初期开始，联合国欧洲经济委员会（UNECE）和采矿及冶金学会理事会（CMMI，其成员国包括美国、澳大利亚、加拿大、英国以及南非和智利等）这两个知名的国际组织就一直在致力于建立矿产资源量和矿石储量的国际定义和标准。

12.1 国际上主要的资源储量分类系统简介

12.1.1 联合国资源分类框架

1. 联合国资源分类框架的发展历史

联合国欧洲经济委员会（UNECE）专家工作组于1992年提出了《联合国固体燃料和矿产品资源量和储量的分类框架》（*UN Framework Classification for Resources and Reserves of Solid Fuels and Mineral Commodities*，UNFC），并分别于1997年、2004年、2009年和2019年进行了修订。该分类框架由联合国经济及社会理事会签发并建议在全球范围内推广应用，其目的是使固体燃料和其他矿产资源储量能够以市场经济条件为基础按照国际统一系统进行分类。

1997年推出的《联合国固体燃料和矿产品资源储量分类框架》（UNFC-1997）是在市场经济条件下评价固体矿床而建立一种广泛的和国际通用的分类系统所做的最新尝试。同美国1980年的分类方案（参见12.1.2节）相比，这个方案采用3个坐标轴而不是2个坐标轴来框定资源储量的类别。第一个是地质轴，表明地质工作阶段，由深而浅为详细勘探、一般勘探、普查、预查。第二个为可行性轴，由深而浅为可行性研究/采矿报告、预可行性研究、地质研究。第三个为经济轴，由深而浅为经济的、潜在经济的、内蕴经济的（图12.1）。按照这一体系，可将资源储量框定为 10 个类别：证实矿产储量（proved mineral reserve）、概略矿产储量（probable mineral reserve，分为两类）、可行性矿产储量（feasibility mineral reserve）、预可行性矿产资源量（prefeasibility mineral resource，分为两类）、确定的矿产资源量（measured mineral resource）、推定的矿产资源量（indicated mineral resource）、推测的矿产资源量（inferred mineral resource）、预查矿产资源量（reconnaissance mineral resource）。这一分类体系对各国资源储量分类体系之间的转换与接轨具有重要意义。

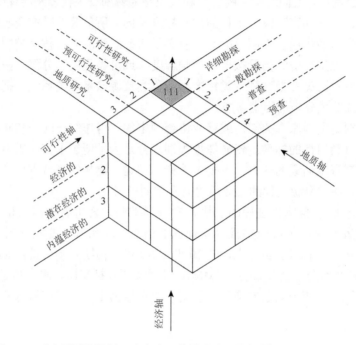

图 12.1　联合国固体燃料和矿产资源储量分类三维框图（UNECE，2019）

设计 UNFC 的另一个目的是力图涵盖国际上所有现行资源储量分类方案，为了克服术语不同和语言不同的障碍，UNFC 中采用了资源储量类别的 EFG 数字编码系统，即第一位数字代表经济轴（E 轴），第二位为可行性轴（F 轴），第三位数字表示地质轴（G 轴），例如，编码为 221 的确定资源量：第一位数表示经济意义，2 为潜在经济的；第二位数表示可行性，2 为经过预可行性研究的，第三位数表示勘查程度，1 为经详细勘探的。

2004 年修订的该分类框架扩展至油气和铀矿资源并更名为《联合国化石能源和矿产资源量分类框架》，简称 UNFC-2004。2009 年修订的《联合国化石能源和矿产储量和资源量分类框架》简称 UNFC-2009。有关 UNFC-2009 的介绍可参见本书第三版 12.1.1 节。

2. 联合国资源分类框架 2019 更新版

联合国资源框架分类（UNFC）于 2019 年更新。UNFC-2019 更新版的内容包括两部分，第Ⅰ部分的正文阐明了 UNFC 分类框架系统的结构，附录Ⅰ给出了每个类别（category）的定义及补充解释；附录Ⅱ给出了每个亚类（sub-category）的定义及补充解释。第Ⅱ部分诠释了 UNFC 的应用规范，附录Ⅰ呈现了术语表；附录Ⅱ给出了 UNFC 中关键说明的应用指南；附录Ⅲ列出了采用项目成熟度进行项目分类的指南。

UNFC-2019 旨在满足不同资源部门和应用的要求，其三维分类系统赋予了更丰富的内涵，充分体现了环境和社会问题在资源分类方面的重要性，并使其完全符合 2030 年可持续发展议程所要求的可持续资源管理。2019 版的一些关键变化，包括文本的标准化，使 UNFC 适用于所有资源，包括矿物、石油、核燃料、可再生能源和人为资源，以及用于地质封存的供水和注水项目。

UNFC-2019 是一个针对资源项目的产量估值进行分类的系统。资源项目定义为资源开发或生产的活动过程，它提供了环境、社会、经济评价和技术评价以及决策的基础。项目计划可以是详细的或概念性的（国家长期资源规划）。详细的项目计划应足够详细，使投资者能够根据所定义的成熟度水平对项目进行合理评估（根据项目成熟度分为可行项目、潜在可行项目、不可行项目以及远景项目）。

诸如太阳能、风能、地热、海洋水电、生物能、注入储存、碳氢化合物，矿物、核燃料和水等资源都是资源项目开发的对象。资源可能以自然状态或次生状态（人为来源、尾矿等）存在。资源项目的产品（包括电、热、碳氢化合物、氢、矿物和水）可以购买、出售或使用。值得指出的是，在一些项目（如可再生能源项目）中，产品（如电量、热量、氢气等）与其资源（如风、太阳辐射等）是不同的；另一些项目的产品和资源则可能相似，如在石油项目中，虽然流体状态和性质可能因储层和地表条件而发生变化，但资源和产品都是石油和/或天然气。

由于不同行业对"资源"和"资源量"以及"储量"有着不同的特定含义，因而在 UNFC-2019 更新版本中没有对这三个术语进行定义，只是一般意义上的采用。

UNFC-2019 是一个基于准则的分类系统。该系统采用数字编码的方式，根据环境-社会-经济可行性（E）、技术可行性（F）、估值的置信度（G）三条基本准则对资源项目产品的估计量进行分类，并以 E、F、G 为轴构成三维坐标分类框架（图 12.2）。

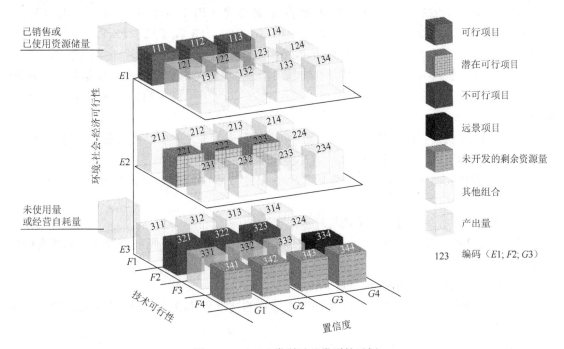

图 12.2　UNFC 类别以及类型的示例

E 轴定义了项目在环境-社会-经济条件方面的可行性(包括考虑市场价格和相关法律、监管、社会、环境以及合同条件等),划分为 3 个类别:$E1$ 级表示项目产品的开发和运营都已证明其环境-社会-经济条件是可行的;$E2$ 表示项目产品的开发和运营预期在可预见的未来环境-社会-经济条件是可行的;$E3$ 表示项目产品的开发和运营在可预见的未来不能确定环境-社会-经济条件的可行性,或者项目尚处于初期阶段不足以对环境-社会-经济条件作出评价。

F 轴标定了实施项目所需的技术、研究以及承约的成熟度,其范围从早期的概念研究到正在生产的完全开发阶段,反映标准的价值链管理原则,划分为 4 个类别:$F1$ 级定义为已证实技术可行的开发项目;$F2$ 定义为有待进一步进行技术可行性评价的开发项目;$F3$ 定义为由于数据有限还不能转入技术可行性评价的开发项目;$F4$ 定义为尚未证实的开发项目。

G 轴表示资源产品数量估值的置信水平,划分为 4 个类别:$G1$ 定义为项目产品数量估值具有高置信度;$G2$ 定义为项目产品数量估值的置信度为中等;$G3$ 定义为项目的产品数量估值的置信度较低;$G4$ 定义为主要根据间接证据估计的项目产品数量。

上述 3 个准则轴上的类别或亚类别按照 EFG 顺序构成的特殊组合,唯一地定义了项目产量(资源储量)的类型(Class),并采用明确的数字编号进行编码,建立分类框架。例如 $E2F2G1$ 类型,根据 EFG 顺序规则,省略大写英文字母,保留数字 221。类别和亚类别是系统的组成部分,并以“类型”的形式组合在一起。UNFC 可以从三个维度实现可视化(图 12.2)。

亚类别与其主类别资源储量之间采用“小数点”分开(如 $E1.1$),在类别代码中则采用“分号”区别(如 1.1;1;1 表示由 $E1.1$、$F1$、$G1$ 定义的亚类别)

该分类系统定义了 11 个类别和 20 个亚类别。11 个类别为:$E1$,$E2$,$E3$,$F1$,$F2$,$F3$,$F4$,$G1$,$G2$,$G3$,$G4$。20 个亚类别为:E 轴 5 个($E1.1$,$E1.2$;$E3.1$,$E3.2$,$E3.3$);F 轴 12 个($F1.1$,$F1.2$,$F1.3$;$F2.1$,$F2.2$,$F2.3$;$F3.1$,$F3.2$,$F3.3$;$F4.1$,$F4.2$,$F4.3$);G 轴 3 个($G4.1$,$G4.2$,$G4.3$)。在 UNFC-2019 正文第 I 部分中,附件 1 给出了每一个类别的定义;附件 2 列出了每个亚类别的定义。需要强调的是,资源储量估值必须与其相应类型的数字代码一起报告,记录格式可以采用诸如 111 类,111 + 112 类或 1.1;1.2;1 类的形式。

表 12.1 是图 12.2 的二维简化版,其采用给定的数据对开发或生产的总资源量进行分类,资源量需要考虑项目的寿命/限制(如可再生能源项目)。分类依据如下:

(1)已销售或已使用的产量,包括家用太阳能或者供给当地市场的家用非销售资源产品;

(2)未使用或在生产过程中消耗的产量;

(3)已知未来可能生产的产量,根据项目的技术和环境-社会-经济可行性研究结果构成其分类基础;

(4)任何项目待开发的剩余产量;

(5)未来潜在项目的可能产量,根据潜在项目的技术和环境-社会-经济可行性研究结果构成其分类基础;

(6)任何潜在项目待开发的剩余产量。

表 12.1 UNFC-20019 的简化版；说明主要的项目资源量类型（UNECE，2019）

资源产量		已销售或已使用的资源产量			
		未使用或在生产过程中消耗的资源产量 a			
	项目资源储量类型	最小类别			
		E	F	G^b	
项目的环境-社会-经济可行性以及技术可行性都已证实产量	可行项目 c	1	1	1, 2, 3	
项目的环境-社会-经济可行性以及技术可行性尚未被证实的产量	潜在可行项目 d	2^e	2	1, 2, 3	
	不可行项目 f	3	2	1, 2, 3	
根据已确认的项目估算的尚待开发的剩余产量 g		3	4	1, 2, 3	
资源来源的信息不足，不能对项目的环境-社会-经济可行性以及技术可行性进行评价的产量	远景项目	3	3	4	
根据远景项目估算的尚待开发的剩余产量 g		3	4	4	

注：a. 项目实施过程中未使用的未来产量或已消耗产量都归于 $E3.1$ 类，这些量可以存在于所有类型的可采量中

b. G 类别中 $G1$、$G2$、$G3$ 可以单独使用，也可以累加的方式使用（如 $G1 + G2$）。

c. 在许多分类系统中，与可行项目相关的估值被定义为储量。由于不同行业所采用的具体定义存在实质性的差异，因而在本分类系统中不采用该术语

d. 并非所有潜在可行的项目都将会开发

e. 潜在可行的项目可以满足 $E1$ 的要求

f. 不可行的项目包括那些处于早期评估阶段的项目，以及那些被认为在可预见的未来不太可能成为可行的项目

g. 根据已确认的项目或远景项目估算的尚待开发的剩余量未来随着技术和环境-社会-经济条件的改进可能成为可开发的量，由于自然和/或环境-社会-经济条件的限制，其中一部分或全部可能永远也不会被开发。这种类别对于可再生资源项目可能价值不大，但仍然可用于表示为变现的潜在量。需要强调的是，如果生产出来的话，剩余量是可以购买、销售或者利用的数量（即电量以及热量等，而不是风能以及太阳辐射能等）

在 UNFC-2019 分类的 E 和 F 类别中规定了最小类别，例如，潜在可行的项目必须至少是 $E2F2$，但也可以是 $E1F2$ 或 $E2F1$。

UNFC-2019 的分类方案既适用于可再生资源，也适用于不可再生资源。需要说明的是，考虑到本书所涉及的项目产量是固体矿产资源储量，故将表 12.1 中的"项目资源产量类型"代之以"项目资源储量类型"表示，目的是便于读者理解，例如，可行项目的资源储量类型分为 111 型、112 型和 113 型。

UNFC-2019 以资源项目类型为核心，以商业开发为目的，包括了从资源勘查到开发的各个阶段，有利于企业制订战略规划和组织生产，是一个普遍适用于能源、可再生资源、矿产资源等各类资源的分类和评价方案，能够满足国家层面、行业层面以及国际交流的要求，能够与不同国家的资源储量分类系统进行比较。

2018 年 9 月 28 日，我国自然资源部与联合国欧洲经济委员会在联合国日内瓦总部联合发布了中国矿产资源储量分类标准与联合国资源分类框架对接文件。确保固体和油气矿产资源的高效管理，支撑经济社会的可持续发展是 UNFC 与中国国家标准的共同目标。尽管由于新版 UNFC（UNFC-2019）的分类思路具有突变性，在内容和形式上较先前的版本作出了大幅度变动，取消了勘查阶段、资源量以及储量的概念，但考虑到我国作为当今世界能源利用效率最高的国家，为了实现 2030 年碳达峰、2060 年前碳中和的双碳目标，可以预期该分类方案的重要性将会日益凸显。

12.1.2　矿产储量国际报告标准委员会模板

为了对矿产储量国际报告标准委员会的模板有一个比较全面的了解，有必要对美国、加拿大以及澳大利亚的资源储量分类标准进行简要的介绍。

1. 美国的固体矿产资源量/储量分类系统

1976 年以前，几乎所有的勘查报告都把可靠程度不同的矿化体吨位和品位估值统称为"储量"，由此产生了各种混乱和不明确的分级。1976 年，美国矿务局协同美国地质调查局在对 1944 年提出的矿产储量分类方案进行修订后，以《美国矿务局和地质调查局矿产资源分类系统的原则》为题在美国地质调查局第 1450－A 号局刊上刊发，该方案第一次明确地、系统地阐述了矿产资源储量分类及其术语的定义，并从两方面对资源量和储量进行分类：①地质特征，包括品位（质量）、吨位、厚度和埋藏深度等；②当前经济技术条件下开采和销售成本的营利性分析。1980 年，学者在美国地质调查局第 183 期通讯发表的《矿产资源分类的原则》一文中对 1976 年版的分类方案进行了进一步的修订，形成了当时在北美和南美广为流行、世界其他国家均以其为参照的"矿产资源和储量分类原则"。这个原则有两个坐标：横坐标代表地质工作的程度，随着地质工作程度由高至低，所取得的储量或资源量被冠以"测定的"（measured）、"推定的"（indicated）（二者属于探明的，demonstrated）、"推测的"（inferred）、以及概率范围为"假定的"（hypothetical）和"假想的"（speculative）等形容词；纵坐标代表储量或资源的经济可行性，随着技术经济可行性的由高到低，所取得的储量或资源被冠以"经济的"（economic）、"边际经济的"（marginal economic）和"次经济的"（subeconomic）等形容词。为了区别能从地下回收的矿产与地质圈定的矿产，美国这一分类方案又将查明的地下储量分为"储量"（reserve）和"储量基础"（reserve base）两个概念，前者是可以从地下真正采出的部分；后者是地质圈定的部分，它包含了可采出的储量和由于设计、开采、安全等原因不能采出的部分。按照这一分类体系，矿产资源量储量被分为以下主要类型：已查明的资源量储量，包括探明储量（测定和推定的经济储量）、推断储量（推断的、经济的）、探明的边际储量（探明的、边际经济的）、推断边际储量（推断的、边际经济的）；探明的次经济资源量、推断的次经济资源量、假定的资源量、假想的资源量（图 12.3）。

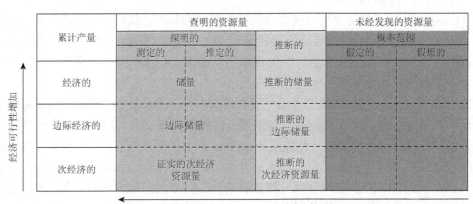

图 12.3　美国地质调查局矿产资源分类的主要要素，不包括储量基础和推断的储量基础（Schulz et al.，2017）

顺便指出，以往诸如 measured resources、indicated resources 等与资源储量有关的术语一般都是根据英汉专业词典的词汇命名，直到 1999 年颁发的《固体矿产资源量/储量分类》（GB/T 17766—1999）国家标准中才明确了包括探明资源量（measured resources）、控制资源量（indicated resources）等资源储量类别术语的定义。

1988 年，应美国采矿冶金勘查学会（The Society for Mining，Metallurgy，and Exploration，SME）会员的请求，设立了一个名为"矿石储量定义"的第 79 工作组，其任务是制定勘查信息、资源和储量公开报告的指南。SME 于 1991 年首次颁发了《矿产资源储量分类指南》，简称为 SME 指南，该指南在美国矿务局和美国地质调查局 1980 年矿产资源和储量分类原则所采用的术语和定义基础上进行了一定的修订。

1996 年，第 79 工作组更名为资源储量委员会，成为 SME 的一个常设委员会。1999 年，按照 CRIRSCO 的要求对 SME 指南进行了修订。为了与美国证券交易委员会的管理条例对接，2007 年 SME 颁发了修订版的 SME 指南；2014 年颁布了新版的《SME 勘查结果、矿产资源量和矿石储量报告指南》，并已被美国证券交易委员会采纳。

美国地质调查局制订的资源量储量分类系统更多的是从公益性地质的方面考虑，为矿产资源评价、为政府制订矿产勘查开发政策以及土地规划利用等服务的；SEM 制订的《勘查结果、矿产资源量和矿石储量报告指南》是行业标准，主要是从商业性地质的角度进行设计，为勘查公司或矿业公司拓宽和建立有效的融资途径，旨在为股市投资者要求提供透明并且容易理解的信息提供依据。二者的主要差异在于美国地质调查局的分类系统中设立了"未经发现的资源量"和"储量基础"的类别。

2. 澳大利亚固体矿产资源储量分类系统

1969 年 10 月 1 日，澳大利亚波塞冬初级镍矿公司董事会在阿德雷德证券交易所开市前披露了一份具有历史意义的勘查报告，宣称其在 Windarra 地区 Laverton 镍矿勘查项目取得了重大突破，勘查区施工的第一个钻孔在 145 英尺（1 英尺≈0.3048m）深处揭露了厚达 40 英尺镍平均品位高达 3.56%的铜镍硫化物矿体。该报告的披露使每股只有几澳分的公司股价立马上涨至 1 澳元，随着勘查工作进展，捷报频传，不到半年时间公司股价一路暴涨，至 1970 年 3 月 11 日高达每股 280 澳元，股价飙升至其 IPO 上市股价的约 3500 倍。然而让人匪夷所思的是，5 年后公众才获知该公司这些年来所披露的勘查报告存在严重夸大和不实的内容，负责发布勘查报告的咨询地质人员实际上是该公司的股东，而且公司管理层事先都为自己授予了股票期权。该丑闻的败露直接导致股价暴跌，股民损失惨重，最终导致波塞冬公司破产。为此澳大利亚联邦政府和墨尔本证券交易所责成澳大利亚矿业委员会（Minerals Council of Australia，MCA）建立一套约束机制解决勘查报告内容不实的问题。

1971 年，由澳大利亚矿业委员会（MCA）和澳大拉西亚矿业与冶金学会（Australasian Institute of Mining and Metallurgy，AusIMM）共同组建了大洋洲联合储量委员会（Australasian Joint Ore Reserves Committee，JORC）。JORC 是一个常设机构，澳大利亚证券交易所（Australian Securities Exchange，ASX）和澳大利亚安全研究所（Safety Institute of Australia，SIA）也派驻代表进入该组织。

1989 年 2 月，JORC 发布了第一个版本的 JORC 规范，首次制订了行业标准的资源储量分类体系，并且强调在披露的勘查报告中只有归属为资源储量的矿体才能使用吨位和品位估值进行描述。JORC 的最为成功之处在于：①该规范直接被编入澳大利亚证券交易所和新西兰证券交易所的股票上市规则中，从而对在 ASX 的上市公司具有约束力；②该规范直接被 AusIMM 采纳作为学会规范，从而对学会会员具有约束力，1992 年澳大利亚地球科学家协会（AIG）加入了 JORC 后，该规范对 AIG 的会员也具有约束力。因而，它成为从业者必须遵守的强制性规范。1990 年，JORC 规范指南发布，1992 年、1993 年、1996 年、1999 年以及 2004 年又先后多次对 JORC 规范及其指南进行了修订。2012 年，发布了经过进一步修订的版本。2020 年，更新的版本目前正在征求意见和审定阶段，预计将于 2022 年下半年颁布。

　　由于 JORC 标准被澳大利亚和新西兰股市全盘采纳，近 20 年来，澳大利亚在建立和完善固体矿产资源储量划分标准方面处于国际引领地位，JORC 标准是矿业界与股票交易所密切合作的典范，也被加拿大多伦多证券交易所、英国伦敦证券交易所、南非约翰内斯堡证券交易所、中国香港证券交易所等主要矿业资本市场所接受和认可。同时，JORC 规则也是矿产储量公开报告国际标准委员会（CRIRSCO）制定公开报告模板的依据。

　　JORC 标准建立的资源储量分类系统中，将矿石吨位和品位的估值划分为资源量和储量两大类，每个大类又进一步划分为反映不同信度水平的亚类（图 12.4）。尽管 JORC 规范进行过多次修订，但其资源储量分类的框架没有改变。

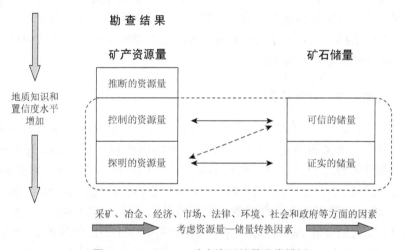

图 12.4　CRIRSCO 矿产资源储量分类模板

　　JORC 规范的结构比较自由，对于定义和操作方面的要求相对规定得不细，而且在确保胜任人员（competent person，CP）对其行为负责的同时，允许其在进行专业判断时，有相当的自由度。这种责任和承担责任的理念使得 JORC 规范具有足够的灵活性，使其可以应用于各种各样的情形，而不至于使规范成为不合理的条文。例如，JORC 不规定采用什么方法进行资源储量估算，也没有明确要求每一资源储量类别需要采用多大的勘查工程间距控制，而是授权 CP 根据自己的专业学识和经验以及具体矿床地质特征来确定。显然，要想使这样的规范能够顺利地实施，就必须采取某种有效的机制来约束 CP 的行为。在澳大利亚，CP 必须是 AusIMM 或 AIG 的会员并且具有 5 年及以上相关矿床类型勘查的从业经验，这两个机构都是国家级的行业组织，都相应地制定了切实有效的、可操作性的，并且是强制性的道德规范。同时，澳大利亚证券交易所上市规则规定要求公开报告中必须列出 CP 的真名实姓，从而使 CP 接受行业、法规和同行的监督。

支配 JORC 标准运作的主要原则是透明性（transparency）、实质性（materiality）和权责性（competence）。"透明性"要求所披露的资源储量报告含有足够多的、简洁明了的信息，能够让公开报告的读者理解这些信息而不至于被误导，这一原则强调公开报告应无歧义和简洁；"实质性"要求所披露的资源储量报告含有全部相关数据，以便使投资者及其专业顾问能够对所报道资源储量的可靠性作出合理的判断，这一原则强调公开报告应重事实和证据；"权责性"要求所披露的资源储量报告是由具有相应资质并且受强制性职业道德规范约束的人员完成，这一原则强调公开报告应注重知识和判断。

JORC 规范的目的是制订大洋洲勘查结果、矿产资源和矿石储量报告的最低标准，以及确保关于这些类别的公开报告包括了投资者及其顾问就所报告的结果和所进行的估算进行无偏判断所合理要求知道的所有信息。

3. 加拿大固体矿产资源储量分类系统

1997 年加拿大也发生了类似于波塞冬公司的事件，即震惊整个矿业界的 Bre-X 造假丑闻（阳正熙，1998）。Bre-X 事件败露后，加拿大采矿和冶金学会（CIM）储量定义标准委员会迅即着手制订更严格的矿产项目披露标准，该标准称为《CIM 矿产资源储量标准——定义和指南》。与此同时，安大略证券委员会（Ontario Securities Commission，OSC）和多伦多证券交易所（Toronto Stock Exchange，TSX）联合成立了特别工作组，目的是制订对上市矿业公司提供给公众的矿产项目技术报告的可靠性进行更有效监管的措施。特别工作组于 1999 年提交了最终报告，报告中一个重要的建议是以国家法定文件的形式采用 CIM 标准。2000 年 8 月，CIM 委员会批准了《CIM 矿产资储量标准—定义和指南》。

2001 年 1 月，加拿大证券管理局（Canadian Securities Administrators，CSA）正式批准《矿产项目披露标准》（NI43-101）及与之配套的《标准指南》（43-101CP）和《技术报告表格》（43-101F1），这些文件都是关于如何公开披露矿产项目信息的规则和要求。CIM 标准构成了 NI43-101 文件第一部分的内容，从而使 CIM 标准的实施获得了法律保障。此外，CIM 委员会还发布了《矿产勘查最佳操作规程指南》（*Exploration Best Practices Guidelines*）、《矿产资源储量估计最佳操作规程指南》（*Estimation of Mineral Resources and Mineral Reserves Best Practice Guidelines*）（草案）。

为了跟进 2005 年版的 NI43-101（适用于固体矿产）和 NI51-101（适用于石油和天然气），CIM 委员会于 2005 年发布了《CIM 矿产资源储量标准—定义和指南》修订版；2011 年发布了更新的 NI43-101 版本；2016 年发布了经过进一步修订的 NI43-101 新版本。

NI43-101 是加拿大证券交易所的法规，其条款属强制性的，目的是使矿产项目的信息发布内容尽可能地规范、客观、全面，最大限度杜绝地质矿产勘查信息的造假和失真，最大限度保护投资者的利益。

4. 矿产储量国际报告标准委员会模板

1994 年，国际采矿冶金学会理事会（Council of Mining and Metallurgical Institute，CMMI）设立了矿产资源储量国际报告标准委员会（CRIRSCO），其主要使命是仿照已有的澳大利亚矿产资源量和矿石储量报告规范，建立一套向公众报告勘查结果和资源储量的国际定义标准。

1994 年在南非太阳城举行的第 15 届 CMMI 大会期间召开了 CRIRSCO 的第一次会议，1997 年在美国丹佛达成了《矿产资源量和储量分类的临时性协议》（简称为《丹佛协议》）。

上述 UNECE 和 CMMI 下设的两个专家工作组组建后不久就认识到，如果能够将二者的工作成果融合，他们所付出的努力就会更见成效。因此，这两个工作组于 1998 年和 1999 年在日内瓦二次召开会议，最终 UNECE 专家组同意在其分类框架中采纳 CRIRSCO 的术语定义，从而使各自制订的标准能够互相吻合。

2002 年，CMMI 专家工作组更名为联合矿产储量国际报告标准委员会（Combined Mineral Reserves International Reporting Standards Committee，CRIRSCO），现称为矿产储量国际报告标准委员会（Committee for Mineral Reserves International Reporting Standards，仍简称为 CRIRSCO），CRIRSCO 成员目前包括澳大利亚大洋洲联合储量委员会（JORC）、巴西资源储量委员会（Comissao Brasileira de Recursos e Reservas，CBRR）、加拿大采矿冶金石油协会（Canadian Institute of Mining, Metallurgy and Petroleum，CIM）、欧盟和英国泛欧储量和资源量报告委员会（The Pan European Reserves and Resources Reporting Committee，PERC）、智利矿产委员会（Chilean Mining Council，CMC）、哈萨克斯坦资源储量委员会（Kazakhstan Association for the Public Reporting of Exploration Results, Mineral Resources and Mineral Reserves，KAZRC）、蒙古矿产资源储量委员会（Mongolian Professional Institute of Geosciences and Mining，MRC）、俄罗斯全国地下调查协会（National Association for Subsoil Examination，NAEN）、南非矿产资源储量委员会（The South African Code for the Reporting of Exploration Results, Mineral Resources and Mineral Reserves，SAMREC）、以及美国采矿冶金勘查学会（Society for Mining, Metallurgy and Exploration，SME）。该委员会的工作职能是协调成员国之间建立勘查成果和矿产资源储量定义和报告的国际标准的相关事宜。

CRIRSCO 成员国现在已经达成了如下共识：①确立胜任人员（CP）的国际定义（在加拿大，胜任人员采用 qualified person 的称谓，即 QP）；②为胜任人员建立一套从业准则，这套准则也是为行业学会监管具有资质人员的提供的最低要求；③建立一套矿产资源量和储量国际报告标准和指南，称为 CRIRSCO 模板。2006 年 7 月首次颁布了《勘查结果、矿产资源量、矿石储量公开报告国际模板》，2012 年版 JORC 规范颁布后，CRIRSCO 随后于 2013 年颁布了修订的《勘查结果、矿产资源量、矿石储量公开报告国际模板》，2019 年发布了更新的《勘查结果、矿产资源量、矿石储量公开报告国际模板》。

CRIRSCO 的《勘查结果、矿产资源和矿石储量国际报告模板》对世界各国的勘查结果、矿产资源和矿石储量公开报告准则规定了最低标准，提出了建议和指南。该国际报告模板仅为建议性质，旨在协助尚未制订公开报告准则或准则业已过时的国家制订一部符合本国最佳实践的新准则；若已制订了国家准则则以各国准则为先。此外，该模板还将各国准则整合成在一起，体现了其中相容的国际部分，因而也可参照其他国际报告制度来一同使用。"模板"一词的斟酌使用意在表明，该文本仅用作规则制订的参考范文，本身不构成具有法律或其他监管效力的"准则"。目前，澳大利亚、加拿大、美国、南非、智利、俄罗斯、巴西、印度尼西亚、英国、爱尔兰以及其他欧洲国家的相关行业团体都在公布和实施的类似准则及规范中采纳了这些标准。我国矿业权评估师协会也参照 2019 年版《勘查结果、矿产资源量、矿石储量公开报告国际模板》于 2020 年公布了《固体矿产资源储量报告规则（试行）》（参见 12.2.3 节）。

为了确保矿产储量国际报告准则委员会（CRIRSCO）成员在其国家/地区报告准则和标准

中使用的定义与本模板中使用的定义相同或没有实质性差异，CRIRSCO-2019 列出了 16 个标准术语并在相应条款中给出了明确的定义（表 12.2）。

表 12.2　CRIRSCO 模板中的标准术语

序号	标准术语	中文名称	模板中定义术语的相应条款
1	mineral	矿产	2.2
2	public reports	公开报告	2.9
3	competent person	胜任人	3.6
4	modifying factors	转换因素	4.7
5	exploration targets	勘查靶区	5.1
6	exploration results	勘查结果	6.1
7	mineral resources	资源量	7.1
8	inferred mineral resources	推断资源量	7.4
9	indicated mineral resources	控制资源量	7.8
10	measured mineral resources	探明资源量	7.10
11	mineral reserves	储量	8.1
12	probable mineral reserves	可信储量	8.7
13	proved mineral reserves	证实储量	8.9
14	scoping study	概略研究	9.3
15	pre-feasibility study	预可行性研究	9.7
16	feasibility study	可行性研究	9.8

资料来源：International Reporting Template 2019

与 JORC 标准相同，支配 CRIRSCO 模板运作和应用的主要原则包括：

（1）透明性（transparency）：要求为资源储量公开报告的读者提供足够多的信息，公开报告内容的表述应清晰并且无歧义，使读者容易理解这些信息而不至于被误导（公开报告是指为告知投资者或潜在投资者以及他们的投资顾问而编写的有关勘查结果、矿产资源量或储量的报告，包括年度报告、半年度报告和季度报告，以及以公司网站刊登、媒体发布等形式公布的公司其他信息及股东、股票经纪人、投资分析师简报）。

（2）实质性（materiality）：要求所披露的公开报告中含有投资者和专业顾问有理由要求并期望能够在公开报告中找到的全部相关信息，以便能够使投资者及其投资顾问能够对所报道资源储量的可靠性作出合理的比较和研判。

（3）权责性（competence）：要求所披露的资源储量公开报告是由具有相应资质、经验丰富并且受强制性职业道德规范约束的胜任人员完成。

图 12.4 阐明了一个能够以不同地质置信度和技术经济评价置信度对品位和吨位估值进行分类的网络构架式的资源储量分类系统。图中的勘查结果（exploration results，在美国和加拿大的分类系统中称为勘查信息，exploration information）包括勘查工作中产生的、可供投资者使用的，但不作为矿产资源量或储量正式报告部分的数据和信息。勘查初期阶段，所采集的样品数据数量（如利用轻型山地工程进行地表揭露的矿化结果、单钻孔见矿的结果，或地质填图和地球物理以及地球化学勘查的结果等）通常不足以对矿石吨位和品位做出合理估算，因而不能将勘查结果归入矿产资源量或储量。如果上市公司报道的是勘查结果，那么不需要

披露吨位和品位的估值。正式公布的矿产资源量或储量报告中可以包含也可以不含勘查结果，但不能利用矿产勘查结果的信息来得出吨位和品位的估算结果，而且在描述勘查靶区或勘查潜力时，应避免有可能被误认为是矿产资源量估算或储量估算的表述。

资源量（mineral resources）是矿化体吨位和品位的原地估值，具有在一定经济技术条件下能够开采的"实际远景"，换句话说，矿产资源量不是矿化的岩石，而是通过技术经济的初步分析表明有可能被开采、加工和销售。矿产资源量主要是由地质人员根据地质资料结合其他学科的知识进行估计获得的结果。按照地质信度增高的顺序将资源量分为三级：推断的、控制的，以及探明的资源量。

储量（mineral reserves）是控制的资源量和探明的资源量的限制性子集（位于图12.4中的虚线框内），而且是通过了对图中所示的各种"资源量—储量转换因素"的论证后获得的。如果某一方面或所有的限制性因素存在着一定程度的不确定性，那么。控制的矿产资源量可能转化为可信的矿产储量，图12.4中的虚线箭头标示了这种关系；虽然虚线箭头的趋势包含了一个垂直坐标分量，但并不意味着地质置信度的降低，这种情况下应当在勘查报告中对限制性因素进行全面的解释。

本质上讲，这意味着资源量的地质估计通过经济技术分析（预可行性和可行性研究）转化为储量，由此可见，为了证实在当前技术经济条件下开采是合理的，在可行性研究中必须对所有的资源量—储量转换因素都进行充分论证。

资源量—储量转换因素（modifying factors）定义为包括采矿、冶金、经济、市场、法律、环境、基础设施、社会以及行政管理方面的条件。

经过论证后，探明资源量可相应地转化为证实储量、控制资源量转化为可信储量。在资源量—储量转换因素具有较低可信度的情况下，根据具有资质的地质人员判断，探明资源量可转化为可信储量。

CRIRSCO模板要求直接根据地质数据发布公开报告，因此在标准中没有制定任何类别的未发现资源量，而且，该标准还隐含着所有公开披露的资源量都具有最终能够被经济提取的合理远景。

模板中的附表1可以看作评审公开报告的指标体系，其中以汇总的形式为胜任人员提供了编写勘查成果报告、资源量以及储量报告时各个环节应考虑的标准清单。一些审核机构或评审人通常都要求在"如果没有，为什么没有"的基础上按照附表1列出的全部内容逐条阐述。"如果没有，为什么没有"这句话意味着表中所有部分内容涵盖的各项指标都必须按规范要求进行填报，如果没有说明，那么，胜任人员必须明确解释为什么忽略了表中该项指标。由此可见，附表1是模板在实际应用过程中提供具体指导的最佳范本，体现了CRIRSCO模板的精髓。

12.1.3　俄罗斯固体矿产资源储量分类系统

苏联在1960年制订了矿产储量分类规范，经过多次修订后，至今俄罗斯和其他一些国家仍沿袭苏联有关"以国家原材料基础作为所有矿产储量平衡"的重要概念，为了维持这种平衡，任何采矿企业都有责任发现新的矿产储量。俄罗斯现行方案除从经济的角度，将矿产储量分为平衡表内与平衡表外两类外，根据勘查和研究的程度将矿产储量分为详细探明和详细研究（A、B、C_1）的储量、初步评价的储量（C_2）和预测储量（P_1、P_2、P_3）3大类7个级别

（图 12.5）。在俄罗斯联邦矿产勘查规范中根据矿床复杂程度分为Ⅰ、Ⅱ、Ⅲ、Ⅳ四种矿床勘查类型，表 12.3 列出了各类型矿床一般要求探求的最高级别储量。

表 12.3　矿床复杂性类别及相应探求最高级别储量

矿床复杂性分类	Ⅰ	Ⅱ	Ⅲ	Ⅳ
一般探求的最高级别储量	A 级	A 级、B 级	C_1 级	C_2 级

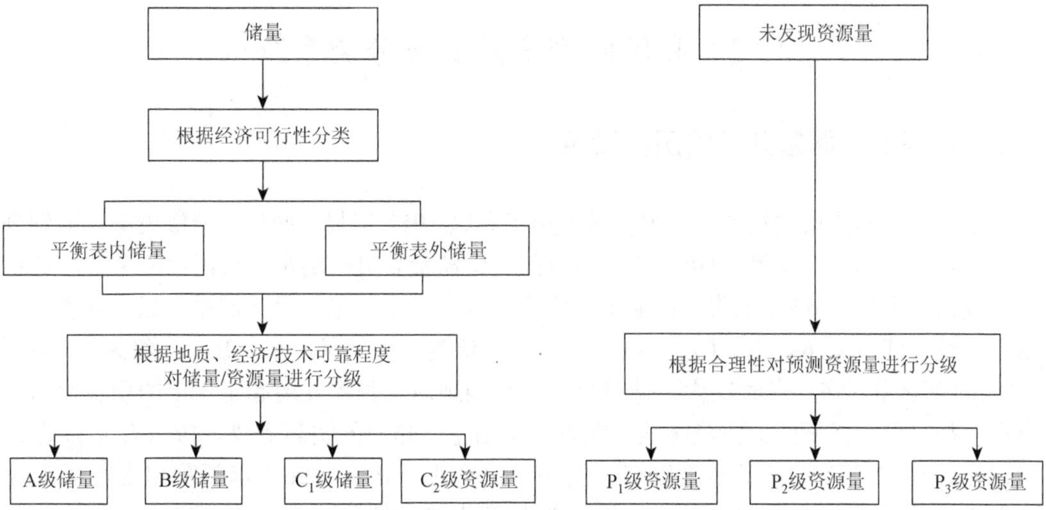

图 12.5　俄罗斯 2006 年版资源储量分类系统（Weatherstone，2008）

　　俄罗斯国家储量委员会（GKZ）是俄罗斯矿产资源储量管理的立法机构，下设地方矿产储量委员会。地方性储量委员会一般由 7~11 名首席专家和 5~7 名独立专家组成，首席专家由国家储量委员会任命，独立专家由研究院或当地其他组织选派。批准资源储量报告的决定由地方储量委员会作出，但大型矿床需报国家储量委员会批准。

　　前已述及，西方主要矿业国家的资源储量标准是建立在对各类矿床、现有数据类型以及所使用的经济因素认可的基础上，报告的责任追究落实在胜任人员头上。资源储量分类规范本身只不过是提供编写资源储量报告的一个统一框架，而具有胜任人员在应用资源储量标准方面的职业判断才是所提交的资源储量数据的决定因素（Henley，2004）。比较起来，俄罗斯资源储量分类系统通过对勘查阶段、资源储量估算方法以及编写报告的规范达到勘查的客观性，该系统几乎没有留出发挥职业判断的余地，规定的计算方法很简单。

表 12.4　俄罗斯 GKZ 分类与 CRIRSCO 分类比对

俄罗斯储量级别	CRIRSCO 资源量级别
A	探明资源量
B	探明资源量/控制资源量
C_1	控制资源量/推断资源量
C_2	控制资源量/推断资源量
P_1	推断资源量/勘查结果
P_2/P_3	勘查结果

2011 年俄罗斯加入 CRIRSCO 组织后，由俄罗斯全国地下调查协会（National Association for Subsoil Examination，NAEN）发布了《俄罗斯公开报告勘查结果、矿产资源和矿石储量的规范》，又称为 NAEN 规范（NAEN Code），2014 年进行了修订，该规范的内容与 CRIRSCO 模板基本相同。俄罗斯联邦储量分类系统作用于政府和企业对矿产资源宏观管理，NAEN 规范则用作为向证券市场和投资者发布公开报告遵循的行业标准。表 12.4 说明了俄罗斯政府分类系统中的储量级别与 CRIRSCO 分类系统资源量类别的对应关系。

12.2　我国矿产资源储量分类系统

12.2.1　我国资源储量分类的历史沿革

中华人民共和国成立初期，我国暂时采用了苏联 1953 年制定的储量分级方案，即划分为 A_1、A_2、B、C_1、C_2 级储量。1959 年，地质部全国储量委员会制定了我国第一个矿产储量分类暂行规范（准则），该规范将矿产储量分为四类（即开采储量、设计储量、远景储量、地质储量）五级（即 A_1、A_2、B、C_1、C_2），其中，A_1 级为开采储量，A_2、B、C_1 级为设计储量，C_2 级为远景储量。在一段时期内，储量分级对我国地质工作的发展起了一定的积极作用，但也存在一些问题，已不能适应我国地质勘查和矿山生产建设的实际需要。1964 年后，有关部门曾对上述储量分级进行了多次修订。例如，冶金工业部在 1965 年颁发和实行了工业储量和远景储量的两级储量划分办法；煤炭工业部将煤矿储量分为普查、详查、精查三级；在 1968 年以后的全国矿产储量表中，统一按工业储量和远景储量两级划分方案进行储量统计等。

1977 年，国家地质总局和冶金工业部共同制定了《金属矿床地质勘探规范总则（试行）》，由国家地质总局、建材总局和石油工业部共同制定了《非金属矿床地质勘探规范准则（试行）》。在这两个规范中，根据对矿体不同部位的研究或控制程度及相应的工业用途，将固体金属及非金属矿产储量划分为 A、B、C、D 四级，并对各级储量的条件提出了相应的要求。

地质矿产部 1990 年颁发的《固体矿产成矿预测基本要求（试行）》中新增了预测储量类别，预测储量进一步划分为 E、F、G 三级，并对各级预测储量的要求进行了具体的定义。1992 年，国家技术监督局颁发了我国第一部涵盖整个固体矿产的勘查规范国家标准《固体矿产地质勘探规范总则》（GB13908—1992）（现已被 GB 13908—2020 代替），在该标准中，根据工业指标（最低工业品位和最小可采厚度）将矿产分为能利用储量和暂不能利用储量两类，其中，能利用储量又依据地质可靠程度进一步划分为 A、B、C、D 四级。

作为矿产，至少要符合两个方面要求，一是技术上要可行，二是经济上要合理。技术上可行，但不具有经济意义者不能称其为矿，即便探明了也只能是"呆矿"。原有分类系统受计划经济体制的束缚，难免会存在经济观念淡薄、不重视可行性研究、不区分资源量和储量、在执行勘查项目中过程中强调储量比例、注重工程间距、忽视矿体连续性等问题，从而导致一些勘查项目失误。

为了适应市场经济的需要，更好地与国际接轨，在综合考虑经济、可行性，以及地质可靠程度的基础上，采用符合国际惯例的分类原则，国家技术监督局于 1999 年颁布了《固体矿产资源量/储量分类》（GB/T 17766—1999）（现已被 GB/T 17766—2020 代替）国家标准。在该标准中，将经过矿产勘查所获得的不同地质可靠程度和经相应的可行性评价所获得的不同经济意义作为固体矿产资源/储量分类的主要依据，据此分为资源量、基础储量、储量三大类十六种类型。该标准初步做到了可同相关的国际标准对比，开始实现由计划经济条件下的矿产储量分类标准向市场经济条件下的矿产资源储量分类标准转变，在我国矿产资源储量分类历史上具有重要的意义。

随着我国社会主义市场体系的深入发展和矿业全球化的推进，为了进一步适应，我国政府和市场对相关标准提出的新需求，国土资源部于 2007 年开始组织专家对现行矿产资源量/储量分类标准进行了新一轮的修订，历时 10 余年，于 2019 年底完成了《固体矿产资源储量分类》（征求意见稿），国家市场监督管理总局、国家标准化管理委员会 2020 年颁布了《固体矿产资源储量分类》（GB/T 17766—2020）。此次修订充分研究了我国 20 年来矿产勘查开发中的经验和问题，考虑了同几个主要国际标准的衔接，在结构上更简单明晰，在定义上更科学合理，更具有与国际标准的互融互通性。

12.2.2　固体矿产资源储量的概念

《固体矿产资源储量分类》（GB/T 17766—2020）中对资源量、储量名词术语的使用作出了规范要求。

1. 固体矿产资源（mineral resource）

在地壳内或地表由地质作用形成的具有利用价值的固态自然富集物称为固体矿产资源。固体矿产资源按照查明与否分为查明矿产资源和潜在矿产资源（图 12.6）。

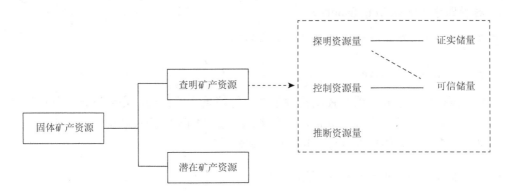

图 12.6　固体矿产资源类型示意图（引自 GB/T 17766—2020）

查明矿产资源是指经矿产资源勘查发现的固体矿产资源。其空间分布、数量、质量、开采利用条件等信息已获得。根据矿资源开发的可利用性分为能利用矿产资源和尚难利用矿产资源。

潜在矿产资源是指未查明的矿产资源，是根据区域地质研究成果以及遥感、地球物理、地球化学信息，有时辅以极少量取样工程预测的。其数量、质量、空间分布、开采利用条件等信息尚未获得，或者数量很少，难以评价或前景不明。潜在矿产资源不以资源量表述。

尚难利用矿产资源是指当前和可预见的未来，采矿、加工选冶、基础设施、经济、市场、法律、环境、社区和政策等条件尚不能满足开发需求的查明矿产资源。尚难利用矿产资源不以资源量表述。

2. 资源量（mineral resources）

经矿产资源勘查查明并经概略研究，预期可经济开采利用的固体矿产资源，其数量、品位或质量是依据地质信息、地质认识及相关技术要求而估算的资源量。

3. 推断资源量（inferred resources）

推断资源量是指经稀疏取样工程圈定并估算的资源量，以及控制资源量及探明资源量的外推部分；矿体的空间分布、形态、产状和连续性是合理推测的；其数量、品位或质量是基于有限的取样工程和信息数据来估算的资源量，地质可靠程度较低。

4. 控制资源量（indicated resources）

控制资源量是指经系统取样工程圈定并估算的资源量；矿体的空间分布、形态、产状和连续性已基本确定；其数量、品位或质量是基于较多的取样工程和信息数据来估算的，地质可靠程度较高。

5. 探明资源量（measured resources）

探明资源量是指在系统取样工程的基础上经加密工程圈定并估算的资源量；矿体的空间分布、形态、产状和连续性已确定；其数量、品位或质量是基于充足的取样工程和详尽的信息数据来估算的，地质可靠程度高。

6. 转换因素（modifying factors）

转换因素是指资源量转换为储量时应考虑的因素。

7. 储量（mineral reserves）

储量是探明资源量和（或）控制资源量中可经济采出的部分，是经过预可行性研究、可行性研究或与之相当的技术经济评价，充分考虑了可能的矿石损失和贫化，合理使用转换因素后估算的，满足开采的技术可行性和经济合理性。

8. 可信储量（probable mineral reserves）

可信储量是经过预可行性研究、可行性研究或与之相当的技术经济评价，基于控制资源量估算的储量；或某些转换因素尚存在不确定时，基于探明资源量而估算的储量。

9. 证实储量（proved mineral reserves）

证实储量是经过预可行性研究、可行性研究或与之相当的技术经济评价，基于探明资源量而估算的储量。

10. 地质可靠程度（Geological confidence）

地质可靠程度是指矿体空间分布、形态、产状、矿石质量等地质特征的连续性及品位连续性的可靠程度。

地质可靠程度反映了矿产资源量的精度，与工程控制程度及矿体的复杂程度有关。对矿体连续性的控制程度要求是衡量地质可靠程度的重要标准，根据地质可靠程度划分推断资源量、控制资源量和探明资源量。

12.2.3　资源量和储量类型划分

1. 分类依据

根据《固体矿产资源储量分类》（GB/T 17766—2020），固体矿产资源按照查明与否分为查明矿产资源和潜在矿产资源；查明矿产资源经过矿产勘查所获得的不同地质可靠程度进一步分为推断资源量、控制资源量和探明资源量；依据转换因素的确定程度可将控制资源量和探明资源量转换为可信储量和证实储量（图 12.7）。

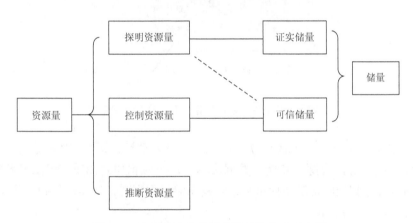

图 12.7　资源量和储量类型及转换关系示意图

2. 资源量和储量的相互关系

资源量和储量具有如下关系：①资源量和储量之间可以相互转换（图 12.7）；②资源量转化为储量至少要经过预可行性研究，或与之相当的技术经济评价；③探明资源量和控制资源量可以转化为储量；④当转换因素发生改变，已无法满足技术可行性和经济合理性的要求时，储量应适时转换为资源量。

图 12.8 表示一个虚拟斑岩铜矿床露天开采横剖面。图中说明了两个与资源储量划分有关的问题：①露天开采出的尚难利用矿产资源，当前暂不宜对其进行加工处理，可以存放起来，待经济技术条件改善后再回收利用；②地下开采的证实储量中，一部分证实储量根据当前经济技术条件暂时还不能确定是否能够盈利开采，故将其转换为探明资源量。

推断资源量的估值置信度较低，置信度低的原因可能是：①地质认识不足；②样本数据有限；③取样数据质量不高或存在不确定性；④地质连续性和品位连续性不确定。基于这样一些原因，所得出的技术和经济社会参数不能满足预可行性分析的要求，因而，推断资源量不能转化为储量。

控制资源量是以合理的置信度估计得出的，合理的置信度意味着所获得的技术和经济社会参数能够满足预可行性分析的条件，因此，控制资源量能够转化为可信储量。

探明资源量是以高置信度估计得出的，高置信度意味着所获得的技术和经济社会参数能够满足可行性分析的条件，也就是说，根据探明资源量得出的经济可行性评价比控制资源量更可靠，因此，探明资源量能够转化为证实储量。

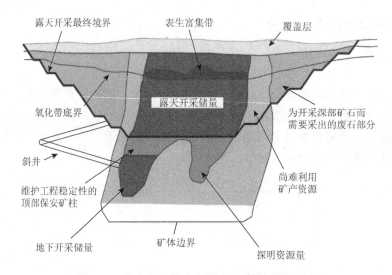

图 12.8　某个斑岩铜矿床露天开采横剖面示意图

《固体矿产资源储量分类》（GB/T 17766—2020）还对资源储量数据发布进行了规范：①发布资源量、储量数据时，资源量和储量数据应单列，不应相加；②发布资源量数据时，探明资源量、控制资源量和推断资源量应单列；③发布储量数据时，证实储量和可信储量应单列，证实储量和可信储量可相加。

12.2.4　固体矿产资源报告规则

基于中华人民共和国国家标准《固体矿产资源储量分类》（GB/T 17766—2020）和矿产储量报告国际标准委员会（CRIRSCO）《勘查靶区、勘查结果、矿产资源量和矿产储量公开报告国际模板》（2019 年版），中国矿业权评估师协会于 2020 年制定了《固体矿产资源报告规则（试行）》。

《固体矿产资源报告规则（试行）》是中国资本市场报告勘查靶区、勘查结果、资源量和储量的最低要求，内容包括正文文本，附表 1 勘查结果、资源量和储量估算与评价工作对照检查表，附录 1 胜任人同意书，附录 2 合规性声明，附录 3 技术报告编写指南。

1. 制定原则

与 CRIRSCO 模板相同，支配《固体矿产资源报告规则》运作和应用的主要原则如下。

（1）透明性：要求向公开报告的读者提供充足的信息，所提供的信息要清晰没有歧义，使读者能够正确理解报告内容而不被误导。

（2）实质性：要求公开报告中应包含投资者、潜在投资者及其专业顾问的合理需求，以及期望在一个公开报告中能够获得的所有合理相关信息，以便对所报告的勘查靶区、勘查结果、资源量和储量做出合理的、适度的判断。

（3）胜任性：要求依据具有相应工作能力、愿意承担相应责任的专业人员（即胜任人）的工作成果（如技术报告）准备公开报告。胜任人要有相应的教育背景、相关的工作经验和能力，遵守所在行业协会的行为准则和职业道德规范。

2. 胜任人制度

胜任人是指具备矿产资源储量专业委员会的高级会员和资深会员资格，或具备由中国矿业权评估师协会认定的海外"认可的专业机构"的会员资格，且具有矿产勘查、资源储量估算或评估、矿山建设、矿产开采、矿业项目评价等相关领域工作经验的专业人员。报告规则中对胜任人的能力作出了明确的要求。

3. 资源储量分类框架

在《固体矿产资源报告规则（试行）》中，勘查结果、资源量、储量的公开报告和支撑公开报告的技术报告所采用的资源量和储量类别划分完全对标 CRIRSCO 2019 年更新的《勘查靶区、勘查结果、矿产资源量和矿产储量公开报告国际模板》中资源储量分类框架（图 12.4），与《固体矿产资源储量分类》（GB/T 17766—2020）的类别划分也具有一致性。

《固体矿产资源报告规则（试行）》对资源量、储量名词术语的使用作出规范要求；阐明了资源量、储量估算的原则性要求；明确了公开报告的总体要求；其附表 1 提供了公开报告编制者在估算资源量和储量时应考虑的工作内容查对或参考清单。

12.3　矿体空间连续性

1. 连续性的重要性及其定义

矿体空间连续性是矿体地质研究的主要内容（侯德义，1984；赵鹏大和李万亨，1988；赵鹏大，2006）。在 JORC 和其他资源储量分类规范中，连续性都是极为关注的主题，新修订的《固体矿产资源储量分类》中也对矿体连续性进行了定义。矿产资源储量估值的质量在很大程度上与地质和品位的连续性、确定性有关，它们确定了岩性和矿化单元之间的边界类型，并提供了对地质域内不同品位分布的理解。连续性解释了长程和短程变化性，提供了产生空间异向性变化的原因，并且是理解矿体内品位行为的基础。从资源储量的估值方面，连续性一般可分为两种类型（Sinclair and Vallée，1994；Dominy et al.，2003a）：

（1）地质连续性：赋存矿化的地质构造或岩相带的几何连续性（如矿体厚度沿走向及其沿倾斜方向的连续性）的控制程度。地质的连续性取决于对含矿层位、相带、构造、矿化方向的控制程度、研究和判断。

（2）品位（或其他质量特征）连续性：存在于某个特殊地质带内的品位（或其他质量特征）连续性的控制程度。品位的连续性需要在研究品位空间变化的基础上，通过适当工程间距的采样测试，确定其连续性。

地质和品位连续性的评价是资源量建模的综合部分，地质连续性对矿石吨位的估计有重要的意义，尤其重要的是要记住地质连续性是一个三维的特征，某个矿体在垂向和水平方向上可能有很好的整体连续性，然而，如果其厚度在局部范围内是极不稳定的，那么，当钻孔密度不足以控制这样的变化时，吨位估值的可靠性就会显著降低。至于品位连续性，其对品位估计的影响来说是显而易见的。通常可利用勘查线剖面图、水平断面图和纵投影图对矿体连续性程度作出判断；品位连续性还可以利用变异函数进行定量描述，变异函数不仅定义了品位总体的变化性（基台值），而且给出了指定方向上数据的影响范围（变程）和块金值（参见 13.2.5 节）。

2. 矿体空间连续性的描述

对矿体空间连续性的控制，通常是根据影响矿体的主要地质因素所划分的勘查类型确定矿体的复杂程度，并通过不同的勘查方法和手段，选择合理的工程间距来实现。最直接的手段是在槽、井、坑、钻等工程中，通过采样测试，依据圈矿指标确认工程中矿体（层）的位置，再按地质规律分析对比，将属于同一个矿体的各工程中的见矿位置连在一起，反映出单个矿体的空间范围和形态。对矿体的控制程度，不是单靠工程间距，也不是工程越密越好，更重要的是地质研究程度，即是否揭示了矿体赋存的内在规律。

随着研究程度的提高和工程间距的加密，连续性将变得越来越可靠。因此，不同勘查阶段对矿体连续性的控制程度要求不同，可分为确定的连续性、基本确定的连续性、推断的连续性三个级别。

（1）确定的连续性：是指对主矿体部署的工程，充分考虑了主要地质因素对矿体的影响，符合地质规律，其分布范围、形态、品位的空间变化已经详细控制。总体上不存在多解性。地质连续性和品位连续性已经确定的资源量归属于探明的资源量。

（2）基本确定的连续性：是指对研究区内矿体的总体分布范围已经基本查明，对主矿体部署的工程，较充分地考虑了主要地质因素对矿体的影响，空间分布范围、形态、品位的空间变化已经采用了系统工程控制。主矿体的连接基本确定，但部分品位、厚度、形态、产状变化较大的地段，尚存在一定的多解性，需要通过加密工程来解决。地质连续性和品位连续性基本确定的资源量归属于控制的资源量。

（3）推断的连续性：是指由于投入的工程有限，地表只是由稀疏工程控制，深部有工程证实，矿体的连接是推断的，未经证实，带有相当大的假设成分。地质连续性和品位连续性为推断的资源量归属于推断的资源量。

表 12.5　根据连续性程度划分资源储量级别的准则（Dominy et al.，2002）

资源储量级别	数据密度	地质连续性	品位连续性
推断的资源量	基于地质信息和大的勘查工程间距（可能是孤立的工程控制）	1. 二维或三维空间上的整体连续性为假定的，不是确定的 2. 局部连续性问题没有解决，或者沿钻孔方向的局部连续性可能解决，但钻孔之间的局部连续性不确定 3. 矿石量总吨位为半定量估计，误差范围较大	推断的连续性： 1. 连续性不确定（沿钻孔轴向方向确定了品位的连续性） 2. 大致定义了矿体的变化性质（假定的），但没有确定 3. 矿石总量的平均品位为半定量估计，误差范围较大
控制的资源量（概略储量）	基于地质信息和中等的勘查工程间距	1. 部分获得三维空间上整体地质连续性 2. 局部连续性问题可能已部分解决了，沿钻孔方向的局部连续性已解决 3. 矿石量总吨位/局部吨位的估计值具有中等误差范围	基本确定的连续性： 1. 局部品位连续性可能已部分确定，沿钻孔方向的局部连续性已解决 2. 在一定程度上能够判定矿体品位分布和几何形态 3. 定量估计总矿石量/局部矿石量的平均品位，具有中等误差范围

续表

资源储量级别	数据密度	地质连续性	品位连续性
探明的资源量 （证实储量）	1. 基于地质信息和较密的勘查工程间距 2. 可能已进行地下开拓、全巷取样和试采	1. 在三维空间上能够确定整体地质连续性 2. 局部连续性已经确定 3. 总矿石量/局部矿石量的估值比较精确，误差较小	确定的连续性： 1. 品位的局部连续性已经确定 2. 能够详细判定矿体品位分布和几何形态 3. 总矿石量/局部矿石量的品位估值误差较小

表 12.5 阐述了根据连续性程度划分资源储量类型的准则，一方面，重要的是注意控制资源量，它是根据间隔很大的少数几个工程控制的二维或三维视（整体）地质连续性确定的，在任何确定性水平下都不可能精确地圈定矿体，品位和吨位的任何估值都可能是半定量的，具有较大的误差范围。另一方面，探明资源量的整体连续性和局部连续性特征都已经完全确定了，为了达到这一控制程度，可能要求密集的钻孔以及地下坑道工程的控制（与矿床类型有关）。

本 章 小 结

国际上主要有两大资源储量分类体系。一类是苏联沿袭下来的以俄罗斯为代表的适应宏观分析的分类体系，另一类是以美国、加拿大、澳大利亚等西方矿业发达国家为代表的适应市场经济企业管理的分类体系。苏联的分类体系存在着计划经济的烙印，其特点是侧重地质工作程度、强调整体勘查、统一布局、宏观管理，对资源利用另有一套严格的管理制度，不区分资源量和储量，对矿床的经济、环境、法律等方面的观念意识淡薄。西方国家的分类体系适应于商业、企业管理，强调开发项目的经济可行性以及环境和法律等方面的因素，与当前经济形势密切关联，具有高度的微观灵活性。这两大资源储量分类体系在勘查观念、服务对象、项目管理、经济意义等方面都存在很大差异。随着矿业经济的全球化，国际上资源储量分类体系趋向于与 CRIRSCO 模板接轨。

资源储量是矿产勘查获取到的最重要成果。矿产资源储量分类涉及矿产资源管理和勘查开采活动、资本市场筹融资活动，对科学掌握矿产资源家底、合理利用资源、维护国家和企业权益、服务企业资产管理等具有重要意义。新修订的《固体矿产资源储量分类》（GB/T 17766—2020）国家标准将矿产勘查分为普查、详查、勘探三个阶段，将矿产资源储量分为资源量和储量两类，资源量按地质可靠程度由低到高分为推断资源量、控制资源量和探明资源量三级。储量按地质可靠程度和可行性研究的结果，分为可信储量和证实储量两级。

矿业是全球性产业，我国的分类标准有必要与国际主流矿业标准比对，适应国际矿业合作，与时俱进。由中国矿业权评估师协会矿产资源储量专业委员会首次制定的《固体矿产资源储量报告规则（试行）》是推进我国矿产资源储量市场服务体系建设，有效对接矿产资源储量报告国际通用标准，最大化降低社会认知和信息交易成本的规范性文本，如果能够被证券交易所采纳，将极大激发矿产勘查队伍的活力。

储量应满足的条件包括：①勘查程度上必须达到控制或探明的程度；②可行性评价阶段应经过了预可行性或可行性研究；③经济意义上，经可行性评价结果证实是经济的。此外，是扣除设计和采矿损失的部分。

资源量是指经过勘查后，除去储量后的那部分资源数量，由三种途径产生：①不论勘查程度高低，但可行性评价只作了概略研究，不能区分出经济的、边际经济的还是次经济的，也就是区分不出储量来，统称为资源量，其经济意义属于内蕴经济的；②经过预可行性或可行性研究，评价结果是不经济的，划归资源量，其经济意义是次边际经济的。

矿体空间连续性不仅是矿体圈定过程中需要深入研究的重要内容，也是衡量地质控制程度的主要因素。根据性质可分为地质连续性和品位连续性，并且可以采用"确定的连续性""基本确定的连续性""推断的连续性"等术语对其进行描述。

本章涉及比较多的概念，对于初学的读者来说，其中一些概念可能需要在学完本课程或多读一些参考书后才能领悟到。

讨 论 题

（1）为什么需要对资源储量进行分类？

（2）论述 UNFC-2019 资源储量分类框架的原理？

（3）论述 CRIRSCO 资源储量分类模板的原理？

（4）论述我国现行资源储量分类系统的原理？

（5）诸如"某地发现资源量百余吨的特大型金矿""预测某地铜矿远景储量超过 200 万吨"之类的表述严谨吗？为什么？

（6）试对固体矿产资源储量新旧分类标准进行分析对比并诠释：①在 1999 年以前我国采用的矿产储量分类分级系统中，对矿产勘查所获得的矿产资源数量统称为矿产储量，划分为探明储量（进一步分为 A、B、C、D 四级）和预测储量（进一步分为 E、F、G 三级）；②在《固体矿产资源/储量分类》（GB/T 17766—1999）标准中，矿产勘查所获得的矿产资源数量称为资源/储量，进一步分为资源量、基础储量、储量三大类十六种类型；③在《固体矿产资源储量分类》（GB/T 17766—2020）标准中，资源储量分为资源量和储量二大类五种类型，尤其是取消了预测资源量类别。

（7）阐明矿体空间连续性与资源量类别的关系。

本章进一步参考读物

国土资源部矿产资源储量司. 2003. 固体矿产地质勘查规范的新变革. 北京: 地质出版社

中国地质调查局工作标准 DD2000—01 固体矿产预查暂行规定

中国地质调查局工作标准 DD2000—02 固体矿产普查暂行规定

中国地质调查局工作标准 DD2002—01 固体矿产推断的内蕴经济资源量和经工程验证的资源量估算技术要求

中国矿业权评估师协会. 2020.《固体矿产资源储量报告规则（试行）》

中华人民共和国国家标准《固体矿产资源/储量分类》（GB/T 17766-1999）

中华人民共和国国家标准《固体矿产资源储量分类》（GB/T 17766-2020）

中华人民共和国国家标准 GB/T 13908-2020. 固体矿产地质勘查规范总则

CRIRSCO. 2019. International Reporting Template for the Public Reporting of Exploration Results，Mineral Resources and Ore Reserves. ICMM

Dominy S C, Noppe M A, Annels A E, 2002. Errors and Uncertainty in Mineral Resource and Ore Reserve Estimation: The Importance of Getting it Right, Exploration and Mining Geology, 11(1～4): 77～98

JORC. 2012. Australasian Code for Reporting of Identified Mineral Resources and Ore Reserves (The JORC Code), The Joint Ore Reserves Committee of the Australasian Institute of Mining and Metallurgy, Australian Institute of Geoscientists, and Minerals Council of Australia

UNECE. 2019. United Nations International Framework Classification for Resources Update 2019. ECE ENERGY SERIES No. 61

第 13 章　矿产勘查工作的总体部署

13.1　矿床勘查类型

矿床的地质特点（如矿体形态、产状、规模大小、有用组分的分布和变化等）和复杂程度不同，勘查工作的任务要求和勘查手段等也不同。在研究和总结大量已开采矿床的资料及已勘查矿床经验的基础上，根据影响矿床勘查难易程度的主要地质特征的复杂程度，将相似特点的矿床加以归并而划分的类型，称为矿床勘查类型。

划分勘查类型是为了正确选择勘查方法和手段、合理确定勘查工程间距和部署勘查工程、对矿体进行有效的控制和圈定，以及对矿体的连续性进行有效查定。

13.1.1　划分矿床勘查类型的依据

勘查类型应根据主要矿体（即作为未来矿山开采对象的一个或多个矿体）的特征确定。勘查阶段一般根据矿体的资源量规模确定主要矿体，具体做法是将矿体资源量（一般为主矿产，必要时考虑共生矿产）从大到小累计超过勘查区总资源量 60%的一个或多个矿体确定为主要矿体。

影响矿床勘查类型划分的因素很多，涉及地质、勘查、水文地质条件等多方面，但最主要的是综合矿体规模、矿体形态复杂程度、内部结构复杂程度、矿石有用组分分布的均匀程度、构造复杂程度等 5 个主要地质因素，确定勘查类型，因此，划分矿床勘查类型的主要依据包括以下方面。

1. 矿体规模

矿体规模大小是影响矿床勘查类型最主要的因素。一般情况下，矿体规模越大，形态越简单，越容易进行勘查；反之勘查难度越大。规模大、形态简单的矿体（如层状矿体）采用较稀的勘查工程即可控制；而规模小、形态复杂的矿体需要采用较密的勘查工程才能控制。

应当注意"矿床规模"和"矿体规模"之间的区别和联系。矿床规模是指矿床中有用组分的资源量（包括储量）的大小，主要侧重经济方面的意义，一个矿床可由一个或多个矿体组成。矿体规模是指矿体的空间大小，侧重几何意义。矿体规模没有明确的划分标准，不同矿种有所不同。一般而言，延长及延深超过 1000m、厚度大于 10m 的矿体可称为大矿体，而延长及延深小于 100~200m、厚度为 1~2m 的矿体称为小矿体。

2. 矿体中有用组分分布的均匀程度

有用组分分布的均匀程度也即矿石品位的变化程度，常用品位变化系数（Vc）表示，根据品位变化系数可将有用组分分布的均匀程度分为以下四类。

（1）均匀分布　　　　　　　　　　　Vc＜40%
（2）较不均匀分布　　　　　　　　　40%≤Vc＜100%
（3）不均匀分布　　　　　　　　　　100%≤Vc＜150%
（4）很不均匀分布　　　　　　　　　Vc≥150%

有关变化系数的计算和解释参见 14.1 节。

3. 矿化连续程度

矿化连续程度是指有用组分分布的连续程度。一般情况下，矿化连续性好的矿体比连续性差的矿体更容易勘查。矿化连续程度可用含矿率（Kp）来度量：

$$Kp = \iota/L \text{ 或 } Kp = s/S \text{ 或 } Kp = v/V \tag{13.1}$$

式中，ι、s、v 分别为矿体可采部分的长度、面积、体积；L、S、V 分别为矿体的总长度、总面积、总体积。根据矿化系数可将矿化连续性分为以下几种。

（1）连续矿化　　　　　　　　　Kp = 1
（2）微间断矿化　　　　　　　　0.7＜Kp＜1
（3）间断矿化　　　　　　　　　0.4＜Kp＜0.7
（4）不连续矿化　　　　　　　　Kp＜0.4

4. 矿体形态、产状及地质构造复杂程度

形态简单、产状变化小的矿体比较容易勘查，形态复杂、产状变化大的矿体勘查难度较大。此外，矿体的产状还影响勘查方法以及勘查工程间距的确定。

矿区地质构造影响矿体的形状和产状，特别是成矿后的地质构造对矿床勘查有很大影响。例如，成矿后断层往往会破坏矿体的连续性，增大矿床勘查难度。

确定勘查类型时，应根据矿床中各矿体的地质特征确定各矿体的勘查类型，根据主要矿体的特征和空间相互关系确定矿床勘查类型。当主要矿体的勘查类型不同时，应综合考虑各主要矿体特征和矿床整体控制研究程度的要求，合理确定矿床勘查类型。对于规模巨大且不同地段勘查难易程度相差较大的矿床（体），可分段确定勘查类型。

13.1.2　矿床勘查类型的划分

根据上述矿床勘查类型的划分依据，结合矿床勘查的实践经验，在铜、铅、锌、银、镍、钼、钨、金、稀有金属、煤以及非金属等固体矿产的勘查规范中都总结了勘查类型的划分标准以及相应的勘查工程间距。下面采用《矿产地质勘查规范 岩金》（DZ/T 0205—2020）中附录 B 和附录 C 岩金矿床勘查类型的划分为例（案例 13.1），说明确定岩金矿床勘查类型的主要地质因素及其变化等级和特征，如表 13.1～表 13.5 所示。

表 13.1　岩金矿体规模划分表

规模等级	矿体走向长度/m	矿体延深（或宽度）/m
大型	＞500	＞500
中型	200～500	200～500
小型	＜200	＜200

表 13.2　岩金矿体形态复杂程度表

矿体形态复杂程度	矿体形态变化特征
简单	层状—似层状、板状—似板状、大脉体、大透镜体，形态规则或较规则，矿体连续，产状变化简单
中等	不规则大透镜体或大脉状体、矿柱、矿囊，矿体基本连续，有分枝复合，产状变化中等
复杂	不规则的透镜体及小透镜体、脉状体及小脉状体、小矿柱、小矿囊，矿体呈间断性状态，产状变化复杂

表 13.3　岩金矿体厚度稳定程度表

厚度稳定程度	厚度变化系数/%
稳定	<80
较稳定	80~130
不稳定	>130

表 13.4　构造、脉岩对岩金矿体的影响程度表

影响程度	表现特征
小	矿体基本无断层错动或脉岩穿插，构造对矿体影响小或无
中等	矿体被断层错动或被脉岩穿插，构造、脉岩对矿体形态有较明显影响，但破坏不大
大	矿体被断层错断，脉岩穿插较多或甚多，错断距离较大，严重影响矿体形态，破坏大

表 13.5　岩金矿体有用组分分布均匀程度

分布均匀程度	矿体品位变化系数/%
均匀	<100
较均匀	100~160
不均匀	>160

案例 13.1　岩金矿床勘查类型划分

参照矿体规模、形态变化程度、厚度稳定程度、矿体受构造和脉岩影响程度和主要有用组分分布均匀程度五种因素（表 13.1~表 13.5）和我国岩金矿地质勘查实践，将我国岩金矿床划分为Ⅰ（简单型）、Ⅱ（中等型）、Ⅲ（复杂型）三个勘查类型。

第Ⅰ勘查类型（简单型）：矿体规模大，形态简单，厚度稳定，构造、脉岩影响程度小，主要有用组分分布均匀的层状—似层状、板状—似板状的大脉体、大透镜体、大矿柱。属于该类型的矿床有山东焦家金矿床1号矿体、山东新城金矿床、陕西双王金矿床KT8矿体。

第Ⅱ勘查类型（中等型）：矿体规模中等，产状变化中等，厚度较稳定，构造、脉岩影响程度中等，破坏不大，主要有用组分分布较均匀的脉体、透镜体、矿柱、矿囊。属于该类型的矿床有河北金厂峪金矿床Ⅱ-5号脉体群、河南文峪金矿床。

第Ⅲ勘查类型（复杂型）：矿体规模小，形态复杂，厚度不稳定，构造、脉岩影响大，主要有用组分分布不均匀的脉状体、小脉状体、小矿柱、小矿囊。属于该类型的矿床有河北金厂峪金矿床Ⅱ-2号脉、山东九曲金矿床4号脉、广西古袍金矿床志隆1号脉等。

在总结我国岩金矿床勘查经验和探采验证对比成果的基础上，根据各勘查类型的地质特征，表 13.6 列出了控制资源量的基本工程间距作为类比参考。

表 13.6　探求岩金矿床控制资源量的勘查工程间距参考表

勘查类型	控制资源量工程间距/m			
	坑探		钻探	
	穿脉	沿脉	走向	倾斜
I	80~160	80~160	80~160	80~160
II	40~80	40~80	40~80	40~80
III	20~40	20~40	20~40	20~40

注 1：勘查工程间距是指沿矿体走向和倾斜方向的实际距离

注 2：各类型对应的工程间距作为参考，实际工作中可按矿床实际适当调整

注 3：探求探明资源量的工程间距，可以缩小至控制资源量工程间距的 1/2；探求推断资源量时，可以放大到控制资源量工程间距的 2~3 倍

注 4：对极复杂矿床，用上表的工程间距无法探求相应控制程度要求的储量时，只能在矿山开采时边采边探

注 5：当矿体在不同地段或不同方向变化程度不同时，工程间距应做相应的调整

根据《固体矿产地质勘查规范总则》（GB/T 13908—2020）的规定，按矿床地质特征将勘查类型划分为 3 种类型：①简单（I 类型）；②中等（II 类型）；③复杂（III类型）。由于地质类型的复杂性，允许有简单—中等类型（I—II类型）、中等—复杂类型（II—III类型）的过渡类型存在。

该总则中还按矿床开采技术条件划分勘查类型并提出了相应的勘查工作要求，共分为 3 类 9 型：

（1）开采技术条件简单的矿床（I 类）；

（2）开采技术条件中等的矿床（II 类），按主要影响因素又分为 4 型，即以水文地质问题为主的矿床（II-1 型）、以工程地质问题为主的矿床（II-2 型）、以环境地质问题为主的矿床（II-3 型），以及复合型矿床（II-4 型）；

（3）开采技术条件复杂的矿床（III类），按主要影响因素又分为 4 型，即以水文地质问题为主的矿床（III-1 型）、以工程地质问题为主的矿床（III-2 型）、以环境地质问题为主的矿床（III-3 型），以及复合型矿床（III-4 型）。

13.1.3　划分勘查类型时需要注意的几个问题

矿床勘查类型是前人对矿床勘查工作的总结，只能为类似矿床勘查提供参考和借鉴。对于新区而言，属于哪一种勘查类型，需要根据现有资料采用类比方法加以确定。在类比确定勘查类型时应注意以下八方面的问题：

（1）勘查类型的确定是一个研究过程，由矿产勘查项目的技术责任人（胜任人）自行研究论证确定。论证资料应在设计和/或报告中反映。

（2）普查阶段矿体基本特征未查清，难以确定勘查类型，但有类比条件的，可与同类矿床类比，初步确定勘查类型；详查阶段应根据影响勘查类型的主要地质因素确定勘查类型；勘探阶段应根据影响勘查类型的主要地质因素的变化情况验证勘查类型。

（3）同一勘查区中的不同矿体或不同矿段，其地质特征和矿体复杂程度往往不同，确定勘查类型时，应根据各矿体的地质特征确定各矿体的勘查类型，根据主要矿体的特征和空间

相互关系确定矿床勘查类型。当主要矿体的勘查类型不同时，应综合考虑各主要矿体特征和矿床整体控制研究程度的要求，合理确定矿床勘查类型。对于规模巨大且不同地段勘查难易程度相差较大的矿床（体），可分段确定勘查类型。

（4）原则上某一矿体确定为某种勘查类型（Ⅲ类型除外），应能以相应勘查类型的基本勘查工程间距连续布置三条以上勘查线且每条线上有连续两个以上工程见矿。

（5）矿体规模、形态、构造复杂程度、矿化的连续性，以及有用组分的变化性等因素是确定勘查类型的主要依据，但在多数情况下，一个矿床往往是一项、两项因素起主导作用。因而在分析确定勘查类型时，应抓住主要矛盾，才能得出正确结论。

（6）确定勘查类型，应以地质研究为基础。确定勘查类型的过程也是我们对所要勘查的矿床认识逐渐深化的过程，在勘查过程中应加强对所勘查矿床自身特征的研究，掌握矿化特征总的变化规律，采用数学地质方法和稀空法或加密法进行对比验证，检查所确定的勘查类型是否合适，避免勘查类型确定的失误。

（7）由于成矿条件的复杂性、多变性，和对矿体地质特征由浅入深的认识过程，勘查类型的确定不是一成不变的，应据勘查成果及时调整。普查时因收集的资料有限，难以正确确定勘查类型，可依据已知地表矿化范围、地质特征、物化探异常特征部署工程。随着勘查成果的不断积累，通过综合研究及时调整。

（8）利用勘查类型确定勘查工程间距有一定的指导作用，但由于勘查类型和勘查间距是高度归纳的结果，不可能达到勘查所有矿体都适用的程度，往往会造成对地质条件简单的矿床勘查过度而对地质条件复杂的矿床则又勘查不足。因此，在实际工作中应注意充分发挥勘查人员的创新精神，根据矿床本身的特点确定矿床勘查类型和勘查工程间距，并且应在施工过程中进行必要的调整。工程间距是否合理，应根据控制矿体的连续性来检验。

13.2　勘查工程的总体部署

矿床勘查的过程实质上就是对矿床及其矿体的追索和圈定的过程。而追索和圈定的最基本方法就是编制矿床的勘查剖面。因为只有通过矿床各方向上的剖面才能建立矿床的三维图像，从而才能正确地反映矿体的形态、产状及其空间赋存状态、有用和有害组分的变化、矿石自然类型和工业品级的分布，以及资源储量估算所需要的各种参数。所以，为了获取矿床的完整概念，在考虑勘查项目设计思路和采用的技术路线时，必须充分考虑到各种用于揭露矿体的勘查工程手段的相互配合，并且要求勘查工程按照一定距离有规律地布置，从而构成最佳的勘查工程体系。

13.2.1　矿体基本形态类型与勘查剖面

自然界的矿体形态是变化多端的，但根据其几何形态标志，可以划分三个基本形态类型：

（1）一个方向（厚度）短，两个方向（走向及倾向）长的矿体，这一类矿体包括水平的、缓倾斜的，以及陡倾斜的薄层状、似层状、脉状及扁豆状矿体等。这种矿体在自然界出现得较多。这种形态的矿体，变化最大的方向是厚度方向，因此，在多数情况下勘查剖面布置在垂直矿体走向的方向上（图 13.1）。

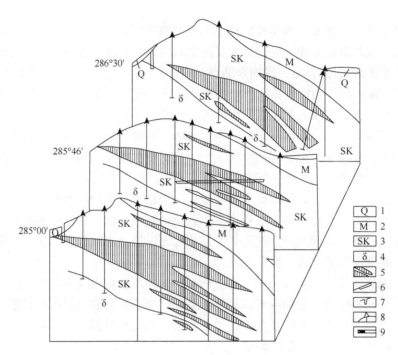

图 13.1　勘查线剖面示意图（蔡汝青，2003）

1. 第四系；2. 震旦系变质灰岩；3. 夕卡岩；4. 闪长岩；5. 矿体；6. 探槽；7. 浅井；8. 钻孔；9. 用于验证的坑道

（2）无走向的等轴状或块状矿体，这类矿体包括那些体积巨大的，没有明显走向及倾向的细脉浸染状或块状矿体，如各种斑岩型铜、钼矿床和块状硫化物矿床等。这种矿体形状在三度空间的变化可视为均质状态，因而勘查剖面的方向是影响不大的，但从技术施工和研究角度出发，一般均应用两组互相垂直或呈一定角度相交的勘查剖面构成勘查网控制（图 13.2）。

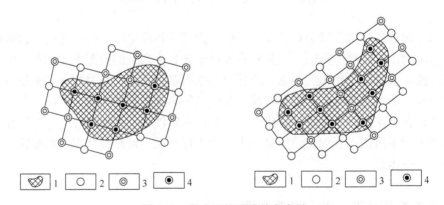

图 13.2　勘查网的两种基本类型

1. 矿体在水平面上的投影；2. 设计钻孔；3. 施工未见矿钻孔；4. 施工见矿钻孔

（3）一个方向（延深）长，两个方向（走向及倾向）短的矿体，这一类矿体主要是向深部延伸较大的筒状矿体或产状陡厚度较大的层状矿体等。勘查这种矿体最重要的方法是通过水平断面图来反映矿体的地质特征，也即用水平断面在不同的标高截断矿体（图 13.3），然后综合各水平的断面中的矿体特征，得出矿体的完整概念。

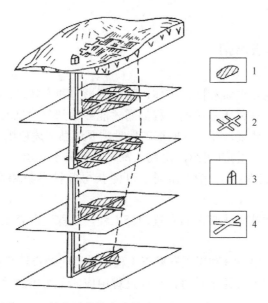

图 13.3 筒状矿体的水平勘查形式（侯德义，1984）

1. 矿体水平投影；2. 地下水平巷道；3. 竖井地表井口位置；4. 地表槽探

13.2.2 勘查工程的选择

各种勘查工程都可用于勘查揭露矿体，但它们的技术特点，适用条件及所提供的研究条件不尽相同，因而其地质勘查效果和经济效果也不相同。合理选择勘查工程可以从以下四方面加以考虑。

（1）根据勘查任务选择勘查工程：在普查阶段一般以地质填图、地球物理和地球化学方法为主，配合槽探或浅井进行地表揭露，采用少量钻探工程追索深部矿化或控矿构造；而在详查和勘探阶段，往往以钻探和坑探工程为主，采用地球物理和地球化学方法配合。

（2）根据地质条件选择勘查工程：在矿体规模大、形态简单、有用组分分布均匀，且矿床构造简单的情况下，采用钻探工程即可正确圈定矿体；如果矿体形态复杂、有用组分分布不均匀，且规模较小，则需要采用钻探与坑探相结合的方式或者采用坑探工程才能圈定矿体。

（3）根据地形条件选择勘查工程：地形切割强烈的地区适合采用平硐勘查；而地形平缓地区则适合采用钻探工程，如果矿体形态比较复杂、矿化不均匀，而且对勘查要求很高，则可采用竖井或斜井工程。

（4）根据勘查区的自然地理条件，如高山区搬运钻机比较困难，可利用坑探工程，严重缺水时也只好采用坑探；地下水涌水量很大的地区只能采用钻探工程。

一般情况下，地表应以槽井探为主，浅钻工程为辅，配合有效的地球物理和地球化学方法，深部应以岩心钻探为主；当地形有利或矿体形态复杂、物质组分变化大时，应以坑探为主；当采集选矿试验大样时，也须动用坑探工程；对管状或筒状矿体以及形态极为复杂的矿体应以坑探为主。若钻探所获地质成果与坑探验证成果相近，则不强求一定要投入较多的坑探工程，可以钻探为主，坑探配合。坑探应以脉内沿脉为主，如果沿脉坑道不能揭露矿体全厚，应以相应间距的穿脉配合进行。

13.2.3　勘查工程的布设原则

采用勘查工程的目的是追索和圈定矿体，查明其形态和产状、矿石的质量和数量以及开采技术条件等。显然，只有采用系统的工程揭露才能够达到上述目的，要使每个勘查工程都能获得最佳的地质和经济效果，在布设勘查工程时需要遵循下述原则。

（1）勘查工程必须按一定的间距，由浅入深、由已知到未知、由稀而密的布设，并尽可能地使各工程之间互相联系、互相印证，以便获得各种参数和准确地绘制勘查剖面图[图 10.2（a）]。

（2）应尽量垂直矿体或矿化带走向布置勘查工程，以保证勘查工程能够沿厚度方向揭穿整个矿体或矿化带。

（3）设计勘查工程时要充分利用原有勘查工程，以节约勘查经费和时间。

（4）采用平硐或竖井等坑探工程时，设计过程中应充分考虑这些坑道能够为将来矿山开采时所利用。

（5）在勘查工程部署时应根据勘查区不同地段和不同深度区别对待，要有浅有深，深浅结合；有疏有密，疏密结合。既要实现对勘查区的全面控制，又要达到对重点地段的深入解剖。

13.2.4　勘查工程的总体布置形式

勘查工程的总体部署是指在勘查工程布设原则的指导下，将所选择的勘查工程按一定方式在勘查区内进行布置的形式。勘查工程的总体布置形式实际上是由一系列相互平行的剖面构成的勘查系统，目的是要展示矿体的三维形态和产状，满足矿山建设的需要。其基本形式有如下三种。

1. 勘查线形式

勘查工程布置在一组与矿体走向基本垂直的勘查剖面内，从而在地表构成一组相互平行（有时也不平行）的直线形式，称为勘查线形式。这是矿产勘查中最常用的一种工程总体布置形式，一般适用于有明显走向和倾斜的层状、似层状、透镜状，以及脉状矿体。勘查线布设应考虑到下述要求。

（1）决定对一个矿体或含矿带采用勘查线进行勘查时，则最先的几排勘查线应布置在矿体或矿化带的中部，经全面详细的地表地质研究之后，并已确定为最有远景的地段，然后再逐渐向外扩展勘查线（图 10.2 和图 13.4）。

（2）勘查线布设需垂直于矿体走向，当矿体延长较大且沿走向产状变化较大时，可布设几组不同方向的勘查线。具体说来，矿体走向与总体勘查线方向不垂直，夹角小于 75°（层状与脉状矿体）或夹角小于 60°（其他类型矿体）可改变局部地段的勘查线方向。

（3）勘查线布设前应在其垂直方向设置 1～2 条基线（图 7.2），基线间距不大于 500m。同时计算勘查线与基线交点的平面坐标及各勘查线端点坐标，按计算结果将勘查线展绘在地质平面图上，并对照现场与地质条件加以检查。

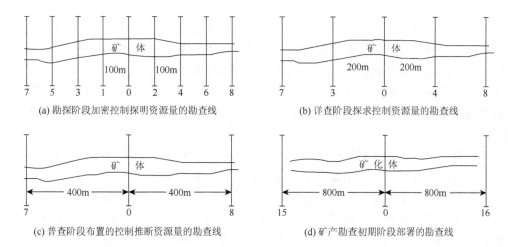

(a) 勘探阶段加密控制探明资源量的勘查线　　　　　　(b) 详查阶段探求控制资源量的勘查线

(c) 普查阶段布置的控制推断资源量的勘查线　　　　　(d) 矿产勘查初期阶段部署的勘查线

图 13.4　勘查线系统部署及编号示意图

（4）勘查线应编号并按顺序排列，勘查线方向采用方位角表示。根据《固体矿产勘查原始地质编录规程》（DZ/T 0078—2015），勘查线按勘探阶段最密的间隔等距离编号。中央为 0 线，两侧分别为奇数号和偶数号。在普查阶段，可以预留那些暂不布置工程的勘查线。

例如，某矿区在勘探阶段深部工程间距应为 200m×200m，地表工程线距为 100m，主矿体为东西走向，勘查线布置为南北向，则中央为 0 线，往西每 100m 依次编号为 1、3、5、7、…；往东每 100m 依次编号为 2、4、6、8、…。如在普查阶段，只设计 800m 或 400m 间距勘查线，为了减少图面负担，可以只保留 800m 或 400m 间距的勘查线，而预留其余线号，随勘查程度提高逐渐补充，如图 13.4 所示。

（5）勘查线布设应延续利用前期矿产勘查布置的勘查线，加密工程勘查线应布设在前期勘查线之间。

（6）勘查工程应布置在勘查线上，因故偏离勘查线距离不宜超过相邻两勘查线间距的 5%。在勘查剖面上可以是同一类勘查工程，如全部为钻孔，或全部为坑道（图 13.1），而在多数情况下是各种勘查工程手段综合应用。但是，不论勘查工程是单一或是多种的，都必须保证各种工程在同一个勘查线剖面之内。

勘查工程的编号由工程代号、勘查线号及勘查线上（包括勘查线附近）该类工程顺序号顺次连接而成。如××矿区 2 号勘查线上的第一个探槽编号为 TC201，18 号勘查线上的第一个钻孔编号为 ZK1801。在勘查程度很低，尚无法确定勘查线的矿区和工程少的小矿区，可按工程类别及施工顺序统一编号，如钻孔 ZK1、ZK2，探槽 TC1、TC2，但需在勘察设计中作出明确规定。

（7）对零星小矿体、构造，以及矿体边缘的控制性工程布设，可不受勘查线及其方向的控制。

2. 勘查网形式

勘查工程布置在两组不同方向勘查线的交点上，构成网状的工程布置形式，称为勘查网形式。其特点是可以依据工程的资料，编制二至四组不同方向的勘查剖面，以便从各个方向了解矿体的特点和变化情况。勘查网布设时应注意以下三点。

（1）勘查网布置工程的方式，一般适用于矿区地形起伏不大，无明显走向和倾向的等向延长的矿体，产状呈水平或缓倾斜的层状、似层状以及无明显边界的大型网脉状矿体。

（2）勘查网与勘查线的区别在于各种勘查工程必须是垂直的，勘查手段也只限于钻探工程和浅井，并严格要求勘查工程布置在网格交点上，使各种工程之间在不同方向上互相联系。而勘查线则不受这种限制，且有较大的灵活性，在勘查线剖面上可以应用各种勘查工程（水平的、倾斜的、垂直的）。

（3）勘查网有以下几种网形：正方形网、长方形网（图 13.2）、菱形网及三角形网。一般正方形和长方形网在实际工作中最常用，后两者应用较少。

正方形网用于在平面上近于等向，而矿体又无明显边界的矿床（如斑岩型矿床）、产状平缓或近于水平的沉积矿床、似层状内生矿床及风化壳型矿床等。这些矿床无论矿体形态、厚度、矿石品位的空间变化，常具各向同性的特点。正方形网的第一条线应通过矿体中部的某一基线的中点，然后沿两个垂直方向按相等距离从中部向四周扩展，以构成正方形网去追索和圈定矿体。正方形网的特点在于能够用以编制几组精度较高的剖面，一般两组剖面；同时还可以编制沿对角线方向的精度稍低的辅助剖面。

长方形网是正方形网的变形。勘查工程布置在两组互相垂直但边长不等的勘查线交点上，组成沿一个方向勘查工程较密，而另一方向上工程较稀的长方形网。在平面上沿一定方向延伸的矿体，或矿化强度及品位变化明显的沿一个方向延伸较大而另一方向较小的矿体或矿带，适宜用长方形网布置工程。长方形的短边，也即工程较密的一边，应与矿床变化最大的方向相一致。

菱形网也是正方形网的一个变形。垂直的勘查工程布置于两组斜交的菱形网格的交点上。菱形网的特点在于沿矿体长轴方向或垂直长轴方向每组勘查工程相间地控制矿体，而节省一半勘查工程。对那些矿体规模很大，而沿某一方向变化较小的矿床适于用菱形网。

在菱形网一条对角线方向加上勘查线便变成三角形网。三角形网，特别是正三角形网，可能是较好的一种工程布置形式，用相同的工程量可能比其他布置形式取得较好的地质效果。尽管一些学者在理论上证明了正三角形网的优越性（Annels，1991），但在实际工作中应用者甚为少见，可能的原因还是地质上的考虑，因为自然界的矿体有产状要素的是绝对多数，应用正方形网对了解走向和倾向方向矿体的变化比正三角形网方便得多。

总之，勘查网形的选择，要全面研究矿区的地形、地质特点和各种施工条件，使选定的网型既能满足勘查工作的要求，又能方便于施工。

3. 水平勘查

主要用水平勘查坑道（有时也配合应用钻探）沿不同深度的平面揭露和圈定矿体，构成若干层不同标高的水平勘查剖面。这种勘查工程的总体布置形式，称水平勘查（图 13.3）。

水平勘查主要适用于陡倾斜的层状、脉状、透镜状、筒状或柱状矿体。当平行的水平坑道与钻探配合，在铅垂方向也构成成组的勘查剖面时，则成为水平勘查与勘查线相结合的工程布置形式。以水平勘查布置坑道时，其位置、中段高度、底板坡度等，均应考虑到开采时利用这些坑道的要求。水平勘查坑道的布置应随地形而异。当勘查区地形比较平缓时，通常在矿体下盘开拓竖井，然后按不同中段开拓石门、沿脉、穿脉等坑道。当地形陡峭时可利用山坡一定的中段高度开拓平硐，在平硐中再开拓沿脉和穿脉等坑道以揭露和圈定矿体（图 10.1）。

应用水平勘查这种布置形式，可编制矿体水平断面图。

13.2.5　勘查工程间距

勘查工程间距是指最相邻勘查工程控制矿体的实际距离。工程间距也可以理解为每个穿透矿体的勘查工程所控制的矿体面积，以工程沿矿体或矿化带走向的距离与沿倾斜的距离来表示。例如，勘查工程间距为 100m×50m，意思是勘查工程沿矿体走向的距离为 100m，沿矿体倾斜方向的距离为 50m。在勘查网形式中，勘查工程间距是指沿矿体走向和倾向方向两相邻工程间的距离，因而，勘查工程间距又称为勘查网度；在勘查线形式中，勘查工程沿矿体走向的间距是指勘查线之间的距离，沿倾斜的间距是指穿过矿体底板（或顶板，对于薄矿体而言）的两相邻工程间的斜距或矿体中心线（对于厚矿体而言）工程间的斜距；在水平勘查形式中，沿倾斜的间距系指某标高中段的上下两相邻水平坑道底板之间的垂直距离，又称中段高或中段间距。

勘查总面积一定时，勘查工程数量的多少反映了勘查工程密度的大小；勘查工程密度大则说明勘查工程间距小，工程密度小则说明工程间距大。因而，勘查工程间距又称为勘查工程密度。

按一定间距布置工程，实际上是一种系统取样方法（参见 14.1 节）。勘查工程间距的大小直接影响勘查的地质效果和经济效果：工程间距过大则难以控制矿床地质构造及矿体的变化性，其勘查结果的地质可靠程度较低；工程间距过小虽然提高了地质可靠程度，但勘查工作量显著增加，可能造成勘查资金的积压和浪费，并拖延勘查项目的完成时间。因此，合理确定勘查工程间距是工程总体部署和勘查过程中都需要考虑的重大问题之一。影响勘查工程间距确定的因素比较多，主要包括以下几方面。①地质因素。包括矿床地质构造复杂程度、矿体规模大小、形状和产状以及厚度的稳定性、有用组分分布的连续性和均匀程度等。要使勘查结果达到同等地质可靠程度，地质构造越复杂、矿体各标志变化程度越大的矿床，所要求的勘查工程间距越小。②勘查阶段。不同勘查阶段所探求的资源储量类别不同，这种差别主要反映了对勘查程度的要求。勘查程度要求越高，工程间距越小。③勘查技术手段。相对于钻探而言，坑探工程所获得的资料地质可靠程度更高，因而，同一勘查区若采用坑道，其工程间距可考虑比钻探大一些。④工程地质和水文地质条件。勘查区工程地质和水文地质条件越复杂，所要求的勘查工程间距越小。

需要指出的是，在确定工程间距时，要充分考虑勘查区的地质特点，尽可能不漏掉具有工业价值的矿体，同时也要足以使相邻勘查工程或相邻勘查剖面能够互相比对。同一勘查区的重点勘查地段与一般概略了解地段应考虑采用不同的工程间距进行控制。不同地质可靠程度、不同勘查类型的勘查工程间距，应视实际情况而定，不限于加密一倍或放稀一半。当矿体沿走向和倾向的变化不一致时，工程间距要适应其变化；矿体出露地表时，地表工程间距应比深部工程间距适当加密。选择工程间距的原则，是据矿床的地质复杂程度和所要求的勘查程度。目的是满足不同勘查程度对矿体连续性的要求。矿床形成的复杂性、多样性决定了勘查工程间距的多样性。每个矿体的勘查工程间距不是一成不变的，不能简单套用相应规范附录中的参考工程间距，而应由矿产勘查项目的技术责任人员或胜任人自行研究确定。论证资料应在设计和/或报告中反映。

13.2.6　确定勘查工程间距的方法

确定勘查工程间距的方法有多种，本节主要介绍类比法、稀空法和加密法、统计学方法和地质统计学方法。

1. 类比法

类比法确定勘查工程间距，是根据对勘查区内控矿地质条件和矿床地质特征的分析研究，与现有相应矿种勘查规范中划分的勘查类型进行比对，确定所勘查矿床的勘查类型，然后参照规范中总结的该类矿床的工程间距进行确定。如果两者之间存在某些差别，可根据具体情况作适当修正。如果是在已知矿区外围或已进行过详细勘查的勘查区外围勘查同类型矿床，则可参考已知矿区或勘查区所采用的工程间距。

类比法最大的优点是易于操作，常用于勘查初期阶段。不过，据笔者所知，国内多数地勘单位在实际工作中都倾向于采用类比法确定勘查工程间距，利用相应的间距确定资源量类别并作为转入下一勘查阶段的依据；而且，一些评审机构也是根据相应勘查类型的规范进行资源储量报告的评审。由于类比法是一种基于统计推断原理的经验性推理方法，而矿石品位和厚度等数据都是与其所在空间位置有关；此外，这种方式在较大程度上束缚了勘查地质人员的想象力。因此，采用类比法确定勘查工程间距是否符合所勘查矿床的实际，还需要根据勘查过程中新获得的资料进行验证并对所确定的工程间距进行修正，切忌生搬硬套。

根据第 12 章介绍的有关 CRIRSCO 推荐的资源储量分类模板，西方矿业界不推荐采用勘查阶段以及资源储量类别与相应勘查工程间距基本对应的框架，而是在遵照"透明性""实质性""权责性"三项基本原则的基础上，由胜任人员根据各自的经验和学识确定矿化连续性及其相对应的资源量类别（参见 12.3 节），其所确定的资源储量类别是否合理自有世界各地的同行专家评判。案例 10.1 介绍的钻孔设计和施工战略阐明了西方国家勘查公司比较有代表性的钻探方案部署思路：初期钻探阶段一般是按照 40m 或 50m 的倍数由钻探靶区中心向两侧和深部拓展，控制矿体边界；详细钻探阶段进行加密，掌控矿体的连续性。

2. 稀空法和加密法

按照一定规则放稀工程间距（或取样间距），分析、对比放稀前后的勘查资料结果，从中选择合理的勘查工程间距（或取样间距）的方法，称为稀空法。这种方法实质上也是类比法的具体应用，所获得的结果一般只能作为同一勘查区其他地段或特点类似的矿床在确定工程间距或取样间距时的参考，常用于勘探阶段。

该方法的具体操作过程概括为：首先选择矿床中有代表性的地段，以较密的间距进行勘查或采样，根据所获得的全部资料圈定矿体、估算资源量等；然后将工程密度放稀到 1/2、1/3、1/4…，再分别圈定矿体和估算资源量等，通过分析对比不同间距所确定的矿体边界、估算出的平均品位或资源量以及它们之间的误差大小，从中选择误差不超过矿山设计要求的合理的工程间距，再将此间距推广应用至所勘查矿区的其他地段。

加密法与稀空法原理相似但在具体操作上不同。加密法是在勘查区内有代表性的地段开展加密工程，根据加密前后的勘查成果分别绘制图件和估算资源量；经对比如果前后圈定的矿体形态变化不大、资源量误差也未超出允许范围，即可说明原定勘查网度是合理的，反之则表明原定网度太稀，应相应加密。

3. 统计学方法

最佳工程间距（勘查网度）的目的是以一个合理的精度水平提供需要控制矿体规模和品位工程数或样本大小。毫无疑问，探明的资源量比控制的和推断的工程间距更小。

如果地质边界已经确定而且资源量估算中每个样品的影响范围与实际影响范围吻合，那么，最佳化就容易实现。影响范围在几何学上常常与相邻样品有关，可是，如果两相邻样品在某个可接受的信度水平上不相关，在两者之间的范围内没有一个事实上可以预期的实际和可度量的影响，它们甚至可能不属于同一个矿体，这说明控制程度不够，需要加密工程。如果相邻样品表现出显著的相关性，说明工程控制达到了目的，影响范围可以确定，进一步加密工程将是浪费。

确定工程或样品影响范围及适合工程或样品间距的方法有多种，例如，除上面提到的稀空法和加密法外，还有相关系数、均方逐次差检验、区间估计等统计学方法。

利用相关系数估计样品的影响范围，其基本思路是，如果工程品位值序列的相关系数接近于 +1.0，说明品位之间具有显著的相关性，工程之间没有必要再加密。如果工程位于影响范围之外，则它们的品位值表现出显著的不相关，即品位相关系数接近于 0。

均方逐次差检验方法与上面提到的稀空法以及即将涉及的地质统计学方法的原理具有一定的相似性，即按照不同的间距将工程的品位数据分组，检验每个组与相邻组数据之间的独立性；不相关组之间的间距表明品位最大影响范围。

取样间距也可以联系给定的精度范围内估计平均厚度或平均品位所需要补充的工程数或样品数来进行考虑，这实际上利用了区间估计的原理（读者可参考有关统计学的教材）。

4. 地质统计学方法

20 世纪 40 年代后期，H. S. Sichel 判明南非各金矿床中金品位呈对数正态分布，由此确立了地质统计学的开端。50 年代初期，D.G.Krige 根据多年对南非金铀砾岩型矿床资源估量估算的经验，认识到矿床（总体）中金品位的相对变化大于该矿床某一部分（局部）金品位的相对变化，这也就是说，比较近距离采集的样品很可能比以较远距离采集的样品具有更近似的品位。这一论点为日后的地质统计学奠定了基础。

20 世纪 60 年代，人们认识到需要把样品值之间的相似性作为样品间距离的函数来加以模拟，从而建立了变异函数。随后，法国马特龙将 Kerige 等的成果理论化和系统化，提出了"区域化变量"理论，并于 1962 年发表了《应用地质统计学》，该著作标志着地质统计学作为一门新兴边缘学科的诞生。今天，地质统计学已经具有成熟的理论基础，其应用范围也已经扩大到多个领域。

经典统计学认为总体的变量值是随机分布的，而地质统计学则认为变量值与其所在的空间位置有关。随时间或空间变化的变量称为区域化变量（regionalized variables），这种变量常常是许多自然现象的特征，例如，品位和厚度都是区域化变量，它们是矿化体的特征。区域化变量强调了两方面的特征：①随机性变化，解释局部性变化特征；②结构性变化，反映了所研究现象的大尺度变化趋势。

地质统计学可以定义为研究变量值之间空间相关性（即区域化变量理论）的学科。为了评价样品值与待估块段值之间的关系，地质统计学创立了一个数学函数，称为变异函数，该函数的图形表示称为变异函数图（variogram），它是地质统计学中最基本的要素。变异函数定义为"相距某个距离矢量的区域化变量值均方差的一半"，其函数式为

$$\gamma(h) = \frac{1}{2n} \sum \left[z(x_i + h) - z(x_i) \right]^2 \tag{13.2}$$

式中，$z(x_i)$ 为在样品点位置 x_i 上区域化变量的值；$z(x_i + h)$ 为在点 $x_i + h$ 位置上区域化变量的值；h 为滞后（lag）距离矢量；n 为参加计算的数据对的数目。根据该定义，变异函数只与变量值之间的相对距离有关，而与它们所在的绝对位置无关。变异函数图有多种数学模型，包括球状模型、高斯模型、指数模型、线性模型等（表 13.7），这里只给出最常见的球状模型的图示（图 13.5），图中的基本要素解释如下。

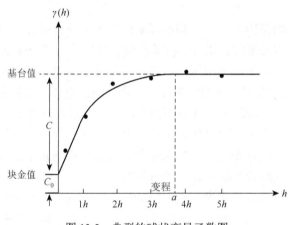

图 13.5 典型的球状变异函数图

1）块金值（nugget）

由于取样分析过程中的误差和微观矿化作用的变化，两个样品的分析结果不会完全相同，因此，变异函数值在原点附近实际上不等于零。当滞后距离 $h = 0$ 时，变异函数值不为 0，变异函数曲线和纵轴相交，这个值称为块金值，也称为块金方差，用 C_0 表示。它表示距离 h 很小时两点间品位的变化，C_0 代表随机的成分，是用于描述在同一位置重复取样结果的吻合程度的术语。它综合考虑了矿床自然固有的变化性和由于采样方法、样品体积大小，以及样品加工和分析过程中的变化性。矿化越均匀，块金值越低。例如，沉积层状矿床或微细浸染状矿化趋向于在同一采样点上给出再现的结果，但是非均匀矿化对于取样方法很敏感，而且同一位置重复取样可能给出不同的结果（如脉状金矿床）。

表 13.7 常见的几类理论变差函数模型

模型名称	数学表达式	模型参数
球状模型	$\gamma(h) = \begin{cases} C_0 + C\left(\dfrac{3}{2}\dfrac{h}{a} - \dfrac{1}{2}\dfrac{h^3}{a^3} \right) & 0 < h \leqslant a \\ C_0 & h = 0 \\ C_0 + C & h > a \end{cases}$	块金方差：C_0 区域化变量的空间组分称为剩余方差或拱高：C 基台：$C_0 + C$ 变程：a

模型名称	数学表达式	模型参数
高斯模型	$\gamma(h)=\begin{cases} C_0+C(1-e^{-\frac{h^2}{a^2}}) & h>0 \\ C_0 & h=0 \end{cases}$	基台：C_0+C 变程：$\sqrt{3}a$
指数模型	$\gamma(h)=\begin{cases} C_0+C(1-e^{-\frac{h}{a}}) & h>0 \\ C_0 & h=0 \end{cases}$	基台：C_0+C 变程：$3a$
线性模型	$\gamma(h)=\begin{cases} C_0 & h=0 \\ wh & 0<h\leqslant a \\ C_0+C & h>a \end{cases}$	直线斜率：w

　　块金值的大小可以通过检验同一位置或其附近位置重复取样的结果进行考查，也可以借助于变异函数图进行度量（图中变异函数曲线在 $\gamma(h)$ 轴的截距即为块金的估值，即是样品之间零距离位置的变化程度）。实际上，块金是在小于最小取样间距范围内的变化水平。

　　2）基台值（sill）

　　基台值（C_0+C）是指变异函数所达到的最大值（对某些基本变异函数，实际应用中取最大值×0.95），即为采样点原点的方差值（孙英君等，2004）。基台值是参与变异函数计算数据的方差，它反映某区域化变量在研究范围内变异的强度。变异函数曲线达到基台后开始收敛，在基台附近波动。

　　块金值与基台值的比值定义为块金效应（Annels，1991），它是区域化变量随机因素重要性的度量。对于金矿床而言，块金效应一般占总变异性的 30～50%，其他分布更均匀的矿床（例如铁矿床、锰矿床和锌矿床等）具有较低的块金效应；某些粗粒金矿床和沙金矿床可能呈现出块金效应接近 100%的随机分布，由于缺少空间相关性，这类矿床的勘查难度最大。高块金效应意味着无论采样间距再密，区域化变量值都存在显著的变化。具有所谓纯块金效应的矿床区域化变量表现为随机分布的特征（Annels，1991；Dominy et al.，2001）。我们还将在16.2.5 节中讨论块金效应对资源储量分类信度的影响。

　　3）变程（range）

　　变程（a）表示变异函数曲线到达基台的点。它可以看作区域化变量值的影响范围，在滞后 h 小于变程 a 的区间内，变量值之间是空间相依的，h 大于 a 后，样品之间不再存在任何相关性，即变量呈随机性变化；长变程反映了区域化变量分布比较均匀，而短变程则说明区域化变量变化性较大。

　　如果品位完全是典型的随机变量，则不论观测尺度大小，所得到的实验变异函数曲线总是接近于纯块金效应模型。当采样网格过大时，将掩盖小尺度的结构，而将采样尺度内的变化均视为块金值。这种现象称为块金效应的尺度效应。

　　区域化变量的空间结构通过变异函数图清晰地展示出来，由此可以看出区域化变量具有规律性变化和随机性变化的双重性质。

　　变异函数是矿产勘查阶段最有用的工具之一，它能定量地说明品位连续性的范围和方向，从而有助于地质解释；它也能够突显出由于钻孔间距过大或不正确定向钻孔可能产生的问题。根据某个方向的变异函数图，该方向上可接受的最大勘查工程间距（或取样间距）为图中变程（a）表示的影响范围（影响距离）。建议最好是在变程值的 2/3 和 3/4 之间选择一个值作为工程间距，如果块金效应较大，取样间距应相应减小。如果出现纯块金效应（变异函数曲线从平均意义上说呈一水平直线），反映该方向上变量不存在空间上的规律性变化，实际上成了随机变量，可按照经典统计学的方法进行处理。

感兴趣的读者还可参考《固体矿产地质勘查规范总则》（GB/T 13908—2020）中有关利用地质统计学方法确定矿产勘查的工程间距的更详细的阐述。

13.3　勘查工程地质设计

13.3.1　勘查深度

勘查深度是指勘查工作所查明矿产资源储量（主要是指能提供矿山建设作依据的储量）的分布深度。例如，勘查深度 300m，是指被查明储量分布在矿体露头或盲矿体的顶界至地下垂深 300m 的范围之内。目前矿床的勘查深度多为 400~600m，矿体规模越大、矿石品质越好，其勘查深度可适当加大，反之则宜浅；矿床开采内外部条件好时，可达 800m，老矿山边、深部可达 1200m。同一矿体或同一矿区的勘查深度应控制在大致相同的水平标高，以便合理地确定开采标高。

有类比条件的，鼓励通过类比确定勘查深度，不具备类比条件的，通过论证确定勘查深度。勘查深部矿体应适当加强开采技术条件研究。

合理的勘查深度取决于国家对该类矿产的需要程度、当前的开采技术和经济水平、未来矿山建设生产的规模、服务年限和逐年开采的下降深度以及矿床的地质特征等因素。一般来说，矿体延深不大的矿床最好一次勘查完毕；矿体延深很大的矿床，其勘查深度应与未来矿山的首期开采深度一致，在此深度以下，可施工少量深孔控制其远景，为矿山总体规划提供资料。

13.3.2　勘查控制程度

矿产勘查首先应控制勘查范围内矿体的总体分布范围、相互关系。对出露地表的矿体边界应用工程控制。对基底起伏较大的矿体、无矿带、破坏矿体及影响开采的构造、岩脉、岩溶、盐溶、泥垄、老窿、划分井田的构造等的产状和规模要有控制。对与主矿体能同时开采的周围小矿体应适当加密控制。对拟地下开采的矿床，要重点控制主要矿体的两端、上下界面和延伸情况。对拟露天开采的矿床要注意系统控制矿体四周的边界和采场底部矿体的边界。对主要盲矿体应注意控制其顶部边界。对矿石质量稳定、埋藏较浅的沉积矿产，应以地表取样工程为主，深部施工少量工程以验证矿石质量。

相应勘查阶段所要求达到的地质研究程度、对矿体的控制程度、对矿床开采技术条件的勘查程度和对矿石的加工试验研究程度称为勘查控制程度，简称勘查程度。《固体矿产资源储量分类》（GB/T 17766—2020）将勘查控制程度分为以下三类。

普查阶段大致查明、大致控制：是指在矿化潜力较大地区有效的物化探工作基础上，进行中、大比例尺的地质简测或草测，开展有效的物化探工作；对地质、构造的查明程度达到相应比例尺的精度要求；投入的勘查工程量有限，发现的矿体只有稀疏工程控制；矿体的连接是据已知地质规律，结合稀疏工程中有限样品的分析成果，以及物化探异常特征推断的，尚未经证实，矿体连续性是推断的；矿石的加工选冶技术性能是据同类型矿床的相同类型矿石的试验结果类比所得或只做可选（冶）性试验；开采技术条件只是顺便收集相关资料；据有限的样品分析成果了解有可能的共伴生组分或矿产。

　　详查阶段基本查明、基本控制：填制大比例尺地质图及相应的有效物探、化探工作，充分收集资料，加强地质研究，主要控矿因素及成矿地质条件已经查明；投入系统的勘查工程，矿体的总体分布范围已经基本圈定，主矿体的形态产状、规模、空间位置、受构造影响或破坏的情况、主要构造，总体上得到较好的系统控制，小构造的分布规律和范围已经研究，矿体连续性是基本确定的；矿石的质量特征已经大量样品所证实，矿石的物质组成和矿石的加工选冶技术性能，对易选矿石已有同类型矿石的类比，新类型矿石和难选矿石至少应有实验室流程试验的成果；开采技术条件的查明程度应达到相应规范的要求，对与主矿种共伴生的有益组分开展了相应的综合评价，且符合规范要求；对确定的物化探有效异常，在地质、物探、化探综合研讨的基础上，通过正反演计算，选择最佳部位对异常进行了查证及解释。

　　勘探阶段详细查明、详细控制：在已有大比例尺地质、物探、化探成果基础上，应据日常收集的资料，不断补充、完善地质图及相应的成果；加强地质研究，控矿因素、矿化规律已经查明；对矿体连接存在多解性的地段，通过加密工程予以解决，使主矿体的矿体连续性达到确定的程度。与开采有关的主要矿体四周的边界、矿体沿走向的两端，露采时矿坑的底界、对矿山建设有影响的主要构造，都得到了必要的加密工程控制；邻近主矿体上下的小矿体，在开采主矿体时能一并采出者，应适当加密工程控制；矿石的质量特征及物质组成、含量、结构构造、赋存规律、嵌布粒径大小等已查明；矿石加工选冶技术性能试验，达到了实验室流程试验或实验室扩大连续试验的程度，满足提交报告的需要，难选矿石必要时须进行半工业试验；开采技术条件应满足规范的要求，大水矿床应增加专门水文地质工作的工程量，结合矿山工程计算首采区、第一开采水平的矿坑涌水量，预测下一个水平的涌水量及其他影响矿山开采的工程地质和环境地质问题并提出建议，指出供水方向；对可供综合利用的共伴生组分或矿产，应在矿石加工选冶技术试验时，了解其走向和富集特征。在加工选冶工艺流程中不知去向的组分或矿产，无法认定其资源量的数量。

　　有关各勘查阶段所要求的控制程度请参见第 11 章，各类资源储量所要求的地质控制程度参见 12.2.3 节。

13.3.3　勘查工程地质设计

　　在勘查项目总体设计阶段确定了勘查工程种类、总体布置形式、工程间距，以及勘查深度等，项目设计内容中还应进行单项工程设计，然后才能进行施工。工程设计包括地质设计和技术设计两部分，勘查地质人员主要承担地质设计的任务，技术设计一般由生产部门完成。

　　勘查工程的地质设计是从地质角度出发，根据成矿地质条件、矿床勘查类型、工程布置原则等，确定勘查工程的种类、空间位置，以及有关技术问题。在充分研究勘查区内成矿地质条件和矿床地质特征的基础上，合理有效地选择勘查方法，使勘查工程的地质设计有充分的地质依据，各项工作部署得当、工程之间密切配合，相得益彰。这里主要论述钻探工程地质设计和坑道工程地质设计。

1. 钻探工程地质设计

钻孔地质设计必须借助勘查区地形地质图，在勘查设计（预想）剖面图上进行。设计之前，应根据地表地质和矿化资料以及已有的深部工程资料对矿体的形态、产状、倾伏和侧伏，以及埋藏深度等特征进行分析研究，充分论证所设计钻孔的目的和必要性。

钻探工程地质设计包括编制勘查线设计剖面图，选择钻孔类型，确定钻孔截穿矿体的部位、孔口位置、终孔位置、孔深，以及钻孔的技术要求和钻孔预想剖面图的编制。

1）编制勘查线设计剖面图

勘查线设计剖面图是反映钻探及重型坑探工程设计的目的和依据的图件，一般是在勘查区地形地质图上沿勘查线切制而成，其比例尺为 1∶500～1∶2000。图的内容包括勘查线切过的地表地形剖面线、勘查基线、坐标网（X、Y、Z 坐标线）、矿体露头及其产状、重要的地质特征（地层、火成岩体、地质构造等）在地表的出露界线及其产状、剖面上已施工的勘查工程及其取样分析结果等。图上应尽可能根据已有资料对矿体或矿化体进行圈定。在勘查线设计剖面图上进行钻孔的设计与布置，设计钻孔轴线通常用虚线表示，已施工的工程则用实线绘制。

2）选择钻孔类型

钻孔类型按其倾角（钻孔轴线与铅垂线的夹角）大小可分为直孔、斜孔以及水平钻孔。主要根据矿体或含矿构造的产状和钻探技术水平选定。

3）钻孔截穿矿体部位的确定

在勘查线设计剖面图上，每个钻孔截穿矿体的部位需要根据整个勘查系统的要求来确定。当采用勘查线型式布置钻孔时，通常是在勘查线剖面图上，以地表矿体出露位置或已实施的勘查工程截穿矿体的位置为起点，沿矿体倾斜方向按已确定的工程间距（d），根据矿体倾角大小，以水平距离（或斜距）沿矿体底板（或矿体中心线）［图 13.6（c）］定出第一个钻孔将截穿矿体的位置，然后顺次确定出后续钻孔的位置。缓倾斜矿体（倾角小于 30°），钻孔间距（d）一般采用水平间距布置勘查工程［图 13.6（a）］；中等倾斜矿体（倾角 30°～60°之间），钻探工程间距（d）为斜距［图 13.6（b）］；矿体倾角大于 60°时，工程间距（d）按截穿矿体中心线或底板的铅垂距离计算［图 13.6（c）］。

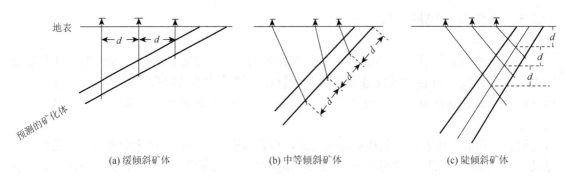

(a) 缓倾斜矿体　　　　　　　　(b) 中等倾斜矿体　　　　　　　　(c) 陡倾斜矿体

图 13.6　勘查线上沿矿体倾斜方向布置探矿工程示意图

若矿体成群分布,钻孔穿过矿体的位置则以含矿带的底板边界为准;若有数个彼此平行、大小不等的矿体时则以其中主要矿体为依据;若为盲矿体,则以第一个见矿钻孔位置为起点,按所选定的工程间距沿矿体的上下两端定出钻孔截穿矿体的位置。

采用勘查网型式时,钻孔截穿矿体的位置是根据勘查网格结点的坐标来确定。采用坑钻联合勘查时,钻孔截穿矿体的标高应与坑道中段标高一致。

4)钻孔的孔口位置、终孔位置、孔深的确定

钻孔的孔口位置(孔位)一般根据勘查工程间距及钻孔截穿矿体的位置在勘查线设计剖面图上按所定钻孔类型,向上延伸钻孔轴线加以确定,钻孔设计轴线与地形剖面线的交点即为该孔在地表的孔位。如果钻孔设计为直孔,从钻孔所定的截穿矿体的位置向上引铅垂线;若是斜孔或定向孔,从所定截矿位置向上引斜线,在掌握了钻孔自然弯曲规律的地区,斜孔孔位可按自然弯曲度向地表引曲线确定(即按每 50~100m 天顶角向上减少几度反推而成)。

对于斜孔还必须考虑其倾向,即斜孔的方位(直孔不存在倾斜方位)。钻孔的倾斜方位一般与勘查线方位一致并且与矿体倾向相反。由于地层产状及岩性的变化,钻孔在钻进过程中常常会沿地层走向发生方位偏斜。根据实践经验(徐增亮和隆盛银,1990),地层走向与勘查线夹角越小,钻孔方位偏斜越大;地层产状越陡,孔深越大,钻孔方位越容易发生偏斜。因此,设计钻孔时,应根据本勘查区内已竣工钻孔的方位偏斜规律来设计钻孔的开孔方位角,使矿体尽可能按设计要求的位置截穿矿体。

在上述地质设计的基础上还应考虑钻孔施工的技术条件,首先要求孔位附近地形比较平坦,以便修理出安置钻机和施工材料的机场;其次孔口应避开陡崖、建筑物、道路等,因而在确定孔位时,还应进行现场调查。若孔口位置与地质设计要求出现矛盾,允许在一定范围内适当移动,移动距离应根据所要探明资源量/储量的级别确定,一般在勘查线上可移动 10~20m,在勘查线两侧可移动数米。

终孔位置:一般根据地质要求确定,钻孔穿过矿体后在围岩中再钻进 1~2m 即可。如果矿体与围岩界线不清楚,应根据矿体沿倾斜的变化情况以及围岩蚀变特征等适当加大设计孔深。为了探索和控制近于平行的隐伏矿体或盲矿体在一些重要的勘查线上应设计部分适当加深的钻孔,其加深深度根据勘查区内矿化空间分布规律而定。

钻孔孔深:自地表开孔到终孔位置钻孔轴线的实际长度称为钻孔孔深。因此,只要确定了钻孔的终孔位置,即可求得其孔深。

5)钻孔的技术要求

设计钻孔时需要考虑的技术要求包括岩心和矿心的采取率、钻孔倾斜角漂斜和方位角偏离、孔深验证测量、简易水文观测、物探测井和封孔要求等。

6)编制钻孔预想剖面图

每个钻孔都需要根据勘查线设计剖面编制一份钻孔预想剖面图,比例尺一般为 1:500~1:1000,以钻孔设计书的形式提交。它是钻孔技术设计和施工的地质依据,其内容包括钻孔编号、孔位、坐标、钻孔类型、各钻进深度的天顶角及方位角、由上至下主要地质界线的位置(起止深度)、可能见矿深度(起止深度)、矿石性质、矿体顶底板是否有标志层以及标志层的特点、钻孔的技术要求及钻孔施工中应注意的事项(如岩心和矿心采取率的要求、终孔位置及终孔深度、测量孔斜的方法、岩石破碎、坍塌、掉块、涌水、流沙层、溶洞等)。实际上,编制钻孔设计书本身就是单个钻孔的设计过程。

钻孔的直径（尤其是终孔直径）依据矿体复杂程度和研究程度而定。当矿体比较简单而且矿体边界已经基本控制住时，可采用小口径岩心钻进或冲击钻进方法确定矿化的连续性；如果勘查程度较低而且矿化复杂，为了保证达到规定的地质可靠程度，对钻孔的终孔直径和岩心及矿心采取率的要求都比较高。

钻孔地质设计完成后，再将钻孔编号、坐标、方位角、开孔倾角、设计孔深、施工目的等列表归总，连同施工通知书提交钻探部门。

2. 地下坑探工程地质设计

坑道工程包括平硐、竖井、沿脉、穿脉等深部探矿工程。此类工程施工技术条件复杂，投资费用高，因而在工程设计时必须有充分的地质依据，对应用坑道工程勘查的必要性进行充分的论证。同时为了使坑道工程能为今后矿床开采所利用，应向相关的开采设计部门咨询，了解开采方案以及开采块段和中段的高度，以便正确进行地质设计。

在坑道地质设计中，新勘查区与生产矿山外围和深部的要求有所不同。在新勘查区地下坑探工程设计的内容主要包括：坑道系统的选择、勘查中段的划分、坑口位置的确定、坑道工程的布置、设计书的编制等（参见 10.1.3 节）。而生产矿区则往往借助于探采资料有针对性地进行坑道设计。

13.4　勘查工程施工顺序

对矿床的认识过程不可能一次完成，而是随着勘查工作的逐步开展，资料的不断累积，认识才会不断深化。所以，矿产勘查必须依照由粗到细，由表及里，由浅入深，由已知到未知，先普查后详查，再勘探这样循序渐进的原则进行。在矿床勘查的每个阶段，都要先设计，再根据设计进行施工，由设计指导施工。

在勘查工程总体部署过程中确定的各类勘查工程及其各单项勘查工程位于不同地段，尽管各项工程勘查深度不同、技术要求也不同，但它们之间都互相联系，施工过程中不能一齐开工，一块完成，在设计上应明确标明先期施工的工程和后期施工的工程，确定合理的工程施工顺序，根据编制的勘查设计方案，组织对勘查工程施工。

13.4.1　编制施工顺序的原则

1. 由表及里、由已知到未知

由表及里就是先摸清地表矿化地质特征，再探索地下成矿地质环境。地表地质工作是研究和查明矿床地质特征及其变化规律最经济最有效的方法。普查工作中如果地表工作搞得快，研究得好，将能更有效地选择最富集或最有远景的地段，指导深部探索工作，避免盲目性，赢得工作上的主动。对隐伏矿床（矿体）来说，地表工作同样是重要的，因为任何一个地质现象都不会是孤立地存在的，而是与周围环境有关并密切联系的。赋存在现今能够勘查开采深度范围内的盲矿体，通常都在地表有地质、地球物理、地球化学等方面的异常表现，研究了这些异常现象，无疑将有助于深部盲矿体的勘查工作。因此对地表工作，不仅应给予足够的重视，而且在一个矿区勘查工作开始时，就应首先实施地表地质工作，然后再进行深部勘查工作。

由已知到未知，即布置在地质依据最充分、最有把握见矿地段的工程应作为首先施工的工程，根据这些工程所获得的地质资料和新认识，指导布置在地质情况相对还不是很明朗地段的工程施工。

2. 由近及远、由中心到两端

由近及远、由中心到两端是指首批施工的工程应当是靠近已知主要矿化体中心地段的那些工程，然后逐步扩展至主要矿化体的两端（图 10.2）。这一施工顺序实际上与由已知到未知的原则是并行不悖的。

3. 由浅及深、由稀到密

由浅及深是指先施工地表和浅部工程，再逐步向深部扩展。对一个地区的矿床地质特征及其变化规律的认识，总是由浅部逐步向深处发展，这是符合认识发展规律的。因为表部的以及浅部的东西，往往能比较容易及早地被认识，并据此对深部情况进行推理、判断和指导施工，而后求得对深部的了解，对于变化较大的、向深部有显著变小变贫趋势的，以及其他地质因素复杂和缺乏经验的新类型矿床，采取这种由浅而深、逐步深入的做法，能够比较稳妥可靠地取得较好的勘查效果。

由稀到密则是指首先以较稀疏的工程间距进行面的控制，目的在于先概括了解矿床全貌、控制矿体大致分布范围，借以指导下一步工程的合理部署和施工，使工作赢得主动，使之有条件随着认识的深入而逐步修正各种技术方法，使其更切合于矿床地质的实际。然后再逐步加密工程，查明矿体各部位矿化细节，渐进提高勘查可靠程度。

上述确定工程施工顺序的原则实质上阐明了首批施工的工程应该是位于成矿地质条件最为有利的地段、最有把握控制矿化的工程，而且，要求第一批工程能够为第二批工程提供施工依据。这样循序渐进的目的是提高矿床勘查工作的成效，避免在资料依据不足或任务不明的情况下，进行盲目勘查和施工。

13.4.2　勘查工程的施工方式

1. 渐进式的施工

按照合理勘察设计的施工顺序，依次一个一个工程的施工。这样先施工的资料可指导后续施工的工程，可避免不必要继续施工的工程。这种施工方式见矿率高，风险性小；占用设备少，但勘查周期长。一般适用于勘查的初期阶段。

2. 并进式的施工

勘查工程按设计的施工顺序分期分批施工，每期或每批可能几个工程同时一起施工。这种施工方式有可能会出现一些落空工程，有一定的风险；但施工快，勘查周期缩短。对于规模较大、矿区地质条件相对比较简单的矿床，可以采用这种方式组织施工。

3. 混合式（渐进并进式）

同一勘查区内，对于矿床地质特征比较简单的地段可以几个工程同时施工，矿床地质特征变化比较大的地段可以依次施工。这种混合式的施工方式有利于不断认识成矿规律，加深地质研究程度，减少风险，加快勘查进程。

13.4.3　横道图简介

由于勘查工程种类较多（包括地质填图、地球物理、地球化学、槽探、坑探、钻探等），施工时间长且各施工工序之间存在交叉进行，不仅要求将施工顺序以图表的形式呈现出来，还需要编制比较全面的施工进度计划，我们可以利用横道图来实现这一目的。

横道图（bar chart）又称条状图，是由美国人亨利·劳伦斯·甘特（Henry Laurence Gantt）于 20 世纪 20 年代提出的，故又称甘特图（Gantt chart）。横道图具有形象、直观且易于编制和理解的优点，特别适合于现场施工管理，长期以来广泛应用于建设工程进度控制之中。

横道图的施工进度计划是以时间（年、月、日）为横坐标绘制的，图中的横向线段表示各工程施工的先后顺序和起止时间，整个项目的施工方案是由一系列横道线组成。为了说明横道图的编制过程，以图 10.2 中部署的 9 个钻孔为例简要介绍具体编制方式。

（1）确定各勘查工程（钻孔）施工顺序以及各工程的工作量（孔深）；

（2）将总体部署的各勘查工程（钻孔）按施工顺序纵向排列填入图中"工程编号"的栏目中；

（3）估算实施各项工程所需要的工作量及时间，填入相应的栏目中；

（4）横轴表示项目完工所需要的工期，将各项工程估算的施工工期以横道线的方式安排在图表上，编排出日程表（图 13.7），有序组织施工。

序号	工程编号	工作量（孔深）/m	时间/d	2021 年												2022 年			
				9 月			10 月			11 月			12 月			1 月			2 月
				上旬	中旬	下旬	上旬	中旬	下旬	上旬	中旬	下旬	上旬	中旬	下旬	上旬	中旬	下旬	上旬
1	1 号钻孔	110	10	▬															
2	2 号钻孔	100	10		▬														
3	3 号钻孔	220	20			▬▬													
4	4 号钻孔	90	10				▬												
5	5 号钻孔	100	10						▬										
6	6 号钻孔	190	20							▬▬									
7	7 号钻孔	200	20									▬▬							
8	8 号钻孔	290	30											▬▬▬					
9	9 号钻孔	300	30													▬▬▬			

图 13.7　依据案例 10.1 中 9 个设计钻孔按渐进式施工方式编制的钻探施工横道图

13.5 绿 色 勘 查

为全面推进我国绿色勘查工作,指导地勘单位及企业践行绿色理念,自然资源部地质勘查司在总结提升绿色勘查模式的同时,全面启动和推进绿色勘查的标准制定工作,委托自然资源部矿产勘查技术指导中心、中国矿业联合会等单位起草并发布了《绿色勘查指南》(T/CMAS 0001—2018)。2021 年自然资源部颁发了《绿色地质勘查工作规范》(DZ/T 0374—2021),标志着我国绿色勘查由"试点探索"阶段转向"全面推进"阶段。

绿色勘查以绿色发展理念为指导,通过运用高效、环保的方法、技术、设备等,在地质勘查各方面和全过程中避免、减少或控制对生态环境的影响,实现地质勘查目的和生态环境保护协同共进的新勘查模式。推进绿色勘查要尽量采用更为先进的找矿手段或采用替代勘查技术,最大限度地减少对生态环境的扰动、最大限度地加强后续生态环境恢复治理。

13.5.1 绿色勘查设计

勘查设计是绿色勘查的前提,在勘查设计方案中应增加编制绿色勘查章节,明确项目绿色勘查工作的具体内容、技术标准要求和保障措施。通过科学合理地设计并采用先进技术,尽可能减少勘查过程中对生态环境要素的影响和破坏。

编制勘查设计前应就地质勘查工作部署对水、大气、声、土壤、野生动植物、自然遗迹和人文遗迹等的环境影响进行分析,确定主要的环境影响因素,制定环境保护、环境修复措施,编制经费预算,作为绿色勘查内容体现在勘查设计中。

勘查设计中,要对勘查活动各环节的绿色勘查工作作出明确的业务技术安排,并制定有效的技术及管理措施。勘查设计中有关绿色勘查应考虑如下几方面:

(1)绿色勘查指导思想与总体目标。

(2)描述地质勘查施工和生活活动对勘查区自然生态环境影响的因素的现状。

(3)说明经优化确定的绿色勘查施工方法,明确拟采用的仪器、设备型号及主要技术性能参数要求。

(4)结合勘查区自然生态环境,说明勘查设计部署的各类勘查工程施工和生产生活活动中,应采取的针对性生态环境保护措施。

(5)拟采取的环境修复措施,绿色勘查组织保障措施,环境保护措施。

(6)技术工艺优化。在符合勘查规范的前提下,采用无人机航空物探、便携式可拆卸钻机、推广在一个机台上施工多个钻孔(一基多孔)或者扇形钻孔(一孔多枝)的定向钻探(图 13.8和图 13.9)、坑道钻探等新技术、新设备、新手段,探索采用浅钻、浅井代替槽探等技术手段,尽量少开挖、少揭露、少修路,做好钻探泥浆的后处理,减少对地表环境的破坏。

13.5.2 绿色勘查施工

地质勘查工作实施前,应对工作人员进行绿色勘查培训,强化生态环境保护意识,掌握绿色勘查要求。

地质勘查施工前，应对拟施工的道路和场地原始地形地貌拍摄照片或视频留存。地质勘查工作实施中尽可能利用如下绿色勘查施工技术。

（1）航空地球物理测量。航空物探速度快、效率高、使用劳力少，能在短期内取得大面积区域的探测资料。航空地球物理勘查目前已经应用的方法包括航空磁测、航空放射性测量、航空电磁测量（航空电法）等。航空磁测是目前最先进的磁测方法，不仅精度高、干扰小，同样因为空中飞行的优势减小了对地面植被的破坏及扰动，极大地满足了绿色勘查最小限度的环境扰动要求。

（2）"以钻代槽"减少槽探对植被的破坏，目前，"以钻代槽"采用的技术主要是常规的回转钻进技术，钻机主要是背包式钻机和其他轻便钻机。例如，攀枝花中坝石墨矿区 P25 线Ⅲ、Ⅳ号矿体勘查项目，按照传统工程设计首先考虑以槽探工程控制其地表产状及厚度品位等变化情况，槽探设计长约 180m，按照 2.5 的系数，合计土方量约 450m³，环境影响面积约 900m²。根据绿色勘查原则，以水平钻取代槽探工程，设计工作量 150m/1 孔，机台大小约 40m²，土方量约 60m²，环境影响面积 40m²[图 13.8（a）]。数据对比证明，"以钻代槽"能有效解决槽探因地表覆盖较厚施工受限的问题，同时大大减少地表工程对矿区生态环境的影响破坏（彭松林等，2019）。

（3）定向钻进技术，实现"一基多孔、一孔多枝、一孔多用"，减少机台数量与搬迁。利用定向钻进技术，可以在一个基台进行多个钻孔。以攀枝花中坝石墨矿区 P24 线Ⅱ号矿体勘查设计为例，按照倾斜深 50m 间距探求 250m 以内深度的资源量。根据传统钻探工程设计，应该按照标准间距，固定倾角依次排孔进行控制，设计工作量为 870m/5 孔，钻机平台 5 个，泥浆池 5 个，勘查线上道路修葺约 300m，环境影响面积约 650m²。根据绿色勘查原则，采用一个钻机平台，以不同倾角依次排孔进行控制，设计工作量为 830m/5 孔，钻机平台 1 个，泥浆池 1 个，不存在勘查线上道路修葺，环境影响面积约 40m²[图 13.8（b）]。数据对比证明，在钻探工作量变化不大的基础上，"一基多孔"钻探工程的设计不仅降低了平基修路的资金人力投入，更能够有效减少对矿区生态环境的影响破坏。

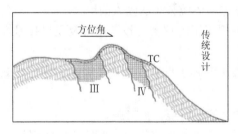
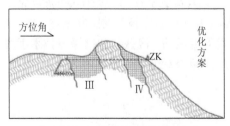
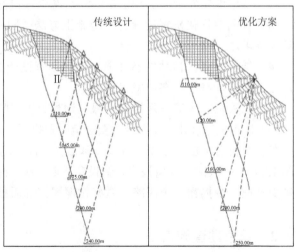

(a) 传统方案采用探槽揭露Ⅲ、Ⅳ矿体，绿色设计则采用水平钻探代替槽探揭露Ⅲ、Ⅳ矿体　　(b) 控制P24线Ⅱ号矿体传统钻探设计和绿色设计（"一基多孔"）对比

图 13.8　攀枝花中坝石墨矿区控制 P25 线传统勘查设计与绿色设计方案对比（彭松林等，2019）

　　"一孔多枝"是指在一个孔内进行多个分支孔的钻进（图 13.9），从而减少基台的数量、道路修建和物资搬迁工作，是中深孔钻进中实现绿色勘查的有效技术手段。

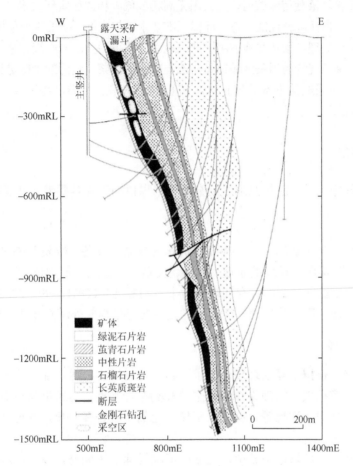

图 13.9　Big Bell 金矿深部钻探，说明扇形钻孔（"一孔多枝"）、终止钻进的钻孔、以及坑内钻探与地面钻探结合的钻探方式（Moon et al.，2006）

　　（4）采用模块化、轻便钻探设备及机具，便于人工搬迁和减少基台面积。轻型钻探设备主要有背包式、便携式、轻便多功能式等多种结构，可根据不同钻探要求和地层情况进行优选。

　　（5）通过拖拉机（塑胶履带）、雪橇、卷扬机（钢丝绳）以及直升机等方式，改变物资搬运方式，减少道路修建，最大限度地减少修路对植被的破坏。

　　钻孔施工是绿色勘查管理的重中之重，重点对钻探工程实施过程进行把控，包括以下内容。

　　（1）所选用的钻探施工主要设备及配套技术应处于国内先进水平。施工设备应具备安、拆快捷，便于搬运，机械化、智能化程度高，施工操作安全简便、劳动强度低、生产效率高，工程质量好、节能、环保等特点。优先采用模块化、轻便化、小型化、集成度高的钻探施工及其配套设备。

　　（2）钻探施工技术工艺应先进合理，切合勘查施工要求，钻进效率高，质量优，节能减排，安全环保。积极采用定向钻探、绳索取心金刚石钻进、冲击回转钻进、空气潜孔钻进、不提钻换钻头等先进的钻探施工方法及技术工艺。除浅表层开孔外，尽量采用金刚石绳索取心、双层管或三层管钻进技术工艺。

（3）钻探施工循环液使用泥浆时，应采用无固相或低固相的优质环保浆液。泥浆材料及处理剂具备无毒无害、可自然降解性能，符合环保标准要求。加强循环液的现场使用管理，做好施工中防渗、护壁及净化处理，预防浆液使用中造成地面及地下污染。岩心较完整，岩粉较少的区域用清水进行钻进；施工现场易污染区域铺设防渗土工布对泥浆、油污的滴落进行隔离。

（4）钻探过程中采取地下水分层止水，防止地下水串层污染，将勘查工作对环境的扰动和影响降到最低程度。

13.5.3　环境修复

地质勘查工作施工后，应按照地质勘查设计中绿色勘查内容要求，开展环境修复工作。

1. 场地清理

勘查施工区（点）工作结束后，应及时拆除现场施工设备、物资和临时设施，清除现场各类杂物、垃圾及污染物。现场的垃圾、油污、废液、沉渣及其他固体废物应进行分类清理、收集，按照《一般工业固体废物贮存和填埋污染控制标准》（GB18599—2020）等相关规定进行焚烧、消毒、沉淀、固化等处理。现场不能处置的污染物应外运到专业处理场处理。

2. 场地恢复平整

场地恢复平整应根据恢复治理设计要求，结合现场情况，尽可能按原始地形地貌平整。难以复原的地段，应按恢复治理设计场地平整标高进行平整，尽可能与自然环境相协调。施工现场的坑、池、井洞、沟槽等，应采用平场开挖的土石进行回填，场地平整工作不应产生新的挖损破坏。

钻探及其他施工现场场地平整中，应彻底清除场地上污染物。废浆、废液应进行固化处理，深埋于开挖的坑、池底部，上部回填无污染的土壤。钻探现场应严格按照地质设计要求认真做好封孔工作，保证封孔质量，孔口用水泥砂浆树立规范的标志桩。

3. 复垦复绿

草地复绿，一般采用播撒方式培植，草种应适应当地生长并与原草地环境协调。林地复绿，林木品种适合当地生长，应结合当地居民及社会经济发展及环境的协调要求，林木的种植施工应符合相关行业规程及规范标准。耕地复垦，经现场深翻、松土及覆土后，应满足当地农作物耕种条件。

复垦复绿施工中，应做好环境恢复治理工程的维护管理。在工程质保期及植被恢复养护期间，应对损坏或检查不合格的工程进行修补和返工处理。

本 章 小 结

根据勘查项目设计的目的、任务、要求以及勘查区的实际情况，确定勘查工作总体构思和工作部署原则，对各项勘查工程的实施做出总体部署，并说明矿床控制程度、研究程度、矿区边界的划定、勘查深度、资源量估算深度和分布范围等。勘查工程的总体部署的内容主要包括以下几点。

（1）确定勘查类型。确定勘查类型是为了正确选择勘查方法和手段，合理确定勘查工程间距，对矿体进行有效的控制和圈定。具体确定需要考虑 5 个方面的主要地质因素，即矿体规模、矿体形态复杂程度、内部结构复杂程度、矿石有用组合分分布的均匀程度，以及构造复杂程度等。矿床勘查类型确定应以一个或几个主矿体为主，对于巨大矿体也可根据不同地段勘查的难易程度，分段确定勘查类型。

（2）确定勘查手段。不同的勘查工程和手段其技术特点，使用条件以及所提供的研究条件不尽相同，因而其地质勘查效果和经济效果也不相同。合理地选择勘查工程需要考虑勘查区地质方面以及自然地理方面的因素。

（3）确定勘查工程的总体布置形式。勘查工程的总体布置形式主要有勘查线、勘查网和水平勘查三种。主要根据矿化体的形态和产状选定合适的工程布置形式。

（4）确定勘查工程间距。确定勘查工程间距的方法有多种，在确定工程间距时应充分考虑矿床自身的特点，并应在施工过程进行必要的调整。

（5）确定勘查深度。勘查深度是指勘查工作在垂向上的控制范围。勘查深度的合理确定除了考虑矿床地质特征外，还需要根据当前矿床开采的技术经济水平、矿床的规模以及矿化延深情况等。

（6）施工顺序、勘查深度和控制程度。施工顺序应按照由已知到未知、由表及里、由浅入深、由稀到密的原则进行。

绿色勘查是以绿色发展理念为引领，以科学管理和先进技术为手段，通过运用先进的勘查手段、方法、设备和工艺，实施勘查全过程环境影响最小化控制，最大限度地减少对生态环境的扰动，并对受扰动生态环境进行修复的勘查方式。

讨　论　题

（1）勘查工程总体部署需要综合考虑哪些方面的问题？

（2）用图形方式阐明勘查深度。

（3）阐明控制资源量所要求的勘查控制程度。

（4）如何编制勘查项目设计方案？

（5）对各种确定勘查工程间距的方法进行评述。

本章进一步参考读物

国土资源部矿产资源储量司. 2003. 固体矿产地质规范新变革. 北京: 地质出版社

侯德义. 1984. 找矿勘探地质学. 北京: 地质出版社

赵鹏大. 2006. 矿产勘查理论与方法. 武汉: 中国地质大学出版社

中华人民共和国地质矿产行业标准《固体矿产勘查地质资料综合整理综合研究技术要求》（DZ/T 0079—2015）

中华人民共和国地质矿产行业标准《矿产地质勘查规范 铜、铅、锌、银、镍、钼》（DZ/T 0214—2020）

中华人民共和国地质矿产行业标准《矿产地质勘查规范 岩金矿》（DZ/T 0205—2020）

中华人民共和国地质矿产行业标准《绿色地质勘查工作规范》（DZ/T 0374—2021）

中华人民共和国国家标准《固体矿产地质勘查规范总则》（GB/T 13908—2020）

第14章 矿产勘查取样

14.1 取样理论基础

14.1.1 取样理论几个基本概念

1. 总体

总体（population）是根据研究目的确定的所要研究同类事物的全体。例如，如果我们研究的对象是某个矿体，那么该矿体就是总体；如果研究的是某个花岗岩体，那么，该岩体就是总体。在实际工作中，我们关注的是表征总体属性特征的分布，例如，矿体的品位、厚度，花岗岩的岩石化学成分等，在统计学中，总体是指研究对象的某项数量指标值的全体（某个变量的全体数值）。只有一个变量的总体称为一元总体（如金矿体中 Au 的品位），具有多个变量的总体称为多元总体（如多金属矿体中 Cu、Pb、Zn、Au 的品位）。总体中每一个可能的观测值称为个体，它是某一随机变量的值，对总体的描述实际上就是对随机变量的描述。

总体是矿产勘查中最重要的研究对象，而且，矿产勘查所研究的总体（如矿体品位、厚度、体重等）都具有无限性。

2. 样品

样品（sample）是总体的一个明确的部分，是观测的对象。在大多数总体中，样品常常是一个单项（一个单体或一件物品）、一个基本单位（不能划分成更小的单位）或者是可以选作样本的最小单位。在矿产勘查中，取样单位是由地质人员规定的，而且，为了获得有用的数据，这种规定必须包括取样单位的大小（体积或重量）和物理形状（如刻槽尺寸、钻孔岩心的大小、把岩心劈开还是取整个岩心，以及取样间距等）。

3. 样本

样本（samples）是由一组代表性样品组成的，其中，样品的个数（n）称为样本的大小或样本容量。在统计学参数估计中，$n \geqslant 30$ 称为大样本，大样本的取样分布近似于服从正态分布；$n < 30$ 为小样本，小样本的取样分布采用 t 分布进行研究。研究样本的目的在于对总体进行描述或从中得出关于总体的结论。

总体在某一研究目的和时空范围内是确定的并且唯一的；而作为实际观测研究对象的样本则不同，因为从一个总体中可以抽取很多个样本（理论上，地学中大多数总体中可以抽取无限个样本），每次可能抽到哪一个样本是不确定的，也不是唯一的，而是随机的。理解这一点对于掌握取样推断原理非常重要。

4. 参数

总体的数字描述性度量（即数字特征）称为参数（parameters）。在一元总体内，参数是一个常数，但这个常数值通常是未知的，从而必须进行估计；参数用于代表某个一元总体的特征，经典统计学中最重要的参数是总体的平均值、方差和标准差。平均值描述观测值的分布中心，方差或标准差描述观测值围绕分布中心的行为。

每个数字特征描述频率分布的一定方面，虽然它们不能描述频率分布的确切形状，但能说明总体的形状概念。例如，"某个金矿体的矿石量1000万t，金的平均品位为5g/t"，这两个数字特征虽然没有详细地描述出该矿体的细节，但给出了规模和质量的概念。

5. 统计量

样本的数字描述性度量称为统计量（statistics），即是根据样本数据计算出的量，如样本平均值、方差和标准差等。利用统计量可以对描述总体的相应参数进行合理的估计。

6. 平均值

平均值（mean）是一个最常用、最重要的总体数字特征，矿产勘查中常用的平均品位、平均厚度等都是一种平均值，而且，用得最多的是算术平均值和加权平均值。

1）算术平均值

算术平均值（$\bar{x}$）是指 n 个数据 $x_1, x_2, x_3, \cdots, x_n$ 之和被 n 除所得之商：

$$\bar{x} = \frac{x_1 + x_2 + x_3 + \cdots + x_n}{n} \tag{14.1}$$

算术平均值的计算是假定样本中所有观测值都是来自于相同大小的样品或取样单位，如样品的体积相同或质量相等。

2）加权平均值

加权平均值是权衡了参加平均的各个数据对结果所产生影响的轻重后所算出的平均值。设参加平均的各数值为 $x_1, x_2, x_3, \cdots, x_n$，其权数分别为 $p_1, p_2, p_3, \cdots, p_n$，（$p_i$ 值的大小反映了 x_i 在参与平均时重要性的大小，或应起作用的大小），则诸 x_i 的加权平均值（$\bar{x}$）为：

$$\bar{x} = \frac{x_1 p_1 + x_2 p_2 + x_3 p_3 + \cdots + x_n p_n}{p_1 + p_2 + p_3 + \cdots + p_n} \tag{14.2}$$

显然，当各权数 p_i 相等时，加权平均值等于算术平均值，因此，算术平均值也可看作为等权的加权平均值。由于权数（p_i）的大小反映了 x_i 在参与平均时的重要性大小，其加权平均的结果更加合理。在矿产勘查中常用加权平均法来求得某一变量的平均值，例如，在样品取样长度不等的情况下，在资源储量估算时以取样长度为权计算样本的平均品位和平均厚度。

表14.1列出了一条横切含金构造剪切带的探槽取样分析的结果及其算术平均品位值和加权平均品位值。由于样品的取样长度不等，如果采用其算术平均值进行描述，则有可能被误导（相对于加权平均值夸大了189%）。在这种情况下，如果为了强调其中的高品位，可以描述为"该探槽揭露6.15m厚的金矿化带，平均品位6.27g/t，其中包含厚度为1.2m品位为16.5g/t和厚度为0.1m品位为40g/t的富矿地段"。

表 14.1 某探槽切穿含金构造剪切带的取样分析结果

样品编号	岩石类型	金品位/(g/t)	样长/m	金品位×样长
TC1	围岩	0.02	1.00	0.00
TC2	含硫化物带	40	0.10	4.00
TC3	片岩	1.03	1.30	1.339
TC4	硅化带	10.20	0.75	7.65
TC5	片岩	2.40	2.00	4.80
TC6	石英脉	16.5	1.20	19.80
TC7	片岩	1.2	0.80	0.96
TC8	围岩	0.02	1.00	0.00
合计		71.33	6.15	38.549
算术平均值/(g/t)		11.89		
加权平均值/(g/t)		6.27		

3）几何平均值

如样本的观测值为 $x_1, x_2, \cdots, x_n$，则 n 个观测值乘积的 n 次方根即为样本的观测变量的几何平均值。

$$G_m = \sqrt[n]{x_1 \times x_2 \times \cdots \times x_N} = \sqrt[n]{\prod_{i=1}^{n} n_i} \tag{14.3}$$

通过对式（14.3）取对数，可求得几何平均值的对数，对之取反对数就可获得几何平均值。

$$\lg G_m = \frac{1}{n}(\lg x_1 + \lg x_2 + \cdots + \lg x_n) = \frac{\sum_{i=1}^{n} \lg x_i}{n} \tag{14.4}$$

几何平均值与算术平均值的不同表现在其变量的取值不能为零或负值，相同数据的几何平均值总是小于或等于该组数据的算术平均值；数据越分散，几何平均值较算术平均值就越小。

地学上，尤其是在地球化学工作中整理那些近似服从对数正态分布的变量数据（或某些数据变化范围很大以及呈正偏斜分布的数据）时，常采用几何平均值计算样本的平均值。算术平均值适合呈正态分布的数据，而对于负偏斜分布的数据，采用众数更合理。

7. 方差和标准差

方差（variance）是度量一组数据对其平均值的离散程度大小的一个特征值。总体方差一般用 σ^2 表示，样本方差常用 s^2 表示。

设有 n 个观测值 $x_1, x_2, x_3, \cdots, x_n$，其平均值为 $\bar{x}$；每个观测值与其平均值之差称为离差，即 $x_i - \bar{x}$；所有观测值与平均值之差的和称为离差和，即 $\sum_{i=1}^{n}(x_i - \bar{x})$。由于正负离差相抵，其离差和为 0，因而采用离差平方和的方式来克服这一问题，即 $\sum_{i=1}^{n}(x_i - \bar{x})^2$。这样，我们可以利用式（14.5）求得样本离差的平均度量：

$$s^2 = \frac{\sum_{i=1}^{n}\left(x_i - \bar{x}\right)^2}{n-1} \qquad i = 1, 2, 3, \cdots, n \qquad (14.5)$$

式（14.5）即为样本方差的定义，同理可以推导出总体方差的定义式。样本方差（s^2）的平方根（s）称为标准差（standard deviation），式（14.5）中除以 $n-1$ 而不是 n 是为了保证样本方差 s^2 是总体方差 σ^2 的无偏估计。

方差和标准差是最重要的统计量，不仅用于度量数据的变化，而且在统计推理方法中起着重要的作用。

8. 变化系数

假设两组数据具有相同的标准差，但它们的平均值不等，能认为这两组数据的变化程度相同吗？答案显然是否定的。为了比较不同样本之间数据集的变化程度，人们引入了变化系数（coefficient of variation）的概念，其数学表达式为

$$\mathrm{CV} = \frac{S}{\bar{x}} \times 100\% \qquad (14.6)$$

式中，CV 为一组数据 $x_1, x_2, \cdots, x_n$ 的变化系数；S 为该组数据的标准差；$\bar{x}$ 为该组数据的平均值。显然，变化系数的值越大，说明数据的变化性越大。如果认为标准差反映了数据的绝对离散程度，变化系数则反映了数据的相对离散程度。注意当 $\bar{x}$ 接近 0 时，变化系数就会失去意义。

在矿产勘查中，利用变化系数能够更好地反映地质变量的变化程度。例如，不同矿床或同一矿床不同矿体的平均品位不同，利用标准差不能有效地对比矿床之间有用组分分布的均匀程度，而利用变化系数进行对比则比较方便。例如，在划分勘查类型时，利用品位变化系数和厚度变化系数衡量矿体品位和厚度变化的复杂程度。

9. 变量的分布

变量的变异型式称为分布（distribution）；分布记录了该变量的数值以及每个值出现的次数。为了了解变量的分布，将样本数据按照一定的方法分成若干组，每组内含有数据的个数称为频数，某个组的频数与数据集的总数据个数的比值称为这个组的频率。频率分布直方图是表现变量分布的一种常见经验方式（图 14.1），概率分布是频率分布的理论模型。

正态分布（normal distribution）是一种对称的连续型概率分布函数。正态分布变量的极其有用的特点是可以利用两个描述性统计量（平均值和标准差）对这种分布进行描述，根据这两个统计量，可以预测小于或大于某个特殊值的数据比例，从而，利用正态分布的性质进行参数检验，这很直接、有效而且易于应用。

在正态分布中，分布曲线总是对称的并呈铃形。根据定义，正态分布的平均值是其中点值，平均值两侧曲线之下的面积是相等的。正态分布的一个重要性质是，在任何指定的范围内，其曲线下的面积可以精确地计算出来，例如，全部观测值的 68% 位于平均值两侧一个标准差的范围内，95% 的观测值落在平均值两侧 2 个（实际上是 1.96 个）标准差范围内。

地学中的很多数据都具有非对称性而不是正态分布，通常这类非对称分布是向右偏斜的（即直方图或频率分布曲线呈长尾状向右侧延伸，又称为正偏斜，这意味着具有这种分布的数据中低值数据占优势，如图 14.1（c）所示；反之则称为左偏斜或负偏斜）。在非正态分布中，

标准差或方差与其分布曲线之下的面积不存在可比关系，所以，需要采用数学转换将偏斜的数据转化为正态数据，最常用的方法是对数正态转换。

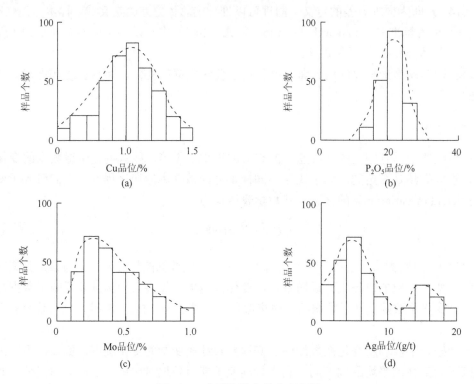

图 14.1　典型的样本分布直方图

（a）正态分布，变化性中等，一些层状和块状硫化物矿床具有这种分布特征；（b）正态分布，变化性较小，一些类型的工业矿物矿床、铁矿床和锰矿床具有这种分布特征；（c）对数分布，钼、锡、钨，以及贵金属矿床具有这种特征；（d）双峰式分布，这种分布可能是由于样本来自于两个不同的矿床类型或矿化类型

　　利用成矿元素分析值绘制的频率分布图可以指示矿化作用。统计学经验表明，呈双峰式分布的频率分布图或累积频率分布图[图 14.2（a）和（c）]可能派生于两个总体（如地球化学背景和异常，或者是二次成矿作用的产物）；呈正偏斜分布的微量元素数据集如果不服从对数正态分布或者其对数标准差大于 1（lg10）则可能表明不止一个地质过程，或许隐含矿化过程[图 14.2（b）]。成对元素的散点图也可能证实多个总体（子体）的存在[图 14.2（d）]，其中，一个子体可能代表矿化，成对变量的相关性可能是二个或多个总体混合的结果（Singer 等，2001）。

　　变化系数为品位总体的性质提供了一个好的度量：变化系数小于 50%，一般指示品位总体呈简单的对称分布（近似的正态分布），对于具有这种分布特征的矿化其资源储量估计相对比较容易；变化系数为 50%～120% 的总体具有正偏斜分布特征（可转化为对数正态分布），其估值难度为中等；变化系数大于 120% 的总体分布将是高度偏斜的，品位分布范围很大，局部资源储量的估计将面临一定的难度；如果变化系数超过 200%（这种情况常见于具有高块金效应的金矿脉中），总体分布将会呈现出极度偏斜和不稳定状态，几乎可以肯定存在多个总体，这种情况下局部品位估值是非常困难甚至是不可能的，只能借助经典统计方法估计整体的品位值。

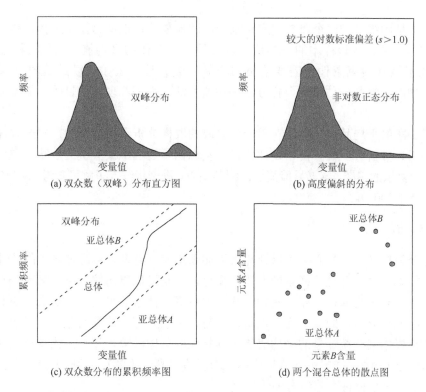

图 14.2　双峰式频率分布图，说明数据集可能源自两个总体（据 Singer and Kouda，2001）

14.1.2　取样目的

取样的目的是获取参加某项研究的个体（样品）以获得有关总体的精确信息，多数情况下是为了估计总体的平均值。从主观上讲，我们希望所获样本能够尽可能精确地提供有关总体的信息，但每增加一个数据（样品）都是有代价的。因此，我们的问题是如何才能够以最少的经费、时间和人力通过取样获得有关总体的精确信息。由于信息和成本之间存在着约束，在给定成本的条件下可以通过合理的取样设计使获取的有关总体的信息量达到最大。

矿产勘查早期阶段取样的目的可能是了解某个矿化带的范围以及质和量的粗略估计；容量很小的样本不应看作取样区域的代表，因而不能得出经济矿床存在或缺失的结论。随着勘查工作的深入进行，需要研究确定矿石的质和量以及开采条件和加工技术性能，通过精心设计和控制的方式进行系统采样，样本容量将会迅速扩大，而早期的小样本已经构成了后期大样本的一部分。因此，实际工作中所有的取样设计都应考虑到最终目的是要精确地估计矿床的品位和吨位，并且应当为实现这一目的而进行详细的规划。每个取样阶段所获得估值的可靠性可以用统计分析来表示。

14.1.3　取样理论

取样理论主要研究样本和总体之间的关系，我们采集所有与样本相关的信息，目的在于推断总体的特征。其中，首要的问题是选择能够代表总体的样本。

取样理论是围绕这样一个概念建立起来的，即如果无偏地从总体中选择足够多的代表性样品组成样本，那么，该样本的平均值就近似等于该总体的平均值。现代取样理论试图回答在给定的范围和约束条件下需要采集的样品个数并且寻求如何以最低的成本提供目前所待解决问题的足够精确估值的取样方法和估值方法。为了实现这些目的，需要借助统计学理论。

矿床或块段的平均品位是基于对矿床或块段的取样分析结果估计的，矿产取样（包括采样、样品加工、分析等步骤）常常是评价矿产资源储量过程中最关键的步骤。取样理论和实践构成了一个复杂的主题，本书只能简要介绍其要点，进一步深入了解可参考 Gy（1982，1991）以及阳正熙等（2008）。

1. 取样分布

对于每个随机样本，我们都可以计算出诸如平均值、方差、标准差之类的统计量，这些数字特征与样本有关，并且随样本的变化而变化，于是可以得出统计量的概率分布或概率密度函数，这类分布称为取样分布。例如，假设度量每个样本的平均值，那么，所获得的分布就是平均值的取样分布，同理，还可以得出方差、标准差等统计量的分布。对于取样分布而言，如果全部样本某个统计量的平均值等于其相应的总体参数，那么，该统计量就称为其参数的无偏估计量（例如，样本平均值是总体平均值的无偏估计量），否则，就是有偏估计量（例如，样本标准差是总体标准差的有偏估计量）。

根据中心极限定理，如果总体是正态分布，那么，无论样本的大小（n）如何，其平均值的取样分布都服从正态分布；如果总体是非正态分布，那么只是对于较大的 n 值来说（$n \geq 30$），平均值的取样分布才近似于正态分布。

2. 点估计

把统计学的知识应用于矿产勘查中，在大多数情况下，矿体的参数真值或其概率分布是不可能知道的，即使在其被开采完毕后，由于开采过程中的贫化、损失等原因，仍然不可能获得其参数的真值。我们实际所获得的数据是样本的观测值。显然，我们所面临的问题是应当利用样本的什么功能来估计所研究的矿体的重要未知参数——平均品位、平均体重、平均厚度及其方差（标准差）等。由于不可能知道其真值，就必须借助样本值来对这些参数进行估计。换句话说，以样本统计量作为其参数的估值，例如，把根据样本求出的平均品位作为矿床（矿体、矿段或矿块）平均品位的估值。

利用单值（或单点）估计总体未知参数的统计推断方法称为参数的点估计。在矿产勘查中，点估计的应用极为广泛，如根据不同勘查阶段获得的矿体平均品位、平均厚度、平均体重等（即样本平均值）估计矿体相应的参数，根据从某个地质体中获得的某种元素的样本平均值估计该元素在该地质体中的背景值等。虽然平均值的点估计是我们利用任何已知样本作出的优良估值（满足无偏性、相对有效性以及一致性的要求），但是，由于一个样本的 $\bar{x}$ 值不会是恰好就等于其总体的平均值（μ），因此点估计几乎必然会出错，而且不能给出任何可信度的概念。值得指出的是，许多地质人员在实际工作中往往忽视了样本平均值与总体平均值之间的差异，以至于把样本的平均品位（估值）与矿床平均品位（真值）、将根据样本数据获得的矿石吨位（估值）与矿床规模（真值）混为一谈，有可能导致勘查工作或投资决策失误。

3. 区间估计

如果样本频率分布趋近于正态分布，那么，样本数据的平均值、方差、标准差等统计量能够提供样本所代表的矿床（体）相应参数的合理估计。

如果样本分布服从对数正态分布，那么，应当计算样本的几何平均值和标准差。许多矿床类型，尤其是浅成热液金矿床以及热液锡矿床等，几何平均值能够更合理的提供矿床（体）平均品位的估值。

利用样本标准差可建立平均值的标准误差：

$$\sigma_{\bar{x}} = \frac{\sigma}{\sqrt{n}} \qquad (14.7)$$

式中，$\sigma_{\bar{x}}$ 为取样分布的标准差；σ 为总体的标准差；n 为样本的个数。根据 Keller（2004）对中心极限定理含义的注释，样本容量（n）为 30 及以上即为大样本，式中总体标准差（σ）可利用样本标准差（s）代替。从而，利用正态分布可建立平均值的置信区间（CI）：

$$CI = \bar{x} \pm z_{\frac{a}{2}} \frac{s}{\sqrt{n}} \qquad (14.8)$$

式中，$\bar{x}$ 为样本平均值；z 为 z 分数（z score），只要给定了置信概率 p（置信概率也称为置信度或置信水平，与显著性水平 α 相对应），就可以在标准正态分布表中查出 z 值。例如，某铅锌矿床 60 个 Pb 品位的数据集，其平均值为 8.5%Pb，标准差为 1.2%Pb，以 95% 的置信度查得 z 值为 1.96，根据式（14.8），该平均的置信区间（CI）为

$$CI = 8.5 \pm 1.96 \times \frac{1.2}{\sqrt{60}} = 8.5 \pm 0.3$$

即是说，有 95% 的置信水平将该矿床 Pb 平均品位的真值定位在 8.2%Pb～8.8%Pb 的区间内；较大的置信区间表示所得出的参数估值存在较大的不确定性，较小的置信区间表示估值的可信度较高。需要强调的是，置信水平 95% 仅仅用于描述构造置信区间上、下界统计量（因为区间上、下界是随机的）覆盖该矿床 Pb 平均品位真值（即总体平均值）的概率；举例来说，假设 100 个样本构成的 100 个置信区间，其中有 95 个区间可能包含平均品位的真值，而仅仅根据一个样本数据获得的只是其中的一个置信区间，这个非随机区间是否包含该总体参数，一般是不可能知道的。

对于小样本（$n<30$），可以利用 t 分布定义置信概率的置信区间，只需将查 t 分布表得到的相应置信概率的 t 值代替式（14.8）中的 z 值即可。

计算置信区间的式（14.8）可以整理为

$$n \geqslant \left(z_{\frac{a}{2}} \frac{2s}{CI} \right)^2 \qquad (14.9)$$

利用该式可以近似估计达到平均值估值精度要求所需的样品个数。例如，假设对于探明的资源量的品位估值误差以 95% 的置信水平应该控制在 20% 的精度范围内，如果详查阶段施工了 60 个钻孔，估算了控制的资源量，其平均品位为 1%Cu，标准差为 1.5%Cu，那么，升级为探明的资源量，平均品位应该在 0.8%Cu～1.2%Cu 之间。将上述已知值代入式（14.9）得

$$n \geqslant \left(\frac{1.96 \times 2 \times 1.5}{0.4} \right)^2 \approx 216$$

也就是说，为了使铜平均品位达到探明的资源储量要求，需要补充施工 216 – 60 = 156 个钻孔。实际工作中，标准差和平均值的估值误差会随着样品数（n）的增大而降低；从而，随着取样数据的补充，应重新计算置信区间，直到获得所要求的精度为止。

表 14.2　利用预先设定的置信水平、相对误差和变化系数估计总体平均值所要求的样品数

（据 Gilbert，1987，转引自 Carter and Gregorich，2006）

置信水平	相对误差	变化系数/%					
		10	20	40	50	100	150
0.8	0.10	2	7	27	42	165	370
	0.25		6		7	27	60
	0.50				2	7	15
	1.00					2	4
0.9	0.10	2	12	45	70	271	609
	0.25		9		12	45	92
	0.50				2	13	26
	1.00					2	8
0.95	0.10	4	17	63	97	385	865
	0.25		12		17	62	139
	0.50				4	16	35
	1.00					9	16

根据 Cartert 和 Gregorich（2006），利用预先设定的置信水平、平均值相对误差以及变化系数（表 14.2）也可以估计所需的样品个数（n）。例如，设定置信水平为 0.95、相对误差为 0.25、变化系数为 50%，需要 17 个样品；如果变化系数为 150%，则需要 139 个样品。相对误差表示为

$$相对误差 = \frac{样本平均值 - 总体平均值}{总体平均值} \tag{14.10}$$

4. 估值精度和准度

1）精度

精度又称精确性（precision），表示对样品多次平行测定所得观测值之间的接近程度，用于衡量观测误差，反映数据的可重复性或可靠性，例如，同一个样品二次分析的结果非常相近，或者从同一总体采集的样本数据分布很集中，或者同一个总体采集多个样本获得的平均值非常接近，我们就说估值精度很高。精度越低的数据集，需要更大的样本容量才能抵消数据中的噪声。可以利用样本标准差对精度进行度量，而在矿产勘查中为了更直观地反映精度，一般用百分数或概率的形式表示，如资源储量估计的精度实际上就是区间估计中的置信度（参见 17.8 节）。

2）准度

准度或准确性（accuracy）是指观测值或估值与真值的接近程度，即估值误差（参见 14.1.5 节）。一般采用样本平均值及其总体平均值之差进行准度的讨论，由于矿石品位以及其他地质变量的总体都是无穷的，不能获得总体平均值（μ），因而难以获知估值的准确性。既然准确性不能测定，那么只能根据反映某种准确分析方法的似然值的重复观测进行推断；实

际工作中一般采用权威机构评定的相对真值（如标准值、标样、基准值等），即认定精度高一
个数量级的测定值作为低一级测量值的真值，用作评价某个分析方法准确性的尝试。

精度是保证准度的前提，精度低说明所测结果不可靠，也就失去了衡量准确度的前提；
但高的精度不一定能保证高的准度，其原因是存在系统误差，在消除了系统误差的前提下，
精度可以表达准度。通俗地说，精度表示观测结果中随机误差的大小，准度则是观测值中随
机误差和系统误差的综合反映。

在矿产勘查取样中采用的统计方法都是用于度量其精确性而不是准确性。假设观测值具
有较高的精度而准度较低，则可能存在系统误差。

14.1.4　取样方法

经典统计学中一般是采用概率取样方法。概率取样是基于设计好的随机性，即在某种事
先确定好的方法的基础上选择用于研究的样品，从而消除在样品选择过程中可能引入的任何
偏差（包括已知和未知的偏差），在概率取样过程中，总体的每个成员都有被选中的可能性。
非概率取样方法是以某种非随机的方式从总体中获取样品，包括方便取样、判别取样、配额
取样、滚雪球取样等。

概率取样方法包括随机取样、层状取样、系统取样、丛状取样四种基本取样技术。

1. 随机取样

从大小为 N 的总体中通过随机取样（random sampling）获取大小为 n 的样本。假设每个
大小为 n 的样本都有同等发生的机会，那么，该样本就是随机样本。该类样本总是总体的一
个子集，并且 $n<N$。

随机取样操作简便、成本较低，主要缺点是不能用于面积性的等间距取样。在实际工作
中，样品加工和化学分析一般采用随机取样型式进行抽样。有时也可同时采用随机型式和面
积性的系统型式（参见第 3 小节），例如，先在研究区内粗略地布置取样网格，然后取样者到
网格点所在的实地随机地选取采样位置；或者是在精确布置好的取样位置周围，随机地采集
若干岩（矿）石碎屑组成一个样品。

2. 层状取样

层状取样（stratified sampling）适合于分布不均匀的总体，其操作首先需要把总体分成若
干个非重合的组，每个组称为一个层，每个层内的个体在某种方式上说是均匀分布的或是相
似的；然后采用随机取样的方式从每个层中获取的样品组成小样本，最后把各层的小样本合
并成一个样本，这种样本称为层状样本。相对于随机取样而言，层状取样的优点是可以采取
较少数量的样品获得相同或更多的信息，这是因为每个层中的个体都有相似的特征。

在矿产勘查中，由于岩石或矿石类型不同而要求分层取样，但实际操作上，分层取样几
乎总是与面积性的系统取样型式结合使用。具体地说，就是垂直于主要矿化带按一定间距布
置剖面线，然后在剖面线上按一定间距进行分层取样。

3. 系统取样

从总体中选取每第 k 个样品的取样方法称为系统取样（systematic sampling）。系统取样方

法的原理是相对比较简单的，即选取一个数 k，然后在 1 和 k 之间随机地选择一个数作为第一个样品，此后每隔第 k 个个体取作样品构成系统样本。

上述随机取样和层状取样都要求列出所研究总体的全部个体，而系统取样无此要求，因此，在不能理出总体的全部个体时，系统取样方法是很有用的。不过，随之而来的问题是，如果不知道总体的大小，那么，如何选择 k 值呢？没有确定 k 值的最好的数学方法。合理的 k 值应该是不能过大，过大的 k 值可能不能获得所需的样本容量；也不能太小，根据太小的 k 值所获得的样本容量可能不能代表总体。

在矿产勘查中，取样通常是采取面积性的系统取样，这种取样是把取样位置布置在网格的结点上，如果数据的变化近于各向同性，则采用正方形网格，如果存在线性趋势，则采用矩形网，这种取样方式可以提供一个比较好的统计面。取样间距（即 k 值）的确定参见 13.2 节。

4. 丛状取样

丛状取样（cluster sampling）的原理是随机地抽取总体内的个体集合或个体丛组成小样本，所有被选取的这些小样本合并成一个样本，这种样本称为丛状样本。显然，丛状取样需要考虑如下问题：①如何对总体进行分丛？②应该抽取多少个丛？③每个丛应该含多少个个体？

为了解决上述问题，首先，必须确定所设定的丛内个体的分布是否均一，即这些个体是否具有相似性；如果样品丛是均一的，那么，采取较多的丛且每个丛由较少的样品构成的方式比较好。如果样品丛的分布是非均一的，样品丛的非均一性可能与总体的非均一性相似，也就是说，每个样品丛都是总体的一个缩影，在这种情况下，采取较少数量但含较多个体的丛是合适的。

钻探取样可以看作面积性系统取样与丛状取样形式相结合的例子，即按照一定的网度布置钻孔，钻孔岩心可以认为是样品丛。

好的取样设计必须符合：①能够获得有代表性的样本；②产生的取样误差很小；③取样费用较低；④能有效控制系统误差；⑤样本分析结果能以合理的可信度应用于总体。

14.1.5　取样过程中的误差

误差是衡量观测结果准确度高低的尺度，是观测值与真值的差值。从总体中获取样本观测值的过程中可能存在两种类型的误差：取样误差和非取样误差。在取样方法设计的过程中或者在对取样观测结果进行检验时都应该了解这些误差的来源。

1. 取样误差

取样误差（Sampling error）又称估值误差，是指样本统计量及其相应的总体参数之间的差值。由于样本结构与总体结构不一致，样本不能完全代表总体，因此，只要是根据从总体中采集的样本观测值得出有关总体的结论，取样误差就会客观存在。

正确理解取样误差的概念需要明确两点：①取样误差是随机误差，可以对其进行计算并设法加以控制；②取样误差不包含系统误差。系统误差是指没有遵循随机性取样原则而产生的误差，表现为样本观测值系统性偏高或偏低，因而又称为规律误差或偏差。

取样误差可分为标准误差（standard error）和估值误差（estimation error）。

1）标准误差

取样分布的标准差（$\sigma_{\bar{x}}$）称为平均值的标准误差[参见式（14.7）]。标准误差反映了所有可能样本的估值与相应总体参数之间平均误差的大小，可衡量样本对总体的代表性程度。平均说来，标准误差越小，样本对总体的代表性越好。影响标准误差的因素主要包括样本容量和取样方法：①样本容量越大，标准误差越小；②在样本容量相同的情况下，不同的取样方法会产生不同的取样误差，其原因是采用不同的取样方法获得的样本对总体的代表性是不同的。因而需要根据总体的分布特征选择合适的取样方法。

2）估值误差

估值误差又称为允许误差，是指在一定的概率条件下，样本统计量偏离相应总体参数的最大可能范围。以平均值为例，在一定概率下：

$$|\bar{x} - \mu| \leq \Delta_{\bar{x}} \tag{14.11}$$

式中，$\Delta_{\bar{x}}$ 为平均值的估值误差；$\bar{x}$ 为样本平均值；μ 为总体平均值。该式表明：在概率一定的条件下，样本平均值与总体平均值的误差绝对值不超过估值误差。

基于理论上的要求，估值误差通常需要以标准误差为单位来衡量。例如，平均值的估值误差为

$$\Delta_{\bar{x}} = z\sigma_{\bar{x}} = z\frac{\sigma}{\sqrt{n}} \tag{14.12}$$

式中，z 为 z 分数；$\sigma_{\bar{x}}$ 为平均值的标准误差；σ 为总体的标准差。式（14.12）阐明了估值误差为标准误差的若干倍。需要强调的是，估值误差是一个可能的区间（值域），该区间的大小与概率紧密相连，利用区间估计可以求出其置信区间[参见式（14.8）]。

3）绝对误差和相对误差

绝对误差是观测值与真值（相对真值）之差的绝对值，即绝对误差 = |观测值−真值|。绝对误差能够以同一单位量纲确切地表示测量结果偏离真值的实际大小。

相对误差是相当于测量的绝对误差所占真值的百分比，即相对误差 = |观测值−真值|/真值，它是一个无量纲的值。一般来说，相对误差更能反映观测结果的可信度。

2. 非取样误差

非取样误差比取样误差更严重，因为增大样本的容量并不能减小这种误差或者降低其发生的可能性。在获取数据的过程中的人为失误，或者所选取的样本不合适而导致非取样误差的产生。

（1）在获取数据过程中可能出现的误差：这类误差来源于不正确的观测记录。例如，由于采用不合格的仪器设备进行观测得出不正确的观测数据、在原始资料记录过程中的错误、由于对地学概念或术语的误解导致不准确的描述、样品编号出错，诸如此类。

（2）无响应误差：无响应误差是指某些样品未能获得观测结果而产生的误差。如果出现这种情况，所收集到的样本观测值有可能由于不能代表总体而导致有偏的结果。在地学上，很多情况下都有可能出现无响应，例如，野外有的部位无法采集到样品、有的样品在搬运途中可能损坏、有的元素含量低于仪器检测限而导致数据缺失等。

（3）样品选取偏差：如果取样设计时没有能够考虑到对总体的某个重要部位的取样，就有可能出现样品选取偏差。

14.2　矿产勘查取样

14.2.1　矿产勘查取样的定义

　　在矿产勘查学中应用统计学理论时，我们应当意识到样本的统计学定义与其在矿产勘查中的相应定义之间的差异：在统计学中，样本是一组观测值；而在矿产勘查学中，样本是矿化体的一个代表性部分，分析其性质是为了获得某个统计量，例如，矿化体品位或厚度的平均值。矿产勘查取样需要统计学理论的指导，但其研究对象和研究内容具有特殊性，而且必须借助一定的技术手段才能获得相关的样品。

　　矿产勘查取样是指按照一定要求，从矿石、矿体或其他地质体中采取一定容量的代表性样本，并通过对所获得样本中的每个样品进行加工、化学分析测试、试验，或者鉴定研究，确定矿石或岩石的组成、矿石质量（矿石中有用和有害组分的含量）、物理力学性质、矿床开采技术条件以及矿石加工技术性能等方面的指标而进行的一项专门性的工作。根据该定义，矿产勘查取样工作由三部分组成。

　　（1）采样：从矿体、近矿围岩或矿产品中采取一部分矿石或岩石作为样品，这一工作称为采样；

　　（2）样品加工：由于原始样品的矿石颗粒粗大，数量较多或体积较大，所以需要进行加工，经过多次破碎、拌匀、缩分使样品达到分析、测试要求的粒度和数量；

　　（3）样品的分析、测试或鉴定研究。

　　本节只对采样方法进行简要介绍，有关样品加工和分析测试方面的内容将在下一节涉及。感兴趣的读者可参考《固体矿产勘查原始地质编录规程》（DZ/T 0078—2015）。

14.2.2　矿产勘查中常用的采样方法

　　采样是矿产勘查取样的一个基本环节，矿产勘查各阶段都必须进行采样工作。由于采样目的和所采集的样品种类、数量以及规格不同，所采用的采样方法也有所不同。常用的采样方法主要有以下几种。

1. 打（拣）块法

　　打块法（grab samples）是在矿体露头或近矿围岩中随机（实际工作中却常常是主观）地凿（拣）取一块或数块矿（岩）石作为一个样品的采样方法[图 14.3（a）]。这种方法的优点是操作简便、采样成本低。在矿产勘查的初期阶段，利用这种方法查明矿化的存在与否，所采集的往往是最有可能矿化的高品位样品，因而在有关打（拣）块取样结果的报告中一般采用"高达"的术语来描述，例如，"拣块样中发现含金高达 30g/t"。这种情况下获得的品位不是矿化体的平均品位，只能表明矿化的存在而不能说明其经济意义，并且这种方法也不能给出矿化的厚度。在矿山生产阶段，常常利用网格拣块法（即在矿石堆上按一定网格在结点上拣取重量或大小相近的矿石碎屑组成一个或几个样品）或多点拣块法（即在矿车上多个不同部位拣块组合成一个样品）采样进行质量控制。

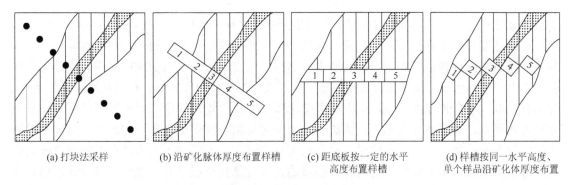

| (a) 打块法采样 | (b) 沿矿化脉体厚度布置样槽 | (c) 距底板按一定的水平高度布置样槽 | (d) 样槽按同一水平高度、单个样品沿矿化体厚度布置 |

图 14.3　横剖面上矿化脉的采样型式（Moon et al.，2006）

2. 刻槽法

在矿体或矿化带露头或人工揭露面上按一定规格和要求布置样槽，然后采用手凿或取样机开凿槽子，再将槽中凿取下来的矿石或岩石作为样品的采样方法称为刻槽法（channel sampling）。刻槽取样的目的是要确定矿化带或矿体的宽度和平均品位，样槽可以布置在露头上、探槽中，以及地下坑道内。穿脉坑道一般在主壁腰线以下布样（图 14.3），当发现某一段矿化在两壁上变化明显时，可以在两壁上同时取样后组成合并样。沿脉坑道以掌子面布样为主（图 14.4），在必要和可能时，可在坑顶布样，如果矿体倾角变缓，则在掌子面及壁上布样，掌子面布样间距视矿种和矿石均匀程度确定。

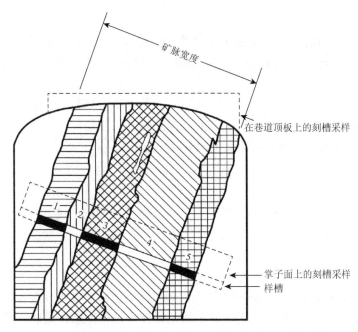

图 14.4　沿脉掌子面分带矿脉上的分段刻槽采样

该图说明在 5 个明确的矿化带均分别取样，同时，在上、下盘围岩中也应视情况进行采样

样槽的布置原则是样槽的延伸方向要与矿体的厚度方向或矿产质量变化的最大方向相一致，同时，要穿过矿体的全部厚度。当矿体出现不同矿化特点的分带构造时，为了查明各带

矿石的质量和变化性质，需要对各带矿石分别采样，这种采样称为分段采样，如图 14.4 所示。

样品长度又称采样长度，是指每个样品沿矿体厚度或矿化变化最大方向的实际长度，例如，对于刻槽法采样，即为每个样品所占有的样槽长度；而对于钻探采样来说，则是每个样品所占有的实际进尺。在矿体上样槽贯通矿体厚度，当矿体厚度大时，样槽延续可以相当长。样品长度取决于矿体厚度大小，矿石类型变化情况和矿化均匀程度，最小可采厚度和夹石剔除厚度等因素。当矿体厚度不大，或矿石类型变化复杂，或矿化分布不均匀时，当需要根据化验结果圈定矿体与围岩的界线时，样品长度不宜过大，一般以不大于最小可采厚度或夹石剔除厚度为适宜。当工业利用上对有害杂质的允许含量要求极严时，虽然夹石较薄，也必须分别取样，这时长度就以夹石厚度为准。当矿体界线清楚、矿体厚度较大、矿石类型简单、矿化均匀时，则样品长度可以相应延长。

样槽断面的形状主要为长方形，样槽断面的规格是指样槽横断面的宽度和深度，一般表示方法为宽度×深度，如 10cm×3cm。

刻槽样断面规格一般应根据矿体的厚度及矿石结构、构造、矿化均匀程度经过试验或类比其他矿区确定。采样断面规格常有 5cm×2cm～10cm×3cm（铁、铜、铅、锌、钼、镍），5cm×2cm～10cm×5cm（锰、铬、铝土矿），5cm×3cm～10cm×5cm（锑、汞、钨、锡、磷），10cm×3cm～20cm×5cm（岩金、钴土、铍、铌、钽、煤等）。

刻槽法主要用于化学取样，适用于各种类型的固体矿产，在矿产勘查各个阶段获得广泛应用。

3. 岩（矿）心采样

岩（矿）心采样（drill core sampling）是将钻探提取的岩（矿）心沿长轴方向用岩心劈开器或金刚石切割机切分为两份或四份，然后取其中一半或 1/4 作为样品，所余部分归档存放在岩心库。

岩（矿）心采样的质量主要取决于岩（矿）心采取率的高低。如果岩（矿）心采取率不能满足采样要求时，必须在进行岩（矿）心采样的同时，收集同一孔段的岩（矿）粉作为样品，以便用两者的分析结果来确定该部位的矿石品位。

4. 岩（矿）屑采样

岩（矿）屑采样（drill cuttings）是使用反循环钻进或冲击钻进方式收集岩（矿）屑作为样品的采样方法，主要用于确定矿石的品位以及大致进行岩性分层（图 10.3）。

5. 剥层法采样

剥层法采样（sampling by stripping）是在矿体出露部位沿矿体走向按一定深度和长度剥落薄层矿石作为样品的采样方法，适用于采用其他采样方法不能获得足够样品重量的厚度较薄（小于 20cm）的矿体或有用组分分布极不均匀的矿床，剥层深度为 5～15cm。该方法还可验证除全巷法外的采样方法的样品质量。

6. 全巷法

地下坑道内取大样的方法称为全巷法（bulk sampling），是在坑道掘进的一定进尺范围内采取全部或部分矿石作为样品的一种取样方法。全巷法样品的规格与坑道的高和宽一致，样长通常为 2m，样品重量可达数吨到数十吨。

全巷法样品的布置：在沿脉中按一定间距布置采样；在穿脉坑道中，当矿体厚度不大时，掘进所得矿石作为一个样品；当厚度很大时，则连续分段采样。

全巷法样品采取方法：把掘进过程中爆破下来的全部矿石作为一个样品；或在掌子面旁结合装岩进行缩减，采取部分矿石，如每隔一筐取用一筐，或每隔五筐取用一筐，然后把取得的矿石样合并为一个样品，或在坑口每隔一车或五车取一车，再合并为一个样品。取全部或取部分以及如何取这部分，这些问题应根据取样任务及其所需样品的重量来决定。取样要求坑道必须在矿体中掘进，以免围岩落入样品而使矿石品位贫化。

全巷法取样主要用于技术取样和技术加工取样，如用来测定矿石的块度和松散系数；用于矿物颗粒粗大，矿化极不均匀的矿床的采样（对这种矿床剥层法往往不能提供可靠的评价资料），如确定伟晶岩中的钾长石，云母矿床中的白云母或金云母，含绿柱石伟晶岩中的绿柱石，金刚石矿床中的金刚石，石英脉中的金、宝石、光学原料、压电石英等的含量。另外还用于检查其他取样方法。

全巷法采样在坑道掘进同时进行，不影响掘进工作，样品重量大、精确度高等是其优点，缺点是采样方法复杂、样品重量巨大、加工和搬运工作量大、成本高，所以只有当需要采集技术加工和选冶试验样品以及其他方法不能保证取样质量时才采用此方法。

采集大样除利用地下坑道外，还可利用大直径岩心、浅井等勘查工程。

7. 用 X 射线荧光分析仪现场测量代替某些取样工作

X 射线荧光分析仪是应用物理方法测定矿石中元素（原子序数大于 20 的元素）含量的仪器。采用这种方法可以取代部分矿石样品的化学分析，其操作方式是利用便携式 X 射线荧光分析仪在现场直接测量矿石中有用元素特征的 X 射线强度值，然后计算出矿样中元素的品位值。

关于地球化学勘查采样方法参见第 9 章的相关内容。

14.2.3　采样方法的选择

在矿产勘查中往往需要多种采样方法配合使用，而这些方法的选择首先需要根据勘查项目的目的以及所采用的勘查技术手段来确定，例如，钻探工程项目只能采用岩心采样和岩屑采样；槽探采用刻槽取样；坑探工程可采用刻槽法、打（拣）块法、全巷法等。其次，还要考虑矿床地质特征和技术经济因素，例如，矿化均匀的矿体可采用打（拣）块法或刻槽法，而矿化不均匀的矿体则可能需要采用剥层法或全巷法进行验证；打（拣）块法和刻槽法的设备简单、操作简便且成本低，而剥层法和全巷法的成本高、效率低。因此，选择采样方法的原则，是在满足勘查目的的前提下尽量选择操作简便、成本低、效率高、样品代表性好的方法。

14.2.4　采样间距的确定

沿矿体或矿化带走向两相邻采样线之间的距离，称为采样间距。一方面，采样间距越密，样品数量越多，代表性越强，但采样、样品加工，以及样品分析的工作量显著增大，成本相应增高。另一方面，采样间距过稀，样品数量不足，难以控制矿化分布的均匀程度和矿体厚度的变化程度，达不到勘查目的。

矿化分布较均匀、厚度变化较小的矿体，可采用较稀的采样间距。反之，则需要采用较密的采样间距才能够控制。一般情况下采样间距与勘查工程网度直接相关，确定合理勘查网度的方法也可用于确定合理采样间距，基本方法仍然是类比法、试验法、统计学方法等（参见 13.2 节）。

14.3 矿产勘查取样的种类

按取样研究内容和试样检测要求的不同，矿产勘查取样可分为化学取样、技术取样、矿产加工技术取样、岩矿鉴定取样。

14.3.1 化学取样

为测定物质的化学成分及其含量而进行的取样工作称为化学取样。在矿产勘查中，化学取样的对象主要是与矿产有关的各种岩石、矿体及其围岩、矿山生产出的原矿、精矿、尾矿以及矿渣等。通过对样品的化学分析，为寻找矿床、确定矿石中的有用和有害组分并确定其含量、圈定矿体和估算资源储量，以及为解决有关地质、矿山开采、矿石加工、矿产综合利用和环境评价治理等方面的问题提供依据。

1. 化学取样方法

化学样的取样主要利用探矿工程进行。在坑探工程中通常采用刻槽法，有时可结合打（拣）块法，并利用剥层法或全巷法对刻槽法的适用性进行验证；在钻探工程中则采用岩心采样方法，辅以岩屑采样。

2. 样品加工

为了满足化学分析或其他试验对样品最终重量、颗粒大小，以及均一性的要求，必须对各种方法所取得的原始样品进行破碎、过筛、混匀，以及缩减等程序，这一过程称为样品加工。

例如，送交化学分析的样品重量大约为 100g，最终用作化学分析的样品重量只有几克，其中颗粒的最大直径不得超过零点几毫米。但原始样品不仅重量大，而且颗粒粗细不一，各种矿物分布又不均匀。所以，为了满足化学分析的要求，必须事先对样品进行加工处理。

Gy（1982，1991）深入研究了化学样品加工过程中误差的来源，建立了颗粒取样理论（particulate sampling theory）。该理论基于样品物质的变化性与样品物质粒度、有用组分的分布，以及样品重量之间的关系。颗粒物质的变化性与样品所含的颗粒数有关。化学分析样品的重量不变，颗粒粒径越小，变化性越低。

样品最小可靠重量是指在一定条件下，为了保证样品的代表性，即能正确反映采样对象实际情况，所要求的样品最小重量。在样品加工过程中，它是制定样品加工流程的依据，使加工、缩分之后的样品与加工之前的原始样品在化学成分上保持一致，以保证取样工作的质量和地质成果的准确可靠。此外，为了使原始样品具有足够的代表性，也必须根据样品最小可靠重量的要求，选择能获得必要重量样品的采样方法。矿化越不均匀、样品颗粒越粗，需要的样品可靠重量就越大。样品加工的最简单原理是：样品全部颗粒必须碎至的粒度大小要求达到失去其中任何一个颗粒都不会影响化学分析的程度。实际工作中，可根据样品加工的经验公式确定样品最小可靠重量。这类经验公式有多种，其中，切乔特公式是应用最广的一种样品加工公式，其表达式为

$$Q = kd^2 \tag{14.13}$$

式中，Q 为样品最小可靠重量（缩分后试样的重量，单位为 kg）；k 为根据岩矿样品特性确定的缩分系数，其值与岩石矿物种类、待测元素的品位和分布均匀程度以及对分析精密度、准确度的要求等因素有关（元素的品位变化越大、分布越不均匀、分析精密度要求越高者，则 k 值越大），各种主要岩石矿物的 k 值见表 14.3；d 为样品最大颗粒直径（单位为 mm），以粉碎后样品能全部通过的孔径最小的筛号孔径为准。各种筛孔直径（d）及不同 k 值情况下的 Q 值见表 14.4。

式（14.13）表明，样品的可靠重量与其中最大颗粒直径的平方成正比；矿化越不均匀，样品颗粒越粗，要求的可靠重量就越大。表 14.5 说明样品重量与最大允许颗粒粒度的经验关系。

表 14.3　主要岩石矿物的缩分系数（k 值）

岩石矿物种类	k 值
铁、锰（接触交代、沉积、变质型）	0.1～0.2
铜、钼、钨	0.1～0.5
镍、钴（硫化物）	0.2～0.5
镍（硅酸盐）、铝土矿（均一的）	0.1～0.3
铝土矿（非均一的，如黄铁矿化铝土矿，钙质铝土角砾岩等）	0.3～0.5
铬	0.3
铅、锌、锡	0.2
锑、汞	0.1～0.2
菱镁矿、石灰岩、白云岩	0.05～0.1
铌、钽、锆、铪、锂、铯、钪及稀土元素	0.1～0.5
磷、硫、石英岩、高岭土、黏土、硅酸盐、萤石、滑石、蛇纹石、石墨、盐类矿	0.1～0.2
明矾石、长石、石膏、砷矿、硼矿	0.02
重晶石（萤石重晶石、硫化物重晶石、铁重晶石、黏土晶石）	0.2～0.5

注：引自地质矿产行业标准《地质矿产实验室测试质量管理规范第 2 部分：岩石矿物分析试样制备》（DZ/T 0130.2—2006）

表 14.4　d、Q 与 k 的对应值

筛号（网目）	d/mm	Q 值/kg					
		$k=0.05$	$k=0.1$	$k=0.2$	$k=0.3$	$k=0.4$	$k=0.5$
3	6.35	2.016	4.032	8.065	12.097	16.129	20.161
4	4.76	1.133	2.266	4.532	6.798	9.063	11.329
5	4.00	0.800	1.600	3.200	4.800	6.400	8.000
6	3.38	0.571	1.142	2.285	3.427	4.570	5.712

续表

筛号（网目）	d/mm	Q 值/kg					
		k = 0.05	k = 0.1	k = 0.2	k = 0.3	k = 0.4	k = 0.5
7	2.83	0.400	0.801	1.602	2.403	3.204	4.004
8	2.38	0.283	0.566	1.133	1.699	2.266	2.832
10	2.00	0.200	0.400	0.800	1.200	1.600	2.000
12	1.68	0.141	0.282	0.564	1.847	1.129	1.411
14	1.41	0.099	0.199	0.398	0.596	0.795	0.994
16	1.19	0.071	0.142	0.283	0.425	0.566	0.708
18	1.00	0.050	0.100	0.200	0.300	0.400	0.500
20	0.84	0.035	0.071	0.141	0.212	0.282	0.353
25	0.71	0.025	0.050	0.101	0.151	0.202	0.252
30	0.59	0.017	0.035	0.070	0.104	0.139	0.174
35	0.50	0.013	0.025	0.050	0.075	0.100	0.125
40	0.42	0.009	0.018	0.035	0.053	0.071	0.088
50	0.297	0.004	0.009	0.018	0.026	0.035	0.044
60	0.250	0.003	0.006	0.013	0.019	0.025	0.031
70	0.210	0.002	0.004	0.009	0.013	0.018	0.022
80	0.177	0.002	0.003	0.006	0.009	0.013	0.016
100	0.149						
120	0.125						
140	0.105						
150	0.100						
160	0.097						
200	0.074						

注：引自地质矿产行业标准《地质矿产实验室测试质量管理规范第 2 部分：岩石矿物分析试样制备》（DZ/T 0130.2—2006）

在样品加工过程中，通常利用"目"来表示能够通过筛网的颗粒粒径，目是指每平方英寸（1 平方英寸≈6.4516cm^2）筛网上的孔眼数目，例如，200 目就是指每平方英寸上的孔眼是 200 个，目数越高，表示孔眼越多，通过的粒径越小。目数与筛孔孔径关系可表示为：目数×孔径（mm）= 15000（μm），例如，400 目筛网的孔径为 38μm 左右。目数前加正负号表示能否漏过该目数的网孔：负数表示能漏过该目数的网孔，即颗粒粒径小于网孔尺寸；而正数表示不能漏过该目数的网孔，即颗粒粒径大于网孔尺寸。

表 14.5　矿石样品缩减重量与样品中最大允许颗粒粒度之间的经验关系（Gertsch and Bullock，1998）

最大颗粒直径		品位很低或分布很均匀 的矿石/kg	中等品位矿石/kg	富矿或矿化不均匀矿石/kg
毫米	目			
102		2177.24	16127.9	
51		544.3	4032	23224
25.5		136	1008	5806
12.75		34	252.2	1451.5
6.35		8.6	63	363

续表

最大颗粒直径		品位很低或分布很均匀的矿石/kg	中等品位矿石/kg	富矿或矿化不均匀矿石/kg
毫米	目			
3.4	6	2.3	17.28	100
1.7	10	0.59	4.31	24.9
0.85	20	0.15	1.08	6.24
0.43	35	0.037	0.268	1.56
0.22	65	0.091	0.068	0.39
0.1	150	0.0023	0.017	0.095

样品加工程序一般可分为 4 个阶段：①粗碎，将样品碎至 25～20mm；②中碎，将样品碎至 10～5mm；③细碎，将样品碎至 2～1mm；④粉碎，样品研磨至 0.1mm 以下。上述每一个阶段又包括四道工序，即破碎、筛分、拌匀，以及缩分。

缩分采用四分法，即将样品混匀后堆成锥状，然后略为压平，通过中心分成四等份，弃去任意对角的两份。由于样品中不同粒度、不同密度的颗粒大体上分布均匀，留下样品的量是原样的一半，仍然代表原样的成分。

缩分的次数不是任意的。每次缩分时，试样的粒度与保留的试样之间，都应符合切乔特公式，否则就应进一步破碎，才能缩分。如此反复经过多次破碎缩分，直到样品的重量减至供分析用的数量为止。然后放入玛瑙研体中磨到规定的细度。根据试样的分解难易，一般要求试样通过 100～200 号筛，这在生产单位均有具体规定。

3. 化学样品的分析与检查

样品经过加工以后，地质人员填写送样单，提出化验分析的种类和分析项目等要求，送化验室作分析。化学样品分析的种类很多，根据研究目的要求不同主要有以下 5 种：

1）基本分析

基本分析又称作普通分析、简项分析、主元素分析，是为了查明矿石中主要有用组分的含量及其变化情况而进行的样品化学分析。它是矿产勘查工作中数量最多的一种样品化学分析工作，其结果是了解矿石质量、划分矿石类型、圈定矿体，以及估算资源量的重要资料依据。分析项目则因矿种及矿石类型而定，例如，铜矿石分析铜，金矿石分析金，铁矿分析全铁（TFe）和可熔铁（SFe），当已知全铁与可熔铁的变化规律，就可只分析全铁。当经过一定数量的基本分析，证实某种有用组分含量普遍低于工作指标规定时，可不再列入基本分析项目。

2）多元素分析

一个样品分析多种元素项目称为多元素分析。它是根据对矿石的肉眼观察或光谱半定量全分析或矿床类型与地球化学的理论知识，在矿体的不同部位采取代表性的样品，有目的地分析若干个元素项目，以检查矿石中可能存在的伴生有益组分和有害元素的种类和含量，为组合分析提供项目。查定结果，某些组分达到副产品的含量要求、某些元素超出了有害组分（或元素）允许的含量要求，则进一步作组合分析。多元素分析一般在矿产普查评价阶段就要进行。分析项目根据矿床矿石类型、元素共生组合规律、岩矿鉴定和光谱分析结果确定。例如，在黑钨石英脉型钨矿床中，共生矿物常有绿柱石、辉铋矿、辉钼矿、锡石、毒砂、闪锌矿、黄铜矿、钨酸钙矿与钨锰铁矿共生。多元素分析除分析 WO_3 外，还分析铍、铋、钼、锡、砷、锌、铜、钙等元素。多元素分析样品数量视矿石类型、矿物成分复杂程度而定，一般一个矿区作 10~20 个样品即可。

3）组合分析

组合分析是为了了解矿体内具有综合回收利用价值的有用组分，或影响矿产选冶性能的有害组分（包括造渣组分）含量和分布规律而进行的样品化学分析，当有益组分达到综合回收利用要求时，其分析结果还用于伴生有益组分的资源储量估算。

组合分析样品不需单独采取，由基本样品的副样组合而成。副样是指经加工后的样品，一半送实验室作分析或试验后，剩余的另一半样品。副样与主样具有同样的代表性，需妥善保存，用作日后检查分析结果和其他研究的备用样品。

基本样品可被组合的条件是其主要元素应达工业品位，应属同一矿体、同一块段、同一矿石类型和品级。组合的数量一般是 8~12 个合成一个样品，也可 20~30 个或更多合成一个样品，视矿体的物质成分变化稳定情况及是否已对组分变化规律掌握而定。组合样重量一般为 100~200g，具体的组合方法是根据被组合的基本样品的取样长度、样品原始重量或样品体积按比例组合。表 14.6 阐明了各件基本分析副样的分配重量按样长比例计算例子。

表 14.6　某铜矿床 V 号矿体组合分析样采样登记表

组合样号	工程号	基本分析样		样长比例/% （单样长/组合样长）	副样提取重量/g
		样号	样长/m		
ZH01	TC701	H1	1.2	4.17	8.33
		H2	0.9	3.13	6.25
		H3	1.1	3.82	7.64
		H4	1	3.47	6.94
	ZK701	H1	1.3	4.51	9.03
		H2	1.4	4.86	9.72
		H3	1.3	4.51	9.03
		H4	1.4	4.86	9.72
		H5	1.4	4.86	9.72
ZH01	ZK702	H1	1.4	4.86	9.72
		H2	1.2	4.17	8.33
		H3	1.3	4.51	9.03
		H4	1.4	4.86	9.72
	TC501	H1	1.1	3.82	7.64
		H2	1	3.47	6.94
		H3	0.9	3.13	6.25
		H4	1.2	4.17	8.33
	ZK501	H1	1.3	4.51	9.03
		H2	1.5	5.21	10.42
		H3	1.4	4.86	9.72
	ZK502	H1	1.4	4.86	9.72
		H2	1.3	4.51	9.03
		H3	1.4	4.86	9.72
	合计	28.8	100	200	合计

资料来源：《固体矿产勘查原始地质编录规程》（DZ/T 0078—2015）

组合样品的化验项目一般根据多元素分析结果或光谱全分析和化学全分析的结果，结合矿床工业指标，对有益有害伴生组分的要求进行确定。在基本分析中已作了的项目，不再列入组合分析（例如，某铁矿共生钒、钛、伴生铜、钴、镍、硫、磷等有益组分，基本分析做 TFe、TiO_2、V_2O_5 项目，组合分析做 Cu、Co、Ni、S、P_2O_5 等项目）。只有在需要了解伴生组分与主要组分之间的相关关系，或需要用组合分析结果来划分矿石类型时，组合分析才包括基本分析中的某些项目。

4）合理分析

合理分析又称物相分析，其任务是确定有用元素赋存的矿物相，以区分矿石的自然类型和技术品级，了解有用矿物的加工技术性能和矿石中可回收的元素成分。

合理分析样品数目一般为 5~20 个，可以不专门采样，由基本分析样品的副样或组合分析的副样组成。需要指出的是，当利用基本分析副样作为试样时，必须及时进行分析，防止试样氧化而影响分析结果。

如果专门采样，一般是先利用显微镜或肉眼鉴定初步划分自地表至原生带上部矿石自然类型和技术品级的分界线（氧化矿、混合矿、原生矿），然后按一定间距在此界线两侧采取样品。例如，硫化物矿床，在矿物鉴定的基础上，从不同矿石的分带线附近采集一定数量的样品，通过物相分析确定硫化矿物与氧化矿物的比例，据此划分氧化矿石带、混合矿石带，以及硫化矿石带（表 14.7），从而为分别估算不同矿石类型的资源储量以及分别开采、选矿及冶炼提供依据。

表 14.7　铜、铅、锌、银、镍、钼矿的氧化程度类型划分标准

氧化程度类型	硫化物中金属含量/%	氧化物中金属含量/%
氧化矿	<70	>30
混合矿	70~90	10~30
硫化矿	>90	<10

5）全分析

全分析是分析样品中全部元素及组分的含量，可分为光谱全分析、化学全分析以及岩石全分析。

（1）光谱全分析：目的是了解矿石和围岩内部有些什么元素，特别是那些有益、有害元素和它们的大致含量，以便确定化学全分析、多元素分析和微量元素分析的项目。故在项目初期阶段即需采样进行。光谱全分析样品可采自同一矿体的不同空间部位和不同矿石类型，也可利用代表性地段的基本分析副样按矿石类型组成。一般每种矿石类型都应有几个样品。

（2）化学全分析：目的是全面了解各种矿石类型中各种元素及组分的含量，以便进行矿床物质成分的研究。化学全分析样品可以单独采样，也可以利用组合分析的副样，大致每种矿石类型应有 1~2 个样品。某些以物理性能确定工业价值的矿种如石棉等，只需用个别化学全分析样以了解其化学成分，判定矿物的种类即可。

（3）岩石全分析：岩石全分析又称硅酸盐类分析，目的是通过化学分析确定岩浆岩种类及岩石分带。全分析项目包括 SiO_2、Al_2O_3、Fe_2O_3、FeO、MgO、CaO、Na_2O、K_2O、H_2O^+、

H_2O^-、CO_2、TiO_2、P_2O_5、MnO。有时增加 Cr_2O_3，特殊情况测定全 S、Cl、P 和 Co，分析结果的总和应介于 99.3%～101.2%（质量高者应达到 99.5%～100.75%）。

14.3.2 技术取样

技术取样又称物理取样，是指为了研究矿产和岩石的技术物理性质而进行的取样工作。其具体任务是：①对一部分借助化学取样不能或不足以确定矿石质量的矿产，主要是测定与矿产用途有关的物理和技术性质。例如，测定石棉矿产的含棉率、纤维长度、抗张强度和耐热性等；测定建筑石材的孔隙度、吸水率、抗压强度、抗冻性、耐磨性等。②对一般矿产，主要是测定矿石和围岩的物理机械性质，如矿石的体重和湿度、松散系数、坚固性、抗压强度、裂隙性等，从而为资源储量估计以及矿山设计提供必要的参数和资料。为此项任务而进行的技术取样又称为矿床开采技术取样。

矿石技术样品包括矿石体重、矿石相对密度、矿石孔隙度、矿石块度、岩（矿）石物理力学性质等方面的测试样品，其采样和测试方法分述如下。

1. 矿石体重的测定

矿石体重又称矿石容重，是指自然状态下单位体积矿石的质量，以矿石重量与其体积之比表示。矿石体重是估算资源储量的重要参数之一，其测定方法一般分为小体重和大体重两种。

（1）小体重法：利用打（拣）块法采集小块矿石（样品体积一般 60～120cm³），采回后立即称其重量，然后根据阿基米德原理，采用塑封排水法代替以往的封蜡排水法测定小体重。塑封法测定小体重的具体操作方法是将干燥矿样称重后置于重量与体积都可忽略不计的小塑料袋中，并排出袋内空气后扎紧袋口，然后放入盛水的量杯中，测定出矿样的体积（v）和重量（w），则样品的小体重（d）为

$$d = \frac{w}{v} \tag{14.14}$$

金属矿产在测定小体重后一般应分析其品位。由于所采集的样品（标本）不能包括矿石中较大的裂隙，因而可视为矿石的密度。这种方法一般需要测定 30～50 个样品。

西方国家矿产勘查公司测定矿石小体重的具体做法一般是从钻孔岩心中采集小体重样品，将样品盛放在吊篮中（吊篮安装在天平上，天平一般精确到 0.1g）并浸没在盛水的容器内，记录水中样品的质量，然后将样品擦干后再称其质量（空气中样品质量）。根据阿基米德原理，利用下述公式计算样品体重：

$$样品体重 = \frac{空气中样品质量}{水中样品质量} \tag{14.15}$$

这种做法的最大好处是可以了解矿石品位与体重的关系。如果体重与品位高度相关，则在计算矿段平均品位时应考虑体重的权重。

（2）大体重法：在具有代表性的部位以凿岩爆破的方法（或全巷法）采集样品，在现场测定爆破后的空间体积（所需体积应大于 0.125m³）和矿石的重量确定矿石体重的方法，这种方法确定的体重基本上代表矿石自然状态下的体重。一般需测定 1～2 个大样品，如果裂隙发

育，则应多测定几个样品。

需要强调的是应按矿石类型或品级采集矿石体重样品。一般来说，致密块状矿石可以采集小体重样品，每种矿石类型不得小于 30 个样品，求其加权平均值；裂隙发育的块状矿石除了按同样要求采集小体重样品外，还需要采集 2~3 个大体重样品对小体重值进行检查，如果两者差异较大，则以大体重的值修正小体重值。松散矿石则应采集大体重样品，且不得少于 3 个样品。对于湿度较大的矿石，应采样测定湿度；如果矿石湿度大于 3%，其体重值应进行湿度校正。

当体重与矿石品位有显著相关关系时，应采用线性回归方法，依函数曲线按块段平均品位选取体重值。

2. 矿石相对密度的测定

物质的重量和 4℃时同体积纯水的重量的比值，称为该物质的相对密度。矿石相对密度是指碾磨后的矿石粉末重量与同体积水重量的比值，通常采用相对密度瓶法测定。用于测定相对密度的样品可以从测定体重的样品中选出。相对密度值用于估算矿石的孔隙度。

3. 矿石孔隙度的测定

矿石孔隙度是指矿石中孔隙的体积与矿石本身体积的比值，用百分数表示。具体确定方法是分别测定矿石的干体重和相对密度，然后根据式（14.16）计算：

$$矿石孔隙度 = （1 - \frac{矿石干体重}{矿石相对密度}）\times 100\% \qquad (14.16)$$

4. 矿石块度的测定

矿石块度是指岩石、矿石经爆破后碎块形成的大小程度。块度一般以碎块的三向长度的平均值（mm）或碎块的最大长度（mm）表示。矿堆块度指矿石的平均块度，一般用矿堆中不同块度的加权平均值表示。块度样品采用全巷法获取，一般在测定矿石松散系数的同时，分别测定不同块度等级矿石的比例，可与加工技术样品同时采集。

在矿山设计阶段，矿石块度是选择破碎机、粉碎机等选矿设备和确定工艺流程的一个重要参数。

5. 岩（矿）石物理力学性质试验

岩（矿）石物理力学性质试验是为测定岩（矿）石物理力学性质而进行的试验，例如，为设计生产部门计算坑道支护材料提供岩（矿）石抗压强度的数据、为矿山制定凿岩掘进劳动定额以及编制采掘计划提供有关岩（矿）石的硬度及可钻性的数据等。样品采集多用打块法。

14.3.3　矿产加工技术取样

矿产加工技术取样又称工艺取样，是指为了研究矿产的可选性能和可冶性能而进行的取样工作，其任务是为矿山设计部门提出合理的工艺流程及技术经济指标，一般在可行性研究阶段进行。加工技术样品试验按其目的和要求不同可分为如下几种类型。

（1）实验室试验：是指在实验室条件下采用一定的试验设备对矿石的可选性能进行试验，了解有用组分的回收率、精矿品位、尾矿品位等指标，为确定选矿方案和工艺流程提供资料。实验室试验一般在概略研究或预可行性研究阶段进行。

（2）半工业性试验：也称为中间试验，是为确定合理的选矿流程和技术经济指标以便为建设加工技术复杂的大中型选矿厂提供依据。该项试验近似于生产过程，一般是在可行性研究阶段进行。

（3）工业性试验：是在生产条件下进行的试验，目的是为大、中型选矿厂提供建设依据或为新工艺、新设备提供设计依据。

加工技术样品的采集方法取决于矿石物质成分的复杂程度、矿化均匀程度以及试样的重量。实验室试验所需试样重量一般为100～200kg，最重可达1000～1500kg，可采用刻槽法或岩心钻探采样法获取；半工业试验一般需 5～10t，工业性试验需几十吨至几百吨，通常采用剥层法或全巷法采样。

14.3.4 岩矿鉴定取样

采集岩石或矿石（包括自然重砂和人工重砂）的标本（样品），通过矿物学、岩石学、矿相学的方法，研究其矿物成分、含量、粒度、结构构造及次生变化等，为确定岩石或矿石的矿物种类、分析地质构造、推断矿床生成地质条件、了解矿石加工技术性能以及划分矿石类型等方面提供资料依据。部分矿产还需借助岩矿鉴定取样方法测定与矿石质量和加工利用有关的矿物或矿石的加工技术性能，如矿物的晶形、硬度、磁性以及导电性等。

研究目的不同，岩矿鉴定采样的方法也有所不同：

（1）以确定岩石或矿石矿物成分、结构构造等目的的岩矿鉴定，一般利用打（拣）块法采集样品，采样时应注意样品的代表性，而且尽可能采集新鲜样品。

（2）以确定重砂矿物种类、含量为目的的重砂样品，分为人工重砂或自然重砂样。人工重砂样一般采用刻槽法、网格打（拣）块法、全巷法，或利用冲击钻探法获取；自然重砂样是在河流的重砂富集地段采集。

（3）以测定矿物同位素组成、微量元素成分为目的的单矿物样品，常用打（拣）块法获取。

除上述各种取样外，为了解矿床有用元素赋存状态，有时需要进行专门取样分析鉴定研究，特别是在发现新的矿床类型或矿化类型时，这种取样分析具有重要意义。

14.4 样品分析、鉴定、测试结果的资料整理

14.4.1 样品的采集和送样

样品采集后，要仔细检查和整理采样原始资料。具体工作包括：①在送样前要确认采样目的已达到设计和有关规定的要求；②所采样品应具有代表性、能反映客观实际；③采样原则、方法和规格符合要求；④各项编录资料齐全准确；⑤确定合理的分析、测试项目；⑥样品的包装和运送方式符合要求。

采集标本应在原始资料上注明采集人、采集位置和编号。标本采集后，应立即填写标签和进行登记，并在标本上编号以防混乱。对于特殊岩矿标本或易磨损标本应妥善保存，对于易脱水、易潮解、易氧化的标本应密封包装。需外送试验、鉴定的标本，应按有关规定及时送出。一般的岩矿、化石鉴定最好能在现场进行。阶段地质工作结束后，选留有代表性和有意义的标本保存，其余的可精简处理。标本是实物资料，队部（公司）和矿区都应有符合规格要求的标本盒、标本架（柜）和标本陈列室。

样品要使用油漆统一编号。样品、标签、送样单三者编号应当一致，字迹要清楚。送样单上要认真填写采样地点、年代、层位、产状、野外定名和岩性描述等内容，并注明分析鉴定要求。

对需要重点研究或系统鉴定的岩矿鉴定样品，必须附有相应的采样图。委托鉴定的疑难样品，应附原始鉴定报告和其他相应资料。

14.4.2　样品分析、鉴定、测试结果的资料整理

收到各种分析、鉴定或其他测试结果后，先作综合核对，注意成果是否齐全，编号有无错乱，分析、鉴定、测试结果是否符合实际情况。如果发现有缺项，则应要求测试单位尽快补齐；若出现错乱或与实际情况不符，应及时补救或纠正，有时需要重采或补采样品，再作分析或鉴定。在确认资料无误后，才登入相关图表，交付使用。

对分析、鉴定的成果资料要按类别、项目进行整理。一般先进行单项的分析研究，找出其具体的特征，再进行项目的综合分析、相互关系的研究、编制相应的图件和表格。同时校正岩石和矿物的野外定名，进一步研究地层、岩石、矿化带的划分和矿体的圈定及分带，以及确定找矿标志等，必要时，对已编制图件的地质和矿化界线进行修正。

内、外检分析结果应按国家地质矿产行业标准《地质矿产实验室测试质量管理规范第 2 部分：岩石矿物分析试样制备》（DZ/T0130.2—2006）以及《地质矿产实验室测试质量管理规范第 3 部分：岩石矿物样品化学成分分析》（DZ/T0130.3—2006）中的规定，及时进行计算（可能时应每季度计算一次），编制误差计算对照表，以便及时了解样品加工和分析的质量，当发现偶然误差超限或存在系统误差时，应立即向相关分析或测试部门反映，同时采取必要的补救措施。

由于样品的化验、鉴定成果对于综合整理研究工作十分重要，在项目多、工种复杂、样品数量较大的分队（或工区），可设专人负责管理这项工作。

14.4.3　矿石品位分析数据的质量控制

样品进行化学分析的结果，有时和实际相差很大，这是因为在采样、加工和化验等各个工作过程中都可能产生误差。这种误差可以分为两类，即偶然误差（随机误差）和系统误差。偶然误差符号有正有负，在样品数量较大的情况下，可以接近于相互抵消，系统误差则始终是同一个符号，对取样最终结果的正确性影响颇大，因此必须检查其有无，并采取相应的措施进行纠正，保证取样工作的质量。不同实验室产生的误差是不一样的，可以采用案例 14.1 的方式选择一家分析质量高且价格合理的实验室。

案例 14.1 分析误差

把金混在石英砂中制备了一组人工样品，其中每个样品中金的品位都为 2.74g/t，然后把这些样品分送到 4 个不同的实验室进行分析。这是一个已知总体参数的例子，分析结果见表 14.8。

表 14.8 同一组样品不同实验室金含量分析结果 （单位：g/t）

样品编号	实验室 1	实验室 2	实验室 3	实验室 4
A	5.72	2.74	4.39	2.81
B	4.18	2.40	4.01	2.78
C	5.66	2.06	3.81	2.67
D	4.42	3.43	4.01	2.67
E	3.26	2.06	3.81	2.73
平均值	4.65	2.54	4.01	2.73
方差（S^2）	0.87	0.26	0.04	0.003
标准差（S）	0.93	0.51	0.21	0.06

根据表 14.8 的分析结果，以 95% 的信度水平（该信度水平的置信区间约为平均值 $\pm 2S$）。实验室 1 的分析值置信区间为 2.79～6.51g/t，该区间并未包含总体平均值（2.74g/t），而且方差很高；对于实验室 2，该区间为 1.52～3.56g/t，总体平均值包含在内，但方差很高；实验室 3 分析值的置信区间为 3.59～4.43g/t，未包含总体平均值，但方差是可以接受的；实验室 4 的区间为 2.61～2.85g/t，包含了总体平均值，而且方差很低。由此可以得出以下结论：

实验室 1：分析结果不准确，也不严格；

实验室 2：分析结果准确，但不严格；

实验室 3：分析结果不准确，但比较严格；

实验室 4：分析结果既准确又严格。

1. 国内地勘单位关于矿石品位数据质量控制的常见作法

国内地勘单位对化学分析数据的检查和处理一般采取下列措施。

1）内部检查

内部检查是指由本单位内部所作的化学分析检查。内部检查只能查出偶然误差（随机误差）。基本分析、组合分析、物相分析的结果都应分批、分期做内部检查分析。检查方法是选择某些基本样品的副样 10～50g，另行编号，也作为正式分析样品随同基本样品的正样一起送往化验室分析。取回化验结果后，比较同一样品的结果以检查偶然误差的有无与大小。选择样品作检查时，应考虑矿石的各种自然类型和各种技术品级都选到，还有含量接近边界品位的样品也须检查。内检数量为基本分析数量的 5%～8%，为组合分析和物相分析数量的 3%～5%。内部检查每季度至少进行一次；当样品数量少时，其基本分析样内检数量不得少于 30 件，组合分析样、物相分析样内检数量各自不得少于 10 件。

2）外部检查

外部检查是由外单位进行的化学分析检查。外部检查可以查明有无系统误差和误差的大小。系统误差可以由分析方法、化学药品质量和设备等原因引起，在本单位是检查不出来的，必须送国家级质量认证的测试单位分析。外部检查的样品数量一般为基本分析样品总数的3%～5%，当基本分析样品数量较少时，外检数量不得少于 30 件。

3）仲裁分析

当外部检查结果证实基本分析结果有系统误差存在，检查与被检查双方无法协商解决，这时，就要报主管部门批准，另找更高水平的单位进行再次检查分析，这种分析称为仲裁分析。如果仲裁分析证实基本分析结果是错误的，则应详细研究错误的原因，设法补救，如无法补救，则基本分析应全部返工。

4）误差性质的判别

将检查分析结果与基本分析结果进行比较，若有 70%以上的试样的误差偏高或偏低，即认为存在系统误差，否则为偶然误差。通过此法判别有系统误差后，还应进一步采用统计学方法确定有无系统误差以及其值的大小，同时决定能否采用修正系数进行改正等处理方法。表 14.9 利用简单的数据说明误差性质的判别过程。有关误差的具体分析处理请读者参见国家地质矿产行业标准《地质矿产实验室测试质量管理规范第 2 部分：岩石矿物分析试样制备》（DZ/T0130.2—2006）以及《地质矿产实验室测试质量管理规范第 3 部分：岩石矿物样品化学成分分析》（DZ/T0130.3—2006）中的规定。

表 14.9　锰矿石品位相对误差简单计算表

样品编号	原分析品位/%	检查样品位	误差值/%
1	25	24	−1
2	24	25	+1
3	23	20	−3
4	20	21	+1
总和	92	90	6（绝对值之和）
相对误差的计算过程	根据第 4 栏的误差值判断，可以认为属偶然误差 1. 计算原分析品位的平均值（$\bar{x}$）：$\bar{x}=\frac{92}{4}=23$ 2. 计算误差绝对值的平均值（$\bar{x}_e$）：$\bar{x}_e=\frac{6}{4}=1.5$ 3. 计算相对误差（RE）：$RE=\frac{\bar{x}_e}{\bar{x}}\times100\%=\frac{1.5}{23}\times100\%=6.5\%$ 相对误差计算结果的评价：根据原冶金工业部和原地质矿产部 1982 年联合颁发的《锰矿地质勘探规范（试行）》的指标，锰矿品位大于 20%的相对误差规定为 2%，现在计算的相对误差达到 6.5%，已超差，说明化验质量不好		

2. 西方国家矿业公司关于矿石品位数据质量控制的常见作法

矿石品位分析数据的质量控制在西方国家矿业界一般称为质量保证和质量控制（quality assurance/quality control，QA/QC），包括分析数据准确性的监测措施、检验样品是否受到污染、确定品位数据的精确性。

1）分析数据准确性的监测措施

在批量样品中插入标准样品（事先已知品位的样品称为标准样品，简称标样），一般每隔30～50个样品中插入一个标样。标样可以从有资质的实验室中购买，这些标样是采用适当的方法经过严密的分析测试制成，其结果经统计学检验是合格的。最好的标样是由矿物成分与矿化岩石相似的样品制成，这种标样称为基质匹配标样（matrix matched standards）。

采用模式识别的方法检验标样观测值的行为（Abzalov，2011）。将标样的分析值按分析顺序投在图上（图14.5），如果观测值在经过认证的平均值周围随机分布而且大约95%的观测值位于该平均值±2S 的范围内（平均值上、下观测值个数基本相同），如图14.5（a）所示，则说明该批次的分析结果质量较好。如果标样的观测结果不同于图14.5（a）的分布，则说明存在分析误差。例如，特高品位的存在[图14.5（b）]极有可能是记录错误，这种情况虽然不意味着存在数据偏差，但仍然说明数据管理系统存在问题，表明有可能该数据库存在随机误差；标样观测值持续偏移[图14.5（c）]可能是由于实验室设备校准问题或分析方法的改变产生的分析偏差；当标准样品的品位离散程度迅速降低时出现不太常见的分布模式[图 14.5（d）]，标样变化性迅速降低这一现象通常可以解释为数据受到干扰，表明测试人员已经认识混在批量样品中的标样，从而对这些标样的测试比其他样品更加精细，这样的标样分析数据不能用作证实所分析样品不存在偏差。

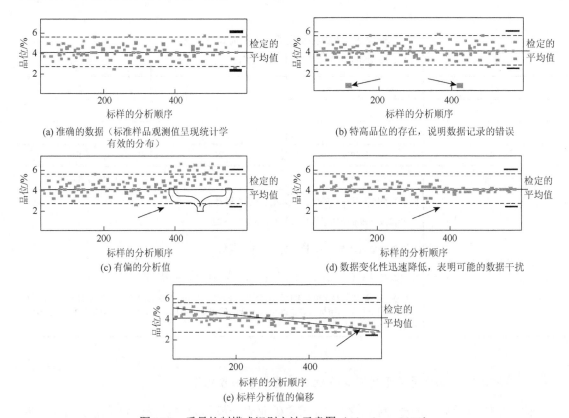

图 14.5　质量控制模式识别方法示意图（Abzalov，2011）

在品位与分析顺序关系图上准确性分析的特点还在于缺少数据趋势，趋势可以通过标样分析值系统增高或降低进行识别[图14.5（e）]；另一条用于证实可能存在趋势的准则是先后顺序的两个观测值都位于两个标准差范围之外或先后顺序的四个观测值位于一个标准差范围之外的分布（Leaver et al.，1997）。

标样观测值的系统偏移趋势[图14.5（e）]通常表明测试仪器可能的系统偏移。另外的可能性是由于保存不当导致标准样品观测值低于其相应的认证值。

2）检验样品是否受到污染

通过插入空白样品控制可能的污染。空白样品是不含被测元素的样品（样品中被测元素的含量低于送检实验室的检测限），一般是利用无矿石英制备空白样。空白样品常常插入在高品位矿化样品之后，一般每隔30～50个样品中插入一个空白样，主要目的是监控实验室是否存在由于样品设备未足够清洁干净而导致可能的污染问题。空白样品的观测值也可以呈现在品位与分析顺序关系图上（图14.6），如果设备测试后没有清洁，空白样品将会受到污染，在图上表现为检测元素的观测值显著增大。图14.6的例子说明在这一批次的样品分析过程中分析质量有所降低，因为大致在序列号为150的空白样品之后出现了系统的污染。

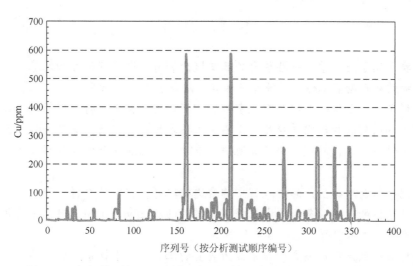

图 14.6　澳大利亚某 Ni-Cu 分析项目空白样品铜品位与分析顺序关系图

3）确定品位数据的精确性

利用样品的副样监测品位数据的精度误差，一般每隔30～50个样品中插入一个副样。最常用的评价数据对的方法是将原样及其副样的分析数据投在散点图上，根据数据对偏离 $y=x$ 直线的距离评价其离散程度。原样及其副样的观测值的差异是由样品制备以及化学分析误差引起的。精度误差数学上可以根据数据对之间的差值推导出来。

14.4.4　矿石质量研究

根据不同矿床的矿石特点，合理选择各种测试项目，并随着工作的深入，作必要的修改和调整。同时，根据勘查任务和设计要求，及时研究矿石物质成分，对于有些矿种还应着重研究矿物组成与化学成分之间的相关关系以及某些物理性能，并利用分析测试结果，编制1～3条有用组分变化规律的剖面图和必要的综合图表或变化曲线图，以及开展诸如相关分析、品位变化系数及其他数理统计方面的数据处理方法，达到了解矿石中有益、有害组分在不同部位、不同深度的赋存状态及其变化规律，以及其他一些特征或指标的分布和变化特征的效果。

根据矿石物质组分的分析资料，结合矿石加工技术特性，划分矿石的自然类型、工业类型和品级，查明它们的分布规律和所占比例。这些资料是进一步采集加工技术试验样品和分类型或品级、估算资源储量的依据。划分结果还应在相应的勘查线剖面图、矿体纵投影图或其他图件上展示出来。

加工技术取样一般是在勘探阶段进行，但是，对于复杂类型或新类型矿石，在详查阶段即应进行研究，以便作出合理的评价。随着勘查工作的进展，矿石的加工技术研究也逐渐深入，试验规模也将加大，除主体矿石类型外，技术性能较特殊的矿石类型也应作较详细的研究。同时应收集矿区内开采生产过程中的选矿经济技术指标，进行综合分析对比。根据试验研究结果，应对原来矿石类型划分方案作相应的修改补充。

本 章 小 结

本章简要介绍了统计学中一些重要的基本概念和有关取样理论方面的基础知识，这部分内容对于后续的矿产勘查取样和资源储量估算方法具有重要的指导意义。

矿产取样是通过采取一小部分有代表性的矿石或岩石样本进行分析鉴定或试验，研究矿石质量、矿石和围岩的物理化学性质、矿石加工技术性能，以及矿床开采技术条件等，为矿床评价、资源储量估算，以及解决有关地质、采矿、选冶和矿产综合利用等方面的问题提供资料依据。

在矿产勘查以及矿山生产的全过程中都要进行取样，但取什么样、用什么方法取样则取决于不同工作阶段的目的任务和要求。根据取样目的和任务的不同，可以分为化学取样、技术取样、矿产加工技术取样、岩矿鉴定取样等。

采样和样品测试是矿产勘查过程中最为重要的工作，所有探矿工程的施工都是为了采样和测试。这项工作的失误将会造成重大的经济损失，甚至可能导致项目的失败和矿山企业的破产。因此，实际工作中必须严格执行有关规范，增强质量意识并且加强监督和检验。

讨 论 题

（1）"样本数据荷载着总体的信息，可以用样本数据去推断总体的统计规律"体现了统计思想；"从随机性中归纳出规律性，通过变量估计常量，借助于样本的研究推断总体的特征"归结为统计学精髓。试举例阐明如何利用统计学思想以及统计学精髓解决矿产勘查中的实际问题。

（2）试对取样误差进行讨论。

（3）论述化学样品加工的原理。

（4）矿石品位数据是如何获得的？如何保证矿石品位数据的质量？

本章进一步参考读物

伯恩斯坦. 2002. 统计学原理(上册). 描述性统计学. 北京: 科学出版社

伯恩斯坦. 2002. 统计学原理(下册). 推断性统计学. 北京: 科学出版社

闵茂中, 白南静. 1990. 地质测试样品采集及送样指南. 北京: 科学出版社

严阵等. 1990. 地质矿产采样手册. 陕西地质矿产局地质成果编辑室

阳正熙, 吴堑虹等. 2008. 地学数据分析教程. 北京: 科学出版社

赵鹏大. 2006. 矿产勘查理论与方法. 武汉: 中国地质大学出版社

中华人民共和国地质矿产行业标准《岩矿分析质量要求和检查办法》(DZ/T 0130.3—1994)

中华人民共和国地质矿产行业标准《固体矿产勘查原始地质编录规程》(DZ/T 0078—2015)

中华人民共和国地质矿产行业标准《固体矿产勘查地质资料综合整理综合研究技术要求》(DZ/T 0079—2015)

第15章 矿产勘查综合图件的编制

地质人员到现场对各种勘查工程所揭露的矿化及各种地质现象进行仔细观测，并且采用图表和文字将矿化特征以及地质特征客观如实地素描和记录下来的工作过程，称为原始地质编录。它是收集第一手资料的最基本方法，所收集的资料是编制各种综合地质图件的基础、是进行综合研究的前提，也是评价矿床的重要依据。《固体矿产勘查原始地质编录规程》（DZ/T 0078—2015）详细阐述了原始地质编录的操作方法，这部分学习内容将通过现场实训的方式进行讲授。

根据各种原始地质资料进行的系统整理和综合研究的工作过程称为综合地质编录。通过这一过程，编制出各种必要的能够说明勘查区的地质及矿化分布规律的图件以及资源储量估算的图表和地质报告，为进一步的矿产勘查或矿山开采提供依据。本章将主要介绍几种重要的综合性图件，虽然这些图件的编绘现在都可以利用各种矿产勘查或矿业专用 GIS 软件实现，但仍然有必要学习掌握编制这些图件的意义、应包含的主要内容、基本的编图方法与过程以及它们的主要用途。

综合地质编录要注重运用新理论和新方法，全面深入地进行综合分析研究，特别是对成矿规律性的研究，用以指导矿产勘查工作。有关野外地质资料的综合整理、综合研究以及综合编图的技术要求可参考《固体矿产勘查地质资料综合整理综合研究技术要求》（DZ/T 0079—2015）。

15.1 编制综合性图件的一般要求

15.1.1 编制综合性图件的意义

综合性图件的编制意义主要表现在：

（1）可以综观矿体形态全貌，研究矿床构造，用于布置探矿工程，解决勘查设计和施工中的一些具体问题；

（2）综合性图件是全面反映矿产勘查工作成果，进行矿床地质综合研究的基础性图件；

（3）综合性图件是估算资源储量的依据，是矿产勘查报告的重要组成部分；

（4）综合性图件是进行矿山设计和进一步进行勘查、矿床评价的依据。

15.1.2 编制综合性图件的一般要求

根据地质矿产部 1993 年颁布实施的《固体矿产勘查地质资料综合整理、综合研究规定》（DZ/T 0079—1993）（已被 DZ/T 0079—2015 代替）中的规定，编制综合图件的一般要求如下：

　　为了统一规格和便于折叠保存，除按标准分幅编制的图件外，一般图件的规格宜尽量采用 19cm×27cm（即标准纸 16 开本）的整倍数。

　　在编制图件时应事先考虑图的布置、方向、图幅大小、图的内容等。平面图的方向应是上北下南或右北左南。剖面图的正北、北东、东、南东端一般放在右侧，也可按方位角 0°～180°范围内放在右侧；当剖面方位不一致或呈弧形排列时，应一律向同一方向放平。图幅大小以图内不剩大块空白为原则。

　　标准分幅图件接图表示方式按区调的有关要求处理。一般图件如因图幅过大而需分成数幅绘制时，应在每幅图廓外侧的右上方绘出接图表。接图表要按各并幅的相对位置绘出本幅及其四周相邻图幅界线；注出各幅的分幅编号，并在本幅图范围内打上阴影。分幅的相邻图幅要保证接图质量。

　　各种图件的整饰（包括内外图廓、分度带、坐标网、图廓间注记、图名、图幅号、比例尺、方位标、图例、图签、接图表坐标系统说明、保密等级等），除区域地质图和水文地质图按有关规范或要求外，一般均应按下述规定办理。

　　（1）除部分图件（如柱状图）可视需要而定外，其他各类图件均应绘制图廓。

　　（2）国际分幅的地质图件应在外图廓绘出分度线。

　　（3）高斯-克吕格直角坐标网线或独立直角坐标网线绘在图内廓和分度带内侧线或内图廓和外图廓细线之间，一般不绘入内图廓内。

　　（4）比例尺 1：5 万或小于 1：5 万的各类平面图，应在内外图廓间写出居民地注记、道路到达注记、经纬度注记、坐标网注记、邻幅图号注记等。

　　（5）地质图件的图名一般由下列三部分按顺序排列组成：工作地区（省、县或人所共知的地质单元）、矿区名称或编号、图的类别。如湖北省黄石市大冶铁矿区地形地质图。勘查线剖面图、中段平面图，以及相应种类的图件可省去工作区行政区划名称，例如，××铜矿区××号勘查线剖面图。图名应全部采用汉字，必要时可注以汉语拼音或当地民族文字。单幅图件应写大图名，大图名一般写在图的正中最上方，但有时也可视图面结构写在图的左上方或右上方。多幅图件的大图名可写在上排中间图幅的最上方，也可根据图面总体结构写在左上方或右上方图幅中。

　　（6）国际分幅图件应在北图廓上方正中写出本图幅的国际分幅编号及名称。当图上写有大图名时，图幅号位于大图名和北图廓之间。

　　（7）所有各类图件均需绘出图的比例尺（用数字及直线比例尺表示）。比例尺 1：5 万或小于 1：5 万的各类平面图应兼有数字比例尺和直线比例尺，1：1 万或更大比例尺的平面图可只画数字比例尺，剖面图有时可只写数字比例尺及垂直标尺，但在一个矿区必须明确规定，以免混乱。

　　（8）图件中所绘各种图形符号、花纹以及彩色必须全部列入图例，说明它们所代表的意义。地形底图上某些惯用符号可不列出。成套使用的图件（如成套剖面图、成套坑道平面图等），可单独编制一张统一图例，在每张图中可不再画图例。图例中地质符号上下排列次序一般为地层系统（自新至老）、侵入岩（自新至老、自酸性至超基性）、岩相、构造、矿产、探矿工程，其他。图例一般绘在右图廓外，但视图面结构情况，也可绘于图廓内，并且不限部位，避免图面上留较大空白。

　　（9）责任表绘制在图幅右下方。

15.2　区域性图件

15.2.1　区域地质矿产图

区域地质图主要用以恰当地表现矿区外围或成矿远景区的地质特征，借以说明勘查区或矿床的区域成矿地质背景，为发现新矿床提供依据。图的比例尺一般为 1：5 万～1：25 万。区域地质图属于公益性地质图件。

区域地质矿产图是综合反映研究区矿产分布的图件，用以了解研究区内各类矿产分布的情况，指导矿产勘查工作。它是利用同比例尺区域地质图作底图，从而便于了解各类矿产与地质特征的联系。编图时可简化部分与成矿关系不大的岩层产状及地质符号。目前多数地区的区域地质图都已经实现数字化，而且中国地质调查局已建立了全国矿产地数据库以及自然重砂数据库。利用 MapGIS 或其他矿产勘查专用 GIS 软件，可以比较容易地编制出区域地质矿产图。图上应表示的主要矿产内容包括：

（1）区内全部矿产的工业矿床（按大、中、小型三种符号分别表示）和矿点（指规模大小不明确的矿产地和矿化点）的位置；

（2）根据地球物理、地球化学，以及重砂测量结果圈定的异常区；

（3）矿体（层）的实际产状（如层状、透镜状、网脉状、浸染状等）；

（4）不同的成因类型和建造分类（包括不同类型的砂矿）；

（5）按时代标出矿体（层）的岩相（带），可能时按矿石成分、结构构造详细划分矿体（层）。

如果研究区内矿床比较密集，可将最大和最重要的矿床符号全部标出，其余矿床或矿点符号则可部分掩盖。如果同种矿产符号被部分或全部掩盖，需用线引出，然后画出该矿床或矿点的符号。

图幅内的全部矿床、矿点、异常区等，应不分矿种、由左至右、由上而下连续编号。为了便于在图上寻找各种矿床和矿产编号，图上应绘出公里网格（图面上网格大小为 5cm×5cm），并将各网格统一编号。

15.2.2　区域地质研究程度图

区域地质研究程度图用于说明研究区内以往地质工作情况及其研究程度的图件，图上应表示如下内容（图 15.1）：

（1）底图采用的比例尺以能清楚反映不同地质工作研究程度为宜。图上应标明铁路、主要公路、山峰、水系、主要城镇，以及县界、省界、国界等。

（2）研究区内不同比例尺的地质填图以及矿产勘查的范围及年代。

（3）不同比例尺、不同方法的地球物理、地球化学、航空测量的工作范围及年代。

（4）同一工作方法但比例尺不同的重复工作区，应分别表示。

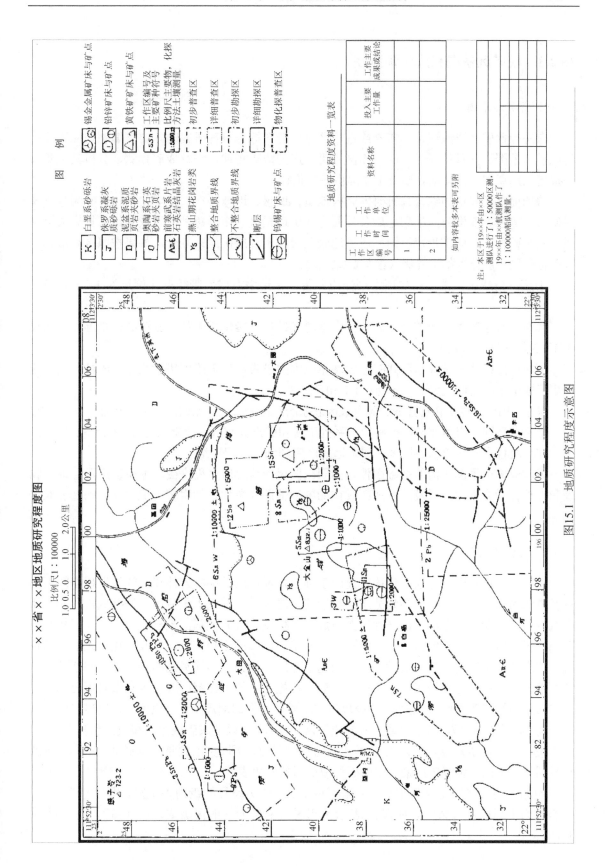

图15.1　地质研究程度示意图

15.2.3　成矿远景图和成矿预测图

1. 成矿远景图

在进行预矿产资源评价、普查或进行区域性资料综合整理研究时，要求编制相应比例尺的成矿远景图。其目的在于阐明工作区各类矿产的成矿规律，进行成矿预测，分析其远景，为拟定长期规划和合理部署勘查工作提供科学依据。

编图前需要收集和综合分析研究区内地质、遥感、地球物理、地球化学、重砂测量以及科研成果等各方面资料，根据地质条件圈定成矿远景区。由于每种矿种或矿组（指有成因联系的几个矿种）的成矿规律不同，成矿远景区应按矿种或矿组来划分。如果按照区划级别，成矿远景区一般分为如下几级（参见 2.2.1 节）。

Ⅰ级：全球成矿带，例如环太平洋成矿带、古地中海成矿带等，比例尺为 1∶100 万或更小；

Ⅱ级：跨越数省的成矿带，如长江中下游成矿带、秦岭成矿带、三江成矿带等，比例尺为 1∶50 万～1∶100 万；

Ⅲ级：控矿地质条件相同并有较大展布范围的矿带，如美国内华达北部成矿带、我国四川攀西成矿带，比例尺为 1∶25 万～1∶50 万；

Ⅳ级：由同一成矿作用形成、具有成因联系的矿田分布区，比例尺为 1∶10 万～1∶25 万；

Ⅴ级：受同一岩体或层位控制的一系列矿床和矿点分布区，比例尺为 1∶1 万～1∶5 万。

在地质程度研究较高的地区，成矿远景区应划到Ⅴ级或Ⅳ级。

编制成矿远景图所需的基础图件包括同比例尺的地质研究程度图、地质矿产图、地球物理和地球化学异常图，以及反映成矿规律的各种辅助性图件，如岩相古地理图、构造岩浆岩图等。

2. 成矿预测图

在对成矿远景区进行成矿规律研究的基础上，根据成矿地质条件和资料依据程度的不同以及资源潜力的分析，进一步划分不同类别的预测区，编制成矿预测图，进行成矿预测。用于编制成矿预测图的底图为矿产地质图或成矿规律图。成矿预测图上一般应突出表示控制成矿的主要地质因素，标绘出各类异常点、异常带、已知矿床和矿点，以及矿化标志的具体位置，并圈定出可以进一步开展勘查工作的远景地段（标识出不同类别的预测区）和建议进行地质填图、地球物理和地球化学，以及探矿工程施工等的工作范围（内容复杂时可另编分区工作布置图等辅助图件）。图件的比例尺可与地质矿产图比例尺一致，也可与地质矿产图合编在一起。对于比例尺为 1∶5 万或更大的成矿规律图件，可以把成矿规律图和成矿预测图合并。

预测区一般划分为 A、B、C 三类（参见 5.1.4 节）。不同类别预测区范围可用不同线条或符号圈绘，不同矿种或矿组采用相应矿种或矿组的颜色表现。

预测区的命名应遵循如下原则：采用成矿区（带）编号的级别为字冠，顺序号为下标，分类号为下标的第二数字，如Ⅳ$_{6-A}$ 表示预测区内编号为 6 的Ⅳ级成矿区（带），属 A 类预测区。

成矿预测图应附说明书，其内容一般应包括：

（1）预测区概况。应扼要说明预测区的范围和圈定依据、地质工作简史、研究程度、已取得的成果等。对边远及交通不便地区，还应简述自然经济地理情况等。

（2）成矿规律与矿产远景评价。本部分为说明书的重点，应详细说明区域地质、地球物理和地球化学背景、控矿因素、重要矿床（点）的地质特征、控矿因素和成矿规律，以及初步建立的矿床模型、进一步勘查的可能性和关键所在、勘查工作范围、可能时估计预测区的潜在矿产资源。

（3）进一步工作的建议。应说明需要解决的重要地质课题、进一步工作的目标和方向、采用的方法和手段，以及预计的勘查工作量和工作计划等。

说明书中应附必要的插图和表格。文中各种图、表、编号必须一致。

15.3　矿区（床）地形地质图和矿区（床）实际材料图

15.3.1　矿区（床）地形地质图

矿区（或矿床）地形地质图是用以正确详细地表示矿区（矿床）的矿体（层）、矿化带或含矿层、岩层、岩体构造的空间分布、产状、大小及其相互关系，从而能适当地表达或推断矿床的生成地质条件。它是矿床勘查工作中研究矿床地质规律，合理布置勘查工程，综合整理勘查成果的基本图件，是地质勘查报告必须附有的图纸，是日后矿山建设设计所必需的最基本的图件。

图的比例尺是以相同或稍大比例尺的地形图为底图，自 1∶500～1∶1 万不等，一般内生矿床为 1∶500～1∶2000，外生矿床为 1∶5000～1∶1 万。图上需表示：地形等高线、水系、坐标线；各种实测与推断的地质界线，包括断层线、地层、侵入体、矿体、矿化带、蚀变带、含矿层的地质界线及其代表性产状要素；主要民房、厂房、桥梁、高压线路、主要道路。地层与岩石的划分应与图的比例尺大小要求相符合；对矿层（体）、矿化带或含矿层及侵入体接触带等应作明显的表示，并力求鲜明；为反映矿床地质构造，图上要附上垂直主要构造和矿体走向的地形地质剖面图和综合地层柱状图。利用物化探解译推断的界线，可用特殊线条表示。

编制的基本方法：首先以精度符合要求的地形图为底图，在野外进行实测，然后根据野外的原始资料，经过室内的分析研究，联系对比，形成对矿区地质特征的总体概念，提出野外实测工作中存在的问题和对某些地质现象的推断意见，再进一步到野外加以复查与验证，在多次反复实际观察和分析判断的基础上，整理出适合精度要求的矿区地质图。

图件的基本要求：测区所有在图上达 1mm 的地质、构造、矿化现象均应表示出来，某些过小的，但有特殊意义的地质现象可适当夸大表示（应加以说明）；被覆盖的地质界线，要采用一定数量的人工露头加以揭露，以提高图件质量。

矿区地形地质图加上勘查工程、勘查线、物化探异常等值线后，便成为"矿区综合地质图"。在图上勘查工程要用图例区分出设计工程和已完工工程、见矿工程与落空工程，地下坑道要绘出其水平投影位置，各个勘查工程、勘查线、物化探异常等都要编号。

15.3.2　矿区（床）实际材料图

矿区（床）实际材料图用以表现矿区（床）各种探矿工程的分布情况以及地质填图等方面的实际材料，目的是了解矿区地质研究程度和质量。一般在同比例尺简化矿区地形地质图基础上编制，其主要内容如下：

（1）所有地质、水文地质观察路线、观察点及编号。

（2）全部勘查线、探矿工程及其编号。

（3）各类样品和标本的采集位置。

（4）地形等高线、必要的地理注记、坐标线、主要探矿工程的标高、钻孔终孔深度和钻孔轴线弯曲的平面投影。不同地质目的的钻孔（如专门性的填图、构造、水文等钻孔）和见矿、未见矿的钻孔，应在钻孔符号上予以区分。

（5）主要地质界线与岩层符号、面积较广且厚度较大的第四系分布范围。

（6）如果采用地球物理和地球化学进行填图及圈定矿化体时，在图上应表示出地球物理和地球化学工作范围、基线和测线位置及编号等。

15.4　勘查线剖面图、中段地质平面图和矿体纵投影图

15.4.1　勘查线剖面图

1. 勘查线剖面图的主要内容

勘查线剖面图是反映矿床（体）地质特征的基本图件，也可用作资源储量估算，是垂直断面法估算资源储量的主要图件。当矿体地质情况不太复杂时二者可以合并。

勘查线剖面图系综合地表剖面测量和探矿工程所获得的全部资料编制而成，其比例尺一般为 1∶500～1∶2000。

图纸的主要内容有：剖面地形线及方位，坐标线及标高线，在勘查线上的和投影于该勘查线剖面上的探矿工程位置与编号，钻孔终孔深度，样品位置、分段、品位及编号，一般在剖面图的下方或右侧附有样品化学分析成果表，地（岩）层、火成岩体、断层、褶皱、破碎带、矿化蚀变带、矿体（层）与围岩等的界线与产状，矿体（层）编号，不同矿石类型、品级和矿体（层）氧化带、混合带、原生带的界线等。用于资源储量估算的剖面图，还应有各级资源储量的分界线，各块段面积的编号及其面积，矿体按工程或分级所计算的平均品位、厚度及矿心采取率，用于推定矿体边界和确定矿体厚度的测井成果，在剖面下方要相应绘出剖面线平面位置图，对于某些厚度较薄的层状矿体应在钻孔下边另附矿层小柱状图，以示其矿石类型分布和采样情况，以便对比。

2. 编制图件的基本方法

（1）首先在图纸上绘制坐标线。垂直坐标根据地质体产出的标高，按一定高差画出水平线（图面上每隔 10cm 绘制水平标高刻度线）；水平坐标（x 或者是 y），一般选择剖面线与坐标线交角大于 45° 的一组，即选取与剖面线相交截距最短的坐标线，并标在图上[图 15.2（a）]。

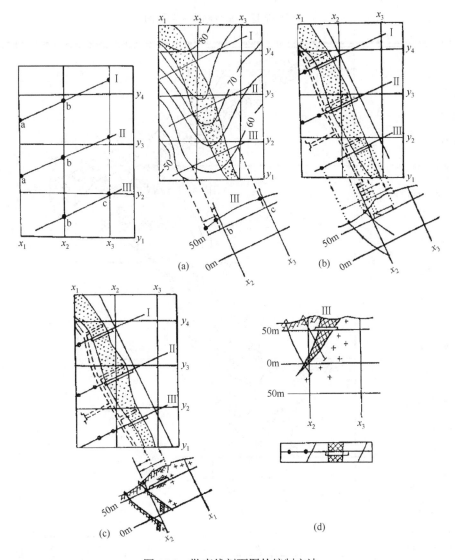

图 15.2　勘查线剖面图的编制方法

（a）坐标线及地形线的绘制；（b）勘查工程的编绘；（c）地质界线的绘制；（d）地质界线的连接

（2）地表地形地质界线的绘制。以坐标线为基线将地形的转换点、地质界线点绘到剖面上，然后用圆滑线将这些地形点连接起来即得地形线［图 15.2（a）］。

（3）勘查工程的绘制。以坐标线为基线，根据测量成果将探槽、浅井和钻孔等位置绘在剖面图上［图 15.2（b）］。

（4）地质界线的绘制。依据各种勘查工程原始编录资料，将各种地质界线点按比例尺缩绘到相应的位置上，且注明其产状、取样位置和编号［图 15.2（c）］。

（5）在综合分析、研究、推断的基础上，依其空间位置相互关系、产状和地质规律连接工程间岩层界线，矿体界线和断层等构造线［图 15.2（d）］，图下可附平面示意图。为了使地质界线连接的合理，每一剖面编制过程中要注意与其相邻剖面联系对比，使地质界线标绘合理。

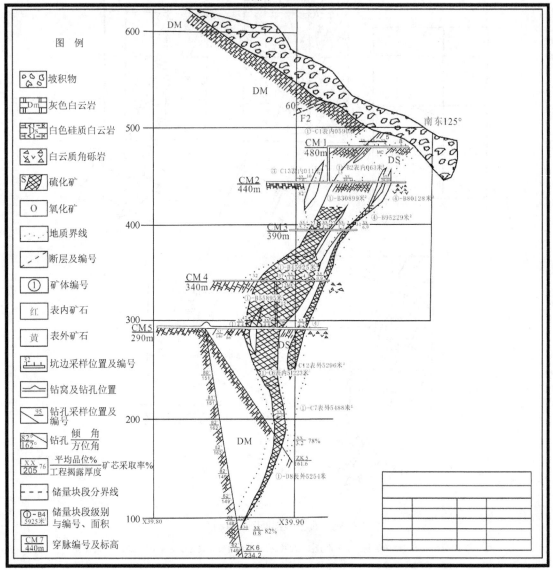

图 15.3　勘查线剖面图示例

（6）如用来估算资源储量时，应画出各矿石类型和资源储量级别的界线，并注明面积号、面积数及资源储量类型（图 15.3 和图 15.4）。

（7）用投影法在图下边绘出勘查线平面草图，在其一侧按不同工程编制分析结果表。最后写上图名、比例尺，绘好图例与图签（图 15.3 和图 15.4）。

（8）砂矿勘查线剖面图，为满足不同开采方法的需要，应按不同工业指标，圈出不同开采方法的开采边界线。如开采的对象只是含矿层时，要区分出含矿层与剥离层，当全面开采时，整个松散层都是开采对象，因而要求按混合砂层计算品位。

前述的第（1）、（2）步骤是在矿区地形地质图上切剖面的方法，但是在正规报告的勘查线剖面图其地表地形线和地质界线要用经纬仪测出。

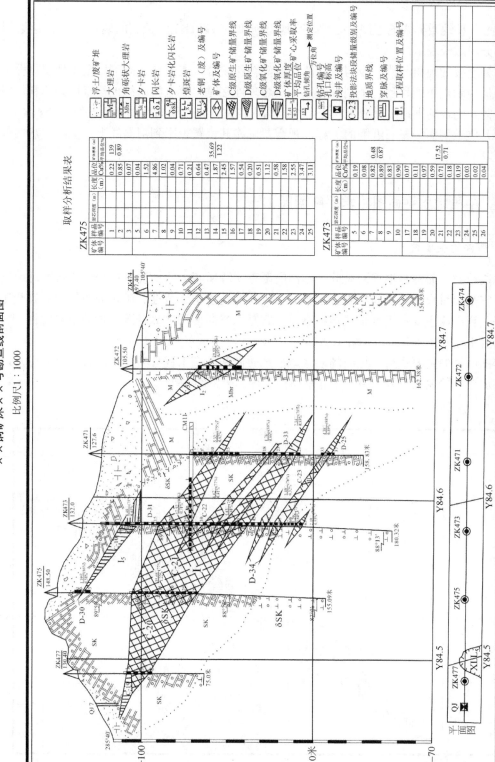

图15.4　勘查线剖面图图示例

3. 编图时应注意的问题

（1）各种地质界线的连接，必须合乎地质规律，有勘查工程控制的地质界线用实线连接，推断部分用虚线表示。

（2）连接的地质界线，应与相应的原始资料相吻合，控制点之间可以根据地质规律合理推断，但控制点不能移动，个别控制点无法合理连接时，要重新系统地检查原始资料。发现问题时需要到现场根据实际情况纠正，绝不允许在室内主观臆断地随意更改原始资料。

（3）位于剖面线左右近侧的工程，视需要可将其位置投影到剖面线上，但必须注明偏离的距离。

15.4.2　中段地质平面图（水平断面图）

1. 图件的主要内容

中段地质平面图是根据通过同一标高的勘查工程所获得的地质资料经过综合整理编制而成的。它是用以反映在不同标高各水平面上矿体及地质构造特征、矿化分布规律、勘查工程分布等。当矿床主要利用水平坑道勘查时，它是水平断面法估算资源储量的主要图件。一般比例尺为 1：500～1：1000（图 15.5）。

编图所需的主要资料：相应的矿区地形地质图和勘查工程分布图，勘查线剖面图，坑道测量和坑道原始编录资料，中段采样平面图及样品分析结果等。

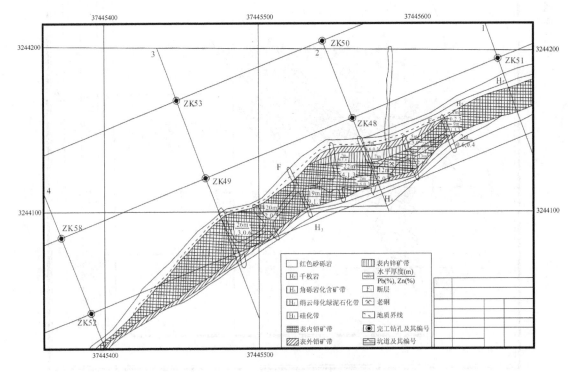

图 15.5　中段地质平面图图示例

图件的主要内容：坐标网、勘查线、探矿工程及其编号，各种地质界线、矿体及其编号、矿石类型分布，取样位置及编号等。当用作资源储量估算时，还应表明矿石品级、资源储量类别、块段及编号、面积及平均品位等。

2. 编图的基本方法

（1）首先在勘查中段的水平断面上，按矿区地质图上的要求范围画好坐标网；

（2）根据勘查线端点坐标、展绘勘查线；

（3）根据坑道测量成果，展绘坑道测量基点，勾绘坑道水平断面的形状；

（4）根据勘查线剖面图转绘钻孔穿过水平断面的位置；

（5）根据坑道素描图转绘各种地质界线；

（6）连接地质界线，圈定矿体及不同工业品级和类型的范围，注明矿体编号；

（7）当作资源储量估算时，需根据坑道素描图画出采样的位置并编号，此外，还应在图上画出资源储量块段，标上分块的资源储量类别、面积和平均品位等；

（8）如果没有施工坑道，也可根据勘查线剖面图绘制水平断面图，即将勘查线剖面图上与拟编制的水平断面具同一标高线的所有地质界线点，按比例转绘到平面图上，连接各勘查线相应的界线点，便得地质体在某一标高的水平断面图。

有时为了清楚地看到矿体在不同标高的变化情况，可编制"矿体中段联系图"。它的制作方法是将各中段地质图在相应位置按标高并利用透视关系，自下而上地排列在一张图上，给人以立体的感觉，使我们能清楚地看到矿体深部的变化情况（图 15.6）。

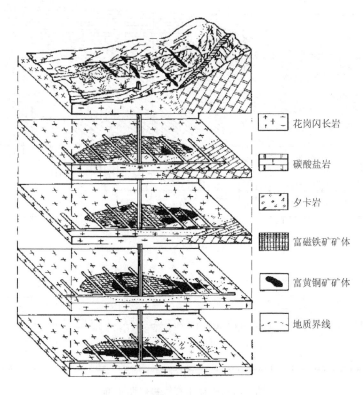

图 15.6　某铜矿 3 号矿体立体图

15.4.3　矿体纵投影图

1. 图件的主要用途和内容

矿体纵投影图是在与矿体延长方向（走向）平行的垂直投影面或水平投影面上表示矿体内各级资源储量与矿石品级的分布和工程控制程度，一般分矿体编制。它是某些方法（如地质块段法、开采块段法）估算资源储量的基本图纸。如果资源储量估算方法不涉及投影图，为了表示资源储量级别分布及矿体分布情况，提供开采设计参考，或为了检查勘查工程对矿体的控制程度，也可以编制此种图件。

采用何种投影面制图并估算资源储量，主要取决于矿体产状的陡缓。当矿体总体倾角大于 45°时，一般用垂直投影面，称矿体垂直纵投影图；小于 45°时，则用水平投影面，称矿体水平纵投影图。其比例尺根据矿体规模和要求而定，一般为 1∶500～1∶1000（纵投影图的比例尺应与勘查线剖面图一致）。

矿体垂直纵投影图与矿体水平纵投影图的作图方法基本相似，所不同的是投影方向与投影面不同而已。所以，这里只简要介绍矿体垂直纵投影图（图 15.7）的编制。

编图所需的主要资料：相应的矿区地形地质图、勘查线剖面图、中段地质平面图、勘查工程分布图及各种勘查工程采样分析结果。所采用资料必须已经通过审核验收。

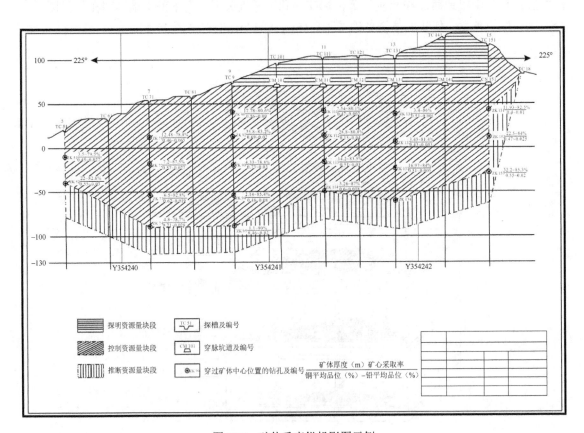

图 15.7　矿体垂直纵投影图示例

图件的主要内容：投影面方位线、坐标线、标高线、勘查线、矿体出露线与投影边界线，各种勘查工程投影的位置及编号，切割矿体的岩脉和断层等的投影位置，不同资源储量类别和不同类型、品级矿石的界线，块段面积、平均厚度、平均品位、矿石量、金属量等。

2. 编图的基本方法

1) 确定投影面方位

一般是采取矿体平均走向的方向，投影线和矿体走向线的交角一般不能大于 15°。如果矿体各段走向变化大（大于 15°）可以分段采取不同方向的投影面，使之各自平行于各段矿体的走向，此时应注意展开后各部分的相互关系[图 15.8（a）]。

2) 绘制标高线

标高线的位置选择要适当，不宜偏高或偏低，使表达的内容居于图幅中央。标高线之间的间距一般为 10cm，即在 1∶500 比例尺图纸上为 50m，在 1∶1000 比例尺图纸上为 100m[图 15.8（a）]。

3) 基线或剖面线的绘制

根据不同情况可以采用基线或剖面线。一般采用勘查剖面线为基线，其投影是根据地形地质图将剖面线按比例尺绘制到投影图上，以作为编图的控制网，然后投上坐标线（x 或 y），如图 15.8（a）和 15.9（a）所示。

4) 矿体出露地形的绘制

在矿区地形地质图上将矿体露头中心线与地形等高线的交点投影到投影方位线上，然后以勘查线控制绘到相应的标高位置，最后将各点高程连接即得矿体出露地形线，如图 15.8（b）和 15.9（b）所示。如果矿体为盲矿则在矿体之上相应位置划出地形线，表示矿体的埋深。

5) 勘查工程的投绘

（1）探槽的投绘，在矿区地形地质图上，将探槽的两边与矿体中心线的交点垂直投到投影方位线上，再利用基线或剖面线的控制投到投影图上，并按其高程画出探槽位置及其编号。浅井的投绘亦如此。

（2）沿脉坑道的绘制，是按中段高度移到投影图上相应标高位置。

（3）穿脉坑道的绘制，将穿脉与矿体中心线的交点，投到投影方位线上，再以邻近的勘查剖面线为控制、绘制到投影图上相应的标高位置。

（4）钻孔的投制，根据勘查线剖面图，把钻孔见矿位置（即钻孔与矿体在倾斜方向的中心线的交点），按所在的勘探剖面和见矿标高移到投影图上，并标明钻孔编号和见矿标高[图 15.8（d）]。未见矿钻孔，按矿体连接相应的空间位置画于投影图上，作为矿体边界的控制点。

（5）绘出穿切矿体的岩体（脉）界线，绘出破坏矿体的构造线[图 15.8（c）]。

6) 圈定矿体、划分块段

按规定的格式要求，在各截穿矿体工程处，标注矿体（层）的厚度、平均品位和矿心采取率；按矿体圈定原则绘出矿体（或资源储量估算）的边界线；划分出不同的矿石类型、品级的界线；按勘查类型的要求划分出资源储量类型的界线，划分资源储量估算块段的界线；按矿石类型、品级和资源储量类别、编制资源储量估算块段平均厚度、品位、面积、体积、资源储量数字及资源储量估算结果汇总表[图 15.8（d）]。

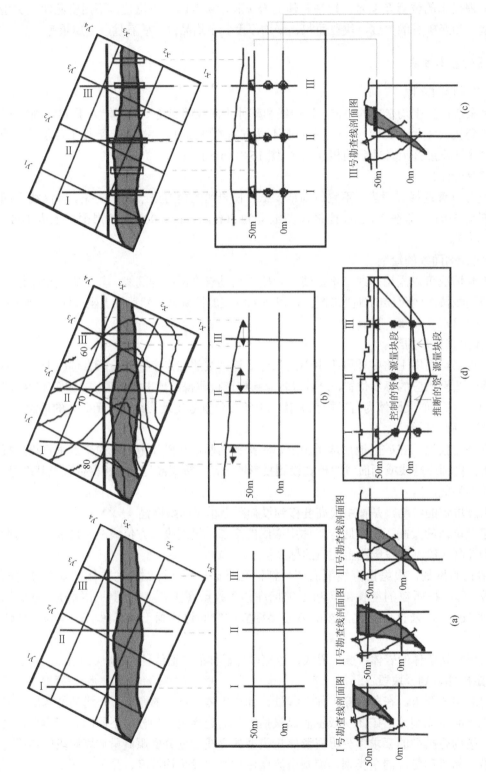

图15.8　矿体垂直纵投影图的编制方法

（a）投影方位线、矿体中心线的绘制及基线（剖面线）、标高线的绘制；（b）矿体出露地形的绘制；（c）勘探工程截穿矿体位置的投绘；（d）圈定矿体、划分块段

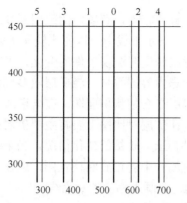 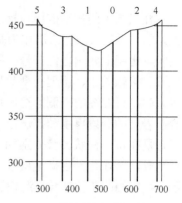

(a) 由标高线（图中水平线）、勘查线（较粗的垂直线，数字0，1，2等 为勘查线编号）和x或y坐标（较细的垂直线）组成的控制网

(b) 绘制矿体出露地形线

图 15.9 纵投影面上控制网绘制示意图

7）最后修饰整理成图

将图名、图例、比例尺及图签表绘于图幅的适当位置，如图 15.7 和图 15.10 所示。

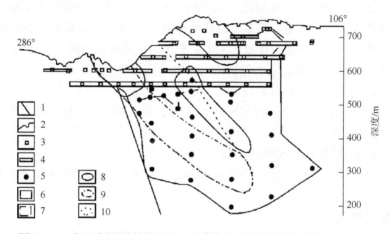

图 15.10 贵州省烂泥沟金矿床 1 号矿体垂直纵投影图（Peters，2002）

1. 断层；2. 探槽；3. 穿脉；4. 沿脉；5. 钻孔穿过矿体的位置；6. 探明的资源储量块段；
7. 控制的资源储量块段；8. 富金区；9. 含砷区；10. 含汞区

15.5 其他综合性图件

15.5.1 含矿地层柱状对比图及矿层柱状对比图

含矿地层柱状对比图及矿层柱状对比图主要表示沉积矿层或层状矿体及其围岩（含矿层）沿走向（或倾向）在矿产质量、岩相、结构、构造、厚度等方面的变化，并反映矿区内各地段间的矿层对比情况。

对比图的编制是根据各实测地质剖面和探矿工程原始编录的岩层及矿层柱状图按一定方向依次排列编成。垂直比例尺一般为 1：500～1：1000，水平比例尺根据柱状剖面图间距大小而定。各柱状图中的相当矿层与标志层一般用直线相连，有疑问的改用断线或点线；选择一个最稳定的可采矿层或标志层作为基准，排在一条水平线上，以便比较和了解沉积变化。

柱状对比图上要画岩性符号，有时为了对比和说明沉积条件的变化，可在相应位置上表示出化石、接触关系、层理类型等岩石成因标志内容的符号；当矿层较多或含矿岩层结构、构造复杂时，可在图的一侧附绘矿层及含矿岩层综合柱状剖面图；在含矿岩层柱状图一侧要标出含矿岩层的分段厚度和矿层厚度。此外，在矿层对比图上要将主要矿层的主要有益、有害元素含量在每一柱状图旁分别加以注明，以表示其质量的变化情况。当采用沉积岩相旋回划分对比时，可在每一含矿地层柱状图右侧附加一个岩相旋回柱状图，或在各岩性柱状图之间表示沉积岩相的花纹符号、沉积旋回的级别，并画上相应的对比线。

15.5.2　矿层底（或顶）板等高线图

此图多用于中等倾斜程度、厚度较稳定、工程较密的层状矿床。这种图可以根据矿层底（顶）板等高线的形态与变化，反映矿体的产状变化与构造形态，且能按不同标高的深度划分块段、估算资源储量，便于开采设计。如煤矿估算资源储量时常用此种图件。

图件内容：图上一般需绘出坐标线、断层线、矿层露头线、勘查线及其编号，全部揭露或穿过本矿层的勘查工程及编号，揭穿矿层底板标高及等高线。如用此图作资源储量估算时，图内尚需绘制采掘边界及采空区；在每个见矿点旁边，注明估算资源储量所采用的矿层厚度、矿心采取率、化验分析结果及矿层小柱状图；此外，应根据勘查工程结合矿层情况，用不同线条分别圈定资源储量类别、划分块段。

编图的基本方法：根据勘查工程与钻孔分布的不同，其编制方法主要有插入法与剖面法两种。其具体步骤如下：

（1）首先在投影平面图上绘制坐标网。

（2）根据测量成果将见矿工程的位置标于图纸上并标明见矿底板标高及矿心采取率、见矿厚度。

（3）绘制矿层地表露头线。

（4）用插入法或垂直剖面法按一定的等高距求出各个等高点。

（5）将各相同等高点连接成圆滑的曲线，即为矿层底板等高线，也就是该层面上不同高度的走向线。一般在连线时先连高标高值，然后连低标高值、逐渐向外扩展。

（6）用此图进行资源储量估算时，还需根据勘查研究程度圈定资源储量类别，划分资源储量估算块段等。

15.5.3　矿体或矿层主要元素变化曲线图

此图的编制在于了解一个矿床主要元素或化合物间的含量消长变化关系，并据以了解矿床及其包含的主要矿产工业品级沿走向、倾斜、厚度或其他方向的变化。

这种图是根据各勘查工程所采样品化验结果编绘，比例尺一般不小于矿床的最大比例尺的地质图，以便明显表示品位变化。一般选择矿产工业品级与空间分布上有代表性的勘查工程资料，并就其勘查进行方向的接近于水平（探槽、平巷）或直立（竖井、浅井、钻孔），分别绘成水平的或直立的曲线图。

　　除上述一些综合图件外，在勘探阶段根据矿床地质情况和工作的需要，有的还需编制剥离比等值线图、矿层厚度等值线图、地貌图、第四纪地质图、矿床水文地质图等。由于篇幅所限，在此从略。

本 章 小 结

　　综合地质编录是指对各种原始地质资料进行系统整理和综合研究，编制出反映勘查工作区成矿地质环境、矿床地质特征、矿化分布规律、勘查工程的控制程度以及矿体模型等各种综合性或专门性地质图件、各种综合统计表格、编写地质勘查报告和综合性数据库等项工作的总称。本章主要介绍了综合地质编录中几种与矿产勘查有关的综合图件编制方法和要求。

　　综合地质编录应符合有关规范要求，利用专用 GIS 软件进行数据处理和图件制作。综合地质编录成果是矿山设计、建设和开采的科学依据。

本章进一步参考读物

国土资源部矿产资源储量评审中心.2009.固体矿产勘查地质图件规范图式.北京:地质出版社

侯德义.1984.找矿勘探地质学.北京:地质出版社

赵鹏大.2006.矿产勘查理论与方法.武汉:中国地质大学出版社

中华人民共和国地质部.1980.固体矿产普查勘探地质资料综合整理规范

中华人民共和国地质矿产行业标准《固体矿产勘查地质资料综合整理综合研究技术要求》(DZ/T 0079—2015)

第16章 矿体圈定

在资源储量估算过程中，根据勘查工程和取样分析的资料，按照工业部门对矿产利用的工业指标要求，确定不同质量、用途和开采技术条件的矿产资源储量分布范围而进行的工作，称为矿体圈定（orebody delineation）。矿体圈定得是否正确，不只是影响资源储量估算结果的准确性，更重要的是矿体圈定过程中，对矿体形态、产状的歪曲和错误，可能会给矿床勘探以后的矿山企业设计以及矿床的开拓工作带来难以挽回的损失。

16.1 矿床工业指标

16.1.1 矿床工业指标的概念

矿床工业指标简称工业指标，是在当前的技术经济条件下，工业部门对矿产质量和开采条件所提出的标准要求，也就是评定矿床工业价值、圈定工业矿体和估算工业矿产资源量所遵循的标准。具体地说，矿床工业指标是根据工作地区的矿床地质、经济地理资料，结合我国当前的开采、选冶技术条件、资源供需现状，由有关工业部门，根据地质部门提出的初步意见，共同研究所确定的要求，其中包含深刻的技术经济内核。作为矿产勘查工作中圈定矿体边界、划分矿石品级、估算资源量的依据，它直接涉及"矿"与"非矿"、"好矿"与"差矿"、"大矿"与"小矿"等问题，因此，对于矿产勘查和矿山开采而言它是极其重要的。制定矿床工业指标的原则是：在技术可行、经济合理、环境许可的前提下，充分开发利用矿产资源。自然资源部颁布的地矿行业标准《矿床工业指标论证技术要求》（DZ/T 0339—2020）规范了矿床工业指标的构成以及矿床工业指标的论证方法。矿床工业指标通常包括论证制订的矿床工业指标和一般工业指标。

1. 矿床工业指标

矿床工业指标（industrial indexes of deposit）是指在一定时期的技术经济条件下，对矿床矿石质量和开采技术条件方面所提出的指标，是由具有相应能力或资质的单位依据详查及以上勘查阶段取得的勘查成果，遵循相关法规和技术标准，通过技术经济分析和论证提出的、用于圈定具有预期可经济开采的矿体并估算资源量的具体指标，作为矿产勘查工作中圈定矿体边界、划分矿石品级、估算资源储量的依据。矿床工业指标一般用于矿产勘查的详查、勘探阶段。通常采用地质方案法、经济分析法、类比论证法进行论证。有关矿床工业指标的论证方法请参考地矿行业标准《矿床工业指标论证技术要求》（DZ/T 0339—2020）。

2. 一般工业指标

矿床工业指标既是矿床评价的主要依据，在一定程度上也是反映科学技术和工业发展水平的标识。在市场经济条件下，矿床工业指标将主要由矿山企业根据技术经济可行性研究的结果加以确定。因此，矿床工业指标是一种动态指标，它应该随着矿床地质特征的变化、开采和加工技术水平的提高、国际市场矿产品价格的变动等因素而适时地调整，以期获得最佳的技术经济效益。

按有关规定发布的一般性参考指标称为一般工业指标（general mining indexes）。在矿产勘查的初期阶段，由于勘查程度较低，通常是类比同类矿床所使用的工业指标，即参考相应目标矿种勘查规范中的工业指标。因此，一般工业指标通常用于矿产勘查的普查阶段作为圈定矿体、估算资源量的依据。

16.1.2 矿床工业指标的构成

矿床工业指标体系由矿石质量（物理的和化学的）方面的指标和开采技术条件方面的要求构成。

1. 矿石质量方面的指标

1）边界品位（cut-off grade）

边界品位是指圈定矿体时对单个样品主要有用组分含量的最低要求，是"矿"与"非矿"的分界品位。有用组分含量低于边界品位的样品，所代表的地段一般视为围岩或夹石。需要强调的是，边界品位不是整个矿体或矿体的某一部分的平均品位，而是针对个别样品或者说是单个样品制定的指标。边界品位在资源量估算中所起的作用，是使包括在圈定矿体中贫的和富的矿石平均起来，能满足最低工业品位的要求。因此，边界品位应当低到足以使块段边部的贫矿石最大限度的圈入估算范围之内，而又保证与富矿石平均之后具有工业价值。边界品位确定的高低将直接影响矿体形态的变化以及矿产资源能否充分而又合理地利用。

边界品位通常采用类比法、统计法等测算，结合尾矿品位及技术经济条件拟定的品位作为参考指标设置不同的边界品位指标方案，再用地质方案法或类比论证法论证确定。若采用类比法，边界品位的确定一般参考《矿产资源工业要求参考手册（2014 修订版）》提出的指标，也可采用邻区同类矿山采用的指标。原则上边界品位是达到一定选冶试验精度的选矿试验结果中尾矿品位的 1.5～2 倍。

需要指出的是，针对具体矿床（矿产地）的指标，边界品位只能是一个数值，例如，某金矿床的边界品位确定为 0.3g/t，而不能是 0.3～0.5g/t。

2）最低工业品位（minimum industrial cut-of grade）

最低工业品位是指圈定工业上可利用的矿体时，参照盈亏平衡原则论证确定的、对单个勘查工程连续样品段（部分矿种也可按块段）中主要有用组分平均含量的最低要求，以使所圈出的工业矿体的平均品位在开发利用时能够达到预期收益水平。也就是说，工程或块段中主要有用组分的平均含量只有高于这个最低工业品位值时才具有工业价值，介于最低工业品位与边界品位之间的矿石称为次经济的或当前经济技术条件下暂时不能利用的矿石（以往也称为表外矿石）。最低工业品位是划分矿石品级、区别表内外资源储量的分界品位。最低工业品位订得过高，将有相当大的一部分本来是工业可以利用的矿石列入表外；最低工业品位订得过低，也会造成圈定出来的矿体因平均品位降低而失去工业价值。因此最合理的工业品位应当是既能使富矿地段底板的贫矿尽可能多的列入能利用（表内）的资源储量中，同时又能保证把暂不能利用的贫矿地段圈定出来。

通常采用测算的盈亏平衡品位作为参考指标设置不同的最低工业品位指标方案，再用地质方案法或类比论证法论证确定。

3）边际品位（cut-off grade on block basis）

圈定矿体时对最小矿块（通常定义为最小开采单元）主要有用组分平均含量的最低要求称为边际品位。

边际品位是西方矿业发达国家使用的指标，用于确定矿体的边界。例如，假设某个斑岩铜矿床铜的平均品位是 0.5%，其边际品位是 0.2%，则含铜低于 0.2%的矿化岩石即被视为废石，换句话说，块段平均品位高于 0.2%Cu 即为矿石块段，低于 0.2%Cu 则为废石块段。从矿产经济学的角度考虑，边际品位是能够使生产成本和销售收入保持平衡所要求矿石的最低金属含量，从而，边际品位表示的是矿山的无盈亏点。因此，边际品位根据技术经济条件和盈亏平衡原则确定，以保证所圈出的矿体在工业上可以利用。

4）最低综合工业品位（minimum industrial equivalent cut-off grade）

圈定矿体时对同一矿床（体）中存在两种及以上有用组分时，将各有用组分折算为以主组分表示的当量品位的最低要求定义为最低综合工业品位。

5）最低工业米·百分值（minimum industrial meter·percentile grade）

最小可采厚度与最低工业品位的乘积称为最低工业米·百分值。对某些矿床，当单工程单矿体真厚度小于最小可采厚度而品位较高时，可用最低工业米·百分值圈定矿体。

最低工业米·百分值这一工业指标是工业部门对某些矿产，特别是工业利用价值较高的矿产所提出的一项综合指标，只用于圈定厚度小于最小可采厚度而品位大于最低工业品位的矿体。在这一前提下，如果矿体厚度与矿石品位的乘积等于或大于这一指标要求时，便可将这部分矿体划入能利用（表内）资源量的范围。

6）含矿系数（ore ratio）

含矿系数又称含矿率，是指矿床或矿体、矿段、块段及单工程中的工业可采部分与整个矿床或矿体、矿段、块段及单工程之比，分为线含矿系数（长度比）、面含矿系数（面积比）、体含矿系数（体积比）、重量含矿率（重量比）。

7）有害组分允许含量（maximum content of harmful components）

有害组分允许含量是指采矿、矿石加工选冶过程中，危害人体健康、产生环境污染、以及影响矿产品质量的有关组分最大允许含量要求。它是衡量矿石质量和利用性能的工业指标。对于直接用来冶炼或加工利用的富矿及一些非金属矿产，像耐火材料、熔剂原料等更是一项重要的指标。有害杂质的存在，不仅影响到有益组分选冶，还会提高成本，降低产品质量。但是，有害与有用也是相对的，随着技术的提高，有害组分也会变为有用组分。

该指标一般不单独进行论证，而是根据矿石加工选冶工艺的要求确定。对可能危害人体健康、造成环境污染的有害组分，应按照环境保护的有关规定确定该指标。

导致产品不符合质量标准要求的有害组分，经过对产品利用途径（如配矿使用等）及可行性论证，表明产品仍可利用且具有经济价值，以及对可能影响产品质量的有害组分，若矿石经过加工选冶能够分离出该组分，或产品中虽含有一定量有害组分但仍符合相关产品的质量标准要求的，可不设定该指标。

8）伴生组分综合评价指标（minimum comprehensive evaluation criteria of associated components）

在矿石加工选冶过程中可单独出产品，或能在精矿产品或中富集、计价，或在后续工艺中可能综合回收利用的伴生组分含量要求称为伴生组分综合评价指标。

对在主要有用组分矿石加工选冶过程中，能单独出产品的伴生组分，可采用盈亏平衡原则单独测算评价指标，采用的成本费用应合理测算，做到应收尽收。一般用于主组分的资源量估算块段上。若可以同时回收两种及以上伴生组分，则应分别测算评价指标。对在精矿中富集并能在冶炼工艺中回收，或在精矿中可计价的伴生组分，应单独测算评价指标。

9）矿石工业品级

矿石工业品级简称矿石品级。在一个工业类型矿石中，根据矿石的有用组分、有害组分的含量，物理性能、质量的差异以及不同用途的要求等，对矿石（矿物）所划分的不同等级，称为矿石工业品级。例如炼钢用铁矿石，按化学成分可分为4个品级（表16.1）；耐火黏土根据有用组分、有害组分的含量及物理性能（耐火度、烧失量），可以分为多种作用的不同等级；云母矿床中按厚片云母片内最大内接矩形面积（cm^2）分为9个型号的云母等；金刚石根据它的重量、物理性能等也分为几种不同用途的品级。因此矿石品级的划分，不同矿种有不同的要求。它是合理开采、合理利用矿产资源的重要依据。

表 16.1　铁矿石的工业品级的划分标准

级别	化学成分/%			
	TFe	SiO₂	S	P
一级品	≥62	≤8	≤0.1	≤0.1
二级品	≥60	≤10	≤0.1	≤0.1
三级品	≥58	≤12	≤0.12	≤0.15
四级品	≥56	≤13	≤0.15	≤0.15

2. 开采技术条件方面的指标

1）最小可采厚度（minimum mining thickness）

最小可采厚度是根据当前采矿技术和矿床地质条件确定的具有工业开采价值的单个矿体（矿层、矿脉等）厚度（真厚度）的最低要求。最小可采厚度在圈定矿体时作为区分能利用资源储量与暂不能利用资源储量的标准之一。小于可采厚度的矿体目前不具工业意义，故不宜开采。因为矿体厚度过小，开采时易混入围岩使矿石贫化，造成选矿回收率降低，选矿成本增高。

最小可采厚度主要取决于采矿工艺要求，根据开采方式、采矿方法、采掘设备及矿体特征等确定。通常由经验法或类比法确定。对某些矿体产状和厚度变化大的矿床，当最小可采厚度指标对矿体圈定影响较大时，也可将其纳入对比的指标方案论证确定。

2）最小夹石剔除厚度（minimum thickness of separable internal waste）

最小夹石剔除厚度是指在当前开采技术条件下，圈定矿体时单工程中应单独剔除的夹石最小厚度（真厚度）要求。厚度大于这一指标的夹石，在开采时即可单独处理不予开采。厚度小于这一指标的夹石，开采时不能单独处理，而与矿石一并采出，故在资源储量估算时应包括进去。

最小夹石剔除厚度通常采用经验法确定。该指标主要取决于开采方式、采矿方法、采掘设备水平和矿床矿化特征等因素。确定的原则是使废石在开采过程中能予以剔除或留作"矿柱"，以避免和减少采矿贫化，同时还应尽量考虑矿体的完整性，以避免矿体圈定和连接的复杂化。当最小夹石剔除厚度指标对矿体圈定影响较大时，也可将其纳入对比的指标方案，采用地质方案法论证确定。

最小夹石剔除厚度确定的合适与否直接影响矿石开采的损失与贫化。最小夹石剔除厚度如果偏小，虽然可以提高矿石平均品位，但可能导致矿体形状复杂化；而且，如果剔除实际上难以剔除的夹石，有可能会造成更大的矿石损失。如果夹石剔除厚度偏大，则会使矿体形状简化，但平均品位将会有所降低（贫化），势必会增大选矿成本。

3）无矿地段剔除长度（eliminating length of non-ore area）

无矿地段剔除长度是指沿脉坑道中矿化不连续的、应予以剔除的低于边界品位的"非矿"部分的最小长度要求。

该指标主要是对脉状矿体（层）或品位变化大的复杂类型矿体（层）所作的特殊规定。一般根据沿脉探矿巷道揭露矿脉及沿走向矿化连续情况，按照开采时能对无矿地段单独剔除或留作"矿柱"的要求确定。原则上应尽量减少开采贫化，并尽可能保持矿体的连续完整性。

4）平均剥采比（average stripping ratio）

露天境界以内的岩土剥离总量（包括露天境界内矿体上覆岩土 + 矿体间夹层 + 矿体上下盘需剥离的岩石量等）与露天境界内可采出矿石量之比定义为平均剥采比。该指标是确定矿床露天开采的经济技术指标之一，等于或小于该比值的矿床（体）可以采用露天开采方法进行开采。

16.1.3　工程指标体系和矿块指标体系

1. 工程指标体系

工程指标体系是指在单个探矿工程中同时用边界品位、最低工业品位、最小可采厚度和夹石剔除厚度等指标来圈定矿体（矿块）和估算资源储量的方法体系。我国目前采用的是这种指标体系。

工程指标体系认为矿体有自己的边界、形态和大小。采用边界品位指标作为圈定矿体单个样品有用组分含量的最低要求。换句话说，以它作为区分矿石和废石的界线，其目的一方面是要保证矿体的完整性，以便使矿床开采起来更为简单一些；另一方面则是要保证所圈定的矿块达到最低工业品位的要求，从而使矿山企业可能盈利，同时也能充分利用选冶可回收的资源。采用最低工业品位作为矿体内单个工程中有用组分平均含量的最低要求，也就是说，以它作为工业能够开采利用的矿石品位的最低要求。根据最低工业品位指标圈定的矿体，所开采出的矿石平均品位能够保证采、选、冶企业在当前经济技术条件下获得既定的最低利润，或者至少达到盈亏平衡，过去把这部分资源量或储量称为能利用储量，又称作表内储量。

介于边界品位和最低工业品位之间的这部分矿石，如果在当前经济技术条件下单独开采，肯定是要亏损的，这部分矿石量以往称为暂时不能利用储量或表外储量（平均品位达到工业品位但厚度小于最小可采厚度指标的矿体也属于表外储量）。边界品位的作用是使所圈出的矿体形态更简单和规则一些。

2. 矿块指标体系

矿块指标体系通常以边际品位为主，兼顾其他因素，利用地质统计学法、反距离加权法等局部内插法估算资源量。西方国家多采用这种指标体系。

具体做法是根据地质矿化规律采用某一个品位界线（一般介于地质上的矿化品位与常用指标体系中的边界品位之间）圈出的一个比较完整的矿化域，在矿化域内按照一定的大小划分估计品位的单元块，继而对单元块进行品位估值，再采用边际品位界定单元块是矿石还是废石，然后统计资源量。在单元块中用边际品位来圈定矿块，其中关键是边际品位及最小开采单元大小。单元块（估值单元块）是品位估值对象的矿块，其大小应考虑矿床开采方式、采矿工艺及炮孔工程间距、矿体复杂程度、矿体规模，一般应大于矿床开采基本（最小）单元；最小开采单元是实际可采的最小的体积和形状，即一次采矿（打孔放炮）的最小体积。

矿块指标体系否认矿体有自己的边界、形态和大小。其资源量估算过程是利用根据采矿方法确定最小开采单元把矿化域规划成一个个的开采块段，块段平均品位高于边际品位者即为矿块，可以开采，低于该指标者就是废石块段，不予开采。显然，这种指标体系估算出的资源储量包括了贫化部分的矿石量，也就是说，该体系把贫化率引入到资源储量估算中，而这种贫化率含有随意引入的夹石厚度以及矿体可采厚度指标因素。

该体系直接反映出工业指标的经济目的，能够显著地简化矿体的圈定和资源储量估算过程。不足之处是资源未能得到最充分的利用。

16.1.4 工业指标的制订方法

工业指标是区分矿与非矿的重要经济指标，在市场经济条件下，应通过可行性研究来确定。由于勘查初期收集资料有限，缺乏代表性，无法进行可行性研究。因此，在普查阶段主要采用类比法确定，即参照《矿床资源工业要求手册》或现行的矿种规范、或业主提供的指标，或类比同类型矿床采用的指标；而在详查和勘探阶段通常要根据预可行性或可行性研究的论证来确定。

1. 确定边界品位和最低工业品位的方法

目前在生产实际中，常用的方法有类比法、统计法、价格法和方案法。现简介如下。
1）类比法
类比法是根据生产实践经验参照现有类似矿床的生产指标的统计资料来确定。这是一种既简单又实用的方法。但是由于客观自然界的矿床均有自己的特点，所以这种方法又存在着主观成分。所以对那些有用、组分简单，矿石技术性能又不复杂的矿床比较适用，对于那些急于建设而又来不及试验的小型矿床也可用类比法。这种方法确定的指标，往往要随着工作的进展，或技术经济条件的发展而不断改变。

2）统计法

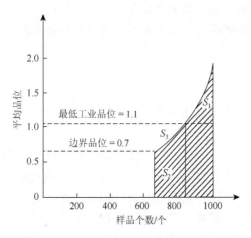

图 16.1　样品品位与样品数量间的相依关系

统计法是根据矿床中全部样品的品位资料，按主要有用成分的不同含量划分出适当的品位区间，并计算各区间的样品个数（频数）及其百分数（频率）。每一等级（区间）在图上（图 16.1）的位置取决于纵横坐标的交点。纵坐标为这一等级中组分的平均品位，横坐标为该等级以前样品总数加该等级的样品数（累积频数）。根据这些点制成累积频数（率）曲线，然后在纵坐标相当于最低工业品位的位置作一条平行横坐标的直线，与累积曲线相交。这时累积曲线与横坐标所限定的面积被分为两个部分，一部分高于最低工业品位（S_1），另一部分则低于最低工业品位（S_2）。显然，为了保证最低工业品位的要求，需要把最低工业品位水平以上的面积（S_1）来填补这一水平以下的某一面积（S_3），当使 $S_3 = S_1$ 之后，S_3 面积的最左边的纵坐标与累积曲线的交点即为边界品位。当工业品位 = 1.1% 时，边界品位确定为 0.7%。

3）价格法

价格法是根据从矿石中提取 1t 最终产品（精矿或金属）的生产成本不得超过该产品的市场价格的原则来计算确定矿床的最低工业品位。一般按式（16.1）计算：

$$最终产品为精矿时：C_p = \frac{A_k \times C_k}{S_k \times K_n \times (1-r)}$$

$$最终产品为金属时：C_p = \frac{A_m \times C_m}{S_m \times K_m \times (1-r)} \tag{16.1}$$

式中，C_p 为最低工业品位（%）；C_k 为精矿品位（%）；C_m 为金属品位（纯度）（%）；S_k 为 1t 精矿市场价格（元/t）；S_m 为 1t 金属市场价格（元/t）；r 为开采贫化率（%）；K_m 为冶炼回收率（%）；K_n 为选矿回收率（%）；A_k 为 1t 矿石从地、采、选到精矿出厂的总成本（元/t）；A_m 为 1t 矿石从地、采、选、冶到金属出厂的总成本（元/t）。

价格法可以反映出生产该种品位矿石的成本和市场价格的关系，达到收支平衡。但是，这种方法所选用的各项指标，往往都是部门平均指标，因此确定的指标不一定非常合理，尤其小矿床、贫矿和复杂的矿床更是如此。故应用价格法确定的指标应和其他方法相比较。

4）方案法

方案法是根据矿床地质特点和样品分析资料，拟定 3～4 套具有代表性的边界品位和最低工业品位方案，以此分别进行矿体圈定和资源储量估算，形成包括各套方案的试算结果及其相应图件在内的工业指标建议书，并将建议书提交负责该项目预可行性或可行性研究的部门。该部门在进行预可行性或可行性研究的同时，应该对各工业指标的试圈方案进行综合的比较分析，择优确定最佳的工业指标方案，在此基础上编制工业指标推荐方案报告，上报有关主管部门批准后正式下达执行。

如某金属砂矿床，规模很大，覆盖很薄，宜用水力开采，矿区中部金属品位较富，四周较贫。设计中参照国内外有关同类矿床的工业指标，并结合该矿床的具体特点，选择四种方案进行对比（表 16.2）。

表 16.2　各方案主要技术经济指标表

指标内容		计算单位	方案 1	方案 2	方案 3	方案 4
边界品位		%	0.01	0.03	0.07	0.12
最低工业品位		%	0.02	0.05	0.10	0.15
资源量	矿石量	万吨	1830	1650	1270	1100
	平均品位	%	0.21	0.23	0.28	0.30
	金属量	吨	38500	38000	35500	33000
矿山生产能力		万吨/年	50	50	50	50
矿山服务年限		证	37	33	25	22
采矿回收率		%	97	97	97	97
选矿回收率		%	52	56	69	61
采选总回收率		%	50.4	54.3	67.2	59.1
采选金属总回收率		吨	19404	20634	20306	19503
资源利用率	金属储量与方案 1 比	%	100	98.7	92.2	85.7
	精矿金属与方案 1 比	%	50.4	53.6	52.7	50.7
精矿品位		%	60	60	60	60
精矿含金属年产最		吨/年	546	644	826	915
精矿含每吨金属需矿石量		吨/年	915.8	778.2	605.3	546.5
水力开采成本		元/吨	1.2	1.2	1.4	1.4
选矿成本		元/吨	6.0	6.0	6.6	6.6
精矿含每吨金属采选成本		元/吨	6594	5603	4642	4372
精矿每吨金属价格		元/吨	6900	6900	6900	6900
采选联合企业基建投资		万元	1180	1180	1180	1180
年产每吨精矿含金属单位投资		万元/吨	2.16	1.83	1.43	1.29

从表 16.2 看出，方案 1 资源量虽然较大，但由于平均品位低，选矿回收率也低，精矿年产量最少，资源利用率最低，经济效果最差。方案 4 虽年产精矿多，单位投资成本低，但资源利用率仍较低，因此，方案 1 和方案 4 都不理想。方案 2 的优点是资源利用率高，按金属资源储量和采选总回收量计算，分别比方案 3 高 6.5% 及 0.9%，但由于平均品位比较低，其他经济指标反而较差，如精矿含金属年产量少 182t，单位投资和生产成本也分别比方案 3 高 28% 和 16%。这样一来，唯有方案 3 的效果最佳。

方案法具有一定的科学计算基础，特别是计算机的应用创造了更好的条件，可以建立矿床的经济模型，计算多种方案，进行对比，所以方案法的应用更为方便。但对比因素多，常常难以找到最优方案。

2. 边际品位的确定方法

边际品位的确定是一个很复杂的经济问题，详细讨论已超出本书的范围。下面简要介绍 Sinclair 和 Blackwell（2002）利用单位生产成本的概念确定边际品位的方法。单位生产成本（OC）由式（16.2）确定：

$$OC = FC + （SR + 1）\times MC \tag{16.2}$$

式中，FC = 固定成本/单位选矿成本；SR = 剥采比；MC = 采矿成本/单位采矿成本。对于单一的金属组分，其边际品位（%）由式（16.3）确定：

$$边际品位 = OC/p \tag{16.3}$$

式中，p 为单位品位的实际金属价格（例如，冶炼厂 10kg 金属的价格，而金属品位是以质量百分数为单位）。

前已述及，随市场价格的变动，边际品位要相应更动。这种定期或不定期更动以保证获取最大利润的指标，称为最佳边际品位。而在具体操作上，最佳的边际品位（即选择具有最大现金流量的边际品位）是根据可信的资源储量估计（表 16.3）。这里的现金流量（CF）由式（16.4）确定：

$$CF = 收入-生产成本 = (g\times F\times p - OC)\times T \tag{16.4}$$

式中，g 为开采矿石的平均品位，F 为每吨矿石的选矿回收率，p 为每吨矿石选出金属的实际价格，T 为选出矿石的吨数。

表 16.3　模拟某个典型斑岩铜矿床的品位-吨位关系

边际品位	矿石量/百万吨	矿石平均品位/%Cu	剥采比
0.18	50.0	0.370	1.00：1
0.20	47.4	0.381	1.11：1
0.22	44.6	0.391	1.24：1
0.24	41.8	0.403	1.39：1
0.26	38.9	0.414	1.57：1
0.28	35.9	0.427	1.78：1
0.30	33.0	0.439	2.03：1
0.32	30.0	0.453	2.33：1
0.34	27.2	0.466	2.68：1

表 16.3 中列出的假设矿石资源储量数据模拟了某个斑岩铜矿床并用于各种可能边际品位的现金流量估计，其结果列于表 16.4，从表中可以清晰地看出，对于该假设的例子来说，0.28%Cu 的边际品位具有最大的现金流量。剥采比、金属价格、选矿回收率等参数的变化都能引起最佳边际品位的变化。John（1985）强调的一个有用的概念是上述确定边际品位的公式可以用于评价各种参数的变化（例如，金属价格的变化、不同的金属回收率等）对于确定边际品位的影响。也就是说，为了评价对边际品位估值的影响，可以对各种参数进行敏感性分析；在敏感性分析中，每个参数都进行独立的变化。

表 16.4　以表 16.3 为例计算现金流量　　（单位：美元/选出的每吨矿石）

边际品位	矿石平均品位/%Cu	剥采比	生产成本/（美元/吨）	总收入	实际现金流量
0.18	0.370	1.00：1	3.50	5.24	1.74
0.20	0.381	1.11：1	3.58	5.38	1.80
0.22	0.391	1.24：1	3.68	5.54	1.86
0.24	0.403	1.39：1	3.80	5.70	1.90

续表

边际品位	矿石平均品位/%Cu	剥采比	生产成本/（美元/吨）	总收入	实际现金流量
0.26	0.414	1.57∶1	3.93	5.86	1.93
0.28	0.427	1.78∶1	4.09	6.04	1.95
0.30	0.439	2.03∶1	4.28	6.22	1.94
0.32	0.453	2.33∶1	4.50	6.40	1.90
0.34	0.466	2.68∶1	4.76	6.59	1.83

注：表中的结果可以根据表 16.3 中的信息利用式（16.2）和式（16.3）并采用 MC = 0.76、FC = 1.98、选矿回收率 = 0.83 以及金属价格 = 0.85 美元/磅获得

资料来源：John，1985；Sinclair et al.，2002

3. 确定最小可采厚度的方法

矿体最小可采厚度应该根据矿体形态产状、采矿方法和采运设备来确定。缓倾斜矿体回采空间高度取决于矿体厚度和采矿方法，若矿体薄，为了保证回采空间高度，只有采掘部分废石，使贫化率增高，影响金属回收，且增加采选费用。若保证出矿品位，就需采用分采充填，采矿费也高。故最小可采厚度要定得大一些。急倾斜矿体，最小可采厚度则可以减小，可采厚度取决于采矿机械的宽度。在机采、机装、机运的情况下，最小可采厚度可参考以下数据：

倾角小于 30°的缓倾斜矿体，最小可采厚度 1.5m；倾角 30°～50°的倾斜矿体，最小可采厚度 1.2m；倾角大于 50°的急倾斜矿体，最小可采厚度 0.8～1.2m。

在矿产资源贫乏地区，当矿石与围岩有较明显的差别，可用土法开采，手选富集时，只要在经济上基本合理，矿体最小可采厚度可降低到 0.3～0.4m。

4. 夹石剔除厚度的确定方法

夹石剔除厚度主要根据矿床矿化规律、矿石工业品级要求和可能使用的采矿方法综合考虑。对于质量有特殊要求的矿石和直接冶炼的富矿，必须在采取专门措施的条件下确定，一般允许夹石厚度要薄一些。

矿化极不均匀的矿床，夹石呈团块状极不规则地分布在矿体中，开采时无法剔除，可不剔除夹石；当夹石分布有规律，呈层出现时，可根据矿体产状结合采矿方法研究确定。夹石在中厚～厚层矿体中，根据经验，采矿方法如果用崩落法，其夹石剔除厚度参照下列数据：

矿体厚度大于 10m，夹石剔除厚度 3m；矿体厚度大于 5m，夹石剔除厚度 2m；矿体厚度 3～5m，夹石剔除厚度 1m。

如果在矿石的加工过程中，绝大部分夹石能剔除的，则指标应当低一些，如耐火黏土矿，矿石烧结后一般需人工手选废石，为了不致人为的增大资源储量，其夹石剔除厚度可取最低值（0.3～0.5m）。

5. 确定有害杂质最大允许含量的方法

对于直接入炉的富矿，如高炉富铁矿、富锰矿及富铬铬铁矿等，除制订主要有用组分的质量指标外，还需要确定其中有害组分的允许含量值。有害组分允许含量值是根据用户生产的金属产品品种、冶炼方法、冶炼过程中加入的熔剂成分及冶炼对原料的技术要求等因素来确定的。

例如，高炉富铁矿石中计算磷在矿石中的允许含量，一般可参照下式进行初步计算：

磷在矿石中的允许含量为

$$P_1 = \frac{(P_2 - P_3)F_1}{F_2 - F_3} \tag{16.5}$$

式中，P_1 为矿石中允许的磷含量（%）；P_2 为生铁中的磷含量（%）；P_3 为熔剂，焦炭和附加物带入的磷量（%）；F_1 为矿石的含铁量（%）；F_2 为由铁矿石带入生铁的铁含量一般为 92%～95%；F_3 为熔剂、焦炭和附加物带入的铁含量（%）。

6. 工业指标体系的政府标准和企业标准

在市场经济条件下，实际运用矿产资源工业要求评价矿床时，政府和企业所采用的标准不尽相同。作为政府管理部门，制定矿产资源工业要求，首先是考虑在当前社会的技术经济条件下，为了充分合理利用有限的资源，提出区分矿与非矿的一般标准，具有宏观指导意义。其次，政府运用矿产资源工业要求，从宏观上引导和监督企业合理利用资源，是加强对矿产资源保护的手段和切入点。再次，政府制定矿产资源工业要求，也是加强矿产资源管理基础工作的需要。政府为掌握国家矿产资源的底数，要开展对矿产资源储量变动的统计。纳入政府统计的矿产资源储量，不能以企业随市场价格不断波动的工业指标圈定储量为依据，而且应该消除由企业的内部因素造成的矿产储量数据的变动。另外，政府制定的矿产工业要求，是在勘查初期，对矿床基本特点了解不足的情况下，开展矿产评价的参照指标。

作为企业，在确定矿产资源工业要求时，为了追求矿产资源开发所获得利润的最大化，首先考虑按指标圈定范围内的矿量，经开发是能够盈利的。因此，随着市场价格等有关因素的波动，评价矿床的工业指标应该相应地浮动，而按照指标圈定的矿体边界，也是动态地变化的。当矿山企业开发利用不同类型矿产资源，如矿床类型、形态、规模、品质、可选冶性、开采技术条件、分布地域环境的不同，选取的指标会有不同。而矿山企业本身的条件，如开发的经验、技术的储备、融资的能力、管理的理念和水平等，都会影响矿产工业要求的确定。

16.2　矿体的圈定

矿体圈定一般包括两个方面的内容：①矿体外部边界的圈定，反映矿体沿走向、倾向以及厚度方向的三维空间变化范围；②矿体内部边界的圈定，反映矿体中矿石类型、资源储量类型以及夹石等的分布特征。

16.2.1　矿体圈定原则

应用 SD 法（参见 17.5 节）估算资源储量时，矿体边界可应用计算方法直接推定。而应用地质统计学估算资源储量是采用矿体建模以及与国际市场接轨的品位-吨位曲线来圈矿（参见 17.7 节），矿体的圈定无须固定的边界，只需按市场价格确定品位-吨位曲线即可，生产时随着市场行情的高低，布置开采块段，这样有利于充分利用资源。

本节介绍的内容主要适用于采用工程指标体系圈定矿体的情况。严格地按照矿产工业指标在资源储量估算图纸上将矿体用边界线圈定出来的过程称为矿体的圈定。矿体圈定得正确与否，对资源储量估算的结果影响极大，因而是关键的一环。圈定矿体时应遵循如下原则。

1. 矿体的连接

一般应先连接地质体，然后根据一般工业指标和工程控制情况，结合矿体特征、控矿因素、矿化规律及地球物理和地球化学异常等特征，对矿体进行连接。一般采用直线连接矿体，在掌握了矿体地质特征的情况下，可用自然趋势曲线连接。需要注意的是，无论是采用直线还是曲线连接，所连接的矿体厚度都不得大于相邻两工程的最大见矿厚度。

2. 矿体边界的圈定

应充分考虑矿体的形态和空间产出规律，当矿体长度与厚度呈现正相关关系时，在有充分证据的情况下，可科学地确定外推边界。外推矿体边界时，要充分考虑矿床的成因类型、矿体厚度变化及其尖灭趋势和矿石品位变化等因素。矿体圈定的顺序是：单工程—横向、纵向剖面—二维平面—三维空间，由表及里、由浅入深地依次圈连。

3. 单工程中矿体（层）的圈连

（1）凡单样品位达到工业指标中边界品位和最小可采厚度的要求或满足米·克/吨值或米·百分值要求时，即可圈入矿体。在单个矿体（层）中，允许小于夹石剔除厚度的夹石包含其中，当有大于夹石剔除厚度的夹石存在时，应视具体情况剔除。矿体中出现特高品位样时应作处理。若矿体中存在富矿段，应单独圈连。

（2）若相邻工程的相应位置都有夹石，可将夹石（即使小于夹石剔除厚度）对应连接，圈连出两个或多个矿体（层）。两相邻工程主要用于组分不同或一个为工业品位矿另一为低品位矿时，需分别圈连，应视周边矿体的产出特征，采用对角线方法分别连矿。

（3）主矿体上下边部零星分散的低品位矿，从充分利用资源的角度出发，在满足最低工业品位要求的前提下，可以带入多个低品位矿样。当矿体中出现厚大连片的低品位矿时，应分别圈连工业品位矿和低品位矿。工业品位矿的顶、底板出现厚大连片低品位矿时，允许带入相当最小夹石剔除厚度的低品位矿，目的是防止工业品位矿过度贫化。

（4）当矿体边部的工程品位是米·克/吨值或米·百分值时，不得外推（薄脉型矿体除外）。矿体内部出现单工程米·克/吨值或米·百分值时，不影响矿体的圈连。

4. 剖面上矿体的圈连

勘查区内有与矿体密切关系的标志层，应据标志层的分布特征圈连矿体。剖面上两工程间矿体的圈连，通常应以直线连接，任意地段矿体的厚度，不应大于相邻工程中最大的见矿厚度。一些受古地理地貌、古岩溶或构造影响的矿体，圈连时应充分考虑矿体产出的特点。矿体中出现的夹石也应遵循这一原则。剖面上未经证实相连的矿体，不能归为同一矿体并用同一矿体编号。

5. 平面上矿体（层）的圈连

先从地表或覆盖层下的矿体开始，圈连方法同剖面图；平面上矿体边界的圈连，只需直线连接各剖面上矿体的尖灭点即可；依据工业指标圈连平面上的矿体，只需将各剖面上的最小可采厚度点相连即可。平面上未经证实相连的矿体，不能归为同一矿体并用同一矿体编号。

6. 盲矿体的圈定

要特别加强对矿头部分的控制。详查阶段应据勘查区的地质特征和矿体的产出规律适当加密；勘探阶段应增加工程满足盲矿体上端部圈矿的需要。缺少加密工程控制时，外推间距应是勘查区内相应工程间距的 $1/4 \sim 1/3$ 尖推。

16.2.2　矿体边界线的种类

矿体边界线按其性质可分为零点边界线、可采边界线（表内资源储量边界线）、低品位矿边界线（表外资源边界线）、矿石类型与品级边界线，以及资源储量类别边界线、内边界线与外边界线等。

（1）零点边界线：零点边界线是矿体厚度或有用组分含量趋近于零的各点的连线，也就是矿体尖灭点的连线。

（2）可采边界线：可采边界线是按最小可采厚度和最低工业品位，或最低工业米百分值等矿产工业指标所圈定的矿体界线。由可采边界线圈定的矿产资源储量为能利用的资源储量或表内资源储量。

（3）低品位矿边界线：根据边界品位圈定的界线称低品位矿边界线（以往称为暂不能开采边界线或表外资源边界线），此边界线以内可采边界线以外的低品位资源量，在当前经济技术条件下暂时不能开采利用。

（4）矿石类型与品级边界线：即在可采边界线的范围内不同矿石类型和技术品级的分界线，它的圈定是根据矿石类型及技术品级的要求标准进行的。矿体的氧化带、混合带、原生带（三带）界线的划分应以物相分析结果为依据。普查阶段要注意收集资料，详查、勘探阶段应结合区内地形、地质和构造特征，在有代表性的工程中采集物相分析样品。物相分析样品应及时采样、送样，以免由于人为因素造成氧化程度的增加。

（5）资源储量类别边界线：即按不同资源储量类别条件所圈定的界线，例如，推断资源量、控制资源量、可信储量等资源储量类别的分界线。

（6）内边界线与外边界线：边缘见矿工程的连线称内边界线，它表示被勘查工程所控制的那部分矿体的分布范围；边缘见矿工程往外或往深部推断确定的边界线称外边界线，以表示矿体的可能分布范围。当然，可采边界线、矿石类型及品级边界线、表外资源量边界线、资源储量类别边界线，可以在内边界线之内，也可以位于内边界线和外边界线之间。而零点边界线从空间上说，则属外边界线。

16.2.3　矿体圈定的步骤

矿体的圈定一般首先在单项工程内进行，其次根据单项工程的界线在剖面图上或平面上确定矿体的边界。连接平面剖面的矿体边界线即可得到矿体在三度空间的边界线，其确定方法如下。

1. 确定单工程矿体的厚度（宽度）

（1）根据边界品位指标直接确定矿化体的边界及其中的夹石段；

（2）根据夹石剔除厚度指标确定圈出的夹石段是剔除抑或并入矿化体；

（3）根据最低工业品位指标确定单工程中资源储量类别以及矿石类型和品级界线。

案例 16.1

表 16.5 说明在单工程中根据连续取样的品位数据确定矿段厚度的两种方法。第一种方法是直接将第 19 号样品作为矿段的下界，其上界划定在第 8 号和第 9 号样品之间，理由是第 1～第 8 号样品的品位值都低于最低工业品位值（1.5% Zn）；虽然矿段中第 10、第 13、第 17 号样品的值也低于最低工业品位值，但考虑到其厚度小于最小夹石剔除厚度而且其上、下样品的品位值都较高，故仍将其看作矿石样品。然后以样品长度为权计算该矿段的加权平均品位（结果见表 16.5 中第 4 栏）。这种方法圈出的矿段厚度较小但平均品位较高，适合较小规模开采或在矿产品价格处于低迷期时采用。

表 16.5 利用最低工业品位圈定单工程矿段边界的案例

样品编号	样品长度/m	样品品位/%Zn	根据最低工业品位直接圈定矿段	根据加权平均品位确定矿段边界
1	0.3	0.01		
2	0.3	0.05		
3	0.3	0.13		
4	0.2	0.17		
5	0.2	0.25		
6	0.2	0.64		
7	0.2	0.92		
8	0.2	1.10		
9	0.2	2.30		
10	0.2	1.20		
11	0.2	2.10		矿段厚度 3.40m，加权平均品位 1.59% Zn
12	0.2	5.30		
13	0.23	1.40	矿段厚度 2.10m，加权平均品位 2.26% Zn	
14	0.15	2.00		
15	0.2	1.90		
16	0.2	1.80		
17	0.2	1.30		
18	0.2	2.60		
19	0.12	3.50		
	样品总长 4m	加权平均品位 1.35% Zn		

第二种方法是从底部第 19 号样品开始，以样品长度为权逐个向上计算加权平均品位，直到

所计算的平均品位高于最低工业品位而且继续计算则低于工业品位值为止（结果见表中第 5 栏）。这种方式圈定的矿段贫化率较高，适合较大规模开采或矿产品价格处于高位时段期间采用。

2. 圈定矿体切面形态

根据每个单工程圈出的矿体厚度（或宽度）以及对矿化规律的认识，在资源储量估算剖面图或平面图上进行工程间的连接从而圈定矿体切面形态。下一节将具体介绍矿体各类边界线的确定方法。

16.2.4　矿体边界线的确定方法

1. 零点边界线的确定方法

1）中点法

当两个工程中的一个见矿，而另一个未见矿时，两个工程中间矿体厚度或有用组分的零点一般都确定在两个工程的中间，作为零点边界的基点。然后在矿体的垂直纵投影图或水平投影图上或剖面图上，将这些工程的中点连线即矿体的零点边界线。

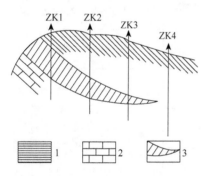

图 16.2　矿体自然尖灭界线

1. 页岩；2. 灰岩；3. 矿体

2）自然尖灭法

自然尖灭法主要是根据矿体厚度或有用组分的自然尖灭规律（即趋势变化）由见矿工程向外延伸至逐渐的自然尖灭处（图 16.2），将这些自然尖灭的点，在平面图上联线构成矿体零点边界线。

3）地质推断法

在对矿床、矿体地质特点进行充分研究的基础上，根据地质规律推定矿体边界。根据下列各种情况均可推定矿体的边界线。

（1）矿体的分布受岩相控制时，可根据岩相变化规律推测矿体的边界；

（2）矿体的分布受构造控制时，可根据构造的性质推断矿体的边界；

（3）矿体的形成与某种蚀变有关时，可根据蚀变带的特点、规模去推断矿体边界；

（4）当矿体厚度、品位有规律变化并有数据为依据时，按规律推定矿体边界；对于厚度、品位变化规律不明显的情况进行无限外推时，按经论证的同类型工程间距的四分之一平推或二分之一尖推；有限外推则可按品位厚度不够工业指标的工程间距的二分之一推定。对于以米百分值或米·克/吨值圈定的矿体边界不能外推。对于金属矿床如经可靠的物探或其他资料证实矿体稳定外延的，外推距离可适当增加。

4）几何法

当不能用地质法推断时，可根据几何法采用有限外推或无限外推方法推断矿体的零点边界（外推圈定的资源量应相应降低一个类别）：

（1）有限外推。

在剖面上，相邻两工程一个见矿另一个不见矿时，采用有限外推法，矿体边界的推定有三种不同的处理方法：①当实际工程间距小于经验工程间距时，以实际工程间距 1/2 尖推（实际工程间距指相邻两工程所见矿体厚度中线的距离，经验工程间距指工程布置采用的间距）；②当实际工程间距大于经验工程间距时，以经验工程间距 1/2 尖推；③相邻两工程一个见矿另一个见矿化（品位≥1/2 边界品位）时，允许尖推实际工程间距的 2/3。

（2）无限外推。

见矿工程向外再没有工程控制时，采用无限外推法，允许以矿体产出特征结合拟推的资源量类型的经验工程间距 1/2 尖推。

外推时可能会遇到几种情况：①边界工程的品位为米·克/吨值或米·百分值时，不得外推（薄脉型矿体除外）；②夹石圈连的原则同圈矿原则，两相邻工程一个有夹石，另一个没有夹石时，遵循两工程间夹石圈连厚度不大于相邻工程的最大厚度；③当边缘见矿工程见矿厚度小于可采厚度时，不再外推；④普查阶段主要任务是找矿，不要求系统工程网度，矿体的圈连可用实际工程间距的 1/4 平推处理。

2. 可采边界线的确定方法

当矿体的相邻两个工程（或在沿脉中相邻的两个样品）中，一个工程的矿石品位达到工业品位，另一个则未达到工业要求，这时可采边界即在两个工程中间，但具体位置不清楚，这时确定具体边界有以下几种方法。

1）计算内插法

矿体厚度或品位变化比较有规律，这时可采边界的基点用计算内插法确定。

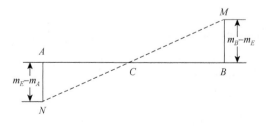

假设 A 为见矿不合乎工业要求的钻孔位置，B 为见矿而又合乎工业要求的钻孔位置，A 孔的厚度为 m_A，B 孔的厚度为 m_B，A、B 两孔间距离为 R，若在 A、B 两孔中间，令 C 点为最小可采厚度 m_E，这时 x 即为可采边界基点距 B 孔的距离（图 16.3）。具体做法如下。

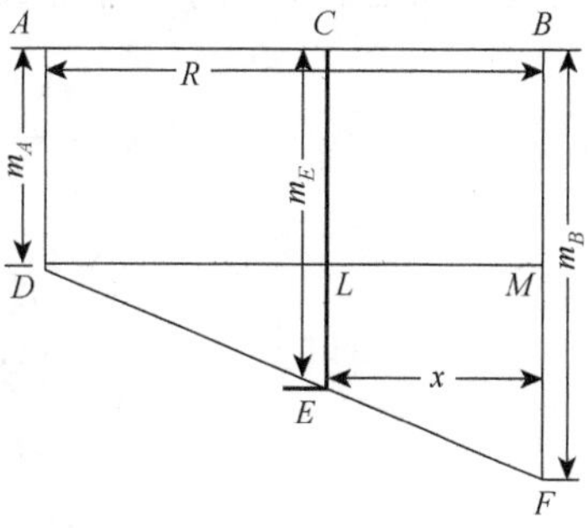

图 16.3　计算插入法确定边界基点

首先作一条水平直线，在线上取 $AB=R$，再通过 A、B 两点各作垂线 AD、BF，令 $AD=m_A$，$BF=m_B$，过 D 点作 DM，使 $DM//AB$，连接 DF 直线，假设 $CE=m_B$，根据相似三角形原理，则 CE 距 BE 的水平距离 x 用式（16.6）计算：

$$\frac{x}{R}=\frac{m_B-m_E}{m_B-m_A} \quad \text{或} \quad x=\frac{m_B-m_E}{m_B-m_A}\times R \tag{16.6}$$

根据式（16.6）求出 x，即可求出 C 点，C 点就是可采边界的基点。

2）图解法

图 16.4　图解法确定边界基点

在平面或剖面图上，用直线连接两个相邻钻孔 A 及 B（图 16.4），其中，B 的品位合乎工业品位，A 的品位不够工业品位。

具体做法是首先在 B 孔位置按一定比例尺向上作 BM 垂线，令其等于 m_B-m_E，同时，在 A 孔位置向下作垂线 AN，令其等于 m_E-m_A，然后连接 MN 两点，MN 连线与 AB 的交点 C 就是所求的矿体可采边界的基点。

3）平行线移动法

首先在透明纸上以适当的等间距作一系列平行线，每一条平行线都标明品位数据，如 0.5%、1%等（图 16.5）。

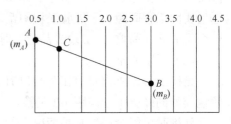

图 16.5　平行移动法求边界线基点

设矿体的工业品位为 1.0%，两钻孔 *A* 和 *B* 的品位为 0.5%及 3.0%，这时为了求出 *A*、*B* 两孔间可采边界，先将透明纸（具平行线的）覆盖在地质平面图上，并使 0.5%的线与 *A* 点相交，并将其固定，然后以 *A* 点为中心转动平行线，使 *B* 点落在 3.0%的线上，这时与 1%线相交的点 *C* 即为可采边界的基点。

3. 矿石类型和品级边界线的确定

在可采边界线范围内，确定矿石品级和自然类型的边界线时，必须注意控制矿石品级和自然类型的地质因素。只有根据地质规律划出的矿石类型和品级的边界线才是正确的。例如，在确定氧化带和原生带的边界时，必须考虑氧化带和原生带的界线主要是地下水潜水面的位置控制着，而地下水面在较短的距离内可以视为水平的，因此像图 16.6（a）中平行两个钻孔划边界线是不正确的，而图 16.6（b）中水平的划边界线就是正确的。

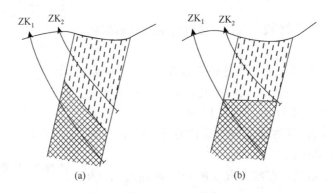

图 16.6　钻孔中间地下水面的界线

当圈定矿石品级边界线时同样要注意地质控制条件，若为层状矿体，矿石品级有可能具有明显的界线，而且分布比较有规律，一般金属矿床就比较复杂。例如某剖面两钻孔所见矿石品级截然不同，在没有断裂构造错动的情况下，像图 16.7（a）中所划的边界就不够正确，而图 16.7（b）中所划的边界就比较正确。

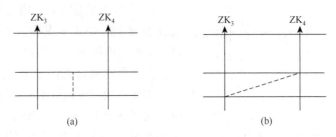

图 16.7　钻孔间矿石类型界线的划分

16.2.5　资源储量类别的确定

在矿体圈定过程中，必须根据地质可靠程度确定哪一部分矿石量为探明的、哪一部分为控制的、哪一部分为推断的资源量。根据定义，地质连续性和品位连续性已经确定的资源量归属于探明的资源量；地质连续性和品位连续性基本确定的资源量归属于控制的资源量；地质连续性和品位连续性为推断的资源量归属于推断的资源量。换句话说，从地质可靠程度维分析，资源量类别主要反映对矿体的地质控制程度，所以在确定资源量类别边界时，实质上存在一个分析控制程度问题。

然而，资源量的合理分类不仅要从技术层面进行研判，还应权衡考虑许多具体情况，如数据的类型和质量（例如，如果资源量估计的数据完全是通过 RC 钻探取样获得的，其资源量类别应比相同工程间距的金刚石钻探低一类；如果采用不适当的采样或分析方法则将影响资源量估算结果的置信度）、地质控制和地质连续性、品位连续性、估值方法、块段大小、可能的采矿方法等因素。矿石储量的合理分类应该考虑相应类别资源量圈定的可靠性、采矿和选冶因素、成本和收入因素、市场评价和其他诸如环境、社会和政治等方面的因素。由此可见，资源储量类别的合理确定需要地质人员根据经验进行判断。虽然目前尚无任何公认的标准能定量地指导如何进行划分，但有许多不同的方法可供利用。

1. 根据勘查工程间距划分边界线

当勘查工程间距确定后，根据勘查工程实际控制距离是否达到勘查间距的要求来划分不同的资源储量类别。如图 16.8 中根据钻孔的距离和图 16.9 根据坑道工程划分出探明的、控制的和推断的资源量（各类别块段资源储量可靠程度的地质条件要求参见 12.2.7 节）。

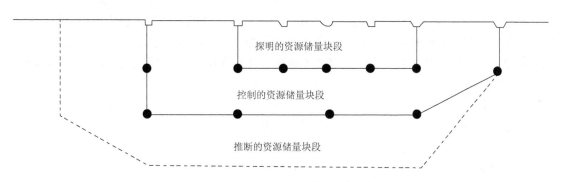

图 16.8　矿体纵投影图，说明根据勘查工程间距划分资源储量类型边界线

国内多数勘查报告中资源量分类都是基于勘查工程间距的，因为控制矿床或矿段的工程间距越小，资源量估计的信度就越高。然而，更重要的是不要仅仅只根据勘查工程间距进行分类而忽略了许多可能对资源量估计信度有影响的其他因素。

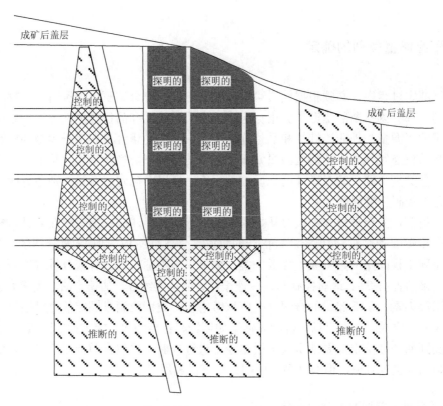

图 16.9　矿体纵投影图（Sinclair and Blackwell，2002）

说明根据坑探工程的控制划分不同级别的资源量块段。探明资源量块段四周都有坑道控制；控制资源量块段其两侧或三侧有工程
控制，另一侧或两侧的边界为外推；推断资源量块段的边界是依据矿化具有较高的连续性根据见矿工程外推确定的

2. 块金效应在矿产资源储量估计和分类中的重要性

块金效应对资源储量分类的信度有重要影响，从而在资源量估计过程中应该意识到块金效应的存在。块金效应越高，采矿的难度越大（选别开采的可能性越低），这自然会影响到资源量的分类。例如，根据块金效应的定义（参见 13.2.5 节），金矿床可以大致定义为（Dominy et al.，2003）：

低块金效应　　　　　　　　　　　＜25%
中等块金效应　　　　　　　　　　25%～50%
高块金效应　　　　　　　　　　　50%～75%
极高块金效应　　　　　　　　　　＞75%

对于高块金效应的矿床，其品位数据集的分布呈显著正偏斜，已施工的钻探间距极有可能大于地质统计学的变程，在这种情况下，样品之间不存在相关性（品位不连续），而且，采用较低边际品位比采用较高边际品位估算的资源量可能具有更高的可信度。高块金效应的矿床，采用金刚石岩芯钻探一般只能获得推断的资源量，需要加密钻探、坑道手段和大样以及试采才能定义探明的和控制的资源量。对于潜在投资者来说，这种类型的矿床有时候看作高风险，因为品位估值的可信度较低而且一般不求矿石储量。例如，穿过具粗粒金矿化特征的矿段的同一段岩心劈成两半分别进行分析，其金品位之间必定存在显著差异。

对于低块金效应的矿床（例如基本金属矿床），50～150m 的金刚石钻探间距一般就足以定义推断的资源量,加密至25~100m就能定义控制的资源量,10~50m的间距能够定义探明的资源量(Dominy et al.,2001)。

沿取样间距最小方向(即沿钻进方向或沿脉方向)计算的变异函数中可以获得块金效应最好的估值。高块金效应的矿床(如金矿床)的勘查难度最大;块金效应越高,估值期间潜在误差就越大,高随机性使得预测未取样位置的值变得更加困难。对于呈现极高块金效应的矿床最好采用传统方法估计总的平均值,而不是局部估值。

3. 根据矿体外推性质划分资源量类别

前已述及,矿体的外推就是在工程中间或工程外面去推断矿体的边界,前者称有限外推,后者称无限外推。一般有限外推可得控制的资源量,而无限外推则只能得推断的资源量(图16.10和图16.11)。

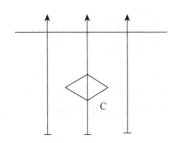

图16.10 有限外推,控制的资源量

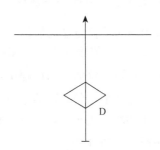

图16.11 无限外推只能作为推断的资源量

探明的和控制的资源量只能利用勘查工程实际进行圈定,不能外推。控制的资源量可以外推推断的资源量;根据勘查工程圈定的推断的资源量可以外推预测的资源量。资源量不能连续外推,如控制的资源量外推的推断的资源量,不能再外推预测的资源量。

4. 根据矿体连接的可靠性划分资源量类别

边界线在不同的工程中间的矿体的连接要是单方案的,则资源量类别可高些(图16.12和图16.13)若不同工程间矿体的连接是多方案的,则资源量类别就要降低(图16.14)。

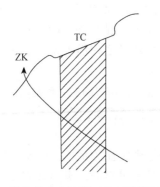

图16.12 构造单方案连图(控制的资源储量)

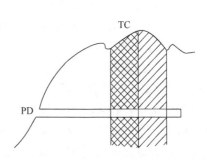

图16.13 矿石品级单方案连图(控制的资源量)

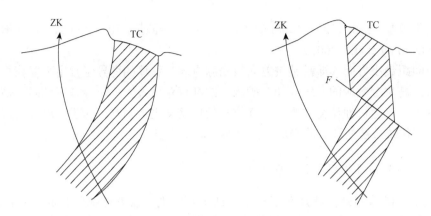

图 16.14　构造多方案连图（推断的资源量）

5. 利用克里金方差的临界值确定资源量的类别

　　无论采用何种估值方法，估值（Z）一般不等于其被估值（Z^*），其差值（$Z^* - Z$）称为估值误差（σ_e），估值误差平方的期望值称为估值方差（σ_e^2），即 $\sigma_e^2 = E[(Z^* - Z)^2]$。采用克里金方法进行块段品位估值的过程中，还可同时计算出估值方差，称为克里金方差（σ_k^2），它代表实际品位与估值品位之间方差的期望值。克里金方差的计算考虑到了影响估值可靠性的主要因素，包括块段大小、块段内部的离散度、参与估值的样品个数及其构型以及变差函数的参数等（参见 17.8 节）。

　　因为估值误差（σ_e）服从正态分布（Knudsen et al.，1978），所以只要计算出 σ_k^2，即可利用置信区间计算出估值精度。

$$\sqrt{\sigma_k^2} = \sigma_k$$

$$95\%的置信区间 = Z \pm 2\sigma_k$$

　　克里金方差和置信区间对于估计一系列块段估值的可靠性是极其有用的，克里金方差可以用作某个具有数据构型的块段的地质统计学信度的客观度量。在某个给定的地质域内，克里金方差图能够突出各个块段的相对信度，从而可以选定合适的方差定义资源量信度的类别。实现这一目的的最有效方式是以平面图和剖面图的方式呈现彩色编码的克里金方差和钻孔分布图。应用这一分类方法，系统可以自动识别内插的块段（较低的方差，较高的信度）和外推的块段（较高的方差，较低的信度）。图 16.15 阐明了剖面上钻孔和块段分布，采用编码的克里金方差区分探明的资源量和控制的资源量块段；任何超过变程而外推的体积只能是推断的资源量，因为间距超出变程后样品之间不再具有相关性。

　　例如，某斑岩型铜矿将克里金方差在 0.00～0.159 之间的所有块段归类为探明的资源量；0.16～0.239 的归为控制的资源量；0.24～0.319 的归为推断的资源量；克里金方差大于 0.32 的块段被认为估值误差较大，不宜归入推断的资源量类别。

　　除了应用于资源量分类外，克里金方差还可以作为加密钻孔的依据。设定了可接受的置信区间后，落在该区间之外的区域其块段估值就被认为是不可靠的，需要补充取样，从而可以确定补充钻探的最佳位置。

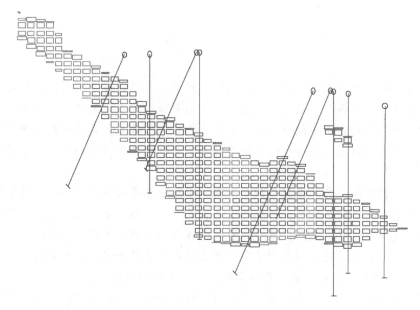

图 16.15　钻孔剖面展示的不同类别资源量的分布（Snowden，2001）

6. 利用搜索椭圆的半径确定资源量类别

因为要利用计算机成图，在资源量估算过程中需要告诉程序系统如何收集和利用控制点，即需要用户自己定义一个邻域。大多数内插方法（如 IDW 法，参见 17.5.4 节）的绘图只允许用户指定一个半径，因而其搜索范围是圆形的。如果采用正方形勘查网形式布置勘查工程，可以利用搜索圆的半径确定块段的资源量类别。

地质统计学方法要求考虑区域化变量的各向异性，因而其搜索邻域是一个以待估块段为中心、以两个方向的变程为半径构成的椭圆，只有在椭圆范围内样品点才用于克里金估值（阳正熙等，2008）。

由于变程反映了区域化变量的影响范围，因而可应用于资源量类别的划分。具体操作可考虑在第一轮克里金运算中将搜索椭圆半径等于变异函数变程的 1/3（有的矿床采用 1/4）、使用 3 个及以上工程的样品所估值的块段体积归属为探明的资源量；在第二轮运算中将搜索半径等于变异函数变程的 1/2，使用 2 个以上工程的样品所估值的块段划为控制资源量；或者是搜索椭圆半径等于变异函数变程的 1/3，使用了 3 个以下工程的样品所估值的块段体积划为控制的资源量；搜索半径超过变程或者工程个数少于控制资源量所要求的最少工程数的块段赋予推断的资源量类别。

7. SD 精度法确定资源储量类别

采用 SD 法估算资源储量（第 17.5 节），还可利用 SD 精度值（η）圈定资源量类别边界：$\eta \geqslant 80\%$，归属于探明的资源量；$45\% \leqslant \eta < 65\%$，控制的资源量；$15\% \leqslant \eta < 30\%$，推断的资源量；$\eta \leqslant 10\%$ 者，归属于预测的资源量；其余为待定区间，通过专家系统地根据地质、物理、化学、航空、遥感资料的分析研究、充分考虑矿区水文、工程、环境等因素，确定待定区间是向上靠还是向下靠。

本 章 小 结

　　工业指标由矿石质量指标（包括边界品位、最低工业品位或边际品位、有害组分最大含量等）和矿床开采技术条件（最小可采厚度、夹石剔除厚度、剥采比等）两部分组成。普查阶段可类比有关矿种的勘查规范中所列一般工业指标进行确定，详查和勘探阶段所用工业指标通常应结合预可行性研究或可行性研究进行确定。依据不同类型的工业指标圈定不同性质的矿体边界。

　　矿体边界线的圈定一般是在勘查线剖面图、中段地质平面图或矿体投影图等图件上，利用工程原始编录和矿产取样资料，根据确定的工业指标，结合矿床（体）地质构造特征、勘查工程分布及其见矿情况，先确定单个工程矿体各种边界线（基点）位置；然后，将相邻工程上对应边界点相连接，完成勘查剖（断）面上的矿体边界圈定；再对矿体边缘两相邻工程（剖面）和全部工程所控制的矿体各种边界线的适当连接和圈定。

　　资源量类别的合理确定需要地质人员根据经验进行判断。矿体圈定的过程表明，不同块段其地质可靠程度不一定相同，根据每个块段地质可靠程度的分析确定该块段资源量的类别。

讨 论 题

　　（1）工业指标是常数吗？试举例说明为什么。

　　（2）最低工业品位和边际品位同为盈亏品位，二者的具体应用有何不同？

　　（3）开采边界线与零点边界线有什么区别？

　　（4）"开采边界线圈定的块段矿石量归属于储量"的说法正确吗？

　　（5）说明圈定资源储量类别的方法并对其进行评述。

本章进一步参考读物

赵鹏大. 2006. 矿产勘查理论与方法. 武汉: 中国地质大学出版社

中国矿业权评估师协会矿业权评估准则—指导意见—CMV 13051.—2007. 固体矿产资源储量类型的确定.

中华人民共和国国家标准《固体矿产地质勘查规范总则》（GB/T 13908－2020）

中华人民共和国国家标准《固体资源量估算规则第 1 部分: 通则》（DZ/T 0338.1—2020）

《矿产资源工业要求手册》编委会. 2012. 矿产工业要求参考手册. 北京: 地质出版社

Snowden D V. 2001. Practical Interpretation Of Mineral Resource And Ore Reserve Classification Guidelines// Edwards A C, ed. Mineral Resource and Ore Reserve Estimation: The AusIMM Guide to Good Practice (Monograph 23), Australasian Institute of Mining and Metallurgy, 643-653

第17章 矿产资源量估算

17.1 概　　述

17.1.1 固体矿产资源量估算的目的和任务

前已述及，矿产资源量就是指矿产在地下的埋藏量，估算矿产在地下埋藏量的工作称矿产资源量估算。矿产资源勘查的基本任务之一就是探明矿产在地下的埋藏量。它是应用各种勘查技术手段揭露和查明矿体，提供资源量估算所需要的各种原始资料，再根据这些资料估算地下矿产的埋藏量的。因而可以说，资源量估算工作是矿产地质勘查工作成果的总结。

过去的教材以及生产实践中都称为"矿产储量计算"；国家标准《固体矿产地质勘查规范总则》（GB/T 13908—2002），改为"矿产资源储量估算"；新修订的《固体矿产地质勘查规范总则》（GB/T 13908—2020）等一系列相关的国家标准和行业标准统一为"固体矿产资源量估算"。估算与计算相比，虽然估算方法、参数选取、运算过程等没有差别，但估算一词更多地体现了资源储量的统计性、不确定性，以及风险性等含义（国土资源部矿产资源储量司，2003）。

矿床从普查、详查、勘探直到开采的各阶段，都要进行资源量估算。由于各阶段的任务不同，资源量估算的具体要求和作用也各不相同。普查阶段，对矿产只在少数有限的点上进行揭露和取样，根据这些少量资料估算资源量的精度不高，一般只能求得推断的资源量；在详查阶段，已经具有了一定程度的勘查工程控制，可以探求控制的资源量；而在勘探阶段，要根据勘探资料详细估算资源量，提出比较可靠的探明的资源量。当矿床进行开采时，为了编制开采计划，保证持续稳定的生产，需要随时统计和掌握矿山的三级生产矿量（地下开采划分为三级矿量：开拓矿量、采准矿量和备采矿量。露采矿山分为二级矿量，即开拓和备采矿量）。

在勘查过程中，随着项目工作的逐渐展开，要随时掌握各级资源量的增长情况而需要进行资源量估算，通常每半年或年终进行一次，以指导下一步的勘查工作。当勘查项目结束时，要进行该项目的资源量估算、提交勘查项目最终总结报告。这种报告是投资者或工业建设部门进行矿山建设设计和预算投资的依据，也是国家计划部门掌握和平衡矿产资源储量的主要依据。

由于矿山建设设计需要确定矿山生产规模、产品方案和开采、开拓方案，所以对资源量（尤其是储量）的查明度和精确程度要求都很高，因而必须按不同地段、不同资源量类别、不同矿石自然类型（原生矿及氧化矿）、不同工业品级（按不同工业用途划分的矿产质量等级）矿石等分别估算其资源量。

矿石量的高估和低估都可能导致矿山开发决策失误，可能造成严重后果。资源储量的低估可能使本来能够开采盈利的矿山在决策过程中被否定，或者，更经常见到的情况是，导致矿山生产能力设计过低；高估则可能导致矿山开发投资亏损或失败，或者，更可能出现的情况是，矿山生产寿命小于设计生产年限。

17.1.2　我国固体矿产资源量估算方法发展历史和现状简述

我国矿产资源量估算方法的发展及其应用与矿产勘查规范的实施联系得十分紧密。中华人民共和国成立初期，因缺少经验，我国在矿产资源储量的质量技术管理工作中所实施的矿产勘查规范，基本上是照搬苏联的矿产勘查规范。"储量计算方法"作为"规范"中的一项内容，随之被介绍过来（尹镇南，2000）。从 20 世纪 50 年代至 70 年代末期，在全国提交的地质勘查报告成果和矿山开采设计中采用的资源量估算方法，基本上都是这些方法，包括算术平均法、块段法和断面法等，因而把它们称作为传统矿产资源量估算方法。这一阶段的特点是以人工手算为主，传统方法的应用日臻完善，建立了以矿床勘查程度和研究程度、基本参数的合理确定、矿体圈定和连接，以及资源量估算方法为主体的方法学体系。

1977 年，美国 Flour 采矿和金属有限公司的帕克博士随美中贸易全国委员会矿业代表团来华访问，向我国同行全面介绍了地质统计学资源量估算方法，此后的十几年，地质统计学作为一个重要研究领域，国内许多学者进行了深入的研究，推动了地质统计学的发展。尤其是江西德兴铜矿，长期坚持在矿山生产中应用先进的地质统计学方法，成功地在整个生产过程中推广，取得了巨大的经济效益，成为国内应用地质统计学方法的典范。

随着计算机技术的发展，我国已相继开发出一批适合国内生产实际需要的资源量估算软件系统。传统资源量估算方法获得进一步深入发展，目前仍是国内勘查项目矿产资源量估算的主要方法；地质统计学方法逐步得到推广，为外资以及合资勘查项目的资源量估算时所采用的主要方法；我国自行研发的"最佳结构曲线断面积分法"（参见 17.5 节）已逐渐得到推广应用。这些方法构成了比较完整的资源量估算方法学体系。

17.1.3　矿产资源储量的单位

矿体或矿石块段是根据质量（平均品位）和数量（吨位）来进行描述的。

反映矿石质量指标值，如矿石平均品位的单位，一般黑色金属，有色金属，稀有、分散及伴生元素采用质量百分数（wt%）表示，即每吨矿石中含该种金属（或金属氧化物）量的吨数的百分数；金和铂族元素等贵重金属采用每吨矿石中含该重金属的克数（g/t）或用百万分之一（ppm）来表示；对砂矿来说，一般用每立方米松散沉积物中含有的矿物的克数（g/m^3）表示；金刚石矿是用每立方米含矿岩石中含有金刚石的克拉数（$carat/m^3$）表示。

不同的矿产估算的数量单位往往不同，多数矿产的资源储量单位以吨（t）、稀少的贵金属用千克（kg）、宝石矿物用克（g）、克拉（carat）等重量表示；一般建筑材料，通常只估算矿产的体积，其单位用立方米（m^3）表示。黑色金属（铁、锰、铬）矿产，一般非金属（磷灰石、钾盐、石棉、云母、耐火黏土等）矿产，稀有、分散及伴生元素（钴、铌、钽、铍、铟、镓、锗及铼等），一般有色金属（铜、铅、锌、钨、锡、钼、镍等）矿产资源量用吨（t）表示。但黑色及非金属矿产只估算矿石资源量，而有色金属及稀有、分散、伴生元素除计算矿石资源量外（简称矿石量），还要计算金属（或有用组分）资源量（简称金属量）。

17.1.4　资源量估算的一般过程

在矿产勘查过程中，应用各种工程去揭露矿体，通过取样和分析获得大量有关矿石资源量估算所需要的参数，如品位、厚度、面积、各种品级矿石的体重等，资源量估算就是在得到这些原始资料之后进行的（图 17.1）。具体估算的过程如下。

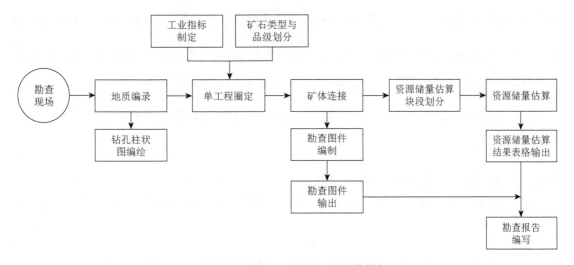

图 17.1　资源量估算基本流程图（李裕伟等，2000）

（1）在进行资源量估算之前，在各种勘查线剖面图，水平断面图上根据工业指标圈出工业矿体的空间位置，即圈定工业矿体的边界线。这项工作是在日常的勘查工作中即应完成的，资源量估算时进一步详细整理和完备并进行全面检查。与此同时还要把矿床有关的大量原始数据，整理计算出代表性的基本参数值（如品位、厚度、体重的算术平均值或加权平均值）等，有了这些基本参数才可进行操作运算（本课程将通过实训的方式使学生掌握这些参数的估算方法）。

（2）估算矿体的体积是利用各种勘查剖面图或水平断面图和垂直纵投影图上的矿体面积（或投影面积）乘以平均厚度而得。即

$$V = S \times \bar{M} \ \text{或} \ V = S' \times \bar{M}' \tag{17.1}$$

式中，V 为矿体体积，单位为 m^3；S 为矿体面积，单位为 m^2；$\bar{M}$ 为矿体的平均厚度，单位为 m；S' 为矿体的水平或垂直投影面积，单位为 m^2；$\bar{M}'$ 为矿体的水平或垂直方向的平均厚度，单位为 m。

在 GIS 矿业专用软件尚未普及之前，面积通常采用求积仪、曲线仪法、方格纸法，以及几何图形法等多种方法进行估算，这些方法费时而且误差较大。采用 GIS 技术后，这些方法已经基本被淘汰。

厚度一般用算术平均法求取，但厚度的选择应视估算方法而定。用纵投影面积时，应计算平均水平厚度；用水平投影面积时，应计算平均垂直厚度；用真面积估算时，应计算平均真厚度。对于厚度变化很大的矿床，若存在特大（小）厚度，应按特高品位处理的思路进行

处理，然后再求平均厚度。当工程分布很不均匀时，可根据影响长度或面积加权。对于厚度不大的脉状或层状矿体，利用计算机系统构建了规则块段后（参见 17.2.4 节），可采用空间内插法例如反距离加权（inverse distance weight，IDW）法计算每个块段中心的厚度值（T）：

$$T = \frac{\sum \dfrac{t_i}{d_i^n}}{\sum \dfrac{1}{d_i^n}} \tag{17.2}$$

式中，t_i 为邻近该估值块段中心第 i 个工程控制点的矿体厚度；$\dfrac{1}{d_i^n}$ 为以第 i 个控制点与估值点之间距离 n 次方的倒数作为该点的权值。一般是以变异函数中的变程作为搜索半径，距离平方的倒数（$\dfrac{1}{d_i^2}$）为权估计每个块段中心的厚度（参见 17.1.5 节）。

（3）估算矿体的矿石资源量（矿石量），通常是由矿体体积乘以矿石的平均体重（参见 14.3.2 节）而得，即

$$Q = V \times \bar{D} \tag{17.3}$$

式中，Q 为矿体的矿石资源量（t）；$\bar{D}$ 为矿石的平均体重（t/m^3）。

（4）估算矿石内有用组分的资源量（金属量）是通过矿石的资源量（Q）乘以矿石的平均品位（$\bar{C}$）而得，即

$$P = Q \times \bar{C} \tag{17.4}$$

式中，P 为矿石中的金属资源量（t，g）；$\bar{C}$ 为矿石平均品位（%，g/t 或 t/m^3）。如果单工程的取样长度不等，则以取样长度为权估算该工程的平均品位（$\bar{c}$）：

$$\bar{c} = \frac{\sum l_i c_i}{\sum l_i} \tag{17.5}$$

式中，l_i 和 c_i 分别为该工程中第 i 个样品的取样长度和品位。如果块段面积不等，则以面积为权估算矿体的平均品位。例如，采用面积不等的多边形方法估算层状矿体的资源量（参见 17.6.2 节），则以每个多边形的面积为权估算矿体的平均品位（$\bar{C}$）：

$$\bar{C} = \frac{\sum s_i \bar{c}_i}{\sum s_i} \tag{17.6}$$

式中，s_i 和 $\bar{c}_i$ 分别为该矿体中第 i 个多边形的面积和平均品位。

17.2　空间内插方法

17.2.1　空间内插方法的基本概念

通过矿产勘查取样获得的样本数据是离散的观测数据，它们反映了矿化分布的全部或部分特征，借助于空间插值方法可以预测未知矿化的特征，从而构建矿石品位（区域化变量）在空间上连续性变化的数据面。

空间插值方法可以定义为根据已知的空间数据估计（或预测）未知空间的数据值，它包括了空间内插和外推两种算法。空间内插算法是一种通过已知点的数据推求同一区域其他未

知点数据的计算方法；空间外推算法则是通过已知区域的数据，推求其他区域数据的方法。资源量估算方法实际上就是空间内插方法的具体应用。

空间内插利用栅格图来实现，栅格图是基于一套行列组成的数字地面模型（digital terrain model，DTM），使用一组方格描述地理要素，每一个方格单元称为像素，其值代表一个实现的地理要素（如矿石块段品位）；各像元可用不同的"灰度值"来表示，从而计算机可以渲晕图或色块图的形式输出。内插法是根据数量有限的样品数据预测栅格数据集的任何单元值，无论该单元是否被观测过（图 17.2）。它可以用于预测任何地理点数据（即区域化变量）的未知值。

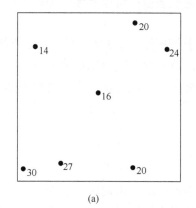
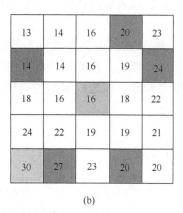

图 17.2　内插方法示意图

（a）已知值的点数据集；（b）根据这些点内插获得的栅格数据，其中的未知值是利用附近已知点的值采用某种内插算法得出的预测值（估值）

内插方法基于地理学第一定律：空间上分布的物体在空间上是相关的，距离越近的事物趋向于具有相似的特征。换句话说，空间位置上越靠近的点，越可能具有相似的区域化变量值，而距离越远的点，区域化变量值相似的可能性越小。

17.2.2　空间内插方法的分类

根据算法可以将空间内插方法分为整体内插方法（global interpolation）与局部内插方法（local interpolation）两类。整体内插方法利用研究区内所有采样点的数据进行全区特征拟合，包括全局平均插值法和趋势面插值法。17.4 节中介绍的算术平均法以及一些体积很大的地质块段法等都属于全局平均插值法。趋势面插值法是用一个平滑的数学面描述区域化变量的连续性变化特征，其思路是先用已知采样点数据拟合出一个平滑的数学平面方程，再根据该方程计算未知点的值。它的理论假设是地理坐标 (x, y) 是独立变量，属性值 z 也是独立变量且是正态分布的，同样回归误差也是与位置无关的独立变量。整体插值方法的优点在于能够较好地体现采样点数据整体上的分布与变化特征；但是，由于将小尺度的、局部的变化当作随机性与非结构性的噪声而被忽略，这种插值方法会丢失一部分细节信息。

局部内插法利用插值位置附近的采样点数据（即利用最接近该待估点的 n 个数据点或位于给定搜索半径内的数据点）估算未采样位置的数据，其优点在于能够很好地反映数据在局部位置变化的细节信息，并且通过控制参与运算的数据量，可以保证这种插值方法的运算速度。在资源量估算中，一般需要掌握矿石品位在空间分布变化的细节，所以使用局部插值方法更具有实际指导意义，样条函数法、泰森多边形法、反距离加权法（又称为距离幂次反比法）和克里金方法等都属于局部插值法，在矿业专用 GIS 软件的资源量估算功能模块中一般都包含了这些估值方法。

根据估值与观测值的吻合程度将内插方法分为精确内插和非精确内插。如果利用某种插值方法计算出的采样点估值等于该已知点的观测值，则称这种插值方法是精确插值方法，换句话说，精确插值法所生成的数据面通过所有的控制点；如果已知点的估值不等于其观测值，则称为非精确内插法或近似内插法。使用非精确性插值法可以避免在输出表面上出现明显的波峰或波谷。

还可根据其实现的数学原理将空间内插法分为确定性方法和随机性（地质统计学）方法。确定性空间内插法不能提供预测值的误差检验；随机性空间内插法能够提供有关估值误差的评价。例如，距离倒数加权法归属于精确性和确定性插值方法，而克里金方法属于非精确性和随机性插值方法。

17.2.3　块段的含义

利用空间内插方法可以解决平均品位和平均厚度的估值问题，然而，由于自然界中绝大多数矿体的形状都是很复杂的，要想完全正确地确定这种复杂矿体的形状和体积，是一件很难办到的事。因此，所有固体矿产资源量估算方法的基本原则，就是把形状复杂的矿体变为与该矿体体积大致相等的简单形体，从而确定体积和资源量。

为了更好地理解各种资源量估算方法，需要解释"块段"（block）这一术语。块段在矿产勘查和资源量估算工作中没有规定确切的范围，有时是指有勘查工程所控制或圈定的某一部分矿体；有时是为了区别不同的勘查研究程度而划分出的矿体各个部分；还有时是以不同的地质特点或开采技术条件等因素将矿体划分的各个部分。

17.2.4　矿体建模

建立矿体几何模型的过程称为矿体建模（orebody modelling），即是在一定的地质界线内（如岩性、构造、围岩蚀变等界线）将矿化体按照一定的规则划分成许多块段（或选别开采单元），Rossi 和 Deutsch（2014）详细阐述了如何利用地质学和统计学工具进行矿体建模的方法。图 17.3 是利用 Surpac 软件创建的一个块段模型示例。块段模型本质上是由一组特定形状的矿化块体构成，尽管这些块体大小相同，但每个块体的属性（如品位、体重、岩石类型以及置信度等）都是唯一的。

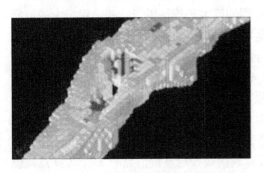

图 17.3　Surpac 软件建立块段模型的示例

根据矿体的几何模型估算各块段的体积、体重和矿石吨位，利用空间内插法估计各块段的平均品位即可获得其金属量。从而每个块段（或选别开采单元）都分别赋予了平均品位、体重、资源储量类别等属性信息，将块段平均品位大于边际品位（或最低工业品位）的资源储量相加即得到矿体总资源储量。这一系列过程即构成了矿产资源量估算的方法学体系。现有的矿业专用软件都能够将矿体或其他地质体划分成具有一定规则形态和特定体积的块段作为进行操作的基本单元，并提供了包括反距离加权法、克里金法等多种块段赋值方法；能够动态地从三维图形或剖面、平面图上观察矿体的形态及其变化；并且随着新数据的补充，还能够实时对矿体模型进行更新。在矿山生产过程中，借助于块段模型可以进行采矿设计和矿山资源储量管理，并可适时计算出矿山的资源储量及其变动情况，为生产和管理提供准确的资源储量数据，从而建立起数字矿山平台。

表 17.1 是某脉状金矿体采用 Surpac 软件进行矿体三维建模时设定的原点和范围，每个块段大小为 20m×20m×2m，每个块段内子块段大小为 5m×5m×0.5m，用作块克里金计算。

对于矿化分布不均匀（即不同的地质域内品位分布不同）的矿床，可以根据地质解释给每个块段赋予相应的岩性或围岩蚀变代码，然后分别对每个地质域内的块段进行品位内插并确定其所属资源量类别。

表 17.1　某脉状金矿体块段模型参数

模型参数	X/m	Y/m	Z/m
最小坐标	3500	13900	730
最大坐标	4700	14800	840
模拟范围	1200	900	110
母块段大小	20	20	2
最小块段大小	5	5	0.5

17.3　矿石品位数据的探索性分析

矿产勘查获得的矿石品位原始数据往往是杂乱无章的，看不出规律，因而有必要应用统计学方法对品位数据集进行分析，揭示样本中隐含的结构，提取重要的变量，从而为资源量估算奠定基础。这一过程称为品位数据的探索性数据分析（exploratory data analysis）。

17.3.1　特高品位值的处理

样本中某些样品的品位高出一般样品品位很多倍时称这些样品的品位为特高品位。特高品位是由于个别样品采集于矿化局部特别富集部位而产生的，因此特高品位的样品都在矿石组分分布很不均匀或极不均匀的矿床中出现。特高品位在统计学上称为统计离群值（outliers），这种样品的存在会使得平均品位的估值剧烈增高，特别是样品数量很少的情况下，对平均品位的影响很大，处理时应当慎重从事。因此，在肯定为特高品位之后，必须进行仔细的检查和验证，而后方能处理。

1. 特高品位的确定

品位高出多少倍才算特高品位？对此问题过去有许多种确定方法（侯德义等，1984），其中最便捷的方法是利用类比法确定特高品位的下限值（表 17.2），高于其下限值的品位值即视为特高品位。利用盒须图的方法确定特高品位也是一种简便有效的方法（参见 9.3.2 节）。

表 17.2　利用类比法确定特高品位的下限值

矿床品位变化特征	品位变化系数/%	高出平均品位的倍数（特高品位下限）
品位分布均匀的矿床	<20	2～3
品位分布较均匀的矿床	20～40	4～5
品位分布不均匀的矿床	40～100	6～10
品位分布很不均匀的矿床	100～150	10～15

2. 特高品位的处理

为了检验特高品位是否属实，首先要检查是否为化验的差错，检验方法是送副样重新分析；若分析无错误，再到取样地点进行取样检查。如果属于取样造成的错误，则该样品作废；如确系特高品位，处理方法有以下几种：

（1）计算平均品位时，把特高品位剔除。

（2）用整个坑道或整个块段的平均品位来代替特高品位，这个平均品位可以包括，也可以不包括特高品位。

（3）用特高品位相邻两个样品的平均值代替特高样品品位。这样做是考虑它们之间的环境相同。也有人建议把三个样品加起来求平均值代替特高样品品位。

（4）用一般品位的最高值代替特高样品品位。

（5）采用品位分布直方图中各品位区间的频率为权计算加权平均品位，利用该平均品位替代特高品位。

上述几种特高品位处理方法，都是设法减少特高品位的作用。在实际工作中，特高品位往往是客观存在的，如果对特高品位处理不当，有可能在矿床开采过程中会造成很大困难；如果对富矿的分布范围、位置、品位、产状、变化规律等在开采前均未掌握，对合理安排生产会有很大影响。因此，要特别指出，对特高品位的引起原因，要认真检查和研究，当研究证明，确系富矿引起的，就不应人为除去，在这种情况下，特高品位应当参加计算。有关特高品位处理合理性检验可参考《固体矿产勘查地质资料综合整理综合研究技术要求》（DZ/T 0079—2015）附录 C 中列出的方法。

需要强调的是，极个别情况下，异常低的值也应参照特高品位的方式进行处理。例如，零品位值可能是一个离群值，它们或者应当被忽略不计，或者应当赋予一个最小的品位分析值；如果确认是真零值，则应该保留。缺失值与零品位值的处理方式相同。通过试错法有时能够找到处理这些问题值的最佳方式。

17.3.2　评价不同控矿因素的成矿有利性

由于不同的地质域可能具有不同的矿化特征，从而应按照岩性、蚀变带、构造、岩相带或其他已经证实（或推测）具有不同品位分布的数据类型划分地质域，然后再分别计算各地质域样本品位的基本统计量。基本统计量包括：

（1）数据个数（样品或组合样品的个数）。

（2）平均值（平均品位和平均厚度等）。如果有足够多的数据，便可以利用平均品位以及品位变化系数在不同地质域之间进行比较（一般来说，每个地质域至少需要 25 个数据才能够在不同地质域之间进行比较），如表 17.3 所示。

表 17.3　不同地质域之间矿石平均品位的比较

平均品位差异	解释
0%～25%	一般不要求区分矿体建模的品位总体
25%～100%	如果是由诸如断层之类的不连续面分割或者变异函数或品位变化趋势不同，那么，矿体建模时需要区分品位总体
>100%	必须分别对不同的品位分布进行矿体建模。如果存在无矿、贫矿、富矿的情况，其品位分布差异可能大于 100%

（3）标准差和品位变化系数。品位变化系数蕴含着矿石品位的统计学规律，从而对资源量估算产生影响。表 17.4 阐明了品位变化系数与资源量估算难易程度的关系。

表 17.4　品位变化系数与资源量估算难易程度的关系

变化系数	解释
0%～25%	简单、对称的品位分布，资源量估计比较容易，多种资源量估计方法都可以适用
25%～100%	品位呈偏斜分布，一般可转化为对数正态分布。资源量估计难度为中等
100%～200%	高度偏斜分布，品位极差很大。采用局部内插方法估计资源量的难度较大
>200%	品位变化极不规律，呈高度偏斜分布或多总体分布，难以或不能采用局部内插方法进行品位估计

变化系数大于 25%的品位分布常常具有对数正态分布，从而，其基本的统计量也可以根据品位的自然对数进行计算。对于完全对数正态分布的统计量与正态分布统计量的关系为

$$平均值 = e^{\left(\alpha+\frac{\beta^2}{2}\right)} \tag{17.7}$$

$$变化系数 = \sqrt{e^{\beta^2}-1} \tag{17.8}$$

$$标准差 = 平均值 \times 变化系数 = e^{\left(\alpha+\frac{\beta^2}{2}\right)} \times \sqrt{e^{\beta^2}-1} \tag{17.9}$$

式中，α 为品位的自然对数平均值；β 为自然对数的标准差。

17.3.3　样品组合

1. 支撑的概念

支撑（support）是地质统计学中的术语。矿石品位只在理想意义上具有"点"的数值，而随机函数也是以数据点的方式进行处理；但在矿产资源勘查的实际工作中，品位数据一般都与物理样品有关，物理样品具有长度、面积或体积，也就是说，样品品位代表其长度、面

积、体积的平均含量。由此，把样品位置的大小、形状、方向和排列定义为支撑。

　　如果某个样品的支撑相对于所考虑的其他支撑要小得多（如钻孔岩心样品体积相对于最小开采块段体积而言），那么就把该样品支撑看作点支撑。样品体积越小，样品之间的变化性越大（即方差越大）。例如，以取样长度为 1.0m 进行连续取样的钻孔 Zn 品位值以及采用 2.0m 样长进行组合后的 Zn 品位值。虽然不同支撑计算获得的平均品位相同，但支撑较小的样品相对于支撑较大样品离散程度更大（即方差和变化系数更大）（表 17.5）。组合样品的品位较原始样品的品位变化更小，并且在一定程度上减轻了特高品位对品位估值的影响，也使得样品的统计分布曲线和变差函数曲线趋于规则。样品体积对品位变化性的影响称为"体积-方差关系"或"支撑效应"（Journel and Huijbregts，1978）。

表 17.5　钻孔岩心样品组合

原始样长 1.0m			组合样长 2.0m		
孔深/m			孔深/m		
自	至	Zn/%	自	至	Zn/%
0	1	1.22	0	2	1.06
1	2	0.91	2	4	2.02
2	3	1.58	4	6	2.29
3	4	2.45	6	8	3.25
4	5	2.81	8	10	1.27
5	6	1.76	10	12	1.84
6	7	4.00	12	14	1.76
7	8	2.51	14	16	1.23
8	9	1.98	16	18	1.71
9	10	0.57	18	20	0.88
10	11	1.60	20	22	2.20
11	12	2.08	22	24	2.05
12	13	0.68			
13	14	2.83			
14	15	1.57			
15	16	0.89			
16	17	2.39			
17	18	1.03			
18	19	1.00			
19	20	0.75			
20	21	2.38			
21	22	2.02			
22	23	1.11			
23	24	3.00			
平均值		1.80			1.80
方差		0.77			0.42
最小值		0.57			0.88
最大值		4.00			3.25
变化系数		49%			36%

2. 样品组合

样品组合就是将空间不等长的样长和品位，量化到一些离散点上。根据地质统计学原理（参见 17.6 节），为确保得到参数的无偏估计量，所有的样品数据应该落在相同的支撑上，即同一类参数的地质样品段的长度应该一致。显然，只有当每个品位数据都具有相同支撑的条件下，其统计分析的结果才有意义，而且，借助于变异函数、矿体建模以及某种空间内插方法（如反距离加权法或克里金方法），样品支撑可以转化为块段支撑。

如何进行样品组合取决于矿化性质和采矿方法，常见的样品组合方法包括矿段组合、定长样品组合以及台阶样品组合。

1）矿段组合

对于矿岩界限分明的脉状或厚度不大的层状矿体，且在矿石段内垂直方向上品位变化不大时，常常将矿石段内（即矿体上、下盘之间）的样品组合成一个组合样品（图 17.4（a）），这种组合称为矿段组合。组合样品的品位（$\overline{C}$）是组合段内第 i（$i = 1, 2, \cdots, n$）个样品长度 l_i 及其品位 c_i 的加权平均值，即

$$\overline{C} = \frac{\sum l_i c_i}{\sum l_i} \tag{17.10}$$

2）定长样品组合

如果钻孔揭露的矿化连续性很好（矿段很厚），则首先确定组合样品长度后，以矿段长度除以组合样品长度即为组合样品的个数（四舍五入），然后按照组合样品长度采用加权平均从矿段顶部至底部进行样品组合。如果钻孔揭露了多个矿段，则应先划分矿段，然后分别对每个矿段进行样品组合。

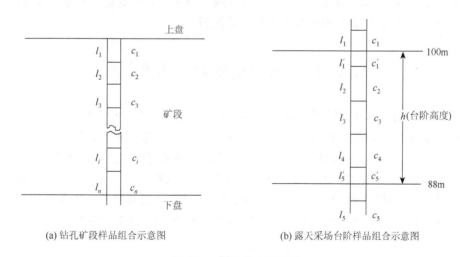

(a) 钻孔矿段样品组合示意图　　(b) 露天采场台阶样品组合示意图

图 17.4　样品组合示意图

3）台阶样品组合

台阶样品组合是用于露天开采资源量建模的常用方法，也是大吨位、低品位矿床最有用的样品组合方法。台阶样品组合的区间是按照露天开采一个台阶高度内的样品组合成一个样品。这种样品组合方法的优点是提供相同高程的品位数据，只需简单地组合样品品位数据投

在平面图上即可进行解释。

$$\bar{C} = \frac{\sum l_i c_i}{h} \tag{17.11}$$

式中，h 为露天开采的台阶高度。当一个样品跨越台阶分界线时[如图 17.4（b）中第一和第五个样品]，在计算中样品的长度取落于本台阶的那部分长度[即图 17.4（b）中的 l_1' 和 l_5']，样品的品位不变。

　　台阶样品组合考虑到了矿石的贫化。由于露天开采在垂向上是以台阶为开采单元，沿台阶高度无论品位如何变化都无法进行选别开采，因而，在一个台阶高度采用不同的取样品位是毫无意义的。

　　通常会根据岩石类型、矿石分带或其他地质特征给组合样品赋予相应的地质代码，这一步骤一般来说比较简单，因为大多数组合样品都是根据同一个地质单元采集的样品进行组合计算的。而接触带的组合样品代码的确定比较复杂一些，因为参与组合的样品是来自多个地质单元，具体确定这类组合样品的代码时应考虑：如果接触带是渐变过渡的而且样品之间品位差异不显著，那么可以根据多数决定原则（即根据在该组合样品中占多数的地质单元）给组合样品赋予地质代码；如果组合样品穿越突变的接触带而且接触带两侧品位差异明显，那么可以根据具有与组合样品最近似品位的地质单元赋予组合样品地质代码（Rossi and Deutsch，2014）。

17.3.4　绘制品位频率分布直方图

　　有关频率分布直方图的内容请参见 14.1.1 节。借助品位频率分布直方图可以检验矿石品位近似于正态分布还是偏斜分布（正偏斜分布一般可以转换为对数正态分布）；如果品位数据呈现双峰分布，则应尝试划分地质域分别估算资源量。

17.4　国内传统的资源量估算方法

　　为了固体矿产资源量估算的基本要求，自然资源部新颁发了《固体矿产资源量估算规程第 1 部分：通则》（DZ/T 0338.1—2020）、《固体矿产资源量估算规程第 2 部分：几何法》（DZ/T 0338.2—2020）、《固体矿产资源量估算规程第 3 部分：地质统计学法》（DZ/T 0338.3—2020）、《固体矿产资源量估算规程第 4 部分：SD 法》（DZ/T 0338.4—2020）。本节介绍国内传统的固体矿产资源量估算方法，包括算数平均法、地质块段法、开采块段法，以及断面法，这些方法归属于几何法；17.5 节将介绍 SD 法；地质统计学方法将在 17.7 节中介绍。

17.4.1　算术平均法

1. 基本概念

　　算术平均法的基本特点是不划分矿体块段，用简单的算术平均法计算各种参数的平均值，即把勘查地段内的全部勘查工程查明的矿体厚度、品位、矿石体重等数值，用算术平均法加以平均，分别求出其算术平均厚度、平均品位和平均体重，然后按圈定的矿体面积算出整个矿体体积。其实质是将整个形状不规则的矿体变为一个厚度和质量一致的板状体，然后根据平均体重估算整个矿体的资源量（图 17.5）。

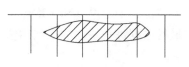 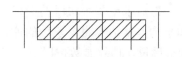 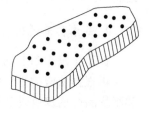

(a) 勘查剖面中圈定的矿体形态，　　　　(b) 算术平均法将其变为等厚度的　　　　(c) 按照简单的板状矿体估算
　　各钻孔见矿厚度不等　　　　　　　　　　简单矿体的剖面

图 17.5　用算术平均法计算资源量，把复杂矿体变为简单板状体

2. 基本估算过程

首先在投影图上求出整个矿体的投影面积，再用算术平均法估算矿体投影面积内所有工程各种参数的平均值，然后根据矿体的平均厚度和投影面积估算矿体体积，根据矿石平均体重和体积估算矿石资源量，最后根据平均品位和矿石资源量估算相应的金属量。

算术平均法所利用的图件一般是矿体水平投影图或垂直纵投影图。若在水平投影图上测量矿体面积，则利用铅垂厚度求体积；若在垂直纵投影图上测量矿体面积，则利用水平厚度求矿体体积。

3. 算术平均法的适用条件

算术平均法估算资源量，过程简单，不需复杂的图纸是其优点，但是，它只能应用于矿体厚度变化较小、勘查工程在矿体上的分布较为均匀、矿产质量及开采条件比较简单的矿床。如果勘查工程分布得不均匀，矿化又很不均匀，可能产生较大的误差。对于勘查程度较低的矿床，即在普查阶段常常应用此方法。

17.4.2　地质块段法

1. 基本概念

地质块段法是将矿体投影到一个平面上，按不同矿石类型、工业品级、资源量类别、矿山技术条件及水文地质条件、矿床开采次序等把矿体分成不同的块段，分别估算各块段的资源量，各块段资源量之和即为该矿体或矿床的资源量。划分块段时，应综合考虑各方面的因素，不宜分得太零乱，而且应使每个块段都有相当数量的工程控制。

根据投影方式划分为垂直纵投影地质块段法和水平投影地质块段法。采用垂直纵投影地质块段法应编制矿体垂直纵投影图。投影面方位垂直于勘查线，与矿体的总体走向一致。除标高线、勘查线、资源量估算边界外，其核心要素是见矿工程穿过矿体中心点位的投影，以及相应未见矿工程的投影。见矿工程应标注真厚度或垂直投影面的水平厚度、平均品位等数据。在此基础上确定资源量类型，划分块段。估算后应标注各块段资源量估算参数及估算结果。

采用水平投影地质块段法应编制矿体水平投影图。除坐标线、勘查线、资源量估算边界以外，其核心要素是见矿工程穿过矿体中心点位的水平投影，以及相应未见矿工程的投影。见矿工程应标注真厚度或铅直厚度、平均品位等数据。在此基础上确定资源量类型，划分块段。估算后应标注各块段资源量估算参数及估算结果。

2. 基本估算过程

首先在投影图上划分块段，然后求出每个块段的面积、平均品位、平均厚度和平均体重等，再根据块段的投影面积和平均厚度估算每个块段的体积，最后根据每个块段的平均体重和平均品位估算块段矿石量和金属量。估算参数按以下方式确定。

（1）块段面积：可利用专用软件直接读出。

（2）单工程平均品位：一般采用样长所对应的真厚度加权平均求得。

（3）块段平均品位：通常采用单工程厚度加权平均计算。

（4）块段平均厚度：一般采用算数平均法计算；如果块段内工程分布不均，可按影响长度加权平均。垂直纵投影地质块段法中，参与估算的块段平均厚度为块段的平均水平厚度；水平投影地质块段法则为平均铅锤厚度。

3. 地质块段法的应用条件

地质块段法具有算术平均法的所有优点，同时又弥补了算术平均法不能划分块段的缺点，在勘查工作中应用较广。

地质块段法适用于二维延展的矿体，允许勘查工程与勘查线有一定偏离。不适用三维延展的矿体、特别是勘查工程穿矿方式不一致的情况。垂直纵投影地质块段法适用于倾角较陡的矿体。水平投影地质块段法适用于倾角较缓的矿体。

17.4.3 开采块段法

1. 基本概念

应用坑道工程把矿体切割成不同的适合矿山开采的方形或矩形块段，并利用块段周边坑道所获得的矿体取样资料采用算术平均法估算块段储量的方法称为开采块段法。

开采块段一般由上、下中段沿脉坑道和左、右天井（或上山）工程四面圈定，有时由三面或只有两面工程圈定。资源储量估算是在块段水平投影图或垂直纵投影图上进行（图16.9）。

2. 估算过程

首先采用加权平均法求出开采块段周边各坑道中取样的平均品位和厚度，需要注意的是，估算出的厚度应转换为块段投影面的厚度，然后估算块段的平均品位、平均厚度和面积，最后估算块段的矿石量和金属量。

3. 开采块段法的应用条件

开采块段法适用于采用坑道工程系统进行勘查的矿床，尤其适合于地下矿山开采过程中的三级矿量（开拓、采准、回采）估算。

这种方法的优点是作图和计算简单,可按不同要求划分块段进行估算,其估算结果可直接用于采矿设计和制定生产计划。缺点是要受到勘查手段的限制。

17.4.4 断面法

在矿床勘查阶段,利用一系列勘查剖面把矿体截为若干个块段,根据各断面的勘查取样资料分别估算这些块段的资源量,将各块段的资源量合起来即为矿体的总资源量,这种资源量估算方法称断面法或剖面法。如果断面为勘查线剖面,其估算方法称为垂直断面法;如果垂直断面之间彼此平行,称为平行断面法;彼此不平行的断面,则称为不平行断面法。如果是根据水平断面(如中段平面)进行估算,则称为水平断面法。垂直断面法与水平断面法原理基本相同,这里只介绍垂直断面法。

1. 矿体圈定及块段划分

垂直断面法在勘查线地质剖面图的基础上编制垂直断面资源量估算图,突出表示剖面两侧资源量类型及块段划分内容。

1)矿体圈定

在断面图上圈定矿体要遵循控矿地质因素和矿体地质规律,与地质要素相协调。工程之间的矿体一般应以直线连接,当有充分依据时也可用自然曲线连接。矿体外推边界的圈定方法分为以下几种。

(1)地质推断法:根据岩相、构造、围岩变化特点与矿化的关系,推定矿体边界;

(2)形态推断法:以矿体形态变化规律(趋势)为基础进行外推圈定;

(3)几何推断法:当不能用地质推断法或形态推断法时,可用几何法推断外部边界;

(4)异常推断法:根据已知矿体及其地球物理或地球化学异常特点,用类比法推断未知矿体的边界。

推断的矿体厚度不得大于工程实际控制的厚度。

2)资源量类型与块段划分

首先在断面图上,按照控制研究程度判断地质可靠程度,确定资源量类型。然后在相邻断面间,同一矿体对应部位资源量类型相同,划为该类型的一个块段;如果相邻断面间,同一矿体对应部位资源量类型不同,则划为低一级类型的一个块段;如果相邻断面无同一矿体或边缘断面外推,则依地质形态楔形外推或锥形外推断面间距的1/2,划分为推断资源量块段。

相邻断面之间,同一矿体、同矿石类型品级(需要分采分选时)、同资源量类型的划分为一个块段。不得再按见矿工程细分块段。

2. 估算过程

(1)块段断面面积:各个勘查剖面图上通过相关软件测定矿体块段断面的面积。

(2)平均品位:先求块段断面平均品位,再求块段平均品位。

块段断面平均品位可利用穿过块段的各工程平均品位与其穿矿长度加权平均求得;利用组成块段相邻断面的平均品位与断面面积加权平均得到块段平均品位。

(3)块段体积:由平行断面控制的块段,块段长度为相邻勘查线之间的间距。块段体积的估算，必须根据相邻两剖面之间块段断面相对面积差 $\left(\dfrac{S_1-S_2}{S_1}\right)$ 的大小来分别选择不同的公式进行。

当相邻两剖面上块段之相对面积差 $\dfrac{S_1-S_2}{S_2}<40\%$ 时，一般选用梯形体积公式（图 17.6），其表达式为

$$V=\frac{L}{2}\left(S_1+S_2\right) \tag{17.12}$$

式中，V 为两剖面间矿体体积（m^3）；L 为两相邻剖面之间距（m）；S_1、S_2 分别为两相邻剖面上的矿体块段断面面积（m^2）。

当相邻两剖面矿体断面之相对面积差 $\dfrac{S_1-S_2}{S_1}>40\%$ 时，一般选用截锥体积公式估算体积（图 17.7），其公式为

$$V=\frac{L}{3}\left(S_1+S_2+\sqrt{S_1\times S_2}\right) \tag{17.13}$$

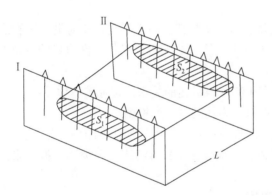

图 17.6　相邻剖面间之梯形块段

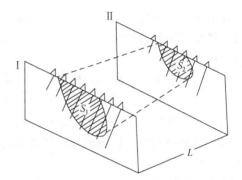

图 17.7　相邻剖面间之截锥块段

当在相邻的两剖面中只有一个剖面有面积，而另一剖面上矿体已尖灭，这时根据剖面上矿体面积形状不同，可分别选择楔形（图 17.8）或锥形（图 17.9）公式估算体积。

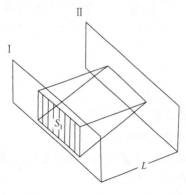

图 17.8　楔形体积

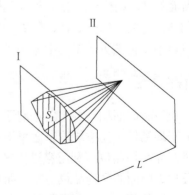

图 17.9　锥形体积

用楔形公式估算体积的公式为

$$V = \frac{L}{2} \times S \qquad (17.14)$$

用锥形公式估算体积的公式为

$$V = \frac{L}{3} \times S \qquad (17.15)$$

（4）估算各相邻两剖面间块段的矿石资源量：

$$Q = V \times \bar{d} \qquad (17.16)$$

式中，Q 为块段的矿石资源量；V 为块段的矿石体积；$\bar{d}$ 为块段矿石平均体重。

（5）估算各相邻剖面间的金属资源量：

$$P = Q \times \bar{C} \qquad (17.17)$$

式中，P 为块段的金属资源量；$\bar{C}$ 为块段矿石的平均品位。

（6）估算整个矿体的体积、矿石资源量及金属量。

将所有块段的体积、矿石资源量、金属量各自相加，即

$$
\begin{aligned}
V &= V_1 + V_2 + V_3 + \cdots + V_n = \sum_{i=1}^{n} V_i \\
Q &= Q_1 + Q_2 + Q_3 + \cdots + Q_n = \sum_{i=1}^{n} Q_i \\
P &= P_1 + P_2 + P_3 + \cdots + P_n = \sum_{i=1}^{n} P_i
\end{aligned}
\qquad (17.18)
$$

式中，V、Q、P 分别为整个矿体的体积、矿石资源量及金属量；V_i、Q_i、P_i 分别为第 i 个块段的矿体体积、矿石资源量及金属量。

3. 线资源量法

线资源量法是一种与平行断面法原理相同的资源量估算方法。它利用勘查剖面把矿体分为各个块段，每个勘查剖面至相邻两剖面之间 1/2 的地段，即为该剖面控制的地段。先分别估算每个剖面两侧共计 1m 宽度的矿体体积和矿产资源量（图 17.10），然后按每条勘查剖面的实际控制距离（各勘查剖面与相邻两侧剖面垂直距离的一半），估算出各个块段的矿产资源量。各块段资源量的总和，即为整个矿体或矿床的资源量。线资源量法主要应用于砂矿床的资源量估算。该方法的估算步骤如下。

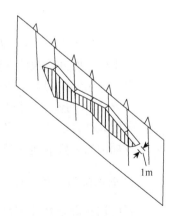

图 17.10　勘查线剖面附近 1m 宽地带的资源量

（1）测量各剖面的面积，然后根据剖面的平均体重及平均品位估算每个剖面的线金属资源量：

$$P_i = S_i \times \bar{d}_i \times \bar{C}_i \qquad (17.19)$$

式中，P_i 为某一剖面的线金属资源量；S_i 为某一剖面的矿体面积；$\bar{d}_i$ 为某一剖面的矿石平均体重；$\bar{C}_i$ 为某一剖面的矿石平均品位。

（2）估算相邻剖面间块段的金属量。当两剖面面积相对差小于 40% 时，应用公式：

$$P = \frac{L}{2} \times (P_1 + P_2) \tag{17.20}$$

当两剖面面积相对差大于 40% 时，则应用公式：

$$P = \frac{L}{3}\left(P_1 + P_2 + \sqrt{P_1 \times P_2}\right) \tag{17.21}$$

式中，P 为两剖面间块段的金属资源量；L 为两剖面间的距离；P_1、P_2 分别为两个相邻剖面的线金属量。

（3）整个矿体的金属资源量，为所有块段金属量之和，即

$$P = P_1 + P_2 + P_3 + \cdots + P_n = \sum_{i=1}^{n} P_i \tag{17.22}$$

4. 不平行断面法

当矿体用不平行勘查线进行勘查时，或者用平行勘查线的同时，由于矿体走向有变化，而采用了不平行勘查线，这时应用不平行断面法是必要的。这种方法在于求矿体不平行剖面间的矿体体积和资源量。不平行断面法常用的是断面控制距离法（普罗科菲耶夫计算法）。这种方法的实质是沿两个勘查线的每个断面上矿体的面积乘相应的控制距离，采用作辅助线的方法估算不平行断面之间的块段体积（图 17.11）。

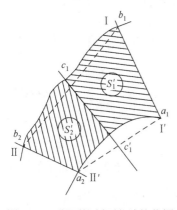

图 17.11　断面控制面积法简化图

如图 17.11 中 Ⅰ 至 Ⅰ′ 与 Ⅱ 至 Ⅱ′ 两条勘查线不平行，a_1、a_2 及 b_1、b_2 为勘查线与矿体边界线的交点，用直线连接 a_1、a_2 及 b_1、b_2，取 b_1、b_2 的中点 c_1 及 a_1、a_2 的中点 c_1'；用直线连接 c_1 和 c_1' 将块段分为两部分，也就是将块段在平面图上的面积分为 s_1' 及 s_2' 两个部分；求出在勘查线剖面上矿体的截面积 s_1 及 s_2，同时也求出 s_1' 及 s_2' 的面积。这样就可以求出被中线 c_1、c_2 所分割的这两部分的矿体体积，其公式为

$$V_1 = S_1 \times \frac{S_1'}{l_1}; \quad V_2 = S_2 \times \frac{S_2'}{l_2} \tag{17.23}$$

式中，l_1 为勘查线 Ⅰ 上 a_1、b_1 的长度；l_2 为勘查线 Ⅱ 上 a_2、b_2 的长度。

不平行断面间块段的总体积 $V = V_1 + V_2$。

也可以用线资源量法进行，这时需将断面面积 S_1 及 S_2 的相应的由线矿石量 Q_1、Q_2 或线金属量 P_1、P_2 的值来代替。

应用此种方法估算不算十分准确。但一般在矿床勘查时，勘查线不平行的地段是不多的，或仅有局部的地段的断面是不平行的，对整个矿床的资源量影响不大。

5. 断面法的应用条件

断面法资源量估算在目前应用仍较广泛，只要勘查工程是有系统地大致按勘查线或勘查网布置时均可采用。水平的和缓倾斜的矿体常用垂直钻孔的勘查线进行勘查，因而常用垂直断面法估算资源量。而那些急倾斜矿体、矿柱、网脉状矿床常用水平坑道勘查，因而适于用水平断面法估算资源量。在勘查砂矿床或侵入岩接触带上的矿床，因矿床的走向经常改变，所以常出现不平行的断面，故时常用不平行断面法估算资源量。

由于断面法是利用相应的体积公式估算剖面之间块段的体积，如果相邻剖面矿块的面积和形状差异比较显著的话，其块段吨位的估值误差就比较大；此外，断面法资源量估算实质上是把断面上工程中的品位外延到断面面积上去，接着又把面积上的品位又外延到块段的体积上去，有外延就有误差。所以说断面法资源量估算虽说在体积估算方面具有简单的优点，但它存在着品位外延所形成的误差无法克服的缺点，对这一点必须有所认识。

17.5　SD 矿产资源量估算方法

SD 资源量估算法（简称 SD 法）是由北京恩地公司唐义和蓝运蓉教授共同创立命名的一套独特的系列资源量估算和审定方法。SD 法将地质变量看作既具规律性又有随机性特点的变量，用权尺法建立结构地质变量，以最佳结构地质变量为基础，在断面图上进行几何形变，用样条函数拟合成结构地质变量曲线，使之能以用积分计算求取资源量的方法。该方法包括普通 SD 法、SD 搜索法、SD 递进法，有预测精度的功能，并且研发了专用 SD 法软件。

17.5.1　SD 法的基本概念

1. SD 的含义

SD 法是一套估算矿产资源量的方法体系，由 SD 理论、原理、SD 系列方法及其 SD 软件应用系统构成。

SD 代表三种含义：①取样条函数（spline）字头"S"和动态分形的汉音字头"D"，构成"SD"，寓意动态分维是本方法的理论基础；②取"搜索－递进"的汉语拼音字头，构成"SD"，寓意本方法是以搜索递进为主的计算方法；③取"审定"一词汉语拼音第一个字母，构成"SD"，寓意审定资源量是本方法的重要和独特功能。

2. SD 理论

SD 理论是以分形几何学为理论基础建立起来的动态分形几何学，SD 理论即 SD 动态分形几何学，因此，SD 法就是动态分形几何学资源量估算和审定方法。其基本原理是在剖（断）面图上进行几何形变，用样条函数拟合成结构地质变量曲线，用积分法估算资源量。

3. 结构地质变量和权尺

结构地质变量：空间上具有结构性变化的地质变量，简称结构量，如厚度、品位等都是结构地质变量。结构地质变量值既与所在的空间位置有关，又与它周围相邻值的大小和距离有关，它们在一定空间范围相互影响。结构地质变量是 SD 法估算矿产资源量及其精度的基础变量。根据定义，结构地质变量等同于地质统计学中的区域化变量。

权尺：用来分配地质变量权的大小的尺度称为权尺，实际上就是权重的大小。权尺使地质变量权尺化，形成结构地质变量。

SD 法采用铃形曲线作为滑动平均窗口的权函数，从而将地质变量构造成结构地质变量。

例如，在一条测线上相隔等间距、距离为 Δh 的两相邻地质变量值 x_1 和 x_2 的空间相关权（λ_k）令其各为 1/2；相隔等间距、距离为 Δh 的三个相邻值 x_1、x_2 和 x_3 的空间相关权分别赋予 1/4、2/4、1/2；同理，相隔等间距、距离为 Δh 的四个相邻值 x_1、x_2、x_3 和 x_4 的空间相关权分别赋予 1/8、3/8、3/8、1/8。依此类推，当变量值个数为 n 时，其空间相关权为二项式展开后各项系数 $c_{nl_1}^k$ 与 2^{n-1} 之比，即

$$\lambda_K = \frac{C_{n-1}^K}{2^{n-1}} (k = 0, 1, 2, \cdots, n-1) \tag{17.24}$$

式中，n 为二项式系数直径。空间相关权之和为 1，即

$$\sum \lambda_k = 1 \tag{17.25}$$

由此可见，在一个方向上空间相关权的分布曲线近似于铃形曲线（即呈对称分布），故谓之铃形曲线窗，其权称为铃形权，同时利用 n 来调节铃形权的形态。空间相关权确定之后，即可求得结构地质变量值。

对地质变量进行具体统计分析时，SD 法不是寻求统计规律，而是用数据稳健处理方法（权尺化）将原始数据处理成有规律的数据，将离散型变量转换成连续型变量。因此，SD 法不是建立原始数据模型，而是建立权尺化处理后的数据模型。从这个意义上说，结构地质变量又是经过权尺化处理的地质变量。其数据模型即是结构量结构空间的表征，这样便有可能对地质变量进行统计分析。由此可见，SD 法的数据权尺化处理与地质统计学的变异函数有着同工异曲之妙。

4. 结构变量曲线

结构地质变量的求得，仅仅为资源量估算提供了可靠基础数据，SD 法资源量估算还需要通过结构变量曲线来实现。

结构变量曲线就是在工程坐标或断面坐标上过已知的以结构地质变量为点列所作的光滑曲线，简称结构曲线。它们的形态反映了地质变量在空间的变化规律。构造出结构地质变量曲线，是 SD 法资源储量估算中第二个重要课题。求过程结构地质变量的点列的曲线，是数学拟合问题，SD 法采用三次样条函数进行拟合。

17.5.2 SD 法基本原理

1. 降维形变原理

矿体形态千差万别，为了简化计算，SD 法采取降维处理，利用二维剖面反映三维，从而使 SD 法称为一种断面曲线法。

与此同时，为了计算的规则化，SD 法进一步将断面形态进行齐底拓扑形变（图 17.12），其目的是用数学公式描述地质变化，即利用 SD 样条函数进行拟合。形变后虽然点线面的形态发生了变化，但它们的相对位置没有改变，也就是说，其几何量或物理量没有改变。

SD 法在断面上求矿体面积时不是直接利用其形态，而是采用实施几何变形后的形态（图 17.12）。这种形变过程实际上并不直接绘出，矿体的原始形态也不一定确知，只需知道几何形变后的形态即可，而且这种形态是资源量估算后才得出的。

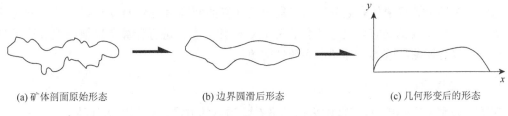

| (a) 矿体剖面原始形态 | (b) 边界圆滑后形态 | (c) 几何形变后的形态 |

图 17.12　矿体形变的几何过程

2. 权尺稳健原理

稳健处理就是针对一些"质量低"的数据进行有效处理。例如，在统计歌唱比赛的评分时，采取去掉一个最低分和去掉一个最高分的做法就是数据稳健处理的一种方式。SD 法稳健处理主要是利用 SD 权尺进行处理。

3. 搜索求解原理

SD 法建立了样条函数反函数近似求解方法，称为 SD 搜索求解方法。其过程如下。

（1）利用样条函数曲线和矿体剖面线上的观测点 $x_i(i=1, 2, \cdots, n)$ 的厚度和品位观测值构成厚度变化曲线和品位变化曲线。

（2）制定搜索步长。SD 法计算过程中根据工程控制程度自动预置步长。

（3）确定工业指标。计算时从左至右按给定步长以各项工业指标进行样条函数搜索，划分出矿域和非矿域。当品位达到工业要求而厚度未达到要求是则划分为可疑域，然后采用动态百分值（米百分值）判定其属于矿域还是非矿域。

图 17.13 说明搜索求解过程：①作矿体厚度曲线和品位曲线；②用 SD 样条函数拟合；③以厚度指标限和品位指标限分别对相应的 SD 样条函数曲线按一定步长进行根的搜索；④对于满足双指标限的曲线部分进行 SD 样条积分，即为矿域（体）面积。

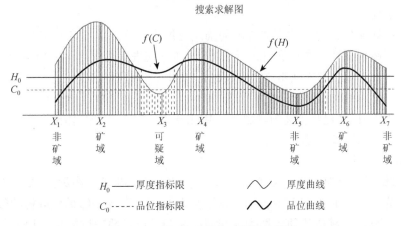

图 17.13　SD 齐底拓扑—搜索求解图

SD 法计算过程同时也就是动态搜索确定矿体的过程，这与几何法有所不同。SD 搜索求解的实现，不仅解决了样条函数反函数求解难的问题，同时解决了合理而灵活选用工业指标的问题以及资源量计算中任意划分矿块矿段灵活计算的问题,使得 SD 法可以适应各种需求的资源量估算。更重要的是它实现了不依据先确定矿体形态去进行计算,也很好地解决了实际中由于分支复合现象导致的矿体图形多解性的争议。

4. 递进逼近原理

为了充分利用有限信息,SD 法采用动态有限逼近的方法,包括以下几种。
(1)利用稀空法原理(参见 13.2.5 节)进行动态逼近,称为回溯递进。
(2)利用加密法原理进行动态逼近,称为前移递进。
(3)曲线不摆动的逼近称为单调递进;曲线震荡的逼近称为非单调递进。

17.5.3　SD 法基本方法

SD 法包括 SD 估算和 SD 审定两大基本方法,构成了一套完整的 SD 方法体系。

1. SD 估算法

1)普通 SD 法

普通 SD 法也称为 SD 样条函数法,它是以 SD 样条函数为数学工具估算资源量,即是将结构地质变量作为点列函数,由 SD 样条函数拟合和积分求取资源量。

普通 SD 法适用于形态简单、矿化连续性好的矿体,或适用于普查和详查阶段估算整体资源量。

2)SD 搜索法

SD 搜索法全称为 SD 样条函数搜索求解法。如果事先给定样条函数因变量(工业指标),其过程就转化为解函数方程的问题。由于求解方程非常烦琐,尤其是改变工业指标的值重复计算过程,其计算量更大。为了克服这一弱点,SD 法采用步长搜索样条函数曲线在点 x_i 处的函数值,搜索求解后,求断面积分,从而估算出块段资源量。

3)SD 递进法

由于工程间距不同,对矿体变化程度的描述可能不一样,因而在一定意义上说,矿体变化程度是工程间距的函数。通过递进逼近的方式,SD 递进法力求尽可能精确地估算资源量。

实际应用中,上述三种方法常常结合使用,例如,采用普通 SD 法进行递进计算,便构成了普通 SD 递进法,利用 SD 搜索法进行递进计算,就构成了 SD 搜索递进法。

为便于应用,SD 法已将上述方法融为一体化计算。对于一个具体矿床,无须考虑选择哪一种方法,只需按如下要求操作步骤即可。

a. 确定数据类型

SD 法的数据类型分为 A 型、B 型、C 型、综合性以及标准型。平缓厚大矿体而近乎铅垂取样的数据定义为 A 型;陡倾矿体取样的数据定义为 B 型;薄层平缓矿体取样的数据定义为 C 型;来源于单个样品各种取值的数据为标准型;来源于已经整理过的单工程矿体数据,如工程平均品位、矿体厚度等为综合型。它们组合成 5 类数据,即:A 型标准型数据;B 型标准型数据;B 型综合型数据;C 型标准型数据;C 型综合型数据。对于一个矿床或一个矿体,可能只有一种数据类型,也可能有几种数据类型。同一矿体若是用多种计算类型者,可划分成若干个矿段。每个矿段最多有两个数据类型。每一个数据类型只能用一个矿段计算名称。

b. 明确估算要求

SD 系统能够自动按照用户设定的参数进行计算如下内容。

（1）计算范围。分为整体计算、中段（台阶）计算、分段分块计算、任意分块计算以及框块计算。

（2）资源量精度、类别、工程控制程度的要求。系统能够实现判别已经达到什么估算精度、资源量类别、工程控制程度；要求达到什么估算精度、资源量类别、工程控制程度；整个达到什么精度、类别、工程控制程度。

（3）工业指标的选择。选项包括：①多指标和单指标；②指标的内容；③给定合理的指标。多指标包含 5 项内容：边界品位、工业品位、可采厚度、夹石剔除厚度、米百分值。单指标包含两项内容：最低工业品位和最小可采厚度。

c. 输入具体的计算数据

主要包括勘查过程中一些与资源量估算有关的数据，如取样的品位、厚度（样长）、勘查线和计算点的坐标，计算范围等。

2. SD 审定法

SD 审定是指在矿产勘查过程中对资源量的精度、工程控制程度以及资源量类型等进行定量化确认。SD 审定法包括 SD 精度法和 SD 稳健法。

1）SD 精度法

SD 精度法是指采用 SD 方法计算资源量估计的误差。其表达式为

$$\eta_o = \frac{S_K}{S} \tag{17.26}$$

式中，η_o 为 SD 资源量估算精度；S 为以点列函数 $f(x)$ 围成面积所代表的资源量真值；S_k 为在 k 状态下（即某个勘查阶段工程控制程度的条件下）用 SD 法估算的资源量。由于 S 是未知的，故采用点列函数的节点（观测点）的观测值顶端的曲线长度的真值（假设固定矿段$[a, b]$区间观测点数无限增加、观测点之间平均间距无限减小而得到的理论曲线长度 L，实际上是有限逼近长度）与 k 状态下（实际勘查间距）的曲线长度（L_k）的关系来进行替代：

$$\eta_o = \frac{L_K}{L} \tag{17.27}$$

虽然 η_o 表示资源量估算的精度，但没有反映工程的控制程度。因此，SD 法又提出了 SD 精度（η），即：

$$\eta = \rho \eta_o \tag{17.28}$$

式中，ρ 为框架指数。从而，SD 法精度赋予了双重功能，既是资源量精确程度的度量，又是工程控制程度和矿体复杂程度的体现。

2）SD 稳健法

SD 稳健法即是构建结构地质变量曲线，其具体内容参见 17.5.1 节"结构变量曲线"的介绍。

功能强大的 SD 法软件系统能够解决以评价矿产资源量为主的多组工业指标动态圈定矿体、动态估算资源量及其精度、评价工程控制程度、划分资源量类别，以及选择合理工业指标等方面的问题。实现了资源量估算、认定和评价的一体化。

17.6　西方主要矿业国家资源量估算方法简介

在 16.1.3 节中已经谈到，西方国家主要采用矿块指标体系，其圈定矿体的方法与国内的方法有所不同，即是根据见矿工程（平均品位达到边际品位指标的工程）的影响范围划分块段（这一过程又称为建立矿体块段体积模型），然后估算各块段的体积和资源量，最后根据工程间距，或根据用于估计块段的样品点至块段中心的平均距离，或根据克立金方差等参数对各块段的资源量或储量进行分类（国内的作法一般是根据勘查控制程度事先划分好不同类别的资源储量块段，然后再进行估算）。相应的资源量估计方法主要包括传统方法和地质统计学方法。传统方法包括块段模型法、泰森多边形模型法、三角形模型法以及反距离加权法等。

17.6.1　块段模型法

采用块段模型法（block models）的估算资源量的过程如下：

（1）在平面图或勘查线剖面图上绘出矿体的边界线，然后绘出一系列叠置的、厚度相等的、包含并且最近似矿体形状的块段。块段一般为矩形（只要能够计算出面积，其他形状也可以），厚度（深度）大于 5m[图 17.14（a）]。对于倾斜的板状矿体，有时可以把整个矿体作为一个倾斜的块段。

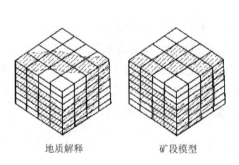

地质解释　　　　　矿段模型

(a) 根据倾斜矿体的地质解释划分的块段

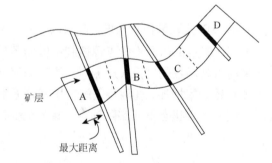

矿层

最大距离

(b) 在勘查线剖面图上按钻孔间距的1/2划分出A、B、C、D 4个块段

图 17.14　矿体块段模型图

（2）把划分出的每层块段分别绘在各层平面图上[图 17.14（a）]。对于勘查线剖面图，则是以相邻勘查线之间的中间线作为相邻块段之间的边界[图 17.14（b）]。

（3）测量平面图或剖面图上每个块段的面积（简单的矩形块段面积为长×宽）。

（4）每个块段的面积乘以块段厚度即为块段体积。

（5）每个块段的体积乘以矿石平均体重即为该块段矿石量。每个块段的矿石量乘以该块段所有样品品位的算术平均值即为该块段的金属量。

（6）各块段矿石量之和即为矿体的矿石量；采用加权平均法（以每个块段品位为权）计算整个矿体的金属量。

17.6.2　泰森多边形模型法

泰森多边形（Thiessen polygons）法又
称沃罗诺伊（Voronoi）多边形法，其原理
是在平面上围绕每个钻孔的"影响范围"
或最大控制距离建立若干个 Voronoi 多边
形区域，然后把钻孔见矿的厚度赋值给该
多边形，即成为棱柱体。每个多边形的构
成是由相应钻孔点与周围所有邻域钻孔点
之间的连线作垂直平分线，并将各垂直平
分线依次连接而成，这种方法构成的多边形称
为泰森多边形或 Voronoi 多边形（图 17.15）。
由于每个泰森多边形内的点较该多边形外
的任意已知点最近，故又常被称为最近邻插
值法（nearest neighbor）。

泰森多边形内钻孔的平均品位和厚度
直接作为该多边形体的品位和厚度的赋值，

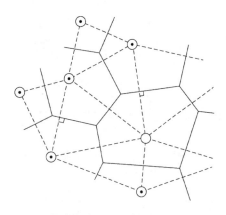

图 17.15　构建多边形面积的图示（Sinclair and Blackwell，2002）

每个多边形内包含的单个样品品位值作为该多边形面积的品位赋值。图中的圆圈表示样品数据点，连接相邻数据点的虚线构成的三角形称德洛奈三角形（Delaunay triangles）；由实线定义的多边形称 Voronoi 多边形，其实线与虚线垂直并且平分虚线

或将该多边形及其相邻多边形内钻孔品位和厚度值的加权平均值作为该多边形的赋值。如果
矿体很厚，则可以根据矿床开采设定的阶段高度划分等厚（等深）多层多边形体。由此即可
求出每个多面体体积。整个矿体的矿石量和金属量的计算与块段模型法相同。

泰森多边形方法可用于各个勘查阶段，适合钻孔分布不规则的情况。由于假设在多
边形内品位和厚度都是均匀分布的，所以多边形不能跨越地质边界，样品分析值只能利
用一次。

这种方法的优点是估值区域的划分简单明确。不足之处在于：

（1）该方法是在最小距离基础上而不是在地质基础上进行品位估值，因而不能识别最小
距离之外的品位连续性；

（2）它把一个单值延展为多边形整个面积的值，而品位结构极少是呈这种块状方式的；

（3）多边形的形状和大小是由取样密度（最大半径）确定的，而不是根据地质构造确定；

（4）如果数据点分布不均匀，很大区域将具有同一估值，会造成高估含高品位样品的块
段品位、低估含低品位样品的块段。

17.6.3　三角形模型法

三角形模型法（triangular models）与泰森多边形模型相似，在三角形模型法中是以 3 个
相邻见矿工程相连构成矿块，以 3 个见矿工程的平均厚度为三角棱柱体矿块的高、每个三角
形的品位是根据位于 3 个角顶的品位值确定的（图 17.16）。

图 17.16 是资源量估算的三角形模型。图中展示了位于三角形角顶的钻孔位置及其平均品
位值，每个三棱柱体的平均品位是根据角顶的三个值平均求出的。

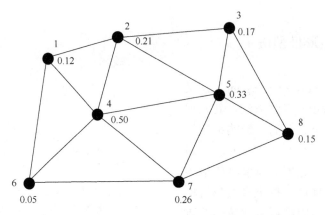

三角形编号	三角形平均品位	三角形面积
124	0.277	14.5
146	0.223	21.6
235	0.237	21.1
245	0.346	26.2
358	0.217	14.9
457	0.363	28.2
467	0.270	29.7
578	0.247	22.3

总面积 = 178.5
总面积×总平均品位 = 49.9
总平均品位 = 0.280

图 17.16　资源量估算的三角形模型

图中展示了位于三角形角顶的钻孔位置及其平均品位值，每个三棱柱体的平均品位是根据角顶的三个值平均求出的

17.6.4　反距离加权法

反距离加权法是一种常用且简便的空间插值方法，其原理是根据地理学第一定律，已知取样点对待估点的估值都有局部性影响，其影响随距离增加而减小，距离待估点近的已知取样点在估值过程中所占权重大于距离待估点远的已知取样点，以待估点及其毗邻样本点之间的距离倒数为权计算出加权平均值作为该待估点的估值（图 17.17）。距待估点越近的样本点赋予的权重越大，即权重贡献与距离成反比，具体算法为

$$z_p^* = \frac{\sum \dfrac{z_i}{d_i^k}}{\sum \dfrac{1}{d_i^k}}$$

(17.29)

式中，z_p^* 为待估点 p（或待估块段）的估值；z_i 为 p 点周围相邻第 $i(i=1,2,\cdots,n)$ 个已知点（或已知块段）的观测值；d_i 为 p 点与 i 点之间的距离；$k(k=1,2,\cdots,m)$ 为 d_i 的幂指数，一般取 $k=2$。

根据距离衰减规律对样本点的空间距离进行加权，即假设已知取样点对预测点值的预测都有局部性影响，其影响随距离增加而减小，距离预测点（估值点）近的已知取样点在预测（估值）过程中所占权重大于距离预测点远的已知取样点。当权重等于 1 时，是线性距离衰减插值，当权重大于 1 时，是非线性距离衰减插值。这种方法的优点是算法简单，易于实现；缺点是如果不了解研究区域化变量结构分布特征，不合理的加权会导致较大的偏差。

案例 17.1　反距离加权法

图 17.17 表示某铁矿勘查区部分钻孔水平纵投影图，图中实心圆点为已施工钻孔，空心圆点 p 为待估点（或待估块段），表 17.6 列出圆形搜索区内已施工钻孔的坐标和平均品位值以及 p 点坐标值。

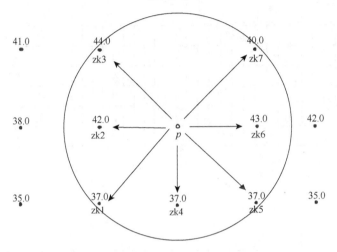

图 17.17　反距离加权法示意图

表 17.6　待估点及其周围 7 个已知点的坐标位置

钻孔点编号	坐标		全铁品位/wt%
	X	Y	
zk1	100	400	37
zk2	100	500	42
zk3	100	600	44
zk4	200	400	37
zk5	300	400	37
zk6	300	500	43
zk7	300	600	40
p	200	500	待估

根据反距离加权法公式（17.29），利用与未知点 p 紧邻的 7 个已知点之间的距离（图 17.17），以距离平方的倒数为权，求得的内插值为 39.9（wt%）。如果不考虑数据的自相关，计算出的标准误差为 2.75（wt%）；从而，以 90%的置信度，该处随机取样获得的品位值为 34.7～45.1（wt%）。

采用反距离加权法进行资源量估算的一个关键步骤是确定搜索邻域（即确定参与估值的已知点个数）。一般利用勘查工程间距为半径，采用圆（适用于正方形勘查网）或椭圆（适用于长方形勘查网和勘查线形式）来定义搜索邻域的范围，搜索邻域的中心对应于估值块段的中心点；也可以利用沿走向方向和倾向方向的变异函数模型确定的变程定义椭圆搜索模型，椭圆长轴方向对应于矿体走向；短轴方向对应于矿体的倾向，短轴的倾斜角对应于矿体倾角。

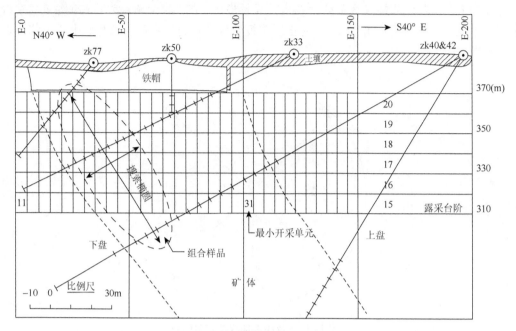

图 17.18　反距离加权法估算块段平均品位的示例（Haldar，2018，略有修改）

图 17.18 表示在勘查线剖面上根据露天采矿最小开采单元建立的块段模型的示例。每个块段沿矿体走向方向长 12.5m（加密钻孔的间距）、沿倾向方向宽 5m（沿采矿工作面推进的进度），垂高 10m（台阶高度）；每个块段赋予一个由剖面号、台阶号，以及块段标识组成的编码，如（40，17，19），编码中的 40 代表 S40°E 剖面编号、17 是位于高程 330m 和 340m 之间的台阶编号、19 是位于 40°E 和 45°E 之间的块段号。图 17.18 中示意利用沿矿体倾斜方向和厚度方向变异函数的变程值确定椭圆搜索邻域，采用反距离加权法估计每个块段的平均品位；根据变异函数定义沿矿体倾斜方向的椭圆长轴的长度（变程 $a = 90m$）和沿厚度方向短轴长度（变程 $a = 30m$），沿矿体走向变程 $a = 115m$（可作为搜索椭球体的长轴）。

反距离加权法的优点是算法简单，易于实现，适用于有用组分分布比较均匀矿体的资源量估算。但该方法隐含这样一个假设：待估点的值与任何已知样品点的值之间的关系都依赖于这两点间的距离 d，而不要求其他条件。因此，这一方法存在如下一些主要问题。

（1）哪一种权重因素是最好的选择，例如，究竟应该选择 $\dfrac{1}{d}$、$\dfrac{1}{d^2}$ 还是 $\dfrac{1}{d^3}$ 等？

实际工作中幂的取值一般参考区域化变量的变异程度：变化较快（变程 a 较小）的区域化变量对应于较大的幂次（一般取 $\dfrac{1}{d^3}$ 为权）；变化较慢（变程 a 较大）对应于较小的幂次（$\dfrac{1}{d^2}$）；如果采用交叉验证（参见 17.7.3 节），也可取相应幂次。

（2）如果取样间距不等，应该如何均衡考虑？

（3）估值的可靠性有多大？

（4）如果样本数据不服从正态分布，可能会出现什么问题？

17.7　地质统计学方法

17.7.1　传统资源量估算方法的局限性

传统资源量估算方法的理论基础来自于经典统计学，其中一个假设是：从未知总体采集的样品是随机选取的并且是相互独立的。相对于矿床（体）而言，这一假设意味着任何样品的采样位置都不重要，换句话说，在矿体两端采集样品与近距离采集样品的效果是一样的。实际上，同一矿体内相邻钻孔或同一钻孔内采集的样品显然不是随机的，也不是独立的；间距小的样品表现出一定程度的空间相关性，即矿化在一定程度上是连续的；如果相邻样品之间不相关，要么就是矿化不连续，要么就是取样间距过大。

尽管经典统计学在资源量估算中的应用存在诸如此类的限制，但就提供矿床（体）参数（矿石总吨位及其平均品位等）的估值而言，通过对品位或其他变量的数据集分布的研究可以获得很多信息。然而，由于品位分布可能是偏斜的，采用局部估计方法或者难以实现，或者可能存在显著误差。

17.7.2　地质统计学方法资源量估算原理

为了纪念南非矿山地质工程师 D. G. Krige 在创立地质统计学方面的贡献，地质统计学内插方法以 Krige 的名字命名为克里金（Kriging），因此，克里金成为地质统计学内插方法的代名词。地质统计学方法突破了传统资源量估算方法的局限：①考虑到了矿床中样品之间在空间上是互相关的，以及邻近样品也许不是独立的事实；②这种空间相关性或连续性的度量利用地质统计学的工具——变异函数来实现，变异函数一般以整体的方式模拟，而用克里金法估算资源量只在局部相邻区域进行；③克里金方法提供了原地矿石块段品位的最佳估值，尤其是在取样网度很不规则的情况下以及不同方向矿化连续程度不同的情况下；④与其他方法不同，克里金方法还能给出每个块段以及矿体（床）资源量总量估计的置信水平。

克里金法的基本原理可以表述为：把矿体划分成许多待估的小块段（即矿体建模），在充分考虑信息样品的形状、大小及其与待估块段相互间的空间分布位置等几何特征以及品位的空间结构之后，为了达到线性、无偏和最小估计方差的估值，而对每一信息样品值分别赋予一定的权系数，最后进行加权平均来估计块段品位。

克里金资源量估算方法是以矿石品位和矿床资源量的精确估计为主要目的，以矿化的空间结构为基础，以区域化变量为核心，以变异函数为基本工具的一种数学地质的新理论和新方法。区域化变量、变异函数以及克里金方程组是克里金法资源量估算的三大支柱，也是完全掌握克里金法的关键所在（冯超东等，2007）。

经过半个多世纪的发展，克里金已经形成了适用于能够在不同条件下进行估值的方法学体系，其中，普通克里金（ordinary Kriging）是最稳健最常用的资源量估算方法，故本节只对普通克里金方法作简要介绍。

普通克里金又可分为点克里金（point Kriging）和块克里金（block Kriging）。各种普通克里金方法都假设局部平均值无须与总体平均值密切相关，从而只利用局域内的样本进行估值。

1. 点克里金

点克里金是根据邻近的一组样品数据利用克里金方法估计某个点的值。在点克里金中，我们首先选择与待估点关系最密切的邻近观测点，邻近观测点个数的选择并不是随意的，因为我们已经通过变异函数知道了变程，从而可以估计待估点周围用于预测的最有用的数据的分布距离。如果在变程范围内不存在邻近观测点，我们也可以利用区域平均值估计待估点的值；如果在变程范围内有观测点，那么，利用这些数据的加权平均可以提供更好的估值。

克里金方法涉及最佳权值的选择，目的是使估值方差最小，而且权值之和为 1，即：$\sum w_i = 1$。估值误差或方差达到最小，克里金导出一组联立方程，称为克里金方程。已知样品位置、估值块段的大小以及代表所研究矿化特征的变异函数模型，就可以求解出方程组中的权重系数（w_i）值；将计算出的 w_i 值乘以相应的样品品位即可得出原地块段加权平均品位的估值，当然，也可以得出每个块段平均品位的估值误差。在勘查间距较大的区域，这些估值误差会更高，而在勘查间距较小的区域，估值误差更低。

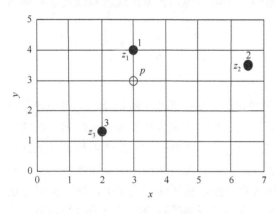

图 17.19　点估计示意图

假设图 17.19 中的 p 点为未知点，1、2、3 号点为三个控制点，z_1、z_2 和 z_3 分别为三个控制点的品位值，w_1、w_2 和 w_3 分别为赋予 z_1、z_2 和 z_3 的权值，则可以利用下式获得 p 点的估值（$\hat{z}_p$）：

$$\hat{z}_p = w_1 z_1 + w_2 z_2 + w_3 z_3 \qquad (17.30)$$

如果设定 $w_1 + w_2 + w_3 = 1$，那么有任意一个 w_i 的权值可供选择：其中选择的一些 w_i 值可能比较好，因为 p 点的真值（z_p）与估值（$\hat{z}_p$）的差值较小；如果 $z_p - \hat{z}_p$ 过大，则说明 w_i 值选择不当，由此我们会认为以这种方法求出的 $\hat{z}_p$ 没有意义。其实不然，由于估值误差（$\hat{z}_p - z_p$）服从正态分布，因而 $\hat{z}_p$ 将会在以 z_p 为中心的一定区间内变化。换句话说，如果所利用的数据是平稳的（即用于内插范围内的数据不存在趋势或者说属于同一个总体），那么，$\hat{z}_p$ 是 z_p 的无偏估值。

如果 z_1、z_2、z_3 的值相等，那么无论 w_i 值如何选择，其 $\hat{z}_p$ 都相同；如果 z_i 值不等，则可以计算获得一系列的 $\hat{z}_p$ 值。假设我们计算出 n 个 $\hat{z}_p$ 值，即可以写出估值方差（即克里金方差，σ_k^2）的表达式：

$$\sigma_k^2 = \frac{\sum (\hat{z}_p - z_p)^2}{n} \qquad (17.31)$$

σ_k^2 只与用于估计 z_p 的控制点的离散程度有关，其离散程度可以利用变异函数进行描述：

$$\begin{aligned}
\sigma_k^2 &= \mathrm{var}(\hat{z}_p - z_p) = \mathrm{var}(\hat{z}_p) + \mathrm{var}(z_p) - 2\mathrm{cov}(\hat{z}_p, z_p) \\
&= \mathrm{var}\left(\sum w_i z_i\right) + \mathrm{var}(z_p) - 2\mathrm{cov}\left(\sum w_i z_i, z_p\right) \qquad (17.32) \\
&= \sum_i \sum_j w_i w_j \gamma(h_{ij}) + \sigma^2 - 2\sum_i w_i \gamma(h_{ip})
\end{aligned}$$

式中，var 为变异函数（variogram）；cov 为协方差函数（covariogram）。根据式（17.30），式（17.31）可改写为

$$\sigma_k^2 = \frac{\sum_{i=1}^{n}(w_1z_1 + w_2z_2 + w_3z_3 + \cdots + w_iz_i - z_p)^2}{n} \tag{17.33}$$

在本例中，$n=3$，利用式（17.32）、变异函数值以及根据最小二乘法原理建立一组回归联立方程（利用最小二乘法，未知量估值的数学期望等于未知量的数学期望，即无偏估值，且估值的方差为最小），可以获得使 σ_k^2 达到最小的一组权值 w_1、w_2 和 w_3：

$$w_1\gamma(h_{11}) + w_2\gamma(h_{12}) + w_3\gamma(h_{13}) = \gamma(h_{1p})$$

$$w_1\gamma(h_{21}) + w_2\gamma(h_{22}) + w_3\gamma(h_{23}) = \gamma(h_{2p})$$

$$w_1\gamma(h_{31}) + w_2\gamma(h_{32}) + w_3\gamma(h_{33}) = \gamma(h_{3p})$$

$$w_1 + w_2 + w_3 = 1$$

上述方程组又称为克里金方程组，式中，h_{ij} 是第 i 个控制点与第 j 个控制点之间的距离（$i=1,2,3$；$j=1,2,3$），h_{ip} 是第 i 个控制点至待估点（p）之间的距离。其中，$w_1 + w_2 + w_3 = 1$ 使估值满足无偏条件。

本例中的克里金方程组由 4 个方程和 3 个未知数组成，这种现象在线性代数中称为超定问题，可以引入拉格朗日乘数（λ）作为附加变量进行求解：

$$w_1\gamma(h_{11}) + w_2\gamma(h_{12}) + w_3\gamma(h_{13}) + \lambda = \gamma(h_{1p})$$

$$w_1\gamma(h_{21}) + w_2\gamma(h_{22}) + w_3\gamma(h_{23}) + \lambda = \gamma(h_{2p})$$

$$w_1\gamma(h_{31}) + w_2\gamma(h_{32}) + w_3\gamma(h_{33}) + \lambda = \gamma(h_{3p})$$

$$w_1 + w_2 + w_3 + 0 = 1$$

写成矩阵形式：

$$\begin{bmatrix} \gamma(h_{11}) & \gamma(h_{12}) & \gamma(h_{13}) & 1 \\ \gamma(h_{21}) & \gamma(h_{22}) & \gamma(h_{23}) & 1 \\ \gamma(h_{31}) & \gamma(h_{32}) & \gamma(h_{33}) & 1 \\ 1 & 1 & 1 & 0 \end{bmatrix} \begin{bmatrix} w_1 \\ w_2 \\ w_3 \\ \lambda \end{bmatrix} = \begin{bmatrix} \gamma(h_{1p}) \\ \gamma(h_{2p}) \\ \gamma(h_{3p}) \\ 1 \end{bmatrix}$$

求解克里金方程即可获得一组最佳权值 w_1、w_2、w_3 以及 λ 值，从而利用式（17.30）可计算 p 点估值 $\hat{z}_p$ 以及克里金方差 σ_k^2：

$$\hat{z}_p = w_1z_1 + w_2z_2 + w_3z_3 \tag{17.34}$$

$$\sigma_k^2 = w_1\gamma(h_{1p}) + w_2\gamma(h_{2p}) + w_3\gamma(h_{3p}) + \lambda \tag{17.35}$$

如果将克里金方程组写成一般的矩阵形式，即

$$[A] \times [W] = [B] \tag{17.36}$$

其中：

$$A = \begin{bmatrix} \gamma(d_{11}) & \gamma(d_{12}) & \cdots & \gamma(d_{1m}) & 1 \\ \gamma(d_{21}) & \gamma(d_{22}) & \cdots & \gamma(d_{2m}) & 1 \\ \vdots & \vdots & & \vdots & \vdots \\ \gamma(d_{m1}) & \gamma(d_{m2}) & \cdots & \gamma(d_{mm}) & 1 \\ 1 & 1 & 1 & 1 & 0 \end{bmatrix}, \quad W = \begin{bmatrix} w_1 \\ w_2 \\ \vdots \\ w_m \\ \lambda \end{bmatrix}, \quad B = \begin{bmatrix} \gamma(d_{1p}) \\ \gamma(d_{2p}) \\ \vdots \\ \gamma(d_{mp}) \\ 1 \end{bmatrix}$$

该矩阵形式的方程是求解向量矩阵 W 中的未知系数。矩阵 A 描述了各样品点之间的变异函数值（也有一些文献中是采用相应的协方差函数值，实际效果相同），记录了所有样品对之间的变异函数距离（距离较小的样品对赋予较小的变异函数值，相距较远的样品对赋予较大的变异函数值），从而为该方程组提供了可利用样品的群聚信息，并且能够根据样品群聚性分配权重，将群聚的样品去群（去群即是把群聚的样品点分解成一个等效的点）。矩阵 W 是赋予各样品点的权重系数。矩阵 B 描述的是各样品点与待估点之间的变异函数值，它提供了一个权重方案，即样品点与待估点的变异函数值越小，该样品对估值的贡献越大。权值求出来后，即可根据式（17.37）～式（17.39）计算待估点的加权平均估值及其克里金方差和标准差：

$$\hat{z}_p = w_1 z_1 + w_2 z_2 + w_3 z_3 + \cdots + w_i z_i \qquad (17.37)$$

$$\sigma_k^2 = w_1 \gamma(h_{1p}) + w_2 \gamma(h_{2p}) + w_3 \gamma(h_{3p}) + \cdots + w_i \gamma(h_{ip}) + \lambda \qquad (17.38)$$

$$\sigma_k = \sqrt{w_1 \gamma(h_{1p}) + w_2 \gamma(h_{2p}) + w_3 \gamma(h_{3p}) + \cdots + w_i \gamma(h_{ip}) + \lambda} \qquad (17.39)$$

式（17.36）称为普通克里金方程组，式中各矩阵的含义可以理解为：

（1）$[W]$ 矩阵可以类比为距离倒数估值方法中的权重，所估计的数据点对的变异函数值随数据点对之间的滞后距离增大而增大。

（2）$[A]$ 矩阵是一个把 $[W]$ 总和为 1 的乘数（$[W]=[A]^{-1} \times [B]$），从而保证所估计的值为无偏估值。它实际上是通过自动给滞后距离小的数据对赋予较大权值的方式来实现的。假设去除 $[A]^{-1}$，则权重 $[W]$ 只与样品点和待估点之间的距离有关（类似于反距离加权法的权重系数）。

（3）$[B]$ 和 $[A]$ 矩阵中都是把滞后距离表达为统计学距离而不是几何距离，矩阵中既包含数据的空间相关性特征，同时又给不同滞后距离的数据对赋予不同的权值。实际上，所计算出的克里金权值不仅反映了数据空间相关性的效应，而且反映了数据位置的效应。

从上面的讨论可以看出。式（17.36）保证了估值的无偏性，而且该方程组的解（w_i）使得克里金方差（σ_k^2）达到最小。

2. 块克里金

根据邻近的一组样品数据利用克里金方法估计某个块段的值称为块克里金。这种方法适用于预测某个指定区域空间变量的平均值。

在估算资源量时，我们需要估计每个块段的平均品位而不是点的品位。从概念上讲，最简单的方式是在块段内布设许多待估点，然后利用点克里金方法对每个点进行估值，再求出估值点的平均值即为块段的平均值，如图 17.20 中的（b）～（e）所示。通常一个矿体可能被分割成数百个以上的块段，假设每个块段布设 100 个待估点，那么需要求解数以万计的克里金方程组，这种海量的计算显然不具有可操作性。

如果把平均过程总合到估值过程中，从而每个块段只需求解一个克里金方程组，如图 17.20 中的（a）和表 17.17 所示，这一估值方法称为块克里金。为了满足这一要求必须将克里金方程组右侧代表控制点和待估点之间（点与点）的变差函数值由所谓点与块的变差函数值取代。例如，假设图 17.19 中的 p 不是一个点而是一个块段，则其克里金方程为

$$\begin{bmatrix} \gamma(h_{11}) & \gamma(h_{12}) & \gamma(h_{13}) & 1 \\ \gamma(h_{21}) & \gamma(h_{22}) & \gamma(h_{23}) & 1 \\ \gamma(h_{31}) & \gamma(h_{32}) & \gamma(h_{33}) & 1 \\ 1 & 1 & 1 & 0 \end{bmatrix} \begin{bmatrix} w_1 \\ w_2 \\ w_3 \\ \lambda \end{bmatrix} = \begin{bmatrix} \gamma(h_{1B}) \\ \gamma(h_{2B}) \\ \gamma(h_{3B}) \\ 1 \end{bmatrix} \tag{17.40}$$

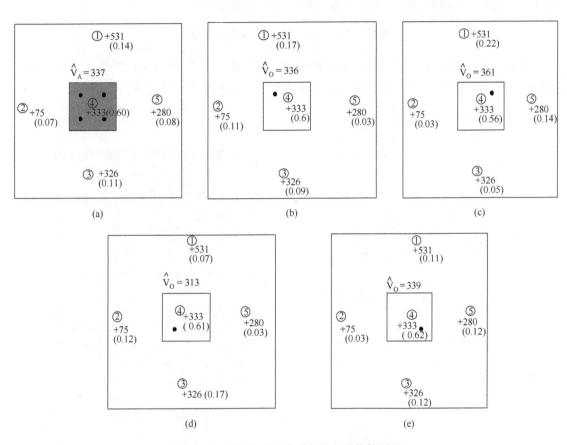

图 17.20 利用块克里金进行块段估值的原理

在图（a）中，采用 4 个点逼近块段估值；用 "+" 号表示邻近块段的样品点位置，紧邻 "+" 号右侧的值
为样品值，括号内的值为克里金权值。图（b）～（e）说明块段内每个点的点克里金结果；
（b）～（e）的点克里金估值的平均值与图（a）中块克里金的估值相等

表 17.7 利用图 17.17（a）中块段内 4 个点获得的块克里金估值等于这 4 个点的点克里金估值的平均值

图 17.7 中计算点克里金的图号	估值	各样品点的克里金权值（w_i）				
		1	2	3	4	5
（b）	336	0.17	0.11	0.09	0.60	0.03
（c）	361	0.22	0.03	0.05	0.56	0.14
（d）	313	0.07	0.12	0.17	0.61	0.03
（e）	339	0.11	0.03	0.12	0.62	0.12
点克里金平均值	337	0.14	0.07	0.11	0.60	0.08
块克里金估算结果	337	0.14	0.07	0.11	0.60	0.08

　　克里金方法是以最邻近样品品位的线性组合计算块段或采区的品位，这样一个线性组合的系数是间接地从变异函数值中获得的。给定一系列空间分布钻孔或其他取样点，任何资源量估算方法都必须获得这些钻孔之间的块段（或采区）平均品位的估值，这一过程通常是在一个中段接一个中段或一个剖面接一个剖面的基础上借助某种内插或外推的方式来实现的。案例 17.2 阐明了块段模型法与克里金方法结合应用的实际例子。

案例 17.2　地质统计学资源量估算

　　波兰 Myszków 块状-网脉状 Mo-W-Cu 矿床布置了 6 条勘查线，施工了 24 个钻孔（图 17.21）。以 0.5m 样长对钻孔岩心进行连续取样，共采集了大约 45000 个样品。

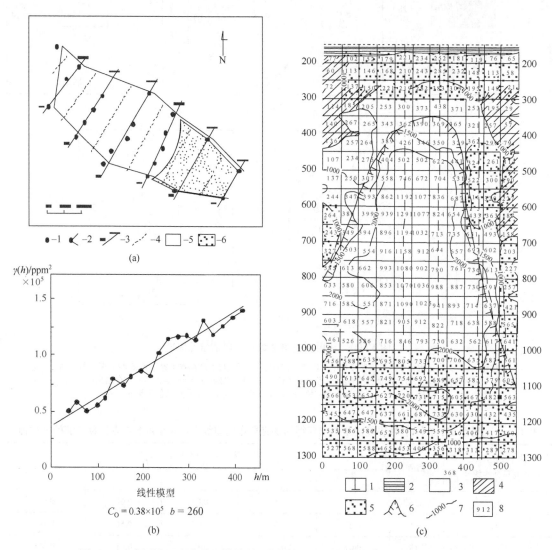

图 17.21　应用克里金方法评价波兰 Myszków Mo-W-Cu 矿床（Kokesz，2006）

（a）钻孔位置分布图：1-钻孔；2-矿床边界；3-勘查线；4-以勘查线为中线建立起的资源量估算块段的边界；5-经济的资源量；6-次经济的资源量。（b）Mo 品位变异函数图。（c）勘查线剖面上小块段的 Mo 品位估值：1-钻孔；2-覆盖层；3-经济的 Mo-W-Cu 矿石资源量；4-经济的 Cu-W-Mo 矿石资源量；5-次经济的资源量；6-花岗岩侵入体；7-根据点克里金结果绘制的 Moe 品位等值线（Moe＝Mo＋1.5W＋0.3Cu）；8-采用块克里金估算的 Mo 平均品位

1. 在勘查线平面分布图上,以每条勘查线为中线向两侧各延伸 1/2 间距划分块段[图 17.21（a）]。

2. 建立每条勘查线剖面的品位变异函数模型[图 17.21（b）],利用点克里金的估值结果绘制品位等值线图并圈定矿体[图 17.21（c）]。

3. 在勘查线剖面图上按照 50m×50m 的规格划分小块段,利用二维块克里金进行品位估值[图 17.21（c）]。

4. 估算平面图上各块段的金属量[图 17.21（a）]。某块段内指定矿石类型的金属量＝勘查线剖面上该类型矿石所占面积×加权平均品位×矿石体重×该块段的宽度。总资源量等于各块段资源量之和。

在矿床勘查和矿山开采过程中,利用这一技术圈定矿体以及估计块段平均品位。此外,块克里金方法绘制出的等值线图平滑美观,还可以利用块克里金作出彩色栅格图（图 17.23）,这些图件对揭示矿石品位变化规律格局尤为有效。

3. 克里金方差

估值与真值之间不可避免地会出现误差,最佳的估值方法是使估值误差尽可能地小,换一种方式表达,设 z 和 z^* 分别为块段平均品位的真值和估值,那么,所有块段（$z-z^*$）的差值方差必须最小。

克里金方法不过是对估值块段附近的每个样品值赋予最佳权值的线性估值方法,它利用了样品相对于块段的位置以及确定的变异函数模型所描述的不同方向矿化的连续性。由块克里金方法可知,任一待估块段平均品位的估值 z^* 是该待估块段影响范围内 n 个有效观测值的线性组合,其计算公式为

$$z^* = \sum_{i=1}^{n} w_i z_i = w_1 z_1 + w_2 z_2 + \cdots + w_n z_n \qquad (17.41)$$

式中, z^* 为原地块段品位的估值; z_i 为块段附近用于估计块段品位的已知品位值; w_i 为赋予 z_i 的权重系数, n 为选定最邻近的样品值的个数。

虽然块段平均品位的真值（z）并不知道,但是这样一个品位数据的线性组合的估值方差（也就是所有块段估值误差（$z-z^*$）的克里金方差）可以表示为变异函数和权重系数（w_i）的唯一函数,从而,只要建立某个矿床（体）的变异函数,那么就可以参照式（17.39）评价任何块段平均品位的估值标准差,并且能够建立相应的置信限。由于 Knudsen 等（1978）已经证明估值误差服从正态分布,从而,可以求诸如置信水平为 95% 的置信限（confidence limits,置信区间的两个端点值,分别为置信上限和下限）:

$$95\%的置信限 = z^* \pm 2\sigma_k \qquad (17.42)$$

克里金标准差和置信限对于估计一系列块段估值（或一组等值线）的可靠性是极其有用的。例如,只需设定可接受的置信水平,即可求出置信限（参见 14.1.3 节）,对于位于置信限外的块段分布区可以认为是不可靠的,需要加密钻探（补充取样）,并可确定加密钻孔的最佳位置。这种利用围绕估值块段以某种特殊形式分布的样品数据来估计指定大小和方向的块段所期望的精度的特征是地质统计学独有的。经典统计学根据平均值的标准差估计某个勘查间距的置信限,只有满足样品是相互独立的条件才会有效,适用于在矿产资源评价或普查阶段

采用很大勘查间距（大于变程）的情况。

值得提出的是，利用反距离加权的内插方法也具有与式（17.41）相似的形式，式中的权重系数（w_i）的算法不同。克里金方法并不像反距离加权法那样直接与距离相联系，而是根据建立的变异函数确定样品与样品以及样品与块段的协方差。

克里金利用样品的三维位置（即它们距块段的距离和方向），与其他方法比较，克里金方法在研究不规则分布的钻孔数据以及高度异向性的矿体时更可靠。

从上面的介绍中可以看出，克里金可定义为某个特殊位置或某个地理面积上的空间变量的最佳线性无偏估计方法。最佳是因为克里金方法能够提供最小的估值方差（估值与实际值之差的平方和最小）；线性是因为其估值是根据现有数据的加权线性组合求出来的；至于无偏则是因为这种方法可以使真值（未知的待估值）和预测值（估值）之间的平均离差等于0，换句话说，当利用克里金进行估值时，一些估值可能高于实际值，一些可能低于实际值，但估值与实际值之差的平均值等于零，这就是估值的无偏性，利用权值之和必须等于1的约束条件，就能确保估值的无偏性。

普通克里金要求区域化变量具有平稳性（即没有漂移或趋势变化）和正态分布；对数正态克里金和析取克里金适用于矿山开采阶段确定可采矿石储量的研究。在大多数实际应用中，线性克里金和对数正态克里金用于估计大的原地资源量块段，再加上这些大的块段内选别开采单元呈正态或对数正态分布的假设，就可以求出非常好的可采储量的估值。

17.7.3　应用地质统计学方法估算资源量的实施过程

随着计算机技术和可视化技术的不断发展，基于地质统计学方法和三维地质建模技术的大型矿业工程软件在不断推广并且已经得到广泛的应用，国外比较著名的软件包括美国Mintec公司的Medsystem，英国Datamine公司的Datamine，澳大利亚Maptec公司的Vulcan，Micromine公司的Micromine，GEOVIA公司的Surpac、Gemcom Whittle^{TM}等；国内多家单位如中国地质调查局，以及东北大学、中南大学、中国地质大学等高校都在进行相关软件的开发和应用，比较成熟的软件如中国地质调查局开发的数字地质调查系统（digital geological survey system，DGSS），长沙迪迈信息科技有限公司开发的DiMine，北京三地曼矿业软件科技有限公司开发的3DMine等。

地质统计学资源量估算方法的过程主要包括如下方面。

（1）数据检查：包括对不同分析方法或不同实验室分析的数据精度的检查，同一个矿床不同勘查阶段取样质量的检查，确定是否所有的样品都揭穿了矿体的厚度，借助于探索性统计分析研究矿石品位与主岩类型、蚀变类型以及构造的相关性，并且根据主岩的岩石类型或矿化类型对数据进行分区等。

（2）探索性分析：只要定义了总体，我们就可以利用样本数据绘制频率直方图、计算平均值和标准差等。利用经典统计学分析能够使我们了解数据分布的特征，诸如是对称分布还是偏斜分布，是单个总体还是多个总体，是否存在特高品位等（参见17.3节）。

（3）地质分析：为了有效地应用地质统计学方法，有必要全面了解矿化的性质以及控矿因素以及矿化分带规律等，任何可能影响对矿床进行地质统计学评价的特征都应该事先有所认识。

（4）结构分析：计算每个地质分带内的变异函数，解释不同方向矿化连续性的差异（异向性），并且选择应用于克里金方法的合适的变异函数模型。

（5）变异函数的交叉验证：交叉验证法（cross-validation）是为了确保所采用的权值的确能使估值方差达到最小而对克里金方法进行验证的地质统计学方法，其实质是比较克里金估值与真实值的偏差，并对其差值进行统计分析，以判断所拟合的变异函数参数是否正确（图 17.22）。具体做法是利用最靠近的 4～12 个之间数据点采用克里金方法分别对每个已知点进行估值，在这种情况中，已知值（z）和估值（z^*）都是可知的，从而，该试验误差（$z-z^*$）以及理论估值方差（即克里金方差 σ_k^2）都能够计算出来。通过把 z 和 z^* 值投在散点图上，就有可能检验用于进行交叉验证法运算的变异函数模型。如果散点图上这些值呈现出高度相关性（判定系数 R^2 接近于 1.0），我们就能够确信根据变异函数选取的变量为克里金方程的解提供了最好的参数。

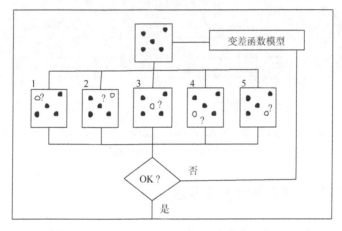

图 17.22　交叉验证法示意图

图中实心点为已知点，空心点为假设未知点

（6）矿体建模：基本思想是将矿体按一定的规格划分成一系列互相垂直的立方体块段（采区或其他形式的单元集合体），现有专用软件都提供了自动划分块段的工具，只需对块段的大小和形状进行设置。块段建模提供了局部估值的框架。

克里金估值块段的划分对克里金估值的结果有重要影响，一般来说，块段越大，估值的圆滑作用就越强，整个区域内所有块段的估值结果就越平均，反映不出矿体内品位的变化特征。通常，在确定单元块段尺寸时主要考虑采矿方法、最小采矿单元、矿区的勘查网度以及变异函数的特征等因素，对品位变化较大的矿床，为了能够比较精确地控制及圈定矿体边界，选择相对小的单元块尺寸更有利于零星小矿体的圈定和资源评价（罗周全等，2007）。

（7）局部估值：即利用克里金方法和相邻已知数据点估计每个原地块段的平均品位值及其估值方差。合理选择块段估值方差的界线能够将块段按顺序划归为不同的资源量类别。

（8）整体估值：根据局部估值的结果确定整个矿床的吨位和平均品位。

（9）采用合适的比例尺打印每个中段或台阶块段可采品位分布图，如图 17.23 所示。在这类二维或三维块段模型图中，每个块段都具有矿石品位、吨位以及置信度等赋值信息，日后可作为矿山开采过程中矿山日产量（或周产量、月产量、季度产量、年产量）的考量，可用于矿山设计、生产计划、混合开采（富矿和贫矿搭配开采）以及质量控制等，从而有利于制定最佳回采方案。

（10）品位-吨位曲线：①生成实验品位-吨位曲线和理论品位-吨位曲线图；②生成克里金方差-吨位曲线图（参见 17.9.2 节）。

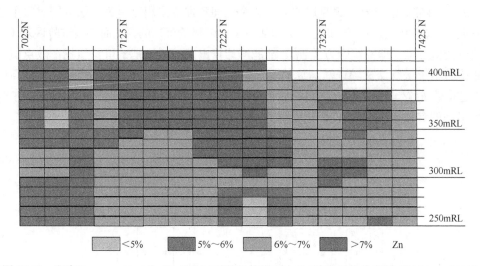

图 17.23　印度 Rampura-Agucha Pb-Zn-Ag 矿体纵投影面上 Zn 块段品位分布图（Haldar，2018）

块段大小为 25m×25m×10m

17.7.4　地质统计学资源量估算方法评述

地质统计学的各种方法对工业指标变化顺应性强，适合资源量的动态管理，除了在估算资源量方面的应用外，还可利用基于地质统计学的三维可视化软件的功能探讨矿化分布规律、制订最佳勘查方案、进行矿体模拟、确定矿床最佳开采方案和矿山最佳设计参数等。侯景儒和黄竞先（2001）总结了地质统计学资源量估算方法的优点：

（1）地质统计学是从地质、矿业工作实践出发，对原有概率统计的若干概念进行了选择、改造及创新，使之更能适应矿产勘查、评价及开采的特点；

（2）能最大限度地利用所取得的关于矿产资源估计的信息，提高估计精度；

（3）它不但能给出矿产资源中有用组分的最佳估计值（块段平均品位及资源量），而且能给出相应的估计精度，为正确评估矿产资源量提供重要依据；

（4）能够把矿产勘查、矿山设计及矿床开采有机地结合起来，这对于矿产资源有效进入市场十分有利；

（5）地质统计学（空间信息统计学）的理论基础及处理不同类型矿床有用组分的各种地质统计学方法，大大提高了对矿产资源量评估的可靠程度，降低了风险；

（6）它能很好地适应地质勘查、矿山开采的现代化管理，对开采方法及有用组分的市场经济条件的应变能力较强。

现有地质统计学软件系统除了能够提供各种内插方法外，还能提供许多支撑技术，例如，在成图之前，可以利用探索性空间数据分析评价数据的统计学性质，可以利用各种克里金和泛克里金算法创建多种类型的图件，如预测图、估值误差分布图、概率分布图以及分位数图等。

克里金方法的最大优点是能描述出矿体品位变化的各向异性，除此之外，该方法还具有样品品位影响的屏蔽效应功能。通过对样品的品位分布检验，了解品位分布类型，确定采用何种克里金方法：如果样品品位呈正态分布，可采用普通克里金法；如果呈偏态分布的可采用对数克里金法；如果对有多期矿化、区域化变量呈现多峰分布，可采用指示克里金（采用指示克里金方法特高品位不需要处理）；如果有多个变量的信息可供利用，可用各种多元地质统计学技术（如协同克里金法）；当有用组分呈现出非线性特征或有特殊要求时，可用各种非线性地质统计学（如析取克里金法、条件期望等）；此外，还有各种条件模拟技术用来解决各种问题。

地质统计学应用的前提条件是必须有足够数量的样品建立变异函数。与其他方法一样，地质统计学方法不能增加现有基本样品的信息量，也不能改进基本数据的质量或精度，但是，正确地应用地质统计学法的确能够从原始数据中推断出最佳的矿体参数估值；品位控制对于平均品位接近边际品位的矿石块段是尤其重要的，因为选厂入选品位的微小变化对矿山的利润有着重大的影响。地质统计学可以看作一套估算资源量的综合方法，只要正确理解和应用得当，矿山投产后一般不会出现大的偏差。

地质统计学是目前西方各国地质学和矿业界非常通行的一种地质研究和资源量估算方法，它具有最充分利用各种信息量的能力，能够给出每一估计量相对应的估计方差，而且这种估计是最优的和无偏的，具有传统资源量估算方法所无可比拟的优越性。因此可以说，地质统计学方法代表了矿产资源量估算方法的主要进展。

17.8　资源量估算中应注意的问题

资源储量是矿产勘查项目获得的最重要成果，无论过高或过低估算资源储量都可能会对未来的矿山建设和生产造成难以挽回的重大经济损失。矿体建模（矿体圈定也属于矿体建模）是资源储量估算过程最关键的环节，不合理的矿体模型是导致产生资源储量估值误差的最重要来源。

资源量估算的方法很多，选择哪一种方法主要考虑适合于矿床地质特征（主要是矿体的产状、形态、厚度、品位及变化）以及现有数据特征（重点考虑工程间距以及数据的质量），如果可能的话，还应考虑可能的采矿方法。例如，板（脉）状和层状（似层状）矿体适合绘制矿体纵投影或水平投影图（若有多个矿体，每个矿体应各自单独成图），估算方法可采用算术平均法、地质块段法、反距离加权法、泰森多边形或三角形模型法等，如果数据较多，可采用二维克里金方法（注意：如果矿体厚度不稳定，则应采用品位×厚度的积作为估值变量）；对于几何形态比较复杂的矿体可以采用断面法进行估算，也可以建立三维块段模型，然后利用克里金方法或反距离加权法进行资源量估算。选择方法时，应尽量使用先进的技术和方法。

传统资源量估算方法实际上就是几何图形法，是我国长期使用的一种行之有效的方法，特别是对于形态简单、矿化均一的矿体是很有效的。这种方法是将矿体空间形态分割成多个较简单的几何形态，利用经典统计学方法将矿石组分均一化，估算矿体的体积、平均体积质量（体重）、平均品位、矿石量、金属量等。其特点是直观明了，但估算过程的图、表较为繁多（张起钻和杨建功，2008），而且用部分化验数据的平均品位代替矿块的整体品位，其计算精度很难满足需要。因此，传统的几何方法在较低级的勘查阶段，如普查、详查阶段，仍是主要的资源量估算方法。另外，完全没有必要采用地质统计学方法或 SD 法来估算由为数不多的钻孔控制的品位分布极不规则的金矿床的资源量，因为这类矿床只适合应用算术平均法估计矿床（体）总吨位及其平均品位。矿体形态越复杂、品位变化越大，资源量估算难度越大，表 17.8 阐明了依据矿体品位变化程度以及几何形态的复杂程度选择资源量估算方法的思路。对矿床中已达到共（伴）生组分工业指标要求，并已查明其赋存状态和工业利用途径的共（伴）生组分要进行资源量估算。估算共（伴）生组分资源量时，一般不需单独圈定矿体，而采用主要有用组分块段或矿体的矿石量和在此矿石量范围内计算出的共（伴）生组分平均品位，估算伴生组分的金属量和平均品位，即伴生组分的矿石量一般等于或小于主要有用组分的矿石量。

表 17.8　资源量估算方法选择一览表

	品位变化系数		
	<25%	25%～75%	>75%
几何形态简单的矿体			
矿体描述	板（层）状矿体；品位和厚度连续，倾角稳定	板（层）状矿体、大型透镜状矿体；品位变化中等	板（层）状矿体、小型透镜状矿体；品位变化大
矿床类型举例	蒸发盐类矿床 沉积铁矿床 石灰岩矿床 煤矿床	层状铜矿床 密西西比河谷型矿床 简单的斑岩型铜矿床 SEDEX 型矿床	脉状金矿床 沙金矿床 砂岩型铀矿床
资源量估算方法	采用二维矿体建模方法，如地质块段法、断面法、SD 法反距离加权法以及克里金法等	采用二维矿体建模方法，如断面法、SD 法、反距离加权法以及克里金法等	采用二维矿体建模方法，如断面法、SD 法、反距离加权法以及克里金法等
几何形态比较复杂的矿体			
矿体描述	层状矿体；品位变化均匀但厚度不稳定；受到平缓褶皱或简单的断层破坏	简单三维形态矿体；品位变化中等	规模较小、变化较大的透镜状矿体；遭受了简单褶皱或断层破坏
矿床类型举例	厚度变化较大的铝土矿床 厚度变化较大的红土型镍矿 厚度变化较大的盐类矿床	斑岩型铜矿床 斑岩型钼矿床 铜镍硫化物矿床	卡林型金矿床 VMS 型矿床
资源量估算方法	首先圈定成矿后构造。采用二维矿体建模方法，如地质块段法、断面法、反距离加权法以及克里金法等	采用三维矿体建模方法，如反距离加权法、克里金法等	断面法（贫化率可能达到15%～30%），反距离加权法、克里金法等
几何形态复杂的矿体			
矿体描述	原本形态简单的矿体遭受了强烈的褶皱或断层破坏	由于成矿后断层、褶皱或多期成矿作用导致矿体形态复杂，品位变化中等	品位变化极大、形态高度扭曲的矿体；矿化连续性很差，含矿率小于 50%
矿床类型举例	沉积变质矿床	夕卡岩型矿床	绿岩带型金矿床 卷状型铀矿床
资源量估算方法	圈定矿体前要求详细圈定成矿后构造。采用断面法估算资源量	圈定矿体前要求详细圈定成矿后构造。采用断面法估算资源量	圈定矿体前要求详细圈定成矿后构造。采用断面法估算资源量。估算结果误差较大

根据估算方法编制相应的图件表册（资源储量估算剖面图、矿体纵投影图、中段地质图；或资源量估算水平图及垂直纵投影图附底板等高线图；品位、厚度、块段、资源储量分水平表格及总表等）。利用矿业专用软件估算时，所用的软件应是国家矿产资源储量主管部门评审认可，或是矿业部门长期实际应用过程中证实是可行的软件。

资源量估算结果，应选择 10% 有代表性的块段，采用第二种资源量估算方法估算，二者相对误差应小于 10%。

为了强调资源量估算的不精确性，应始终将资源量估算结果称为估值，而不是计算值。在勘查报告中，吨位和品位数字应通过四舍五入到适当的有效数字来反映估算的相对不确定性。根据 CRIRSCO 模板的要求，对于推断资源量，可使用"近似"等术语进行限定；在大多数情况下，资源储量估值四舍五入到第二位有效数字就足够了，例如，"控制资源量 10863000t、品位 8.23%"应表述为"控制资源量 1100 万 t、品位 8.2%"。

17.9　矿床（体）的品位-吨位曲线

17.9.1　边际品位与吨位的关系

根据第 16.1.2 节中关于边际品位定义，边际品位确定了矿床开采的矿石量（吨位）和平均品位，实际上控制着矿山开采的利润以及矿山的寿命。虽然较高的边际品位可以提高矿山的短期利润和项目的净现值，但是，提高边际品位将可能缩短矿山寿命，而较短的矿山服务年限有可能错失与时间相关的机会（如矿产品价格周期性变化提供给矿山的发展机会）；此外，较短的矿山寿命还可能产生较大的社会经济影响（如对长期稳定的就业影响以及降低矿山职工和当地居民的受益程度）。

金属价格的降低将促使矿山提高边际品位，从而导致采矿生产平均品位的相应提高，致使一些平均品位高于原边际品位的块段在经济低迷时期可能归属于非经济的块段（图 17.24）。当矿山开采局限于高品位矿石时，如果开采和选矿的产能不变，那么，每个生产周期将生产出更多的金属。然而，随着采矿进程的不断推进，矿山保有资源储量降低，矿山寿命缩短。图 17.24 中，在开采量剖面下的面积表示两种不同价格的保有资源储量的差异。

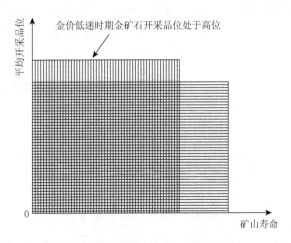

图 17.24　两种不同矿产品价格态势下矿山保有资源储量的变化示意图

Evans 和 Taron（2000）对澳大利亚 50 家最大的黄金生产矿山 1998～1999 年的生产状况进行了统计模拟（表 17.9），当金价由 450 澳元/盎司降至 400 澳元/盎司时，矿山开采的平均品位将提高 19%，保有资源储量降低 8%，年产黄金量增加 13%。

表 17.9 澳大利亚 50 家最大黄金生产矿山 1998～1999 年生产数据的统计模拟（Evans and Taron，2000）

项目	生产方案		变化率/%
	450 澳元/盎司	400 澳元/盎司	
年产量/t	266	299	13
保有储量/t	1669	1592	−8
平均品位/（g/t）	2.62	3.12	19

17.9.2 矿床（体）品位-吨位曲线的意义

矿床（体）的品位-吨位曲线图是可采储量的图解表达方式，这种图件是总结矿床（体）资源储量的最有用的方式之一。在品位-吨位曲线图上，矿石资源储量、金属量以及平均品位相对于边际品位作图；这些曲线还与选别开采单元有关（选别开采意味着只有平均品位高于边际品位的块段才作为矿石开采，选别开采单元是划分矿石或废石的最小块段）。如果说边际品位（或最低工业品位）是表达可采储量的经济方面，那么，选别开采单元就是表达可采储量的技术方面。矿床品位-吨位曲线图可应用于采矿项目的所有阶段，包括可行性分析、矿山设计以及编制采掘计划等。

矿床品位-吨位曲线图是一个非常有用的工具，因为它可以直观地告诉我们在一定的边际品位（或最低工业品位）之上确切的资源储量数量。在矿产勘查阶段，利用品位-吨位曲线可以大致估计不同的边际品位（或最低工业品位）对应的资源量的吨位概念（表 17.10 和图 17.25）。在可行性研究阶段，利用品位-吨位曲线可以约束不同开采方案的品位和吨位，例如，以较低的工业品位或边际品位进行大规模生产，或者采用较高的工业品位进行较小规模的开采。在矿山设计和生产阶段，利用品位-吨位曲线总结某个指定时间段或者从矿床的某个特殊部位开采的矿石量，从而能够掌控由工业品位或边际品位的显著变化（如受矿产品价格的影响）而导致的回采率的变化；通过估计品位-吨位曲线不同点上的净现值，可以确定最佳采矿率和最佳采矿方法，也能够通过随意改变边际品位就知道这一举措对于资源储量会产生什么样的影响。

表 17.10 采用不同边际品位估计的澳大利亚西澳 Bullabulling 金矿床吨位和平均品位

边际品位/（g/t Au）	矿石吨位/t	平均品位/（g/t Au）	金资源量/盎司
1	22202000	2.06	1468400
0.9	26739000	1.87	1606500
0.7	41517000	1.48	1981600
0.6	54231000	1.29	2245900
0.5	75013000	1.08	2611800
0.4	107094000	0.89	3071800
0.3	162171000	0.71	3683200

注：表中数据引自澳大利亚 Bullabulling Gold 公司 2010 年年报

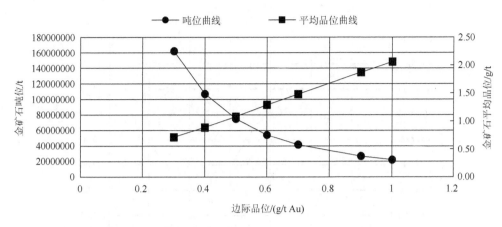

图 17.25 根据表 17.8 中的数据绘制的西澳 Bullabulling 金矿床品位-吨位曲线图

在西方矿业发达国家的生产矿山利用品位-吨位曲线来圈矿，即矿体的圈定无须固定的边界，只需按市场价格在品位-吨位曲线确定边际品位即可迅速调整部署新的采掘计划，生产时随着市场行情的高低，布置开采块段，这样有利于充分利用资源。

17.9.3 矿床（体）品位-吨位曲线的绘制方法

在矿产勘查或可行性研究阶段，采用一系列边际品位值计算矿石吨位和平均品位，计算结果投在品位-吨位曲线图上，如表 17.8 和图 17.25 所示，然后根据净现值指标（NPV＞0）确定边际品位，最终高于边际品位的块段矿石量用于矿山设计和编制采掘计划。

在矿体圈定过程中，也可根据块段资源量估算结果，将各块段的平均品位及其资源量按大小顺序排序，在以 x 轴为品位轴，以 y 轴为吨位轴的坐标系统上投点绘制品位-吨位曲线图（表 17.11 和图 17.26）。

也可以利用品位直方图绘制矿床（体）品位-吨位曲线图（具体作法可参见 Sinclair 和 Blackwell，2002）。

表 17.11 某铁矿体资源量估算品位-吨位表

块段顺序编号	边际品位/%Fe	矿石量/t	平均品位/%Fe
1	60	984704	61.30
2	59	1582219	60.60
3	58	2853236	59.64
4	57	4383623	58.93
5	56	5043488	58.61
6	55	5631149	58.29
7	54	6094310	58.00
8	53	6524498	57.70
9	52	6849930	57.45
10	51	7016891	57.31
11	50	7173522	57.16

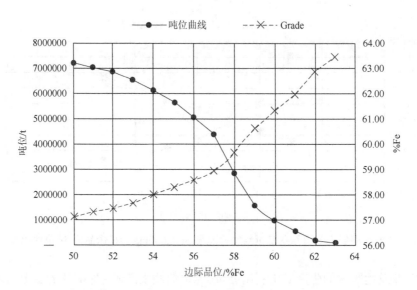

图 17.26　某铁矿体资源量品位-吨位曲线图

利用克里金法估算结果可以提高矿床（体）品位-吨位曲线图的精度，其工作流程如下（侯景儒和黄竞先，2001）：

（1）应用合适的克里金法估算出每一待估块段的有用组分的平均品位及其相应的克里金方差。

（2）估算每一待估块段的矿石量。

（3）估算每一待估块段的金属量。

（4）按块段的平均品位的大小排序，同时也按其金属量排序。

（5）在品位轴（x 轴）和吨位轴（y 轴）坐标系上绘制品位-吨位曲线。相似地，也可绘制累积金属吨位-品位曲线，取 95%（或 90%）的概率，利用克里金方差求出任一内插边际品位相应的置信区间（$g\pm2\sigma_k$）（g 为边际品位，σ_k 为克里金方差），可以在品位-吨位图上利用线性内插求出某边际品位下的矿石吨位数。

17.10　资源量估算的误差

在资源量估算过程中存在许多可能的误差来源，这些误差源对资源量估计结果的准确性会产生显著影响。这些误差源的合并增强了数据变化性（方差）的随机组分，从而成为高块金方差的原因之一。

由于资源量估算过程中存在许多可能的误差，如矿体厚度、面积、矿石体重，以及岩心采取率等方面的估计误差、由此估算出的矿石量（吨位）也是有误差的，因此，为了体现资源量估算相对的不确定性，表述资源量的吨位时一般只需采用前 2 位有效数字即可（例如，估算推定的资源量为 1086.3 万 t，在报告中可表述为"推定资源量为 1100 万 t"）。实际上，资源储量的吨位没有必要精确到前三位或四位有效数字，尤其是在许多矿产勘查报告中，所估算出的资源储量精确到小数位是没有意义的。

同理，如果平均品位的置信区间很宽（即信度很低）或者没有精度表述，而我们说"某铜矿床的平均品位为 2.34%Cu" 就有可能误导，精确到小数点后 2 位意味着具有很高的精度，对层状矿床而言是可以接受的，但对斑岩铜矿而言则是不可能达到的。

17.10.1　累计误差

根据统计学中的区间估计原理，某一信度水平的置信区间给出了总体平均值的最高值和最低值。在统计学中，采用标准差度量总体的统计误差。在资源量估算中，累计误差可以表述为"总误差的平方等于各种误差的平方和"，即

$$\text{TE}^2 = \text{GE}^2 + \text{FE}^2 + \text{PE}^2 + \text{AE}^2 \tag{17.43}$$

以矿床（体）品位的累计误差为例，式中，TE 为总误差；GE 为地质误差，由地质现象的不确定性引起；FE 为野外取样过程中的误差；PE 为样品加工过程中产生的误差；AE 为样品分析误差（Rossi and Deutsch，2014）。式（17.43）中的误差都是以方差度量的，由于各步骤都是独立的，根据方差分析，总方差等于各步骤的方差和。

显然，上述误差是不能消除的，只能在取样过程中尽量进行控制和减小误差。

17.10.2　资源量估算误差

1. 矿石吨位和品位估算的误差分析

从第 17.1 节已经知道，估算矿体或矿床金属量的公式为

$$\text{矿体金属量}(M) = \text{体重}(P) \times \text{品位}(G) \times \text{长}(L) \times \text{宽}(W) \times \text{高}(H) \tag{17.44}$$

表 17.12 采用了一组虚构的数据，利用式（17.43）计算出的结果说明矿石吨位和品位估算的误差。该表的上半部分是按每个分量参数值分别降低 10%后计算出的金属量；表的下半部分则是按每个分量参数值分别增加 10%后计算出的金属量。由表 17.12 中可以看出，如果允许式（17.44）中每个参数分量都减小或增大 10%，其结果的误差为 − 41%或 + 61%。换句话说，其结果介于 531441 和 1449459。

表 17.12　根据虚构的矿体资源量估算参数分量值及其变化后计算出的金属量

体重/(t/m³)	长/m	宽/m	高/m	品位/%	金属量/t	分量变化前后差值
3.0	500	300	100	2.0	900000	
2.7	500	300	100	2.0	810000	
2.7	450	300	100	2.0	729000	
2.7	450	270	100	2.0	656100	
2.7	450	270	90	2.0	590490	
2.7	450	270	90	1.8	531441	− 368559
3.0	500	300	100	2.0	900000	
3.3	500	300	100	2.0	990000	
3.3	550	300	100	2.0	1089000	
3.3	550	330	100	2.0	1197900	
3.3	550	330	110	2.0	1317690	
3.3	550	330	110	2.2	1449459	+ 549459

上述结果也可以根据式（17.42）来表示，即

$$误差^2 = (\Delta M/M)^2$$
$$= (\Delta P/P)^2 + (\Delta G/G)^2 + (\Delta L/L)^2 + (\Delta W/W)^2 + (\Delta H/H)^2$$
$$= (0.3/3)^2 + (50/500)^2 + (30/300)^2 + (10/100)^2 + (0.2/2)^2$$
$$= (0.5)^2$$

从而，误差 $= 0.25 = 25\%$，也就是说，$M = 900000 \pm 225000$。

两种计算方法的计算结果有所差异，原因是利用式（17.42）计算的是偏离起点值 900000 的线性偏差，而式（17.44）计算的是相对误差。

矿石品位和吨位估算误差导致的后果可能是相当严重的。例如，在资源储量估算结果中，品位误差 10% 被认为是很微小或很小的误差。如果生产成本至少占矿山收入的 50%～70%，那么，开采品位降低 10% 将可能导致现金营运盈余降低 20%～40%（Sorin and Mirela，2008）。矿石吨位估算误差产生的后果在第 17.1.1 节中已有所述及，此处不赘述。

2. 资源量估算误差分析

资源量估算误差是资源量精度的度量，指的是查明的资源量类型与相应的资源量类型的真值之差；由于其真值无法获得，因而一般是指与实际采出的相应矿石储量之差。根据误差的产生原因，通常分为地质误差、技术误差和估算方法误差。

1）地质误差

地质误差又称类比误差，是由地质推断造成的误差。由于矿产资源勘查是依据有限的工程和样品对矿床的局部和整体作出推断，不可避免地存在一定程度的不确定性，而且，这种不确定性的大小与矿区地质构造的复杂程度、矿体形态及其有用组分的变化程度以及勘查控制程度等因素有关。

许多学者从不同的角度进行论证并建立起各类资源量的相应精度水平。根据 Peters（1987），证实的矿量（proved ore，相当于我国的探明的资源量或储量）的精确度水平为 90%（即可信度在 90%～100%），概略的矿量（probable ore，相当于我国的控制矿量）的精度水平为 70%，可能的矿量（possible ore，相当于我国的推断矿量）为 50%。

Diehl 和 David（1982）以及 Annels（1991）根据克里金方差厘定了各级资源量的误差水平：证实的矿量误差允许范围为 ±10%、可信度大于 80%；概略的矿量误差允许范围为 ±20%、可信度在 60%～80%；可能的矿量误差允许范围为 ±40%、可信度为 40%～60%；推断的矿量（inferred ore）误差允许范围为 ±60%、可信度为 20%～40%；假定的资源量（hypothetical resource）可信度为 10%～20%、假想的资源量可信度小于 10%。后两者预测资源量的误差允许范围没有要求。

Dominy 等（2002）认为资源量的估值误差应该考虑影响信度水平的所有因素。误差水平可能随矿床类型以及取样数据密度变化而变化。例如，采用钻探确定的证实的矿石储量可能位于 10%～15%的误差范围，而如果相同的块段已经完成了开拓工程，误差范围可能降低到 5%～10%（表 17.13）。矿床类型对于可获得的资源量和误差水平有重要的影响，例如，由于品位估值的不确定性，品位连续性和地质连续性程度很低的高块金效应脉状金矿床不可能达到探明的资源量/证实的储量类别，即便是在完成了地下开拓阶段也难以达到。

表 17.13　以 80%或 90%置信度资源储量估值的潜在误差水平（引自 Dominy et al., 2002, 有修改）

资源量类型	误差	
	已完成开拓工程	尚未进行开拓
探明的资源量	±5%～10%	±10%～15%
控制的资源量	±15%～25%	±25%～35%
推断的资源量	±35%～100%	

　　必和必拓铁矿公司（BHP Billiton Iron Ore）从生产勘探的角度，采用容许误差作为各类别铁矿石资源量的误差指南（表 17.14），表中的容许误差是根据生产经验制订的。

　　蓝运蓉和唐义（2000）根据 SD 精度法（见第 17.5.3 节）提出了资源量类别的相应精度值（图 17.27）。

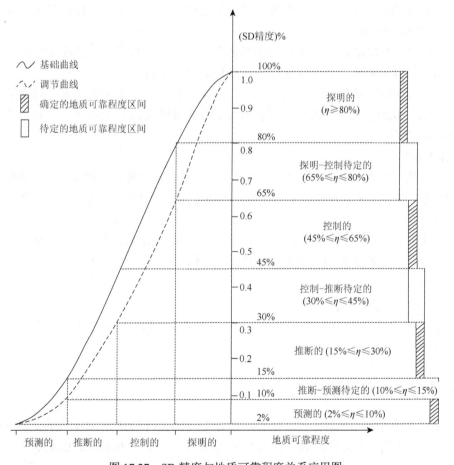

图 17.27　SD 精度与地质可靠程度关系应用图

　　SD 精度≥80%者，划归探明的资源量，表明矿床的地质特征、矿体的形态、产状、规模已经圈定，矿石质量、品位、矿体的连续性已详细查明，其矿石真实数量值是在估算资源量≥80%的范围内。

表 17.14　必和必拓公司铁矿石资源量分类的容许误差指南（据 de-Vitry et al., 2007）

资源量类别	估计参数	3 个月的容许误差	12 个月的容许误差
探明的资源量	吨位	±15 相对误差	±10 相对误差
	Fe %	±1 绝对误差	±0.5 绝对误差
	P、SiO_2、Al_2O_3、LOI %	±15 相对误差	±10 相对误差
控制的资源量	吨位	±20 相对误差	±15 相对误差
	Fe %	±1 绝对误差	±1 绝对误差
	P、SiO_2、Al_2O_3、LOI %	±20 相对误差	±15 相对误差
推断的资源量	吨位	±30 相对误差	±20 相对误差
	Fe %	±1.5 绝对误差	±1.5 绝对误差
	P、SiO_2、Al_2O_3、LOI %	±30 相对误差	±20 相对误差

50%≤SD 精度＜80%者，划归控制的资源量，表明矿床的地质特征，矿体的形态、产状、规模，已经基本圈定，矿石质量、品位、矿体的连续性已基本查明，其矿石真实数量值是在估算资源量[50%，80%)内。

30%≤SD 精度＜50%者，划归推断的资源量，表明大致查明矿产的地质特征，以及矿体的品位、质量，其真实数量是在估算资源量[30%，50%)内。

SD 精度＜30%者，划归预测的资源量，表明矿床经过预查得出的结果。精度越低，表明勘查程度越低，以致估算的资源量值所在的客观资源量区间范围无意义。它的意义程度随着它接近 30%而提高。

2）技术误差

技术误差是由工作方法、操作技术、设备仪器、测试条件等诸多因素造成资源量估算所依据的各种参数（面积、平均厚度、平均体重、平均品位等）的估算结果与其真值之间的差值。

技术误差中，由体重引起的误差可达 5%～10%，由面积引起的误差可达 2%～3%，厚度测量的误差大致在 2%～3%，钻孔测量层厚误差可达 20%～30%，不同矿种的化学分析误差有所不同，如铁矿石品位分析误差不超过±3%，而金矿石可达 15%～20%（矿山地质手册编写委员会，1995）。

3）估算方法误差

每一种资源量估算方法都会不同程度地产生误差。一般认为 SD 法和地质统计学方法所获得的结果相对更可靠。

17.10.3　矿体的定位误差

矿体定位误差来源于取样不足。例如，确定位于 200m 或 300m 深度的小矿体的位置是很困难的，如果允许钻孔方位角有 10%的偏差，那么就意味着在 200m 深度上其 X、Y 坐标有 20m 的偏移；同时，钻孔深度的估计也会出错；如果按照钻进结果布置一口 200m 深的竖井，可能会导致出现如下所述的技术和经济失误：

（1）设计的竖井应该是紧挨着矿体的，但施工后的竖井实际上在远离矿体 20m 的位置通过矿体，这意味着需要多掘进 20m 从竖井到矿体的水平巷道；

（2）竣工的竖井比实际要求多掘进 5m 的深度（竖井掘进成本最高）；

（3）大多数地下运输巷道需要相应增加 20m 的长度。

这些坑道掘进工程量的增加显著地增加开采成本，因而需要提高最低工业品位指标的要求。在矿体位置信息不确定的情况下是不能进行矿山设计的，由此可见，取样的精确性是非常关键的，它不仅影响对矿床的评价，还影响矿山开采。

本 章 小 结

资源量的估算是矿产勘查工作的一项重要内容，资源量的估算过程是对勘查工作的综合和总结的过程，资源量的估算结果是矿产勘查的最终成果。

资源量估算方法的实质，就是把形状复杂的矿体转化成为体积近似而形状比较规则的几何体后估算其质量和数量的全过程。资源量估算的方法多种多样，本章简要介绍了国内外主要的资源量估算方法的基本原理、计算过程，以及适用条件等。实际应用中，读者应根据项目的要求、矿体地质，以及工程控制程度等选择合适的估算方法。

品位–吨位曲线是可行性研究阶段和矿山生产阶段用于研究品位和吨位之间关系的一种重要手段。资源量估计误差的概念使我们能够定量地了解各级资源量的精度。

讨 论 题

（1）简述空间内插法的原理。

（2）在方法原理、使用条件、优缺点等方面对算术平均法、地质块段法、断面法以及 SD 法进行比较。

（3）如何应用地质统计学进行资源量估算？

（4）在方法原理和应用等方面对品位–吨位模型和品位–吨位曲线进行对比。

（5）"本次储量计算总计获得铜金属量 203.36 万 t，矿床规模为超大型，经济价值高达 10 万亿元人民币"的表述严谨吗？可能产生哪些误导？

（6）资源储量误差的概念？

（7）用图形表示 17.10.3 节中讨论的矿体定位误差。

本章进一步参考读物

国土资源部矿产资源储量司. 2003. 固体矿产地质勘查规范的新变革. 北京: 地质出版社

国土资源部矿产资源储量司. 2000. 矿产资源储量计算方法. 北京: 地质出版社

侯德义. 1984. 找矿勘探地质学. 北京: 地质出版社

蓝运蓉, 唐义. 2000. 什么是 SD 法. 地质论评, 45(增刊): 329-336

孙洪泉. 1990. 地质统计学及其应用. 徐州: 中国矿业大学出版社

阳正熙等. 2008. 地学数据分析教程. 北京: 科学出版社

中华人民共和国地质矿产行业标准.《固体矿产资源量估算规程第 1 部分：通则》(DZ/T 0338.1—2020)

中华人民共和国地质矿产行业标准.《固体矿产资源量估算规程第 2 部分：几何法》(DZ/T 0338.2—2020)

中华人民共和国地质矿产行业标准.《固体矿产资源量估算规程第 3 部分：地质统计学法》(DZ/T 0338.3—2020)

中华人民共和国地质矿产行业标准.《固体矿产资源量估算规程第 4 部分：SD 法》(DZ/T 0338.4—2020)

Rossi M E, Deutsch, C V. 2014. Mineral Resource Estimation. London: Springer

Sinclair A, Blackwell G H. 2002. Applied Mineral Inventory Estimation. Cambridge: Cambridge University Press

主要参考文献

毕孔彰, 王恒礼, 程新, 等. 2016. 就矿找矿理论与实践. 北京: 地质出版社

蔡汝青. 2003. 地质矿产调查. 北京: 中国建筑工业出版社

常印佛, 刘湘培, 吴言昌. 1991. 长江中下游铜铁成矿带. 北京: 地质出版社

陈国达. 1985. 成矿构造研究法. 2版. 北京: 地质出版社

陈其慎, 王高尚. 2007. 我国非能源战略性矿产的界定及其重性评价. 中国国土资源经济, 20(1): 18-21

陈毓川, 李庭栋, 彭齐鸣, 等. 1999. 矿产资源与可持续发展. 北京: 中国科学技术出版社

陈毓川, 朱裕生, 等. 1993. 中国矿床成矿模式. 北京: 地质出版社

陈毓川. 1999. 中国主要金属矿床成矿规律. 北京: 地质出版社

成升魁, 谷树忠, 王礼茂, 等. 2003. 2002中国资源报告. 北京: 商务印书馆

程裕淇. 1994. 中国区域地质概论. 北京: 地质出版社

池三川. 1988. 隐伏矿床(体)的寻找. 武汉: 中国地质大学出版社

池顺都. 1991. 矿床勘查模型建立的原则——以个旧锡多金属成矿区为例. 地球科学, (3): 335-340

池顺都. 2019. 金属矿产系统勘查学. 武汉: 中国地质大学出版社

戴维 M. 1989. 矿产储量的地质统计学评价. 孙惠文, 刘承柞译. 北京: 地质出版社

戴自希, 王家枢. 2004. 矿产勘查百年. 北京: 地震出版社

董耀松, 王伟东. 2004. 试用齐波夫定律预测夹皮沟金矿资源量. 黄金, (3): 13-15

董英君. 2006. 应用重磁方法勘查铁矿的效果——以辽宁建昌县马道铁矿为例. 矿床地质, 25(3): 321-328

范永香, 阳正熙. 2003. 成矿规律与成矿预测学. 徐州: 中国矿业大学出版社

冯超东, 杨鹏, 胡乃联. 2007. 克立格法在SURPAC软件中的实现及应用. 金属矿山, (4): 55-59

冯建忠, 续婧. 2007. 矿产地质勘查项目研判ABC. 地质找矿论丛, 22(4): 287-293

付贵林, 朱堂华, 郑江. 2020. 地勘经济高质量发展内涵及其路径探讨——以贵州省地质矿产勘查开发局为例. 中国国土资源经济, 33(01): 11-15

傅秉锋, 郝国杰, 张国卿. 2005. 地质调查项目管理. 北京: 地质出版社

甘甫平, 李万伦, 闫相昆, 等. 2017. 高光谱遥感地质作用建模及应用. 北京: 科学出版社

高艳芳, 李俊英. 2016. 地球化学勘查数据迭代处理的可视化及结果分析. 物探与化探, 40(5): 1021-1025

古德生, 李夕兵, 等. 2006. 现代金属矿床开采科学技术. 北京: 冶金工业出版社

国土资源部矿产资源储量评审中心. 2009. 固体矿产勘查地质图件规范图式. 北京: 地质出版社

国土资源部矿产资源储量司. 2000. 矿产资源储量计算方法. 北京: 地质出版社

国土资源部矿产资源储量司. 2003. 固体矿产地质勘查规范的新变革. 北京: 地质出版社

韩金炎. 1987. 数学地质. 北京: 煤炭工业出版社

何金周. 1998. 矿床勘探大矿体理论及其实践. 北京: 地质出版社

赫奇逊·查. 1990. 矿床及其构造背景. 张炳熹, 李文达译. 北京: 地质出版社

侯德义. 1984. 找矿勘探地质学. 北京: 地质出版社

侯景儒, 黄竞先. 2001. 地质统计学在固体矿产资源/储量分类中的应用. 地质与勘探, 37(6): 61-66

胡惠民. 1995. 大比例尺成矿预测方法. 北京: 地质出版社

黄薰德, 吴郁彦. 1986. 地球化学找矿. 北京: 地质出版社

季斯坦丁诺夫 Э Г. 1988. 成矿理论和成矿规律研究中的矿石建造与地质-成因模式. 国外地质科技, (4): 34-40

卡日丹 А Б. 1990. 矿产的普查与勘探——普查勘探的理论基础. 袁宝华, 王小龙, 曲梅兰泽. 武汉: 中国地

质大学出版社

康斯坦丁诺夫. 1982. 评价金属矿床的逻辑信息方法. 纪忠元译. 北京: 地质出版社

考克斯 D P, 辛格 D A. 1990. 矿床模式. 宋伯庆, 李文祥, 朱裕生, 等译. 北京: 地质出版社

科特利亚尔·瓦·尼. 1985. 成矿学及成矿预测. 林彻译. 北京: 地质出版社

克里夫佐夫 AИ. 1988a. 建立最佳"预测普查组合"的原则和方法. 国外地质科技, (1): 2-9

克里夫佐夫 AИ. 1988b. 矿床局部预测的方法学基础. 国外地质科技, (4): 34-40

克里夫佐夫 AИ. 1988c. 有色金属矿床的"预测-普查-评价"系统. 国外地质科技,(1): 9-14

蓝运蓉, 唐义. 2000. 什么是 SD 法. 地质论评, 46(增刊): 329-336

雷恩斯 G L. 1997. 地理信息系统——一种勘查工具. 地质矿产信息, (5): 4045

李人澍. 1996. 成矿系统分析的理论与实践. 北京: 地质出版社

李世峰, 金瞰昆, 周俊杰. 2008. 资源与工程地球物理勘探. 北京: 化学工业出版社

李守义, 叶松青. 2003. 矿产勘查学. 北京: 地质出版社

刘承祚, 唐声. 1989. 矿产预测的数学方法. 北京: 地质出版社

刘庆生, 燕守勋, 赵善仁. 1999. 齐波夫金矿资源量预测. 地质与勘探, 35(4): 33-35

刘振义, 祝增献. 1994. 齐波夫定律在遂昌金矿矿产预测中的应用. 沈阳黄金学院学报, (2): 128-131

卢作祥, 范永香, 刘辅臣. 1991. 成矿规律和成矿预测学. 北京: 中国地质大学出版社

鲁蒂埃 P. 1990. 全球成矿规律研究——未来到何处去找金属. 卢星, 史崇周, 何庆先译. 北京: 地质出版社

罗孝宽, 郭绍雍. 1991. 应用地球物理数程——重力 磁法. 北京: 地质出版社

罗周全, 刘晓明, 吴亚斌, 等. 2007. 地质统计学在多金属矿床储量计算中的应用研究. 地质与勘探, 43(3): 83-87

罗周全, 王中民, 刘晓明, 等, 2010. 基于地质统计学与 Surpac 的某铅锌矿床储量计算. 矿业研究与开发, 2: 4-6

马文璞. 1992. 区域构造解析: 方法理论和中国板块构造. 北京: 地质出版社

毛景文, 杨宗喜, 谢桂青, 等. 2019. 关键矿产——国际动向与思考. 矿床地质, 38(4): 689-698

孟良义. 1993. 花岗岩与成矿. 北京: 科学出版社

孟令顺, 傅维洲. 2004. 地质学研究中的地球物理基础. 长春: 吉林大学出版社

米契尔 A H G, 加森 M S. 1986. 矿床与全球构造. 周裕藩, 李锦轶译. 北京: 地质出版社

闵茂中, 白南静. 1990. 地质测试样品采集及送测指南. 北京: 科学出版社

明冬萍, 刘美玲. 2017. 遥感地学应用. 北京: 科学出版社

裴荣富. 1995. 中国矿床成矿模式. 北京: 地质出版社

彭松林, 孔德才, 吴得强, 等. 2019. 攀枝花市仁和区中坝石墨矿勘探工作中关于绿色勘查的思考. 四川地质学报, 39(1): 46-49

綦远江, 蒲继荣, 杨玉清. 2002. 齐波夫分布律与阻尼曲线在夹皮沟金矿田成矿预测中的应用. 地质与勘探, 38(1): 35-39

任林子. 1993. 齐波夫定律在湖南大坊矿区金银资源预测中的应用. 黄金地质科技, (1): 68-72

施俊法, 唐全荣, 周平, 等. 2010. 世界找矿模型和矿产勘查. 北京: 地质出版社

斯米尔诺夫·佛·伊. 1985. 矿床地质学. 矿床地质学翻译组译. 北京: 地质出版社

斯特罗纳 Д A. 1982. 含矿建造论. 刘浩龙, 马孝敏译. 北京: 地质出版社

苏红旗, 葛艳, 刘冬林, 等. 1999. 基于 GIS 的证据权重法矿产预测系统(EWM). 地质与勘探, 35 (1): 46-48

孙文珂, 丁鹏飞, 等. 1994. 地质填图和矿产调查的综合方法. 北京: 地质出版社

孙英君, 王劲峰, 柏延臣. 2004. 地统计学方法进展研究. 地球科学进展, 19(2): 268-274

索金斯·弗. 1987. 金属矿床与板块构造. 曹开春, 谢振忠译. 北京: 地质出版社

汤中立, 白云来. 1999. 华北古大陆西南边缘构造格架与成矿系统. 地学前缘, 6 (2): 78-90

唐金荣, 杨宗喜, 周平, 等. 2014. 国外关键矿产战略研究进展及其启示. 地质通报, 33(9): 1445-1453

唐义, 蓝运蓉. 1990. SD 储量计算法. 北京: 地质出版社

王春秀, 戴惠新, 李英龙, 等. 2003. 矿业权市场研究. 中国矿业, 12 (5): 17-19

王世称, 侯惠群, 王於天, 等. 1993. 内生矿产成矿系列中比例尺预测方法研究. 北京: 地质出版社

王文. 2004. 国外矿产勘查实例分析及政策研究. 北京: 中国大地出版社

王学评. 2017. 国内外矿产勘查典型案例集. 北京: 地质出版社

王之田, 等. 1994. 大型铜矿地质与找矿. 北京: 冶金工业出版社

王钟, 邵孟林, 肖树建. 1996. 隐伏有色金属矿床综合找矿模型. 北京: 地质出版社

王作勋, 邬继易, 吕喜朝, 等. 1990. 天山多旋回构造演化及成矿. 北京: 科学出版社

韦尔默 F W. 1997. 矿床与矿产经济实用计算. 朱铁民译. 北京: 地质出版社

翁春林. 2008. 我国矿业权市场存在问题初探. 中国矿业, 17 (3): 8-10, 13

吴传壁, 施俊法. 1999. 勘查战略与矿产勘查. 国外地质科技, (165): 28-36

吴利仁. 1963. 论中国基性岩、超基性岩的成矿专属性. 地质科学, (1): 29-41

吴六灵. 2018. 矿产资源勘查与经营. 北京: 地质出版社

吴言昌, 曹奋扬, 常印佛. 1999. 初论安徽沿江地区成矿系统的深部构造-岩浆控制. 地学前缘, (2): 92-103

谢格洛夫 А Д. 1985. 成矿分析基础. 吴承栋, 张国容, 刘瑞珊, 等译. 北京: 冶金工业出版社

谢学锦. 1997. 矿产勘查的新战略. 物探与化探, 21(6): 402-410

谢学锦, 王学求. 2003. 深穿透地球化学新进展. 地学前缘, 10(1): 225-238

熊光楚. 1996. 寻找隐伏金属矿产的方法系统. 有色金属矿产与勘查, (5): 34-47

熊光楚. 1998. 信息论、系统论与地质找矿工作. 北京: 地质出版社

熊鹏飞. 1994. 中国若干主要类型铜矿床勘查模式. 武汉: 中国地质大学出版社

熊盛青, 于长春, 王卫平, 等. 2008. 直升机大比例尺航空物探在深部找矿中的应用前景. 地球科学进展, 23(3): 270-275

徐增亮, 隆盛银. 1990. 铀矿找矿勘探地质学. 北京: 原子能出版社

徐志刚, 陈毓川, 王登红, 等. 2008. 中国成矿区带划分方案. 北京: 地质出版社

薛建玲, 陈辉, 姚磊, 等. 2018. 勘查区找矿预测方法指南. 北京: 地质出版社

严冰, 阳正熙, 王晓春. 2005. 证据权法在四川宁南地区铅锌矿成矿预测中的应用. 世界地质, 24(3): 253-259

阳正熙. 1993. 矿产勘查中的现代理论和技术. 成都: 成都科技大学出版社

阳正熙. 1999. 高质量矿床的勘查战略. 地质科技情报, 18(2): 38-41

阳正熙, 马田生, 古俊林, 等. 2004. 实现我国矿产勘查部门跨越式发展之路. 中国矿业, 13(3): 7-10

阳正熙, 吴堑虹, 彭直兴, 等. 2008. 地学数据分析教程. 北京: 科学出版社

杨兵. 2004. 对我国新的矿产资源/储量分类标准及其与国际接轨的几点看法. 地质与勘探, 40(1): 73-76

杨立德. 2009. 地质·物探·化探找矿模型. 物探与化探, 33(6): 741-742

叶天竺. 2004. 固体矿产预测评价方法技术. 北京: 中国大地出版社

伊齐克松·米·伊. 1985. 太平洋区成矿分带. 刘浩龙, 许德焕, 于志鸿译. 北京: 地质出版社

于晓飞, 吕志成, 孙海瑞, 等. 2020. 全国整装勘查区成矿系统研究与矿产勘查新进展. 吉林大学学报(地球科学版), 50(5):1261-1288

於崇文. 1998. 成矿作用动力学. 北京: 地质出版社

於崇文. 1999. 大型矿床和成矿区(带)在混沌边缘(上). 地学前缘, 6 (1): 86-103

袁桂琴, 熊盛青, 孟庆敏, 等. 2011. 地球物理勘查技术与应用研究. 地质学报, 85(11): 1744-1805

张起钻, 杨建功. 2008. 固体矿产资源储量估算应注意的问题. 地质与勘探, 44(4): 74-78

张秋生, 刘连登. 1982. 矿源与成矿. 北京: 地质出版社

张贻侠, 刘连登. 1994. 中国前寒武纪矿床和构造. 北京: 地震出版社

张贻侠. 1993. 矿床模型导论. 北京: 地震出版社

赵鹏大. 2006. 矿产勘查理论与方法. 武汉: 中国地质大学出版社

赵鹏大, 胡旺亮, 李紫金. 1994. 矿床统计预测.2 版. 北京: 地质出版社

赵鹏大, 李万亨. 1988. 矿产勘查与评价. 北京: 地质出版社

赵鹏大, 魏俊浩. 2019. 矿产勘查理论与方法. 武汉: 中国地质大学出版社

赵一鸣, 吴良士, 等. 2004. 中国主要金属矿床成矿规律. 北京: 地质出版社

翟裕生. 1984. 矿田构造学概论. 北京: 冶金工业出版社

翟裕生. 1998. 区域成矿学研究问题. 矿床地质, 17(增刊): 253-258

翟裕生. 1999. 论成矿系统. 地学前缘, 6(1): 14-28

翟裕生, 2007. 地球系统、成矿系统到勘查系统. 地学前缘, 14(1): 172-181

翟裕生, 等. 2010. 成矿系统论, 北京: 地质出版社

翟裕生, 等. 1999. 区域成矿学. 北京: 地质出版社

翟裕生, 彭润民, 向运川, 等. 2004. 区域成矿研究法. 北京: 中国大地出版社

翟裕生, 姚书振, 林新多. 1992. 长江中下游地区铁铜（金）成矿规律. 北京: 地质出版社

翟裕生,等. 1997. 大型构造与超大型矿床. 北京: 地质出版社

周宏春. 2003. 新型工业化与资源环境战略. 地质通报, 22(11-12): 881-885

周先民. 2001. 找矿思维方法. 北京: 地震出版社

朱光, 季晓燕. 1997. 地理信息系统基本原理和应用. 北京: 测绘出版社

朱训. 2003. 找矿哲学教程. 北京: 中国大地出版社

朱训. 2016. 就矿找矿论. 北京: 地质出版社

朱训, 孟宪来, 程新. 2016. 就矿找矿论文集. 北京: 地质出版社

朱训, 尹惠宇, 项仁杰, 等. 1999. 中国矿情. 第二卷. 北京: 科学出版社

朱训, 王妍, 李金发. 2016. 就矿找矿100例. 北京: 地质出版社

朱裕生. 1984. 矿产资源评价方法学导论. 北京: 地质出版社

朱裕生, 肖克炎. 1997. 成矿预测方法. 北京: 地质出版社

朱裕生, 李纯杰, 王全明. 1997. 成矿地质背景分析. 北京: 地质出版社

邹光华, 欧阳宗圻, 李惠, 等. 1996. 中国主要类型金矿床找矿模型. 北京: 地质出版社

《矿产资源工业要求参考手册》编委会. 2012. 矿产资源工业要求参考手册. 北京: 地质出版社

《中国地质调查百年史纲》编写组. 2018. 中国地质调查百年史纲. 北京: 地质出版社

Abzalov M. 2011. Sampling Errors and Control of Assay Data Quality in Exploration and Mining Geology//Ivanov O. Applications and Experiences of Quality Control In Te O. 611-645

Agterberg F P, Bonham-Carter G F, Wright D F. 1988. Statistical pattern recognition for mineral exploration//Gaal G, ed. Proceedings COGEODATA Symposium Computer Application in Resource Exploration. Helsinki: Espo

Agterberg F P, Bonham-Carter G F, Wright D F. 1990. Statistical pattern integration for mineral exploration. Computer Application in Resource Estimation: 1-21

Agterberg F P, Bonham-Carter G F. 1990. Deriving weights of evidence from geoscience contour maps for the prediction of discrete events//Tub-Dokumentation Knogrease and Tagungen (51). Berlin: Proceedings 22nd APCOM Symposium

Agterberg F P. 1989. Computer programs for mineral exploration. Science, 245: 76-81

Allais H. 1957. Methods of appraising economic prospects of mining exploration over large territories: Algerian case study. Management Science, 3(4): 285-345

Annels A E. 1991. Mineral Deposit Evaluation. London: Chapman and Hall

Anonymous, 1972. Penrose field conference report on ophiolites. Geotimes, 17: 24-25

Arehart G B. 1996. Characteristics and origin of sediment-hosted disseminated gold deposits: a review. Ore Geology Review, 11 (6): 383-403

Bailly P A. 1983. Mineral exploration//Lacy W C, ed. Mineral Exploration. Pennsylvania: Hutchinson Ross Publishing Company

Barley M E, Eisenlohr B N, Groves D I. 1989. Late archean convergent margin tectonics and gold mineralization: A new look at the norseman-wiluna belt, western Australian. Geology, 17(9): 826-829

Bonham-Carter G F, Agterberg F P, Wright D F. 1988. Integration of mineral exploration date sets using SPANS-A quadtree-based GIS: Application to gold exploration in nova scotia. GIS Issue of Photogrammetric Engineering and Remote Sensing

Bonham-Carter G F, Agterberg F P. 1990. Application of Microcomputer-based Geographic Information Systems to Mineral-potential Mapping. Oxford: Pergamon Press

Bonham-Carter G F. 1994. Geographic Information Systems for Geoscientists: Modelling with GIS. Oxford: Pergamon Press

Bonham-Carter G F. 1997. GIS methods for integrating exploration data set//Gubins A G, ed. Geophysics and Geochemistry at the Millennium, Proceedings of Exploration 97 Fourth. Decennial International Conference on Mineral Exploration. Toronto: the GEO F/X Division of AG Information System Ltd 59-65

Bounessah M, Atkin B P. 2003. An application of exploratory data analysis (EDA) as a robust non-parametric technique for geochemical mapping in a semi-arid climate. Applied Geochemistry, 18(8): 1185-1195

Boyd T M. 1997. The SEG multi-disciplinary initiative: Teaching the essence of geophysics. The Leading Edge, 16 (7): 1039-1043

Carranza E J M. 2009. Controls on mineral deposit occurrence inferred from analysis of their spatial pattern and spatial association with geological features. Ore Geology Reviews, 35: 383-400

Carranza E J M. 2009. Geochemical anomaly and mineral prospectivity mapping in GIS. Handbook of Exploration and Environmental Geochemistry, 11: 4-12

Carter M R, Gregorich E G. 2006. Soil Sampling and Methods of Analysis. 2nd ed. New York: Taylor & Francis Group, LLC: 26-30

Condie K G. 1981. Archean Greenstone Belts. Developments in Precambrian Geology 3. Amsterdam: Elsevier

Coulter D W, Zhou X, Wickert L M. et al. 2017. Advances in Spectral Geology and Remote Sensing: 2008-2017. In "Proceedings of Exploration 17: Sixth Decennial International Conference on Mineral Exploration" edited by V. T schirhart and M. D. Thomas, 2017, 23-50

Cox D P, Singer D A. 1986. Mineral Deposit Models. Bulletin: U. S. Geological Survey

Cox D P. 1993. Mineral dodeposit models, their use and misuse-A Forum Review. Society of Economic Geologists, Newsletter, (14): 12

CRIRSCO. 2019. International reporting template for the public reporting of exploration targets, exploration results, mineral resources, and mineral reserves, ICMM

Davis J C. 2003. Statistics and Data Analysis in Geology. 3rd ed. New York: John Wiley & Sons

de Vitry C, Vann J, Arvidson H. 2007. A Guide to Selecting the Optimal Method of Resource Estimation for Multivariate Iron Ore Deposits. Iron Ore Conference. Perth: WA

Diehl P, David M. 1982. Classification for ore reserves/resources based on geostatistical methods. CIM Bullitine, 75 (838): 127-135

Dominy S C, Noppe M A, Annels A E. 2002. Errors and uncertainty in mineral resource and ore reserve estimation: The importance of getting it right. Exploration and Mining Geology, 11 (1-4): 77-98

Dominy S C, Stephenson P R, Annels A E. 2001. Classification and reporting of mineral resources for highnugget effect gold vein deposits. Exploration and Mining Geology, 10 (3): 215-233

Eckstrand O R, Sinclair W D, Thorpe R I. 1996. Geology of Canadian mineral deposit types. Geological Survey of Canada

Economic Commission for Europe. 2010. United Nations Framework Classification for Fossil Energy and Mineral Reserves and Resources 2009, ECE Energy Series No. 39. New York and Geneva: United Nations

Edwards R. 1986. Ore Deposit Geology and Its Influence on Mineral Exploration. London: Chapman and Hall

Emsbo P, Seal R R, Breit G N, et al. 2010. Sedimentary Exhalative (Sedex) Zinc-Lead-Silver Deposit Model, U. S. Geological Survey Scientific Investigations Report 2010-5070-N : 20-22

Evans A M. 1997. An Introduction to Economic Geology and Its Environmental Impact. London: Blackwell Science

Ltd

Evans M, Taron B. 2000. Australian gold supply response: An application of cutoff grade theory, Paper presented at the 44th Annual Conference of the Australian Agricultural and resource Economics Society Sydney: University of Sydney

Fernando Real. 1999. A Perspective on Neves-Corvo Mining Project Development: A Success Against an EU Trend. Mining Development Strategies with a Focus on the Case of the Iberian Pyrite Belt. Technical Journey 25th September 1998 Lisbon, Portugal

Ford K, Keating P, Thomas M D. 2008. Overview of Geophysical Signatures Associated with Canadian Ore Deposits//Goodfellow W D, ed. Mineral Deposits of Canada: A Synthesis of Major Deposit-types, District Metallogeny, the Evolution of Geological Provinces, and Exploration Methods. Special Publication 5, Mineral Deposits Division, Geological Association of Canada, 937-971

Geosciences Australia. 2014. Applying geoscience to Australia's most important challenges: Spectral Geology. http://www.ga.gov.au/scientific-topics/disciplines/spectral-geology[2021-5-23]

Gertsch R, Bullock R C. 1998. Techniques in Underground Mining: Selected from Underground Mining Methods Handbook. USA littleton: Society of Mining, Metallurgy, and Exploration Inco: 3-45

Glacken I M, Snowden D V. 2001. Mineral Resource Estimation//Edwards A C, ed. Mineral Resource and Ore Reserve Estimation The AUSIMM Guide to Good Practice. Melbourne: The Australasian Institute of Mining and Metallurgy: 189-198

Gocht W R. 1988. International Mineral Economics. Berlin: Springer-verlag

Grenne T, Slack J F. 2005. Geochemistry of Jasper Beds from the ordovician, lokken ophiolite, norway: origin of proximal and distal siliceous exhalites. Economic Geology and the Bulletin of the Society of Economic Geologists,100 (8):1511-1527

Gunn A G. 1989. Drainage and overburden geochemistry in exploration for platinum group element mineralisation in the Unst Ophiolite. Shetland, U. K. Journal of Geochem. Exploratio, 31(3): 209-236

Gy P M. 1982. Sampling of Particular Materials. Amsterdam: Elsevier

Gy P M. 1991. Sampling: The foundation block of analysis. Mikrochim. Acta, II, 104: 457-466

Haldar S K. 2013. Mineral Exploration: Principles and Applications. Amsterdam: Elsevier

Haldar S K. 2018. Mineral Exploration: Principles and Applications. 2nd ed. Amsterdam: Elesevier: 145-209

Hall D J. 2006. The mineral exploration business: innovation required. SEG Newsletter, 65: 8-15

Harris D P. 1984. Mineral Resources Appraisal. Oxford: Oxford University Press

Hawkes H E, Webb J S. 1962. Geochemistry in Mineral Exploration. New York: Harper and Row

Herrington R. 2011. Geological Features and Genetic Models of Mineral Deposits//Darling P, ed. Society for Mining, Metallurgy, and Exploration, Inc. (SME). Mining Engineering Handbook, Volume 1: 83-104

Hodgson C J. 1991. Using and abusing mineral model. Geoscience Canada

Hodgson C, Troop D. 1988. A new computer-aided methodology for area selection in gold exploration: a case study from the Abitibi Greenstone belt. Economic Geology, 83(5): 952-977

Horsnail R F. "Geochemical prospecting" in AccessScience@McGraw-Hill. http://www.accessscience.com [2001-3-29]

Howarth R J, White C M, Koch G S. 1980. On Zipf's law applied to resource Prediction. Institute of Mining and Metallurgy Tran, 89: 182-190

Hronsky J M A, Groves D. 2008. Science of targeting: Definition, strategies, targeting and performance measurement. Australian Journal of Earth Sciences, 55(1): 3-12

Ishihara S. 1977. The magnetite series and ilmenite series granitic rocks. Mining Geology, 27: 293-305

John W, Lydon. 2008. An Overview of the Economic and Geological Contexts of Canada's Nonferrous Metalliferous Mineral Deposit Types Edited by Wayne D. Goodfellow Mineral Deposits of Canada: A Synthesis of Major Deposit-types, District Metallogeny, the Evolution of Geological Provinces, and Exploration

Methods

JORC. 2004. Australasian Code for Reporting of Identified Mineral Resources and Ore Reserves (The JORC Code), The Joint Ore Reserves Committee of the Australasian Institute of Mining and Metallurgy, Australian Institute of Geoscientists, and Minerals Council of Australia

Journel A G, Huijbregts C. 1978. Mining Geostatistics. London: Academic Press

Kearey P, Brooks M, Hill L. 2002. An Introduction to Geophysical Exploration. 3rd ed. Paris: Blackwell Science Ltd

Keller G. 2004. Applied Statistics with Microsoft Excel. Beijing: China Machine Press

Knox-Robinson C M, Wyborn L A I. 1997. Towards a holistic exploration strategy: Using geographic information system as a tool to enhance exploration. Australian Journal of Earth Sciences, 44 (4): 453-463

Knudsen H P, Kim Y C. 1978. Comparative study of the geostatistical ore reserve method over the conventional methods. Mining Engineering, 54(1): 54-58

Leca X. 1991. Discovery of concealed massive-sulphide bodies at neves-corvo, southern portugal—A case history. Applied Earth Science

Leistel J M, Marcoux E, ThieÂblemont D, et al. 1998. The volcanic hosted massive sulphide deposits of the Iberian Pyrite Belt. Mineralium Deposita, 33: 2-30

Lowell J D. 1970. Lateral and vertical alteration mineralization zoning in porphyry ore deposits. Economic Geology, 65(4):378-408

Mackenzie B W. 1989. Mineral exploration economics : Focusing to encourage success. Proceeding of Exploration 87. Ontario Geological Survey: 3-21

Marjoribanks R. 2010. Geological Methods in Mineral Exploration and Mining. 2nd ed. Berlin: Springer

Meyer C. 1988. Ore deposits as guides to geological history of the earth. Annual Review Earth Planet Science, 16(1): 147-171

Miller I J. 1976. Corporation, ore discovery, and the geologist. Economic Geology, 71(4): 836-847

Moon C J, Whateley M K G, Evans A M. 2006. Introduction to mineral exploration. Malden USA: 69-102

Morris R C. 1998. BIF-hosted iron ore deposits-Hamersley style. AGSO Journal of Australian Geology & Geophysics, 17(4):207-211

Mosier D I, Berger V I, Singer D A. 2009. Volcanogenic Massive Sulfide Deposits of the World—Database and Grade and Tonnage Models. USGS. Open File Report: 1009-1034

Pan G, Harris D P. 2000. Information Synthesis for Mineral Exploration. Oxford: University Press: 13-29

Paterson N R. 1983. Exploration geophysics airborn//Woakes M, Carman J S, eds, AGID Guide to Mineral Resources Development. Bankok: Association of Geoscientists for International Development: 121-151

Peters S G. 2002. Geology, Geochemistry, and Geophysics of Sedimentary-Hosted Au Deposits in P.R. China. Open-File Report 02131. USGS: 118-132

Peters W C. 1987 Exploration and Mining Geology. 2nd ed. New York: John Wiley and Sons

Phillips W E A, Rowland A, Coller D W. 1988. Structural studies and multidata correlation of mineralization in central Ireland//Boissonnas J, Omenetto P, eds. Mineral Deposits within European Community. Berlin: Springer-Verlag

Pirajno F. 1992. Hydrothermal Mineral Deposits-Principles and Fundamental Concepts for the Exploration Geologists. Berlin: Springer-Verlag

Pohl W L. 2011. Economic Geology Principles and Practice. Hoboken: Wiley-Blackwell

Quick A N et al. 1988. Strategic Planing for Exploration Management. Boston: International Human Resources Development Corporation

Reimann C, Filzmoster P, Garret R G. 2005. Background and threshold: critical comparison of methods of determination. The Science of the Total Environment, 346(1-3): 1-16

Reimann C, Fizmoser P. 2000. Normal and lognormal data distribution in geochemistry: death of a myth.

Consequences for the statistical treatment of geochemical and environmental data. Environmental Geology, 39: 1001-1014

Richter D H, Singer D A, Cox D P. 1975. Mineral Resource Map of the Nabesna Quadrangle, Alaska. U. S. Geological Survey Miscellaneous Field Studies Map MF-655K

Robb L J. 2005. Introduction to Ore-Forming Processes. London: Blackwell Science Ltd

Robert F, Poulsen K H. 1997. World-class Archean gold deposits in Canada: An overview. Australian Journal of Earth Sciences, 44(3): 329-351

Roberts L S, Dominy S C, Nugus M J. 2003. Problems of sampling and assaying in mesothermal lode gold deposits: Case studies from Australia and north America.//Bendigo: 5th International Mining Geology Conference

Robinson A, Spooner E T. 1984. Can the elliot lake uraninite-bearing quartz pebble conglomerates be used to place limits on the oxygen contents of the early proterozoic atmosphere. Journal of Geology Society, 141(2):221-228

Rollinson H. 2014. Using Geochemical Data: Evaluation, Presentation, Interpretation. Oxfordshire: Routledge: 19-46

Rossi M E, Deutsch C V. 2014. Mineral Resource Estimation. London: Springer

Schulz K J, deYoung J H, Seal J R R, et al. 2017. Critical Mineral Resources of the United States—Economic and Environmental Geology and Prospects for Future Supply. U. S. Geological Survey Professional Paper 1802: A1-B1

Siegal B S, et al. 1980. Remote Sensing in Geology. New York: John Wiley & Sons

Simpson P R, Bowles J F. 1977. Uranium mineralization of the Witwatersrand and Dominion reef systems. Philosophical Transactions of the Royal Society of London. Series A, Mathematical and Physical, 286: 527-548

Sinclair A, Blackwell G H. 2002. Applied Mineral Inventory Estimation. Cambridge: Cambridge University Press

Singer D A, Berger V I, Moring B C. 2008. Porphyry Copper Deposits of the World: Database and Grade and Tonnage Models. Menlo Park: U. S. Geological Survey Open-File Report

Singer D A, Berger V I. 2007. Deposits models and their application in mineral resource assessments, Briskey, J A, and Schulz K J, eds. , 2007, Proceedings for a Workshop on Deposit Modeling, Mineral Resource Assessment, and Their Role in Sustainable Development: U. S. Geological Survey Circular, 1294, 71-79

Singer D A, Cox D P. 1993. The nature of mineral deposits and the use of deposit models//McDivitt J F, ed. International Mineral Development Sourcebook. Golden: Colorado School of Mines

Singer D A, Kouda R. 2001. Some simple guides to finding useful information in exploration geochemical data. Natural Resources Research, 10(2): 137-147

Singer D A. 1993a. Grade and tonnage models for different deposit types//Kirkham R V, Sinclair W D Thorpe R I, eds. Mineral Deposit Modelling. Geological Association of Canada

Singer D A. 1993b. Basic concepts in three-part quantitative assessments of undiscovered mineral resources Nonrenewable Resources, 2 (2): 69-81

Singer D A. 1994. The relationship of estimated number of undiscovered deposits to grade and tonnage models in Three-part mineral resource assessments.// Mount Tremblant: 1994 International Association of Mathematical Geology Annual Conference

Singer D A. 1995. World class base and precious metal deposits-a quantitative analysis. Economic Geology, 90(1): 88-104

Singer D A. 1996. Grade and tonnage models for the analysis of Nevada s mineral resources//Singer D A, ed. An Analysis of Nevada's Metal-Bearing Mineral Resources. NBMG Open-File Report

Singer D A. 2008. Mineral deposit densities for estimating mineral resources. Mathematical Geosciences, 40: 33-46

Singer D A. 2010. Progress in integrated quantitative mineral resource assessments. Ore Geology Reviews, 38(3): 242-250

Slack J F. 2012. Exploration-resource assessment guides in volcanogenic massive sulfide occurrence model: U. S Geological Survey Scientific Investigations Report 2010-5070-C, chap. 19, 10p.

Slichter L B. 1955. Geophysics applied to prospecting for ores. Economic Geology, 50: 885-969

Slichter L B. 1960. The need for a new philosophy of prospecting. Mining Geology, 12(6): 570-576

SME. 2007. The SME Guide for Reporting Exploration Results, Mineral Resources, and Mineral Reserves

Snowden D V. 2001. Practical Interpretation of Mineral Resource and Ore Reserve Classification Guidelines// Edwards A C, ed. Mineral Resource and Ore Reserve Estimation: The AusIMM Guide to Good Practice (Monograph 23). Australasian Institute of Mining and Metallurgy: 643-653

Sorin I, Mirela I. 2008. Ore reserve estimation and project profitability. Annals of the University of Petrosani, Mechanical Engineering, 10: 85-88

Stanley C R, Noble R R P. 2007. Optimizing geochemical threshold selection while evaluating exploration techniques using a minimum hypergeometric probability method. Geochemistry: Exploration, Environment, Analysis, 7(4): 341-351

Thompson J F H. 1993. Application of deposit models to exploration//Kirkham R V, Sinclair W D, Thorpe R I, eds. Mineral Deposit Modeling. Geological Association of Canada

Turner D D. 1997. Predictive GIS model for sediment-hosted gold deposits//Gubins A G, ed. Geophysics and Geochemistry at the Millenium. Proceedings of the Fourth Decenial International Conference on Mineral Exploration

UN Economic, Social Council. 2009. United Nations framework classification for fossil energy and mineral reserves and resources 2009. Geneva

Weatherstone N. 2008. Standards for reporting of mineral resources and reservesstatus, Outlook And Important Issues. 21ST World Mining Congress &. Expo 2008

White N, Yang K H. 2007. Exploring in China: The challenges and rewards. SEG(Society of Economic Geologists) Newsletter, 70: 1-15

Windley B F. 1984. The Evolving Continents. 2nd ed. Chichester: John Wiley and Sons

Woodall R. 1984a. Success in mineral exploration: A matter of confidence. Geoscience Canada, 11(1): 60-63

Woodall R. 1984b. Success in mineral exploration: Confidence in property. Geoscience Canada, 11(2): 31-34

Yaskovskiy P P. 1984. During field exploration evaluation of the structural complexity of ore. Deposits International Geology Review, 26 (4): 446-469

Yeats C J, Vanderhor F. 1998. Archaean lode-gold deposits. AGSO J Aust Geol Geophys, (17): 253-258

Yusta, I, Velasco F, Herrero J M. 1998. Anomaly threshold estimation and data normalization using EDA statistics application to lithogeochemical exploration in Lower Cretaceous Zn $\pm$ Pb carbonated $-$ hosted deposits, Northern Spain. Applied Geochemistry, 13 (4): 421-439

后　记

改革开放 40 多年来，我国逐步建立起了社会主义市场经济体制，矿产勘查行业已经发生了深刻变革，而且这种变革还将继续；我们正面临着勘查难度增大、勘查成本增加、矿床发现率降低，同时又要保持我国矿业可持续发展的严峻挑战。另外，矿产勘查部门人才匮乏、知识老化已成为矿产勘查行业发展的瓶颈。目前，地矿类专业教育也在采取积极的应对措施，提高办学水平。在教学过程中，我们感觉到现有教材已经难以适应现行的教学要求，迫切需要新编能够适应市场经济并且能够与国际基本接轨的教材。

作为教材，内容上应该反映本学科前沿、跟踪创新成果。本教材在编写过程中力图根据本课程的特点在内容选材和体系结构安排方面为学生未来成为矿产资源勘查领域的专门人才而设计一个涵盖科学问题、技术问题和工程问题的知识结构和能力结构的框架，努力以发展的眼光来建设，努力注重综合、突出应用，并且尽可能深入浅出地进行阐述，期望能使更多的读者从中受益，但难免挂一漏万。

矿产资源勘查学是一门高度综合的应用地质学学科。本课程的学习过程中需要理解许多理论概念，了解它们是在什么样的情况下提出，又在应用中有了哪些方面的发展，这样才能比较容易把握问题的实质；对于每一种勘查方法和技术，则需要了解其原理和适用条件以及所获结果的解释；矿产勘查工作有许多规范要求，实际工作中既要遵守规范又要坚持创新。矿产资源勘查学的发展一方面决定于学科本身的发展，另一方面又与整个科学水平的发展有关，因此，学习过程中不能满足于教材和课堂教授，要注意联系本课程知识多阅读一些相关学科的参考资料，特别是对相关学术期刊的阅览和网上信息的搜寻。此外，还应积极参加师生之间、学者之间的交流和讨论，这种交流不在于结果如何，关键在过程，目的在于提高学生自主学习的积极性和能力。

"学而不思则罔，思而不学则殆"，这是孔子关于学问的表述。学习与思考二者必须结合起来，毕竟书本上的知识是呆板的，只有经过思考（尤其是带着问题进行思考），呆板的知识才能被激活，碎片化的知识才能整合成体系，最终形成自己的独到见解，构建起自己的专业思维模型。

总体而言，矿产资源勘查学主要解决如下四方面的问题。

（1）勘查什么：这涉及目标矿种和目标矿床类型的确定。

（2）到什么地方去勘查：这涉及确定勘查选区的问题。选区过程是勘查活动序列中最关键的一步。

（3）怎样勘查：这涉及勘查手段的应用问题。最成功的勘查项目一般是地质、地球物理、地球化学及探矿工程技术的最佳组合。

（4）矿体的形态、产状、规模、质量以及开发前景：这需要通过采用一定的勘查方法查明矿体在三度空间中的赋存状态，通过可行性分析确定其工业价值。

　　"是那山谷的风，吹动了我们的红旗，是那狂暴的雨，洗刷了我们的帐篷。我们有火焰般的热情，战胜了一切疲劳和寒冷，背起了我们的行装，攀上了层层的山峰，我们满怀无限的希望，为祖国寻找出丰富的矿藏。"这首地矿人耳熟能详的《勘探队员之歌》历经馥郁岁月，依旧激情昂扬，激励着我们继续发扬"以献身地质事业为荣、以找矿立功为荣、以艰苦奋斗为荣"的"三光荣"精神，在矿产资源保障领域为国家作出更大贡献。